Binnington/Cockshutt, Sumner-Smith

Chirurgie bei Kleintieren
Entscheidungshilfen in Flußdiagrammen

Chirurgie bei Kleintieren

Entscheidungshilfen in Flußdiagrammen

Herausgeber

Allen G. Binnington, D.V. M., M.Sc., Diplomate A.C.V.S.
Joanne R. Cockshutt, D.V. M., M.Sc.
Geoff Sumner-Smith, B.V. Sc., M.Sc., F.R.C.V.S.

Deutsche Übersetzung und Bearbeitung

Dr. med. vet. E. Böhmer
Dr. med. vet. K. Staemmler

Mit einem Geleitwort von

Prof. Dr. med. vet. U. Matis
Vorstand der Chirurgischen Universitäts-Tierklinik München

Mit 113 Flußdiagrammen, 111 Abbildungen und 5 Tabellen

Schattauer Stuttgart – New York 1992

Titel der Originalausgaben:
Decision Making in Small Animal
Soft Tissue Surgery
Decision Making in Small Animal
Orthopaedic Surgery

The original editions have been published in English language by
B. C. Decker Inc., Philadelphia and Toronto in 1988

Anschrift der Übersetzerinnen:

Dr. med. vet. E. Böhmer
Dr. med. vet. K. Staemmler
Chirurgische Tierklinik
der Universität München
Veterinärstraße 13
8000 München 22

Die Deutsche Bibliothek – CIP-Einheitsaufnahme

Chirurgie bei Kleintieren : Entscheidungshilfen in
Flussdiagrammen ; mit 113 Flussdiagrammen und 5 Tabellen /
Hrsg. Allen G. Binnington ... Dt. Übers. und Bearb. E.
Böhmer ; K. Staemmler Mit einem Geleitw. von U. Matis. –
Stuttgart ; New York : Schattauer, 1992
Orig.-Ausg. gesondert u.d.T.: Decision making in small animal soft
tissue surgery und: Decision making in small animal orthopaedic
surgery
ISBN 3-7945-1339-8
NE: Binnington, Allen G. [Hrsg.]; Böhmer, Estella [Bearb.]

Printed in Germany

ISBN 3-7945-1339-8

Geleitwort

In den letzten 15 Jahren sind in den USA und in Kanada einige konsequent auf Entscheidungsbäume (Flußdiagramme) angelegte „Decision Making"-Bücher verschiedener Fachgebiete erschienen. Sie sollen systematisches Denken bei der Lösung diagnostischer und therapeutischer Probleme fördern und vermitteln, indem sie den Denkprozeß in Form einer gegliederten Darstellung veranschaulichen.

„Chirurgie bei Kleintieren" wendet sich an Studenten, Berufsanfänger, aber auch an ältere Kollegen, letztlich an alle Tierärzte, die einen Patienten auf eine ggf. chirurgisch zu behandelnde Erkrankung untersuchen. Die für praktisch jede Situation angebotenen Entscheidungshilfen bahnen dem Chirurgen den Weg durch eine Vielzahl von Problemen zur Lösung seiner Aufgabe, erleichtern vor allem auch dem Anfänger sorgfältige Planung, etwa im Sinne einer Checkliste, und helfen, Improvisationen unter Zeitdruck zu vermeiden. Im Kontext mit den Hinweisen auf der gegenüberliegenden Seite ist es möglich nachzuvollziehen, wie und warum der Routinierte bei den jeweiligen Fragestellungen so und nicht anders vorgeht. Andererseits kann mit zunehmender Erfahrung das notwendigerweise simplifizierte Schema durch systematische Einordnung neu erworbenen Wissens und Urteilvermögens, nur noch als Anhalt dienend, flexibel gehandhabt werden.

In der deutschen Ausgabe von „Decision Making in Small Animal Soft Tissue Surgery" und „Decision Making in Small Animal Orthopaedic Surgery" sollte der Text aktualisiert sowie den Bedürfnissen unserer Leser angepaßt werden. Hierzulande vertretene Lehrmeinungen und übliche, darunter auch an der Chirurgischen Universitäts-Tierklinik München entwikkelte Verfahren wurden – entsprechend kenntlich gemacht (*) – aufgenommen, dafür wurde auf weniger Bekanntes oder nicht allgemein Akzeptiertes verzichtet.

Der nicht einfachen Aufgabe einer Bearbeitung in diesem Sinne sind Frau Dr. E. Böhmer und Frau Dr. K. Staemmler mit Sachkenntnis und Einfühlsamkeit voll gerecht geworden. So kann nunmehr eine einbändige Ausgabe zweier bewährter „Decision Making"-Bücher vorgelegt werden.

München, Frühjahr 1992 — Prof. Dr. U. Matis

Vorwort zur deutschen Ausgabe

In der vorliegenden Übersetzung sind zwei aus unserer Sicht aktuelle Bücher zur Entscheidungslehre – „Decision Making in Small Animal Soft Tissue Surgery“ und „Decision Making in Small Animal Orthopaedic Surgery“ – thematisch gestrafft und unter Verzicht auf einige spezielle Kapitel (Ophthalmologie, Odontologie, Neurologie) zusammengefaßt worden.
Anhand von Flußdiagrammen soll das logische Vorgehen bei der Lösung diagnostischer und therapeutischer Probleme entwickelt und damit Hilfestellung bei der Entscheidungsfindung im chirurgischen Alltag gegeben werden. Das Buch ist somit für alle mit chirurgischen Fragestellungen Befaßte in allen Ausbildungsstadien von Nutzen.
Für das „Lesen“ dieser Entscheidungsbäume gilt: eintretende Linien verweisen auf gewonnene bzw. zu gewinnende Informationen etwa aus der Anamnese, aufgrund klinischer Untersuchungen oder bestimmter diagnostischer Verfahren. Therapeutische Empfehlungen sind eingerahmt; sofern bestimmte Positionen einer näheren Erläuterung bedürfen, verweist ein vorangestellter Großbuchstabe im Kreis auf analog gekennzeichnete Anmerkungen auf der gegenüberliegenden Seite. Dieser Text bezieht sich immer nur auf das dazugehörige Flußdiagramm und ist nicht für sich zu lesen.
Die einzelnen Kapitel wurden aktualisiert und, wo sich dies anbot, den im deutschsprachigen Raum vertretenen Auffassungen angepaßt. Ausführlicher bearbeitete und damit vom Original abweichende Kapitel sind mit einem * gekennzeichnet.
Die „Chirurgie bei Kleintieren“ kann weder ein Kompendium noch ein Lehrbuch ersetzen, aber als wichtige Ergänzung der einschlägigen Literatur angesehen werden.
Unser besonderer Dank gilt Frau Prof. Dr. U. Matis und Herrn Prof. Dr. R. Köstlin für ihre wertvollen fachlichen Ratschläge und kritischen Diskussionsbeiträge. Des weiteren danken wir Herrn Prof. Dr. Waibl, Lehrstuhl für Makroskopische Anatomie der Haustiere (Vorstand: Prof. Dr. B. Vollmerhaus) für die Durchsicht des Manuskriptes hinsichtlich der anatomischen Nomenklatur. Dem F. K. Schattauer Verlag danken wir für die gute Zusammenarbeit.

München, Frühjahr 1992 E. Böhmer, K. Staemmler

Vorworte zu den amerikanischen Ausgaben

A. Binnington, J. R. Cockshutt Decision Making in Small Animal Soft Tissue Surgery

Als Walter Bailey vom B. C. Decker Verlag uns vorschlug, ein „Entscheidungsbuch" über Kleintierchirurgie herauszugeben, schien das Vorhaben einfach durchführbar. Während der Vorarbeiten wuchs der Enthusiasmus über das Projekt in gleichem Maße wie die Erkenntnis, daß die Erstellung logischer und verständlicher medizinischer Flußdiagramme nicht so einfach war, wie wir uns das in der anfänglichen Begeisterung vorgestellt hatten. Die Idee eines solchen „Entscheidungsbaums" ist es, den Lösungsweg eines diagnostischen Problems graphisch darzustellen sowie die verschiedenen therapeutischen Möglichkeiten gegeneinander abzuwägen.

Jedes Kapitel ist in sich abgeschlossen, die zu bestimmten Krankheitsbildern gehörenden Texte sind jeweils in Gruppen zusammengefaßt. Die „Entscheidungshilfen in der Weichteilchirurgie" sollen die Auswahl bereits existierender chirurgischer Lehrbücher vervollständigen, nicht ersetzen. Sie können vor allem praktizierenden Tierärzten helfen, ihr Wissen aufzufrischen und ihren diagnostischen wie therapeutischen Horizont zu erweitern. Den Studenten sollen sie problemlösendes Denken und die Abwägung von Alternativen bei Problemen in der Weichteilchirurgie lehren. Die beteiligten Autoren wurden aufgrund ihrer jeweiligen Spezialisierung ausgewählt; jedes Kapitel repräsentiert ihren spezifischen Lösungsansatz für die jeweilige Fragestellung.

Die Herausgeber haben sich schließlich um ein einheitliches Erscheinungsbild bemüht, ohne individuelle Besonderheiten auszugrenzen. Wir hoffen, von den Lesern zu hören, wenn deren Ansichten sich von unseren unterscheiden.

Wir danken Brain Decker und Walter Bailey für ihre Unterstützung und Ermutigung während der Entstehung dieses Buches. Unser besonderer Dank gilt unserer Mitherausgeberin Agnes McIvor, die mit ihrer großen Hilfe wesentlichen Anteil am Aufbau und an der hohen Qualität der chirurgischen Flußdiagramme hat. Unser Dank gilt ferner Muriel Burke und Mary Sinclair für ihre Geduld bei den Schreibarbeiten, Lloy Osburn danken wir für seine Zeichnungen.

Allen G. Binnington
Joanne R. Cockshutt

G. Sumner-Smith
Decision Making in Small Animal Orthopaedic Surgery

Auf dem Gebiet der Kleintierorthopädie wird der Anfänger häufig von einer gerade in jüngster Zeit explosionsartig zunehmenden Literatur schier erdrückt. Folglich ist es für den Unerfahrenen oftmals schwierig, einen gangbaren Weg durch die Textstellen zu finden und aufgrund des Literaturstudiums Behandlungsentscheidungen zu treffen.
Die jüngste Generation von Veterinärchirurgen wurde jedoch mit der problemorientierten medizinischen Methode (POM) bei der Bewältigung ihrer Fälle konfrontiert, was natürlich auch in der täglichen Praxis – auf Kosten der empirischen Methodik früherer Generationen – zum Tragen kommt. Zusätzlich hat die zunehmende Verbreitung des Computers, der heute überall im Lernprozeß eine wichtige Rolle spielt, die kritische, schrittweise problemorientierte Untersuchungsmethode gefördert, da er Fragestellungen genau auf diese Weise angeht. So spricht im hektischen Klinikbetrieb vieles für den Einsatz von Entscheidungshilfen, da ihr Gebrauch dem Chirurgen bei der Bewältigung seiner Aufgaben helfen und ihm die Sicherheit geben kann, kein für Diagnose und Behandlung relevantes Symptom vergessen zu haben. Um mit Dryden zu sprechen:

Irrtümer schwimmen gleich Strohhalmen auf der Oberfläche,
wer nach Perlen suchen will, muß tief tauchen.

John Dryden
(1631–1700)

Dennoch besteht bei diesen Texten mit ihrem Leitliniencharakter und den griffigen, klaren Gedankengängen die Gefahr, daß ihr Gebrauch den Leser ermutigt, ein empirisch Denkender zu bleiben; ich weise ausdrücklich darauf hin, daß dieses Buch zwar der Wissensvermittlung dient, jedoch nicht chirurgisch-orthopädische Kunstfertigkeit ersetzen kann.
Die letztgenannte Eigenschaft, die für die Ausbildung einer guten Urteilskraft unverzichtbar ist, ist zwar eine Frage des gewissenhaften Studiums, mehr aber noch der Zeit und der Erfahrung.
Dem Verleger und der Redaktion danke ich für die Aufforderung, dieses Buch herauszugeben. Ich glaubte zunächst, dies würde einfach sein und nur wenige Wochen Zeit in Anspruch nehmen. Weit gefehlt! Ein Buch in Form von Entscheidungshilfen zu entwerfen erfordert ein völlig anderes Vorgehen als das Erstellen eines „normalen“ Manuskriptes. Meine Mitherausgeberin beim Verlag B. C. Decker war Frau Agnes McIvor, die mit Geduld und guter Laune meine kleinen Schwächen ertrug und mich auf dem rechten Weg hielt. Ihr möchte ich meinen ganz besonderen Dank aussprechen.
Lloy Osburn und Dr. Clive Eger zeichneten die Abbildungen, die fast alle Originale darstellen. Ihre graphischen Künste haben den Text deutlich aufgewertet. Schließlich möchte ich noch allen mitwirkenden Autoren herzlich danken, ohne deren Hilfe es schließlich nicht möglich gewesen wäre, dieses Buch herauszugeben.

Geoff Sumner-Smith

Mitarbeiter

Allen G. Binnington, D. V. M., M. Sc.
Diplomate A. C. V. S., Associate Professor, Ontario Veterinary College, University of Guelph, Guelph, Ontario, Canada

Brian C. Buckrell, D.V.M., M. Sc.
Diplomate A. C. T., Assistant Professor, Department of Population Medicine, Ontario Veterinary College, University of Guelph, Guelph, Ontario, Canada

Joanne R. Cockshutt, D. V. M., M. Sc.
Assistant Professor, Ontario Veterinary College, University of Guelph, Guelph, Ontario, Canada

Jon F. Dee, D. V. M., M. S.
Diplomate A. C. V. S., Hollywood Animal Hospital, Hollywood, Florida, USA

Larry G. Dee, A. B., D. V. M., Dip. A. B. V. P.
Diplomate A. B. V. P., Hollywood Animal Hospital, Hollywood, Florida, USA

Cindy L. Fries, D. V. M.
Department of Clinical Studies, Ontario Veterinary College, University of Guelph, Guelph, Ontario, Canada

David L. Holmberg, D. V. M., M. V. Sc.
Diplomate A. C. V. S., Associate Professor, Department of Clinical Studies, Ontario Veterinary College, University of Guelph, Guelph, Ontario, Canada

Dennis A. Jackson, D. V. M., M. S.
Diplomate A. C. V. S., Veterinary Referral Services Ltd, Vancouver, British Columbia, Canada

Elizabeth J. Laing, B. S., D. V. M., D. V. Sc.
Department of Clinical Studies, Ontario Veterinary College, University of Guelph, Guelph, Ontario, Canada

Karol A. Mathews, D. V. M., D. V. Sc.
Department of Clinical Studies, Ontario Veterinary College, University of Guelph, Guelph, Ontario, Canada

Craig W. Miller, D. V. M., M. V. Sc.
Diplomate A. C. V. S., Assistant Professor, Department of Clinical Studies, Ontario Veterinary College, University of Guelph, Guelph, Ontario, Canada

W. Dieter Prieur, Dr. med. vet.
Director, A. O. Vet Zentrum, Institute Straumann Waldenburg, Switzerland; Adjunct Professor, School of Veterinary Medicine, Michigan State University, East Lansing, Michigan, USA

Howard B. Seim III, D. V. M.
Diplomate A. C. V. S., Associate Professor, Department of Clinical Sciences, Colorado State University, Fort Collins, Colorado, USA

Elizabeth A. Stone, D. V. M., M. S.
Diplomate A. C. V. S., Associate Professor, Department of Companion Animals and Special Species Medicine, School of Veterinary Medicine, North Carolina State University, Raleigh, North Carolina, USA

Geoff Sumner-Smith, B. V. Sc., M. Sc., F. R. C. V. S.
Professor, Department of Clinical Studies, Ontario Veterinary College, University of Guelph, Guelph, Ontario, Canada

Inhaltsverzeichnis

Weichteilchirurgie

Allen G. Binnington,
Joanne R. Cockshutt

Herz und Kreislauf

Harntrakt

Prostata

Haut

Verschiedene Erkrankungen

Chirurgische Orthopädie

Geoff Sumner-Smith

Krankheiten der hinteren Gliedmaßen

Weichteilchirurgie
A. G. Binnington, J. R. Cockshutt

Einleitung

Das Lehrbuch „Entscheidungshilfen in der Weichteilchirurgie bei Kleintieren“ ist nach Organsystemen in zehn Sektionen aufgeteilt[1]. Innerhalb dieser Sektionen besteht jedes Kapitel aus einem „Flußdiagramm“ mit entsprechenden Erläuterungen. Die Überschriften der Flußdiagramme können Symptome, klinische Befunde oder Verdachtsdiagnosen darstellen.
Jedes Thema ist mit einem Flußdiagramm versehen, das einen Überblick verschaffen und als Ausgangsbasis für den Diagnoseweg dienen soll. Darauf aufbauend kann der Leser sich ggf. spezifischeren Fragestellungen widmen.
Die Flußdiagramme veranschaulichen den Weg zur Diagnose. Bei entscheidenden Aspekten der Diagnostik (charakteristische Symptome, klinische Befunde oder Testergebnisse) verzweigen sich die „Äste“, abhängig von den gewonnenen Informationen. Jede Richtung führt letztlich zu einer Diagnose oder einer definitiven Therapie.
Informationen, die durch Anamnese, klinische oder spezielle Test- und Diagnoseverfahren in die Entscheidungsfindung eingebracht werden, sind durch Pfeile gekennzeichnet, Therapievorschläge sind eingerahmt, chirurgische Eingriffe durch Großbuchstaben hervorgehoben[2].

Einige „Entscheidungswege“ führen zu mehreren Verdachtsdiagnosen. In solchen Fällen wird eine erneute Untersuchung des Patienten oder eine Überprüfung der Testergebnisse empfohlen, eine Liste von Differentialdiagnosen angeboten oder der Leser auf ein anderes Kapitel verwiesen.
Die korrespondierenden Buchstaben im Text und in den Flußdiagrammen ermöglichen es dem Leser, die jeweils gewünschten Erläuterungen zu einer Detailfrage aufzufinden.
Der Text ist also nicht dazu gedacht, zusammenhängend gelesen zu werden, sondern stellt vielmehr einen Kommentar zu den Flußdiagrammen dar. Für weitergehende Informationen wird auf die Literatur am Ende des jeweiligen Kapitels verwiesen.

---

[1] Durch die Überarbeitung hat sich die Anzahl der Sektionen verringert.

[2] In der deutschen Ausgabe sind alle zur Entscheidungsfindung beitragenden Aspekte umrahmt, Therapiemaßnahmen (konservativ oder operativ) wurden mit einem grauen Raster unterlegt.

Gutartige Tumoren der Mundhöhle

A. Patienten mit Tumoren der Mundhöhle werden im allgemeinen mit einem oder mehreren der folgenden Symptome vorgestellt: Schwierigkeiten bei der Futteraufnahme, Anorexie, Foetor ex ore, Blutung und Schwellung im Bereich der Mundhöhle, Dysphagie, Verformung des Gesichtsschädels sowie Zahnlockerung.

B. Die Adspektion der Mundhöhle führt gewöhnlich zu der Verdachtsdiagnose orale Neoplasie. Mit Hilfe der Palpation kann eine Knochenbeteiligung ausgeschlossen bzw. vermutet werden. Eine Untersuchung der regionären Lymphknoten auf pathologische Veränderungen sollte folgen.

C. Besteht der Verdacht einer Knochenbeteiligung, muß die Diagnose röntgenologisch verifiziert und die Ausbreitung des Tumors abgegrenzt werden.

D. Zur sicheren Diagnosestellung ist die Probeexzision oder die histologische Untersuchung des resezierten Gewebes unumgänglich. Auch eine adspektorisch gutartig erscheinende Umfangsvermehrung kann sich als bösartig erweisen und damit eine grundlegende Änderung von Therapie und Prognose zur Folge haben. Das Ergebnis der Biopsie bestimmt das Ausmaß und/oder die Zusammenstellung der zur Heilung nötigen Therapieverfahren.

E. Die orale Papillomatose ist eine relativ seltene virale Erkrankung junger Hunde. Einzelne Tumoren bilden sich im allgemeinen von selbst zurück und bedürfen keiner Therapie. Multiple oder sehr große Tumoren, die den korrekten Kieferschluß, das Kauen, Schlucken oder die Atmung behindern, müssen exzidiert oder mit dem Elektrokauter bzw. kryochirurgisch entfernt werden. Es empfiehlt sich, aus dem resezierten Gewebe eine Autovakzine herzustellen.

F. Die am häufigsten auftretenden gutartigen oralen Geschwülste beim Hund sind Epuliden, Tumoren des periodontalen Bandes. Man unterscheidet drei verschiedene Arten dieser Tumoren: fibromatöse, ossifizierende und akanthomatöse Epulis. 1. Die fibromatöse Epulis wächst nichtinvasiv und kann durch tiefe Exzision dauerhaft entfernt werden. Man bezeichnet sie auch als Gingivahypertrophie oder -hyperplasie. Nach einer oberflächlichen Entfernung sind Rezidive häufig. 2. Ossifizierende Epuliden sind in bezug auf Therapie und biologisches Verhalten identisch; sie unterscheiden sich von der fibromatösen Epulis lediglich durch die partielle Verknöcherung des Gewebes. 3. Die akanthomatöse Epulis wächst invasiv und geht häufig mit einer Knochenbeteiligung einher. Zur Rezidivprophylaxe wird eine partielle Mandibulektomie bzw. eine Maxillektomie durchgeführt. Die Prognose von Epuliden ist bei vollständiger Exzision sehr gut.

G. Vom Zahngewebe ausgehende Tumoren wie Ameloblastome und Odontome sind bei Hunden eher selten. Sie wachsen häufig invasiv in den Knochen und müssen vor der Therapie röntgenologisch abgegrenzt werden. Als erfolgversprechende Behandlungsformen haben sich die Exzision (partielle Mandibul- bzw. Maxillektomie), die Kryotherapie nach Kürettage des Tumorlagers sowie die Bestrahlung erwiesen. Bei vollständiger Exzision ist die Prognose günstig.

Literatur

1. Norris AM, Withrow SJ, Dubielzig RR. Oropharyngeal neoplasms. In: Harvey CE, ed. Veterinary dentistry. Philadelphia: WB Saunders, 1985: 123.
2. Richardson RC, Jones MA, Elliott GS. Oral neoplasms in the dog: a diagnostic and therapeutic dilemma. Comp Cont Ed 1983; 5(6): 441.
3. Weiss E. Geschwülste (Mund- und Rachenhöhle). In: Dahme E, Weiss E. Grundriß der speziellen pathologischen Anatomie der Haustiere. Stuttgart: Enke, 1983: 130.

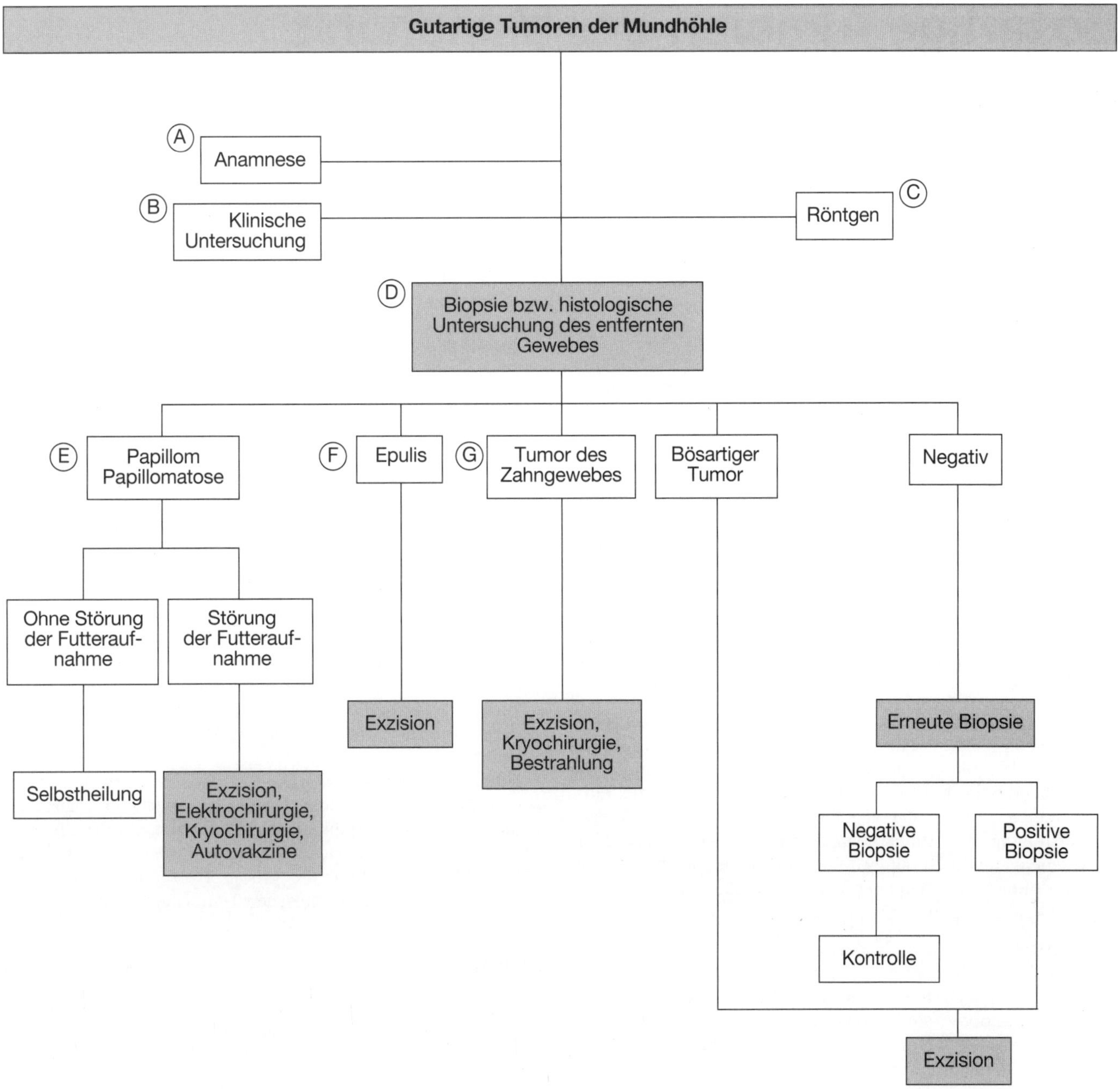
Gutartige Tumoren der Mundhöhle
A
Anamnese
B
Klinische Untersuchung
C
Röntgen
D
Biopsie bzw. histologische Untersuchung des entfernten Gewebes
E
Papillom Papillomatose
F
Epulis
G
Tumor des Zahngewebes
Bösartiger Tumor
Negativ
Ohne Störung der Futteraufnahme
Störung der Futteraufnahme
Exzision
Exzision, Kryochirurgie, Bestrahlung
Erneute Biopsie
Selbstheilung
Exzision, Elektrochirurgie, Kryochirurgie, Autovakzine
Negative Biopsie
Positive Biopsie
Kontrolle
Exzision

Bösartige Tumoren der Mundhöhle

Therapie und Prognose maligner Tumoren der Mundhöhle sind abhängig vom histologischen Typ, von der Lokalisation des Primärtumors, seiner Ausbreitung und vom Allgemeinbefinden des Patienten. Beim Hund findet man hauptsächlich maligne Melanome, Fibrosarkome, Plattenepithelkarzinome und primäre Knochentumoren. Bei der Katze überwiegen Plattenepithelkarzinome und Fibrosarkome.

A. Patienten mit oralen Tumoren werden im allgemeinen mit einem oder mehreren der folgenden Symptome vorgestellt: Schwierigkeiten bei der Futteraufnahme, Anorexie, Foetor ex ore, Blutung und Schwellung im Bereich der Mundhöhle, Dysphagie, Verformung des Gesichtsschädels und Zahnlokkerung.

B. Die Verdachtsdiagnose eines Tumors im Bereich der Mundhöhle kann oft schon während der ersten klinischen Untersuchung gestellt werden. Das Vorliegen einer oralen Umfangsvermehrung bzw. einer erosiven oder ulzerativen Veränderung kann das erste Anzeichen eines Neoplasmas sein. Im Verlauf des Tumorwachstums kommen weitere Symptome wie Verformung des Kraniums, Blutungen, übler Mundgeruch und palpatorisch vergrößerte regionäre Lymphknoten dazu.

C. Der Schädel sollte in verschiedenen Ebenen röntgenologisch dargestellt werden; es werden Aufnahmen bei ventrodorsalem und laterolateralem Strahlengang sowie rechts und links anliegend bei schrägem, lateralem und darüber hinaus tangentialem Strahlengang angefertigt, des weiteren wird eine Darstellung der Bullae tympanicae bei kraniokaudalem Strahlengang durch den geöffneten Fang durchgeführt. Zur Ermittlung einer adäquaten Therapie ist die Frage nach der Knochenbeteiligung von entscheidender Bedeutung.

D. Zur Bestimmung des histologischen Tumortyps sollte, wenn möglich, eine Probeexzision oder eine histologische Untersuchung des resezierten Gewebes durchgeführt werden. Auch Feinnadelbiopsien sind von diagnostischem Wert. Zusammen mit einer exakten Röntgendiagnostik und einer Lymphknotenbiopsie kann der Therapieplan erstellt werden.

E. Primäre Knochentumoren im Bereich der Mundhöhle sind beim Hund relativ selten. Die Therapie der Wahl ist die chirurgische Entfernung der Neoplasie. In Abhängigkeit von der Lokalisation des Tumors kann eine partielle oder Hemimandibulektomie bzw. eine partielle Maxillektomie durchgeführt werden.

F. Das maligne Melanom der Mundhöhle ist ein schnell und lokal invasiv wachsender Tumor mit einer hohen Metastasierungsrate. Die Therapie setzt sich zusammen aus der Exzision der Geschwulst, Kryo- bzw. Elektrochirurgie, Hyperthermie und/oder Bestrahlung, sowie einer systemischen Behandlung mit geeigneten Chemotherapeutika zur Verhinderung der Metastasenbildung. Die Langzeitprognose ist ungünstig. Wenn zum Zeitpunkt der Diagnosestellung bereits Metastasen vorliegen, ist sie infaust.

G. Das Fibrosarkom ist ein schnell und lokal invasiv wachsender Tumor mit einer hohen Rezidivrate. Zum Zeitpunkt der Diagnosestellung können häufig bereits Tochtergeschwülste nachgewiesen werden. Die Therapie besteht in großzügiger Exzision der Neoplasie, wie bereits beim malignen Melanom beschrieben. Die Prognose für Patienten, die mit einem Fibrosarkom vorgestellt werden, ist ungünstig; liegen bereits Fernmetastasen vor, ist sie infaust.

H. Plattenepithelkarzinome sind lokal invasiv wachsende, bevorzugt auf den Knochen übergreifende Tumoren mit einer geringen Tendenz zur Fernmetastasierung. Die Therapie besteht primär in der chirurgischen Exzision. Die Prognose ist auch bei früher und vollständiger Entfernung des Tumors vorsichtig bis ungünstig. Durch die Strahlenempfindlichkeit dieser Tumorart scheint auch die Radiotherapie erfolgversprechend.

Bösartige Neoplasien der Mundhöhle haben ganz allgemein eine ungünstige Prognose. Obwohl die meisten der zur Zeit durchgeführten therapeutischen Maßnahmen rein palliativer Art sind, liegt in der Kombination der verschiedenen Behandlungsverfahren die größte Hoffnung auf Eindämmung lokalen und systemischen Tumorwachstums.

Literatur

1. Harvey HJ, MacEwen FB, Brown D et al. Prognostic criteria for dogs with oral melanoma. JAVMA 1980; 178(6): 580.
2. Hoyt RF Jr, Withrow SJ. Oral malignancy in the dog. JAAHA 1984; 20: 83.
3. Thrall DE. Orthovoltage radiotherapy of oral fibrosarcomas in dogs. JAVMA 1981; 179: 159.
4. Todoroff RJ, Brodey RS. Oral and pharyngeal neoplasia in the dog: a retrospective survey of 361 cases. JAVMA 1979; 175(6): 567.
5. Weiss E. Geschwülste (Mund- und Rachenhöhle). In: Dahme E, Weiss E. Grundriß der speziellen pathologischen Anatomie der Haustiere. Stuttgart: Enke, 1983: 130.

Bösartige Tumoren der Mundhöhle

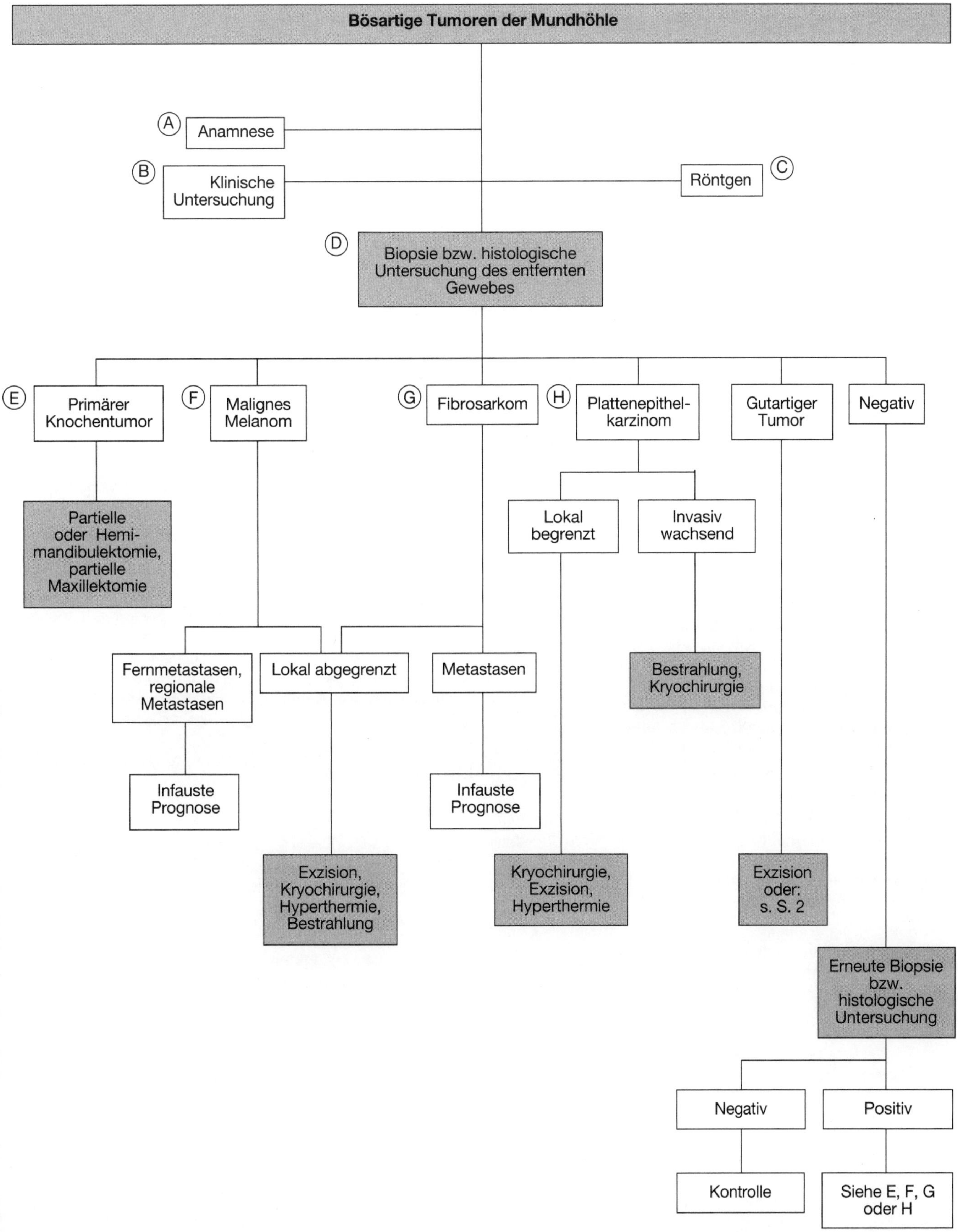

Veränderungen der Tonsillen

A. Patienten mit Veränderungen der Tonsillen werden wegen des plötzlichen Auftretens von Würgen, Salivation und Dysphagie vorgestellt. Mit Fortschreiten der Veränderungen können Symptome wie Anorexie, reduziertes Allgemeinbefinden und Blutungen aus der Mundhöhle dazukommen.

B. Es wird eine eingehende klinische Untersuchung mit besonderer Beachtung der Mundhöhle durchgeführt. Neben lokalisierter oder generalisierter Entzündung der Schleimhaut und Foetor ex ore können ein- oder beidseitige Tonsillenvergrößerung und ein Herausragen der Mandeln aus ihrer Tasche festgestellt werden.

C. Die Tonsillitis als eigenständige Krankheit ist bei Hund und Katze sehr selten. Häufiger ist sie das Symptom einer systemischen Erkrankung oder einer lokalen Problematik (z. B. Neoplasie oder Fremdkörper). Zur endgültigen Diagnosestellung sind weitergehende Untersuchungen des Patienten nötig.

D. Bei Veränderungen beider Tonsillen wird zwischen entzündlichen und nichtentzündlichen Prozessen unterschieden. Eine nichtentzündliche Vergrößerung läßt auf eine metastasierende Neoplasie oder eine Systemerkrankung schließen. Die Biopsie der betroffenen Tonsille führt entweder zur definitiven Diagnose einer tumorösen Erkrankung oder ergibt einen unspezifischen Befund, wenn ursächlich eine Systemerkrankung vorliegt. Auch bei Patienten mit entzündungsbedingter beidseitiger Tonsillenvergrößerung (z. B. durch Fremdkörper, Infektion oder Trauma) wird eine Biopsie empfohlen. Der histopathologische Nachweis von spezifischen Krankheitszeichen kann beim Aufstellen eines geeigneten Therapieplans sehr hilfreich sein.

E. Auch bei Tieren mit einseitigen Tonsillenveränderungen wird zwischen entzündlichen und nichtentzündlichen Prozessen unterschieden. Wegen der Vielzahl an Differentialdiagnosen ist auch hier die Tonsillenbiopsie obligatorisch. Die histopathologischen Ergebnisse helfen bei der Erstellung eines entsprechenden Behandlungskonzeptes. Der häufigste Primärtumor in diesem Bereich ist das von der Tonsillentasche ausgehende Plattenepithelkarzinom. Sehr viel seltener ist die tumoröse Entartung der Tonsille selber, z. B. beim Lymphosarkom.

F. Die primäre Entzündung der Mandeln ist selten. Im allgemeinen entsteht sie sekundär als Folge eines externen Traumas oder als Reaktion auf einen in die Tonsillentasche eingespießten Fremdkörper (Granne o. ä.). Die Tonsillitis ist außerdem ein häufiges Symptom bei Allgemeinerkrankungen wie Staupe oder Infektionen des oberen Respirationstraktes sowie sekundär bei chronischem Husten.

G. Die Behandlung der Tonsillitis hängt natürlich von der Ätiologie der Entzündung ab. Im Falle eines Primärinfektes sollte die Mandeltasche sorgfältig nach Fremdkörpern abgesucht werden. Nach deren Entfernung klingt die Entzündung sofort ab.

H. Patienten mit einer chronisch-rezidivierenden, primären Tonsillitis ohne erkennbare Ursache kann mit der Tonsillektomie geholfen werden. Im Falle einer sekundären Entzündung bringt die erfolgreiche Behandlung der ursächlichen Systemerkrankung auch die Tonsillitis zur Abheilung.

I. Die perorale Tonsillektomie wird durchgeführt, indem die Mandel mit einer Allis-Klemme gefaßt und aus der Tonsillentasche gezogen wird. Danach wird eine Klemme über die Basis der Mandel gesetzt, die Tonsille exzidiert und das über der Klemme verbleibende Gewebe übernäht. Diese Operationstechnik erlaubt sowohl eine vollständige Entfernung des Lymphgewebes als auch die primäre Naht der pharyngealen Mukosa zur Vermeidung von Nachblutungen.

Literatur

1. Brodey RS. Differentiating tonsillar lesions in the dog. Mod Vet Pract 1966; 47: 58.
2. Dulisch MC. The tonsils. In: Slatter DH, ed. Textbook of small animal surgery. Philadelphia: WB Saunders, 1985: 1219.
3. MacMillan R, Withrow SJ, Gillette EL. Surgery and regional irradiation for treatment of canine tonsillar squamous cell carcinoma: retrospective review of eight cases. JAAHA 1982; 18: 311.

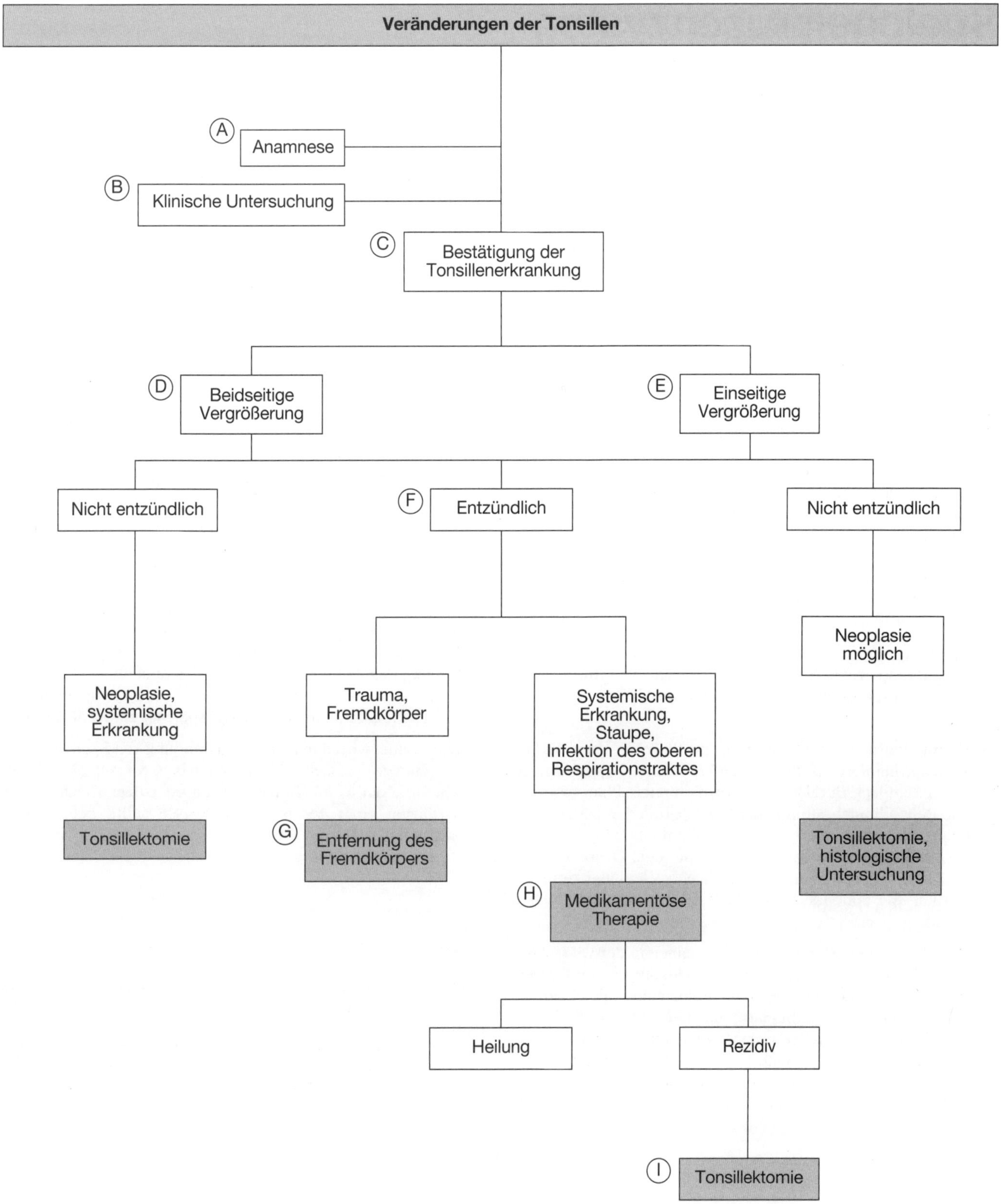
Veränderungen der Tonsillen
A
Anamnese
B
Klinische Untersuchung
C
Bestätigung der Tonsillenerkrankung
D
Beidseitige Vergrößerung
E
Einseitige Vergrößerung
Nicht entzündlich
F
Entzündlich
Nicht entzündlich
Neoplasie möglich
Neoplasie, systemische Erkrankung
Trauma, Fremdkörper
Systemische Erkrankung, Staupe, Infektion des oberen Respirationstraktes
Tonsillektomie
G
Entfernung des Fremdkörpers
Tonsillektomie, histologische Untersuchung
H
Medikamentöse Therapie
Heilung
Rezidiv
I
Tonsillektomie

Speicheldrüsenzysten

A. Patienten, die mit einer nicht schmerzhaften, fluktuierenden Umfangsvermehrung im Intermandibularraum, ventral am Hals oder unter der Zunge vorgestellt werden, leiden mit großer Wahrscheinlichkeit an einer Speicheldrüsenzyste. Die meist betroffenen Speicheldrüsen sind die Glandula mandibularis und die Glandula sublingualis monostomatica, wobei letztere überwiegt. Die Diagnose stützt sich auf Anamnese, klinische Untersuchung, Palpation und eventuell Punktion mit anschließender zytologischer Untersuchung.

B. Differentialdiagnostisch kommen Neoplasien (Adenokarzinom der Speicheldrüse, Schilddrüsenkarzinom oder Plattenepithelkarzinom) bzw. ein zervikaler Abszeß in Frage. Die Punktion eines Tumors ergibt keine oder nur wenig Flüssigkeit mit dem gelegentlichen Nachweis von Tumorzellen bei der zytologischen Untersuchung. Die Flüssigkeit, die bei einem Abszeß gewonnen wird, ist in aller Regel eitrig, mit Neutrophilen und Bakterien im Ausstrich. Bei Vorliegen einer Speicheldrüsenzyste hingegen fließt eine visköse, serös-blutige bis rötlich-gelbe Flüssigkeit ab, in der einige Neutrophile und Makrophagen gefunden werden können. Eine Sialographie kann aus diagnostischem Interesse durchgeführt werden, ist jedoch sehr zeitaufwendig und oft von fraglichem Aussagewert.

C. Abhängig von ihrer anatomischen Lokalisation gibt es drei Hauptgruppen von Speicheldrüsenzysten: pharyngeale und zervikale Mukozelen (Meliceris) sowie die Unterzungenzyste (Ranula).

D. Hauptlokalisation der Meliceris ist die Pharyngealregion. Die Zyste prominiert als fluktuierende, weiche, kuppelförmige Schwellung im Bereich der ventrolateralen Pharynxwand. Die Behandlung besteht in der Exstirpation der ipsilateralen Glandulae mandibularis et sublingualis monostomatica. Kleinere Mukozelen können zusammen mit dem Drüsengewebe entfernt, größere Zysten lediglich gespalten und drainiert werden. Sie bilden sich innerhalb einiger Tage bis Wochen zurück.

E. Zervikale Mukozelen sind im allgemeinen in der ventrolateralen Region des Kopfes und Halses lokalisiert, im Bereich zwischen der mandibulären und sublingualen Speicheldrüse sowie dem Intermandibularraum. Die meisten Patienten werden mit einer Meliceris im Zwischenkieferbereich vorgestellt. Die betroffene Seite (links oder rechts) kann durch folgende Parameter ermittelt werden: Anamnese, Untersuchung der Mundhöhle auf Ranula oder eine pharyngeale Mukozele sowie Sialographie; des weiteren wird bei Rückenlage des Patienten die Speichelflüssigkeit vorsichtig zur rechten oder linken Seite gedrückt, wobei sie dazu neigt, zur ursprünglichen Seite hin abzufließen. Die Behandlung der zervikalen Mukozele besteht in der Exstirpation der ipsilateralen Glandulae mandibularis et sublingualis monostomatica. Aufgrund der engen anatomischen Nachbarschaft werden beide Drüsen gemeinsam entfernt. Die Exzision sollte vorzugsweise intrakapsulär durchgeführt werden, da hierdurch eine vollständige Dissektion beider Drüsen gewährleistet ist und die Hauptblutgefäße auf der dorsomedialen Oberfläche der Glandulae dargestellt werden können. Zur vollständigen Drüsenresektion ist eine sorgfältige Präparation des dem Ausführungsgang der Glandula mandibularis anliegenden Teils der Glandula sublingualis monostomatica unerläßlich. Der Gang wird ligiert und durchtrennt. Während der Präparation wird gelegentlich eine Verbindung zwischen der Mukozele und dem Ausführungsgang freigelegt. Nach dessen Ligatur wird der in der Zyste angesammelte Speichel abgesaugt bzw. nach Stichinzision abgelassen und eine Penrose-Drainage eingelegt; diese beläßt man 2 bis 3 Tage, damit der Abfluß des Sekrets gewährleistet ist. Kann die Seite der Meliceris nicht bestimmt werden, so sollten die Drüsen beidseits entfernt und die Mukozele drainiert werden. Da Hunde acht Speicheldrüsen haben, hat die beidseitige Entfernung der Glandulae mandibulares et sublinguales monostomaticae keinen entscheidenden Einfluß auf die Fähigkeit des Tiers, eine adäquate Menge Speichel zu produzieren.

F. Die Ranula wird durch eine Ansammlung von Speichel unter der Zunge verursacht. Die Spaltung bzw. Marsupialisation ist Therapie der Wahl. Bei Rezidiven oder dem gleichzeitigen Vorliegen einer zervikalen Mukozele sollte neben einer Marsupialisation die Exstirpation der ipsilateralen Speicheldrüsen erfolgen.

Literatur

1. Glen JB. Canine salivary mucoceles. Results of sialographic examination and surgical treatment in fifty cases. J Small Anim Pract 1972; 13: 515.
2. Harvey CE. The salivary glands-diseases. In: Slatter DH, ed. Textbook of small animal surgery. Philadelphia: WB Saunders, 1985: 645.
3. Harvey HJ. Pharyngeal mucoceles in dogs. JAVMA 1981; 178(12): 1282.

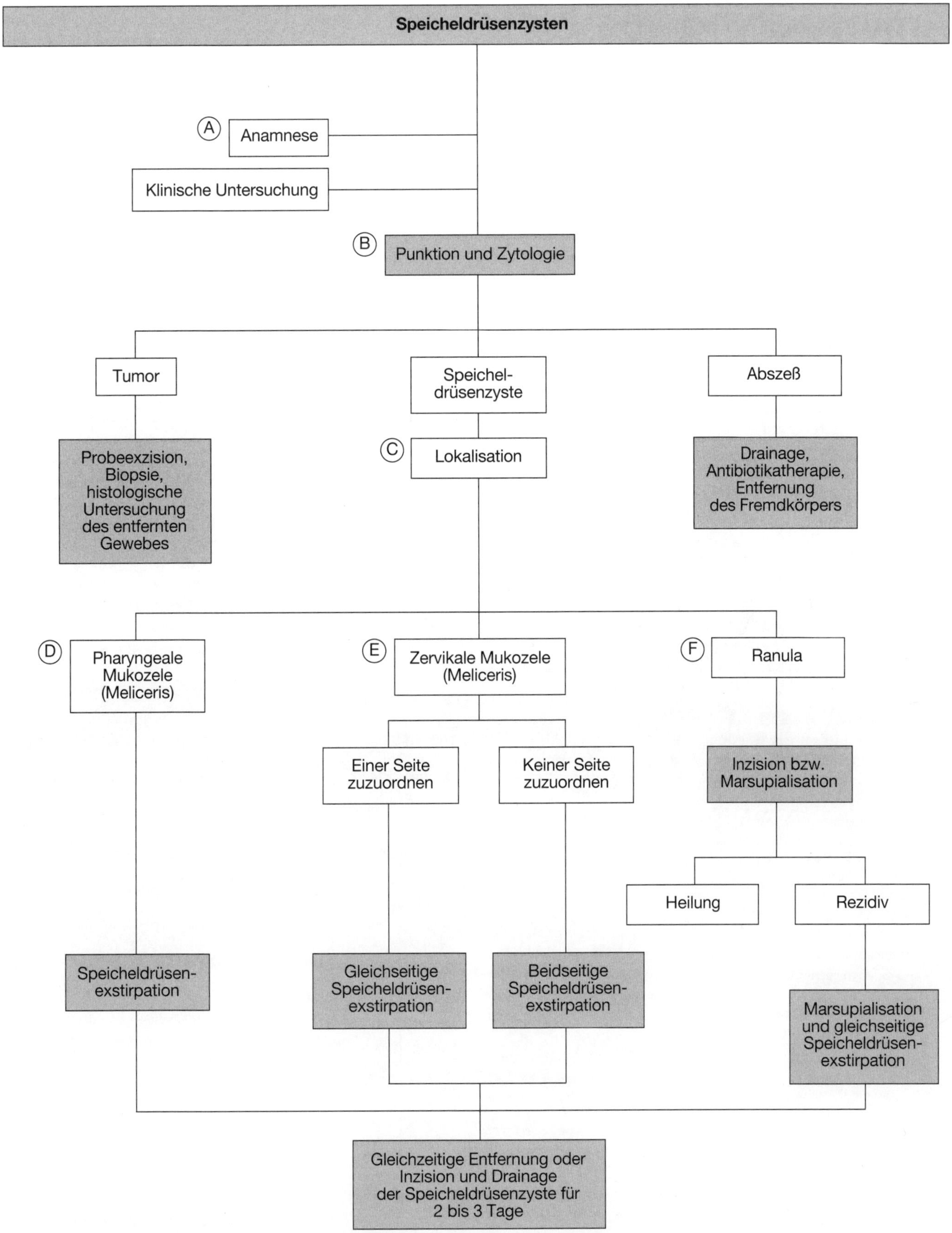

Speicheldrüsenzysten
A
Anamnese
Klinische Untersuchung
B
Punktion und Zytologie
Tumor
Speicheldrüsenzyste
Abszeß
Probeexzision, Biopsie, histologische Untersuchung des entfernten Gewebes
C
Lokalisation
Drainage, Antibiotikatherapie, Entfernung des Fremdkörpers
D
Pharyngeale Mukozele (Meliceris)
E
Zervikale Mukozele (Meliceris)
F
Ranula
Einer Seite zuzuordnen
Keiner Seite zuzuordnen
Inzision bzw. Marsupialisation
Heilung
Rezidiv
Speicheldrüsenexstirpation
Gleichseitige Speicheldrüsenexstirpation
Beidseitige Speicheldrüsenexstirpation
Marsupialisation und gleichseitige Speicheldrüsenexstirpation
Gleichzeitige Entfernung oder Inzision und Drainage der Speicheldrüsenzyste für 2 bis 3 Tage

Krikopharyngeale Achalasie

A. Patienten mit einer krikopharyngealen Achalasie werden mit folgenden Symptomen vorgestellt: persistierende Dysphagie und Regurgitation. Die persistierende Dysphagie tritt beim Welpen zum ersten Mal kurz nach dem Absetzen vom Muttertier auf. Sofort auf die mehrfachen Versuche abzuschlucken, folgt ein Regurgitieren des Futters, begleitet von heftigen Hustenanfällen. Die Patienten sollten, neben der Suche nach der Ursache der Abschluckbeschwerden, auf respiratorische Erkrankungen hin untersucht werden, die durch Aspiration von Futter verursacht werden können.

B. Die asynchrone Kontraktur des M. cricopharyngeus als Reaktion auf einen festen Futterbissen verursacht ein sofortiges Regurgitieren nach dem Fressen. Dosenfutter wird ca. 30 Sekunden nach der Aufnahme wieder hervorgewürgt. Späteres Regurgitieren läßt eine Dysfunktion des Ösophagus vermuten. Die Differenzierung zwischen Erbrechen und Regurgitieren ist für die Diagnosestellung von entscheidender Bedeutung. Handelt es sich um echtes Erbrechen, liegt die Ursache in einer Erkrankung des Magens oder der vorderen Dünndarmabschnitte.

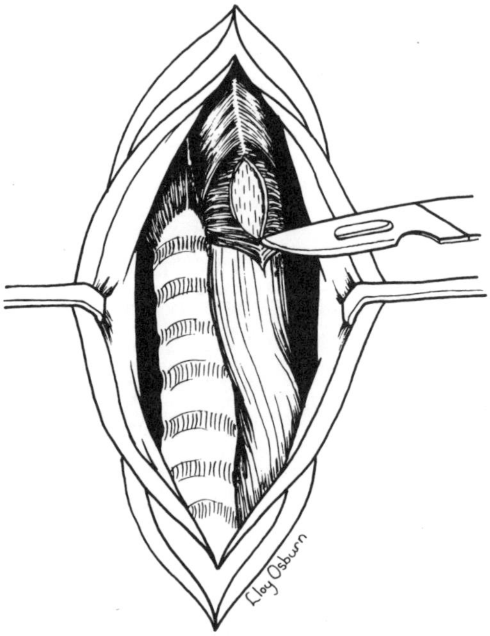

Abb.1. Myotomie des M. cricopharyngeus und der benachbarten kranialen Ösophagusmuskulatur.

C. Die Röntgendurchleuchtung erlaubt bei Verabreichung von mit Bariumsulfat vermischtem Dosenfutter die genaue Darstellung des Schluckmechanismus. Während des Abschlukkens kann die asynchrone Kontraktion des M. cricopharyngeus beobachtet werden. Nur wenig oder kein Kontrastmittel wird über den Schlund in die Speiseröhre befördert, es sammelt sich vielmehr in einem extrem ausgeweiteten Teil des kaudalen Pharynxbereichs.

D. Therapie der Wahl ist die Myotomie des M. cricopharyngeus (Abb. 1). Der Hautschnitt befindet sich median über der Larynxregion. Der Larynx wird dargestellt und zur Adspektion des M. cricopharyngeus und des dorsalen Ösophagus um 180 Grad gedreht. Vom Ösophagus kann der Muskel durch seinen transversalen Faserverlauf unterschieden werden. Er wird von der darunterliegenden Mukosa freipräpariert und durchtrennt, woraufhin sich die intakte Ösophagusschleimhaut beim Schluckakt entsprechend ausdehnen und vorwölben kann. Der Wundverschluß erfolgt routinemäßig. Der Patient kann sofort postoperativ wesentlich besser oder sogar normal abschlucken.

Literatur

1. Goring RL, Kagan KG. Cricopharyngeal achalasia in the dog: radiographic evaluation and surgical management. Comp Cont Ed 1982; 4(5): 438.
2. Hoffer RE. Surgical esophageal diseases. In: Bjorab MJ, ed. Pathophysiology in small animal surgery. Philadelphia: Lea & Febiger, 1981: 90.
3. Rosin E. Krikopharyngeale Achalasie. In: Bojrab MJ. Praxis der Kleintierchirurgie. Stuttgart: Enke, 1981: 115.
4. Shelton GD, Swallowing disorders in the dog. Comp Cont Ed 1982; 4(7): 608.
5. Sokolowski V. Crico-pharyngeale Achalasie. J Amer Vet Med Assoc 1967; 150: 281.

Krikopharyngeale Achalasie

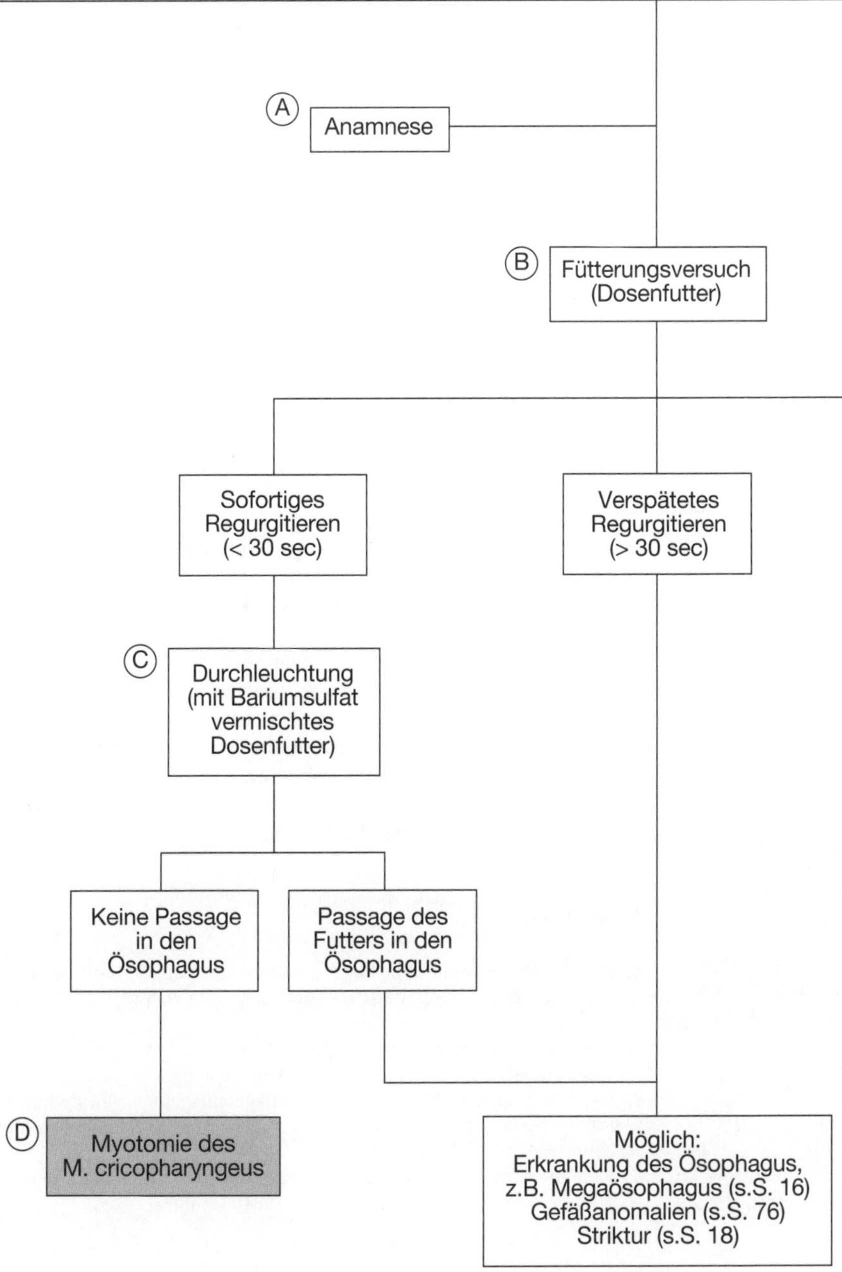

Fremdkörper im Halsbereich des Ösophagus

A. Patienten mit einem Fremdkörper im Ösophagus werden mit einer Reihe von Symptomen vorgestellt, deren Ausprägung von der Dauer der Erkrankung abhängig ist. Am Anfang zeigen die Tiere Speicheln, Würgen und Regurgitieren. Weitere Symptome sind Dysphagie, Unwohlsein und betont langsames Schlucken. Bei länger andauernder Obstruktion können diese Anzeichen verschwinden. Zurück bleiben unspezifische Symptome wie reduziertes Allgemeinbefinden, Anorexie und Gewichtsverlust.

B. Die meisten der die Speiseröhre verlegenden Fremdkörper sind von fester Konsistenz (Knorpel, Knochen, Holz), so daß sie leicht palpiert werden können, wenn sie sich im Halsbereich des Ösophagus befinden. Bei negativem Palpationsbefund kann die Röntgenuntersuchung des Halses und/oder die Eingabe eines Kontrastmittelschlucks unter Durchleuchtungskontrolle hilfreich sein.

C. Ungefähr 90 % aller Ösophagusfremdkörper können ohne chirurgischen Eingriff entfernt werden. Das Aufsuchen und Entfernen des Fremdmaterials mit Hilfe eines starren oder flexiblen Endoskops ist Mittel der Wahl. Zur Entfernung von weichen und glatten Fremdkörpern eignet sich eine Technik besonders gut, bei der die Extraktion mit Hilfe zweier Foley-Katheter erfolgt. Der erste Katheter wird über den Fremdkörper hinaus, der zweite bis kranial davon in den Ösophagus eingeführt. Die Ballons der Katheter werden mit Luft gefüllt, erweitern dadurch den Ösophagus, und der Fremdkörper kann mit Hilfe beider Katheter schleimhautschonend extrahiert werden.

D. Bei im Ösophagus festsitzenden Knochen kann versucht werden diese vorsichtig in den Magen weiterzuschieben. Meist lösen sie sich dort innerhalb einiger Tage vollständig auf.

E. Im Halsbereich des Ösophagus festsitzende Fremdkörper werden über einen medianen ventralen Zugang entfernt. Zunächst kann versucht werden, den Fremdkörper durch vorsichtige manuelle Massage in Richtung Mundhöhle zu schieben. Wenn dies nicht gelingt, wird eine longitudinale Ösophagotomie im gesunden Gewebe (vorzugsweise aboral der Fremdkörperlage) durchgeführt und der Fremdkörper entfernt. Der Wundverschluß erfolgt durch eine zweireihige Naht: Die Mukosa wird mit einfachen Knopfheften vernäht, wobei die Knoten im Lumen liegen sollen, die Muskularis mit einer horizontalen Matratzennaht aus Einzelheften verschlossen.

F. Nach konservativer Entfernung des Fremdkörpers wird eine Endoskopie durchgeführt, wobei besonders auf Anzeichen einer Ösophagitis und Erosionen, Ulzerationen oder Perforationen zu achten ist. Die röntgenologische Darstellung des Ösophagus mit Hilfe eines Kontrastmittelschlucks kann ebenfalls angezeigt sein. Zur Vermeidung von Strikturen muß eine Ösophagitis konsequent therapiert werden.

G. Wird die Naht der Ösophagotomie dehiszent, kann die undichte Stelle mit einem Streifen aus dem M. sternothyreoideus abgedeckt werden. Der Muskel wird aus dem umliegenden Gewebe präpariert, in Richtung der Ösophagotomiestelle mobilisiert und mit einfachen Knopfheften über dem Ösophagusdefekt vernäht. Während der ersten 7 bis 10 postoperativen Tage sollte der Patient über eine Magensonde ernährt werden. Hierzu wird über einen linken parakostalen Zugang ein großkalibriger Foley-Katheter im Fundusbereich des Magens plaziert. Vor Entfernung der Magensonde wird die Unversehrtheit des Ösophagus überprüft.

Literatur

1. Howard DR, Lammerding JJ, Dewevre PB. Esophageal reinforcement with sternothyroideus muscle in the dog. Canine Pract 1975; 2(4): 30.
2. Matis U. Zur Obstructio oesophagi beim Hund. In: 27. Jahrestag Deutsch Vet med Ges, Kongreßber München 1981: 7.
3. Ryan WW, Greene RW. The conservative management of esophageal foreign bodies and their complications: a review of 66 cases in dogs and cats. JAAHA 1975; 11: 243.
4. Zimmer JF. Canine esophageal foreign bodies: endoscopic, surgical and medical management. JAAHA 1984; 20: 669.

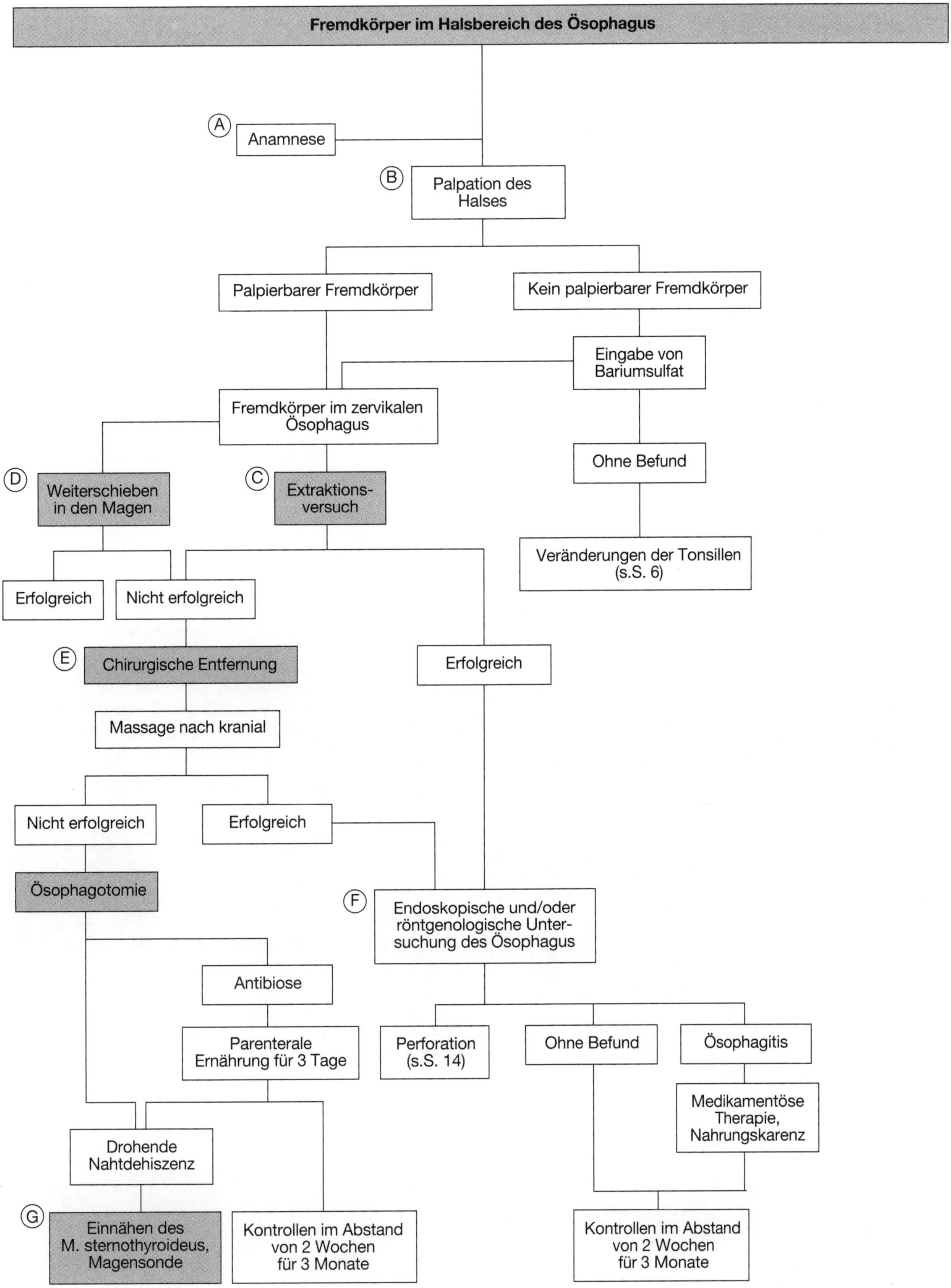
Fremdkörper im Halsbereich des Ösophagus
A
Anamnese
B
Palpation des Halses
Palpierbarer Fremdkörper
Kein palpierbarer Fremdkörper
Eingabe von Bariumsulfat
Fremdkörper im zervikalen Ösophagus
Ohne Befund
D
Weiterschieben in den Magen
C
Extraktions-versuch
Veränderungen der Tonsillen (s.S. 6)
Erfolgreich
Nicht erfolgreich
E
Chirurgische Entfernung
Erfolgreich
Massage nach kranial
Nicht erfolgreich
Erfolgreich
Ösophagotomie
F
Endoskopische und/oder röntgenologische Unter-suchung des Ösophagus
Antibiose
Parenterale Ernährung für 3 Tage
Perforation (s.S. 14)
Ohne Befund
Ösophagitis
Medikamentöse Therapie, Nahrungskarenz
Drohende Nahtdehiszenz
G
Einnähen des M. sternothyroideus, Magensonde
Kontrollen im Abstand von 2 Wochen für 3 Monate
Kontrollen im Abstand von 2 Wochen für 3 Monate

Fremdkörper im Brustbereich des Ösophagus

A. Patienten mit einem Fremdkörper im Ösophagus werden mit einer Reihe von Symptomen vorgestellt, deren Ausprägung von der Dauer der Erkrankung abhängig ist. Am Anfang zeigen die Tiere Speicheln, Würgen und Regurgitieren. Weitere Symptome sind Dysphagie, Unwohlsein und betont langsames Schlucken. Bei länger andauernder Obstruktion können diese Anzeichen verschwinden. Zurück bleiben unspezifische Symptome wie reduziertes Allgemeinbefinden, Anorexie und Gewichtsverlust.

B. Patienten mit einem Fremdkörper im thorakalen Bereich des Ösophagus zeigen ein ungestörtes bis leicht verändertes Allgemeinbefinden mit oder ohne die klassischen Zeichen des Speichelns, Würgens und Regurgitierens. Die vorsichtige Palpation des zervikalen Ösophagus ist ohne Befund.

C. Diagnose und genaue Lokalisierung eines im Brustbereich der Speiseröhre festsitzenden Fremdkörpers erfolgt am besten mittels Röntgenaufnahme des Brustkorbs bei laterolateralem Strahlengang. Ungefähr 50 % der Fremdkörper sind röntgenologisch schattengebend. Ansonsten gelingt deren Nachweis mit Hilfe der Durchleuchtungskontrolle unter Eingabe eines Kontrastmittelschlucks oder der endoskopischen Untersuchung des Ösophagus.

D. Ungefähr 90 % aller Ösophagusfremdkörper können ohne chirurgischen Eingriff entfernt werden. Das Aufsuchen und Entfernen des Fremdmaterials mit Hilfe eines starren oder flexiblen Endoskops ist Mittel der Wahl. Zur Entfernung von weichen und glatten Fremdkörpern eignet sich eine Technik besonders gut, bei der die Extraktion mit Hilfe zweier Foley-Katheter erfolgt. Der erste Katheter wird über den Fremdkörper hinaus, der zweite bis kranial davon in den Ösophagus eingeführt. Die Ballons der Katheter werden mit Luft gefüllt, erweitern dadurch den Ösophagus, und der Fremdkörper kann mit Hilfe beider Katheter schleimhautschonend extrahiert werden.

E. Bei im Ösophagus festsitzenden Knochen kann versucht werden, diese vorsichtig in den Magen weiterzuschieben. Meist lösen sie sich dort innerhalb einiger Tage vollständig auf.

F. Wenn die konservative Entfernung des Fremdkörpers im Bereich des Brusteingangs nicht gelingt, muß eine Ösophagotomie nach Zugang in der Medianen durchgeführt werden. Gelingt es nicht, die Speiseröhre ausreichend darzustellen, wird zusätzlich eine mediane Sternotomie durchgeführt.

G. Nicht konservativ zu entfernendes Fremdmaterial über der Herzbasis kann über eine Thorakotomie im 5. oder 6. linken Interkostalraum erreicht werden. Der jeweilige Zugang hängt von der Lokalisation des Fremdkörpers ab.

H. Fremdkörper im Hiatus oesophagi, die sich unter endoskopischer Kontrolle nicht extrahieren lassen, werden über eine Thorakotomie im linken 8. Interkostalraum dargestellt. Gelingt es nicht, diese zurückzumassieren und anschließend über die Mundhöhle zu entfernen, so bietet sich der transdiaphragmatische Zugang an. Dazu wird die Zwerchfellkuppel inzidiert, der Magen vorgelagert, gastrotomiert und der Fremdkörper über den Magen extrahiert. Alternativ kann eine Ösophagotomie erfolgen (s. o.). Liegt der Fremdkörper distal des Hiatus oesophagi, ist eine ventrale mediane Laparotomie und Gastrotomie indiziert.

I. Nach einer Fremdkörperextraktion zurückbleibende druckbedingte Perforationsstellen von weniger als 2 mm Durchmesser heilen meistens nach Futterentzug und Verabreichung von Antibiotika über 3 bis 5 Tage. In regelmäßigen Abständen müssen Röntgenkontrollen durchgeführt werden. Zusammenhangstrennungen über 2 mm Durchmesser müssen operativ dargestellt und, wie bei der Ösophagotomie beschrieben, genäht werden (s. o.).

J. Bei Nahtdehiszenz nach distaler Ösophagotomie kann der Defekt mit einem gestielten Muskellappen aus dem Zwerchfell überdeckt bzw. gesichert werden. Die Adaptation erfolgt mit einfachen Knopfheften; als Nahtmaterial eignet sich ein monofiler Kunststoffaden, z. B. PDS (Polydioxanon).

Literatur

1. Lammerding J, Howard DR, Noser GA. Diaphragmatic pedicle flaps for repair of distal esophageal defects in dogs. JAAHA 1976; 12: 588.
2. Matis U. Zur Obstructio oesophagi beim Hund. In: 27. Jahrestag Deutsch vet med Ges, Kongreßber München 1981: 7.
3. Ryan WW, Greene RW. The conservative management of esophageal foreign bodies and their complications: a review of 66 cases in dogs and cats. JAAHA 1975; 11: 243.
4. Taylor RA. Transdiaphragmatic approach to distal esophageal foreign bodies. JAAHA 1982; 18: 749.
5. Zimmer JF. Canine esophageal foreign bodies: endoscopic, surgical and medical management. JAAHA 1984; 20: 669.

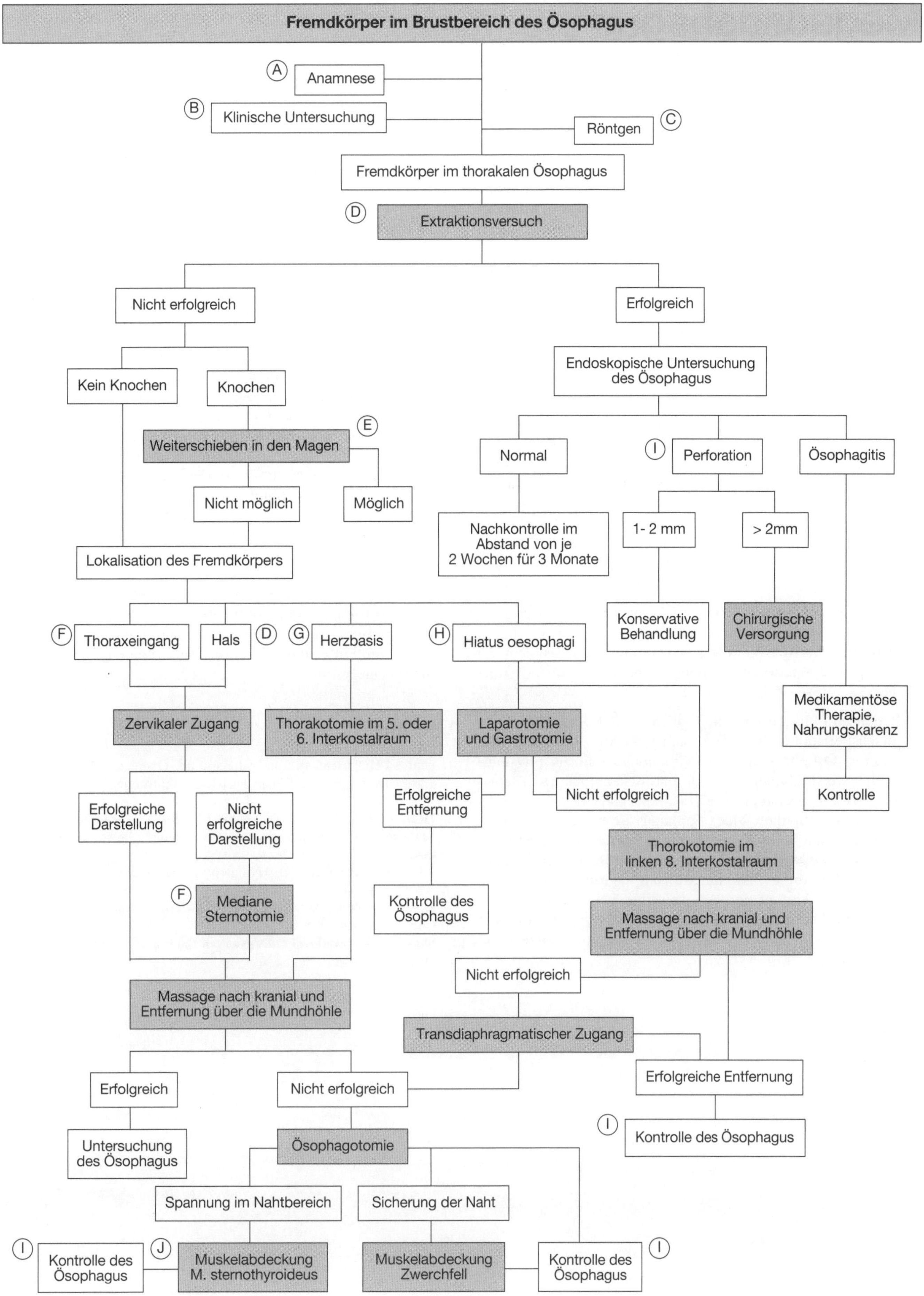
Fremdkörper im Brustbereich des Ösophagus
A Anamnese
B Klinische Untersuchung
C Röntgen
Fremdkörper im thorakalen Ösophagus
D Extraktionsversuch
Nicht erfolgreich
Erfolgreich
Kein Knochen
Knochen
E Weiterschieben in den Magen
Nicht möglich
Möglich
Lokalisation des Fremdkörpers
F Thoraxeingang
Hals D
G Herzbasis
H Hiatus oesophagi
Zervikaler Zugang
Thorakotomie im 5. oder 6. Interkostalraum
Laparotomie und Gastrotomie
Erfolgreiche Darstellung
Nicht erfolgreiche Darstellung
F Mediane Sternotomie
Erfolgreiche Entfernung
Nicht erfolgreich
Kontrolle des Ösophagus
Thorokotomie im linken 8. Interkostalraum
Massage nach kranial und Entfernung über die Mundhöhle
Nicht erfolgreich
Transdiaphragmatischer Zugang
Erfolgreiche Entfernung
I Kontrolle des Ösophagus
Massage nach kranial und Entfernung über die Mundhöhle
Erfolgreich
Nicht erfolgreich
Untersuchung des Ösophagus
Ösophagotomie
Spannung im Nahtbereich
Sicherung der Naht
I Kontrolle des Ösophagus
J Muskelabdeckung M. sternothyroideus
Muskelabdeckung Zwerchfell
Kontrolle des Ösophagus I
Endoskopische Untersuchung des Ösophagus
Normal
I Perforation
Ösophagitis
Nachkontrolle im Abstand von je 2 Wochen für 3 Monate
1- 2 mm
> 2mm
Konservative Behandlung
Chirurgische Versorgung
Medikamentöse Therapie, Nahrungskarenz
Kontrolle

Megaösophagus

A. Patienten mit einem Megaösophagus werden mit folgenden Symptomen vorgestellt: Regurgitieren von unverdautem Futter Minuten bis Stunden nach der Futteraufnahme. Die klinischen Anzeichen werden erst nach dem Absetzen vom Muttertier erkennbar. Die Differenzierung zwischen Regurgitieren und Erbrechen ist ebenso von entscheidender Bedeutung wie die Bestimmung des Zeitintervalls zwischen Futteraufnahme und Regurgitation. Die Frequenz des Regurgitierens variiert zwischen einmal alle 2 bis 3 Tage und 10- bis 20mal täglich.

B. Zunächst sollten die Patienten auf respiratorische Erkrankungen als Folge der ständigen Futteraspiration untersucht werden; ältere Tiere zeigen häufig einen deutlichen Gewichtsverlust.

C. Die Anfertigung von Röntgennativaufnahmen ist, wie die Darstellung des zervikalen und thorakalen Ösophagus mittels Röntgenkontrastmittel, zur Diagnosestellung unerläßlich. Die Beobachtung des Abschluckens von mit Bariumsulfat vermischtem Dosenfutter unter Durchleuchtungskontrolle erlaubt eine Differenzierung zwischen Fremdkörpern im Ösophagus, einer Striktur, einer Gefäßanomalie (Ductus Botalli persistens bei Rechtsaorta) oder einem Megaösophagus.

D. Unter Durchleuchtungskontrolle können in Verbindung mit der Anwendung von Bariumsulfat primäre und sekundäre Ösophagusperistaltik sowie synchrone oder asynchrone Funktion des unteren Ösophagussphinkters beurteilt werden.

E. Patienten ohne eine normale primäre und sekundäre Ösophagusperistaltik, bei denen sich jedoch die Funktion des unteren Ösophagussphinkters manometrisch als physiologisch erweist, können einen idiopathischen oder erworbenen Megaösophagus haben. Die genaue Lokalisation der Läsion beim idiopathischen Megaösophagus ist bisher noch nicht nachgewiesen worden; die Autoren verschiedener Studien machten den Nucleus ambiguus und/oder lokale Muskelanomalien für diese Funktionsstörung verantwortlich. Die Erkrankung kommt normalerweise nur bei jungen Hunden vor. Eine konsequente Fütterung bei auf die Hinterbeine aufgerichtetem Körper und eine Diät unterstützen die Behandlung.

Den erworbenen Megaösophagus findet man vorwiegend bei älteren Hunden; er kann durch folgende Faktoren hervorgerufen werden: Bleivergiftung, Hypoadrenokortizismus, Myasthenia gravis, Staupe, Polymyositis, Tumoren oder systemischer Lupus erythematodes. Durch Nachweis bzw. Ausschluß dieser Krankheiten kann die definitive Diagnose eines erworbenen Megaösophagus gestellt werden.

F. Bei Patienten mit einer normalen primären und sekundären Ösophagusperistaltik, bei denen manometrische Studien einen asynchronen Schluß des unteren Ösophagussphinkters (Spasmus) ergeben, lautet die Diagnose Achalasie. In diesen Fällen wird die modifizierte Operation nach Heller (Myotomie des unteren Ösophagussphinkters) durchgeführt. Nach Thorakotomie im 8. linken Interkostalraum wird der kaudale Ösophagus aufgesucht und nach kranial mobilisiert. Zur Darstellung des unteren Ösophagussphinkters wird das Zwerchfell im Bereich des Hiatus oesophagi longitudinal inzidiert. Daran schließt sich ein Schnitt in die Muskulatur des unteren Ösophagussphinkters an, der wie bei Eröffnung des Diaphragmas ebenfalls in Längsrichtung geführt wird. Mit Ausnahme der Mukosa werden alle Schichten der Speiseröhre durchtrennt. Bei Erreichen der richtigen Schnittiefe wölbt sich die Mukosa aus der Myotomiestelle hervor. Die Zwerchfellinzision wird quer vernäht, der Wundverschluß der Thorakotomie erfolgt routinemäßig. Die Prognose ist vorsichtig. Bei diesen Patienten ist auch nach der Operation noch eine Fütterung bei auf die Hinterbeine aufgerichtetem Körper notwendig.

Literatur

1. Clifford HD. Achalasie und Chalasie des Ösophagus bei Hund und Katze. In: Bojrab MJ. Praxis der Kleintierchirurgie. Stuttgart: Enke, 1981: 109.
2. Hoffer RE, McCoy DM, Quick CB, Barclay SM, Rendaro VT. Management of acquired achalasia in dogs. JAVMA 1979; 175: 814.
3. Lakatos L, Ruckstuhl B. Hypertrophische Pylorusstenose. Schweiz Arch Tierheilk 1977; 119: 155.
4. Leib MS, Hall RL. Megaesophagus in the dog. Part II. Clinical aspects. Comp Cont Ed 1984; 6(1): 11.
5. Shelton GD. Swallowing disorders in the dog. Comp Cont Ed 1982; 4(7): 607.

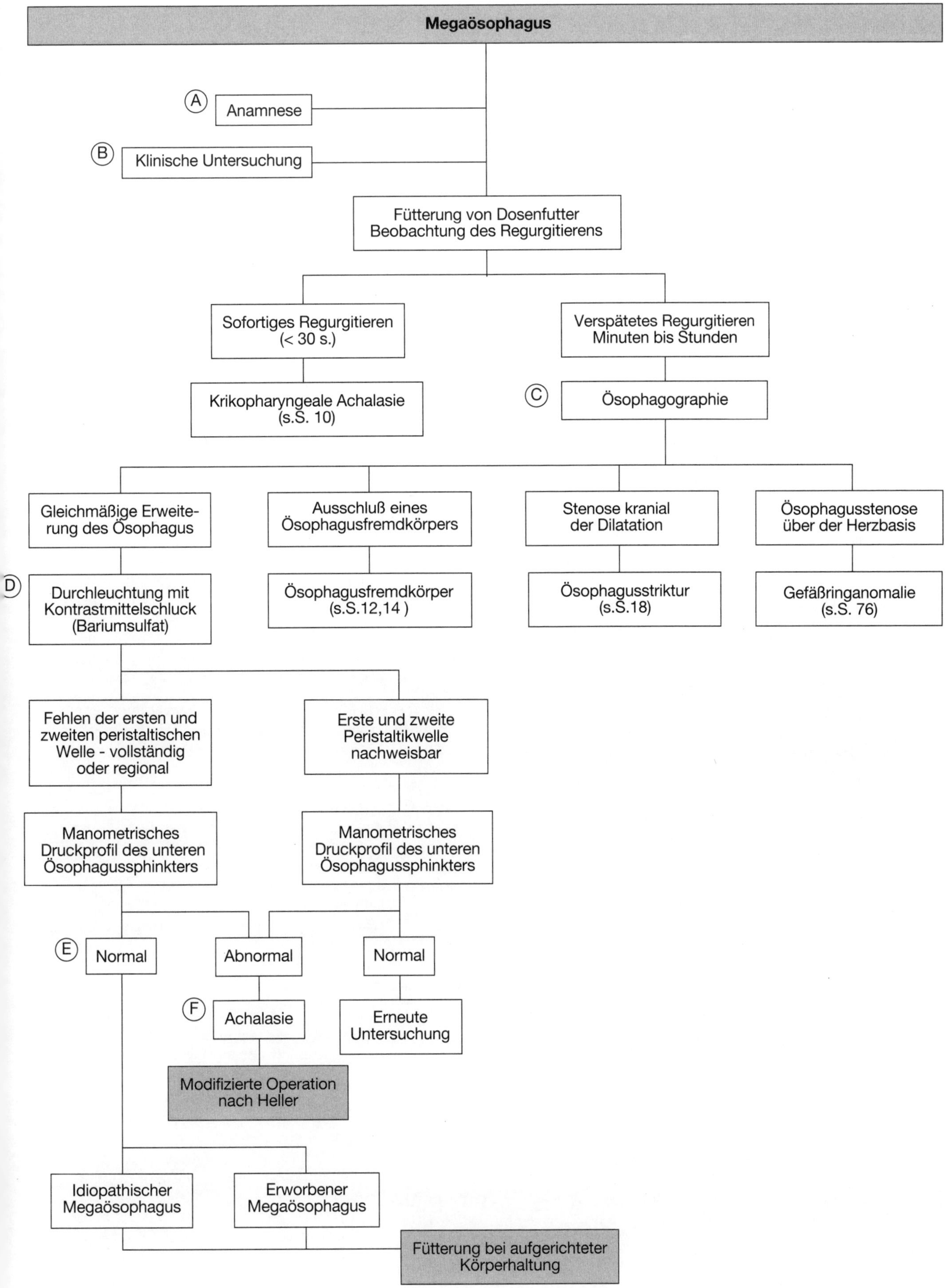
Megaösophagus
A
Anamnese
B
Klinische Untersuchung
Fütterung von Dosenfutter Beobachtung des Regurgitierens
Sofortiges Regurgitieren (< 30 s.)
Verspätetes Regurgitieren Minuten bis Stunden
Krikopharyngeale Achalasie (s.S. 10)
C
Ösophagographie
Gleichmäßige Erweiterung des Ösophagus
Ausschluß eines Ösophagusfremdkörpers
Stenose kranial der Dilatation
Ösophagusstenose über der Herzbasis
D
Durchleuchtung mit Kontrastmittelschluck (Bariumsulfat)
Ösophagusfremdkörper (s.S.12,14)
Ösophagusstriktur (s.S.18)
Gefäßringanomalie (s.S. 76)
Fehlen der ersten und zweiten peristaltischen Welle - vollständig oder regional
Erste und zweite Peristaltikwelle nachweisbar
Manometrisches Druckprofil des unteren Ösophagussphinkters
Manometrisches Druckprofil des unteren Ösophagussphinkters
E
Normal
Abnormal
Normal
F
Achalasie
Erneute Untersuchung
Modifizierte Operation nach Heller
Idiopathischer Megaösophagus
Erworbener Megaösophagus
Fütterung bei aufgerichteter Körperhaltung

Erworbene Ösophagusstriktur

A. Patienten mit einer erworbenen Ösophagusstriktur werden mit den Symptomen Dysphagie und Regurgitation vorgestellt, die häufig mit der zunehmenden Unfähigkeit verknüpft sind, festes Futter aufzunehmen. In der Anamnese können Ereignisse wie kürzlich durchgeführte Anästhesie, orale Aufnahme von ätzenden Chemikalien, Fremdkörper im Ösophagus oder Operationen an der Speiseröhre angeführt werden und zur Verdachtsdiagnose einer Ösophagusstriktur führen.

B. Die klinische Untersuchung ist oft unergiebig. Ein wichtiges diagnostisches Hilfsmittel ist die Beobachtung des Patienten nach Aufnahme von festem Futter.

C. Die definitive Diagnose und Lokalisation der Striktur kann nur durch eine röntgenologische Darstellung des Ösophagus mit Kontrastmittel erfolgen. Dadurch wird nicht nur der genaue Abschnitt, sondern auch die Länge der Striktur nachgewiesen. Die anschließende endoskopische Untersuchung erlaubt eine genaue Beurteilung des Ausmaßes der Striktur und der Dehnbarkeit der Ösophaguswand.

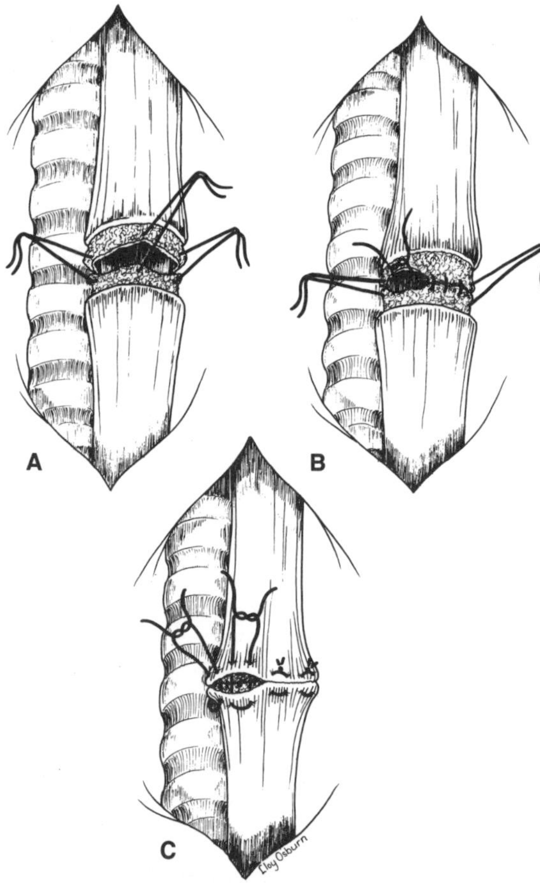

Abb.1. Ösophagusanastomose. A = Mukosaadaptation mit Situationsheften; B = Mukosanaht mit Einzelheften und in das Ösophaguslumen versenkten Knoten; C = Muskelnaht mit horizontalen Matratzenheften.

D. Zur Dehnung der Speiseröhre im Strikturbereich wird eine Bougierung durchgeführt. Ösophagusdilatatoren aus Stahl oder Gummi haben sich als sehr geeignet erwiesen. Der Patient wird in Vollnarkose gelegt, die Striktur mittels Endoskopie genau lokalisiert und der Dilatator eingebracht. Bei Katzen und kleinen Hunden wird der kleinste Dilatator mit einem Durchmesser von 1 cm empfohlen, bei mittelgroßen bis großen Hunden bis 1,5 cm. Dieses Vorgehen sollte ein- oder zweimal in der Woche über einen Zeitraum von drei Monaten wiederholt werden. Zusätzlich muß Prednisolon verabreicht werden; die Dosis beträgt in den ersten 1 bis 2 Wochen 0,5 mg/kg KM und kann in den darauffolgenden 2 bis 4 Wochen auf 0,2 mg/kg KM reduziert werden. Den Patienten wird nur suppiges Futter angeboten. In ca. 75 % der Fälle kann durch das Bougieren ein dauerhafter Heilungserfolg erzielt werden.

E. Bei der chirurgischen Behandlung der Striktur im zervikalen und thorakalen Teil des Ösophagus können zur Rekonstruktion der Speiseröhre gestielte Streifen aus dem M. sternothyroideus oder dem Zwerchfell verwendet werden.

F. Liegen Strikturen unter 1 cm Länge vor, so wird der Ösophagus im Bereich der Verengungsstelle längs inzidiert und quer wieder vernäht. Der Wundverschluß erfolgt zweischichtig. Durch Einzelhefte aus synthetischem, resorbierbarem Nahtmaterial werden Mukosa und Submukosa vernäht, wobei die Knoten im Ösophaguslumen liegen sollen. Die Muskulatur wird mit horizontalen Matratzeneinzelheften und dem gleichen Nahtmaterial adaptiert.

G. Erstreckt sich die Striktur über einen längeren Abschnitt des Ösophagus, wird die kraniale und kaudale Begrenzung der Engstelle aufgesucht und der dazwischenliegende Anteil reseziert. Die Naht der Anastomose erfolgt auf Stoß, in ähnlicher Weise wie der Verschluß nach der Ösophagotomie (Abb. 1). Um den auf die Anastomose einwirkenden Zug zu senken, sollten zusätzlich spannungsreduzierende Maßnahmen durchgeführt werden, z. B.das Setzen von Entlastungsnähten (Naht des Ösophagus im Abstand von 1 cm kaudal der Anastomose an die prävertebrale Faszie), die zirkuläre Myotomie der äußeren longitudinalen Muskelschicht oder eine Abdeckung mit gestielten Muskelstreifen aus dem M. sternothyroideus oder dem Zwerchfell. Während der ersten beiden postoperativen Wochen sollte der Patient über eine Magensonde ernährt werden.

H. In der Literatur werden einige Techniken zum Ösophagusersatz beschrieben. Zur Anwendung kommen verschiedene Teile des Gastrointestinaltraktes (Magen, Kolon, Jejunum), zu Schläuchen geformte Hautsegmente und verschiedene Muskellappentechniken. Diese Verfahren sind technisch sehr schwierig und mit einer hohen Morbiditäts- und Mortalitätsrate belastet.

Literatur

Harvey CE. Conservative treatment of acquired esophageal stricture. In: Slatter DH, ed. Textbook of small animal surgery. Philadelphia: WB Saunders, 1985: 661.

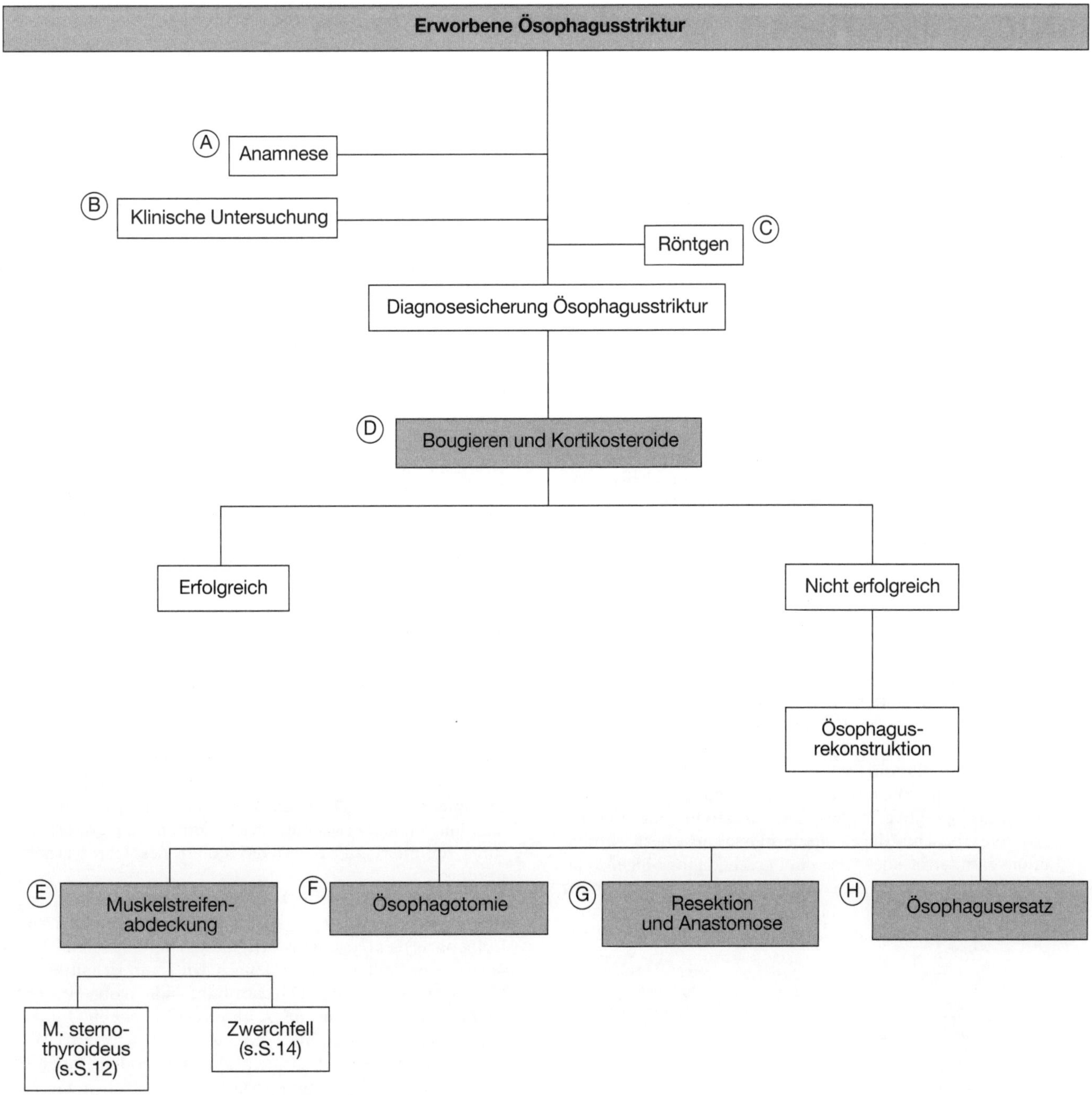
Erworbene Ösophagusstriktur
A
Anamnese
B
Klinische Untersuchung
Röntgen
C
Diagnosesicherung Ösophagusstriktur
D
Bougieren und Kortikosteroide
Erfolgreich
Nicht erfolgreich
Ösophagus-
rekonstruktion
E
Muskelstreifen-
abdeckung
F
Ösophagotomie
G
Resektion
und Anastomose
H
Ösophagusersatz
M. sterno-
thyroideus
(s.S.12)
Zwerchfell
(s.S.14)

Magendrehung

A. An einer Magentympanie und anschließenden Magendrehung erkranken hauptsächlich Hunde großer, „tiefbrüstiger" Rassen. Von den Besitzern wird meist angegeben, daß die Tiere eine größere Menge Futter und/oder Wasser aufgenommen haben, danach gerannt oder gesprungen sind und plötzlich, neben Anzeichen einer Kreislaufinsuffizienz, Würgen und eine Umfangsvermehrung des Leibes gezeigt haben.

B. Die klinische Untersuchung zeigt ein hochgradig aufgetriebenes Abdomen mit deutlicher Tympanie im Bereich des Epigastriums, ein gestörtes Sensorium, eine respiratorische Depression und Schocksymptome.

C. Zunächst muß der Kreislauf stabilisiert werden. Parallel zur Bekämpfung des hypovolämischen Schocks durch Infusion polyionischer isotonischer Lösungen und Kortisongaben ist eine Dekompression des Magens durchzuführen. Diese kann über eine Magensondierung oder -punktion erfolgen. Bei 80–90 % der Patienten gelingt es nach Abgasung des Magens mit entsprechend dicken Kanülen, eine Magensonde einzuführen. Vor bzw. nach der Operation ist eine sorgfältige kardiale Untersuchung angezeigt.

D. Die definitive chirurgische Versorgung des Patienten sollte erst nach Kreislaufstabilisierung und Dekompression des aufgegasten Magens in Erwägung gezogen werden. Die Vitalität der Magenwand wird anhand der Farbe der Serosa, der arteriellen Blutung nach eventueller Gastrotomie sowie der Palpation der Magenwand beurteilt und entscheidet über das weitere operative Vorgehen: Gastrektomie oder Gastropexie. Nekrotische Magenanteile müssen reseziert werden. Bei unveränderter oder reversibel geschädigter Magenwand wird zur Rezidivprophylaxe eine Gastropexie durchgeführt (Abb. 1). Als Alternativen bieten sich außerdem die Gastrostomie, die zirkumkostale Gastropexie und die Inzisionsgastropexie als erfolgreiche Techniken an. Der Nutzen einer gleichzeitigen Pyloromyotomie oder Pyloroplastik ist umstritten. Sind die Milzgefäße thrombosiert (keine Entstauung der Milz nach Reposition des Magens), ist eine Splenektomie erforderlich. Bei sehr schlechtem Allgemeinbefinden und damit erhöhtem Narkoserisiko können zunächst auch nur die chirurgische Reposition des Magens und ggf. die Milzexstirpation erfolgen. Die Gastropexie als Rezidivprophylaxe wird dann erst einige Tage bis Wochen später in einer erneuten Operation durchgeführt.

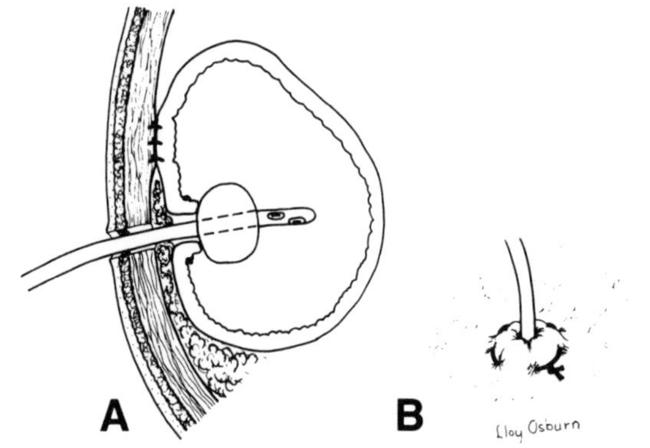

Abb.1. Tubusgastropexie mit einem Ballonkatheter. A = das Netz wird zur Abdichtung zwischen Magen und Bauchwand eingelagert, die mit einzelnen Knopfheften adaptiert werden; B = der Tubus penetriert die Magenwand durch eine Stichinzision, die mit einer einstülpenden Tabaksbeutelnaht verschlossen wird.

E. Die Fütterung des operierten Patienten ist vom intraoperativ erhobenen Befund der Magenwand und der angewandten Operationstechnik abhängig. Nach partieller oder totaler Gastrektomie sollte der Magen zunächst durch einen in das Jejunum eingesetzten Fütterungstubus (Jejunostomie) umgangen werden, der bis zur Wiederaufnahme der oralen Futterzufuhr nach 3 bis 4 Tagen belassen wird. Alternativ können Patienten mit einer Gastropexie und geschädigter Magenwand über diesen Zeitraum parenteral ernährt werden. Bei intraoperativ vital erscheinender Magenschleimhaut und alleiniger Reposition des Magens kann die erste Futteraufnahme 24 bis 48 Stunden post operationem erfolgen.

F. Bei 42 % der Patienten treten innerhalb der ersten 24 Stunden nach Torsio ventriculi kardiale Arrhythmien auf, die meist ventrikulären Ursprungs sind. Die häufigste lebensbedrohliche Arrhythmie ist die ventrikuläre Tachykardie[1]. Im allgemeinen sind diese Arrhythmien sehr hartnäckig und therapieresistent. Dennoch kann durch konsequente Behandlung und Überwachung des Patienten die Herzförderleistung optimiert und damit das Leben des Tieres erhalten werden.
Der ventrikulären Tachykardie wird zunächst mit einer Bolusinjektion (2–4 mg/kg KG) von 2 %igem Lidocain (ohne Epinephrin) entgegengewirkt; diese Therapie kann 2- bis 4mal wiederholt werden. Danach wird zur Erhaltung der Herzkonversion eine Dauertropfinfusion von 50 μg/kg KG/min angelegt. Zur Langzeitkonversion scheint Quinidin-Gluconat (6–22 mg/kg KG 2- bis 3mal täglich) geeignet. Wenn der gewünschte Effekt ausbleibt, kann zu oralen Gaben von Procainamid (125–500 mg/kg KG 3- bis 4mal täglich, Gesamtdosis nicht höher als 33–50 mg/kg KG/Tag) übergegangen werden. Zur Kontrolle des Therapieerfolges werden Elektrokardiogramme in kurzen Abständen angefertigt. Bei den meisten Patienten kann man sich nach 3 bis 4 Tagen aus der Therapie „ausschleichen". In Ausnahmefällen kann sich die Behandlungszeit auf 3 bis 4 Wochen ausdehnen. Die Reaktion des Herzens auf die Dosisreduzierung muß durch ein Elektrokardiogramm kontrolliert werden.

[1] Die Behandlung der ventrikulären Tachykardie ist umstritten. Die Grenze der Behandlungsbedürftigkeit liegt nach den Veröffentlichungen einiger Autoren bei fünf frühzeitigen Systolen, andere halten eine Therapie erst bei über 15 frühzeitigen Systolen für notwendig.

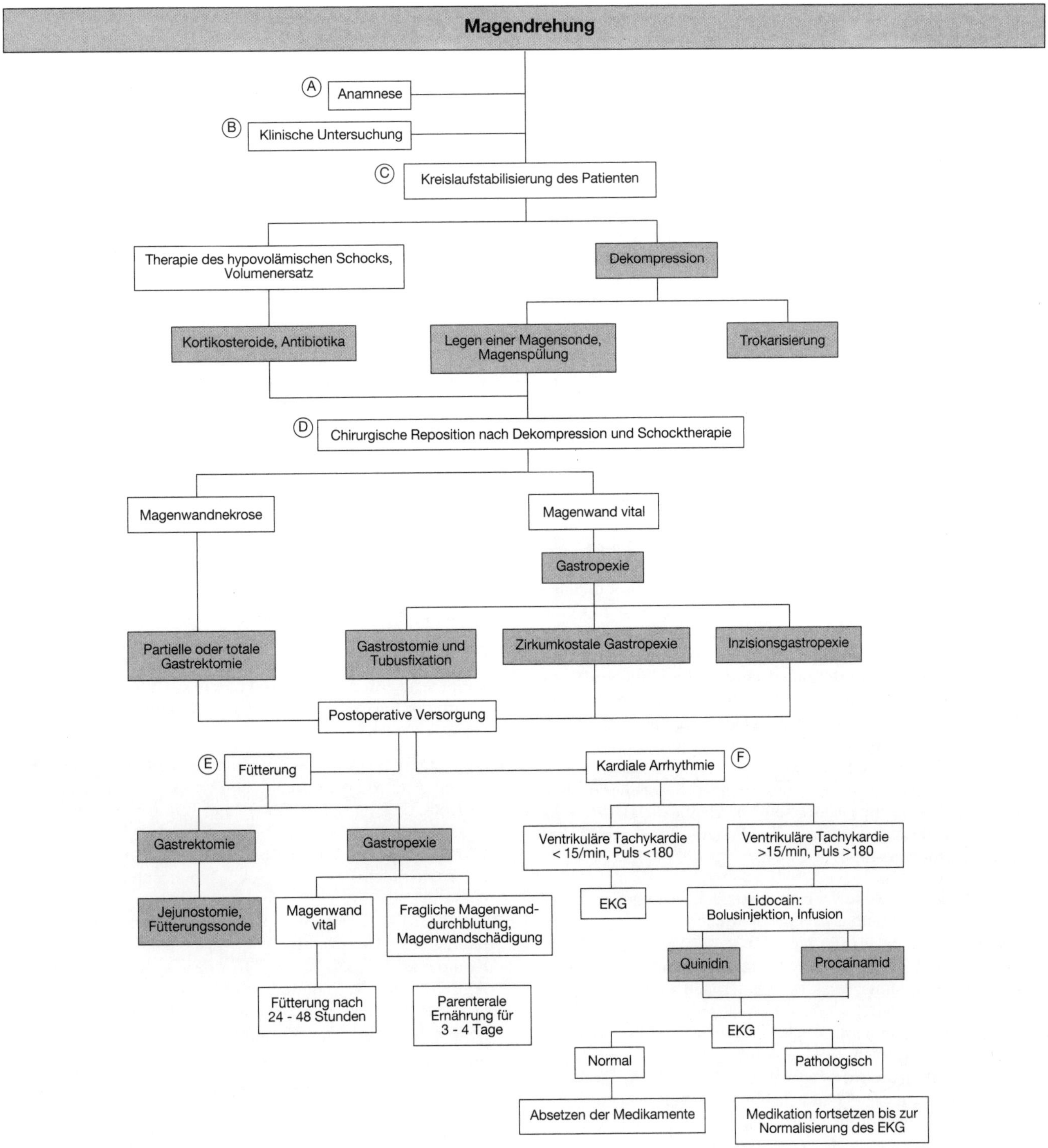

Literatur

1. Fallah AM, Lumb WV, Nelson AW, Frandson RD, Withrow SJ. Circumcostal gastropexy in the dog: a preliminary study. Vet Surg 1982; 11(1): 9.
2. Johnson RG, Barrus J, Greene RW. Gastric dilatation-volvulus: recurrence rate following tube gastrostomy. JAAHA 1984; 20: 33.
3. König G, Köstlin RG, Franczuski D. Zur Torsio ventriculi beim Hund unter besonderer Berücksichtigung der Magenwandnekrose. Kleintierpraxis 1982; 27: 19.
4. Leib MS, Blass CE. Gastric dilatation-volvulus in dogs: an update. Comp Cont Ed 1984; 6(11): 961.
5. MacCoy DM, Sykes GP, Hoffer RE, Harvey HJ. A gastropexy technique for permanent fixation of the pyloric antrum. JAAHA 1982; 18: 763.
6. Matthiesen DT. Partial gastrectomy as treatment of gastric volvulus: results in 30 dogs. Vet Surg 1985; 14(3): 185.
7. Muir WW, Bonagura D. Treatment of cardiac arrhythmias in dogs with gastric distention-volvulus. JAVMA 1984; 184(2): 1366.
8. Nagel M-L. Sofortmaßnahmen beim Magendilatations-Volvulus-Syndrom des Hundes. Kleintierpraxis 1988; 33(4): 141.
9. Stolzefuß G. Zur Torsio ventriculi beim Hund. Behandlung und Ergebnisse in den Jahren 1970–1986. Vet Med Diss, München 1987.

Fremdkörperobturation (Dünndarm)

A. Eines der größten Probleme beim Fremdkörperileus ist die zu späte Diagnosestellung. Immer wenn ein Patient mit gastrointestinalen Beschwerden wie akutem oder chronischem Erbrechen, Diarrhö, abdominalem Schmerz, reduziertem Allgemeinbefinden, Dehydratation und Anorexie vorgestellt wird, muß differentialdiagnostisch auch an einen obstruierenden Fremdkörper im Dünndarm gedacht werden. Eine exakte Anamneseerhebung ist bei der Bestimmung der Fremdkörperlokalisation (proximaler oder distaler Dünndarmverschluß) sehr hilfreich.

B. Im Rahmen der sorgfältigen klinischen Untersuchung ist die vorsichtige Palpation des Abdomens bei Verdacht auf eine intestinale Obstruktion durch Fremdkörper oder Invagination besonders wichtig. Dauer der kapillären Füllungszeit, Farbe der sichtbaren Schleimhäute und Hämatokritwert des Blutes bestimmen die präoperative Infusionstherapie.

C. Bei der blutchemischen Untersuchung sollten mindestens folgende Werte bestimmt werden: weißes und rotes Blutbild, Elektrolyte, Harnstoff, Glukose und der Säure-Basen-Haushalt. Weißes und rotes Blutbild können Hinweise auf eine eventuell bestehende Sepsis geben, außerdem dienen sie als Vergleichswerte bei postoperativen Komplikationen. Bei der Auswahl der Infusionslösungen müssen die aktuellen Elektrolytwerte (vor allem Natrium, Kalium und Chlor) berücksichtigt werden. Zur Berechnung eines angemessenen Flüssigkeitsersatzvolumens muß auch die Nierenfunktion überprüft werden. Die Glukosewertbestimmung wird zum Ausschluß oder Nachweis einer bestehenden Sepsis herangezogen. Die Blutgasanalyse schließlich erlaubt die Beurteilung von Säure-Basen-Imbalanzen des Patienten und ermöglicht einen entsprechenden Ausgleich.

D. Im Rahmen der weiteren Diagnostik sind Röntgennativaufnahmen des Abdomens bei laterolateralem und ventrodorsalem Strahlengang anzufertigen. Diese werden auf Anzeichen einer Dünndarmobstruktion (schattengebender Fremdkörper, aufgegaste oder verstärkt schattengebende Darmschlingen bzw. -abschnitte) sowie auf Flüssigkeit oder freie Luft in der Bauchhöhle hin untersucht. Eine perorale Magen-Darm-Passage mit positivem Röntgenkontrastmittel (Bariumsulfat) sollte bei Patienten durchgeführt werden, bei denen Anamnese und klinische Untersuchung die Verdachtsdiagnose einer Fremdkörperobturation vermuten lassen, die Röntgennativaufnahmen jedoch keine typischen Anzeichen oder hinreichende Befunde für eine Dünndarmobturation erkennen lassen. Besteht der Verdacht einer Darmperforation, ist als alternatives Kontrastmittel eine organische Jodlösung (z. B. Gastrografin) einzugeben; eine durch in die Bauchhöhle ausgeflossenes Bariumsulfat entstandene Peritonitis ist fast stets tödlich. Im Zweifelsfall kann auch die Irrigoskopie mit Bariumsulfat oder Luft bei der Lokalisation eines schattengebenden Fremdkörpers hilfreich sein.

E. Dauer und Art der präoperativen Kreislaufstabilisierung hängen vom Allgemeinbefinden des Patienten und den Laborbefunden ab. Empfehlenswert ist ein Volumenersatz mit polyionischen, isotonischen Lösungen; auch sollte ein Breitspektrumantibiotikum appliziert werden. Patienten mit Anzeichen für Sepsis sollten vor einer Laparotomie zusätzlich Kortikosteroide oder nichtsteroidale Entzündungshemmer und Glukose erhalten.

F. Das zweite große Problem bei intestinaler Obstruktion durch einen Fremdkörper ist die Bewertung der Darmvitalität. Kriterien sind Farbe der Darmwand, Darmperistaltik und arterielle Pulsation im Bereich des betroffenen Darmabschnitts. Die Beurteilung von Peristaltik und Pulsation erfolgt am besten nach Spülung des Dünndarms mit 45 °C warmer physiologischer Kochsalzlösung. Alternativ kann auch intravenös eine Fluoreszeinlösung injiziert werden, die intraoperativ infolge der typischen Gewebefärbung die Abgrenzung von vitalem zu avitalem Darm erleichtert.

G. Bei der Enterotomie wird die Inzision antimesenterial und möglichst im gesunden Teil des Darms (im allgemeinen aboral der Fremdkörperlage) gelegt. Der Verschluß der Darmwand erfolgt durch eine fortlaufende zweireihige Naht nach Schmieden und Lembert oder mittels entsprechender Einzelknopfhefte. Als Nahtmaterial dient Catgut oder ein langsam resorbierbarer synthetischer Faden in einer atraumatischen Nadel-Faden-Kombination.

H. Nach Darmresektion kann eine End-zu-End- oder Seit-zu-Seit-Anastomose durchgeführt werden. Während die End-zu-End-Anastomose einreihig und mit Einzelknopfheften, deren Knoten in das Darmlumen versenkt werden, auf Stoß vernäht wird, erfolgt die Naht bei der Seit-zu-Seit-Anastomose entsprechend dem Verschluß nach Enterotomie. Bis zu 60 % des Dünndarms können komplikationslos reseziert werden. Müssen jedoch über 70 % entfernt werden, so führt dies zu einer Übersäuerung der Ingesta und zum Verlust der Kompensationsfähigkeit des Restdarms. Daneben wird die Aktivität der Verdauungsenzyme, vor allem der Lipase, erheblich herabgesetzt. Bei einem Großteil dieser Patienten ist die Therapie mit Cimetidin (44 mg/kg KG täglich) erfolgreich.

I. Bei Gefahr einer Darmnahtdehiszenz oder bereits bestehender Peritonitis kann die Enterotomiestelle oder Anastomose durch Aufnähen eines gesunden Darmteils (im allgemeinen Jejunum) bzw. dessen Serosa geschützt werden. Die Adaptation erfolgt mit Polypropylen und Einzelknopfheften.

J. Der Zeitraum des postoperativen Futterentzugs ist vom präoperativen Zustand, dem intraoperativen Darmbefund, der angewandten Operationstechnik und dem postoperativen Befinden des Tieres abhängig. Im allgemeinen werden die Patienten über 3 bis 4 Tage parenteral ernährt und danach mit einer Diät vorsichtig angefüttert.

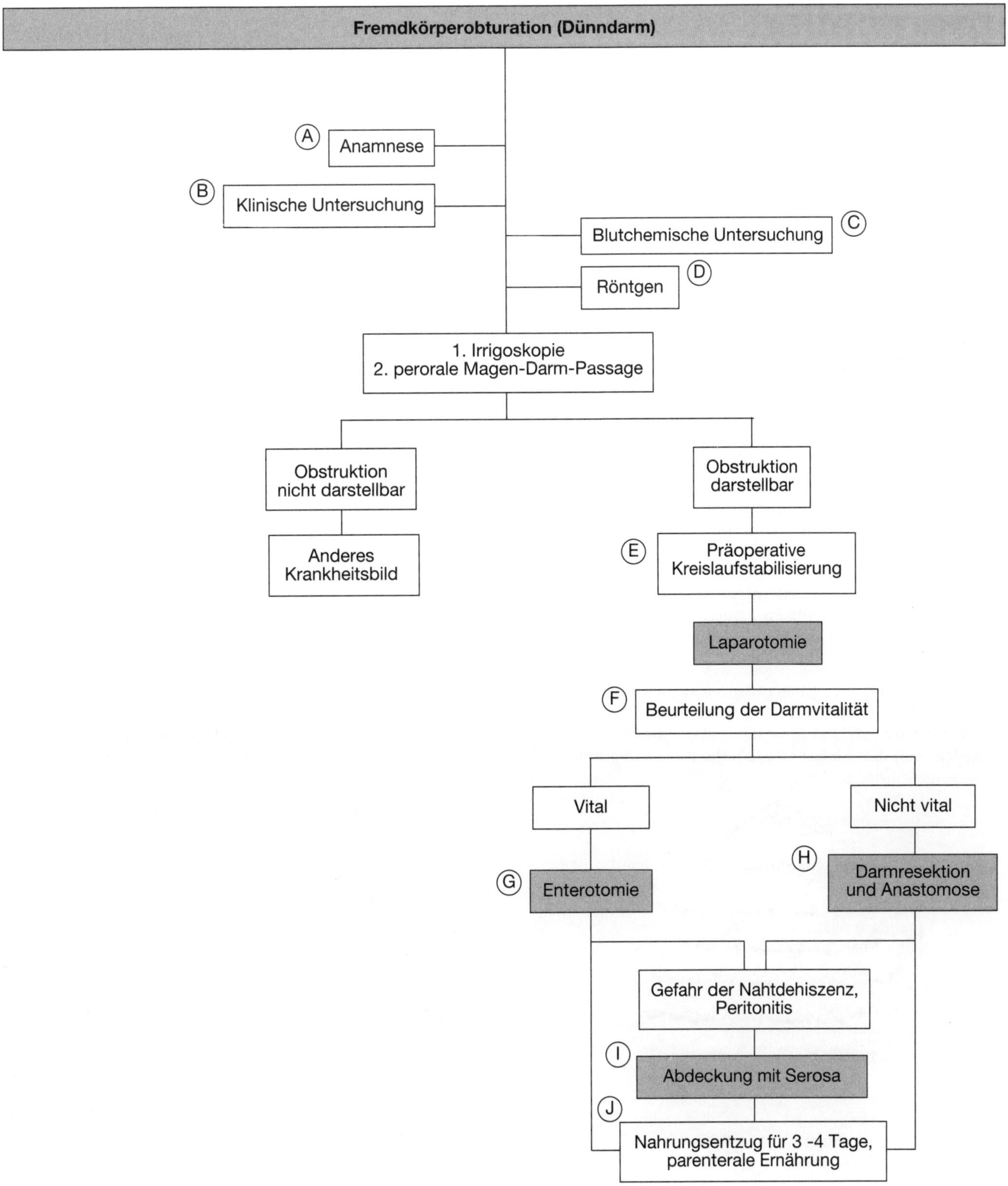

Literatur

1. Böhmer E, Matis U, Zedler W, Hänichen T. Dünndarmileus bei Katze und Hund – katamnestische Betrachtungen von 704 Patienten. Tierärztl Praxis 1990; 18: 171.
2. Crowe DT Jr. The serosal patch: clinical use in 12 animals. Vet Surg 1984; 13(1): 29.
3. Ellison GW, Jokinen MP, Park ED. End-to-end approximating intestinal anastamosis in the dog: a comparative fluorescein dye, angiographic and histopathologic evaluation. JAAHA 1982; 18: 729.
4. Lantz GC. The pathophysiology of acute mechanical small bowel obstruction. Comp Cont Ed 1981; 3(10): 910.
5. Wheaton LG, Strandberg JD, Hamiliton SR, Bulkley GB. A comparison of three techniques for intraoperative prediction of small intestinal injury. JAAHA 1983; 19: 897.

Invagination

A. Bei jedem jungen Hund und jeder jungen Katze sollte bei Verdacht einer Darmobstruktion bzw. -erkrankung an die Möglichkeit einer Invagination gedacht werden; vor allem, wenn vorberichtlich Diarrhö und Erbrechen angegeben werden. Während der abdominalen Palpation kann oftmals eine strangförmige Masse palpiert werden, und die Tiere zeigen meist deutliche Abwehrbewegungen. Bei einer sich zeitweise auflösenden und „wandernden“ Invagination kann der pathologische Palpationsbefund vorübergehend auch aufgehoben sein. Bei adulten Tieren ist die Erkrankung seltener.

B. Röntgennativaufnahmen können erste Hinweise geben. Durch eine Irrigoskopie und/oder perorale Kontrastmitteldarstellung des vorderen Gastrointestinaltraktes mit Bariumsulfat kann die Invagination in aller Regel dargestellt werden („Sprungfederzeichnung“ der Schleimhautfalten im invaginierten Bereich).

C. Vor einer chirurgischen Intervention muß der Patient durch Infusion von polyionischen, isotonischen Lösungen stabilisiert und durch die Gabe eines Antibiotikums vor Infektionen geschützt werden. Sollten sich durch die klinische Untersuchung oder die Interpretation der wichtigsten Blutparameter Anzeichen für ein septisches Geschehen ergeben, so ist dieser Gefahr mit einer entsprechenden Therapie zu begegnen.

D. Patienten mit einer „wandernden“ Invagination haben periodisch abdominale Beschwerden sich ändernder Intensität; der Palpationsbefund wechselt entsprechend. In solchen Fällen muß das Abdomen wiederholt vorsichtig untersucht werden, um die sich immer wieder bildende typische „wurstähnliche“ Formation nachweisen zu können. Kommt es zu keiner erneuten Invagination, wird der Patient mit strenger Beobachtung nach Hause entlassen. Bei rezidivierend positivem Palpationsbefund wird eine Laparotomie durchgeführt und der invaginierte Bereich gelöst oder reseziert.

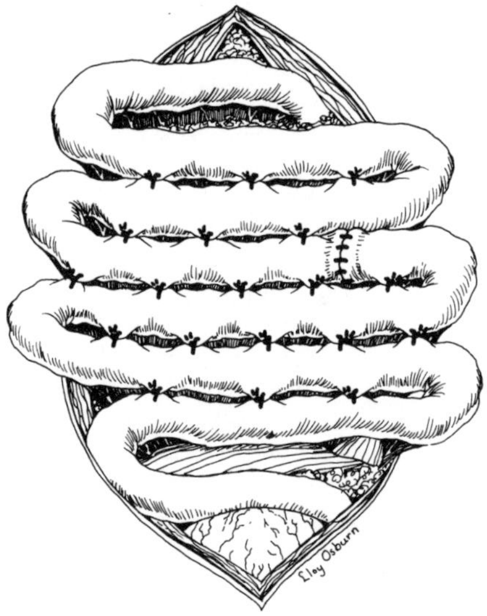

Abb.1. Verhütung der Reinvagination durch Darmplikation.

E. Nach Eröffnung der Bauchhöhle werden die invaginierten Darmteile durch vorsichtigen Druck auf den distalen und Zug am proximalen Abschnitt voneinander gelöst. Die meisten Invaginationen können auf diese Weise ohne ernste Schäden an Serosa und den versorgenden mesenterialen Blutgefäßen reponiert werden.

F. Kann die Invagination gelöst werden und ist der Darm gut durchblutet, sollte zur Vermeidung von Rezidiven eine Plikation nach Noble durchgeführt werden. Die Adaptation der parallel zueinander liegenden Darmschlingen reicht vom distalen Duodenum bis zum distalen Ileum. Die seromuskulären Lagen angrenzender Darmabschnitte werden mit absorbierbarem Nahtmaterial und Einzelheften aneinander fixiert. Die entstehenden Serosaadhäsionen verhindern eine Reinvagination des oft hyperperistaltischen Darms.

G. Bei nicht lösbarer Invagination oder teilweise abgestorbenem Darm muß das betroffene Darmsegment reseziert werden. Die Anastomose wird durchgeführt, wie bereits beschrieben (s. S. 22). Liegt als offensichtliche Ursache der Invagination ein Tumor oder ein Fremdkörper vor, so besteht keine Indikation zur Plikation. In allen anderen Fällen sollte sie stets zur Rezidivprophylaxe durchgeführt werden (Abb. 1).

H. Da die Hauptursache von Invaginationen bei jungen Tieren Enteritiden mit Hyperperistaltik sind, sind die medikamentöse Ruhigstellung des Darms sowie die Enteritistherapie und Entwurmung des Patienten wichtige Maßnahmen zur Rezidivprophylaxe.

Literatur

1. Böhmer E, Matis U, Zedler W, Hänichen T. Dünndarmileus bei Katze und Hund – katamnestische Betrachtungen von 704 Patienten. Tierärztl Praxis 1990; 18: 171.
2. Flasshoff HJ. Darmobturation, Ileus, Invagination, Volvulus. In: Freudiger U, Grünbaum E-G, Schimke E, Hrsg. Klinik der Hundekrankheiten. Stuttgart: Fischer, 1986: 532.
3. Ragins H, Freeman L, Coomaraswamy R et al. Clinical and experimental comparison of the Noble and Childs-Phillips plication of small bowel. Am J Surg 1966; 111: 555.
4. Wilson GP, Burt JK. Intussusception in the dog and cat: a review of 45 cases. JAVMA 1974; 164(5): 515.
5. Wolfe DA. Recurrent intestinal intussusception in the dog. JAVMA 1977; 171(6): 553.

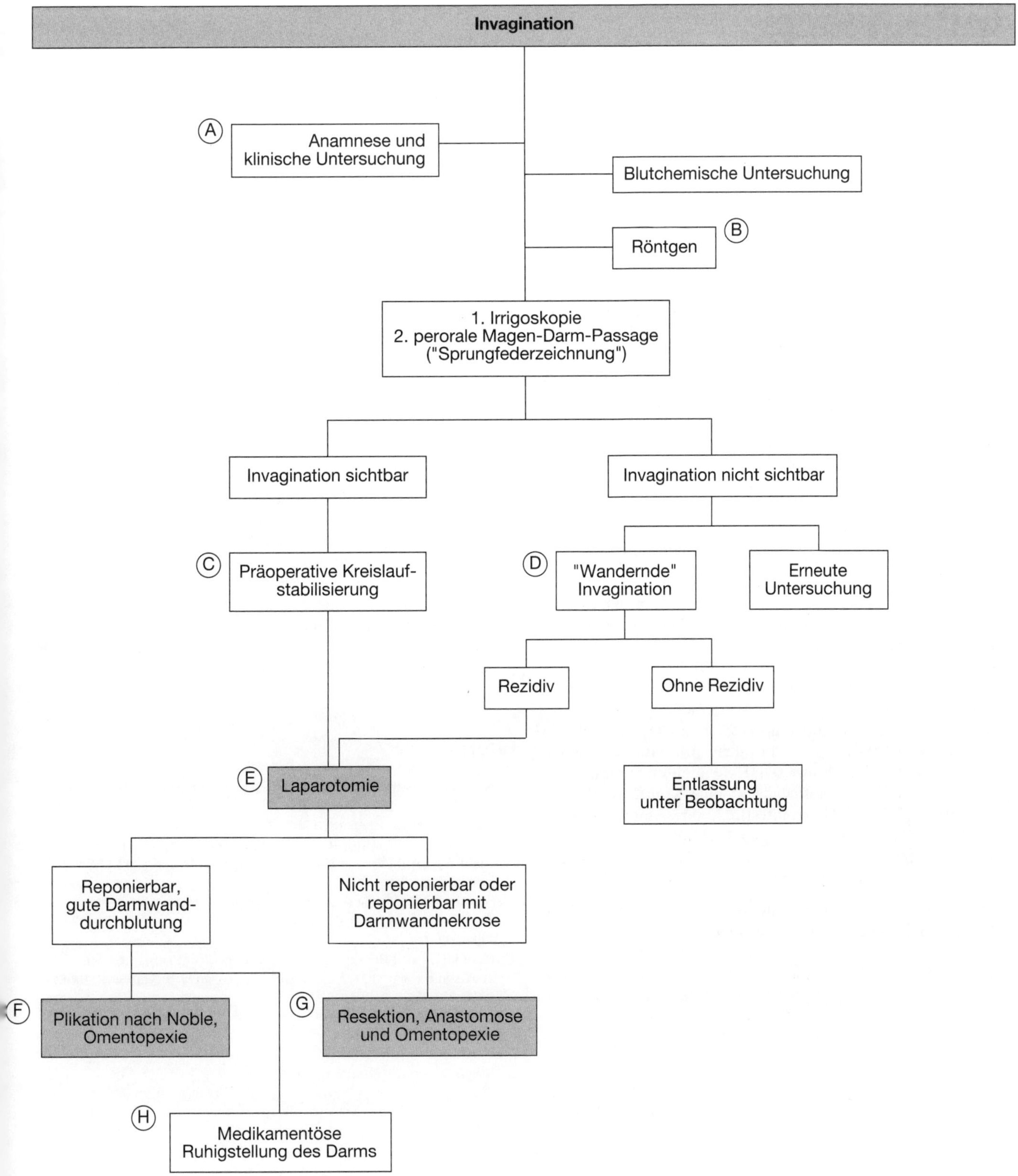
Invagination
A
Anamnese und klinische Untersuchung
Blutchemische Untersuchung
Röntgen
B
1. Irrigoskopie
2. perorale Magen-Darm-Passage ("Sprungfederzeichnung")
Invagination sichtbar
Invagination nicht sichtbar
C
Präoperative Kreislauf-stabilisierung
D
"Wandernde" Invagination
Erneute Untersuchung
Rezidiv
Ohne Rezidiv
E
Laparotomie
Entlassung unter Beobachtung
Reponierbar, gute Darmwand-durchblutung
Nicht reponierbar oder reponierbar mit Darmwandnekrose
F
Plikation nach Noble, Omentopexie
G
Resektion, Anastomose und Omentopexie
H
Medikamentöse Ruhigstellung des Darms

Auffädelung

A. Patienten mit einem fadenförmigen Fremdkörper im Gastrointestinaltrakt (Bindfaden, Garn, Lametta, Plastiktüte u. ä.) werden im allgemeinen mit folgenden akuten Symptomen vorgestellt: persistierendes Erbrechen, Anorexie und reduziertes Allgemeinbefinden. Diese Symptome sind relativ unspezifisch; sie kommen bei einer Vielzahl gastrointestinaler Erkrankungen vor. Die Auffädelung sollte differentialdiagnostisch immer in Betracht gezogen werden. Manchmal werden die Patienten auch erst nach längerer Krankheitsdauer mit gelegentlichem Erbrechen, Anorexie, reduziertem Allgemeinbefinden und Gewichtsverlust vorgestellt.

B. Zunächst erfolgt eine sorgfältige klinische Untersuchung mit Adspektion der Mundhöhle und Palpation des Abdomens. Manchmal kann man den Anfang des Fadens als Schlinge um den Zungengrund liegen sehen, oder aber es ist lediglich ein entzündeter Bereich (Einschnürung) zwischen der Zungenbasis und dem Frenulum. Bei der abdominalen Palpation kann man den „aufgefädelten" Darm als ein dickes, strangförmiges Gebilde erkennen. Bei solchen Untersuchungsbefunden sollten alle weiteren Manipulationen sehr vorsichtig erfolgen.

C. Die definitive Diagnose wird aufgrund charakteristischer Befunde auf Röntgennativaufnahmen und/oder nach peroraler Kontrastmitteldarstellung des Magen-Darm-Traktes (typische „Akkordeonfalten") gestellt. Auf der Nativaufnahme kann man oft ein verdichtetes Darmkonvolut im mittleren Abdomen erkennen. Durch die Faltenbildung der Schleimhaut werden Luftansammlungen zu typischen dreieckigen Blasen geformt. Drei oder mehr solcher Formationen können auf eine Auffädelung hinweisen. Bei Patienten mit unklarem Befund auf der Nativaufnahme ist eine Kontrastmitteldarstellung des oberen Gastrointestinaltraktes durchzuführen. Da bei Auffädelungen immer mit Perforationen der Darmwand gerechnet werden muß, wird zur Passage eine organische Jodverbindung (Gastrografin) verwendet.

D. Nach adäquater Vorbereitung des Patienten erfolgt die Laparotomie. Unter der Zunge oder im Magen befindliche Anteile des Fremdkörpers können manchmal mit Hilfe einer Zange über die Mundhöhle entfernt werden. Je nach Länge der Auffädelung erfolgt die Extraktion des restlichen fadenförmigen Fremdkörpers durch eine oder mehrere Enterotomien. Hierbei sind so kurze Fadensegmente zu schaffen, daß die Darmschleimhaut beim Herausziehen des Fremdkörpers nicht noch mehr am Gekröseansatz verletzt wird; insgesamt sollte die Zahl der Enterotomien jedoch so gering wie möglich gehalten werden. Eine Kolotomie ist in der Regel nicht indiziert, da ein Fremdkörper, der sich soweit kaudal im Darm befindet, gewöhnlich problemlos per vias naturales abgehen kann; alternativ erfolgt die Extraktion mit der Zange über das Rektum.

E. Nach Entfernung des Fremdkörpers wird der gesamte Darm im Bereich des Gekröseansatzes auf Läsionen, Zusammenhangstrennungen und Durchblutungsstörungen abgesucht, die Perforationsstellen werden gesäubert und übernäht.

F. Bei multiplen tiefgreifenden Perforationen sind eine Darmresektion und eine End-zu-End- bzw. Seit-zu-Seit-Anastomose indiziert. Die Resektion von 50–60 % des Dünndarms kann kompensiert werden. Die Entfernung von über 70 % führt zu einem azidotischen Darmmilieu und kann vom Restdarm nicht kompensiert werden. Auch wird die Aktivität der Verdauungsenzyme, besonders der Lipase, deutlich herabgesetzt. Der Mehrzahl dieser Patienten kann durch die Therapie mit Cimetidin (44 mg/kg KM 3 × täglich) geholfen werden. Bei Anzeichen einer Peritonitis muß die Bauchhöhle sorgfältig gespült und drainiert werden.

Literatur

1. Böhmer E, Matis U, Zedler W, Hänichen T. Dünndarmileus bei Katze und Hund – katamnestische Betrachtungen von 704 Patienten. Tierärztl Praxis 1990; 18: 171.
2. Felts JF, Fox PR, Burk RL. Thread and sewing needles as gastrointestinal foreign bodies in the cat: a review of 64 cases. JAVMA 1984; 184(1): 56.
3. Gunser J. Nähnadeln und Angelhaken als Fremdkörper bei Hund und Katze – Diagnose und Therapie. Berl Münch tierärztl Wschr 1978; 91: 399.
4. Root CR, Lord PF. Linear radiolucent gastrointestinal foreign bodies in cats and dogs: their radiographic appearance. J Am Vet Radiol Soc 1971; 12: 45.

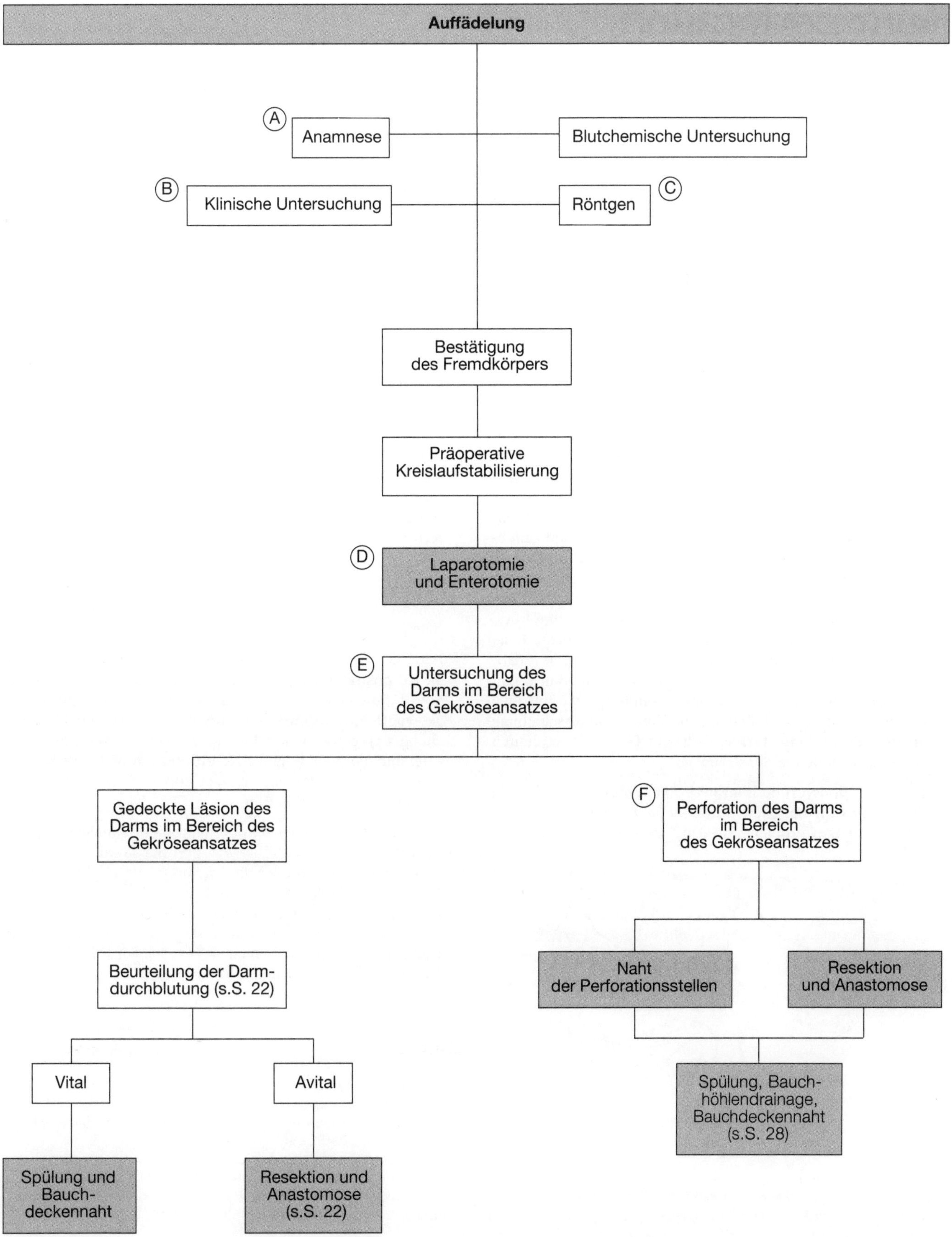
Auffädelung
A
Anamnese
Blutchemische Untersuchung
B
Klinische Untersuchung
Röntgen
C
Bestätigung des Fremdkörpers
Präoperative Kreislaufstabilisierung
D
Laparotomie und Enterotomie
E
Untersuchung des Darms im Bereich des Gekröseansatzes
Gedeckte Läsion des Darms im Bereich des Gekröseansatzes
F
Perforation des Darms im Bereich des Gekröseansatzes
Beurteilung der Darm-durchblutung (s.S. 22)
Naht der Perforationsstellen
Resektion und Anastomose
Vital
Avital
Spülung, Bauch-höhlendrainage, Bauchdeckennaht (s.S. 28)
Spülung und Bauch-deckennaht
Resektion und Anastomose (s.S. 22)

Darmperforation

A. Bei Patienten, die mit Anzeichen plötzlich aufgetretener schwerer Bauchschmerzen (akutes Abdomen), Erbrechen, reduziertem Allgemeinbefinden und Anorexie vorgestellt werden, sollte an die Möglichkeit einer Darmperforation gedacht werden. Dies gilt besonders für Tiere, bei denen vor kürzerer Zeit eine Darmoperation durchgeführt wurde oder eine penetrierende Bauchwunde vorlag.

B. Die Befunde der klinischen Untersuchung, wie verspanntes, schmerzhaftes Abdomen, Fieber, Apathie und dunkelrote, verwaschene Schleimhäute, sind nicht spezifisch. Die blutchemische Untersuchung kann erste Anzeichen einer Sepsis zeigen.

C. Anhand der Röntgenaufnahmen des Abdomens in zwei Ebenen und einer Bauchhöhlenpunktion kann die Verdachtsdiagnose Darmperforation bestätigt werden. Auf Röntgennativaufnahmen finden sich erste Anzeichen einer Peritonitis in Form wolkiger, unregelmäßiger Gebiete erhöhter Strahlendichte (Marmorierung) und/oder freie Luft in der Peritonealhöhle. Bei unklaren Befunden kann eine Röntgenkontrastdarstellung des oberen Gastrointestinaltrakts aufschlußreich sein. Wegen der starken Irritation des Peritoneums durch Bariumsulfat kommt bei Verdacht einer Darmperforation als Kontrastmittel nur eine organische Jodverbindung (Gastrografin) in Frage. Die bei einer Peritonealpunktion oder einer diagnostischen Peritoneallavage gewonnene Flüssigkeit zeigt in der zytologischen Untersuchung charakteristische Merkmale wie Neutrophile, phagozytierte Bakterien, freie Bakterien und freie Ingestabestandteile, die auf eine Darmperforation schließen lassen. Eine Linksverschiebung im Blutbild und ein stark erniedrigter Glukosewert deuten auf eine beginnende Sepsis hin.

D. Die Operationsvorbereitungen des Patienten beinhalten die Gabe von polyionischen isotonischen Lösungen (80 ml/kg KM), Kortikosteroiden, Breitspektrumantibiotika (gegen aerobe und anaerobe Keime), Glukose und nichtsteroidalen Entzündungshemmern. Begleitend zur Infusionstherapie wird eine Parazentese durchgeführt und die Bauchhöhlenflüssigkeit abgesaugt.

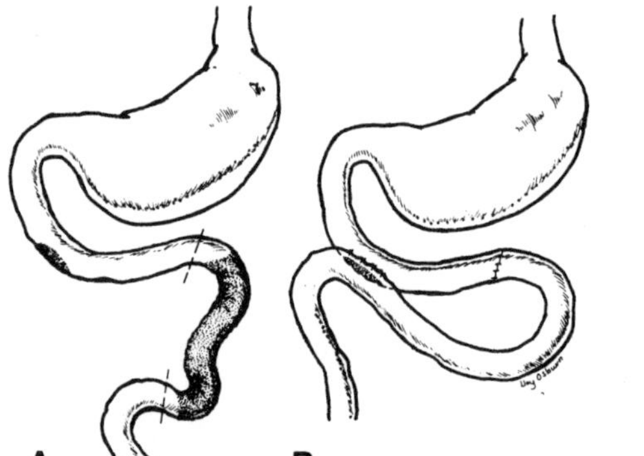

A B

Abb.1. A = Resektion eines perforierten Darmabschnitts; B = Verwendung einer Jejunumschlinge zur Serosadoppelung bzw. Abdeckung einer Perforationsstelle im Duodenum descendens.

E. Nach ausreichender Kreislaufstabilisierung des Patienten folgt die diagnostische Laparotomie. Die Abdominalflüssigkeit wird abgesaugt, um die Bauchhöhlenorgane genau untersuchen zu können. Der gesamte Magen-Darm-Trakt wird systematisch von kranial nach kaudal untersucht. Darmperforationen werden gesäubert und, wie bei der Enterotomie beschrieben, zweireihig genäht. Alle fraglich erscheinenden Enterotomiestellen und Anastomosen werden auf Dichtigkeit geprüft und bei Vorliegen einer Nahtdehiszenz entweder neu genäht oder mit einer Serosadoppelung gesichert (Abb. 1).

F. Nach Darstellung und Naht der (des) perforierten Darmsegmente(s) ist die Peritonealhöhle mit größeren Mengen (5 bis 6 Liter) warmer, steriler physiologischer Kochsalzlösung zu spülen. Dadurch werden Ingestabestandteile entfernt sowie Keimzahl und Endotoxinmenge verringert.

G. Bei geringer Kontamination der Bauchhöhle kann nach der intraoperativen Lavage ein primärer Wundverschluß erfolgen. In diesen Fällen ist keine postoperative Abdominalspülung erforderlich.

H. Patienten mit einer ausgeprägten Peritonitis erfordern eine aktive postoperative Peritoneallavage, die über eine Saug-Spül-Drainage erfolgt. Hierzu wird 2- bis 3mal täglich eine geeignete Lösung instilliert, bis die zytologische Untersuchung der gewonnenen Flüssigkeit keine Bakterien mehr zeigt und nur noch gesunde Neutrophile enthält. Zur Vereinfachung der geschlossenen Lavage können Peritonealdialysekatheter verwendet werden.

I. Bei Patienten mit einer schweren intraabdominalen Sepsis ist die offene Peritonealdrainage Mittel der Wahl. Die Bauchhöhlenwunde wird offen gelassen, mit sterilen nichtadhäsiven Kompressen bedeckt und durch einen Verband geschützt. Der Verband wird täglich gewechselt, bis die zytologische Untersuchung der Abdominalflüssigkeit ein physiologisches Bild zeigt (im allgemeinen nach 3 bis 5 Tagen). Danach wird das Abdomen routinemäßig verschlossen.

Literatur

1. Botte RJ, Rosin E. Cytology of peritoneal effusion following intestinal anastomosis and experimental peritonitis. Vet Surg 1983; 12(1): 20.
2. Crowe DT Jr. Diagnostic abdominal paracentesis techniques: clinical evaluation in 129 dogs and cats. JAAHA 1984; 20: 223.
3. Orsher RJ, Rosin E. Open peritoneal drainage in experimental peritonitis in dogs. Vet Surg 1984; 13(4): 222.
4. Vercoutere AL, Humphrey R. Improved method for intraabdominal drainage. Surg Gynecol Obstet 1984; 158: 587.

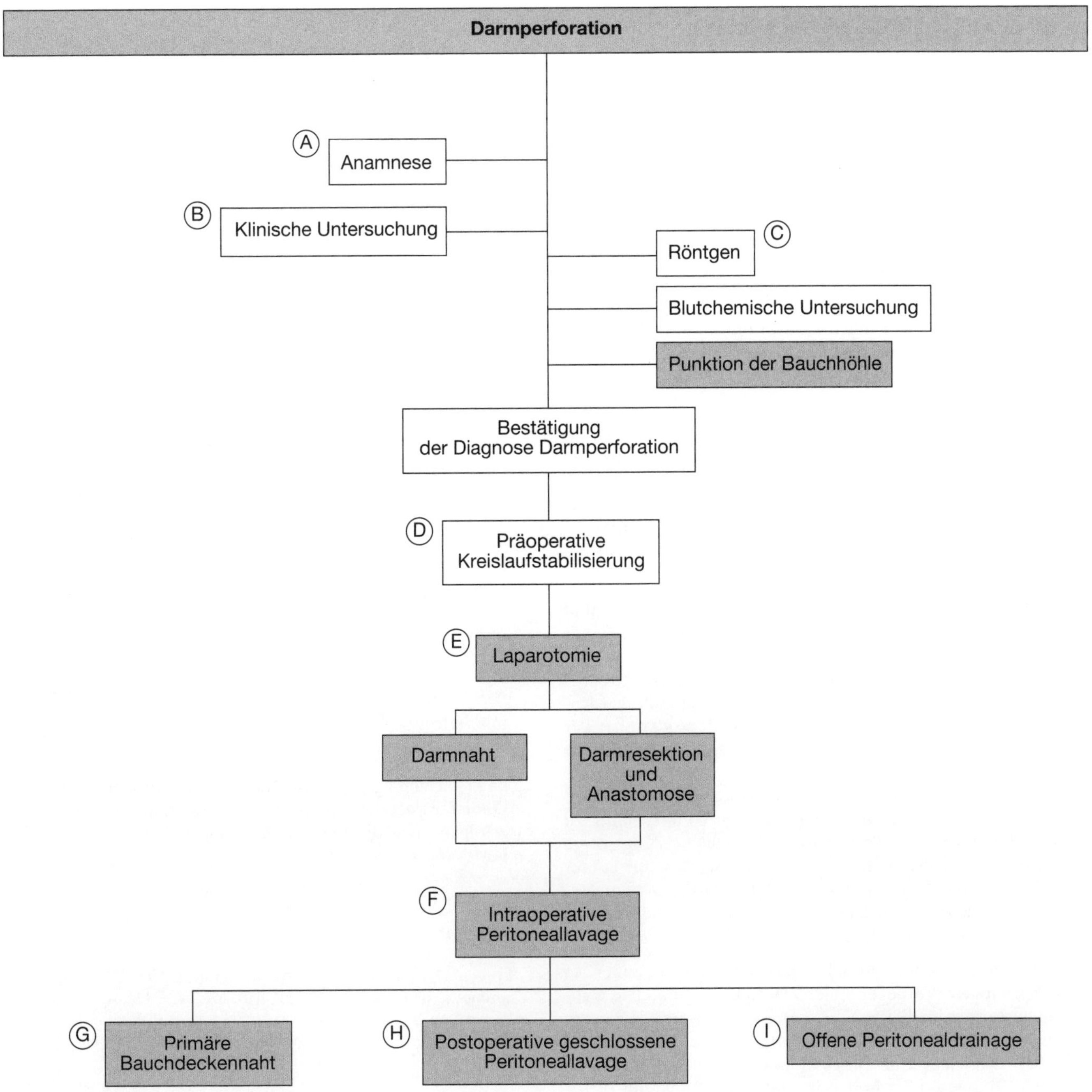
Darmperforation
A
Anamnese
B
Klinische Untersuchung
Röntgen
C
Blutchemische Untersuchung
Punktion der Bauchhöhle
Bestätigung der Diagnose Darmperforation
D
Präoperative Kreislaufstabilisierung
E
Laparotomie
Darmnaht
Darmresektion und Anastomose
F
Intraoperative Peritoneallavage
G
Primäre Bauchdeckennaht
H
Postoperative geschlossene Peritoneallavage
I
Offene Peritonealdrainage

Kolonobstruktion

A. Tiere mit einer Kolonobstruktion werden oft mit einem unspezifischen Vorbericht vorgestellt. Symptome sind gelegentliches Erbrechen (1 × täglich oder alle 2 Tage), reduziertes Allgemeinbefinden, Anorexie und Kachexie. Die Menge des Kots ist oft gering; er kann Blutbeimengungen enthalten und wird häufig unter großen Anstrengungen abgesetzt.

B. Die klinische Untersuchung ergibt einen geschwächten, im Allgemeinbefinden deutlich reduzierten Patienten. Bei der vorsichtigen Palpation, vor allem des hinteren Abdomens, kann eine strangförmige Umfangsvermehrung festgestellt werden.

C. Zur Sicherung der Diagnose, zur Lokalisation der Obstruktion und zum Ausschluß einer Ileumkoprostase wird bei Bedarf eine Irrigoskopie durchgeführt. Bei Verdacht auf einen Tumor kann zur Charakterisierung der Umfangsvermehrung und zur Entnahme einer Biopsie eine Koloskopie erforderlich sein. Der limitierende Faktor ist hier die Strecke, die endoskopisch noch erreicht werden kann.

D. Im Kolon liegende Fremdkörper, wie Steine, Knochenkot etc., können in vielen Fällen durch wiederholte Klysmen mit warmem Wasser und Gleitmittel entfernt werden. Infolge der verstärkten Hämolyseneigung der Erythrozyten muß bei Katzen mit physiologischer Kochsalzlösung gespült werden. Nur wenn dieses Vorgehen keinen Erfolg hat oder aber der Verdacht einer Darmperforation vorliegt, muß operativ interveniert werden. Liegt bei längerdauernder Koprostase eine Hämatokriterhöhung vor, so sind die Patienten entsprechend den Befunden der blutchemischen Untersuchung zu infundieren. Abschließend wird die Ursache der Koprostase eruiert und, wenn möglich, beseitigt. In Frage kommen unter anderem Ernährungsfehler, Prostataerkrankungen, Spondylosen zwischen dem 7. Lendenwirbel und dem Kreuzbein sowie eine allgemeine Darmträgheit (bei Katzen).

E. Kolonobstruktionen sind selten lebensbedrohlich, außer bei gleichzeitigem Vorliegen einer Darmperforation. Die Patienten werden im allgemeinen mit einer schweren Hypoproteinämie vorgestellt, die durch die Gabe einer leicht verdaulichen Diät über eine Nasenschlund- oder Pharyngotomiesonde präoperativ behoben werden kann. Während dieser Zeit wird der Darm durch wiederholte Klysmen und die Gabe von darmwirksamen Antibiotika (Neomycin, Kanamycin und Metronidazol) und systemischen Antibiotika (Cephalosporine und Ampicillin) weitgehend von Mikroorganismen gereinigt[1].

F. Nach einer adäquaten Operationsvorbereitung des Patienten folgt die diagnostische Laparotomie über einen postumbilikalen Schnitt in der Medianen. Colon ascendens, Colon transversum und Colon descendens werden sorgfältig untersucht. Lokalisation und Lage der pathologischen Veränderung (extramural, mural oder luminal) bzw. des Fremdkörpers werden festgestellt. Die regionären Lymphknoten werden palpatorisch untersucht und bei Vergrößerung biopsiert.

G. Bei muralen Veränderungen oder bei mit Darmwandnekrosen einhergehenden luminalen Prozessen wird eine Resektion und eine Anastomose durchgeführt. Angesichts der hohen bakteriellen Kontamination des Kolons, der erhöhten Kollagenaseaktivität 5 bis 7 Tage postoperativ, der hohen Druckbelastung und der relativ geringen mesenterialen Gefäßversorgung ist sorgfältiges und schonendes chirurgisches Vorgehen oberstes Gebot. Die Kolon-End-zu-End-Anastomose erfolgt auf Stoß mit einer einreihigen, einstülpenden Einzelknopfheftnaht nach Cushing, Lembert oder Connell mit einer atraumatischen Nadel-Faden-Kombination. Bei drohender Dehiszenz kann die Naht mit einer Serosadoppelung geschützt werden. 24 bis 48 Stunden postoperativ wird eine leichtverdauliche Diätnahrung angeboten, die möglichst noch zwei weitere Wochen gegeben werden sollte.

H. Ein Fremdkörper, der nicht in Richtung Anus massiert werden kann, muß über eine Kolotomie entfernt werden. Sie erfolgt in einem gut durchbluteten Darmteil (in der Regel aboral). Der Verschluß der Inzision wird wie bei der End-zu-End-Anastomose beschrieben durchgeführt. Alternativ kann auch eine zweireihige Naht wie bei der Enterotomie im Dünndarmbereich durchgeführt werden. In gleicher Weise erfolgen auch die Serosadoppelung und das postoperative Fütterungsmanagement.

Literatur

1. Leveen HH, Wapnick S, Falke G et al. Effects of prophylactic antibiotics on colonic healing. Am J Surg 1976; 131: 47.
2. Richardson DC, Krahwinkel DJ Jr. Surgery of the colon. In: Bojrab MJ, ed. Current techniques in small animal surgery. 2nd ed. Philadelphia: Lea & Febiger, 1983: 187.
3. Stoloff D, Snider TG, Crawford MP et al. End-to-end colonic anastomosis: a comparison of techniques in normal dogs. Vet Surg 1984; 13(2): 76.

[1] Anmerkung der Herausgeber: Die Anwendung von nichtabsorbierbaren Antibiotika für die Abtötung der Darmmikroorganismen kann die Resistenz des Tieres stark herabsetzen und damit zu Superinfektionen mit resistenten Stämmen führen. Es erscheint daher sinnvoller, einen effektiven Serumspiegel eines geeigneten Antibiotikums während des chirurgischen Eingriffes herzustellen.

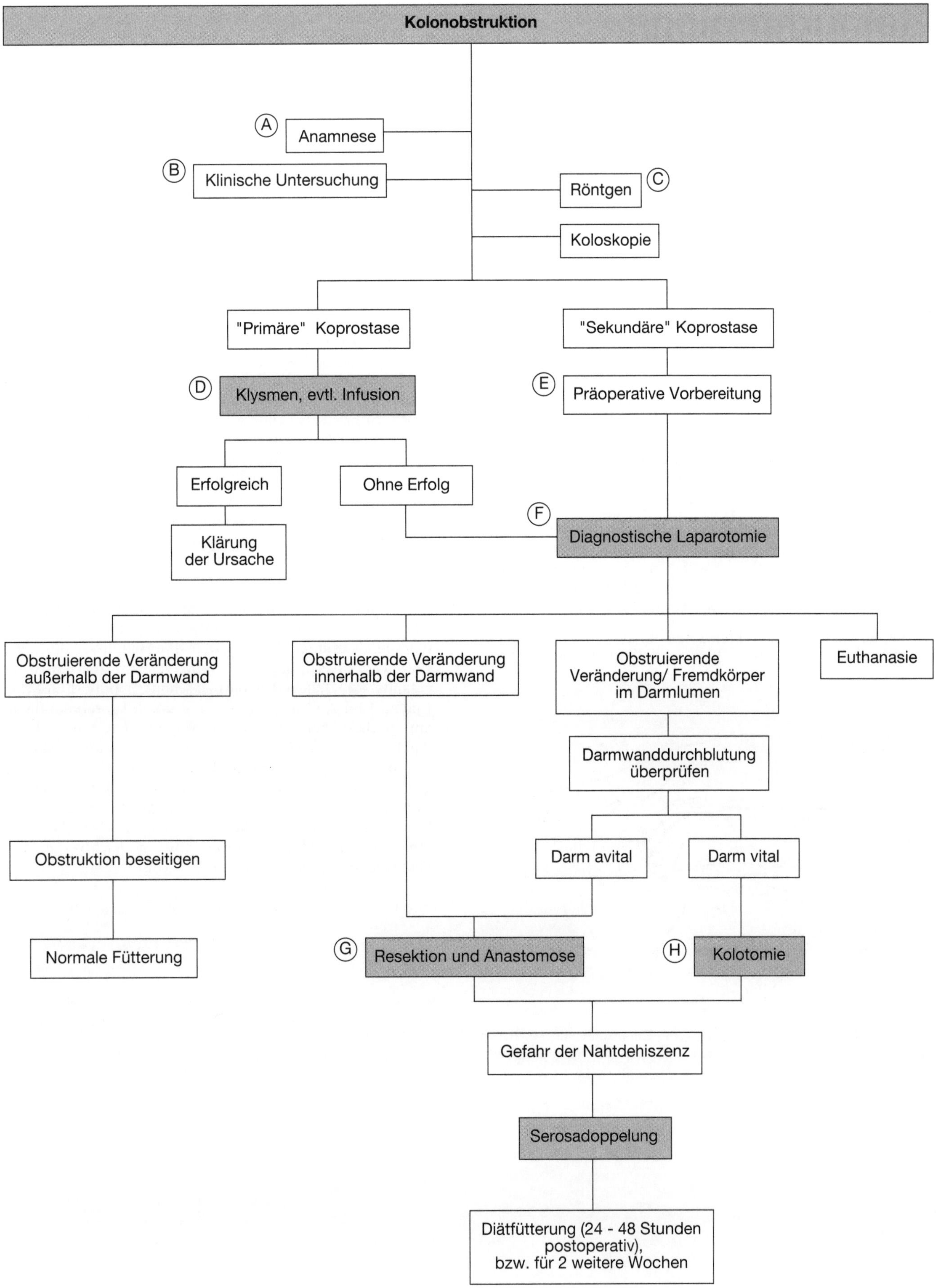
Kolonobstruktion
A
Anamnese
B
Klinische Untersuchung
Röntgen
C
Koloskopie
"Primäre" Koprostase
"Sekundäre" Koprostase
D
Klysmen, evtl. Infusion
E
Präoperative Vorbereitung
Erfolgreich
Ohne Erfolg
Klärung der Ursache
F
Diagnostische Laparotomie
Obstruierende Veränderung außerhalb der Darmwand
Obstruierende Veränderung innerhalb der Darmwand
Obstruierende Veränderung/ Fremdkörper im Darmlumen
Euthanasie
Darmwanddurchblutung überprüfen
Darm avital
Darm vital
Obstruktion beseitigen
Normale Fütterung
G
Resektion und Anastomose
H
Kolotomie
Gefahr der Nahtdehiszenz
Serosadoppelung
Diätfütterung (24 - 48 Stunden postoperativ), bzw. für 2 weitere Wochen

Rektumprolaps

A. Jede Krankheit, die einen pathologisch gesteigerten Stuhldrang verursacht, kann, besonders bei jungen, schlecht entwickelten oder durch den Befall mit Parasiten belasteten Tieren, zu einem Rektumprolaps prädisponieren. Der Rektumvorfall ist häufig vergesellschaftet mit Krankheiten wie schwerer Enteritis, Dystokie, Urolithiasis, Perinealhernie, Rektumpolypen, Prostataerkrankungen und chronischer Obstipation. Die Diagnose stützt sich auf die Adspektion einer schlauchförmigen Vorwölbung aus dem Anus.

B. Differentialdiagnostisch muß eine vorgefallene Invagination vom Rektumprolaps unterschieden werden. Beide Krankheitsbilder haben ein ähnliches Erscheinungsbild; im Unterschied zum Rektumvorfall kann aber bei der Invagination ein Finger oder eine Knopfsonde zwischen der Rektumwand und dem Intussuszeptum eingeführt werden. In diesem Fall erfolgt eine Laparotomie mit Lösen der Invagination. Bei fraglicher Darmwanddurchblutung wird eine Darmresektion und anschließend eine End-zu-End- bzw. Seit-zu-Seit-Anastomose durchgeführt (s. S. 22).

C. Der Rektumprolaps gilt als gesichert, wenn sich weder Finger noch Knopfsonde zwischen die vorgefallene Mukosa und den anokutanen Übergang einschieben lassen (Abb. 1). Das weitere Vorgehen hängt von der Beschaffenheit des Enddarms und seiner Reponierbarkeit ab.

D. Ist der vorgefallene Rektumanteil gut durchblutet und reponierbar, wird nach der Rückverlagerung als Rezidivprophylaxe eine Tabaksbeutelnaht angelegt. Die Reposition wird häufig durch ein Schleimhautödem erschwert. Durch die lokale Applikation einer hypertonen Lösung (50%ige Glukose) kann dieses bekämpft werden. Nach Reposition des Rektums und verschließender Tabaksbeutelnaht wirkt die lokale Anwendung eines Lokalanästhetikums dem postoperativen Tenesmus entgegen. Die Naht wird nach 4 bis 5 Tagen entfernt und zwischenzeitlich einmal täglich zum Kotabsatz vorübergehend geöffnet.

E. Bei gut durchblutetem, aber nicht reponierbarem Enddarm oder beim Rezidiv nach Entfernen der Tabaksbeutelnaht sind Laparotomie und Kolopexie indiziert. Der Zugang erfolgt über einen Medianschnitt im Hypogastrium. Das Kolon wird aufgesucht und der Prolaps durch vorsichtigen Zug reponiert, gleichzeitig versucht ein Assistent, rektal den Darm digital zu reponieren. Das Kolon wird soweit nach kranial gezogen, bis das Rektum unter leichter Spannung steht. Sowohl am Kolon als auch am Peritoneum, 2–3 cm lateral der abdominalen Inzision, wird mit Skalpellinzisionen eine frische Wundfläche geschaffen. Die beiden Flächen werden dann mit zwei Reihen aus Einzelknopfheften mit langsam resorbierbarem Nahtmaterial aneinander fixiert. Die Naht darf keinesfalls in das Darmlumen penetrieren.

F. Ist der vorgefallene Darmanteil avital oder die Reposition nicht möglich, ist eine Amputation des vorgefallenen Rektums durchzuführen. Dazu werden drei Haltefäden durch die ganze Dicke des prolabierten Darms gelegt. Danach wird der gesamte vorgefallene Enddarmabschnitt amputiert und eine End-zu-End-Anastomose auf Stoß durch Einzelknopfhefte mit synthetischem, langsam resorbierbarem Nahtmaterial durchgeführt. Die Hefte werden durch die gesamte Dicke der Rektumwand gelegt, um die Erfassung der Submukosa zu gewährleisten. Die Haltefäden werden dann entfernt und das Rektum in den Anus zurückverlagert. Zur Tenesmusprophylaxe wird ein Lokalanästhetikum instilliert. Die Patienten erhalten 10 bis 14 Tage postoperativ eine leichtverdauliche Diätnahrung zur Weichhaltung des Kots.

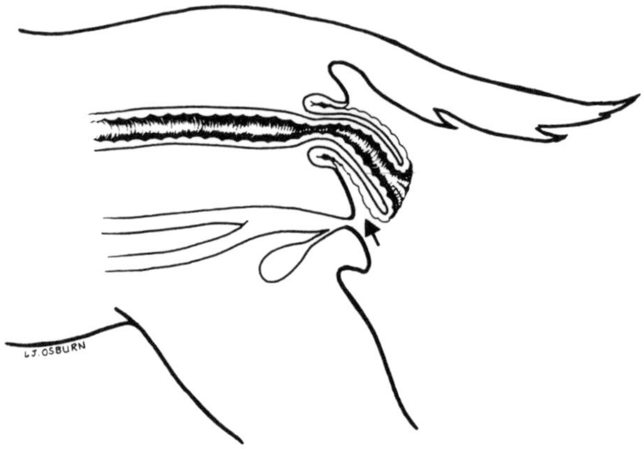

Abb.1. Rektumprolaps. Beachte, daß eine Knopfsonde nicht zwischen die vorgefallene Mukosa und den anokutanen Übergang eingeführt werden kann.

Literatur

1. Engen MH. Management of rectal prolapse. In: Bojrab MJ, ed. Current techniques in small animal surgery. 2nd ed. Philadelphia: Lea & Febiger, 1983: 184.
2. Flasshoff HJ. Prolapsus ani, prolapsus recti. In: Bojrab MJ. Praxis der Kleintierchirurgie. Stuttgart: Enke, 1981: 548.

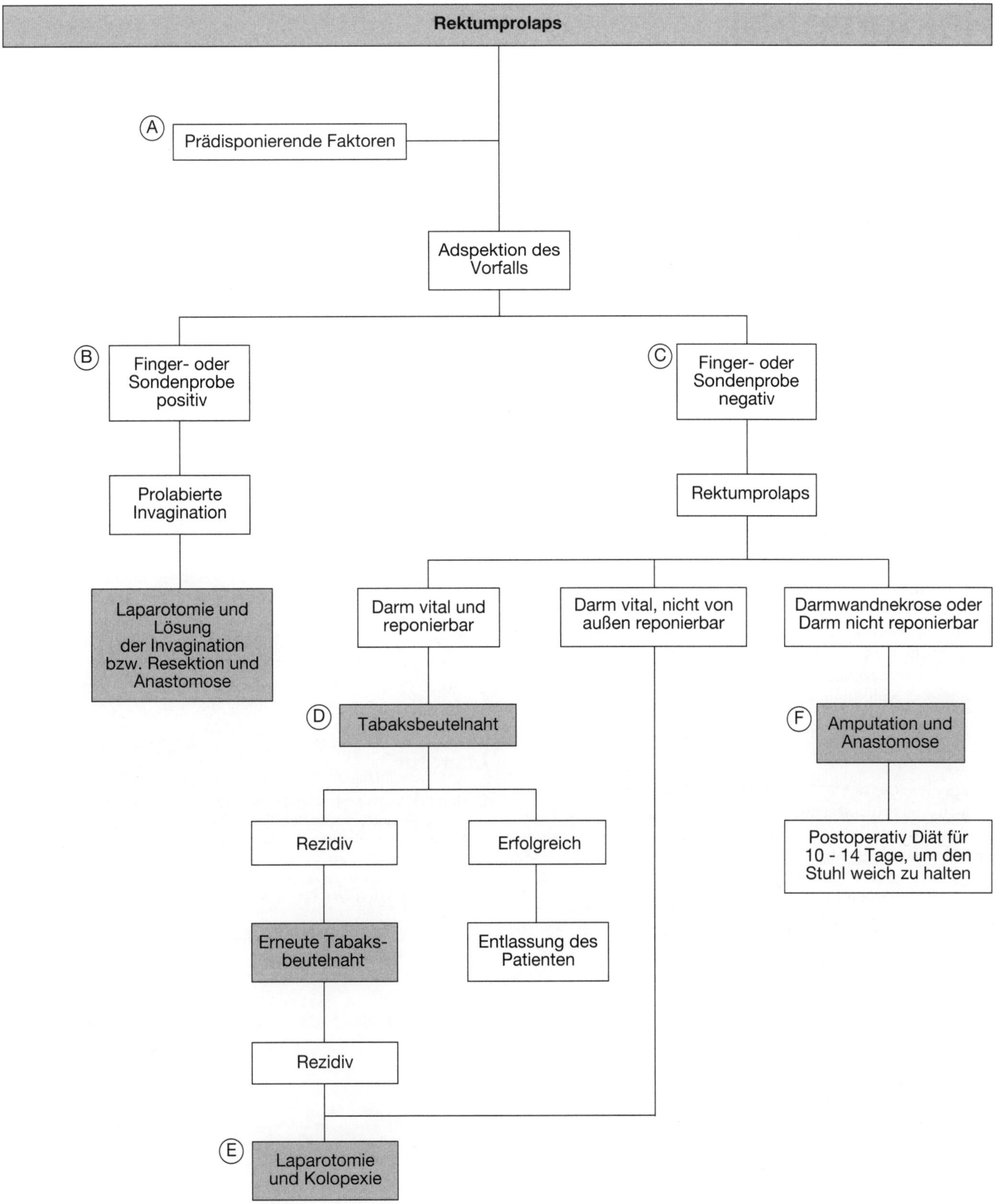
Rektumprolaps
A
Prädisponierende Faktoren
Adspektion des Vorfalls
B
Finger- oder Sondenprobe positiv
C
Finger- oder Sondenprobe negativ
Prolabierte Invagination
Rektumprolaps
Laparotomie und Lösung der Invagination bzw. Resektion und Anastomose
Darm vital und reponierbar
Darm vital, nicht von außen reponierbar
Darmwandnekrose oder Darm nicht reponierbar
D
Tabaksbeutelnaht
F
Amputation und Anastomose
Rezidiv
Erfolgreich
Postoperativ Diät für 10 - 14 Tage, um den Stuhl weich zu halten
Erneute Tabaks-beutelnaht
Entlassung des Patienten
Rezidiv
E
Laparotomie und Kolopexie

Rektumpolyp

A. Anzeichen für Rektumpolypen sind Schmerzäußerungen bei der Defäkation und Blutbeimengungen im Kot. Gelegentlich kann auch der während des Kotabsatzes aus dem Anus vorgefallene Polyp sichtbar werden.

B. Ein partiell vorgefallener Polyp zeigt sich bei der klinischen Untersuchung als eine rote bis rot-bläuliche von Rektumschleimhaut überzogene Falte bzw. Umfangsvermehrung. Die Verdachtsdiagnose wird durch die vorsichtige digitale rektale Palpation bestätigt, wobei Polypen vor dem Beckeneingang naturgemäß nicht erreicht werden können.

C. Vor Beginn der therapeutischen Maßnahmen muß die Zahl der Polypen sowie deren Lage außerhalb der palpatorischen Untersuchungsmöglichkeit abgeklärt werden. Als diagnostisches Hilfsmittel zur Darstellung des Colon ascendens, C. transversum und C. descendens eignet sich die Irrigoskopie mit Bariumsulfat; mit der Proktoskopie können Rektum und Colon descendens untersucht werden. Die Biopsie vervollständigt die Befunderhebung und hilft, eine entzündliche Genese auszuschließen.

D. Das Auftreten multipler Polypen ist bei Hund und Katze selten. Wenn nur zwei oder drei Polypen im Colon descendens oder im Rektum lokalisiert sind, ist deren rektale Entfernung möglich. Weiter kranial im Colon transversum und Colon ascendens liegende Polypen können nur über eine Laparotomie und Kolotomie erreicht werden.

E. Die operative Entfernung eines einzelnen Rektumpolypen ist abhängig von dessen Lage zum Darmausgang.

F. Polypen, die sich 1–3 cm kranial des Anus befinden, können artifiziell prolabiert und exzidiert werden. Bei breitaufsitzenden Wucherungen ist eine elektro- oder kryochirurgische Entfernung günstiger. Gestielte Polypen können sowohl elektro- und kryochirurgisch als auch mit dem Skalpell entfernt werden.

G. Rektumpolypen, die 3–8 cm kranial des Darmausgangs lokalisiert sind, können durch einen iatrogenen Rektumprolaps dargestellt werden. Vorbedingung ist eine Epiduralanästhesie mit vollständiger Muskelrelaxation. Zur Exposition der Rektummukosa wird der Enddarm digital dilatiert. Danach werden drei oder vier Situationshefte in gleichem Abstand zum Analring in die Mukosa des Rektums gesetzt. Durch leichten Zug an den Fäden wird die rektale Schleimhaut vorverlagert, bis der Polyp sichtbar wird. Die Exzision erfolgt wie oben beschrieben. Nach erfolgreicher Entfernung wird der iatrogene Rektumprolaps reponiert und ein Tupfer zur Blutstillung in die Ampulla recti eingelegt. Eine Tabaksbeutelnaht verhindert einen erneuten Darmvorfall und das vorzeitige Herauspressen des Tupfers. Die Tabaksbeutelnaht wird nach 24 bis 48 Stunden entfernt, die Gaze auf natürlichem Wege abgesetzt.

H. Die Prognose nach Entfernung von Rektumpolypen ist im allgemeinen gut. Da die vollständige Exzision von gestielten Polypen einfacher ist, sind Rezidive solcher Schleimhautwucherungen eher selten. Anders bei breitaufsitzenden Polypen, deren vollständige Resektion sehr problematisch ist. Die Rezidivrate ist hier wesentlich höher, und es bedarf in vielen Fällen mehrerer Eingriffe bis zur vollständigen Heilung. Rektumpolypen werden als prämaligne angesehen, da sie Vorstadien von Rektumadenokarzinomen darstellen können, weswegen in jedem Fall eine histologische Untersuchung des resezierten Gewebes anzuraten ist.

Literatur

1. Holt PE, Lucke VM. Rectal neoplasia in the dog: a clinicopathological review of 31 cases. Vet Rec 1985; 116: 400.
2. Nelson D, Gourley IM. Rectal neoplasia in the dog. Mod Vet Pract 1977; 58(6): 525.
3. Seiler RJ. Colorectal polyps of the dog: a clinicopathologic study of 17 cases. JAVMA 1979; 174(1): 72.

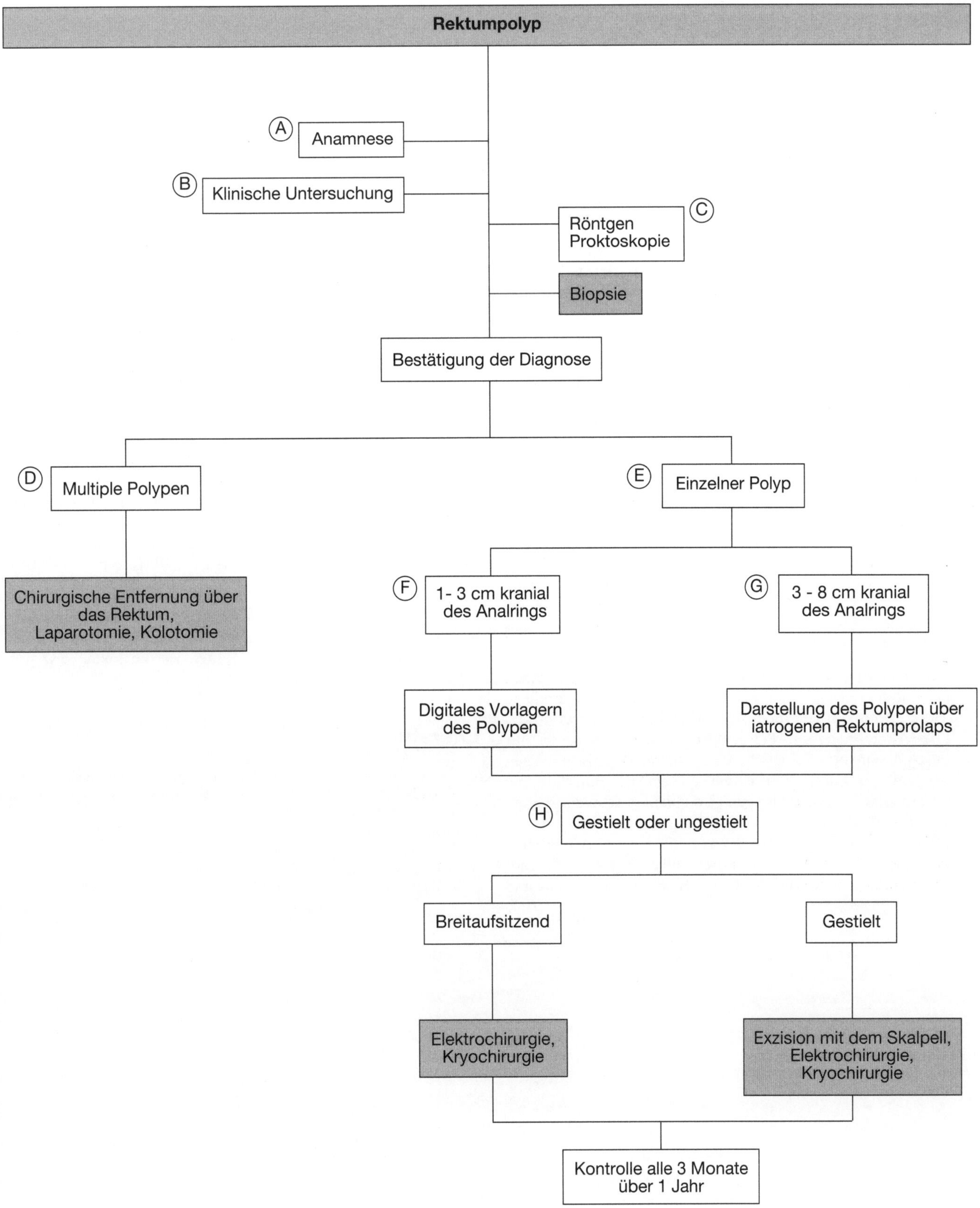
Rektumpolyp
Ⓐ Anamnese
Ⓑ Klinische Untersuchung
Röntgen Proktoskopie Ⓒ
Biopsie
Bestätigung der Diagnose
Ⓓ Multiple Polypen
Chirurgische Entfernung über das Rektum, Laparotomie, Kolotomie
Ⓔ Einzelner Polyp
Ⓕ 1- 3 cm kranial des Analrings
Ⓖ 3 - 8 cm kranial des Analrings
Digitales Vorlagern des Polypen
Darstellung des Polypen über iatrogenen Rektumprolaps
Ⓗ Gestielt oder ungestielt
Breitaufsitzend
Gestielt
Elektrochirurgie, Kryochirurgie
Exzision mit dem Skalpell, Elektrochirurgie, Kryochirurgie
Kontrolle alle 3 Monate über 1 Jahr

Perianaltumoren

A. Symptome wie „Schlittenfahren", Lecken der Analregion und Blutbeimengungen im Kot können erste Anzeichen für perianale Neoplasien sein. Die vereinzelt oder multipel auftretenden Tumoren finden sich bei beiden Geschlechtern, und zwar in der Regel bei mittelalten bis alten Patienten.

B. Bei der Adspektion der Analregion werden Umfangsvermehrungen unterschiedlicher Größe, die ulzerieren können, festgestellt. Durch die rektale Untersuchung des Perianalbereichs können kleinere Tumoren entdeckt werden, die sich der adspektorischen Befunderhebung entziehen.

C. Die routinemäßig durchzuführende Blutuntersuchung des Patienten sollte eine Bestimmung des Kalziumwertes miteinbeziehen. Bei sterilisierten Hündinnen, bei denen die Analbeutel ebenfalls verändert sind, findet sich häufig eine Hyperkalzämie.

D. Adenome der Perianaldrüsen finden sich hauptsächlich bei mittelalten und alten Rüden, weibliche Tiere sind nur sehr selten betroffen. Die Testosteronabhängigkeit dieser Adenome ist bewiesen, weswegen sich die Kastration des Tieres und die Entfernung der Tumoren (Exzision mit dem Skalpell oder der Kryo- bzw. Elektrochirurgie) als die effektivste Therapie erwiesen haben. Die definitive Diagnose kann nur durch eine histopathologische Untersuchung des exzidierten Gewebes gestellt werden. Die Prognose ist gut.

E. Adenokarzinome der Perianaldrüsen werden hauptsächlich bei mittelalten und alten Hunden diagnostiziert; männliche Tiere erkranken zu einem wesentlich höheren Prozentsatz. Die Abgrenzung zu Perianaldrüsenadenomen kann nur durch die histopathologische Untersuchung erfolgen. Wegen des meist invasiven Wachstums dieser Malignome ist die vollständige Exzision häufig mit erheblichen Schwierigkeiten verbunden. Zum Zeitpunkt der Diagnosestellung bestehen oftmals schon Metastasen in den iliakalen und lumbalen Aortenlymphknoten. Als routinemäßige Metastasendiagnostik werden präoperativ Röntgenaufnahmen von Thorax und Abdomen angefertigt. Die Therapie hat eine Zellreduktion der primären und metastatischen Neoplasien durch chirurgische Entfernung der Tumoren und anschließende lokale Bestrahlung des Tumorlagers zum Ziel. Da eine hormonelle Abhängigkeit der perianalen Adenokarzinome nicht nachgewiesen ist, hat die Kastration keinen Einfluß auf die Prognose. Wegen der hohen Rezidivrate und der Neigung zu abdominaler und thorakaler Metastasierung ist die Prognose ungünstig bis infaust.

F. Das apokrine Adenokarzinom ist ein bösartiger Tumor der apokrinen Drüsen, die den Analbeutel auskleiden. Er tritt fast nur bei älteren, kastrierten Hündinnen auf und sezerniert eine parathormonähnliche Substanz, die eine deutliche Hyperkalzämie verursacht. Da manche Tumoren nur 2–3 cm groß sind, ist eine sorgfältige rektale Untersuchung von entscheidender Bedeutung. Zum Zeitpunkt der Diagnosestellung bestehen oftmals schon Metastasen in den lumbalen Aortenlymphknoten. Die Therapie beinhaltet die Kontrolle der Hyperkalzämie, die chirurgische Entfernung sowohl des Primärtumors als auch der Metastasen und die regelmäßige Rezidivkontrolle. Die Prognose ist ungünstig bis infaust.

G. Adenome der Perianaldrüsen sind bei Hündinnen ein seltener Befund. Sie ähneln den Tumoren beim männlichen Tier und müssen sorgfältig vom apokrinen Adenokarzinom differenziert werden. Wie beim Rüden ist die lokale Exzision Therapie der Wahl.

Literatur

1. Hause WR, Stevenson S, Meuten DJ, Capen CC. Pseudohyperparathyroidism associated with adenocarcinomas of anal sac origin in four dogs. JAAHA 1981; 17: 373.
2. Liska WD, Withrow SJ. Cryosurgical treatment of perianal gland adenomas in the dog. JAAHA 1978; 14: 457.
3. Wilson GP, Hayes HM Jr. Castration for the treatment of perianal gland neoplasms in the dog. JAVMA 1979; 174(12): 1301.

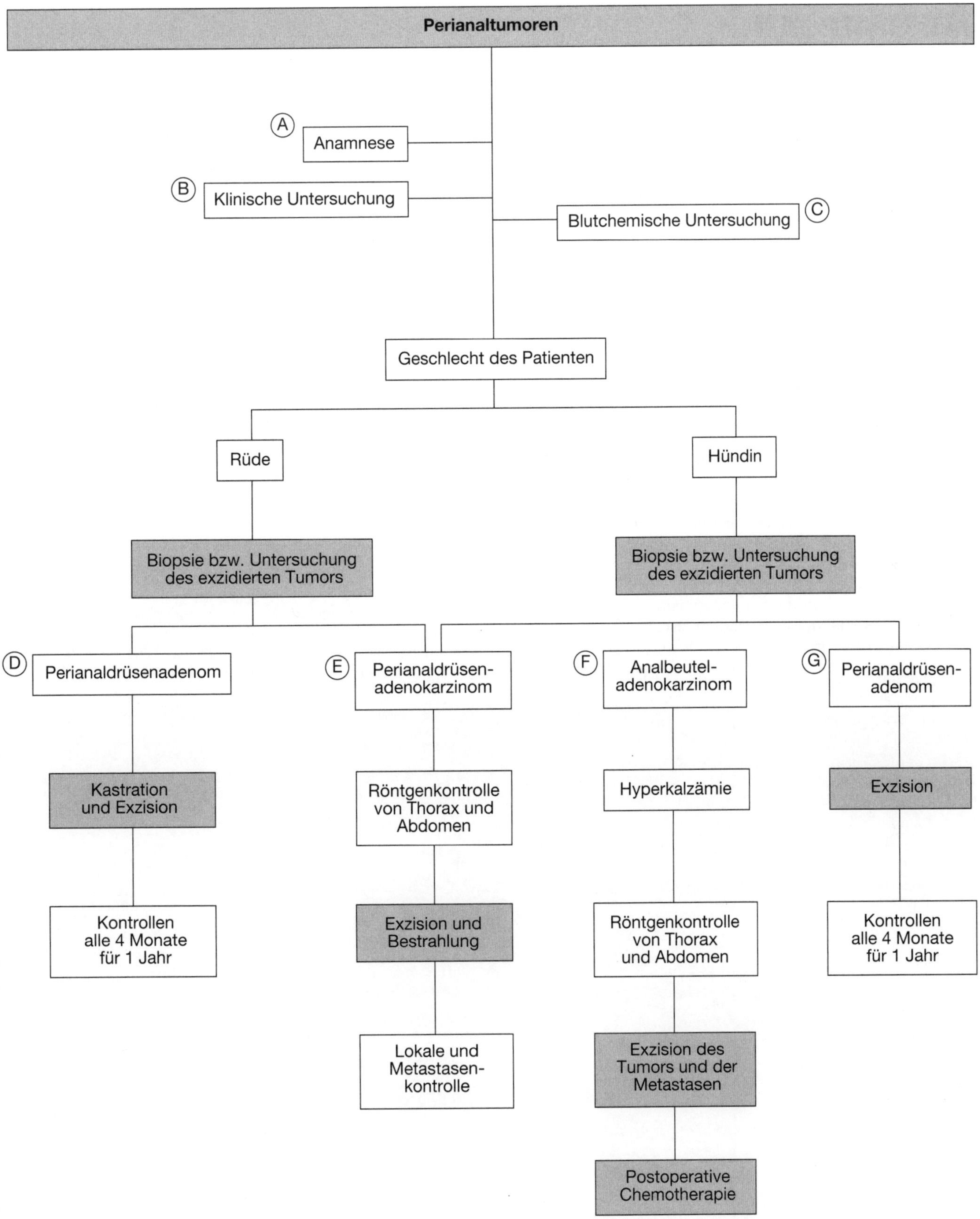

Perianaltumoren
A
Anamnese
B
Klinische Untersuchung
Blutchemische Untersuchung
C
Geschlecht des Patienten
Rüde
Hündin
Biopsie bzw. Untersuchung des exzidierten Tumors
Biopsie bzw. Untersuchung des exzidierten Tumors
D
Perianaldrüsenadenom
E
Perianaldrüsen-adenokarzinom
F
Analbeutel-adenokarzinom
G
Perianaldrüsen-adenom
Kastration und Exzision
Röntgenkontrolle von Thorax und Abdomen
Hyperkalzämie
Exzision
Kontrollen alle 4 Monate für 1 Jahr
Exzision und Bestrahlung
Röntgenkontrolle von Thorax und Abdomen
Kontrollen alle 4 Monate für 1 Jahr
Lokale und Metastasen-kontrolle
Exzision des Tumors und der Metastasen
Postoperative Chemotherapie

Atresia ani

A. Besitzer von Tieren mit Atresia ani geben in aller Regel als Vorbericht an, daß sie bei ihrem Tier seit dessen Geburt nie Kotabsatz bemerkt haben. Werden die Tiere erst einige Tage nach dem Partus vorgestellt, so ist das Abdomen hochgradig aufgetrieben. Das Allgemeinbefinden dieser Tiere ist häufig bereits erheblich gestört.

B. Eine den Anus membranartig verschließende Haut führt zur Diagnose Atresia ani. Die Überprüfung des prognostisch wichtigen Analsphinkterreflexes erfolgt mit einer scharfen Sonde oder Nadel.

C. Bei leicht angehobener hinterer Körperhälfte wird eine laterale Röntgenaufnahme des kaudalen Abdomens angefertigt. Mit dieser Aufnahmetechnik kann eine Gasansammlung im hinteren Teil des Rektums sichtbar gemacht werden.

D. Kann ein normaler Analreflex ausgelöst und die Analmembran durch ein stumpfes Instrument (Thermometer, Arterienklemme) leicht perforiert werden (Atresia ani Typ I), wird der Patient unter Beobachtung nach Hause entlassen und über 3 Wochen zu regelmäßigen Kontrollen bestellt, um die Durchgängigkeit und Funktion des Darmausgangs zu kontrollieren. Bei einer Membrandicke von 5–10 mm (Atresia ani Typ II) wird über einen perinealen Zugang das Passagehindernis operativ behoben. Reicht die Luftansammlung hingegen nur bis zum Schambeinrand (Atresia ani Typ III), so muß ein abdominaler und perinealer Zugang gewählt werden.

E. Die operative Behandlung der Atresia Ani Typ II orientiert sich an der Lage des Analgrübchens. Die Membran wird bis zur rektalen Mukosa reseziert und diese nach Inzision des Analgrübchens und des M. sphincter ani an das subkutane Gewebe und die perianale Haut fixiert. Bei intaktem und funktionsfähigem Analsphinkter ist die Prognose gut.

F. Die Behandlung der Atresia Ani Typ III erfordert eine abdominale Darstellung des distalen Rektums und Kolons, um das Darmende mobilisieren und durch die Beckenhöhle in Richtung Anus verlagern zu können. Nach Inzision des Analgrübchens wird die Rektummukosa an das subkutane Gewebe und die perianale Haut adaptiert. Da viele Patienten postoperativ nicht kontinent werden, ist die Prognose vorsichtig.

Literatur

1. Horney FD, Archibald J. Colon, rectum and anus. In: Archibald J, ed. Canine surgery. 2nd ed. Santa Barbara: American Veterinary Publications 1974: 603.
2. Kiesewetter WB, Bill AH, Nixon HH. Imperforate anus. Arch Surg 1976; 3: 518.
3. Smith EI, Tunell WP, Rainey WG. A clinical evaluation of the surgical treatment of anorectal malformations (imperforate anus). Ann Surg 1978; 187(6): 583.

Atresia ani

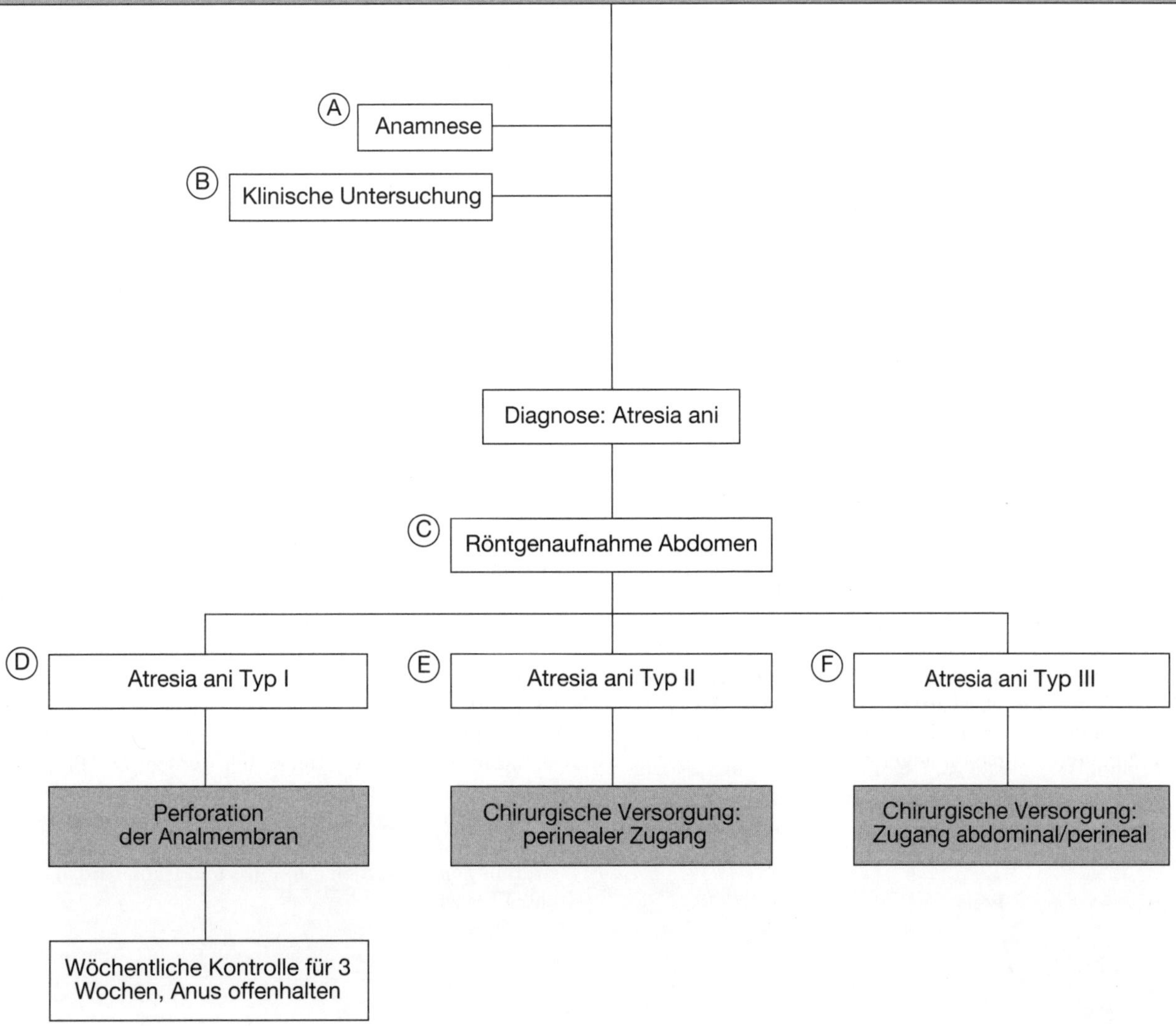

A
Anamnese
B
Klinische Untersuchung
Diagnose: Atresia ani
C
Röntgenaufnahme Abdomen
D
Atresia ani Typ I
E
Atresia ani Typ II
F
Atresia ani Typ III
Perforation der Analmembran
Chirurgische Versorgung: perinealer Zugang
Chirurgische Versorgung: Zugang abdominal/perineal
Wöchentliche Kontrolle für 3 Wochen, Anus offenhalten

Analbeutelabszeß

A. Patienten mit Analbeutelabszessen oder chronisch rezidivierenden Analbeutelentzündungen zeigen charakteristische Symptome wie „Schlittenfahren", Belecken des Analbereichs, eitriges oder blutiges Sekret in der Analbeutelregion und Schmerzäußerungen bei der Defäkation. Hunde kleinwüchsiger Rassen (Toypudel, Shih Tzu, Pomeranian) sind häufiger betroffen als andere.

B. Die Diagnose stützt sich auf die Adspektion des Analbereichs und auf die rektale Untersuchung. In der Regel finden sich ausgeprägte Entzündungszeichen wie Schwellung und Rötung sowie bei bereits rupturiertem Abszeß der Abfluß von blutig-seröser bis eitriger Flüssigkeit. Die rektale Untersuchung ist oft schmerzhaft; palpatorisch wird eine Schwellung und hochgradige Füllung des Analbeutels mit meist dickflüssigem Sekret festgestellt. Der Versuch, den Analbeutel manuell über Druck zu entleeren, kann eine Ruptur zur Folge haben.

C. Die initiale Behandlung von Patienten, die das erste Mal mit einer Analbeutelentzündung vorgestellt werden, besteht in Spülungen mit einer antibiotischen Lösung. Bei Rezidiven kann versuchsweise gleichartig medikamentös therapiert werden. Bleibt diese Behandlung auf Dauer erfolglos, sollte eine Analbeutelexstirpation angeraten werden.

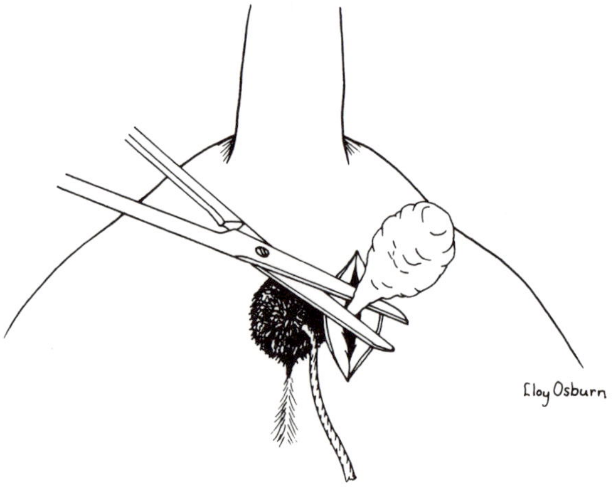

Abb.1. Analbeutelexstirpation nach Füllung mit Gips, Agar-Gel oder Latexgummi.

D. Die Analbeutelexstirpation ist Therapie der Wahl bei chronisch rezidivierender (zwei oder drei Erkrankungen in weniger als drei Monaten) Analbeutelentzündung oder -abszedierung. Vor der Operation sollte der Patient bis zum Abklingen der akuten Entzündungserscheinungen 1 bis 2 Wochen ambulant lokal behandelt werden. Durch diese Vorbereitung wird die intraoperative Identifizierung des Analbeutels und des M. sphincter ani externus erheblich vereinfacht und damit die Voraussetzung für eine komplikationslose primäre Wundheilung günstiger. Der Patient wird in Rückenlage ausgebunden und ein Tupfer in das Rektum eingelegt. Nach Entleeren des Analbeutels wird die Haut der Perinealregion routinemäßig für eine Operation unter aseptischen Bedingungen vorbereitet (Abb. 1). Danach wird zur Darstellung des Analbeutels eine Sonde oder Moskitoklemme über den Ausführungsgang bis zum Ende des Säckchens eingeführt. Der Analbeutel wird anschließend der Länge nach inzidiert, somit die innere epitheliale Oberfläche dargestellt und vollständig exzidiert. Um eine Kontamination des perianalen Gewebes zu vermeiden, sollte die Eröffnung des Lumens möglichst vermieden werden. Da die Identifizierung des chronisch entzündlich veränderten Analbeutels oftmals Schwierigkeiten bereitet, kann er präoperativ mit einem flüssigen, nach dem Einbringen aushärtendem Material gefüllt werden. Die Präparation des dann birnenförmig palpierbaren Säckchens wird hierdurch wesentlich erleichtert. Nach dessen vollständiger Entfernung muß der inzidierte Anteil des M. sphincter ani externus genäht werden. Subkutis und Haut werden routinemäßig verschlossen.

Literatur

1. Harvey CE. Incidence and distribution of anal sac disease in the dog. JAAHA 1974; 10: 573.
2. Horney FD, Archibald J. Colon, rectum and anus. In: Archibald J, ed. Canine surgery. 2nd ed. Santa Barbara: American Veterinary Publications, 1974: 622.
3. Johnston DE. Surgical diseases of the rectum and anus. In: Slatter DH, ed. Textbook of small animal surgery. Philadelphia: WB Saunders, 1985: 775.
4. Schebitz H, Brass W. Exstirpation des Analbereichs. In: Schebitz H, Brass W, Hrsg. Operationen an Hund und Katze. Berlin: Parey, 1985: 159.

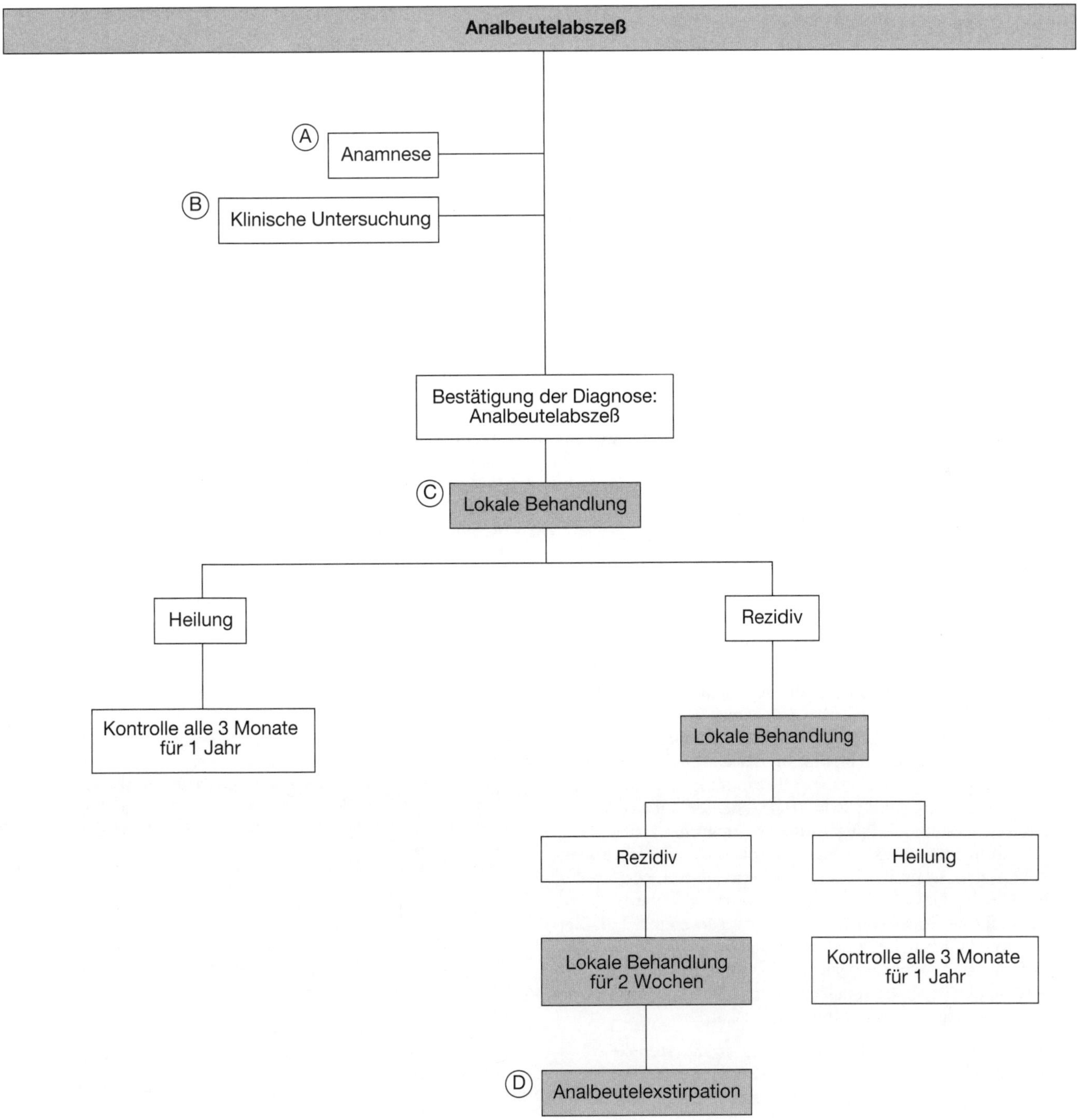
Analbeutelabszeß
Ⓐ Anamnese
Ⓑ Klinische Untersuchung
Bestätigung der Diagnose: Analbeutelabszeß
Ⓒ Lokale Behandlung
Heilung
Rezidiv
Kontrolle alle 3 Monate für 1 Jahr
Lokale Behandlung
Rezidiv
Heilung
Lokale Behandlung für 2 Wochen
Kontrolle alle 3 Monate für 1 Jahr
Ⓓ Analbeutelexstirpation

Perianalfisteln

A. Patienten mit Perianalfisteln werden im allgemeinen mit folgenden Symptomen vorgestellt: Tenesmus, Diarrhö, Blutbeimengungen im Kot und Belecken der Analregion. Eine gewisse Rassedisposition besteht beim Deutschen Schäferhund, beim Irish Setter und beim Labrador Retriever, aber auch Hunde anderer großer Rassen sind betroffen. Das Verhältnis von Rüden zu Hündinnen beträgt nahezu 2:1.

B. Die Diagnose stützt sich auf die klinischen Symptome und die Adspektion der Perianalregion, bei der multiple Fistelöffnungen in der den Darmausgang umgebenden Haut gefunden werden können. Der Schweregrad der Erkrankung wird nach der Ausdehnung des Prozesses beurteilt. Es liegen entweder einzelne Fistelöffnungen vor, oder die Veränderungen umfassen den gesamten Zirkumanalbereich (360 Grad).

C. Die Therapie der Perianalfisteln ist vom Schweregrad der Erkrankung abhängig. Es werden folgende Kategorien unterschieden: weniger als 90 Grad, 90–180 Grad und 180–360 Grad.

D. Sind bis zu 90 Grad der perianalen kutanen Haut betroffen, kann konservativ bzw. medikamentös oder operativ nach verschiedenen Techniken vorgegangen werden. Die medikamentöse Therapie beinhaltet die Applikation von systemischen und lokalen Antibiotika, die chemische Kauterisierung der Fistelgänge, antiseptische lokale Spülungen und das Hochbinden oder die Amputation der Rute. Bei unkomplizierten Fällen kann durch diese Behandlung eine, allerdings oft nur vorübergehende, Symptomfreiheit erzielt werden. In der Regel ist für die langfristige Heilung ein chirurgischer Eingriff nicht zu umgehen. Ist der Sphinkter zu 90 Grad mit einbezogen, werden die radikale operative Exzision des veränderten Gewebes, die Kryochirurgie oder die Elektrochirurgie mit Ausbrennen der Fistelkanäle empfohlen. Bei Rezidiven oder postoperativ entstandenen Strikturen kann nach 4 bis 6 Wochen eine zweite Operation notwendig werden. Die Prognose für eine Heilung und Wiedererlangung einer normalen Sphinkterfunktion ist gut.

E. Die radikale operative Entfernung des veränderten Gewebes oder die elektrochirurgische Wundversorgung mit Ausbrennen der Fistelkanäle ist auch bei einem Erkrankungsradius von 90–180 Grad die Methode der Wahl. Parallel hierzu muß auch eine bilaterale Analbeutelexstirpation durchgeführt werden. Bei Rezidiven kann eine operative Nachversorgung erforderlich sein. Die Prognose hinsichtlich Heilung und normaler Sphinkterfunktion ist vorsichtig.

F. Bei einem Erkrankungsgrad von 180–360 Grad wird die operative Therapie (radikale operative Exzision, elektrochirurgische Wundversorgung oder Ausbrennen der Fistelkanäle) auf zwei Eingriffe verteilt. Während der ersten Operation wird neben der bilateralen Analbeutelentfernung die erste Hälfte des betroffenen Gewebes revidiert. Der verbliebene Anteil wird 5 bis 6 Wochen später nach den bereits erwähnten Prinzipien versorgt. Bei Rezidiven auf der erstoperierten Seite können diese in der zweiten Sitzung nochmals exzidiert oder elektro- bzw. kryochirurgisch nachbehandelt werden. Rezidive oder postoperative Strikturen werden wie beschrieben therapiert. Da der M. sphincter ani externus häufig ebenfalls großflächig von Fistelgängen durchsetzt ist, besteht bei radikaler operativer Therapie die Gefahr einer postoperativen Kotinkontinenz; bei tiefgreifenden Veränderungen muß der N. pudendus dargestellt und geschont werden.

Literatur

1. Elkins AD, Hobson HP. Management of perianal fistulae: a retrospective study of 23 cases. Vet Surg 1982; 11: 110.
2. Goring RL, Bright RM, Stancil ML. Perianalfisteln des Hundes – Chirurgische Behandlung mittels Fulguration und deren Bewertung im Rückblick. Vet Surg 1986; 15: 392.
3. Liska WD, Greiner TP, Withrow SJ. Cryosurgery in the treatment of perianal fistulae. Vet Clin North Am 1975; 5(3): 449.
4. Lowry EC. Perianalfisteln. In: Bojrab MJ. Praxis der Kleintierchirurgie. Stuttgart: Enke, 1981: 173
5. Vasseur PB. Perianal fistulae in dogs: a restrospective analysis of surgical techniques. JAAHA 1981; 17: 177.
6. Vasseur PB. Results of surgical excision of perianal fistulae in dogs. JAVMA 1984; 185: 60.
7. Walshaw R. Perianal fistula in the dog. In: Bojrab MJ, ed. Current techniques in small animal surgery. 2nd ed. Philadelphia: Lea & Febiger, 1983: 191.

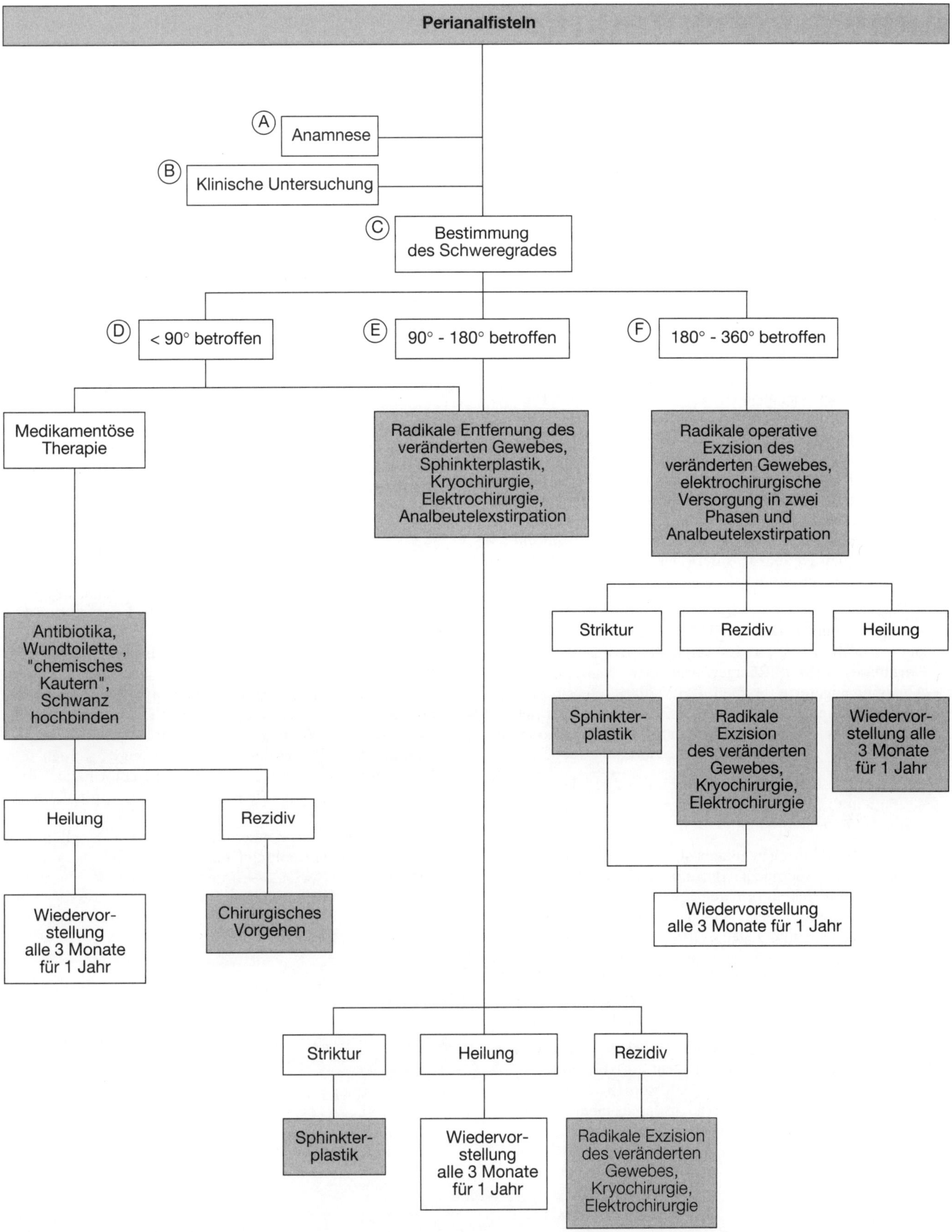
Perianalfisteln
A
Anamnese
B
Klinische Untersuchung
C
Bestimmung des Schweregrades
D
< 90° betroffen
E
90° - 180° betroffen
F
180° - 360° betroffen
Medikamentöse Therapie
Radikale Entfernung des veränderten Gewebes, Sphinkterplastik, Kryochirurgie, Elektrochirurgie, Analbeutelexstirpation
Radikale operative Exzision des veränderten Gewebes, elektrochirurgische Versorgung in zwei Phasen und Analbeutelexstirpation
Antibiotika, Wundtoilette, "chemisches Kautern", Schwanz hochbinden
Striktur
Rezidiv
Heilung
Sphinkter-plastik
Radikale Exzision des veränderten Gewebes, Kryochirurgie, Elektrochirurgie
Wiedervor-stellung alle 3 Monate für 1 Jahr
Heilung
Rezidiv
Wiedervor-stellung alle 3 Monate für 1 Jahr
Chirurgisches Vorgehen
Wiedervorstellung alle 3 Monate für 1 Jahr
Striktur
Heilung
Rezidiv
Sphinkter-plastik
Wiedervor-stellung alle 3 Monate für 1 Jahr
Radikale Exzision des veränderten Gewebes, Kryochirurgie, Elektrochirurgie

Akutes Lebertrauma

A. Hauptursachen für Leberverletzungen sind Unfälle im Straßenverkehr, aber auch penetrierende Fremdkörper wie Geschosse, eingespießte Stöcke oder frakturierte Rippen können eine Traumatisierung der Leber zur Folge haben. Kleine Leberrisse bluten nur wenig und heilen ohne Therapie aus. Größere Parenchymverletzungen haben lebensbedrohende Blutungen zur Folge und können einen Schockzustand hervorrufen. Da isolierte Leberrupturen sehr selten sind, muß immer nach Begleitverletzungen gesucht werden.

B. Klinische Befunde sind ein schmerzhaftes vorderes Abdomen und Flüssigkeit in der Bauchhöhle sowie Anzeichen eines hypovolämischen Schocks.

C. Vor Einleitung einer adäquaten Schocktherapie muß Blut zur Bestimmung der wichtigsten Laborparameter (Hämatokrit, Gesamtprotein und Harnstoff) gewonnen werden. Obgleich der aktuelle periphere Hämatokritwert kein verläßlicher Indikator für den erfolgten Blutverlust ist, so stellt er doch als Basiswert für die folgenden Laboruntersuchungen einen hilfreichen Parameter dar. Da das Lebertrauma immer eine Gewebeischämie verursacht und damit die Proliferation körpereigener Keime gefördert wird, ist die Gabe eines Breitspektrumantibiotikums eine wichtige prophylaktische Maßnahme.

D. Zum Ausschluß begleitender Thorax- oder Abdominalverletzungen (z. B. Ruptur des Zwerchfells, der Milz oder der Harnblase) müssen Röntgenaufnahmen von Thorax und Abdomen angefertigt werden. Bei Verdacht eines rupturierten Abdominaltumors ist zusätzlich eine Ultraschalldiagnostik, bei vermuteter Harnblasenruptur eine Kontrastmitteldarstellung der Harnblase indiziert.

E. Bei einer Zwerchfellverletzung müssen, sobald der Zustand des Patienten es zuläßt, eine Laparotomie und eine Zwerchfellnaht durchgeführt werden.

F. Eine weitere hilfreiche diagnostische Maßnahme ist die Punktion des Abdomens. Bei einem Hämatokritwert der Abdominalflüssigkeit von weniger als 5 % ist die Blutung nicht das Hauptproblem, und das Punktat sollte weiteren Untersuchungen unterzogen werden. Eine ernstzunehmende intraabdominale Blutung liegt vor, wenn der Hämatokritwert der gewonnenen Flüssigkeit über 5 % liegt oder die Bauchhöhlenflüssigkeit in ihrer Zusammensetzung bezüglich weißer und roter Blutzellen dem peripheren Blut gleicht.

G. Wenn kein Verdacht einer weiteren thorakalen oder abdominalen Verletzung vorliegt, sollten nicht stark blutende Leberverletzungen konservativ behandelt werden. In aller Regel können die Folgen der Hämorrhagie durch einen angepaßten Flüssigkeitsersatz mit Infusionslösungen (Plasmaexpander) oder Vollbluttransfusionen abgefangen werden. Der Patient muß ständig überwacht und die Infusions- bzw. Transfusionstherapie entsprechend den Schockparametern ausgerichtet werden. Stündlich wird über die Parazentese das Ausmaß der Abdominalblutung kontrolliert. Als Indikatoren gelten der Hämatokrit und das Gesamteiweiß der gewonnenen Flüssigkeit. Ein kontinuierlicher Anstieg dieser Werte läßt die Fortdauer der intraabdominalen Blutung vermuten und indiziert eine möglichst rasche Laparotomie. Verschlechtert sich das Allgemeinbefinden des Patienten trotz anscheinend zum Stillstand gekommener abdominaler Blutung, müssen andere Organsysteme überprüft werden.

H. Die Laparotomie erfolgt präumbilikal in der Medianen. Die Leberblutung wird aufgesucht und wenn möglich durch einfache Kompression zum Stillstand gebracht. Blutende Gefäße werden einzeln ligiert. Größere Lazerationen müssen zur Darstellung der blutenden Gefäße und deren Ligierung bisweilen erweitert werden. Wunden, die durch penetrierende Fremdkörper entstanden sind, sollten nicht zwangsläufig präpariert werden, da hierdurch unkontrollierbare Blutungen entstehen können. Wenn aufgrund unstillbarer oder rezidivierender Blutungen eine Gefäßligatur nicht durchführbar ist, kann eine vorübergehende Kompression der Venae hepaticae et portae diese Maßnahme erleichtern. Die Kompression darf nicht länger als 15 Minuten andauern. Arterielle Blutungen werden durch selektive Arterienligaturen kontrolliert. Parenchymsickerblutungen können durch Übernähen mit Netz oder lokale Applikation eines Hämostyptikums zum Stillstand gebracht werden. Absorbierbare Gelatine- und Zelluloseschwämme sollten wegen ihrer zur Abszeßbildung prädisponierenden Eigenschaften nicht verwendet werden. Zur Vermeidung einer postoperativen Abszeßformation muß alles devitalisierte und offensichtlich schwerer traumatisierte Gewebe sorgfältig exzidiert werden. Reizlos im Parenchym liegende Hämatome können verbleiben. Um Hohlraumbildung zu vermeiden, sollten Defekte gesunden Lebergewebes möglichst nicht verschlossen und überlappende Matratzennähte vermieden werden. Bei großflächiger Gewebszertrümmerung kann eine partielle oder vollständige Lobektomie erforderlich sein.

Literatur

1. Crowe DT, Bjorling DE. Peritoneum and peritoneal cavity. In: Slatter DH, ed. Textbook of small animal surgery. Philadelphia: WB Saunders, 1985: 571.
2. Walshaw R. Surgical diseases of the liver and biliary system. In: Slatter DH, ed. Textbook of small animal surgery. Philadelphia: WB Saunders, 1985: 798.

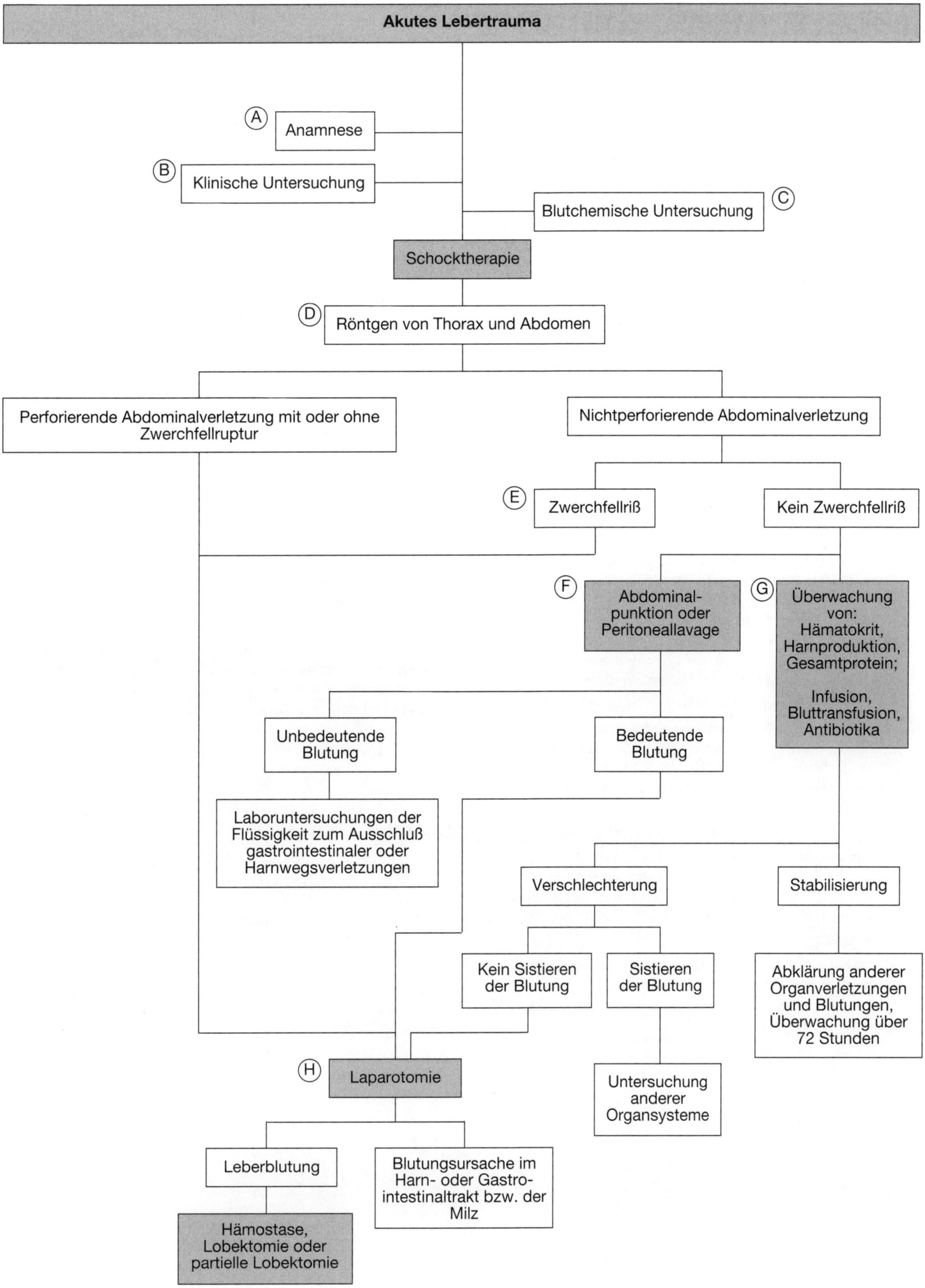
Akutes Lebertrauma
A
Anamnese
B
Klinische Untersuchung
Blutchemische Untersuchung
C
Schocktherapie
D
Röntgen von Thorax und Abdomen
Perforierende Abdominalverletzung mit oder ohne Zwerchfellruptur
Nichtperforierende Abdominalverletzung
E
Zwerchfellriß
Kein Zwerchfellriß
F
Abdominal-punktion oder Peritoneallavage
G
Überwachung von: Hämatokrit, Harnproduktion, Gesamtprotein;
Infusion, Bluttransfusion, Antibiotika
Unbedeutende Blutung
Bedeutende Blutung
Laboruntersuchungen der Flüssigkeit zum Ausschluß gastrointestinaler oder Harnwegsverletzungen
Verschlechterung
Stabilisierung
Kein Sistieren der Blutung
Sistieren der Blutung
Abklärung anderer Organverletzungen und Blutungen, Überwachung über 72 Stunden
H
Laparotomie
Untersuchung anderer Organsysteme
Leberblutung
Blutungsursache im Harn- oder Gastro-intestinaltrakt bzw. der Milz
Hämostase, Lobektomie oder partielle Lobektomie

Lebertumor/Leberabszeß

A. Die Symptome eines Patienten mit einem Lebertumor oder Leberabszeß sind zunehmender Gewichtsverlust, Apathie, reduziertes Allgemeinbefinden, abdominaler Schmerz, Erbrechen, Umfangsvermehrung des Abdomens oder akuter Kreislaufkollaps. In der Anamnese wird häufig von vorangegangenen plötzlichen Zusammenbrüchen berichtet. Ein im Vorbericht angegebenes, kürzlich erlittenes Abdominaltrauma oder Operationen an der Leber können den Verdacht auf einen Leberabszeß nahelegen.

B. Die klinische Untersuchung ergibt eine Schmerzhaftigkeit bei Palpation des vorderen Abdomens. Die innere Körpertemperatur kann erhöht sein. Das Ausmaß des Kräfteverfalls ist abhängig von der Krankheitsdauer. Ein Ikterus ist eher selten. Gelegentlich wird die intraabdominale Umfangsvermehrung als Zufallsbefund bei einer routinemäßigen klinischen Untersuchung festgestellt, ohne daß Krankheitssymptome aufgetreten wären.

C. Bei einer lokalisierten Leberschädigung sind Leberwerterhöhungen (Serum-Alanin-Aminotransferase, alkalische Phosphatase sowie Bilirubinkonzentration) eher selten; sie treten nur bei weiterreichenden Leberschädigungen auf. Tiere mit einem Leberabszeß oder einem zentral nekrotisierenden Tumor haben oft eine erhebliche Leukozytose mit Linksverschiebung. 10 000–30 000 Leukozyten/μl sind nicht ungewöhnlich, oft steigen die Werte bis über 50 000 Leukozyten/μl. Häufig findet sich eine ausgeprägte Anämie, verursacht durch Blutverlust, chronische Infektion oder Malignität des Tumors. In kritischen Fällen werden zusätzlich der Harnstoff, die Elektrolyte und die Blutgase bestimmt.

D. Die Ruptur eines Lebertumors verursacht durch die intraabdominale Blutung einen kollapsähnlichen Kreislaufzustand. Auch die Ruptur eines Leberabszesses führt aufgrund des hypodynamischen septischen Schocks zu einem Kreislaufzusammenbruch.

E. Diagnostische Verfahren der Wahl sind Röntgen- und Ultraschalluntersuchung des Abdomens. Gasansammlungen im Lebergewebe sind nahezu pathognomonisch für Leberabszesse. Die röntgenologische Abgrenzung des Leberschattens kann durch freie Bauchhöhlenflüssigkeit erschwert werden.

F. Die Analyse der durch Punktion gewonnenen abdominalen Flüssigkeit erlaubt die Diagnose bzw. Differenzierung zwischen einer septischen Peritonitis und einer abdominalen Blutung (s. S. 106).

G. Zum Ausschluß von Lungenmetastasen sollten bei der Verdachtsdiagnose Lebertumor vor der diagnostischen Laparotomie Röntgenaufnahmen der Lunge angefertigt werden.

H. Als häufigste primäre Lebertumoren finden sich hepatozelluläre Adenome (Hepatome), hepatozelluläre Karzinome, hepatische Karzinoide (Tumoren des Gallengangsepithels) und Gallengangskarzinome. Seltener sind Fibrome, Fibrosarkome, Hämangiome und Leiomyosarkome. Hepatozelluläre Adenome sind im allgemeinen herdförmig, umschrieben und gut vaskularisiert, sie sind sehr brüchig und rupturieren häufig. Hepatozelluläre Karzinome und Gallengangskarzinome können knotig, diffus oder massiv die Leberlappen durchsetzen, d. h., es liegt ein großer Tumor vor, der von einem Leberlappen ausgeht und mit mehreren kleineren Knoten die anderen Leberlappen miteinbezieht. Lebermetastasen von Tumoren anderer Organe sind sehr häufig. Solche Neoplasien sind oft diffus, können aber auch solitär auftreten.

I. Ein auf einen Leberlappen beschränkt wachsender Tumor kann über eine partielle oder vollständige Lobektomie entfernt werden. Bei diffusem Tumorwachstum sollte jedoch auf weiteres operatives Vorgehen (selektive Ligatur der versorgenden Leberarterie und nachfolgende Chemotherapie) verzichtet und das Tier in tabula euthanasiert werden.

J. Bei nicht operablem bzw. resezierbarem Leberabszeß wird Gewebe zur bakteriologischen Keimbestimmung entnommen und eine Bauchhöhlendrainage eingelegt. Entsprechend dem Antibiogramm erfolgt eine systemische Antibiotikagabe und eventuell eine Bauchhöhlenspülung.

Literatur

1. Hardy RM. Diseases of the liver. In: Ettinger SJ, ed. Textbook of veterinary internal medicine. Philadelphia: WB Saunders, 1983: 1372.
2. Jaksch W. Diagnose und Therapie von Leberkrankheiten bei Kleintieren. Wien tierärztl Mschr 1974; 61: 127.
3. Magne ML, Withrow SJ. Hepatic neoplasia. Vet Clin North Am 1985; 15: 243.
4. Walshaw R. Surgical diseases of the liver and biliary system. In: Slatter DH, ed. Textbook of small animal surgery. Philadelphia: WB Saunders, 1985: 798.

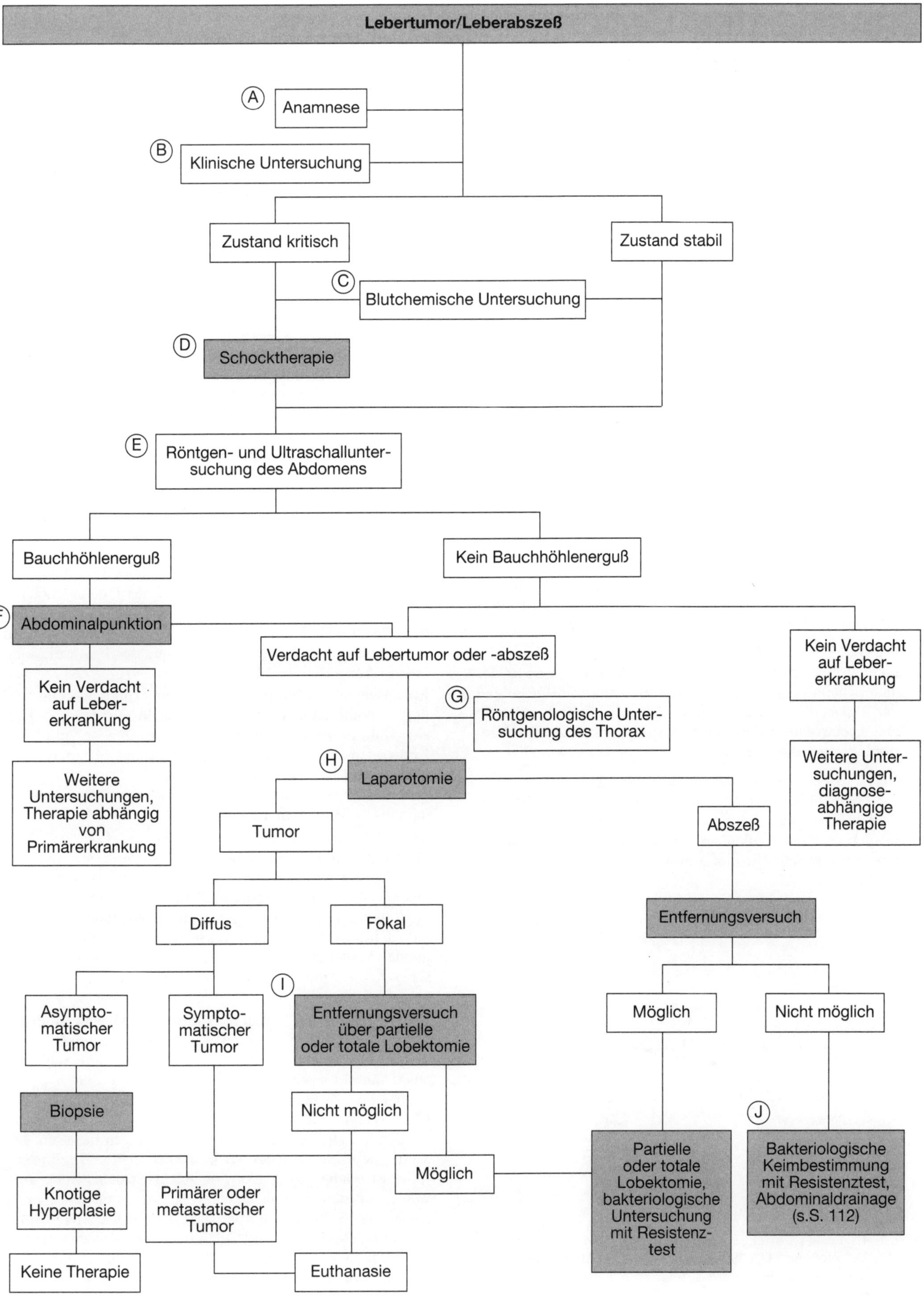
Lebertumor/Leberabszeß
A Anamnese
B Klinische Untersuchung
Zustand kritisch
Zustand stabil
C Blutchemische Untersuchung
D Schocktherapie
E Röntgen- und Ultraschalluntersuchung des Abdomens
Bauchhöhlenerguß
Kein Bauchhöhlenerguß
F Abdominalpunktion
Verdacht auf Lebertumor oder -abszeß
Kein Verdacht auf Lebererkrankung
Kein Verdacht auf Lebererkrankung
G Röntgenologische Untersuchung des Thorax
Weitere Untersuchungen, Therapie abhängig von Primärerkrankung
H Laparotomie
Weitere Untersuchungen, diagnoseabhängige Therapie
Tumor
Abszeß
Diffus
Fokal
Entfernungsversuch
Asymptomatischer Tumor
Symptomatischer Tumor
I Entfernungsversuch über partielle oder totale Lobektomie
Möglich
Nicht möglich
Biopsie
Nicht möglich
J
Möglich
Partielle oder totale Lobektomie, bakteriologische Untersuchung mit Resistenztest
Bakteriologische Keimbestimmung mit Resistenztest, Abdominaldrainage (s.S. 112)
Knotige Hyperplasie
Primärer oder metastatischer Tumor
Keine Therapie
Euthanasie

Trauma des Gallengangssystems bzw. der Gallenblase

A. Verletzungen des Gallengangssystems bzw. der Gallenblase werden im allgemeinen erst einige Tage nach dem Trauma erkennbar. Sie entstehen durch Unfälle im Straßenverkehr, Stürze aus großer Höhe oder durch das Eindringen von Fremdkörpern, wie Projektilen bei Schuß- und Holzstücken bei Pfählungsverletzungen. Stunden bis einige Tage nach dem Unfall wird der Patient zunehmend apathisch und anorektisch. Häufig auftretende Symptome sind reduziertes Allgemeinbefinden, ein flüssigkeitsgefülltes schmerzhaftes Abdomen, Fieber, Tachykardie, Erbrechen, Ikterus, rostfarbener Urin und acholische Fäzes. Wenn Galle durch eine Zwerchfellverletzung in den Thorax gelangt, bedingt die daraus entstehende Gallepleuritis eine zunehmende Dyspnoe, die zu pathologischen Auskultationsbefunden führt.

B. Die röntgenologische Untersuchung des Abdomens ist in bezug auf den Galleapparat häufig unergiebig und deutet lediglich auf das Vorliegen eines abdominalen Ergusses und das eventuelle Bestehen einer Peritonitis hin. Wegen der schlechten Konzentrierungsfähigkeit des Gallesystems ist auch die Cholezystographie oft nicht hinreichend aussagekräftig.

C. Die sich anschließende Bauchhöhlenpunktion zeigt eine typische trübe, grüne bis dunkelbraune Flüssigkeit. Obwohl Galle primär steril ist, sollte dennoch stets eine Probe zur bakteriellen Untersuchung entnommen werden.

D. Die blutchemische Untersuchung ergibt eine Erhöhung des konjugierten und nichtkonjugierten Bilirubins sowie der alkalischen Phosphatase, der Alanin-Aminotransferase und der Aspartat-Aminotransferase. Zusätzlich bestehen häufig eine Elektrolytimbalanz sowie eine Hypoproteinämie, Neutrophilie und Anämie.

E. Bei Verdacht einer Verletzung des Gallengangssystems bzw. der Gallenblase folgt die Laparotomie. Kleinere Risse der Gallenblase können durch einstülpende Naht verschlossen werden. Ist die Gallenblase großflächig zerstört, ist die Cholezystektomie die einzig mögliche therapeutische Maßnahme.

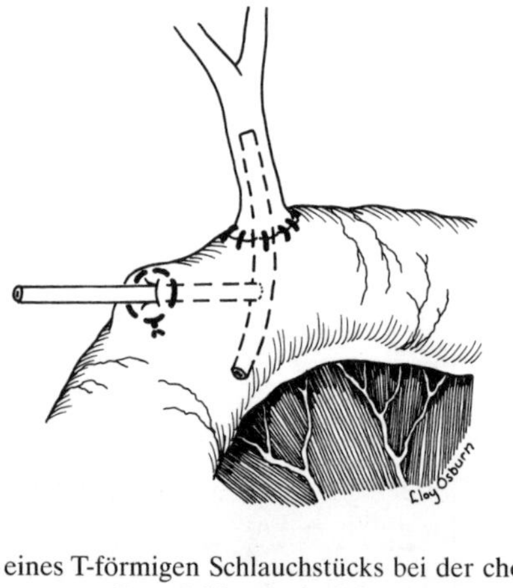

Abb. 1. Lage eines T-förmigen Schlauchstücks bei der choledochoduodenalen Anastomose. Der Schlauch verläßt den Darm durch eine Tabaksbeutelnaht unterhalb der Anastomose.

F. Ist der Ductus choledochus vom Duodenum abgerissen, so wird er zwischen Mukosa und Muskularis des Zwölffingerdarms reimplantiert. Alternativ kann, je nach Weitegrad des Gangs, eine End-zu-Seit- oder Seit-zu-Seit-Choledochoenterostomie durchgeführt werden. Ist eine choledochoenterale Anastomose nicht möglich, ist die Cholezystenterostomie Therapie der Wahl. Die Enterostomie ist ellipsenförmig und heraustretende Mukosa wird entfernt, so daß eine Öffnung von mindestens 2,5 cm Weite entsteht.

G. Eine Gallengangsverletzung im Bereich des Leberparenchyms könnte durch eine Naht bzw. Adaptation des Lebergewebes verschlossen werden. Da dies jedoch zur Ausbildung von Abszessen führen kann, ist die Ligatur des rupturierten intrahepatischen Gangs Therapie der Wahl.

H. Perforationen des Ductus choledochus können mit Hilfe eines intraluminal über das Duodenum eingesetzten T-förmigen oder geraden Schlauchstücks primär durch Naht versorgt werden (Abb. 1). Größere Zusammenhangstrennungen dagegen erfordern eine Cholezystenterostomie. Ein quer durchtrennter Gallengang kann durch eine End-zu-End-Anastomose wieder vereinigt werden. Bei erheblicher Zerstörung des proximalen Stumpfes des Ductus choledochus wird eine Anastomose zwischen der Gallenblase und dem distalen Teil des gemeinsamen Gallengangs versucht oder gleich eine Cholezystenterostomie durchgeführt.

I. Ein ausgerissener intrahepatischer Gang kann ligiert und der korrespondierende Gallengang verschlossen werden. Falls ein größerer intrahepatischer Gang betroffen ist, sollte eine End-zu-End-Anastomose zwischen diesem und dem dazugehörigen Gallengang versucht werden. Die Naht erfolgt mit Einzelknopfheften und mit Hilfe eines T-förmigen intraluminal eingeführten Schlauchstücks.

J. Da die unkomplizierte Galleperitonitis primär aseptisch ist, muß die Bauchhöhle postoperativ nicht drainiert werden. Bei einer nicht sicher auszuschließenden Kontamination des Abdomens ist das Einlegen einer Bauchhöhlendrainage jedoch indiziert. Die Peritonealhöhle sollte nach der chirurgischen Versorgung der Verletzung sorgfältig mit physiologischer Kochsalzlösung gespült werden.

K. Durch das T-förmige Schlauchstück besteht eine minimale Drainageöffnung nach außen. Zur Vermeidung einer aszendierenden Cholangitis muß der Umgang mit dem Schlauchstück unter aseptischen Kautelen erfolgen. Durch diesen artifiziellen Zugang können Galleproben entnommen und Cholangiographien durchgeführt werden. Die T-Schläuche werden bei Hunden zwischen 9 und 42 Tagen belassen. Die Wahrscheinlichkeit einer Striktur nach Gallengangsanastomose ist unabhängig davon, ob solche Schlauchstücke verwendet werden oder nicht. Während der ersten postoperativen Monate sollten die Serumwerte der alkalischen Phosphatase in regelmäßigen Abständen bestimmt werden, um eine sekundär nach Infektion oder Obstruktion auftretende Cholangitis frühzeitig entdecken und behandeln zu können.

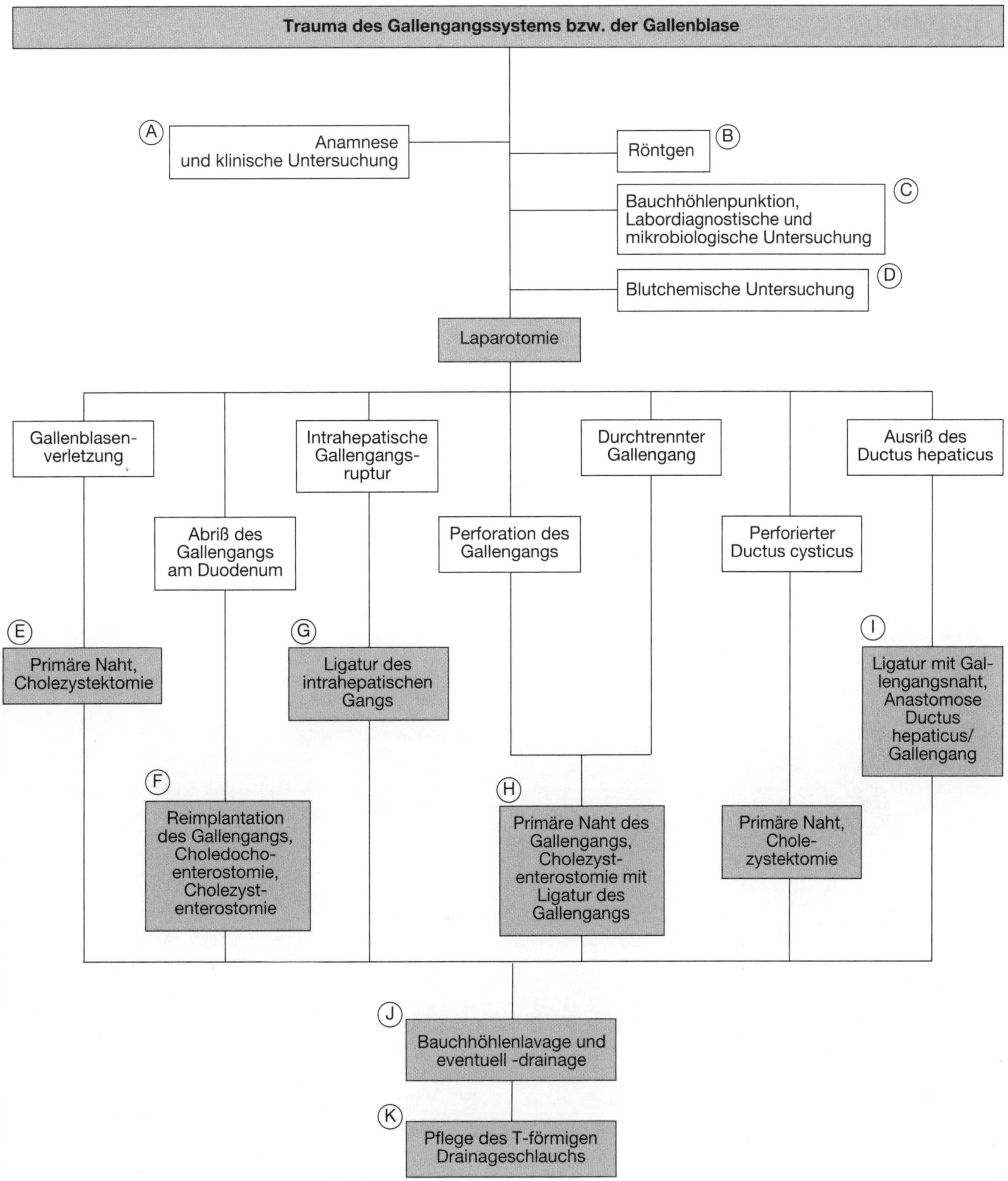

Literatur

1. Blass CE. Surgery of the biliary tract. Comp Cont Ed 1983; 4(10): 801.
2. Dingwall JS. The liver and biliary system. In: Bojrab MJ, ed. Current techniques in small animal surgery. Philadelphia: Lea & Febiger, 1975: 142.
3. Gunsser J. Zur Untersuchung der Gallenblase der Katze. Berl Münch tierärztl Wschr 1977; 90: 399.
4. Hertzer DR, Gray HW, Hoerr SO, Hermann RE. The use of T-tube splints in bile duct repairs. Surg Gynecol Obstet 1973; 137: 414.
5. Hunt CA, Gofton N. Primary repairs of a transected bile duct. JAAMA 1984; 20: 57.
6. Tangner CH. Cholecystoduodenostomy in the dog-comparison of two techniques. Vet Surg 1984; 13(3): 126.

Gallengangsobstruktion

A. Patienten mit einer Obstruktion der galleableitenden Wege werden im allgemeinen mit folgenden Symptomen vorgestellt: reduziertes Allgemeinbefinden, Anorexie, Erbrechen, fortschreitender Gewichtsverlust und persistierender Ikterus. Abhängig von der Ätiologie kann bei Palpation des vorderen Abdomens eine Schmerzreaktion ausgelöst werden. Ein pathognomonischer Befund ist der hochgradige Ikterus der sichtbaren Schleimhäute.

B. Röntgennativaufnahmen des Abdomens sind häufig unergiebig, da Gallensteine bei Hunden und Katzen meist strahlendurchlässig sind. Wegen des schlechten Konzentrierungsvermögens des Gallesystems ist auch die Cholezystographie meist nicht aussagekräftig. Bei Hunden größerer Rassen können dilatierte Gallengänge sonographisch nachgewiesen werden. Die beste Methode zur Darstellung des Gallengangssystems ist die Injektion eines Kontrastmittels in die Gallenblase. Dies erfolgt durch einen unter laparoskopischer Kontrolle gelegten Katheter.

C. Die Werte der blutchemischen Untersuchung können stark variieren. Sie sind abhängig von der Dauer und der Vollständigkeit des Verschlusses sowie dem Grad des Leberschadens, der durch die cholestasebedingte periportale Entzündung entstanden ist. In der Regel ist sowohl die konjugierte als auch die nichtkonjugierte Fraktion des Bilirubins unterschiedlich stark erhöht. Bei vollständiger Gallengangsobstruktion werden acholische Fäzes und negative Urin-Urobilinogenwerte nachgewiesen. Bei positiven Urobilinogenwerten und normal gefärbtem Kot kann eine partielle Verlegung vorliegen. Als Folge der cholestatischen Induktion der alkalischen Phosphatasesynthese sind die Serumwerte dieses Enzyms merklich erhöht. Abhängig von der Vollständigkeit und der Dauer der Cholestase können die Werte der Alanin-Aminotransferase und der Aspartat-Aminotransferase unterschiedlich stark über dem Normbereich liegen. Patienten mit ernsthafter Leberschädigung leiden an einer ausgeprägten Koagulopathie.

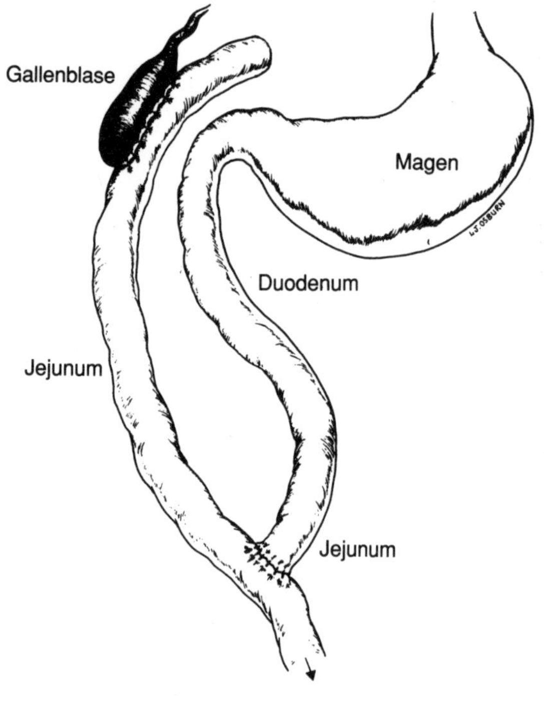

Abb. 1. Choleszystojejunostomie. Das blind endende, mit der Gallenblase anastomosierte Jejunumsegment ist ungefähr 40 cm lang.

D. Die Entfernung von Gallensteinen erfolgt über eine Cholezystotomie. Nach Eröffnung der Gallenblase wird eine Probe zur bakteriologischen Untersuchung auf aerobe und anaerobe Keime mit Antibiogramm entnommen. Der Inhalt wird ausgeräumt und chemisch analysiert sowie der Ductus choledochus sorgfältig gespült. Die Inzision wird durch eine fortlaufende, ein- oder zweireihige einstülpende Naht mit langsam resorbierbarem synthetischen Nahtmaterial verschlossen.

E. Bei einer muralen oder extramuralen Gallengangsobstruktion ist die Cholezystoduodenostomie oder die Cholezystojejunostomie die Therapie der Wahl. Bei der Cholezystoduodenostomie wird die Gallenblase soweit wie möglich von der Leber mobilisiert und parallel zum Duodenum gelagert; danach wird je eine Inzision von 2,5 cm Länge in die Gallenblase bzw. den Zwölffingerdarm gelegt, und beide werden mittels fortlaufender zweireihiger Naht mit langsam resorbierbarem Nahtmaterial miteinander anastomosiert.

F. Bei der Cholezystojejunostomie mit der Y-Roux-Technik liegt die Anastomose zwischen Jejunum und Gallenblase in einem blind endenden ca. 40 cm langen Jejunumteil (Abb. 1). Die Technik der Cholezystojejunostomie ist ähnlich der der Cholezystoduodenostomie. Zur Erhaltung der Darmkontinuität wird eine End-zu-Seit-Jejunostomie durchgeführt. Der stillgelegte Teil des Jejunums fungiert als Zuleitung der sezernierten Galle und verhindert gleichzeitig den enterobiliären Reflux.

Literatur

1. Blass CE, Seim HB. III. Surgical techniques for the liver and biliary tract. Vet Clin North Am 1985; 15(1): 257.
2. Magne ML, Wrigley RH, Twedt DC. Cholecystography and cholecystoduodenostomy in the diagnosis and treatment of bile duct obstruction in a dog. JAVMA 1985; 187(5): 509.
3. Richter J, Spieth K. Fallbericht: Ein weiterer Gallensteinfund beim Hund. Kleintierpraxis 1988; 34: 509.
4. Rosenhagen C. Fallbericht: Ein Gallenstein beim Hund. Kleintierpraxis 1988; 33: 303.
5. Tangner CH. Cholecystoduodenostomy in the dog: comparison of two techniques. Vet Surg 1984; 13(3): 126.

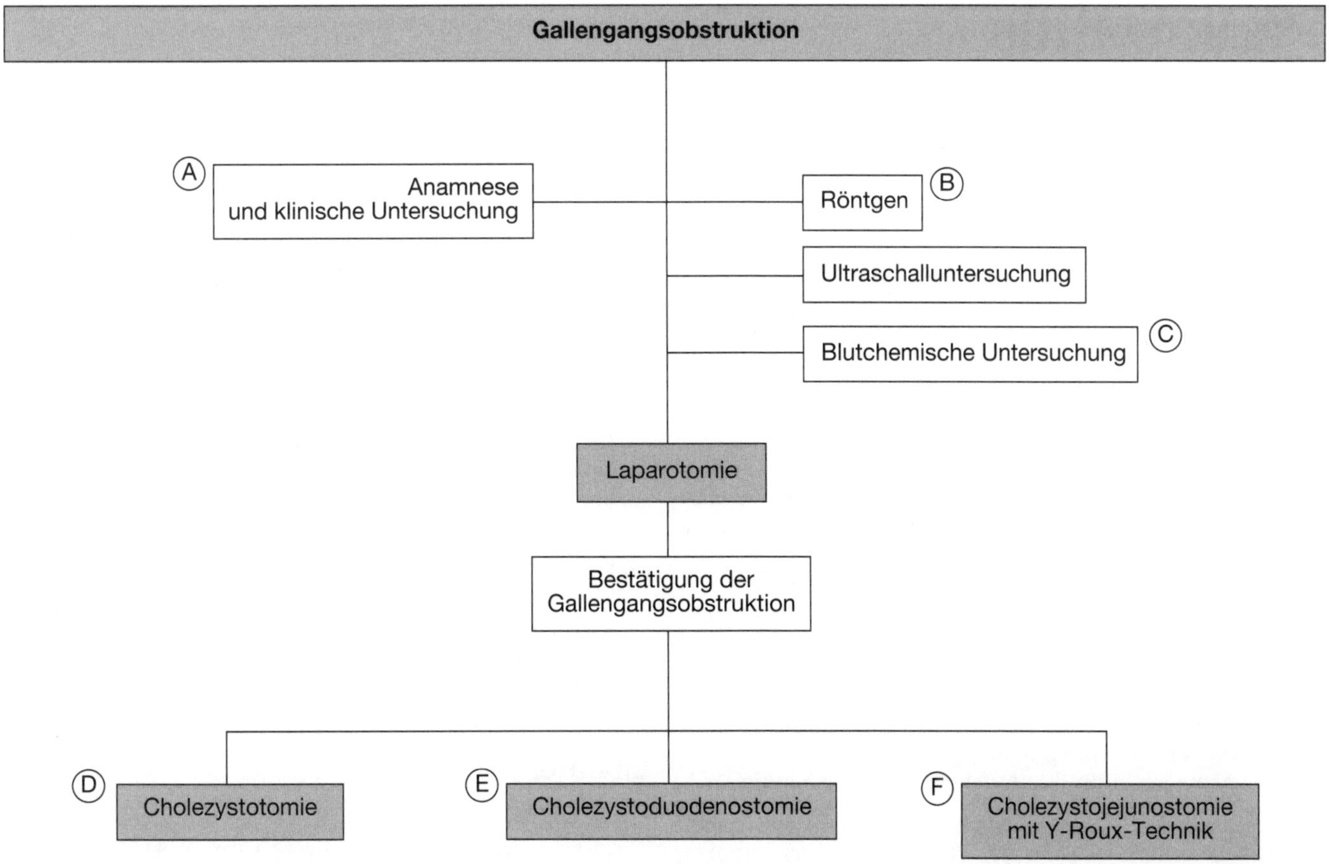
Gallengangsobstruktion
A
Anamnese und klinische Untersuchung
Röntgen
B
Ultraschalluntersuchung
Blutchemische Untersuchung
C
Laparotomie
Bestätigung der Gallengangsobstruktion
D
Cholezystotomie
E
Cholezystoduodenostomie
F
Cholezystojejunostomie mit Y-Roux-Technik

Pankreatitis

A. Die Pankreatitis kann ein sehr ernstzunehmendes klinisches Krankheitsbild mit oft verheerenden Konsequenzen darstellen. Die häufig unspezifischen klinischen Symptome wie plötzliches Erbrechen, Diarrhö, reduziertes Allgemeinbefinden und Anorexie bei einem mittelalten bis alten oft adipösen Patienten können zu einer falschen Diagnose führen.

B. Wichtige Befunde der klinischen Untersuchung sind Schmerzäußerung bei Palpation des Epigastriums neben milder Temperaturerhöhung, Dehydratation und Herzarrhythmie.

C. Die häufigsten röntgenologischen Befunde bei Patienten mit akuter Pankreatitis sind erhöhte Strahlendichte, Verminderung des Kontrastes und vermehrte Körnigkeit im Bereich des rechten vorderen Abdominalquadranten; des weiteren eine Verlagerung des Magens auf die linke Bauchseite, eine kegelförmige Begrenzung zwischen Antrum und Pylorus, eine Zone von der Strahlendichte einer Flüssigkeit medial des proximalen Duodenum descendens und die Verschiebung des Duodenums zur rechten Flanke hin. Das Auftreten einer Kombination aus einigen der genannten Phänomene ist pathognomonisch für das Bestehen einer Pankreatitits.

D. Die blutchemische Untersuchung vervollständigt die diagnostischen Maßnahmen. In der Regel finden sich erhöhte Serumwerte von Harnstoff, Alanin-Aminotransferase, Aspartat-Aminotransferase, alkalischer Phosphatase, Glukose, Amylase und Lipase.

E. Die initiale Therapie beinhaltet einen adäquaten Ersatz und Ausgleich der durch Erbrechen und Dehydratation verlorenen Flüssigkeit und der Elektrolyte durch Infusionstherapie mit polyionischen isotonischen Lösungen. Wegen der Möglichkeit der Ausbildung pankreatischer und parapankreatischer Abszesse und der Gefahr einer Sepsis muß der Patient antibiotisch versorgt werden. Zur Linderung der starken abdominalen Schmerzen sollten Analgetika verabreicht werden. Eine 3- bis 5tägige Nahrungskarenz vervollständigt die konservative Therapie.

F. Patienten, die auf die medikamentöse Therapie nicht ausreichend ansprechen, kann oft mit einer geschlossenen Peritoneallavage geholfen werden. Dazu werden ein Spülkatheter in den rechten oberen abdominalen Quadranten (Flanke) und eine Ablaufdrainage in das ventrale Abdomen plaziert. Die Peritoneallavage erfolgt 2- bis 3mal täglich. Durch die Verwendung eines Peritonealdialysekatheters, der in die ventrale Abdominalregion eingeführt wird, kann die Effizienz der Bauchhöhlenspülung noch erhöht werden. Körperwarme Flüssigkeit wird in die Bauchhöhle instilliert und nach 20 bis 30 Minuten wieder abgesaugt. Diese Therapie sollte solange wiederholt werden, bis die zytologische Untersuchung der gewonnenen Abdominalflüssigkeit ein Abklingen der purulenten Entzündung vermuten läßt und die klinischen Symptome sich bessern.

G. Sollte sich nach 3 bis 5 Tagen geschlossener Peritoneallavage keine deutliche Besserung der klinischen Symptomatik einstellen, muß die Notwendigkeit einer diagnostischen Laparotomie mit partieller oder totaler Pankreatektomie erwogen werden.

Literatur

1. Flasshoff HJ, Heusinger A. Krankheiten des Pankreas und das differentialdiagnostische Umfeld beim Hund. Prakt Tierarzt 1990; 6: 5.
2. Jacobs RM, Murtaugh RJ, DeHoff WD. Review of the clinicopathological findings of acute pancreatitis in the dog: use of an experimental model. JAAHA 1985; 21: 795.
3. Kleine LJ, Hornbuckle WE. Acute pancreatitis: the radiographic findings in 182 dogs. Vet Radiol 1978; 19(4): 102.
4. Mulvany MH, Feinberg CK, Tilson DL. Clinical characterization of acute necrotizing pancreatitis. Comp Cont Ed 1982; 4(5): 394.
5. Orsher RJ, Rosin E. Open peritoneal drainage in experimental peritonitis in dogs. Vet Surg 1984; 13(4): 222.
6. Parks J, Greene RW. Peritoneal lavage for peritonitis and pancreatitis in 22 dogs. JAAHA 1973; 9: 442.
7. Ranson JHC, Spencer FC. The role of peritoneal lavage in severe acute pancreatitis. Ann Surg 1978; 187(5): 565.
8. Schaer M. A clinicopathologic survey of acute pancreatitis in 30 dogs and five cats. JAAHA 1979; 15: 681.
9. Wolfson P. Surgical management of inflammatory disorders of the pancreas. Surg Gynecol Obstet 1980; 151: 689.

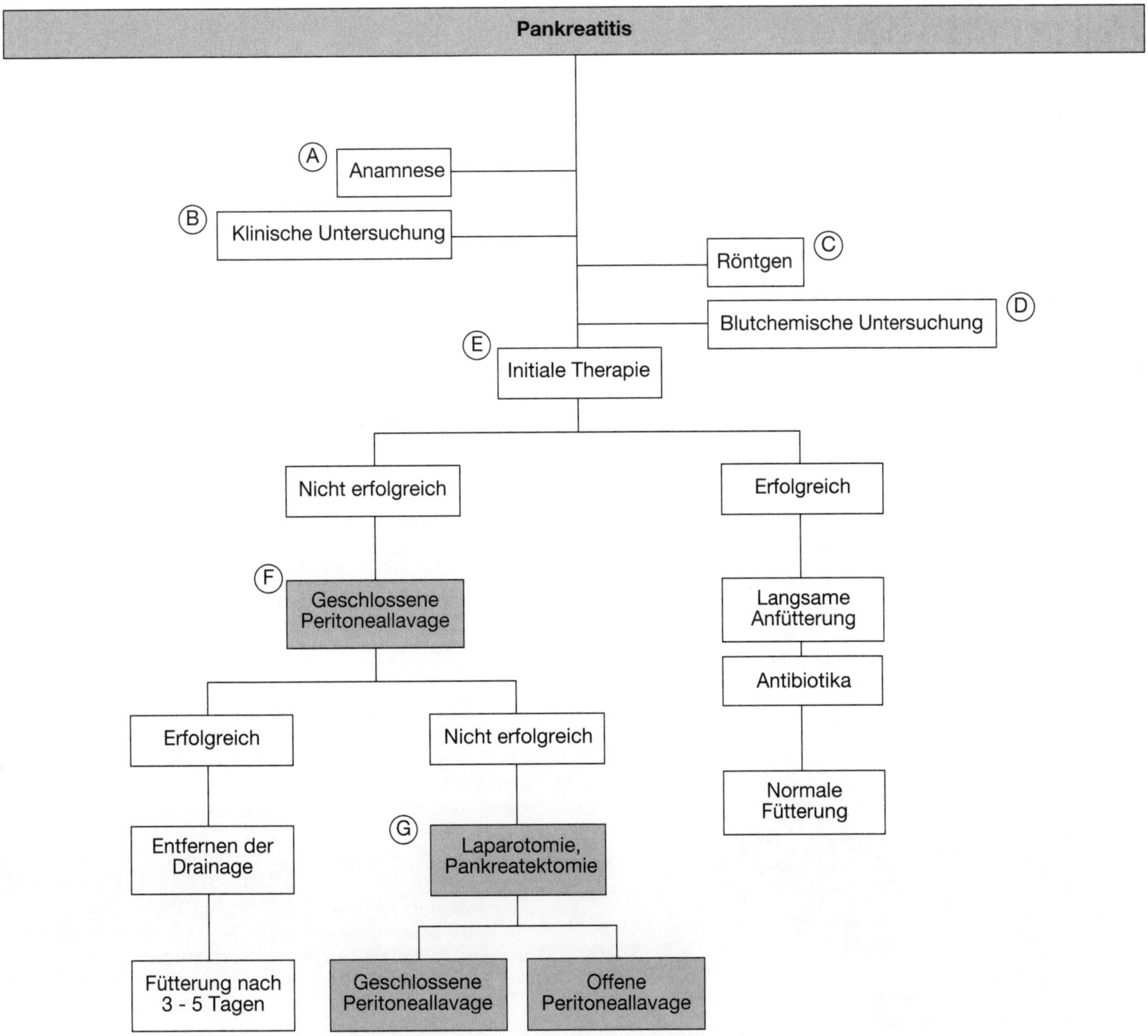
Pankreatitis
A
Anamnese
B
Klinische Untersuchung
Röntgen
C
Blutchemische Untersuchung
D
E
Initiale Therapie
Nicht erfolgreich
Erfolgreich
F
Geschlossene Peritoneallavage
Langsame Anfütterung
Antibiotika
Erfolgreich
Nicht erfolgreich
Normale Fütterung
Entfernen der Drainage
G
Laparotomie, Pankreatektomie
Fütterung nach 3 - 5 Tagen
Geschlossene Peritoneallavage
Offene Peritoneallavage

Pankreastumor

Pankreastumoren gehen in erster Linie vom endokrinen oder exokrinen Epithel aus. Das Inselzellkarzinom oder Insulinom ist die häufigste endokrine, das Pankreasadenokarzinom die häufigste exokrine Neoplasie. Bei beiden ist die Metastasierung in die mesenterialen Lymphknoten oder in die Leber sehr häufig; sie zeigt sich durch Symptome einer Lebererkrankung oder einer Gallestauung.

A. Die Verdachtsdiagnose Pankreastumor kann beim älteren Patienten mit Gewichtsverlust, Anorexie, chronischem Erbrechen, reduziertem Allgemeinbefinden und Ikterus in Betracht gezogen werden. Hormonell aktive Inselzelltumoren verursachen außerdem Polyurie, Polydipsie, körperliche Schwäche, Muskelzittern, Symptome einer Desorientierung und Krampfanfälle.

B. Die klinische Untersuchung ergibt eine Schmerzhaftigkeit des vorderen Abdomens, der Tumor selber ist nur selten palpierbar. Der Ikterus wird durch eine Gallengangsobstruktion verursacht.

C. Eine vollständige blutchemische Untersuchung, einschließlich Differentialblutbild und Bestimmung von Harnstoff, Leberenzymen, Bilirubin, Amylase und Blutglukose, vervollständigt die Befunderhebung. Bei niedrigen Blutglukosewerten (weniger als 60 mg/dl) oder den klinischen Anzeichen einer Hypoglykämie müssen der Serum-Nüchterninsulinwert und das Insulin/Glukose-Verhältnis bestimmt werden. Hypoglykämie im Zusammenhang mit Hyperinsulinämie ohne gleichzeitige Lebererkrankung oder Sepsis ist pathognomonisch für ein hormonell aktives Inselzellkarzinom.

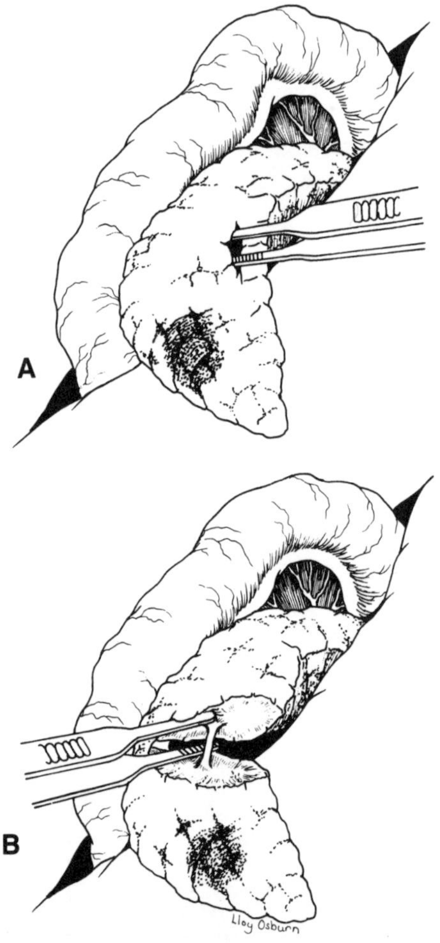

Abb. 1. Partielle Pankreatektomie. A = Teilung der Pankreasläppchen; B = Präparation des zentralen Gangs zur Ligatur.

D. Differentialdiagnostisch sind andere Krankheiten mit ähnlichen klinischen Symptomen wie chronische Pankreatitis, Pankreashyperplasie, extrapankreatische abdominale Tumoren und primäre gastrointestinale oder Lebererkrankungen auszuschließen. Röntgenaufnahmen des Abdomens in zwei Ebenen und eine Ultraschalluntersuchung können die Diagnostik unterstützen. Zur definitiven Diagnosestellung ist jedoch im allgemeinen eine explorative Laparotomie mit Biopsie oder Resektion der Neoplasie unumgänglich. Zur Abgrenzung der Krankheit bzw. zum Ausschluß einer Metastasierung wird aus den regionären Lympknoten und der Leber eine Biopsie für die histologische Untersuchung entnommen.

E. Die klinischen Anzeichen eines hormonell aktiven Inselzellkarzinoms werden normalerweise durch das paraneoplastische Syndrom und nicht durch den Tumor selber hervorgerufen. Zwei Arten aktiver Pankreastumoren beim Kleintier werden beschrieben. Der häufigste ist das Insulinom oder das Betazellkarzinom, bei dem die stark erhöhte Insulinproduktion klinisch Anzeichen einer Hypoglykämie hervorruft. Selten sind Gastrin-sezernierende Tumoren (Gastrinome), die ein Zollinger-Ellison-Syndrom mit Diarrhö, Gewichtsverlust und Magenulzera zur Folge haben. Zum Zeitpunkt der Diagnosestellung sind bei beiden Tumorarten in der Hälfte der Fälle bereits Metastasen in der Leber oder in den regionären Lymphknoten zu finden.

F. In der Gruppe der nicht hormonell aktiven Pankreastumoren ist das Adenokarzinom am häufigsten. Daneben finden sich auch inaktive Inselzellkarzinome oder nichtepitheliale Tumoren. Leber- und Lymphknotenmetastasen sind zum Zeitpunkt der Diagnosestellung schon oft vorhanden. Andere Organe wie Lunge, Duodenum, Niere, Nebenniere und Retroperitoneum können ebenfalls betroffen sein.

G. Bei solitären Pankreasneoplasien ist die partielle Pankreatektomie indiziert (Abb. 1). Bedingt der Tumor eine Gallengangsobstruktion, ist eine Cholezystojejunostomie durchzuführen. Gelegentlich kann der Primärtumor nicht gefunden werden. In diesen Fällen ist die konservative, medikamentöse Therapie angezeigt. Die vollständige Pankreatektomie oder die pankreatikoduodenale Resektion werden nicht mehr empfohlen, da sie die postoperative Morbidität ganz erheblich steigern. Postoperativ leiden ungefähr 25 % der Patienten an einer vorübergehenden Hyperglykämie. Obwohl sich die Blutglukosewerte im allgemeinen in 2 bis 4 Wochen stabilisieren, kann eine vorübergehende Insulintherapie nötig sein. Eine persistierende Hypoglykämie kann auf eine unvollständige Resektion oder hormonell aktive Metastasen zurückgeführt werden.

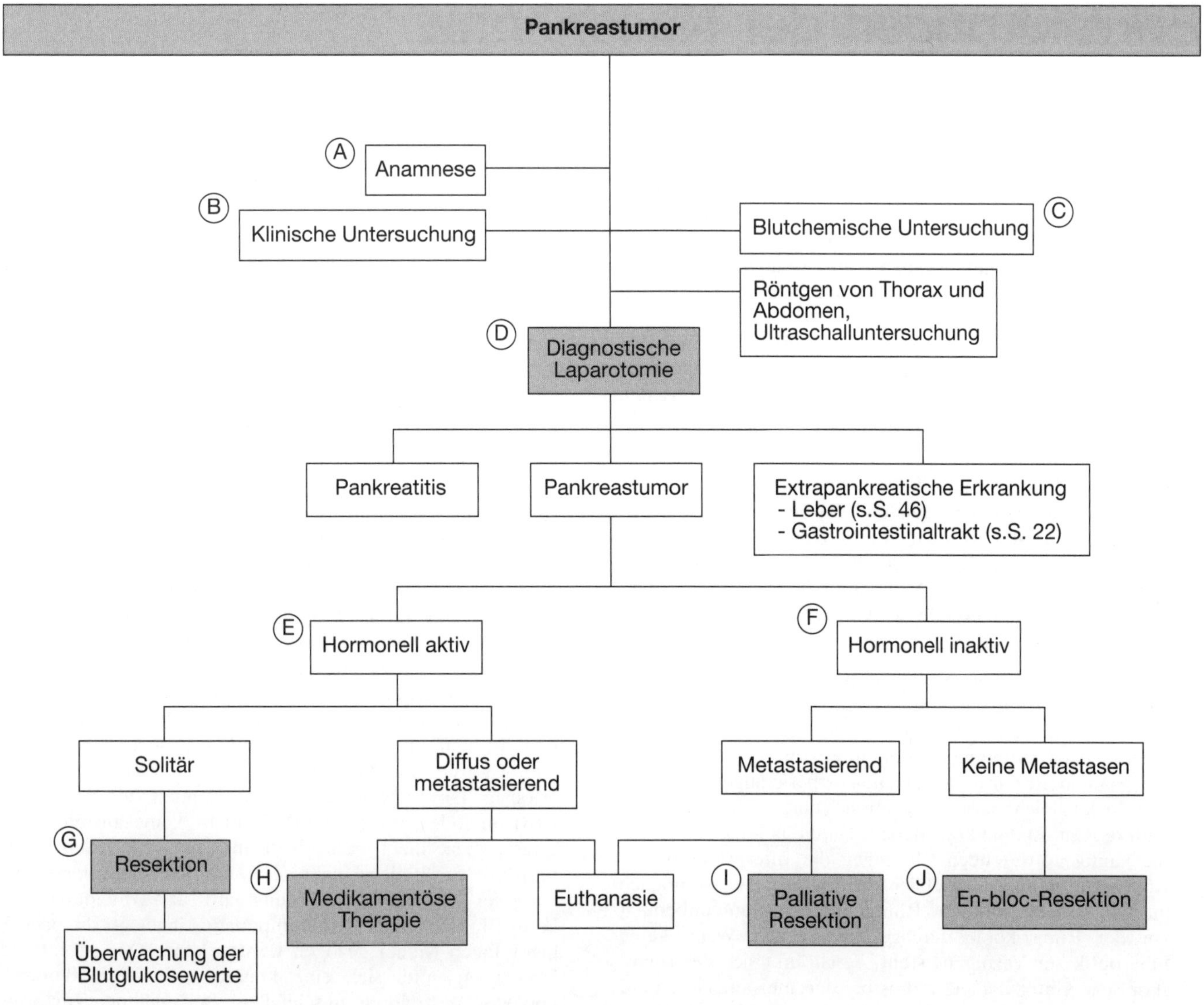

H. Bei inoperablen, infiltrativ wachsenden Tumoren oder multiplen Metastasen beschränkt sich die operative Tätigkeit auf eine Gewebeentnahme zur exakten Diagnosestellung. Zur Einschränkung der paraneoplastischen Symptome sind eine medikamentöse Therapie und eine entsprechende Diät angezeigt. Bei Insulinomen muß 4- bis 6mal täglich proteinreiches, kohlenhydratarmes Diätfutter in kleinen Portionen angeboten werden. Zur Normalisierung der Blutglukosewerte werden Insulinantagonisten wie Diaxozid (3–12 mg/kg KM 3 × tägl.) und Prednisolon (0,25–0,5 mg/kg KM 1 × tägl.) verabreicht. In der Humanmedizin werden verschiedene Chemotherapeutika wie Doxorubicin, Cyclophosphamid und 5-Fluorouracil eingesetzt.

I. Zur vorübergehenden Linderung der Symptome einer Gallengangs- oder gastrointestinalen Obstruktion kann eine palliative Operation durchgeführt werden. Wegen der schlechten Langzeitprognose ist allerdings in solchen Fällen die Euthanasie in tabula eher zu empfehlen.

J. Liegt keine sichtbare Metastasierung vor, werden der Tumor und die dazugehörigen Lymphknoten en bloc reseziert. Danach ist im allgemeinen eine Magenausgangs- und Gallengangsplastik erforderlich. Um eine ausreichende endokrine Funktion zu gewährleisten, sollten, wenn möglich, 10 % des gesunden Pankreasgewebes belassen werden.

Literatur

1. Caywood DD. Surgery of the pancreas. In: Bojrab MJ, ed. Current techniques in small animal surgery. 2nd ed. Philadelphia: Lea & Febiger, 1983: 232.
2. Drazner FH. Canine gastrinoma: a condition analogous to the Zollinger-Ellison syndrome in man. Calif Vet 1981; 11: 6.
3. Gutbrod F, Gindet G. Zum Insulinom beim Hund. Prakt Tierarzt 1989; 8: 25.
4. Klausner JS, Hardy RM. Pancreatic neoplasia. In: Slatter DH, ed. Textbook of small animal surgery. Toronto: WB Saunders, 1985: 2464.
5. Rogers KS, Luttgen PJ. Hyperinsulinism. Comp Cont Ed 1985; 7: 829.
6. Schütt-Mast J. Endokrine Erkrankungen des Pankreas (Diabetes mellitus und Insulinom) beim Hund. Prakt Tierarzt 1990; 7: 49.

Erkrankungen der Nasenhöhle

A. Anamnese und klinische Symptome sind die wichtigsten Faktoren für die Diagnosestellung. Das Alter des Patienten, die Chronizität der Erkrankung und ihr intermittierender, persistierender oder progressiver Verlauf sollten genau erfragt werden. Daneben geben Hinweise über den Lebensraum des Hundes, den Impfstatus und frühere Krankheiten oft wichtige Anhaltspunkte. Der stets vorhandene Nasenausfluß kann ein- oder beidseitig auftreten und serös bis purulent oder hämorrhagisch sein. Auf eine Nasen- oder Schädeldeformation, Erkrankungen der Mundhöhle oder der Zähne sowie eine Verlegung der Nasenhöhle muß besonders geachtet werden.

B. Bei chronischem Nasenausfluß sollte besonders auf das Alter des Tiers, die Art des Sekrets und das ein- oder beidseitige Auftreten geachtet werden. Ältere Tiere mit einseitigem, blutigem Nasenausfluß leiden häufig an Nasenhöhlenentzündungen. Bei Tieren jeden Alters mit beidseitigem, hartnäkkigem Nasenausfluß besteht der Verdacht einer mykotischen Rhinitis.

C. Zur Darstellung der Nasen- und Stirnhöhle(n) ist eine umfangreiche röntgenologische Untersuchung (laterolateral, dorsoventral, okklusal, frontal) erforderlich. Qualitativ hochwertige Aufnahmen können wegen der schwierigen Lagerung meist nur in Allgemeinanästhesie angefertigt werden. In der gleichen Narkose kann sich eine vordere oder eine hintere Rhinoskopie anschließen. Da die bei der Rhinoskopie häufig auftretenden Blutungen die Interpretation der Röntgenaufnahmen erheblich erschweren bis unmöglich machen können, sollte die Röntgenuntersuchung unbedingt vor der Rhinoskopie durchgeführt werden. Wenn keine Fiberoptik zur Verfügung steht, beschränkt sich der rhinoskopische Untersuchungsradius bei den meisten Tieren auf das vordere und hintere Drittel der Nasenhöhle. Zur Beurteilung des mittleren Drittels sind in diesem Fall die Röntgenaufnahmen das einzige diagnostische Hilfsmittel. In Kombination mit der Nasenspülungstechnik wird mit einem schneidenden Plastikkatheter oder einer Biopsienadel eine Gewebeprobe entnommen (Abb. 1). Die Perforation der Siebbeinplatte durch das Biopsiegerät sollte tunlichst vermieden werden.

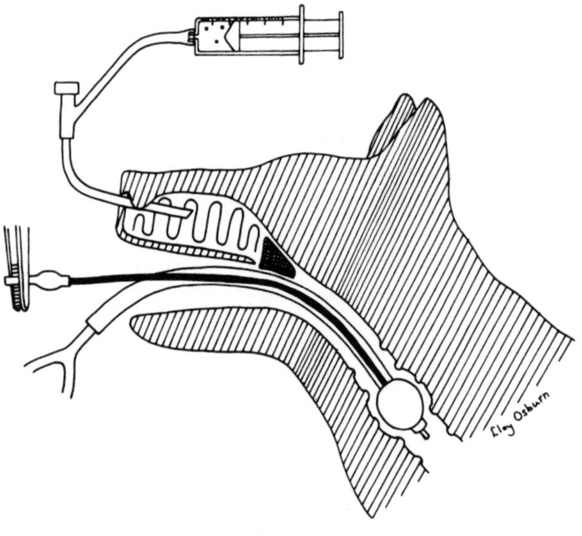

Abb. 1. Gewinnung von Gewebe aus der Nasenhöhle für die zytologische Untersuchung. Unter Vollnarkose wird ein Endotrachealtubus mit aufblasbarer Manschette gelegt und der Nasopharynx mit Gaze austamponiert. Ein Katheter oder ein starres 45-Grad-Biopsiegerät wird während der Spülung der Nasenhöhle mit physiologischer Kochsalzlösung zur Gewinnung zytologischen Materials in den Nasengang eingeführt.

D. Die häufigste Neubildung im Bereich der Nase des Hundes ist das Adenokarzinom. Seltener sind Plattenepithelkarzinome, Fibrosarkome, Chondrosarkome sowie Osteosarkome. Auch bei der Katze können gelegentlich bösartige Geschwülste der Nasenhöhle diagnostiziert werden. Maligne Tumoren haben ein sehr schnelles, lokal invasives Wachstum; die Metastasierung in die regionären Lymphknoten oder in die Lunge ist selten. Während beim Hund gutartige Nasenpolypen nur vereinzelt auftreten, finden sie sich als entzündliche nasopharyngeale Polypen bei der Katze häufiger. Mit zunehmender Malignität sind im Nasenhöhlenbereich röntgenologisch deutliche Verschattungen sowie eine Osteolyse der Conchae nasales und/oder Zerstörung oder Dislokation der Nasenscheidewand erkennbar. Eine erste Verdachtsdiagnose wird anhand von Nasenspülung und zytologischer Untersuchung gestellt; häufig kann die definitive Diagnose aber erst durch eine Biopsie im Rahmen der chirurgischen Darstellung erfolgen. Die Trepanation und Ausräumung der Nasenhöhle(n) und/oder Stirnhöhle(n) allein ist keine ausreichende Therapie; sie dient mehr als diagnostische Maßnahme und führt in erster Linie zu einer Verminderung der Tumorzellen. Nach der Schleimhautentfernung wird zur Vermeidung stärkerer Blutungen eine Gazetamponade eingelegt, die nach 2 bis 3 Tagen wieder gezogen werden kann. Der operativen Versorgung muß sich eine konsequente Chemotherapie und/oder Bestrahlung anschließen. Bei malignen Tumoren der Nasenhöhle(n) ist die Prognose jedoch stets vorsichtig, da es häufig zu Rezidiven kommt.

E. Die häufigsten Erreger mykotischer Rhinitiden sind Aspergillus und Penicillium. Seltener finden sich saprophytische, fakultativ pathogene Pilze wie Rhizopus und Mucor oder Systemmykosen. Äußerst selten sind Aktinomykosen und Aktinobazillosen, die gewöhnlich Folge eines Nasen- oder Stirnhöhlentraumas sind. Die Diagnose stützt sich auf Röntgenbefunde, Nativausstriche, Pilzkulturen, Immunodiffusionstests oder Komplementbindungsreaktionen sowie die Histologie. Außer im Frühstadium sollte stets eine chirurgische Darstellung der Nasen- und Stirnhöhle(n) mit vollständiger Ausräumung der Schleimhaut durchgeführt werden. Zum Sekretabfluß und zur lokalen Spülung mit antimykotischen Substanzen wird eine Drainage eingelegt. Systemische antimykotische Therapeutika müssen über mehrere Wochen verabreicht werden. Das während der Operation gewonnene Gewebe wird zur Sicherung der Diagnose histopathologisch und mikrobiologisch untersucht. Die Prognose ist in fortgeschrittenen Fällen vorsichtig.

F. Als Ursache chronischer, bakterieller oder traumatischer Rhinitiden kommen vor allem in der Nasenhöhle festsitzende Fremdkörper in Frage. Die Beschwerden treten oft nach Laufen in hohem Gras auf oder in Nadelwäldern, wo Nadeln

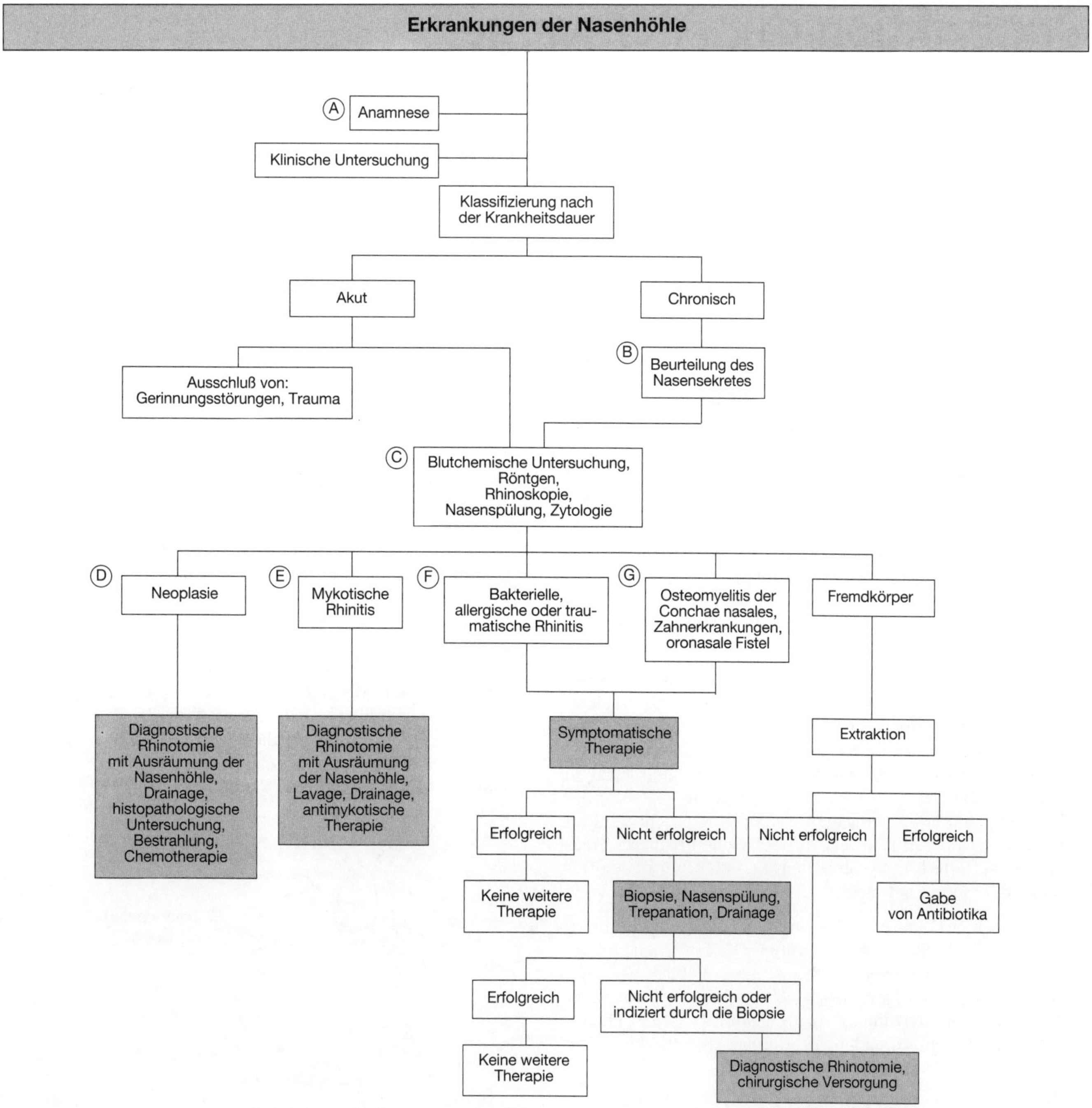

am Boden liegen. Therapie der Wahl ist die Extraktion des Fremdkörpers sowie die lokale antibiotische Versorgung (Inhalation) bis zum Abklingen der Symptome. Die allergische Rhinitis kommt fast nur bei jungen Hunden vor und zeigt ein saisonales Auftreten. Die symptomatische Behandlung besteht in der Gabe von Kortikosteroiden und schleimhautabschwellenden Medikamenten. Rezidivierende Rhinitiden und Sinusitiden bei der Katze gehören fast immer in den Formenkreis der felinen viralen Rhinotracheitis oder einer Calicivirusinfektion.

G. Als Folge eines Traumas kann es zur Sequestrierung oder Osteomyelitis der Nasenmuscheln kommen. Auch die Wurzelvereiterung eines maxillaren Caninus oder Prämolaren kann sekundär zu einem einseitigen, chronischen Nasenausfluß führen. Bei älteren Hunden spielt die oronasale Fistel nach Zahnextraktion als Krankheitsursache ebenfalls eine bedeutende Rolle. Die spezifische chirurgische Versorgung richtet sich nach der primären Erkrankung.

Literatur

1. Gibbs C, Lane JG, Denny HR. Radiological features of intranasal lesions in the dog. A review of 100 cases. J Small Anim Pract 1979: 20(9): 515.
2. Harvey CE. Surgery of the nasal cavity and sinuses. In: Bojrab MJ, ed. Current techniques in small animal surgery. 2nd ed. Philadelphia: Lea & Febiger, 1983.
3. Komáromy J. Einfache und schonende Freilegung der Nasen- und Nebenhöhlen beim Hund. Kleintierpraxis 1981; 26: 361.
4. MacEwen EG, Withrow SJ, Patnaik AK. Nasal tumors in the dog. Retrospective evaluation of diagnosis, prognosis, and treatment, JAVMA 1977; 170(1): 45.
5. Withrow SJ. Diagnostic and therapeutic nasal flush in small animals. JAAHA 1977; 13: 704.

Obstruktion der Atemwege

A. Anamnese und klinische Symptome variieren stark, abhängig von Dauer und Grad der Obstruktion. Durch die Adspektion der Mundhöhle und die Auskultation der oberen Luftwege kann der Stridor der entsprechenden anatomischen Struktur zugeordnet werden.

B. Ist eine sofortige Intubation nicht möglich, kann mit einem kleinlumigen Katheter, der zwischen den Stimmritzen hindurch direkt in die Luftröhre eingeführt wird, oder nach Trachealpunktion mit einer Kanüle Sauerstoff zugeführt werden. Daran schließt sich eine Intubation oder Tracheotomie mit nachfolgender Kortikosteroidgabe an. Flüssigkeits- und Säure/Basen-Imbalanzen müssen ausgeglichen werden.

C. Nach der Kreislaufstabilisierung des Patienten werden Röntgennativaufnahmen von Hals und Thorax angefertigt. Die Aufnahmen müssen auf intrathorakale oder zervikale Luftwegsläsionen oder -veränderungen hin untersucht werden (z.B. subkutanes Emphysem), die für die Atembeschwerden ursächlich in Frage kommen können. Daneben gilt eventuellen kardiopulmonalen Schäden zusätzliche Aufmerksamkeit.

D. Wurde die Diagnose einer Atemwegsobstruktion gestellt, müssen in Narkose eine Laryngoskopie und eine Tracheoskopie durchgeführt werden. Oropharynx, Larynx und Trachea werden systematisch auf ein überlanges Gaumensegel oder eine Mukosahypertrophie des Pharynx, eine Paralyse der Stimmbänder, proliferatives Granulationsgewebe oder Neubildungen hin abgesucht. Besonderes Gewicht wird im Bereich der oberen Luftwege auf Anzeichen früherer Traumen, erweiterte Laryngealtaschen, Fremdkörper in der Trachea oder Neoplasien gelegt.

E. Die einseitige Larynxparalyse muß nicht zwangsläufig zu einer klinischen Symptomatik führen. Die erworbene bilaterale Larynxparalyse findet sich fast ausschließlich bei alten Hunden großwüchsiger Rassen. Die angeborene ein- oder beidseitige Larynxlähmung wurde beim Sibirischen Husky, beim Schlittenhund und beim Bouvier beschrieben. Die Möglichkeit eines Zusammenhangs zwischen Hypothyreoidismus und der Larynxparalyse wird diskutiert, so daß die Gabe von Schilddrüsenhormonen indiziert sein kann. Die operative Therapie scheint jedoch zu den besten Ergebnissen zu führen (Abb. 1).

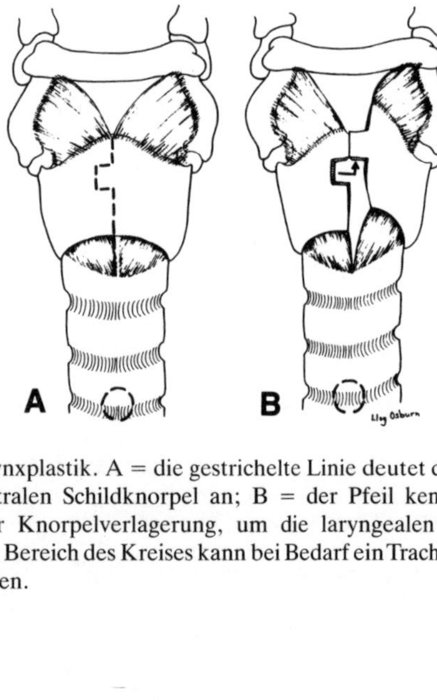

Abb. 1. Larynxplastik. A = die gestrichelte Linie deutet die Schnittführung im ventralen Schildknorpel an; B = der Pfeil kennzeichnet die Richtung der Knorpelverlagerung, um die laryngealen Luftwege zu erweitern; im Bereich des Kreises kann bei Bedarf ein Tracheotomietubus plaziert werden.

F. Tumoren im Bereich des Larynx sind eher selten. Bei gutartigen Neubildungen kann die operative Exzision erfolgreich sein, bei Malignomen stellt die Operation eine rein palliative Maßnahme dar. In Ausnahmefällen kann bei bösartigen Tumoren eine totale Laryngektomie mit nachfolgender Chemotherapie und Bestrahlung erwogen werden.

G. Die meisten Fälle einer akuten Laryngitis bei Hund und Katze sind nur Symptom einer Allgemeinerkrankung oder einer generalisierten viralen Luftwegsinfektion. Die akute traumatische Laryngitis kann durch eine endotracheale Intubation oder durch Operationen im Larynxbereich verursacht werden; sie kann, neben einer Sauerstoffsubstitution, mit Antibiotika und Kortikosteroiden erfolgreich behandelt werden. Obgleich selten vorkommend, ist die chronische proliferative Laryngitis ein sehr ernstzunehmendes Krankheitsbild beim Kleintier. Sie ist meist bilateral und betrifft die der Epiglottis angrenzende Oberfläche des Aryknorpels und die Plicae aryepiglotticae. Die mykologische und bakteriologische Untersuchung der betroffenen Bereiche ist meist negativ. Die Ätiologie ist unklar, die Prognose eher vorsichtig. Die Therapie erfordert oft eine schrittweise operative Resektion, kombiniert mit lokaler und systemischer Kortikosteroidapplikation.

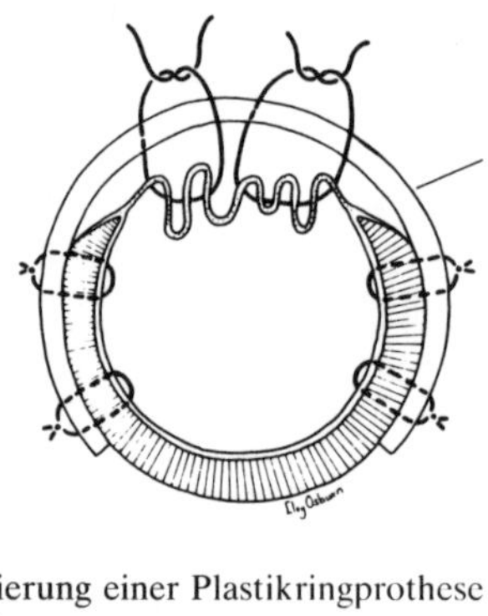

Abb. 2. Fixierung einer Plastikringprothese mit Einzelknopfheften bei Trachealkollaps.

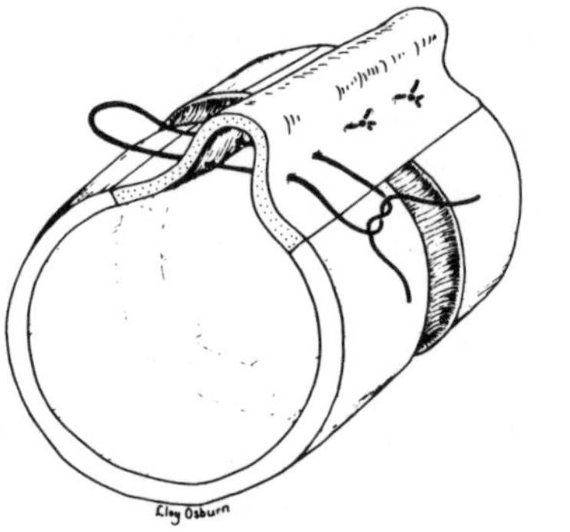

Abb. 3. Raffung des dorsalen Trachealmuskels mit Matratzenheften als Prophylaxe bei Trachealkollaps.

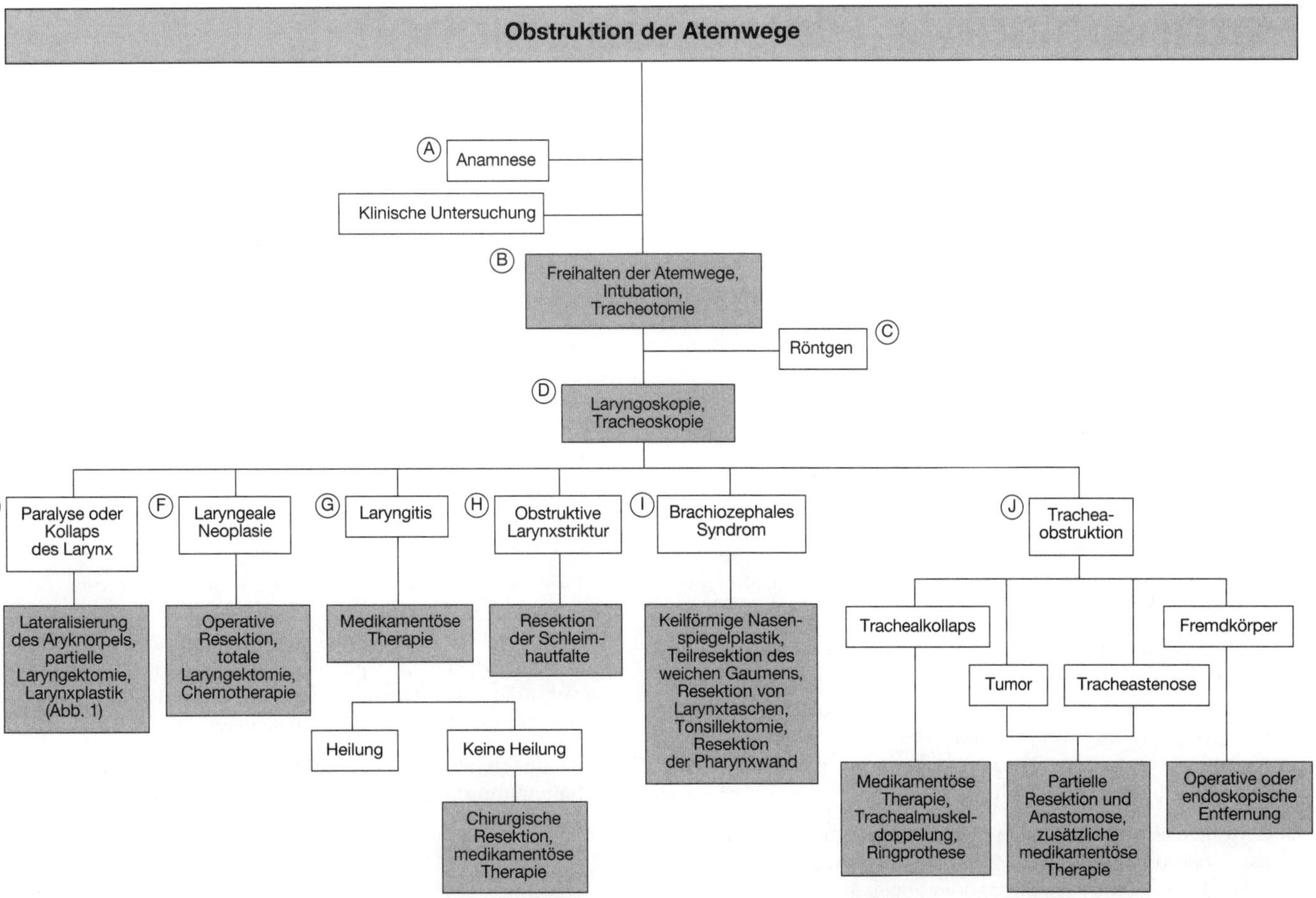

H. Nach chirurgischer Intervention entstandene obstruktive Schleimhautfalten im Larynx können fokal oder zirkulär auftreten.

I. Das brachiozephale Syndrom ist am häufigsten bei folgenden Hunderassen anzutreffen: Englische und Französische Bulldogge, Boxer, Boston-Terrier, Mops, Pekinese und Shih Tzu. Die Luftwegsobstruktion resultiert aus einer Kombination verschiedener Veränderungen: zu enge Nasenöffnungen, Faltenbildung der Pharynxwand, Verlängerung und Verdikkung des weichen Gaumens und eine Ausstülpung der Larynxtaschen. Tonsillenhyperplasie und Laryngealkollaps können das Krankheitsbild komplizieren. Bei Englischen Bulldoggen kann die Problematik durch eine hypoplastische Trachea noch zusätzlich in erheblichem Maße erschwert werden. Zunehmende Anzeichen von Atemnot infolge der Luftwegsverlegung, vor allem im jugendlichen Alter, sind eine eindeutige Indikation zur chirurgischen Intervention. Die operative Versorgung beinhaltet die Teilresektion des weichen Gaumens, um eine normale anatomische Relation zwischen weichem Gaumen und der Epiglottis herzustellen. Hypertrophe Tonsillen und eine sich vorwölbende laterale Pharynxwand werden exzidiert, ebenso werden umgestülpte Laryngealtaschen operativ entfernt. Durch eine keilförmige Hautresektion im Bereich des Nasenflügels wird die äußere Nasenöffnung erweitert und somit ausreichender Luftzutritt gewährleistet.

J. Eine Verlegung der Trachea kann durch Fremdkörper, durch Verletzungen, deren Abheilung zu narbigen Strikturen führt, durch eine kongenitale Stenose, einen Tumor oder einen Trachealkollaps verursacht werden. In den meisten Fällen kann der Fremdkörper im Rahmen der Tracheoskopie extrahiert werden. Gelingt dies nicht, erfolgt die Entfernung über eine Thorakotomie und Tracheotomie bzw. Lobektomie. Traumatische Verletzungen der Trachea mit sekundärer narbiger Verengung oder kongenitale Stenosen erfordern eine segmentale Trachearesektion und -anastomose. Bei den sehr seltenen Trachealtumoren sind Resektion und Anastomose Therapie der Wahl. Vor allem bei zwerg- und kleinwüchsigen Hunderassen ist der Trachealkollaps häufigste Ursache einer inkompletten Luftwegsobstruktion. Zur vollständigen Abklärung dieses Krankheitsbildes bedarf es einer Tracheoskopie sowie einer zervikalen und thorakalen Röntgen- bzw. Durchleuchtungskontrolle in Inspiration und Exspiration. Die meisten Patienten können erfolgreich symptomatisch mit Bronchodilatatoren, Expektoranzien, Sedativa, Kortikosteroiden, Antibiotika, Inhalationen und Gewichtsreduktion behandelt werden. In wenigen Fällen muß operativ vorgegangen werden; hierbei sind die Trachealringprothese (Abb. 2) oder die Raffung des Trachealmuskels (Abb. 3) Therapie der Wahl.

Literatur

1. Harvey HJ, Irby NL, Watrous BJ. Laryngeal paralysis in hypothyroid dogs. In: Kirk RW, ed. Current veterinary therapy VIII. Philadelphia: WB Saunders, 1983: 694.
2. O'Brian JA, Harvey CE. Disease of the upper airway. In: Ettinger SJ, ed. Textbook of veterinary internal medicine. 2nd ed. Philadelphia: WB Saunders, 1983: 692.
3. Walshaw R, Rod RB. Upper respiratory disease in brachycephalic dogs. In: Kirk RW, ed. Current veterinary therapy VII. Philadelphia: WB Saunders, 1980: 221.

Pathologischer Pleurahöhleninhalt

A. Anamnese und klinische Befunde korrelieren mit der Menge der pathologischen intrathorakalen Flüssigkeit und dem dadurch verursachten Lungenkollaps. Ein typisches Symptom ist Dyspnoe. In schweren Fällen zeigt das Tier abdominale und/oder Maulatmung bei gestrecktem Kopf und Hals. Manche Tiere stehen mit abduzierten Ellbogen und wollen sich nicht hinlegen. Bei solchen Patienten kann die mildeste Streßsituation zur Hypoxie und zum Kollaps führen. Gelegentlich beobachteter Husten ist fast immer unproduktiv. Die Auskultation ergibt gedämpfte Herz- und Lungengeräusche.

B. Bei Tieren mit bedrohlichen Symptomen muß durch eine besonders behutsame Untersuchung jede unnötige Aufregung vermieden werden. In vielen Fällen sind eine sofortige Thorakozentese, Zufuhr von reinem Sauerstoff, Gabe von Antiarrhythmika und intravenöse Flüssigkeitszufuhr notwendig.

C. Zur weiteren Abklärung sind ein vollständiger Blutstatus und eine Harnanalyse anzufertigen. Bei Anzeichen einer Blutgerinnungsstörung als Ursache des Thoraxergusses wird zusätzlich ein Gerinnungsstatus erstellt. Bei Verdacht einer primären oder sekundären Herzerkrankung ist das EKG eine wertvolle diagnostische Hilfe.

D. Es folgen Röntgenaufnahmen bei dorsoventralem und laterolateralem Strahlengang. Zur Differenzierung zwischen frei beweglicher, lokal begrenzter oder abgekapselter Flüssigkeit sind Spezialaufnahmen am stehenden, liegenden und sitzenden Patienten erforderlich. Bei besonders umfangreichen Ergüssen in die Brusthöhle können die Aufnahmen zur besseren Darstellung der Thoraxorgane nach Thorakozentese wiederholt werden.

E. Zum Ausschluß der zahlreichen Differentialdiagnosen ist die Thorakozentese die geeignetste Diagnostikhilfe. Die unter aseptischen Kautelen gewonnene Flüssigkeit muß im Labor untersucht werden. Durch die Ermittlung des spezifischen Gewichts und des Gesamtproteingehalts kann zwischen Transsudat und Exsudat unterschieden werden; die zytologische Untersuchung macht eine weitere Klassifizierung möglich.

F. Pathologischer Pleurahöhleninhalt kann auch traumabedingt sein, z.B. als Pneumothorax, Hämothorax oder Zwerchfellruptur mit Vorfall abdominaler Organe in die Brusthöhle.

G. Mikroorganismen können auf unterschiedlichsten Wegen die Pleurahöhle kontaminieren. Die Infektion kann primär von der Lunge, dem Mediastinum oder dem Zwerchfell ausgehen, des weiteren von thorakalen, ösophagealen bzw. Halswunden, oder sie entsteht sekundär durch die Keimbesiedelung eines bestehenden Pleuraergusses.

H. Chylo- und Pseudochylothorax werden durch die zytologische Untersuchung der gewonnenen Flüssigkeit und den Nachweis oder das Fehlen von Chylomikronen voneinander differenziert. Ein Chylothorax kann durch verschiedene Phänomene verursacht werden: 1. nach einem Thoraxtrauma oder Tumorwachstum mit Zerstörung oder Verlegung der Lymphbahnen, 2. als Komplikation nach operativen Thoraxeingriffen, 3. nach einer Thrombose der Vena cava cranialis oder 4. sekundär bei kongenitaler Schädigung des Ductus thoracicus. Bei Katzen findet sich als Ursache des Pseudochylothorax häufig eine erworbene Kardiomyopathie oder ein Lymphosarkom. In den meisten Fällen ist der Pseudochylothorax allerdings idiopathisch oder Folge einer Chylothoraxoperation.

I. Häufig wird durch das Wachstum eines primären oder metastatischen Lungentumors ein Flüssigkeitserguß in die Pleurahöhle induziert. Abgeschilferte mesotheliale Zellen werden plötzlich reaktiv ohne ihre Morphologie tumortypisch zu verändern. Die Diagnose „Tumor" anhand einer zytologischen Untersuchung ist deshalb schwierig.

J. Die meisten intrathorakalen Blutungen werden durch Brusthöhlenoperationen oder Thoraxtraumen verursacht. Andere Ursachen sind Gerinnungsanomalien, intrathorakale Tumoren oder Lungenlappentorsionen.

K. Kongestive Thoraxergüsse sind meist die Folge einer Obstruktion, Konstriktion oder Kongestion eines Lymph- oder Blutgefäßes bzw. einer nicht kompensierten Herzinsuffizienz. Als weitere Ursachen kommen Lungenkollaps, Zwerchfellruptur mit Leberinkarzeration sowie blut- oder lymphgefäßkomprimierende Tumoren in Betracht.

Literatur

1. Cantwell HD, Rebar AH, Allen AR. Pleural effusion in the dog: principles for diagnosis. JAAHA 1983; 19: 227.
2. Creighton SR, Wilkins RJ. Thoracic effusions in the cat. Etiology and diagnostic features. JAAHA 1975: 11: 66.
3. Gutbrod F. Zum stumpfen Thoraxtrauma beim Hund. Vet med Diss, München 1981.
4. Holmberg DL. Management of pyothorax. Vet Clin North Am 1979; 9: 357.
5. Kagan KG, Breznock EM. Variations in the canine thoracic duct system and the effects of surgical occlusion demonstrated by rapid aqueous lymphography, using an intestinal lymphatic trunk. Am J Vet Res 1979; 40: 948.
6. Lindsay FEF. Chylothorax in the domestic cat – a review. J Small Anim Pract 1974; 15: 241.

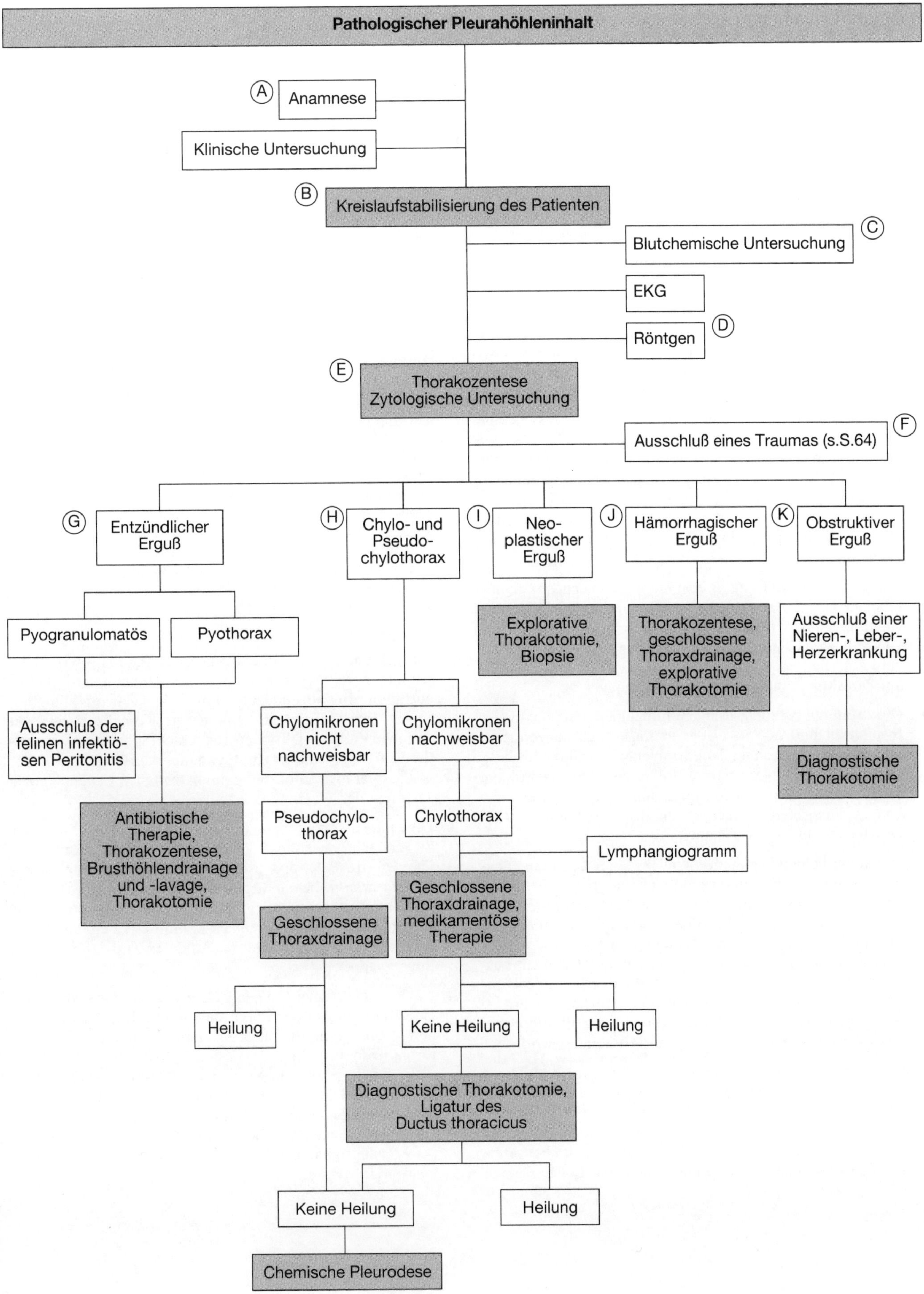
Pathologischer Pleurahöhleninhalt
A
Anamnese
Klinische Untersuchung
B
Kreislaufstabilisierung des Patienten
Blutchemische Untersuchung
C
EKG
Röntgen
D
E
Thorakozentese Zytologische Untersuchung
Ausschluß eines Traumas (s.S.64)
F
G
Entzündlicher Erguß
H
Chylo- und Pseudo-chylothorax
I
Neo-plastischer Erguß
J
Hämorrhagischer Erguß
K
Obstruktiver Erguß
Pyogranulomatös
Pyothorax
Explorative Thorakotomie, Biopsie
Thorakozentese, geschlossene Thoraxdrainage, explorative Thorakotomie
Ausschluß einer Nieren-, Leber-, Herzerkrankung
Ausschluß der felinen infektiö-sen Peritonitis
Chylomikronen nicht nachweisbar
Chylomikronen nachweisbar
Diagnostische Thorakotomie
Antibiotische Therapie, Thorakozentese, Brusthöhlendrainage und -lavage, Thorakotomie
Pseudochylo-thorax
Chylothorax
Lymphangiogramm
Geschlossene Thoraxdrainage, medikamentöse Therapie
Geschlossene Thoraxdrainage
Heilung
Keine Heilung
Heilung
Diagnostische Thorakotomie, Ligatur des Ductus thoracicus
Keine Heilung
Heilung
Chemische Pleurodese

Veränderungen der Lunge

A. Im Rahmen einer genauen Anamneseerhebung werden auch Auskünfte über den Verwendungszweck des Tiers (Ausstellungs-, Hüte- oder Jagdhund), seine Exposition gegenüber regionalen Krankheiten (z. B. Auftreten der ersten Symptome erst nach einem Auslandsaufenthalt) und das Ansprechen auf frühere Therapieversuche als wertvolle diagnostische Hinweise eingeholt. Beim Auftreten von Husten sollte auf dessen spezifische Charakteristik geachtet werden, da einige Erkrankungen durch eine ganz besondere Art oder das temporäre Auftreten des Hustens gekennzeichnet sind. Leistungsschwäche kann auch von Krankheiten anderer Organsysteme als dem Respirationstrakt ausgehen. Als weitere mögliche Ursachen müssen außerdem kardiovaskuläre und neuromuskuläre Erkrankungen ausgeschlossen werden.

B. Der speziellen Untersuchung des Respirationstraktes muß eine allgemeine Untersuchung aller anderen Organsysteme vorausgehen. Eine wichtige Rolle spielt das Atemverhalten des Tiers. Zur Diagnose einer zugrundeliegenden Lungenerkrankung bedarf es einer sorgfältigen Auskultation. Durch die Perkussion können außerdem pathologische Verdichtungen des Lungenparenchyms bzw. des Pleuraraums erfaßt werden.

C. Zur genauen Abklärung ist eine intensive Diagnostik häufig unumgänglich. Auswahl und Kombination der Untersuchungsmaßnahmen sind vom jeweiligen Fall abhängig. Zum Ausschluß des Herzens als zusätzlichem Krankheitsfaktor wird zunächst ein EKG angefertigt. Eine Kotuntersuchung auf Parasiten schließt die Voruntersuchungen ab.

D. Des weiteren werden Röntgenaufnahmen bei maximaler Inspiration und in verschiedenen Lagerungen angefertigt, und zwar bei laterolateralem Strahlengang rechts und links anliegend sowie bei ventrodorsalem und dorsoventralem Strahlengang. Zur Vervollständigung der radiologischen Untersuchung stehen außerdem die Bronchographie und die Durchleuchtung zur Verfügung.

E. Durch die Feinnadelpunktion eines veränderten Lungenbereichs kann Material für eine zytologische, bakteriologische und mykologische Untersuchung gewonnen werden. Wegen der Gefahr eines artifiziellen Pneumothorax sollte man diese Maßnahme jedoch nicht bei Patienten mit zystischen oder bullösen Lungenveränderungen durchführen. Besonders aussagekräftige Befunde können durch die direkte endoskopische Untersuchung des Bronchialbaums gewonnen werden, vor allem, wenn diese mit der Entnahme einer Biopsieprobe, eines Abstrichs oder einer Spülprobe kombiniert wird.

F. Mykotische Pneumonien treten in Form schwerer Mykosen oder als Infektion mit opportunistischen Pilzen wie Aspergillus in Erscheinung. Das chirurgische Vorgehen spielt eine vorwiegend diagnostische Rolle; die Behandlung erfolgt lokal über Thoraxspüldrainagen oder systemisch über Antimykotika. Kann eine bakterielle, auf einen Lungenlappen beschränkte Pneumonie oder eine Aspirationspneumonie durch eine adäquate medikamentöse Therapie nicht erfolgreich bekämpft werden, kann es zur Ausbildung von Lungenabszessen oder Granulomen kommen, die dann chirurgisch durch Thorakotomie und Lobektomie saniert werden müssen.

G. Jagd- und Hütehunde sind aufgrund ihrer Tätigkeit ganz besonders der Gefahr einer Aspiration von Fremdkörpern, wie kleinen Holzteilen und Getreideähren, ausgesetzt. Die zeitweilige Besserung nach antibiotischer und symptomatischer Therapie ist nicht ungewöhnlich. Zur Fremdkörperentfernung und gezielten Nachbehandlung ist die Bronchoskopie besonders geeignet. In vielen Fällen muß der Fremdkörper jedoch durch eine Thorakotomie und partielle oder vollständige Lobektomie entfernt werden.

H. Primäre Lungentumoren zeigen sich in der Regel als solitäre Knoten im Lungengewebe. Fast ein Drittel der pulmonalen Neoplasien verursacht keine klinischen Symptome; hierbei handelt es sich meist um Zufallsbefunde anläßlich einer Röntgenaufnahme des Thorax. Die Prognose ist im allgemeinen infaust. Die Lobektomie des betroffenen Lungenlappens mit anschließender Immuno- und Chemotherapie kann in bestimmten Fällen erfolgreich sein. Metastatische Tumoren sind in der Regel multipel. Ein operatives Vorgehen ist nicht indiziert.

I. Kongenitale und erworbene pulmonale Zysten sowie Bullae und kleinere Bläschen können bei Hunden und Katzen auftreten. Im allgemeinen führen sie nicht zu klinischen Symptomen. Vereinzelt kann es zu Komplikationen wie rezidivierenden Infektionen oder einem spontanen Pneumothorax nach plötzlicher Ruptur kommen. In derartigen Fällen ist die operative Entfernung des betroffenen Lungenlappens Therapie der Wahl.

J. Die Lungenlappentorsion ist bei Hund und Katze sehr selten. Sie entsteht meist nach einem Trauma oder spontan bei Hunden großwüchsiger Rassen und betrifft normalerweise den rechten Lungenmittellappen. Die Verdachtsdiagnose wird durch Röntgennativaufnahmen und die Kontrastbronchographie bestätigt. Vereinzelt kommt es zu einem Hydrothorax. Nach Stabilisierung des Patienten wird der betroffene Lungenlappen reseziert.

K. Die Verlegung eines Lungengefäßes entsteht entweder durch einen Thrombus oder durch das Steckenbleiben eines mit dem Blutstrom herangetragenen Embolus (Lungenthrombembolie). In den meisten Fällen führt sie nicht zu klinischen Symptomen. Nur bei Thrombosen großer Gefäße oder bei sekundären Komplikationen wie Infarzierung, Infektion oder sekundärer bzw. rezidivierender Thrombose können deutliche klinische Symptome auftreten. Die Therapie ist symptomatisch, kreislaufunterstützend und meistens nicht invasiv.

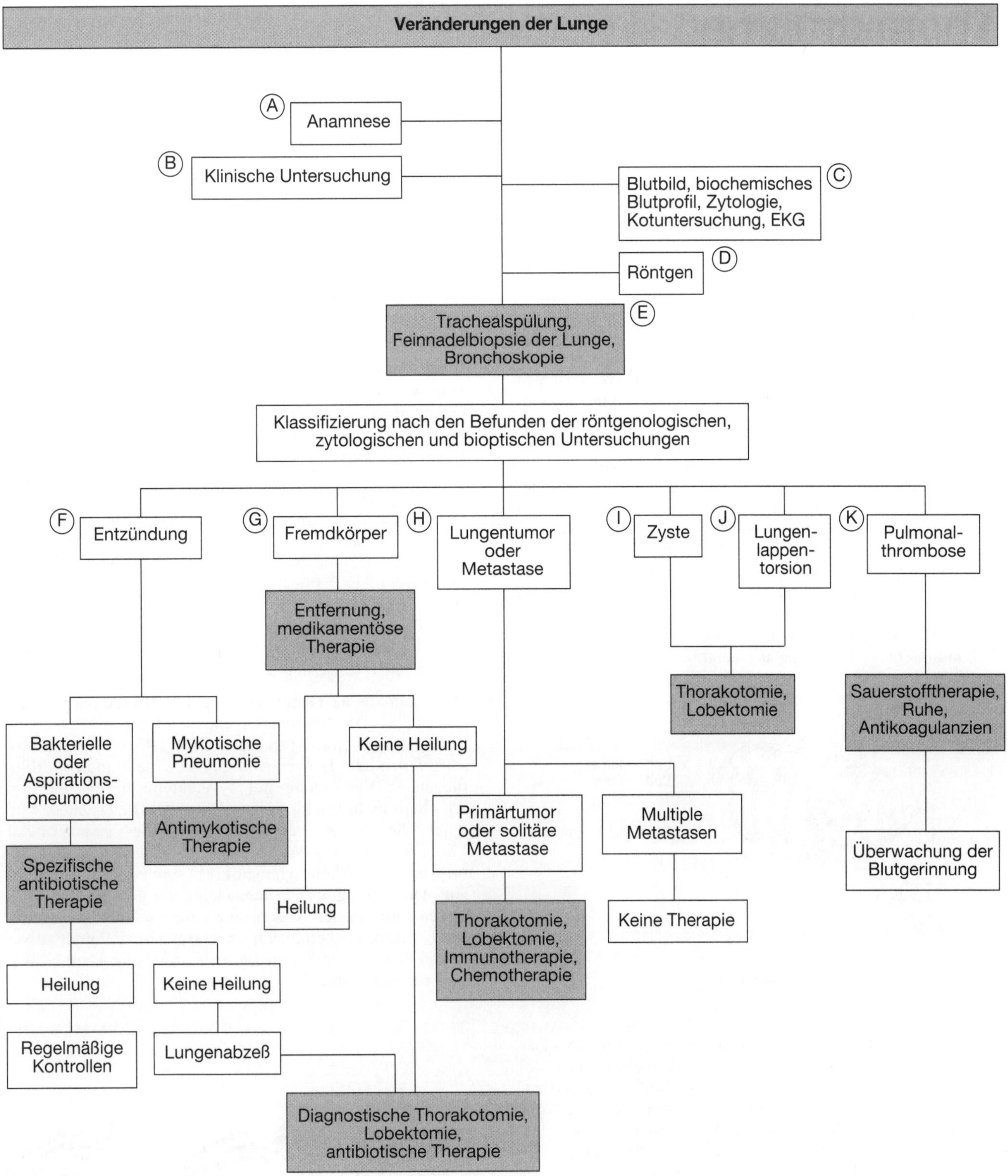

Literatur

1. Burns MG, Kelly AB, Hornof W, Howerth EW. Pulmonary artery thrombosis in three dogs with hyperadrenocorticism. JAVMA 1981; 178: 388.
2. Lewis RE, Kleine LJ. Radiographic diagnosis of solitary densities of the canine and feline thorax. JAAHA 1969; 5: 195.
3. Lord PF, Greiner TP, Greene RW, DeHoff WD. Lung lobe torsion in the dog. JAAHA 1973; 9: 473.
4. Rosenbruch M, Klein H. Vergleich von klinischen und pathomorphologischen Befunden bei Brusthöhlentumoren des Hundes. Kleintierpraxis 1980; 25: 471.
5. Silverman S, Poulus PW, Suter PF. Cavitary pulmonary lesions in animals. J Am Vet Radiol Soc 1976; 17: 134.
6. Teunissen GH, Stokhof AA. Tumoren in der Brusthöhle. Kleintierpraxis 1981; 26: 501.

Thoraxtrauma

A. Die genaue Beschreibung des Traumas kann dem Kliniker bei der Beurteilung der Lokalisation und des Ausmaßes der erlittenen Verletzung sowie der unverzüglich einzuleitenden Maßnahmen eine wertvolle Hilfe sein. Die Zwerchfellhernie bzw. -ruptur und der Chylothorax können auch noch längere Zeit nach dem Unfall plötzlich akute Symptome verursachen.

B. Nach Stabilisierung der vitalen Funktionen folgt eine genaue allgemeine und spezielle klinische Untersuchung des Patienten, um zusätzliche Verletzungen zu erfassen.

C. Vor der Diagnose und Therapie von Thoraxverletzungen steht die Wiederherstellung und Aufrechterhaltung der kardiopulmonalen Funktionen. Hierzu gehören die Sicherstellung freier Atemwege, die intravenöse Infusion von Elektrolyt- bzw. Plasmaexpanderlösungen oder Bluttransfusion, die Kontrolle eventuell bestehender Blutungen und, wenn nötig, auch die Verabreichung von reinem Sauerstoff. Häufig muß freie Luft oder Flüssigkeit aus der Pleurahöhle abgesaugt werden (Abb. 1). Bei instabilem Thorax muß die Brustwand stabilisiert werden, um eine effektive Thoraxexpansion zu ermöglichen. Bisweilen ist eine Allgemeinanästhesie und Positivdruckbeatmung erforderlich. Da sich der Zustand dieser Patienten sehr schnell verschlechtern kann, ist ein konsequentes Monitoring angezeigt.

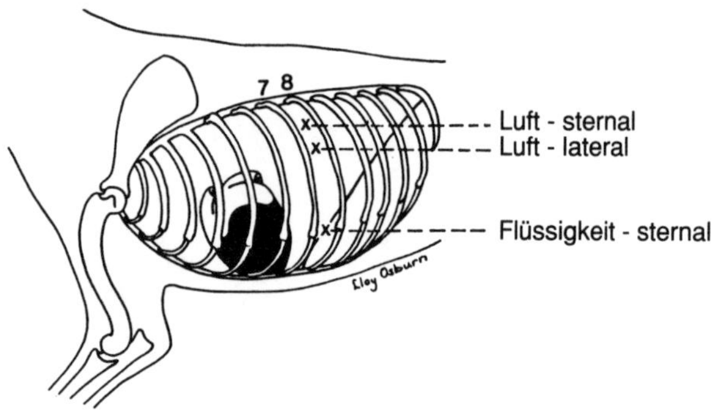

Abb. 1. Einstichstellen bei Thorakozentese.

D. Sofern sie ohne lebensbedrohlichen Streß für das Tier angefertigt werden können, sind Röntgenaufnahmen des Thorax von diagnostischer Bedeutung. Sollte die Standardlagerung bei laterolateralem und dorsoventralem Strahlengang nicht möglich sein, so sind Aufnahmen bei laterolateralem Strahlengang am stehenden Patienten das risikoärmere diagnostische Verfahren. Bei Ansammlung von Luft oder Flüssigkeit in der Pleurahöhle müssen die Aufnahmen nach der Thorakozentese wiederholt werden. Mehrmalige Hämatokritwertbestimmungen erlauben Rückschlüsse auf einen möglichen kontinuierlichen Blutverlust, und die normale blutchemische Untersuchung kann auf eventuelle Verletzungen innerer Organe hinweisen. Zur Beurteilung ventilatorischer und zirkulatorischer Funktionen ist die Bestimmung des P_{O2}, des P_{CO2} und des Blut-pH-Wertes ein entscheidendes diagnostisches Hilfsmittel. Mit Hilfe eines EKG kann eine traumatische Kardiomyopathie ausgeschlossen werden.

E. Als Folge einer Traumaeinwirkung im Bereich des Larynx bzw. der Trachea kann es zu einer Obstruktion der Luftwege kommen. Zerreißungen der Trachea werden häufig nach Beißereien, Fremdkörperperforationen oder zu starker Ballonfüllung von Endotrachealtuben gesehen. Klinische Befunde sind progressive Dyspnoe, subkutanes Emphysem, Weichteilschwellung oder äußere Verletzungen am Hals. Endoskopie, zervikale und thorakale Röntgennativaufnahmen sowie eine Kontrasttracheographie dienen zur Lokalisierung und Beurteilung der Verletzung.

F. Ein Pneumothorax kann, außer nach einer penetrierenden Brustwandverletzung, auch iatrogen nach Thorakotomie, einem Lungen- oder Bronchialbaumriß sowie Alveolarrupturen nach stumpfem Thoraxtrauma entstehen. Der iatrogene Pneumothorax ist im allgemeinen die Folge einer Thorakozentese oder einer übermäßigen Lungenblähung während der Beatmung. Die Verdachtsdiagnose wird durch Röntgenaufnahmen bestätigt. Um einen Spannungspneumothorax auszuschließen, sollten bei Verdacht mehrere Kontrollaufnahmen der Brusthöhle in relativ kurzen Zeitabständen angefertigt werden. Der Pneumothorax heilt in der Regel ohne chirurgische Intervention. Lediglich der persistierende und der sich rasch entwickelnde Spannungspneumothorax fordern das unverzügliche Absaugen sowie die Versorgung der ursächlichen Verletzung.

G. Der traumatische Hämothorax kann auftreten nach: penetrierenden Brustwandverletzungen, Lungenverletzungen durch Einspießen frakturierter Rippen, Rissen von Interkostalgefäßen oder Lungengewebe, Zwerchfell- und Leberblutungen in Verbindung mit Zwerchfellrupturen oder im Anschluß an thoraxchirurgische Eingriffe. Die Diagnose wird durch Röntgen und eventuell Thorakozentese gesichert. Zur Verlaufsbeurteilung der Blutung sind Serienröntgenaufnahmen und wiederholte Hämatokritbestimmungen sehr wertvoll. Die zytologische Untersuchung der gewonnenen Flüssigkeit hilft bei der Abgrenzung eines anderen, möglicherweise zusätzlich beteiligten Prozesses. Trotz konservativer Behandlung persistierende Blutungen sind eine klare Indikation zur diagnostischen Thorakotomie.

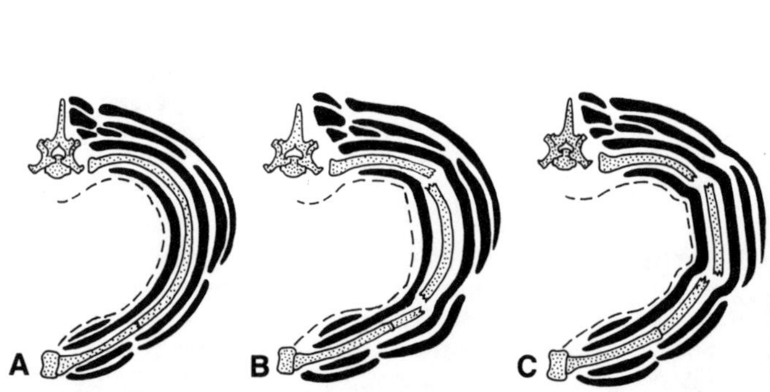

Abb. 2. A = normaler Thorax; B = Inspiration: Einwärtsbewegung des dreschflegelähnlichen Segments; C = Exspiration: Auswärtsbewegung des Dreschflegelsegments.

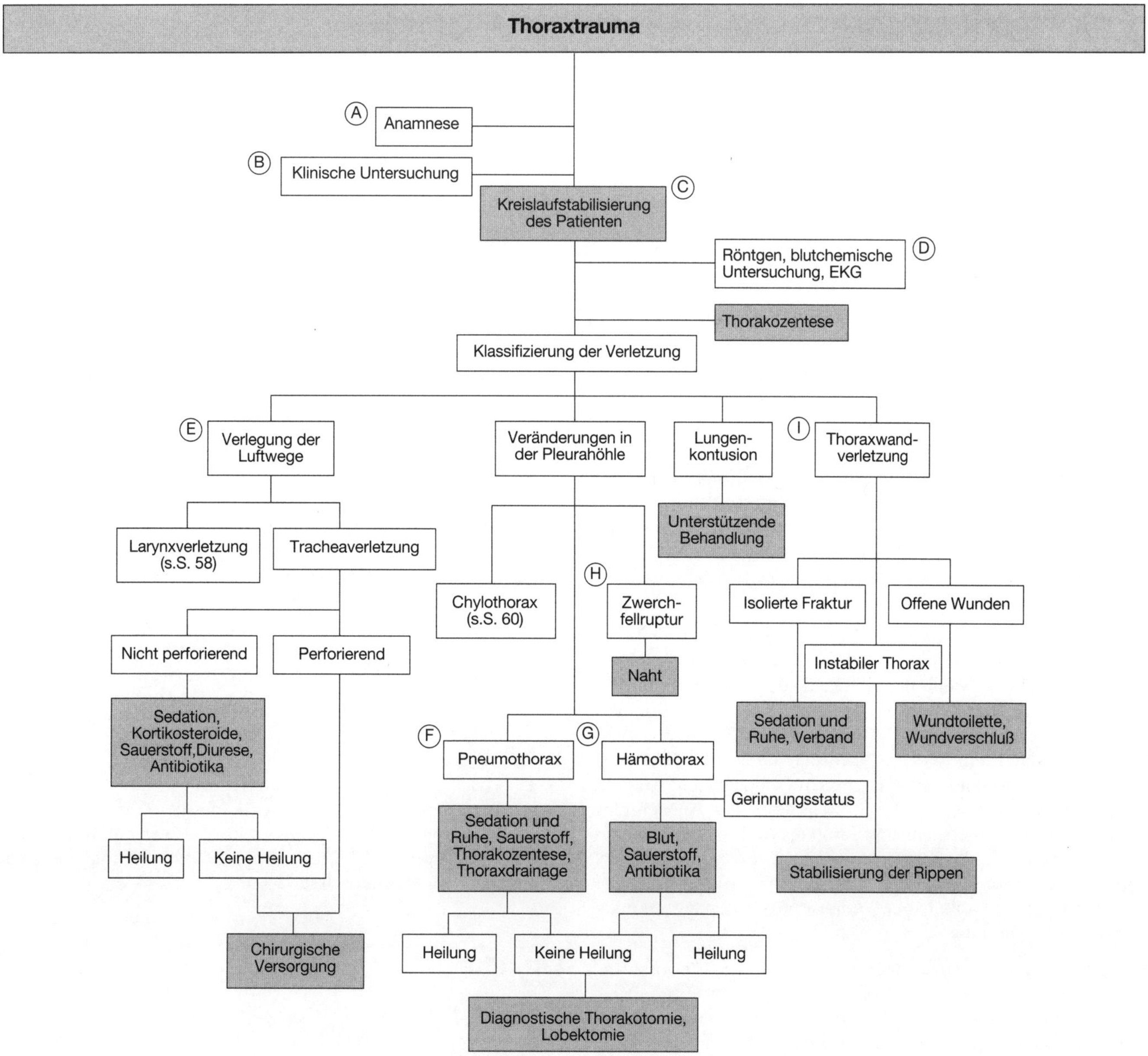

H. Die Bedrohlichkeit der klinischen Symptome bei einer Zwerchfellruptur ist abhängig von der Art der vorgefallenen Organe. Nicht selten bestehen Zwerchfellrisse über längere Zeit; sie zeigen, je nach Vorfall und spontaner Reposition der Bauchhöhlenorgane in den Thorax, die unterschiedlichsten klinischen Symptome. Die Diagnose wird durch Röntgennativaufnahmen der Brust- und Bauchhöhle und/oder Röntgenaufnahmen nach Eingabe eines Kontrastmittelschlucks gesichert. Die Therapie besteht in einer Zwerchfellnaht, die gewöhnlich über eine mediane Laparotomie oder einen kombinierten sternoabdominalen Zugang erfolgt.

I. Rippenfrakturen und offene Thoraxwunden kommen relativ häufig vor. Multiple und Rippenstückfrakturen können zu einem instabilen Thorax mit einem sog. Dreschflegelsegment und paradoxen Atembewegungen führen (Abb. 2). Die Diagnose stützt sich auf die Adspektion, Palpation sowie das Röntgen. Kleinere Verletzungen können konservativ abheilen; beim Auftreten eines Dreschflegelsegments und bei offenen Thoraxwunden muß operativ vorgegangen werden.

Literatur

1. Alexander JW, Bolton GR, Koslow GL. Electrocardiographic changes in nonpenetrating trauma to the chest. JAAHA 1975; 11: 160.
2. Crane SW. Evaluation and management of abdominal trauma in the dog and cat. Vet Clin North Am 1980; 10: 655.
3. Kagan KG. Thoracic trauma. Vet Clin North Am 1980; 10: 641.
4. Schebitz H, Brunnberg L, Gutbrod F. Zum stumpfen Thoraxtrauma beim Hund. Kleintierpraxis 1983; 28: 141.
5. Wilson GP, Newton CD, Burt JK. A review of 116 diaphragmatic hernias in dogs and cats. JAVMA 1971; 159: 1142.

Erkrankungen der Thoraxwand

A. Wichtige Hilfen bei der Diagnosestellung sind genaue Informationen über Dauer und Fortschreiten der klinischen Symptome, über kürzlich erlittene Thoraxtraumen und den Erfolg bereits durchgeführter Therapiemaßnahmen.

B. Die spezielle Untersuchung beinhaltet die genaue Beobachtung der Atmung des Tieres und eine exakte adspektorische, auskultatorische und palpatorische Untersuchung des Thorax.

C. Alle thorakalen und abdominalen Organe müssen sorgfältig untersucht werden. Die Folgen eines Traumas sowie der meisten destruktiven und proliferativen Erkrankungen sind an den Rippen, den Wirbeln und dem Sternum am besten erkennbar. Der Thoraxwand aufsitzende Tumoren sind auf Beteiligung der Rippen oder eine Ausbreitung in die Brusthöhle hin zu untersuchen. Wichtige Informationen können außerdem durch eine Feinnadelpunktion mit anschließender bakteriologischer, mykologischer bzw. zytologischer Untersuchung gewonnen werden.

D. Perforierende Fremdkörper, Bißverletzungen, Operationswunden und traumatische Lazerationen können zu Infektionen der Thoraxwand führen. Besondere Sorgfalt muß in solchen Fällen auf die Abklärung einer Osteomyelitits der Rippen verwandt werden. Multiple Fistelöffnungen, verursacht durch Fremdkörper, Nocardia- oder Pilzinfektionen können nur anhand einer Fisteldarstellung beurteilt werden, die genaue Auskünfte über Lokalisation und Ausdehnung des Prozesses geben kann und damit die exakte Planung eines operativen Vorgehens erst ermöglicht. Die Therapie besteht in einer großzügigen Wundrevision mit Entfernung der Fremdkörper, Drainage und einer entsprechenden medikamentösen Therapie.

E. Lipome und gutartige Hauttumoren, die der Thoraxwand aufliegen, werden durch lokale Exzision entfernt. Auch bösartige Neubildungen wie Fibrosarkome, Osteosarkome, Chondrosarkome, Hämangiosarkome und Mastzelltumoren werden beobachtet. Die Röntgenaufnahme des Thorax gibt Aufschluß über eine Rippenbeteiligung und eventuelle Lungenmetastasen. Die En-bloc-Resektion mit anschließender Thoraxwandrekonstruktion ist Therapie der Wahl. Abhängig vom Tumortyp kann eine Chemotherapie und/oder Bestrahlung in Erwägung gezogen werden.

F. Die Bandbreite der Brustwandverletzungen reicht vom einfachen stumpfen Thoraxtrauma mit kleinen, oberflächlichen Wunden bis zu lebensbedrohlichen Weichteil- und Rippentrümmerverletzungen. Thoraxbißwunden entstehen häufig bei sog. „Big dog-little dog"-Begegnungen. Offene Thoraxwunden sind ernstzunehmende Verletzungen, die einer sofortigen Versorgung, wie Naht, Thoraxabsaugung und Kreislaufstabilisierung des Patienten, bedürfen. Rippenserienfrakturen mit instabilem Thorax werden zunächst mit einem Brustverband versorgt.
Bißwunden oder stumpfe Thoraxtraumen können durch die Ruptur der Interkostalmuskeln eine Herniation der Thoraxorgane zur Folge haben. Der Defekt muß nach sofortiger Reposition der vorgefallenen Organe operativ verschlossen werden. Große Substanzverluste müssen durch einen Lappen aus dem M. latissimus dorsi oder dem M. obliquus abdominis externus, ggf. auch mit Hilfe eines synthetischen Netzes, gedeckt werden. Isolierte, nicht dislozierte Rippenfrakturen heilen unter einfacher Ruhigstellung des Patienten (Käfigruhe). Bei instabilem Thorax mit paradoxer Atmung müssen die meist multipel vorliegenden Frakturen operativ versorgt werden. Nach erfolgter Kreislaufstabilisierung des Patienten wird der instabile Teil der Thoraxwand mit Draht oder intramedullären Pins rekonstruiert. Die Sternumluxation ist ein eher seltener Befund nach Brustkorbverletzungen. Die Fixierung kann mit Hilfe von orthopädischem Draht erfolgen.

G. Die Trichterbrust ist eine seltene kongenitale Läsion. Bei kardiopulmonalen Beschwerden kann das chirurgische Eingreifen nötig werden. Die Korrektur erfolgt durch multiple Chondrotomien, Rippenknorpelresektionen und interne Fixation mit synthetischem Material.

Literatur

1. Bjorling DE, Kolata RJ, DeNoro RC. Flail chest: review, clinical experience and new method of stabilization. JAAHA 1982; 18: 269.
2. Brasmer TH. Thoracic wall reconstruction in dogs. JAVMA 1971; 159: 1758.
3. Bright RM. Reconstruction of thoracic wall defects using Marlex Mesh. JAAHA 1981; 17: 415.
4. Ellison GW, Trotter GW, Lumb WV. Reconstructive thoracoplasty using spinal fixation plates and polypropylene mesh. JAAHA 1981; 17: 613.
5. Gutbrod F. Zum stumpfen Thoraxtrauma beim Hund. Vet med Diss, München 1981.

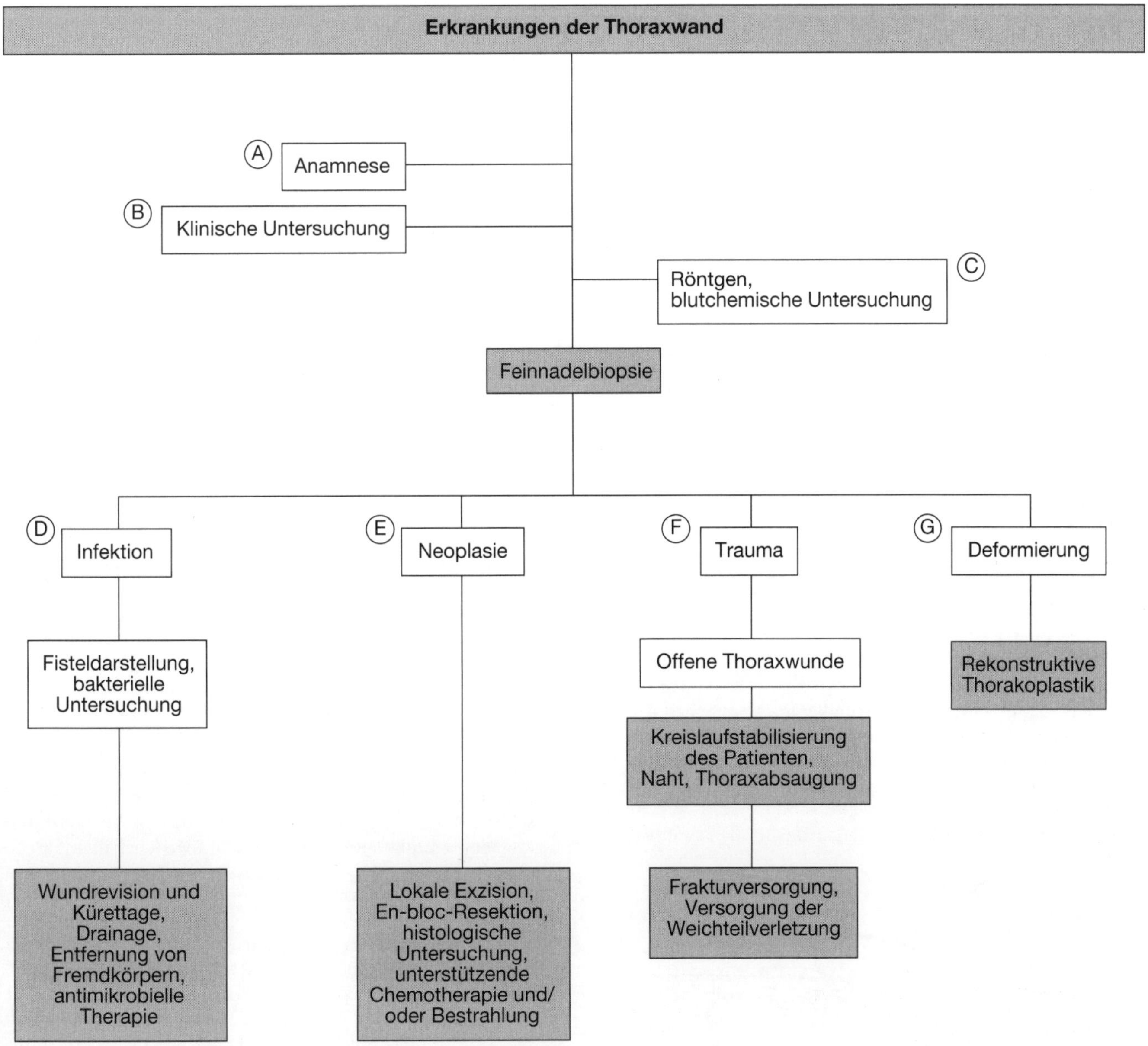
Erkrankungen der Thoraxwand
A
Anamnese
B
Klinische Untersuchung
Röntgen,
blutchemische Untersuchung
C
Feinnadelbiopsie
D
Infektion
E
Neoplasie
F
Trauma
G
Deformierung
Fisteldarstellung, bakterielle Untersuchung
Offene Thoraxwunde
Rekonstruktive Thorakoplastik
Kreislaufstabilisierung des Patienten, Naht, Thoraxabsaugung
Wundrevision und Kürettage, Drainage, Entfernung von Fremdkörpern, antimikrobielle Therapie
Lokale Exzision, En-bloc-Resektion, histologische Untersuchung, unterstützende Chemotherapie und/ oder Bestrahlung
Frakturversorgung, Versorgung der Weichteilverletzung

Ductus arteriosus persistens

A. Die häufigste Herzmißbildung beim Hund ist der Ductus arteriosus persistens. Er kommt bei beiden Geschlechtern und bei allen Rassen vor, meist sind jedoch sehr junge weibliche Pudel, Collies und Deutsche Schäferhunde betroffen. Die meisten Fälle werden während einer Routineuntersuchung zufällig entdeckt, es können aber auch Symptome wie Apathie, schnelle Ermüdbarkeit und ein gewisses Zurückbleiben in der körperlichen Entwicklung auftreten. Die Auskultation eines kontinuierlichen, systolisch-diastolischen Herzgeräusches über dem 3. linken Interkostalraum ist pathognomonisch für den Ductus arteriosus persistens. Da der Punkt der maximalen Herzgeräuschentwicklung im allgemeinen weit unter der Vordergliedmaße liegt und die pathologischen Geräusche eine geringe Ausbreitung haben, werden viele Erkrankungen erst im Alter von einigen Monaten entdeckt. Ältere Hunde mit einem chronischen Ductus arteriosus persistens gehören oft großwüchsigen Rassen an und werden wegen Kachexie oder eines akuten Kreislaufzusammenbruchs vorgestellt.

B. Um gegen den erhöhten Pulmonalarteriendruck das normale Schlagvolumen auswerfen zu können, hypertrophiert der rechte Ventrikel. Da der linke Ventrikel neben dem normalen Schlagvolumen der rechten Herzkammer zusätzlich die von der Lunge über den Ductus arteriosus persistens kommende Blutmenge transportieren muß, erweitert er sich ebenfalls. Das Ergebnis dieser biventrikulären Dilatation ist eine normale elektrische Hauptachse des Herzens mit hohen R-Zacken. Bei manchen Hunden tritt eine atriale Fibrillation auf.

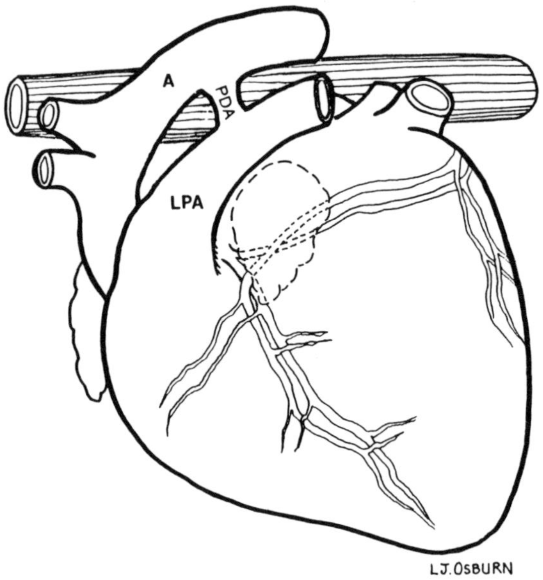

Abb. 1. Linke Ansicht des Herzens. LPA = linke Pulmonalarterie, PDA = persistierender Ductus arteriosus, A = Aorta.

C. Auf der lateralen Röntgenaufnahme des Thorax sieht man gewöhnlich eine beidseitige ventrikuläre Herzerweiterung, bei dorsoventraler Projektion eine Dilatation des Aortenbogens, der Pulmonalarterie und des linken Herzohrs als Vorwölbungen des Herzschattens bei 1,2 und 3 Uhr. Es resultiert eine recht häufige Überbelastung der pulmonalen Gefäße mit Hypertonie und/oder Lungenödem.

D. Bei charakteristischen Auskultations- und Röntgenbefunden sind Herzkatheterisierung und Angiokardiographie nicht obligat; dies sollte nur in Zweifelsfällen und zur Abklärung weiterer kongenitaler Defekte durchgeführt werden. Durch die Injektion eines jodierten Kontrastmittels in den Aortenbogen kann ein unkomplizierter Ductus arteriosus persistens mit dem direkten Blutfluß von der Aorta in die Pulmonalarterie am besten dargestellt werden (Abb. 1). Blutgasanalysen zeigen eine erhöhte Menge gelösten Sauerstoffs im Auswurf des rechten Ventrikels, des pulmonalen Sinus und der Hauptpulmonalarterie. Bei pulmonaler Hypertonie fließt Kontrastmittel von der pulmonalen Arterie in die Aorta. Dieses Phänomen ist immer vergesellschaftet mit einer Hypertrophie des rechten Ventrikels, Nachhandschwäche, einer Zyanose der kaudalen Schleimhäute und erhöhten Hämatokritwerten. Ein charakteristisches Herzgeräusch besteht nicht.

E. Ein unkomplizierter Ductus arteriosus persistens sollte nach der Diagnosestellung so schnell wie möglich operativ verschlossen werden, um sekundäre Schäden an Myokard und Gefäßen zu minimieren. Die in den meisten Fällen ausreichende Ligatur des Gefäßes erfolgt über eine linksseitige Thorakotomie im 4. Interkostalraum. Bei einem sehr kurzen, großkalibrigen Gefäß kann es angezeigt sein, dieses abzuklemmen, zu durchtrennen und die beiden Gefäßstümpfe anschließend zu übernähen. Rechts-links-Shunts sollten nicht operativ verschlossen werden, da sie als eine Art Sicherheitsventil für den rechten Ventrikel anzusehen sind. Die Ligatur eines solchen „umgekehrten" Ductus arteriosus persistens hat immer ein akutes Rechtherzversagen und damit den Tod des Tieres zur Folge. Im allgemeinen kann solchen Tieren auch medikamentös nicht geholfen werden, so daß die Euthanasie angezeigt ist, sobald die ersten schweren klinischen Symptome auftreten.

Literatur

1. Buchanan JW. Radiographic aspects of patent ductus arteriosus in dogs before and after surgery. Br J Small Anim Pract 1968; 19: 271.
2. Eyster GE. Patent ductus arteriosus in the dog: characteristics of occurrence and results of surgery in one hundred consecutive cases. JAVMA 1976; 168: 435.
3. Gerlach K, Skrodzki M, Trautvetter E. Kongenitale Anomalien des Aortenbogens beim Hund. Kleintierpraxis 1988; 33: 355.
4. Jackson WF, Henderson RA. Ligature placement in closure of patent ductus arteriosus JAAHA 1979; 15: 55.

Ductus arteriosus persistens

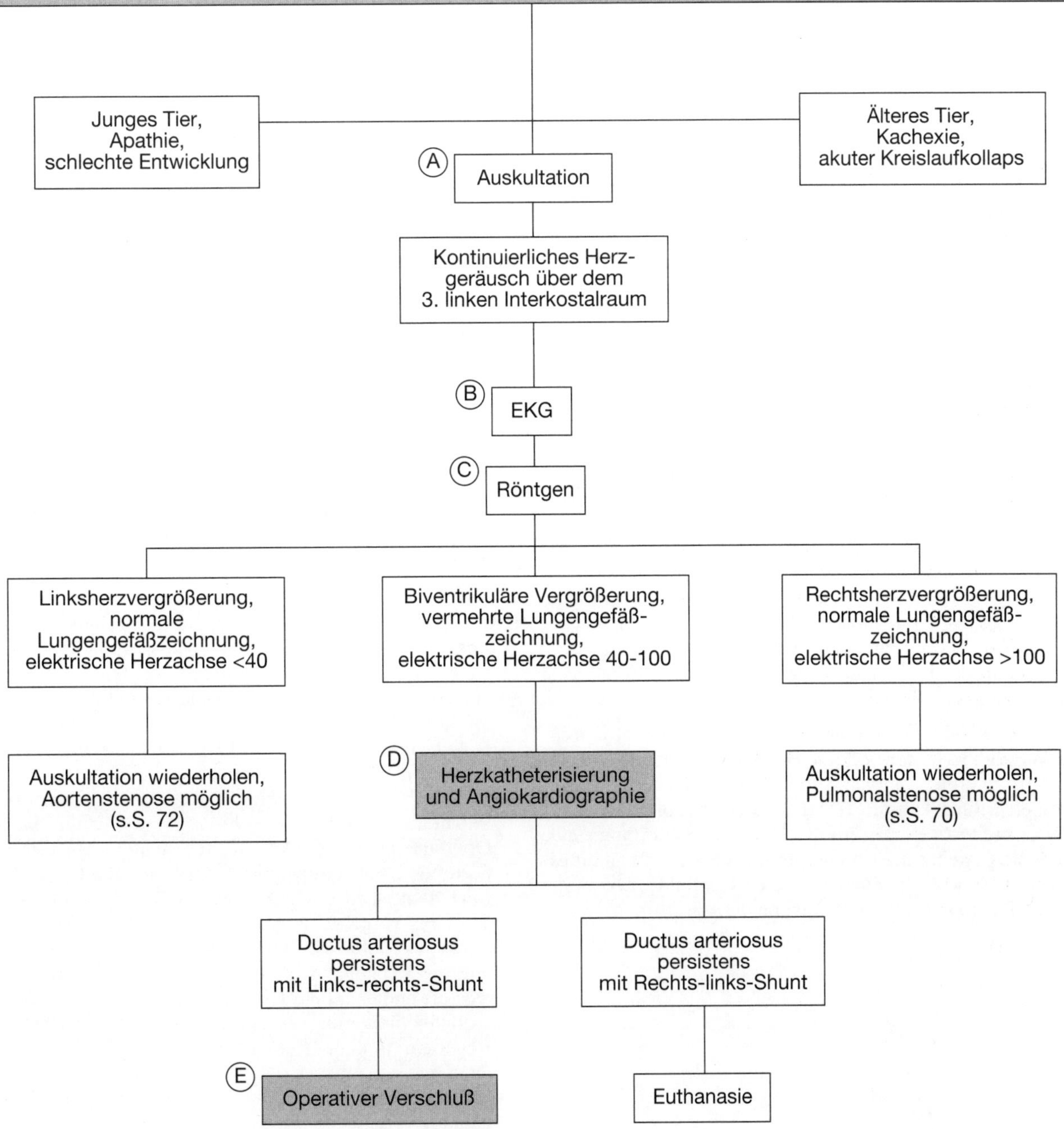

Pulmonalstenose

A. Der zweithäufigste kongenitale Herzdefekt beim Hund ist die Pulmonalstenose. Sie wird bei vielen Hunderassen beschrieben; eine gewisse Rassedisposition besteht beim Collie, beim Deutschen Schäferhund und bei der Englischen Bulldogge. In der Anamnese wird vom Besitzer eine geringere körperliche Belastbarkeit angegeben. Im allgemeinen sind die Tiere jedoch symptomfrei, und der pathologische Auskultationsbefund wird anläßlich einer Routineuntersuchung entdeckt. Das systolische Herzgeräusch ist in der Pulmonalregion relativ tief an der Brustwand zu hören (gewöhnlich im 3. linken Interkostalraum). Wegen der zu langsamen Entleerung des rechten Ventrikels und dem zu späten Schluß der Pulmonalklappe kommt es gelegentlich zu einer Spaltung des zweiten Herztons.

B. Aus dem erhöhten Herzschlagvolumen und der Hypertrophie der rechten Herzkammer ergibt sich eine Rechtsabweichung der elektrischen Herzachse (> 100 Grad). Die Verdickung der Muskulatur der Crista supraventricularis im Bereich des Ausstroms der Pulmonalarterie führt in der I., II. und III. Ableitung des EKG zu S-Zacken. In schweren Fällen kommt es zu einem P-pulmonalen (Amplitude der P-Zacke > 0,4 mV) und/oder zu einem Rechtsschenkelblock (QRS-Komplex in der I., II. und III. sowie in der aVF-Ableitung negativ, Dauer > 0,06 sec).

C. In der Röntgenuntersuchung ist bei einer Pulmonalstenose die Vergrößerung der rechten Herzkammer der Hauptbefund. In der dorsoventralen Ansicht hat der Herzschatten die Form eines umgekehrten „D". Die laterale Projektion zeigt eine verbreiterte Herzauflagefläche auf dem Sternum, und durch die Erweiterung der Hauptpulmonalarterie kommt es zu einem Verschwinden der kranialen Herztaille. Die peripheren Pulmonalgefäße sind unverändert.

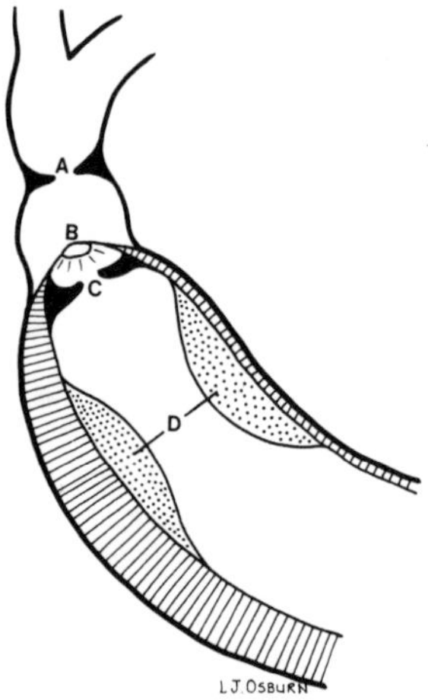

Abb. 1. Schema der pulmonalen Abflußbahn. A = supravalvuläre Pulmonalstenose, B = valvuläre Pulmonalstenose, C = subvalvuläre Pulmonalstenose, D = muskuläre infundibuläre Pulmonalstenose.

D. Für eine exakte Diagnostik mit anschließender Prognosestellung und Erarbeitung eines Behandlungsplans sind Herzkatheterisierung und Angiokardiographie unverzichtbar. Die Aufzeichnung der Druckverhältnisse im Herzen und in der Pulmonalarterie ermöglicht die Lokalisierung und die Beurteilung der Schwere der Stenose. Durch die Injektion eines Kontrastmittels können sekundäre Veränderungen an der Pulmonalarterie sowie andere, oft mit der Pulmonalstenose zusammen auftretende Mißbildungen aufgedeckt werden. Generell werden solche Stenosen toleriert, die einen prä- und poststenotischen Druckgradienten von weniger als 50 mm Hg erzeugen. Gradienten von mehr als 70 mm Hg führen unbehandelt zu einer nicht kompensierbaren Überbeanspruchung des Myokards und somit zur Herzinsuffizienz. Juvenile Patienten mit niedrigem Gradienten, die signifikante sekundäre Gefäß- und EKG-Veränderungen haben, sollten regelmäßig in monatlichen Abständen untersucht werden. Sobald klinische Symptome auftreten oder die Veränderungen einen progressiven Verlauf nehmen, sollte man ein operatives Eingreifen erwägen.

E. Die jeweils anzuwendende Operationstechnik ist von der Lokalisation der Stenose und der Körpergröße des Patienten abhängig. Die Pulmonalstenosen werden in vier Typen eingeteilt: die valvuläre, subvalvuläre, supravalvuläre und die infundibuläre Form.
Die valvuläre Pulmonalstenose ist die häufigste Form dieses Krankheitsbildes. Die Therapie besteht in einem temporären Venenverschluß, der Pulmonalarteriotomie und der offenen Valvulotomie (Abb. 1). Durch diese Technik kann das Operationsgebiet direkt eingesehen und das Risiko einer postoperativen Klappeninsuffizienz minimiert werden.
Bei Patienten mit einem Körpergewicht von weniger als 10 kg ist dieses Vorgehen wegen der entsprechend kleinen anatomischen Verhältnisse sehr schwierig. Aus diesem Grund wird hier die Lappenplastik zur Vergrößerung des Gefäßdurchmessers und damit der Blutdurchflußmenge bevorzugt. Eine Abflußbehinderung des rechten Ventrikels verursacht in der Regel eine sekundäre Myokardhypertrophie im Infundibulum, die sich nach Entfernung des Hindernisses spontan zurückbildet. Liegt die Stenose im subvalvulären oder infundibulären Bereich, ist die Lappenplastik der wesentlich komplizierteren Myektomietechnik vorzuziehen.

Literatur

1. Breznock EM, Wood GL. A patch-graft technique for correction of pulmonic stenosis in dogs. JAVMA 1976; 169: 1090.
2. Eyster GE. Pulmonic stenosis. In: Bojrab, J. Current techniques in small animal surgery, 2nd ed. Philadelphia: Lea & Febiger, 1983: 462.
3. Krieger-Huber S, Winter H, Trautvetter E. Pulmonalarterienverschluß bei einem Cocker-Spaniel. Kleintierpaxis 1981; 26: 125.

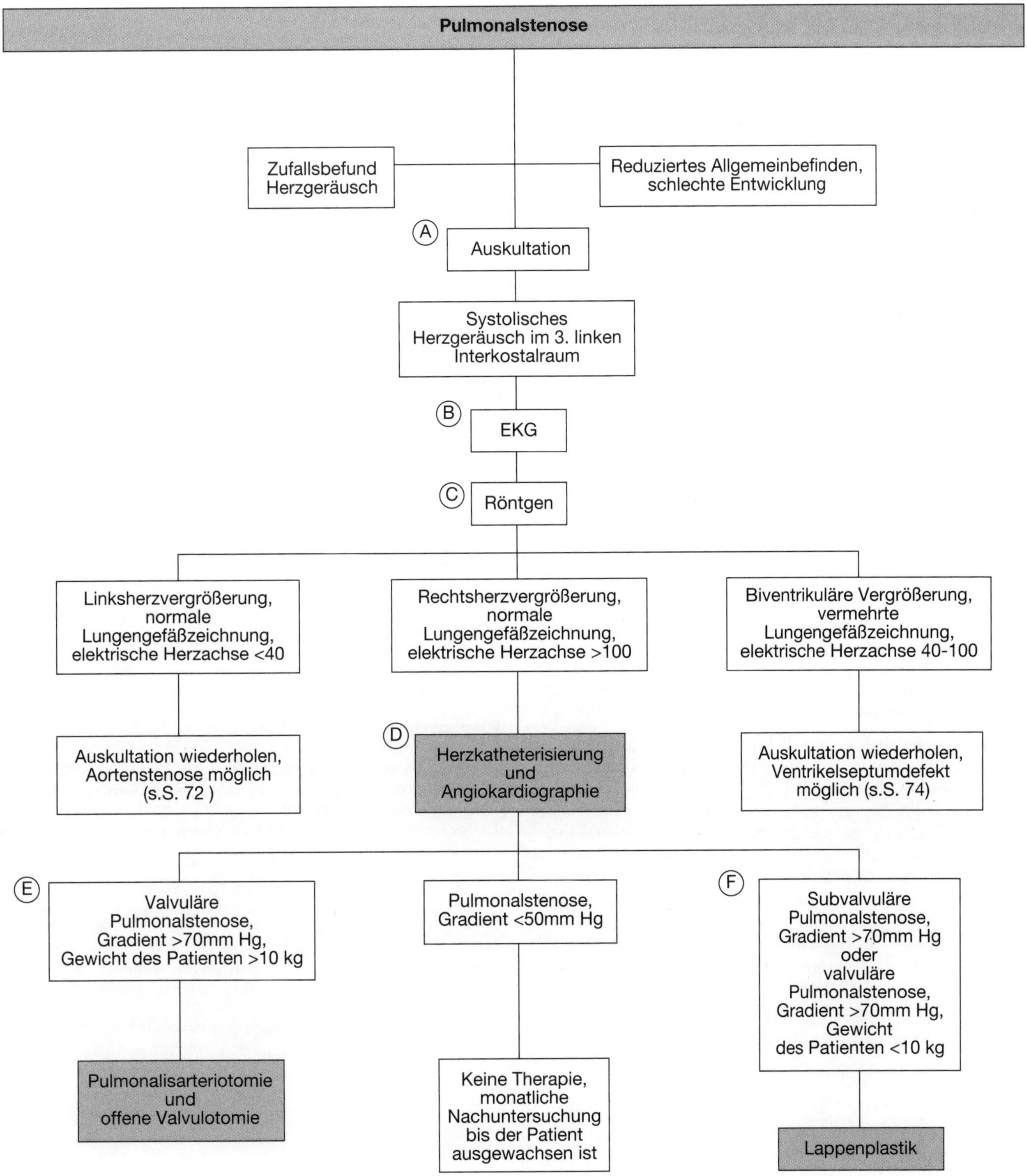
Pulmonalstenose
Zufallsbefund Herzgeräusch
Reduziertes Allgemeinbefinden, schlechte Entwicklung
A
Auskultation
Systolisches Herzgeräusch im 3. linken Interkostalraum
B
EKG
C
Röntgen
Linksherzvergrößerung, normale Lungengefäßzeichnung, elektrische Herzachse <40
Rechtsherzvergrößerung, normale Lungengefäßzeichnung, elektrische Herzachse >100
Biventrikuläre Vergrößerung, vermehrte Lungengefäßzeichnung, elektrische Herzachse 40-100
Auskultation wiederholen, Aortenstenose möglich (s.S. 72)
D
Herzkatheterisierung und Angiokardiographie
Auskultation wiederholen, Ventrikelseptumdefekt möglich (s.S. 74)
E
Valvuläre Pulmonalstenose, Gradient >70mm Hg, Gewicht des Patienten >10 kg
Pulmonalstenose, Gradient <50mm Hg
F
Subvalvuläre Pulmonalstenose, Gradient >70mm Hg oder valvuläre Pulmonalstenose, Gradient >70mm Hg, Gewicht des Patienten <10 kg
Pulmonalisarteriotomie und offene Valvulotomie
Keine Therapie, monatliche Nachuntersuchung bis der Patient ausgewachsen ist
Lappenplastik

Aortenstenose

A. Der dritthäufigste angeborene Herzdefekt beim Hund ist die Aortenstenose. Sie wird vorwiegend beim Boxer, beim Neufundländer und beim Deutschen Schäferhund diagnostiziert. In schweren Fällen können eine anfallsartige, kurzdauernde Bewußtlosigkeit oder eine Leistungsschwäche vorliegen. Im allgemeinen ist das systolische Herzgeräusch jedoch ein Zufallsbefund. Das Punctum maximum des pathologischen Auskultationsbefundes liegt in der Mitte des Thorax über dem 4. linken Interkostalraum. Das Herzgeräusch ist außerdem gut am Thoraxeingang und im Bereich der A. carotis hörbar. Die Turbulenzen reichen bis in die Vertebralarterien hinein und produzieren am Okziput ein auskultierbares Geräusch.

B. Anzeichen einer Hypertrophie des linken Ventrikels, die bei der Aortenstenose regelmäßig auftritt, sind die Linksabweichung der elektrischen Herzachse (weniger als 40 Grad) und eine R-Zacke von mehr als 30 mV im EKG. Die Wölbung des ST-Segments ist ein Zeichen für die durch den erforderlichen erhöhten Auswurfdruck verursachte Überbeanspruchung und Ischämie des Myokards.

C. Der Hauptbefund der röntgenologischen Thoraxuntersuchung ist die Linksherzvergrößerung. Durch die Verlängerung des Herzschattens entsteht ein verbreiterter Kontakt mit dem Zwerchfell. Außer einer Dilatation des aszendierenden Aortenbogens sind die Gefäße röntgenologisch ohne besonderen Befund.

D. Wie bei der Stenose der Pulmonalarterie werden auch die Aortenstenosen in den valvulären, supravalvulären, subvalvulären oder infundibulären Typ eingeteilt, wobei die subvalvuläre Form die am häufigsten vorkommende Mißbildung darstellt. Die Herzkatheterisierung mit Druckmessung innerhalb der Stenose ist für die exakte Diagnose- und Prognosestellung sowie für die Aufstellung eines Therapiekonzeptes unerläßlich. Sekundäre Gefäßveränderungen und zusätzliche Herzdefekte können mit einer Angiokardiographie dokumentiert werden. Druckgradienten von weniger als 50 mm Hg werden als nicht therapiebedürftig angesehen, eine Steigerung auf mehr als 100 mm Hg erfordert dagegen ein chirurgisches Vorgehen. Juvenile Patienten mit niedrigen Druckwerten, aber signifikanten Gefäß- und EKG-Veränderungen sollte man regelmäßig alle vier Wochen untersuchen. Sobald klinische Symptome auftreten oder die Veränderungen einen progressiven Verlauf nehmen, muß ein operatives Vorgehen erwogen werden.

E. Drei der vier Formen der Aortenstenose können nur bei vollständigem kardiopulmonalen Bypass und hypothermischer Kardioplegie operativ korrigiert werden. Der Bereich der Stenose wird durch eine Aorteninzision unter direkter Sichtkontrolle reseziert. Durch den Einsatz von mit Klappen ausgestatteten „Blutleitern" konnte ebenfalls eine Herabsetzung des Drucks im linken Ventrikel erreicht werden. Hier mag sich für die Zukunft eine neue Möglichkeit eröffnen. Die Operation einer signifikanten Aortenstenose muß vor Abschluß des ersten Lebensjahres erfolgen, da sonst irreversible Myokardschäden auftreten. Nach Kardioplegie oder elektrischer Defibrillation kommt es nicht selten zu einer ischämischen Myokardkontraktur, die als die Hauptursache für intraoperative Todesfälle angesehen wird. Die sehr seltenen supravalvulären Stenosen können ohne kardiopulmonalen Bypass durch den Einsatz von Gefäßimplantaten korrigiert werden.

Literatur

1. Breznock EM, Whitting P, Pendray D et al. Valved apico-aortic conduit of left ventricular hypertension caused by discrete subaortic stenosis in dogs. JAVMA 1983; 182: 51.
2. Eyster GE, Hough JD, Evans AT, et al. Surgical repair of patent ductus arteriosus, aortic stenosis, and aortic regurgitation in a dog. JAVMA 1975; 167: 942.
3. Pyle RL, Patterson DF, Chacko S. The genetics and pathology of discrete subaortic stenosis in the Newfoundland dog. Am Heart J 1976; 92: 324.
4. Trautvetter E, Poirson JP. Vorkommen und Typ der Aortenstenose beim Boxer. Archiv f. tierärztl. Fortbildung. Hannover: Schlütersche Verlagsanstalt 1975: 207.

Aortenstenose

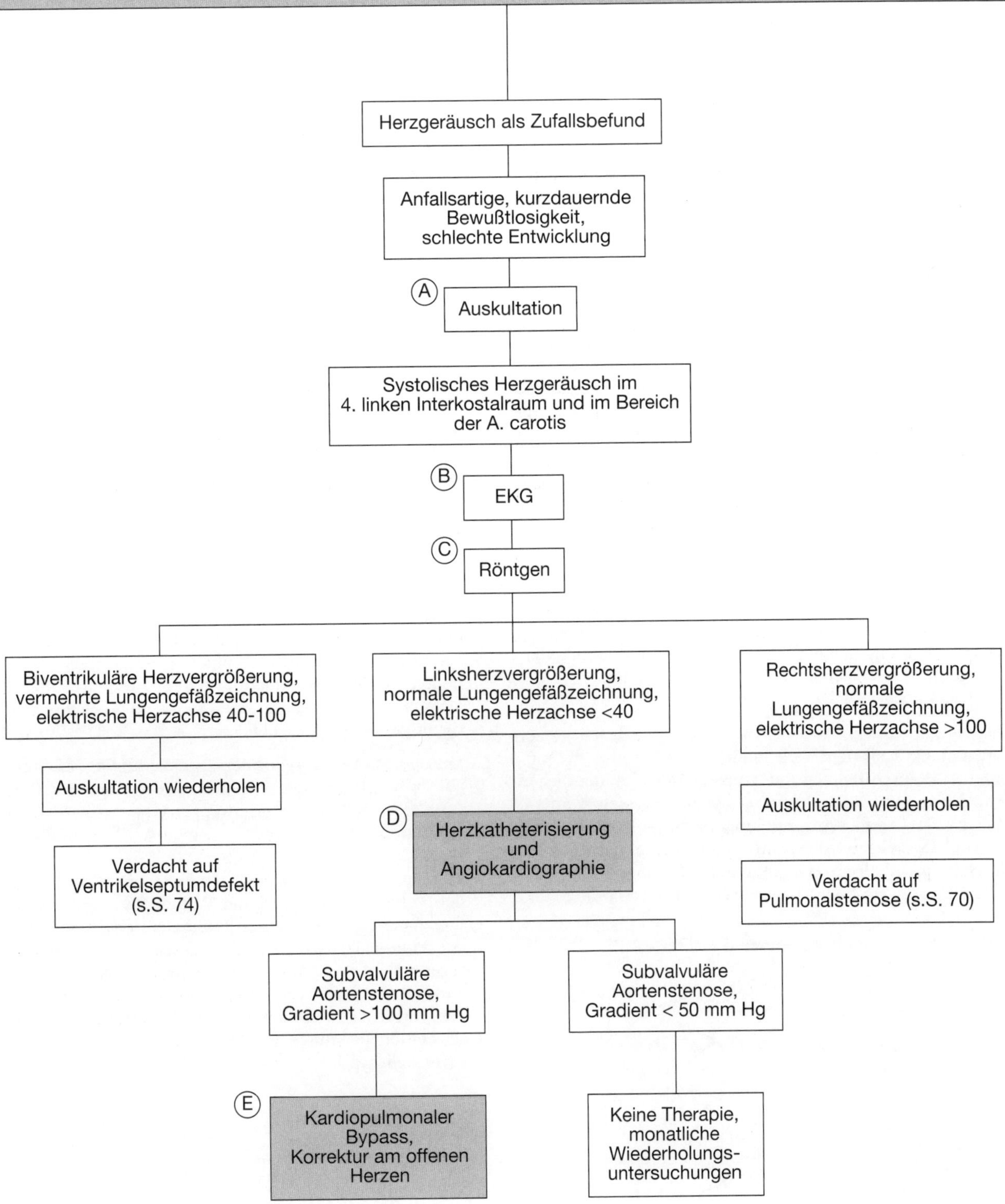

Ventrikelseptumdefekt

A. Der Ventrikelseptumdefekt tritt bei allen Hunderassen gleichermaßen auf, ist aber der häufigste kongenitale Herzfehler bei der Katze. Die Auskultation ergibt ein auf beiden Seiten des Thorax hörbares systolisches Herzgeräusch, dessen Punctum maximum über dem 4. rechten Interkostalraum liegt. Bei großen Shunts entsteht wegen des erhöhten Blutflusses durch die Semilunarklappe ein deutliches Herzgeräusch über der A. pulmonalis.

B. Wegen der Druckdifferenz zwischen den Ventrikeln fließt in der Systole Blut von der linken in die rechte Herzkammer (Abb. 1). Der rechte Ventrikel hypertrophiert als Folge des erhöhten Drucks, der linke Ventrikel dilatiert, um neben dem normalen Schlagvolumen der rechten Seite zusätzlich die Menge Blutes fassen zu können, die über den Septumdefekt aus der rechten Herzkammer hineinströmt. Das Ergebnis ist eine biventrikuläre Herzvergrößerung mit einer physiologischen elektrischen Herzachse. In Fällen mit zusätzlichem Herzfehler oder pulmonaler Hypertonie stehen die Veränderungen der rechten Herzkammer im Vordergrund; sie haben eine Abweichung der elektrischen Herzachse nach rechts (mehr als 100 Grad) zur Folge.

C. Röntgenologische Befunde sind beidseitige Kammervergrößerung und übermäßige Blutfülle der Lunge. Des weiteren kommt es häufig zu einer Dilatation der Hauptpulmonalarterie und, in schweren Fällen, zum Lungenödem.

D. Die meisten Ventrikelseptumdefekte sind, obwohl sie deutliche Herzgeräusche verursachen, so klein, daß sie keiner Behandlung bedürfen; viele schließen sich spontan. Patienten, die im Alter von unter einem Jahr mit deutlichen Anzeichen einer Rechtsherzinsuffizienz vorgestellt werden, stellen eine Indikation zur operativen Versorgung dar. Obwohl die meisten Defekte im oberen, membranartigen Teil des Septums lokalisiert sind, muß mit Hilfe einer Ultraschalluntersuchung und/oder einer Herzkatheterisierung und Angiokardiographie die genaue Position und Größe der Öffnung bestimmt werden. Als Entscheidungshilfe für die Wahl des operativen Eingriffs müssen Blutgasanalysen und Druckmessungen herangezogen werden. Ein wichtiges Hilfsmittel ist die Errechnung des relativen pulmonalen zum systemischen Flow, indem der Wert der Sauerstoffsättigung an verschiedenen Stellen bestimmt und folgendermaßen gleichgesetzt wird:

$$\frac{O_2 \text{ Aorta} - O_2 \text{ Vena cava}}{O_2 \text{ Aorta} - O_2 \text{ A. pulmonalis}} .$$

Erst ab einem Verhältnis von 2:1 zwischen pulmonalem zu systemischem Flow treten klinische Symptome auf. Bei Flows von weniger als 2:1 ist das Operationsrisiko generell größer als die ständige latente Gefährdung durch den unbehandelten Defekt.

Bei manchen Tieren mit pulmonaler Hypertonie als Folge eines erhöhten Flows wird das Blut innerhalb des Herzens vom rechten in den linken Ventrikel umgeleitet (Eisenmenger-Syndrom). Da der operative Verschluß dieses Defektes zu akutem Rechtsherzversagen, Lungenödem und zum Tod des Tieres führt, ist die chirurgische Versorgung nicht indiziert. Menschen mit einem Links-rechts-Shunt und einem pulmonalen Gefäßwiderstand, der über 60 % größer als der systemische ist, sterben mit und ohne chirurgische Intervention. Obwohl diese Situation in der Veterinärmedizin noch nicht beschrieben wurde, sollte sie, wenn möglich, präoperativ ausgeschlossen werden.

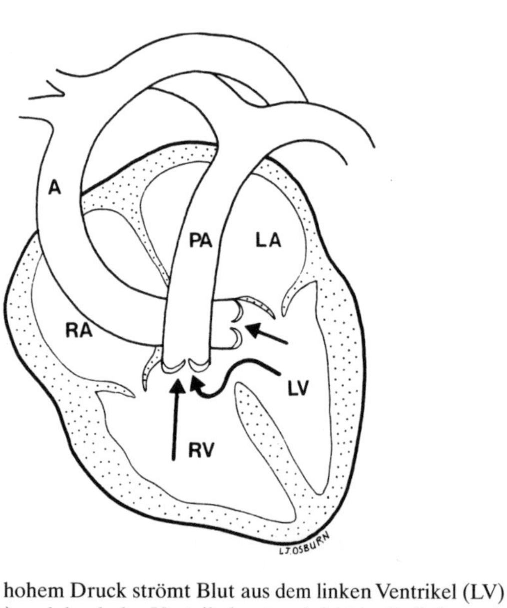

Abb. 1. Unter hohem Druck strömt Blut aus dem linken Ventrikel (LV) in die Aorta (A) und durch den Ventrikelseptumdefekt in die Pulmonalarterie (PA).

E. Die operative Versorgung des Ventrikelseptumdefektes kann auf zwei verschiedene Arten erfolgen: Naht des Defektes oder Verschluß mit einem autologen Gewebeimplantat; diese Operation erfordert einen vollständigen kardiopulmonalen Bypass.

Die Operation mit der besseren Kosten/Nutzen-Relation in der Veterinärmedizin ist die Pulmonalarterien-„Bandage". Durch die Konstriktion der Pulmonalarterie wird der Druck der Pulmonalarterie um 50 % gesenkt, der Blutdruck im rechten Ventrikel erhöht, das Volumen des durch den Defekt strömenden Blutes vermindert und die Lunge vor den hohen Auswurfdrücken geschützt. Es muß allerdings darauf geachtet werden, daß durch die Operation kein Rechts-links-Shunt verursacht wird.

Literatur

1. Breznock EM. Spontaneous closure of ventricular septal defects in the dog. JAVMA 1973; 162: 399.
2. Eyster GE, DeYoung B. Cardiac disorders. In: Slatter, DH. Textbook of small animal surgery. Toronto: WB Saunders, 1985: 1076.
3. Eyster GE, Whipple RD, Anderson LK et al. Pulmonary artery banding for ventricular septal defect in dogs and cats. JAVMA 1977; 170: 434.
4. Feldman EC, Nimmo-Wilkie JS, Pharr JW. Eisenmenger's syndrome in the dog: case reports. JAVMA 1981; 17: 477.
5. Plauth WH. Selection of the pediatric patient for heart surgery. In: Norman, JC. Cardiac surgery. New York: Appleton-Century-Crofts, 1972: 245.
6. Weirich WE, Blevins WE. Ventricular septal defect repair. J Vet Surg 1978; 7: 2.

Ventrikelseptumdefekt

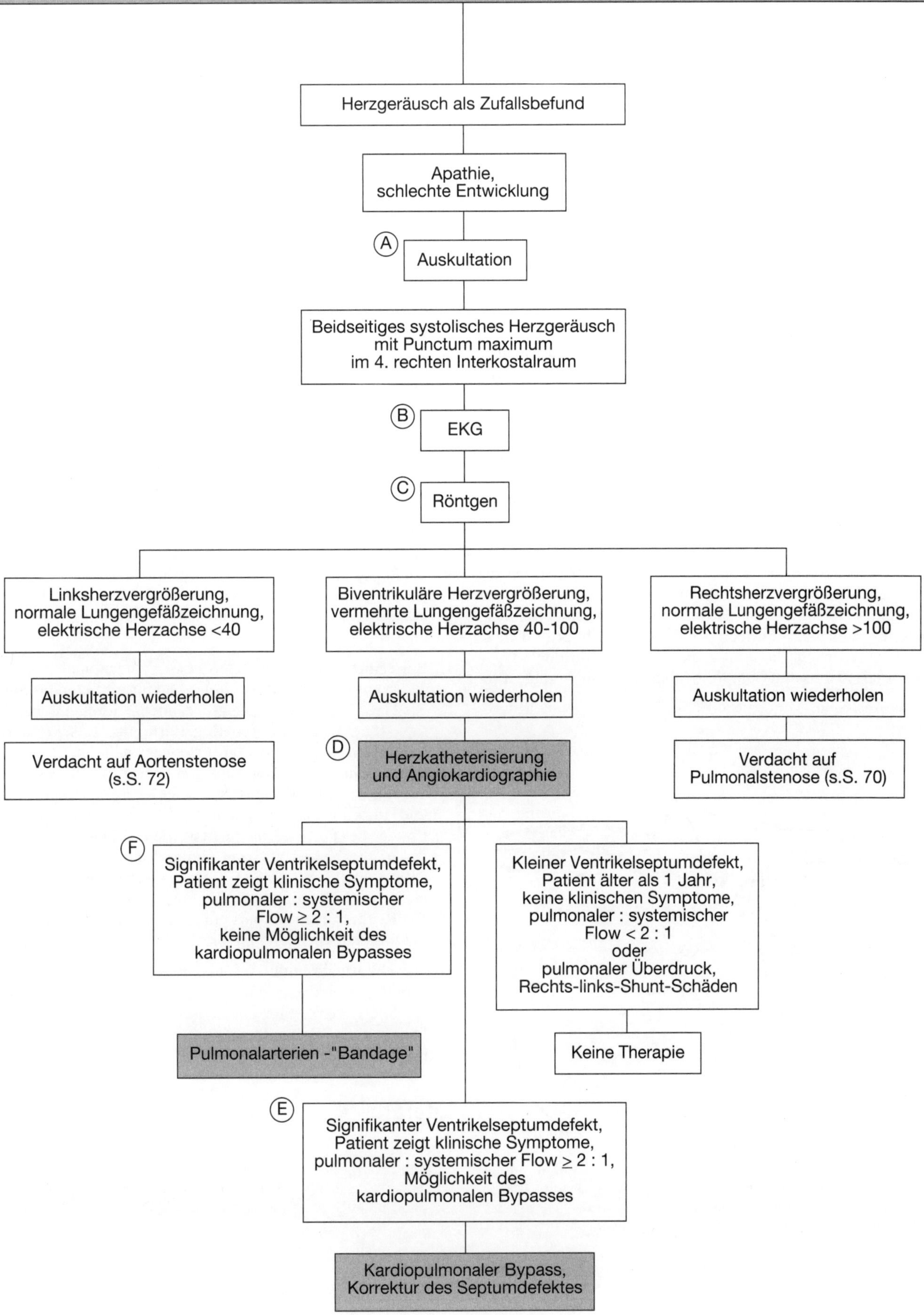

Gefäßringanomalien

Abhängig vom Grad der Ösophaguseinengung und dem Bestehen anderer Herzmißbildungen kann man die Gefäßringanomalien in fünf Hauptformen unterteilen: 1. persistierender rechter Aortenbogen mit linkem Ligamentum arteriosum (Abb. 1), 2. linker Aortenbogen mit rechtem Ligamentum arteriosum, 3. doppelter Aortenbogen, 4. und 5. atypisch ausgebildete rechte oder linke A. subclavia. Die im Zusammenhang mit der Gefäßringanomalie auftretenden klinischen Symptome werden durch die den benachbarten Ösophagus und die Trachea einschnürenden ringförmigen Strukturen verursacht.

A. Im allgemeinen werden Patienten mit einer Gefäßringanomalie kurz nach dem Absetzen vom Muttertier vorgestellt; das Krankheitsbild wurde aber auch schon bei ausgewachsenen Hunden diagnostiziert. Vom Besitzer werden als Symptome schlechte Gewichtszunahme des Tieres und das sofortige Regurgitieren nach der Aufnahme festen Futters angegeben. Die klinische Untersuchung ist häufig unergiebig; einziger Befund kann oft nur der allgemein schlechte Ernährungszustand sein. Als Folge der chronischen Retention und Aspiration von Futter können in einigen Fällen Nasenausfluß, verschärfte Lungengeräusche und ein im Halsbereich palpierbarer dilatierter Ösophagus befundet werden.

B. Der Grad der Obstruktion wird am einfachsten durch die versuchsweise Gabe von festem Futter ermittelt. Bei der krikopharyngealen Achalasie bestehen vor allem Abschluckbeschwerden; das Futter wird jedoch nach gründlichem Kauen und wiederholten Versuchen normal in den Magen befördert. Tiere mit Gefäßringanomalien haben keine Probleme beim Schluckakt, regurgitieren das Futter aber wenige Minuten nach der Aufnahme. Bei älteren Tieren kann das Futter auch längere Zeit im Ösophagus verbleiben, bevor es wieder regurgitiert wird. Das Erbrechen von Mageninhalt gehört nicht zum Symptomenkomplex der Gefäßringanomalie und deutet eher auf eine Erkrankung des kranialen Gastrointestinaltraktes hin.

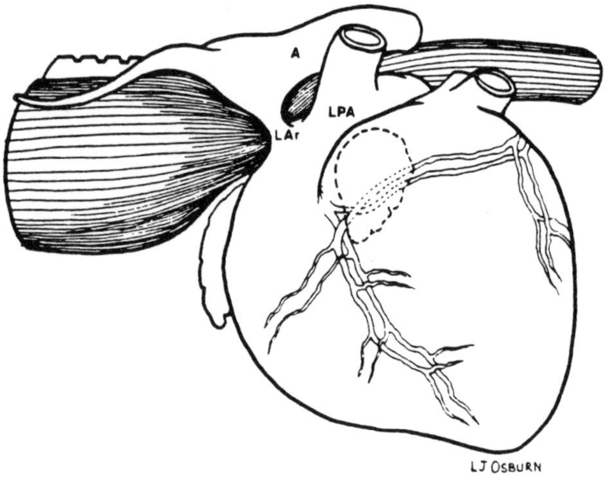

Abb. 1. Linke Seitenansicht des Herzens, Ösophagusstriktur infolge eines persistierenden rechten Aortenbogens. A = Aorta, LAr = Ligamentum arteriosum, LPA = linke Pulmonalarterie.

C. Röntgennativaufnahmen sind entweder ohne Befund oder zeigen einen mit Luft oder Futter gefüllten dilatierten Ösophagus. Zur genauen Diagnosestellung sind Röntgenuntersuchungen mit Kontrastmittel unerläßlich. Der Vorgang wird erheblich erleichtert, wenn dem Tier weiches, mit Bariumsulfat vermischtes Futter angeboten wird.

D. Die Retention von Kontrastmittel in einer weiten Tasche kranial der Herzbasis ist pathognomonisch. Bei manchen Patienten findet sich kaudal der Herzbasis eine zusätzliche Ösophagusdilatation. Die Erweiterung des gesamten thorakalen Ösophagus führt zur Diagnose Megaösophagus (z. B. idiopathische Achalasie, Myasthenia gravis) mit oder ohne Gefäßringanomalie. Die Differenzierung erfolgt mittels Serienröntgenaufnahmen zur Darstellung der persistierenden Ösophagusstriktur an der Herzbasis. Eine zusätzliche Dilatation des Ösophagus kaudal des Herzens verschlechtert die Prognose erheblich. Vor dem Aufstellen eines Therapieplanes muß die Funktion des unteren Ösophagussphinkters geprüft werden.

E. Bei einer unkomplizierten Gefäßringanomalie ist die Thorakotomie mit Darstellung, Ligatur und Durchtrennung des Gefäßrings und des angrenzenden Narbengewebes Therapie der Wahl. In der Regel ist eine Resektion oder Doppelung des erweiterten Ösophagusteils nicht nötig, da sich die klinischen Symptome postoperativ rasch bessern. Ist der thorakale Ösophagus über seine gesamte Länge dilatiert und funktioniert der distale Spinkter normal, kann die Passage des Futters ermöglicht werden, indem der Patient auf den Hinterbeinen aufrecht stehend mit suppiger Nahrung gefüttert wird. Bei einigen Tieren verschwinden die Symptome gegen Ende des ersten Lebensjahres spontan. Die durch das Regurgitieren oftmals entstehende Aspirationspneumonie muß entsprechend medikamentös behandelt werden.

F. Die abnormale Funktion des unteren Ösophagussphinkters spricht für eine generalisierte neuromuskuläre Erkrankung der Speiseröhre, ein prognostisch sehr ungünstiger Befund. Die operative Behandlung besteht in einer Ösophagomyotomie durch den unteren Sphinkter.

Literatur

1. Holmberg DL, Presnell KR. Vascular ring anomalies: case report and brief review. Can Vet J 1979; 20: 78.
2. Shires PK, Liu W. Persistent right aortic arch in dogs: a long term follow-up after surgical correction. JAAHA 1981; 17: 773.

Gefäßringanomalien

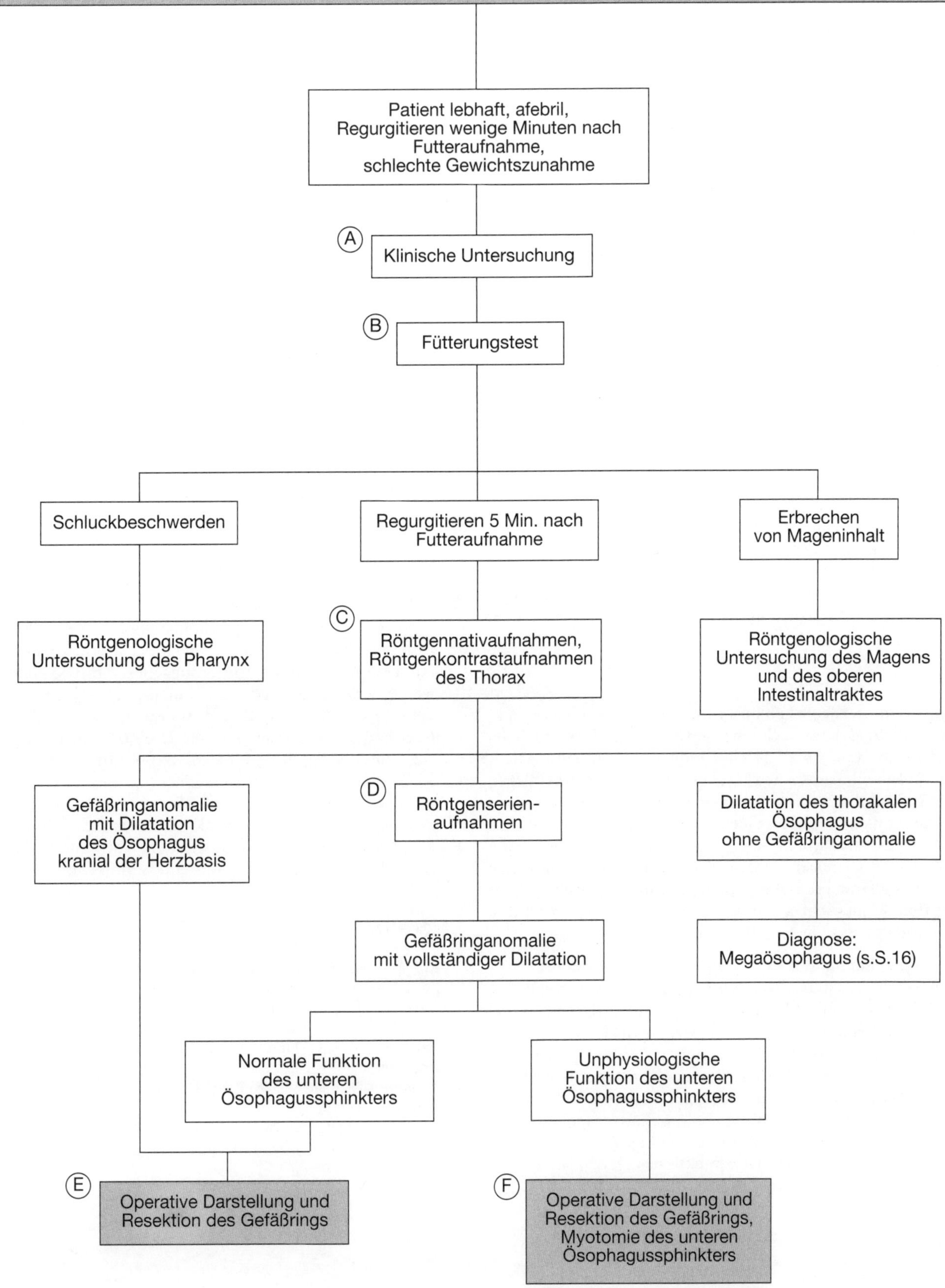

Akuter Gefäßverschluß

A. Die klinischen Anzeichen einer akuten Thrombose werden durch die Ischämie des Organs oder Körperteils ausgelöst, dessen Blutversorgung durch den Gefäßverschluß unterbrochen ist. In den meisten Fällen zeigen die Tiere starke Schmerzäußerungen bei Palpation der betroffenen Gliedmaße(n) sowie Lahmheit und/oder Parese. Diese Symptome werden natürlich auch bei anderen Erkrankungen wie Frakturen der langen Röhrenknochen, Infektionen oder Wirbelsäulenerkrankungen gefunden. Zusätzliche Befunde wie das Fehlen des Femoralispulses, langsame kapilläre Wiederfüllungszeit und erniedrigte Oberflächentemperatur der betroffenen Gliedmaße(n) deuten jedoch auf einen Gefäßverschluß hin.

B. Röntgennativaufnahmen von Thorax und Abdomen können Hinweise auf die Ätiologie und die Lokalisation der Gefäßobstruktion liefern, sofern das gefäßverlegende Objekt röntgenologisch schattengebend ist, z. B. Luftgewehrgeschosse, Teile von intravenösen Kathetern o. ä. In den meisten Fällen handelt es sich jedoch um Blutgerinnsel, die sich vorzugsweise in der Aortenaufzweigung anlagern (reitender Thrombus) und somit den Blutfluß teilweise oder vollständig zum Erliegen kommen lassen. Die Ursache für die Entstehung dieser Thromben ist meist eine Herzinsuffizienz, die, hauptsächlich bei der Katze, Folge einer Kardiomyopathie ist. Eine sorgfältige kardiale Untersuchung ist deshalb oberstes Gebot. Die pathologischen Befunde in Röntgenbild und EKG sind charakteristisch.

C. Vor einem chirurgischen Prozedere sollte, neben einer elektrokardiologischen, auch eine blutchemische Untersuchung durchgeführt werden, da eine reduzierte Nierenfunktion, Elektrolytimbalanzen und kardiale Arrhythmien erheblichen Einfluß auf das Narkosemanagement haben können. Je nach Dauer und Ätiologie der Gefäßobstruktion sind die Befunde von unterschiedlichem Schweregrad; sie sollten soweit wie möglich ausgeglichen werden. Patienten mit röntgendichten intravaskulären Fremdkörpern müssen unverzüglich operiert werden, wenn nicht lebensbedrohliche Schäden am kardiopulmonalen System eine Kontraindikation darstellen.

D. Zur Bestimmung der Lokalisation eines strahlendurchlässigen Gefäßverschlusses ist die Angiographie angezeigt. Die früher angewandte Methode, das jodhaltige Kontrastmittel direkt über eine Punktion in das Herz zu injizieren, ist wegen der zusätzlichen Myokardschädigung verlassen worden. Statt dessen wird das Kontrastmittel über einen Jugulariskatheter in die rechte Herzkammer oder einfach in die V. cephalica antebrachii injiziert und vom Herzen weitertransportiert. Die Aorta läßt sich auf diese Weise sehr gut darstellen, ohne das Risiko einer perkutanen Herzpunktion eingehen zu müssen. Eine Gefäßobstruktion proximal der Aa. renales ist Indikation für eine sofortige chirurgische Intervention, ebenso wie der Verschluß der Nieren- und Intestinalgefäße, bei denen die Prognose meistens infaust ist.

E. Gefäßverschlüsse distal der Nierenarterien erlauben den Versuch einer medikamentösen Therapie vor dem chirurgischen Eingreifen. Die Gabe von Heparin (150 IE/kg KM) verhindert ein weiteres Anwachsen des Thrombus. Bei einer späteren chirurgischen Versorgung müssen dann allerdings wegen der Blutungsbereitschaft besondere Vorkehrungen getroffen werden. Alphablocker wie Azepromazin (0,2 mg/kg KM) können den Arteriospasmus reduzieren und damit eine bessere Durchblutung distal der Obstruktion bewirken. Wegen der Verstärkung einer bestehenden Vasokonstriktion wird die Anwendung von Propranolol bei kardialen Arrhythmien nur unter Vorbehalt empfohlen.

F. Die chirurgische Versorgung eines Gefäßverschlusses ist nur innerhalb von sechs Stunden nach dem Auftreten der ersten Symptome wirklich erfolgversprechend. Ein operatives Vorgehen ist indiziert, wenn nach der medikamentösen Stabilisierung des Patienten eine signifikante Parese bestehen bleibt oder der neurologische Status des Tieres sich während der Behandlung verschlechtert.
Die ventrale mediane Laparotomie erlaubt eine vollständige Darstellung der terminalen Aorta. Nach Wiederherstellung des Blutflusses durch Entfernung der Abflußbehinderung werden größere Mengen von Kalium, das während der Zeit der Anoxie aus den Zellen transportiert wurde, in den Kreislauf geschwemmt. Um die Beeinträchtigung des Herzens durch diese hohe Elektrolytkonzentration zu mildern, wird die intravenöse Infusion einer 5 %igen Dextroselösung während der Operation empfohlen. Einige Minuten vor der Wiederherstellung der normalen Blutzirkulation in den Beckengliedmaßen sollte außerdem eine Natriumbikarbonatlösung (1 mmÄq/kg KM) parenteral verabreicht werden.

Literatur

1. Robins GM, Wilkinson GT, Menrath VH, Atwell RB, Riesz G. Long-term survival following embolectomy in two cats with aortic embolism. J Small Anim Pract 1982; 23: 165.
2. Sehic M, Ilijas B, Peitel M, Butkovic V, Brkic A. Angiographie der Extremitäten des Hundes in der klinischen und experimentellen Röntgenologie. Kleintierpraxis 1989; 34: 503.
3. Thompson JE, Garrett WV. Peripheral-arterial surgery. N Engl J Med 1980; 302: 491.
4. Van Vleet JF, Ferrans VJ, Weirich WE. Pathologic alterations in hypertrophic and congestive cardiomyopathy of cats. Am J Vet Res 1980; 41: 2037.

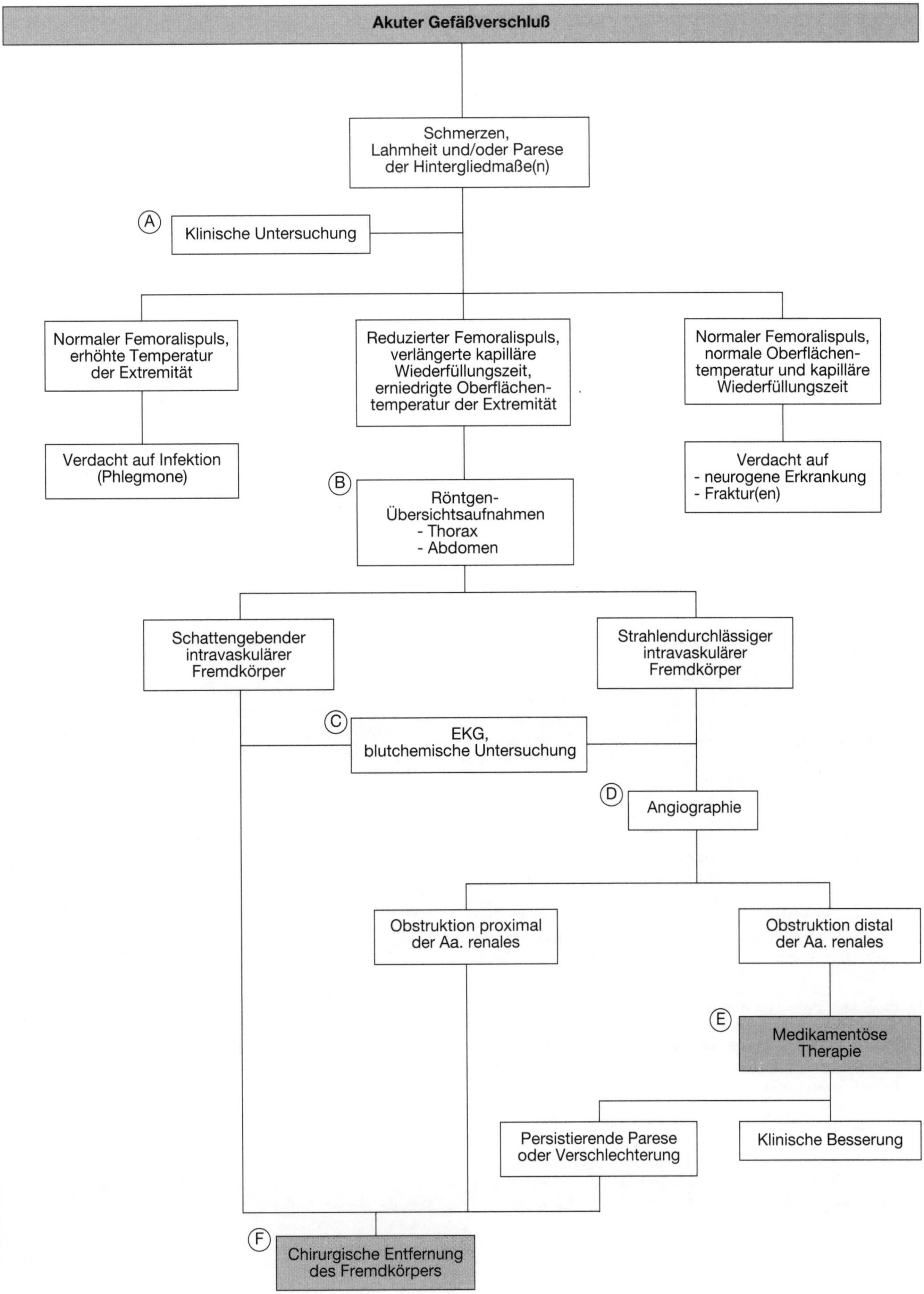
Akuter Gefäßverschluß
Schmerzen, Lahmheit und/oder Parese der Hintergliedmaße(n)
A
Klinische Untersuchung
Normaler Femoralispuls, erhöhte Temperatur der Extremität
Verdacht auf Infektion (Phlegmone)
Reduzierter Femoralispuls, verlängerte kapilläre Wiederfüllungszeit, erniedrigte Oberflächentemperatur der Extremität
Normaler Femoralispuls, normale Oberflächentemperatur und kapilläre Wiederfüllungszeit
Verdacht auf
- neurogene Erkrankung
- Fraktur(en)
B
Röntgen-Übersichtsaufnahmen
- Thorax
- Abdomen
Schattengebender intravaskulärer Fremdkörper
Strahlendurchlässiger intravaskulärer Fremdkörper
C
EKG, blutchemische Untersuchung
D
Angiographie
Obstruktion proximal der Aa. renales
Obstruktion distal der Aa. renales
E
Medikamentöse Therapie
Persistierende Parese oder Verschlechterung
Klinische Besserung
F
Chirurgische Entfernung des Fremdkörpers

Portosystemischer Shunt

A. In der Mehrzahl der Fälle werden in der Anamnese sowohl neurologische als auch nichtneurologische Symptome genannt. Zu den neurologischen Befunden gehören Depression und Apathie, Stupor, Koma, Amaurose, Krampfanfälle sowie Verhaltensänderungen wie Pressen des Kopfes gegen eine Wand, Kreisbewegungen, zielloses Hin- und Herlaufen, unmotivierte Aggressivität, Furcht und Ungehorsam; Stammataxie und Schwächezustände können hinzukommen. Die nichtneurologischen Symptome umfassen Anorexie, Vomitus, Diarrhö, Speicheln und – seltener – Dysphagie. Außerdem wird von Zurückbleiben im Wachstum, dünnem Haarkleid, Gewichtsverlust bis hin zur Kachexie sowie Polyurie, Polydipsie, Strangurie, Hämaturie und Urethraobstruktion berichtet. In vielen Fällen ist die verlängerte Erholungsphase nach Narkose oder Sedation die einzige Auffälligkeit in der Krankengeschichte des Patienten.

B. Die klinische Untersuchung ergibt das Bild eines mageren, in der Entwicklung zurückgebliebenen Tieres mit blassen Schleimhäuten. Wenn der Hund keine Apathie oder Blindheit zeigt, kann der neurologische Status außerhalb der Anfallsperioden völlig normal sein. In der Harnblase können Konkremente palpiert werden, und/oder die Urethra kann durch Harnsteine verlegt sein. Aszites tritt nur bei Patienten mit fortgeschrittener Lebererkrankung oder -atrophie auf, nicht jedoch beim kongenitalen Shunt. In Fällen von die Leber miteinbeziehenden arteriovenösen Fisteln kommt es neben einem Aszites zusätzlich zu Herzgeräuschen und gastrointestinalen Symptomen.

C. Röntgenaufnahmen des Abdomens zeigen eine kleine Leber und gelegentlich große Nieren. Die gleichen Befunde können auch bei Patienten mit primären chronischen Lebererkrankungen erhoben werden. Die Leber kann normal oder vergrößert sein, mit akuten Entzündungsherden oder Neoplasien. Wegen eines bestehenden Aszites oder des Fehlens von abdominalem Fett sind die Aufnahmen häufig schwer auswertbar. Die definitive Diagnose des portosystemischen Shunts kann nur über eine transabdominale Splenoportographie oder, bei Verdacht auf einen intrahepathischen Shunt (häufiger bei großen Rassen), eine kraniale mesenteriale Angiographie gestellt werden. Kardiomegalie und eine erhöhte Lungengefäßzeichnung sind Hinweise auf hepatische arteriovenöse Fisteln, die durch eine Angiographie der A. coeliaca nachgewiesen werden können.

D. Fast alle Patienten mit portosystemischem Shunt haben ein erniedrigtes durchschnittliches Erythrozytenvolumen. Die Hämatokrit- und Hämoglobinwerte sowie das übrige rote Blutbild können normal oder reduziert sein. Bei primären Lebererkrankungen sind die Gerinnungsfaktoren nicht immer pathologisch verändert. Häufig signifikant erniedrigt sind dagegen die Werte von Gesamtprotein, Albumin und Harnstoff. Serum-Alanin-Aminotransferase, Serum-Aspartat-Aminotransferase und alkalische Phosphatase sind beim kongenitalen und erworbenen portosystemischen Shunt unterschiedlich stark erhöht. Ein sekundär zu Lebererkrankungen erworbener Shunt verursacht dagegen einen sehr hohen Blutspiegel dieser Enzyme. Ähnliches gilt für das Gesamtbilirubin; auch hier finden sich beim kongenitalen Shunt sehr selten unphysiologisch hohe Blutspiegel im Gegensatz zu Shunts sekundär nach primären Lebererkrankungen. Die Höhe des Serumammoniaks ist individuell sehr unterschiedlich, nach Ammoniaktoleranztests zeigt sich jedoch oft eine Steigerung um über 100 %. Die postprandialen Serumgallensäuren sind erhöht, und die Bromsulfaleinretention ist stark verlängert.

E. Die explorative Laparotomie erlaubt eine direkte Adspektion der Leber sowie der großen abdominalen Gefäße. In aller Regel können bei dieser Gelegenheit einzelne oder multiple extrahepatische Shunts gefunden werden.

F. Wegen der starken Variabilität der Lokalisation sind (besonders intrahepatische) kongenitale portosystemische Shunts häufig nur sehr schwer zu finden. In solchen Fällen können eine intraoperative mesenteriale Portographie und die Messung des portalen Drucks weiterhelfen.

G. Portale Druckmessung und mesenteriale Portographie werden durch eine jejunale oder mesenteriale Venenkatheterisierung ermöglicht. Die normalen portalen Drücke liegen zwischen 8 und 15 cm Wassersäule; niedrigere Werte werden mit einfachen kongenitalen Shunts assoziiert, höhere sprechen für eine post-, intra- oder prähepatische portale Hypertonie. Portale Druckmessungen sind auch während der Verkleinerung des Shunts von entscheidender Bedeutung.

H. Multiple extrahepatische Shunts werden in vielen Fällen von primären Lebererkrankungen, intrahepatischen arteriovenösen Fisteln und portalen Venenobstruktionen begleitet. In der Leber kommt es zu Gefäßschwirren und blutgefüllten Kavernen. Die Fisteln werden am einfachsten durch Lobektomie oder selektive Dearterialisierung entfernt. Hauptursachen der Obstruktion der V. portae sind intraabdominale Tumoren oder konstriktive Läsionen, die versuchsweise operativ angegangen werden können. Trotz der chirurgischen Korrektur der primären Krankheitsursache bleibt auch nach der Operation häufig ein Blutfluß durch den Shunt bestehen. Durch das operative Verengen der V. cava caudalis am Hiatus und der damit erzielten Erhöhung des Drucks in der V. cava über den der Portalvenen kann der Eingeweideblutfluß in die V. portae und durch die Leber gezwungen und damit umgekehrt werden.

I. Bei Verdacht einer primären Lebererkrankung wird zunächst eine Leberbiopsie vorgeommen. Da die Leberinsuffizienz auch durch ein Enzymdefizit verursacht werden kann, sollten zusätzlich quantitative Analysen der Arginosukzinat-Synthetase durchgeführt werden.

J. Die Prognose bei Agenesie der Portalvenen ist schlecht. Jede medikamentöse Behandlung ist rein palliativ.

K. Von einfachen intrahepatischen portokavalen Shunts sind fast nur Hunde großer Rassen betroffen. Da die Shunts oft vollständig oder zumindest teilweise im Leberparenchym eingebettet sind, ist deren Identifizierung und operative Korrektur nicht leicht.

L. Einfache extrahepatische Shunts dagegen werden hauptsächlich bei Hunden kleiner Rassen diagnostiziert. Sie können auch ohne intraoperative mesenteriale Portographie identifiziert werden. Gewöhnlich entstammen sie der V. gastrolienalis oder der V. lienalis und münden proximal der V. phrenica abdominalis in die V. cava caudalis. Die Entscheidung zwischen partiellem und totalem Shuntverschluß ist von der Gesamtbeurteilung des Darms und den portalen Druckmessungen abhängig.

M. Operierten Hunden sollte man zur Vermeidung eines hepatoenzephalen Syndroms in den ersten drei Wochen postoperativ eine proteinarme Diät verfüttern, danach kann langsam zu einer normalen Ernährung übergegangen werden. In den ersten drei Tagen nach dem chirurgischen Eingriff wird die Gabe von Ampicillin zur Infektionsprophylaxe empfohlen.

N. Die Prognose nach operativer Korrektur eines kongenitalen portosystemischen Shunts ist gut bis sehr gut. Bei nur partieller Einengung des Shunts kann es zu Rezidiven kommen. Aus diesem Grund ist, wenn irgend möglich, eine vollständige Ligatur anzustreben. Das Wiederauftreten klinischer Symptome im Zusammenhang mit multiplen extrahepatischen Shunts sollte medikamentös abgefangen werden.

O. Primäre Lebererkrankungen führen in der Regel zum Aszites. Nach Scheitern eines medikamentösen Therapieversuchs kann als palliative Maßnahme ein peritoneovenöser Shunt angelegt werden. Die Prognose ist ungünstig.

P. Bestehenbleiben oder Rezidivieren der Leberinsuffizienz auch nach chirurgischer und/oder medikamentöser Therapie verschlechtert die Prognose erheblich.

Literatur

1. Breznock EM, Whiting PG. Portacaval shunts and anomalies. In: Slatter DH, ed. Textbook of small animal surgery, Vol 1. Philadelphia: WB Saunders, 1985: 1156.
2. Ewing GO, Suter PF, Bailey CS. Hepatic insufficiency associated with congenital anomalies of the portal vein in dogs. JAAHA Sept/Oct 1974; 10: 463.
3. Grevel V, Schmidt S, Lettow E, Suter F, Schmidt G U. Der angeborene portosystemische Shunt bei Hund und Katze. Teil 1: Tierärztl Praxis 1987; 15: 77; Teil 2: Tierärztl Praxis 1987; 15: 185.
4. Griffiths GI, Lumsden JH, Valli VEO. Hematologic and biochemical changes in dogs with portosystemic shunts. JAAHA Sept/Oct 1981; 17: 205.
5. Mathews K, Gofton N. Congenital extrahepatic portosystemic shunt occlusion in the dog: the importance of gross observations during surgical correction. JAAHA 1986.
6. Meyer DJ. Liver function tests in dogs with portosystemic shunts: measurement of serum bile acid concentration. JAVMA 1986; 188(2): 168.
7. Meyer DJ, Strombeck DR, Stone EA, Zenoble RD, Buss DD. Ammonia tolerance test in clinically normal dogs and in dogs with portosystemic shunts. JAVMA 1978; 173(4): 377.

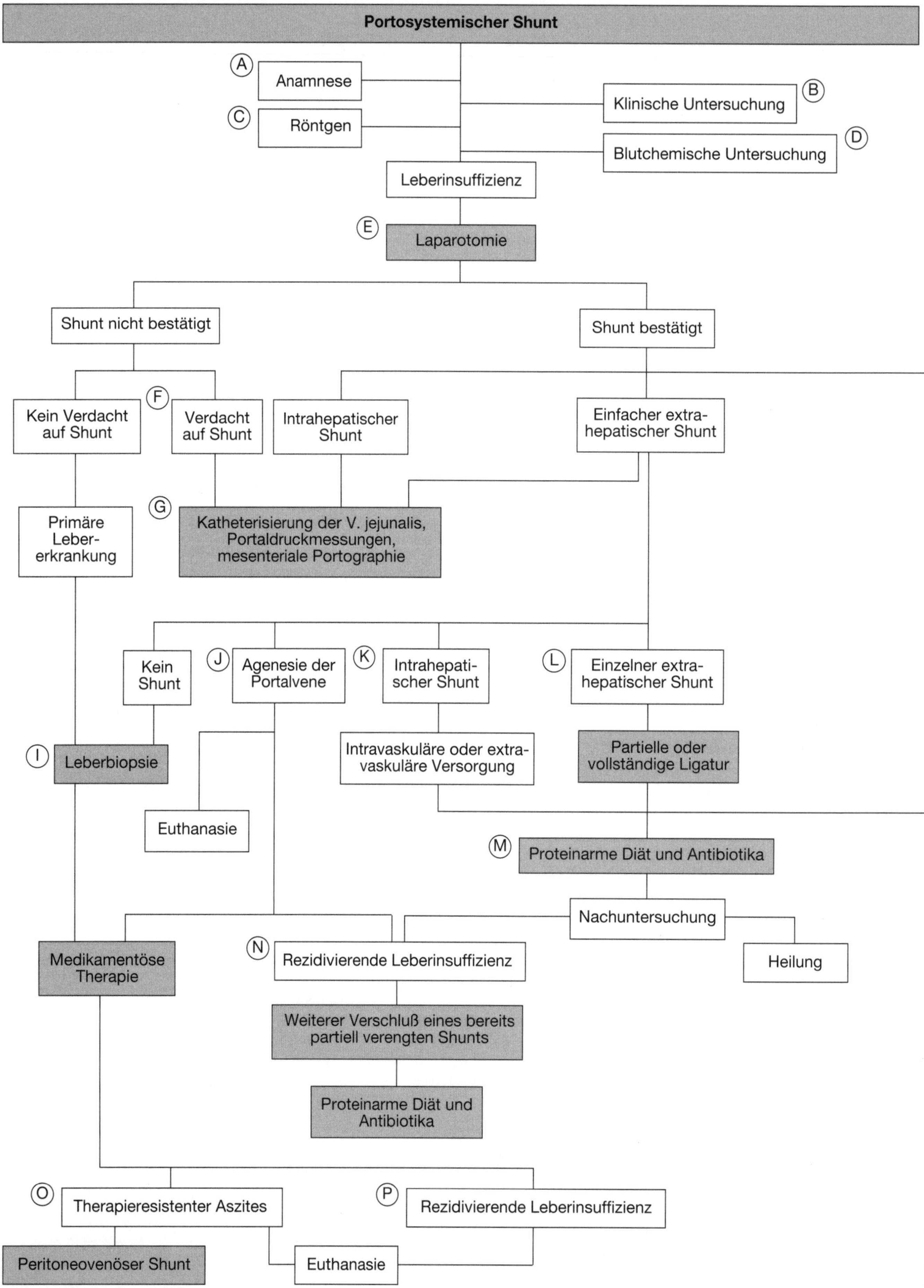
Portosystemischer Shunt
A
Anamnese
B
Klinische Untersuchung
C
Röntgen
D
Blutchemische Untersuchung
Leberinsuffizienz
E
Laparotomie
Shunt nicht bestätigt
Shunt bestätigt
Kein Verdacht auf Shunt
F
Verdacht auf Shunt
Intrahepatischer Shunt
Einfacher extra-hepatischer Shunt
Primäre Leber-erkrankung
G
Katheterisierung der V. jejunalis, Portaldruckmessungen, mesenteriale Portographie
Kein Shunt
J
Agenesie der Portalvene
K
Intrahepati-scher Shunt
L
Einzelner extra-hepatischer Shunt
I
Leberbiopsie
Intravaskuläre oder extra-vaskuläre Versorgung
Partielle oder vollständige Ligatur
Euthanasie
M
Proteinarme Diät und Antibiotika
Nachuntersuchung
Medikamentöse Therapie
N
Rezidivierende Leberinsuffizienz
Heilung
Weiterer Verschluß eines bereits partiell verengten Shunts
Proteinarme Diät und Antibiotika
O
Therapieresistenter Aszites
P
Rezidivierende Leberinsuffizienz
Peritoneovenöser Shunt
Euthanasie

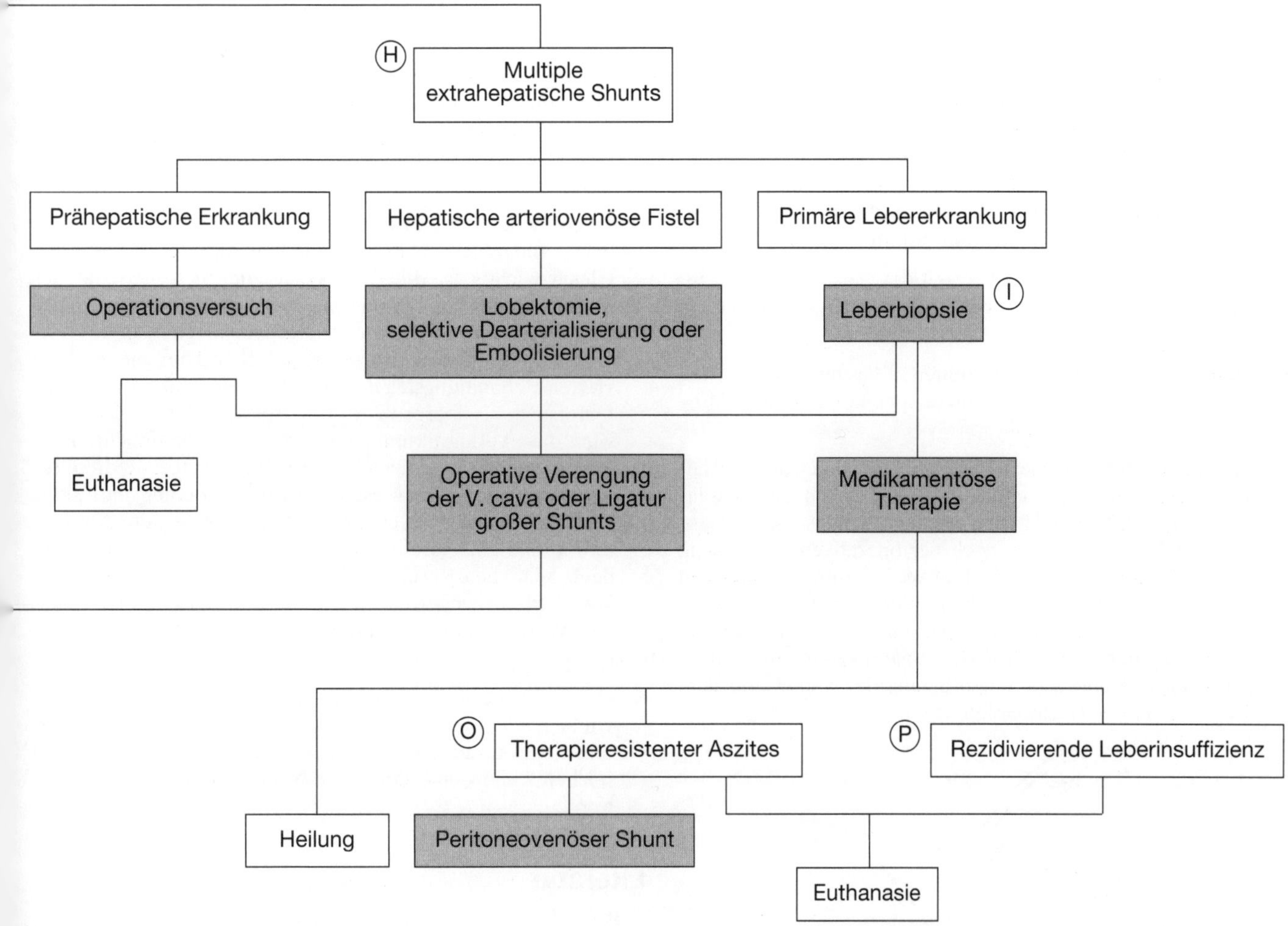
H
Multiple extrahepatische Shunts
Prähepatische Erkrankung
Hepatische arteriovenöse Fistel
Primäre Lebererkrankung
Operationsversuch
Lobektomie, selektive Dearterialisierung oder Embolisierung
Leberbiopsie
I
Euthanasie
Operative Verengung der V. cava oder Ligatur großer Shunts
Medikamentöse Therapie
O
Therapieresistenter Aszites
P
Rezidivierende Leberinsuffizienz
Heilung
Peritoneovenöser Shunt
Euthanasie

Infektionen des Harntraktes

A. Hunde mit Infektionen des Harntraktes werden im allgemeinen wegen Dysurie und/oder Hämaturie vorgestellt. Hinweise über Art und Schwere der Infektion werden über die Untersuchung des Harns gewonnen.

B. Die Gewinnung einer sterilen Urinprobe erfolgt bei Hunden und Katzen durch Zystozentese (Abb. 1), bei Rüden auch durch aseptische Katheterisierung.

C. Die meisten Harnwegsinfektionen bei der Hündin sind bakterielle Zystitiden.

D. Ein Keimgehalt von mehr als 10^2 Mikroorganismen/ml im per Zystozentese gewonnenen Harn gilt als positiv. Bei durch Katheterisierung aufgefangenem Harn liegt die Grenze bei 10^5 Keimen/ml.

E. Akute unkomplizierte Harnwegsinfektionen sollten mindestens über 7 Tage zunächst mit einem Penizillinpräparat (Ampicillin oder Amoxicillin) oder mit einer Kombination aus Trimethoprim und Sulfonamiden bekämpft werden. Chronische Infektionen müssen mit einem Chemotherapeutikum behandelt werden, das durch die bakteriologische Untersuchung (BU) als wirksam ermittelt wurde.

F. Zwei bis vier Tage nach Absetzen des Antibiotikums wird erneut eine Harnprobe zur bakteriologischen Untersuchung gewonnen.

G. Zum Ausschluß von Blasensteinen, Blasendivertikeln und Blasentumoren ist eine Röntgendoppelkontrastdarstellung der Harnblase durchzuführen.

H. Harnsteine erhalten eine bestehende Infektion trotz Anwendung geeigneter Antibiotika aufrecht, da sie die Blasenschleimhaut reizen und immer wieder Mikroläsionen setzen. Die Konkremente sollten nach der operativen Entfernung auf ihre quantitative und qualitative Zusammensetzung hin analysiert werden. Zur Rezidivprophylaxe sind eine konsequente medikamentöse Therapie und die Durchführung entsprechender Diätmaßnahmen unabdingbar. Sie richten sich nach Art und Zusammensetzung der Steine und dem Schweregrad der Harnwegsinfektion.

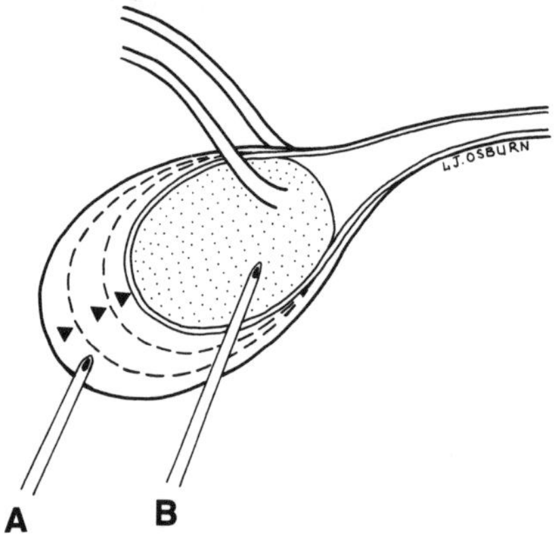

Abb.1. Plazierung der Nadel zur Gewinnung einer Urinprobe. A = falsch, B = richtig.

I. Bei Hunden mit gutartigen Harnblasentumoren ist die Prognose nach vollständiger chirurgischer Entfernung der Neoplasie günstig. Derartige Tumoren sind jedoch selten. Der häufigste Typ des malignen Harnblasentumors ist das Karzinom, das vom Übergangsephitel ausgeht. Für diese Geschwülste gibt es bisher keine adäquate Therapie.

J. Die chronische Prostatitis und die Pyelonephritis sind die Hauptursachen der chronischen Harnwegsinfektion beim Rüden. Die Diagnose chronische bakterielle Prostatitis wird aufgrund der Ergebnisse einer zytologischen und kulturellen Untersuchung von Prostatasekret und/oder einer Biopsie gestellt (s. S. 94). Die Therapie erfolgt mit einem entsprechenden Antibiotikum; unter Umständen kann auch eine Kastration indiziert sein.

K. Da Nephrolithen das Nierenbecken irritieren, den Harnabfluß behindern sowie die Nieren für eine Infektion prädisponieren und somit den Erfolg einer medikamentösen Behandlung in Frage stellen können, müssen sie operativ entfernt werden.

L. Die Wahl des Antibiotikums stützt sich auf die Ergebnisse der bakteriologischen Untersuchung und des Resistenztestes. Gleich wichtig ist die Berücksichtigung der Aktivität des Medikamentes in saurem und alkalischem Harn (pH-Messung) und dessen Penetrationsfähigkeit in das Nierenmark. Der Erfolg der antibakteriellen Therapie wird am vierten Behandlungstag durch eine erneute bakteriologische Untersuchung überprüft. Bei nachgewiesener Wirksamkeit wird das Antibiotikum über 4 Wochen verabreicht. Eine Woche nach Therapieende wird eine weitere Urinkultur angelegt. Bei nachgewiesener Keimbesiedelung und guter antimikrobieller Abdeckung durch das angewandte Antibiotikum folgt ein weiteres vierwöchiges Behandlungsintervall, dem sich eine erneute bakteriologische Untersuchung anschließt. Nachgewiesene Keimfreiheit des Urins erlaubt eine Verlängerung der Untersuchungsintervalle auf 3 Monate.

M. Da eine chronisch infizierte, aufgrund degeneratorischen Umbaus nicht mehr voll funktionsfähige Niere eine Gefahr für die kontralaterale gesunde Niere darstellt, sollte in solchen Fällen eine einseitige Nephrektomie durchgeführt werden.

Literatur

1. Amtsberg G, Stäcker W, Müller-Peddinghaus R, Kirpal G. Beitrag zur Ätiologie und Diagnostik von Harnwegsinfektionen beim Hund. Berl Münch Tierärztl Wschr 1979; 92: 358.
2. Klausner JS, Osborne CA. Urinary tract infection and urolithiasis. Vet Clin North Am 1979; 9: 701.
3. Ling GV. Treatment of urinary tract infections with antimicrobial agents. In: Kirk RW, ed. Current veterinary therapy VIII. Philadelphia: WB Saunders, 1983: 1051.
4. Zschök M, Hamann HP, Weiss R. Harnwegsinfektionen beim Hund: Bakteriologische Befunde und in vitro Antibiotikaempfindlichkeit der am häufigsten isolierten Erreger. Kleintierpraxis 1988; 33: 11.

Infektionen des Harntraktes

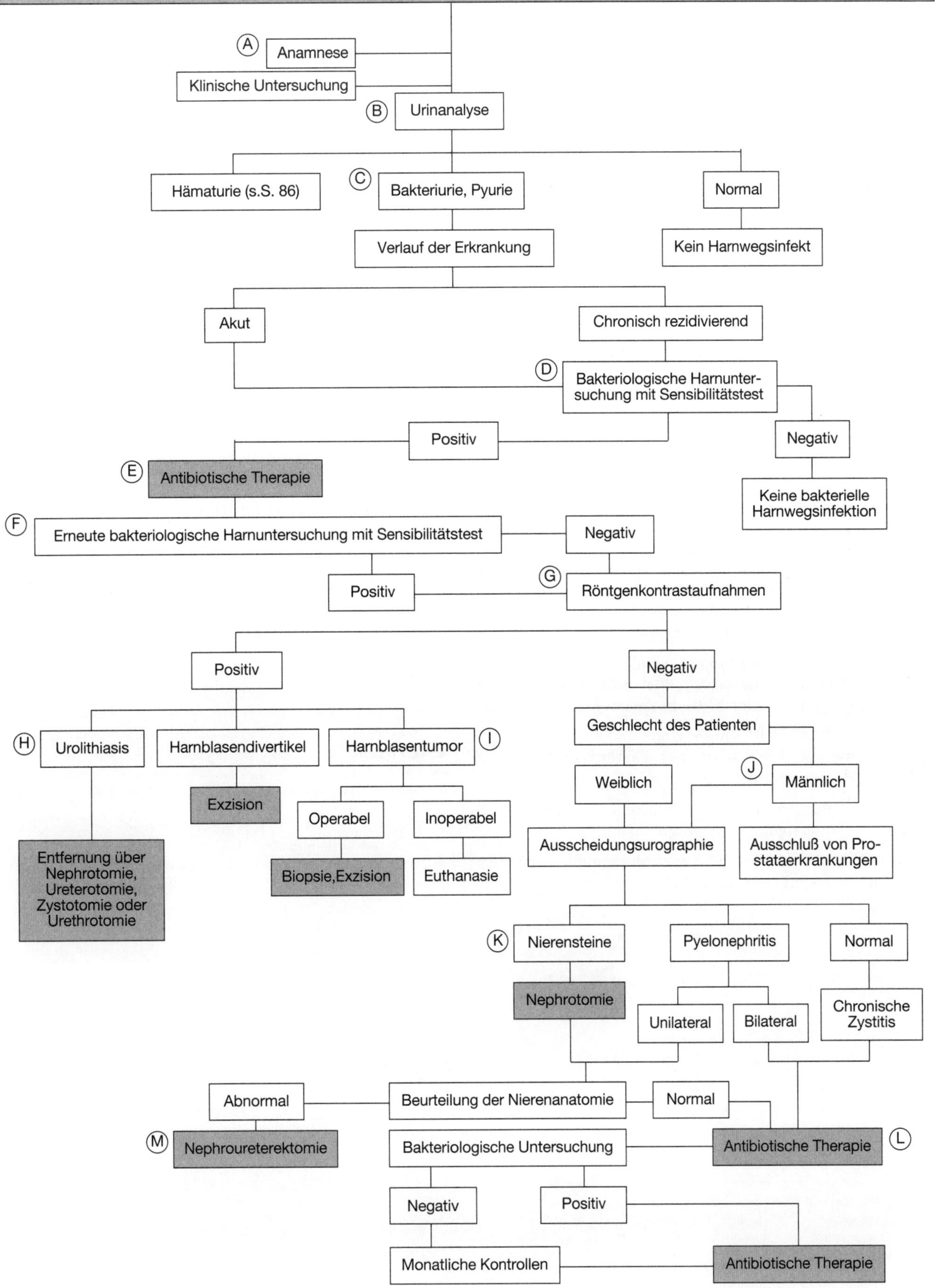

Hämaturie

A. Zur exakten Diagnosestellung ist es äußerst wichtig, den Besitzer bezüglich Beginn und Dauer der Hämaturie sowie anderer klinischer Zeichen und Vorkommnisse wie Traumen etc. genau zu befragen.

B. Zusätzliche Krankheitsbilder wie Nierendysfunktionen und Harnwegsinfektionen müssen durch Laboruntersuchungen abgeklärt werden. Dazu gehört neben der Harn- auch eine vollständige Blutuntersuchung.

C. Die Anwesenheit von Zylindern im Urin macht eine Erkrankung der Nieren wahrscheinlicher als eine des unteren Harntraktes.

D. Zur weiteren Abklärung kann eine perkutane oder über diagnostische Laparotomie entnommene Nierenbiopsie hilfreich sein. Glomeruläre Erkrankungen wie die Glomerulonephritis oder die Amyloidose verursachen allerdings nur selten eine Hämaturie; die Proteinurie ist hier das Leitsymptom.

E. Durch anamnestische Erhebungen bezüglich des Sexualzyklus der Hündin können Uteruserkrankungen oder Östrusblutungen differentialdiagnostisch ausgeschlossen werden. Eine mangelhafte Involution der Uterusschleimhaut als Blutungsursache tritt nur nach dem Werfen auf, die Pyometra nur nach dem Östrus. Zubildungen in der Vagina können durch Palpation oder Adspektion mit Hilfe eines Spekulums oder Otoskops diagnostiziert werden.

F. Der Ausschluß von Prostataerkrankungen beim Rüden erfolgt durch die zytologische Untersuchung des Ejakulats oder Aspirats sowie durch die histopathologische Auswertung einer Biopsieprobe.

G. Raumfordernde Prozesse in der Urethra können durch Positivkontrasturethrogramme dargestellt werden.

H. Zur Darstellung der Harnblasenschleimhaut ist das Doppelkontrastzystogramm am besten geeignet.

I. Die Ausscheidungsurographie zeigt Abnormitäten in Nierenparenchym, Nierenbecken und Ureteren.

J. Zur Hämaturie führende Koagulopathien wie Thrombozytopenien, Mangel an Gerinnungsfaktoren, v. Willebrand-Jürgens-Syndrom, Cumarinvergiftung oder disseminierte intravasale Gerinnung können über umfangreichere Laboruntersuchungen abgeklärt werden.

K. Ist nur eine Niere stark verändert, kann eine einseitige Nephroureterektomie durchgeführt werden. Bei Erkrankung beider Nieren sollten zur genaueren Abklärung Biopsien entnommen werden.

L. Sind an beiden Nieren makroskopisch keine Veränderungen erkennbar, werden über eine ventrale Zystotomie beide Ureteren katheterisiert, um die für die Hämaturie verantwortliche Seite zu ermitteln.

M. Kann die Ursache der Blutung identifiziert und abgestellt werden, können die Nieren in situ belassen werden. Andernfalls folgt die Nephrektomie der erkrankten Niere.

N. In der Literatur sind Fälle von sog. idiopathischer oder benigner idiopathischer Hämaturie beschrieben worden. Es handelt sich hierbei um eine massive Hämaturie, die von einer nicht traumatisierten Niere ausgeht. Abgesehen von dem massenhaften Auftreten roter Blutzellen im Harn sind alle anderen Labor- und Nierenfunktionswerte im physiologischen Bereich. Die Therapie ist rein symptomatisch.

Literatur

1. Crow SE. Hematuria: an algorithm for differential diagnosis. Comp Cont Ed 1980; 2: 941.
2. Stone EA, DeNovo RC, Rawlings CA. Massive hematuria of nontraumatic renal origin in dogs. JAVMA 1983; 183: 868.
3. Stone EA. Renal hematuria in dogs. In: Kirk RW, ed. Current veterinary therapy IX. Philadelphia: WB Saunders, 1986: 1130.

Hämaturie

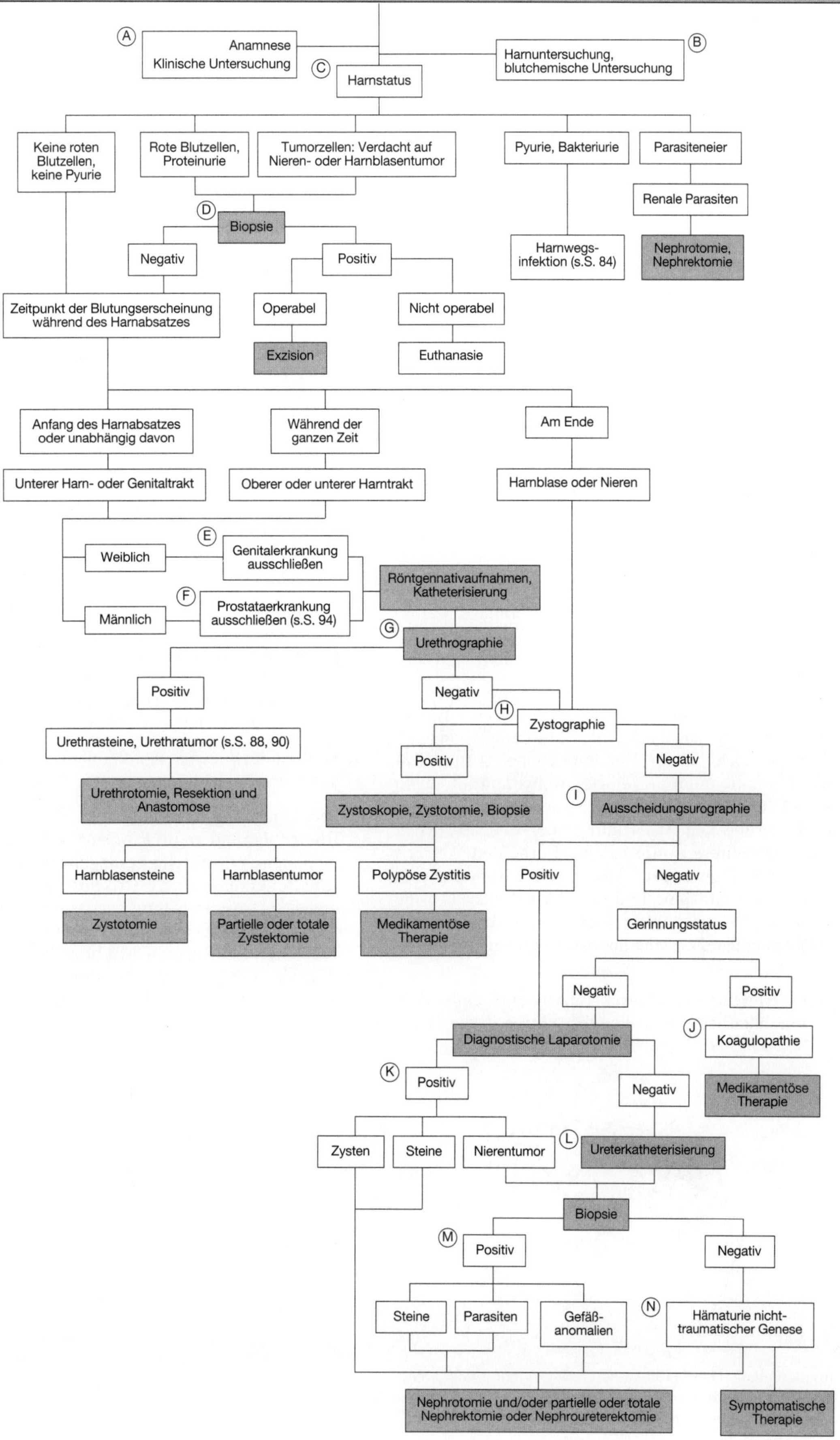
A
Anamnese
Klinische Untersuchung
B
Harnuntersuchung, blutchemische Untersuchung
C
Harnstatus
Keine roten Blutzellen, keine Pyurie
Rote Blutzellen, Proteinurie
Tumorzellen: Verdacht auf Nieren- oder Harnblasentumor
Pyurie, Bakteriurie
Parasiteneier
Renale Parasiten
D
Biopsie
Negativ
Positiv
Harnwegs-infektion (s.S. 84)
Nephrotomie, Nephrektomie
Zeitpunkt der Blutungserscheinung während des Harnabsatzes
Operabel
Nicht operabel
Exzision
Euthanasie
Anfang des Harnabsatzes oder unabhängig davon
Während der ganzen Zeit
Am Ende
Unterer Harn- oder Genitaltrakt
Oberer oder unterer Harntrakt
Harnblase oder Nieren
E
Weiblich
Genitalerkrankung ausschließen
Röntgennativaufnahmen, Katheterisierung
F
Männlich
Prostataerkrankung ausschließen (s.S. 94)
G
Urethrographie
Positiv
Negativ
H
Zystographie
Urethrasteine, Urethratumor (s.S. 88, 90)
Positiv
Negativ
Urethrotomie, Resektion und Anastomose
Zystoskopie, Zystotomie, Biopsie
I
Ausscheidungsurographie
Harnblasensteine
Harnblasentumor
Polypöse Zystitis
Positiv
Negativ
Zystotomie
Partielle oder totale Zystektomie
Medikamentöse Therapie
Gerinnungsstatus
Negativ
Positiv
Diagnostische Laparotomie
J
Koagulopathie
K
Positiv
Negativ
Medikamentöse Therapie
Zysten
Steine
Nierentumor
L
Ureterkatheterisierung
Biopsie
M
Positiv
Negativ
Steine
Parasiten
Gefäß-anomalien
N
Hämaturie nicht-traumatischer Genese
Nephrotomie und/oder partielle oder totale Nephrektomie oder Nephroureterektomie
Symptomatische Therapie

Urethraobstruktion beim Hund

A. Leitsymptome sind Strangurie oder Anurie. Häufig wird die Urethraobstruktion vom Besitzer nicht bemerkt und der Hund wegen reduzierten Allgemeinbefindens und/oder Vomitus vorgestellt. Die klinische Untersuchung ergibt in der Regel eine stark dilatierte Harnblase.

B. Die Überprüfung der Nierenfunktion erfolgt anhand der Serumkreatinin- und Serumharnstoffwerte. Bei klinischen Zeichen einer Urämie (Schwäche, reduziertes Allgemeinbefinden, Erbrechen, Dehydratation) kann eine vollständige Blutuntersuchung mit Elektrolyt- und Blutgasbestimmung helfen, die zu substituierende Elektrolyt- und Flüssigkeitsmenge zu berechnen.

C. Kann kein Katheter eingeführt werden, so erfolgt eine initiale Entleerung der Harnblase über die Zystozentese mit Spritze, Kanüle und Dreiwegehahn. Zur Vermeidung plötzlicher Abwehrbewegungen während der Punktion muß der Hund adäquat fixiert werden. In einigen Fällen wird der obstruierende Stein durch den Druckabfall in der Harnblase gelockert und der selbständige Harnabsatz oder das Katheterisieren auf diese Weise ermöglicht.

D. Ein spezifisches Harngewicht von weniger als 1035 bei einem dehydrierten Hund ist ein Hinweis auf eine primäre Nierenerkrankung mit zusätzlicher prä- oder postrenaler Azotämie. Die Untersuchung des Harnsediments kann Infektionen oder Neoplasien des Harntraktes anzeigen.

E. Zum Ausgleich der Wasser-, Elektrolyt- und Säure/Basen-Imbalanzen muß eine angepaßte Infusionstherapie eingeleitet werden. Bei hochgradiger Azotämie können Serumharnstoff- und Serumkreatininspiegel nach Rehydratation durch osmotische Diurese gesenkt werden. Nach Beseitigung der Abflußbehinderung kommt es infolge der obligatorischen postoperativen Diurese häufig zu einem erhöhten Wasser-, Natrium- und Kaliumverlust. Aus diesem Grund müssen neben der Wasseraufnahme und dem Urinabsatz auch die Hämatokrit- und Serumelektrolytwerte sowie der Hydratationsgrad noch einige Zeit lang überwacht und ggf. ausgeglichen werden.

F. Zur weiteren Entleerung der Harnblase wird ein kleinlumiger weicher Gummikatheter über die Obstruktion in die Harnblase geschoben. Die gleichzeitige Instillation von Wasser kann die Passage erleichtern. Im Bereich des Perineums festsitzende Konkremente können in der Regel in die Harnblase zurückgespült werden.

G. Hunde mit ausgeprägter Urämie sind im allgemeinen nicht narkosefähig. Kann kein Harnröhrenkatheter eingeführt werden, muß zur Gewährleistung des Harnabsatzes ein temporärer, transabdominaler Harnblasenkatheter gelegt werden (Abb. 1). Nach Rehydratation und Diurese können weitere diagnostische und therapeutische Maßnahmen ergriffen werden.

H. Röntgenaufnahmen des Abdomens müssen sorgfältig auf Konkremente in anderen Teilen des Harntraktes abgesucht werden.

I. Zur Entleerung der stark gefüllten Harnblase bei Frakturen des Os penis wird ein Urethrakatheter eingeführt. Danach sollte, um eine ungestörte Frakturheilung zu gewährleisten, eine temporäre, bei sich ausbildenden Strikturen auch eine bleibende Urethrostomia distalis (praescrotalis) angelegt werden.

J. Urethraläsionen oder -obstruktionen mit röntgenologisch nicht schattengebenden Konkrementen können durch ein retrogrades Positivkontrasturethrogramm sicher dargestellt werden. Falsch positive Ergebnisse entstehen gelegentlich, wenn Luftblasen fälschlicherweise als Konkremente oder Zubildungen gedeutet werden.

K. Strahlendurchlässige Konkremente in der Harnblase werden durch ein Doppelkontrastzystogramm diagnostiziert.

L. Die klinischen Symptome des Patienten sollten mit den Röntgenbefunden in Einklang gebracht werden können; radiologisch ermittelte Verengungen sind häufig ohne klinische Bedeutung. Kurze Strikturen können zirkulär exzidiert und die Harnröhrenstümpfe anastomosiert werden. Während der Heilungsphase wird der Harn über einen Ballonkatheter abgeleitet. Bei längeren Strikturen bleibt nur die präskrotale, skrotale oder perineale Urethrostomie (Abb. 2). Die intrapelvine Harnröhrenstriktur verlangt eine antepubische Urethrostomie.

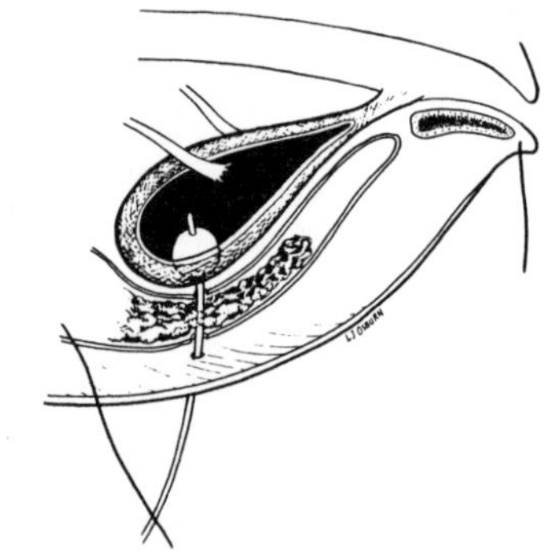

Abb.1. Transabdominale Harnblasenkatheterisierung mit einem Foley-Katheter. Der Katheter wird innerhalb der Bauchhöhle von einer Schicht des Netzes umschlossen, um einen Austritt von Urin aus der Harnblase zu verhindern.

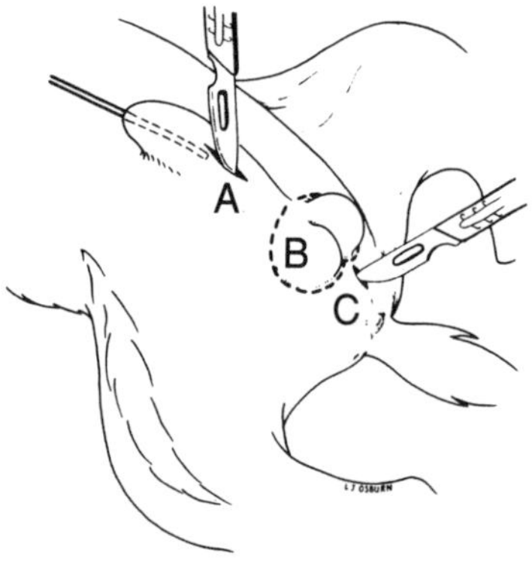

Abb.2. Sitz der Urethrostomie beim Rüden. A = präskrotal (distal), B = skrotal, C = perineal.

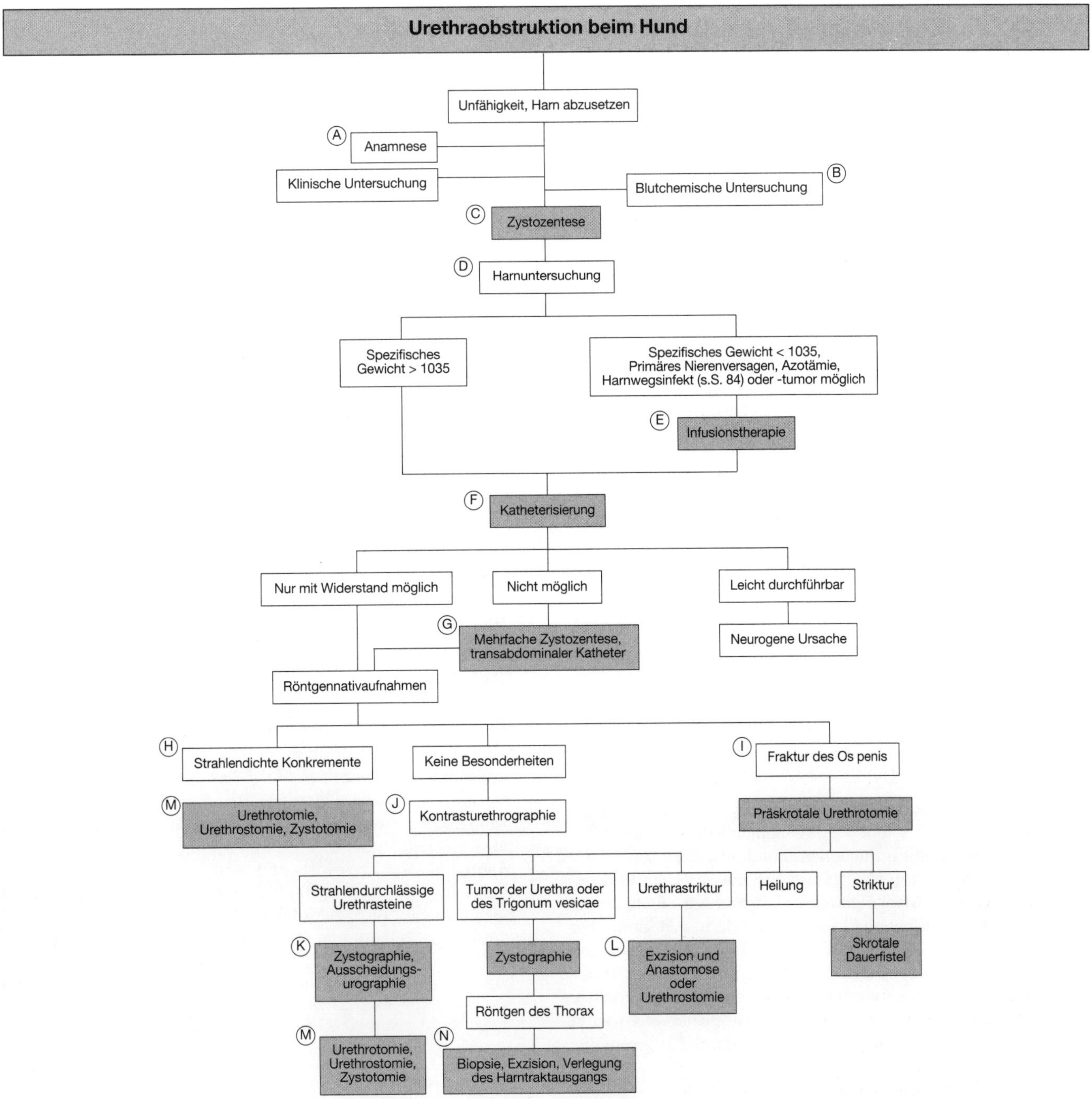

M. Bei Hunden mit ausgeprägter Urämie kann die untere Harnröhrenfistel in leichter Sedation angelegt werden. Sie erlaubt die Entfernung der Konkremente und das Einführen eines Katheters bis in die Harnblase. Bei irreparabler Schädigung oder Striktur der Harnröhre oder bei Harnsteinrezidiven ist eine Dauerfistel indiziert. Harnblasensteine werden per Zystotomie entfernt.

N. Der Therapieplanung bei Tumoren der Harnröhre oder des Trigonum vesicae muß eine Biopsie mit zytologischer und histopathologischer Untersuchung des Gewebes vorausgehen. Bei harnblasennahen Urethraneoplasien ist die Exzision und Harnröhrenanastomose unter Erhaltung der Kontinenz nur selten möglich. Zur Vermeidung postoperativer Komplikationen und Haltungsprobleme verlangt die operative Verlagerung der Harnaustrittsöffnung (präpubische Fistel, Harnblasenfistel) eine sorgfältige Auswahl des Patientengutes und eine gute Kooperation seitens des Besitzers. Da die Ausdehnung von Urethratumoren selten genau abgrenzbar ist, muß die Prognose nach deren operativer Entfernung als vorsichtig angesehen werden. Chemotherapeutika können die Behandlung unterstützen und die Durchgängigkeit der harnabführenden Wege verbessern.

Literatur

1. Hesse A, Brühl M. Urolithiasis beim Hund, epidemiologische Daten und Analyse der Steine. Kleintierpraxis 1990; 35: 505.
2. Osborne CA, Klausner JS. War on canine urolithiasis: problems and solutions. Proceedings 45th Annual Meeting of the AAHA 1978: 569.
3. Stone EA. Surgical therapy for urolithiasis. Vet Clin North Am 1984; 14: 77.

Urethraobstruktion bei der Katze

A. Die feline Urethraobstruktion kommt fast ausschließlich beim Kater vor. Anlaß der Vorstellung ist im allgemeinen ein ständiges Pressen auf Harn. Meist wird vom Besitzer jedoch der Verdacht einer Obstipation geäußert. Bei zusätzlichen Nierenproblemen bzw. fortgeschrittener Urämie kann der Patient reduziertes Allgemeinbefinden, Anorexie und Vomitus zeigen.

B. Die Palpation des Abdomens sollte wegen der Rupturgefahr der erweiterten, prall gefüllten Harnblase immer sehr vorsichtig erfolgen.

C. Das Vorliegen einer Azotämie, die bei Urethraobstruktionen häufig auftritt, ist abzuklären.

D. Abhängig von der Dauer der Harnröhrenverlegung können die Serumkreatinin-, Kalium-, Magnesium- und Phosphorwerte unterschiedlich stark erhöht sein. Zusätzlich liegt meist eine metabolische Azidose mit Hyponatriämie und Hypokalzämie vor. Die Hyperkaliämie ist oft lebensbedrohlich und erhöht das Narkoserisiko erheblich.

E. Die Hyperkaliämie verursacht spezifische Veränderungen im EKG wie erhöhte T-Zacke, ST-Erniedrigung, sinoatriale Reizhemmung und eine Ausweitung des QRS-Komplexes.

F. Zusammensetzung und Menge der zu applizierenden intravenösen Flüssigkeit errechnen sich aus dem Grad der Azidose, Hyperkaliämie und Dehydratation. Zu Beginn wird zunächst physiologische Kochsalzlösung infundiert.

G. Bei sehr stark reduziertem Allgemeinbefinden kann der Harnröhrenkatheter ohne Allgemeinanästhesie eingeführt werden. Katzen mit normalen Kaliumblutwerten sollten mit einem niedrigdosierten, ultrakurzwirkenden Barbiturat unter zusätzlicher Atropingabe sediert werden. Katzen mit starker Hyperkaliämie und EKG-Veränderungen kann über eine Maske ein volatiles Anästhetikum in Kombination mit Lachgas zugeführt werden. Da Ketamin über die Nieren ausgeschieden wird, sollte man es nur mit größter Vorsicht und in niedriger Dosierung (2–3 mg/kg) applizieren. Es wirkt weit weniger arrhythmogen als Barbiturate. Konkremente sammeln sich in der Regel im Penisteil der Urethra (Abb. 1). Der Gries kann meist durch Spülung mit warmer physiologischer Kochsalzlösung und Penismassage entfernt und damit ein Katheterisieren ermöglicht werden. Die Auflösung kleinerer Konkremente kann durch die Instillation stark harnansäuernder Lösungen (Urofree) versucht werden.

H. Die Harnblasenkonkremente sind bei der Katze häufig röntgenstrahlendurchlässig; sie können dann nur mit Hilfe einer Doppelkontrastdarstellung der Harnblase nachgewiesen oder ausgeschlossen werden.

I. In seltenen Fällen kann die Urethra wegen des verlegenden Materials oder einer sehr engen Stenose nicht durch Katheterisieren und die Instillation von Flüssigkeit freigespült werden. Urethrastenosen sind meist die Folge vorangegangener Traumatisierungen der Harnröhre oder mißlungener Urethrostomien. Bei Katzen mit ungestörtem Allgemeinbefinden wird in Allgemeinanästhesie eine perineale Urethrostomie mit Penisamputation durchgeführt, um die verschlossene Harnröhre zu öffnen und einen größeren Harnröhrenausgang zu schaffen. Sollte das Narkoserisiko zum Zeitpunkt der Untersuchung zu hoch erscheinen oder der Untersuchende mit der Operationstechnik nicht ausreichend vertraut sein, wird unter Lokalanästhesie zunächst ein transabdominaler Blasenkatheter gelegt. Auf diese Weise kann die Harnblase entleert werden; gleichzeitig werden Urämie und Hyperkaliämie mit Diuretika therapiert. Die endgültige operative Versorgung erfolgt, wenn sich das Allgemeinbefinden des Tieres gebessert hat.

J. Der Beseitigung der Harnröhrenobstruktion folgt eine diuretische Therapie mit Infusion von Polyelektrolytlösungen und Sorbit. Zur Kontrolle des Therapieerfolges dient die regelmäßige Bestimmung der Harnstoff-, Kreatinin- und Kaliumwerte.

K. Die Rezidivrate nach konservativer Behandlung des felinen urologischen Syndroms ist sehr hoch. Zur Steigerung der oralen Flüssigkeitsaufnahme und damit Urinverdünnung sollte dem Futter Salz zugefügt werden. Die Ätiologie des felinen urologischen Syndroms ist unbekannt und der Wert der vielfältigen Diätempfehlungen umstritten. Eine harnsteinmindernde Diät und eine harnansäuernde bzw. harnsteinauflösende Medikation dient jedoch zur Rezidivprophylaxe.

L. Bei Rezidiven kann eine sofortige perineale Urethrostomie indiziert sein. Der Besitzer muß darüber aufgeklärt werden, daß durch die Operation lediglich Urethraobstruktionen in Zukunft verhindert werden, die Symptome des felinen urologischen Syndroms wie Dysurie, Hämaturie und Pollakisurie jedoch bestehen bleiben können. Zudem soll die Häufigkeit von Harnwegsinfektionen bei operierten Tieren deutlich ansteigen. Vor der Therapie der Harnwegsinfektion bei Katzen mit perinealer Urethrostomie steht die Einleitung einer bakteriologischen Harnuntersuchung mit Resistenztest sowie die Auswertung des Harnsediments.

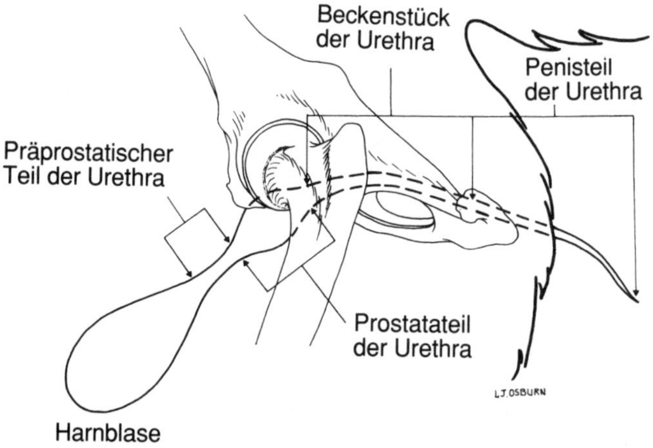

Abb.1. Normale Lage von Urethra und Harnblase beim Kater.

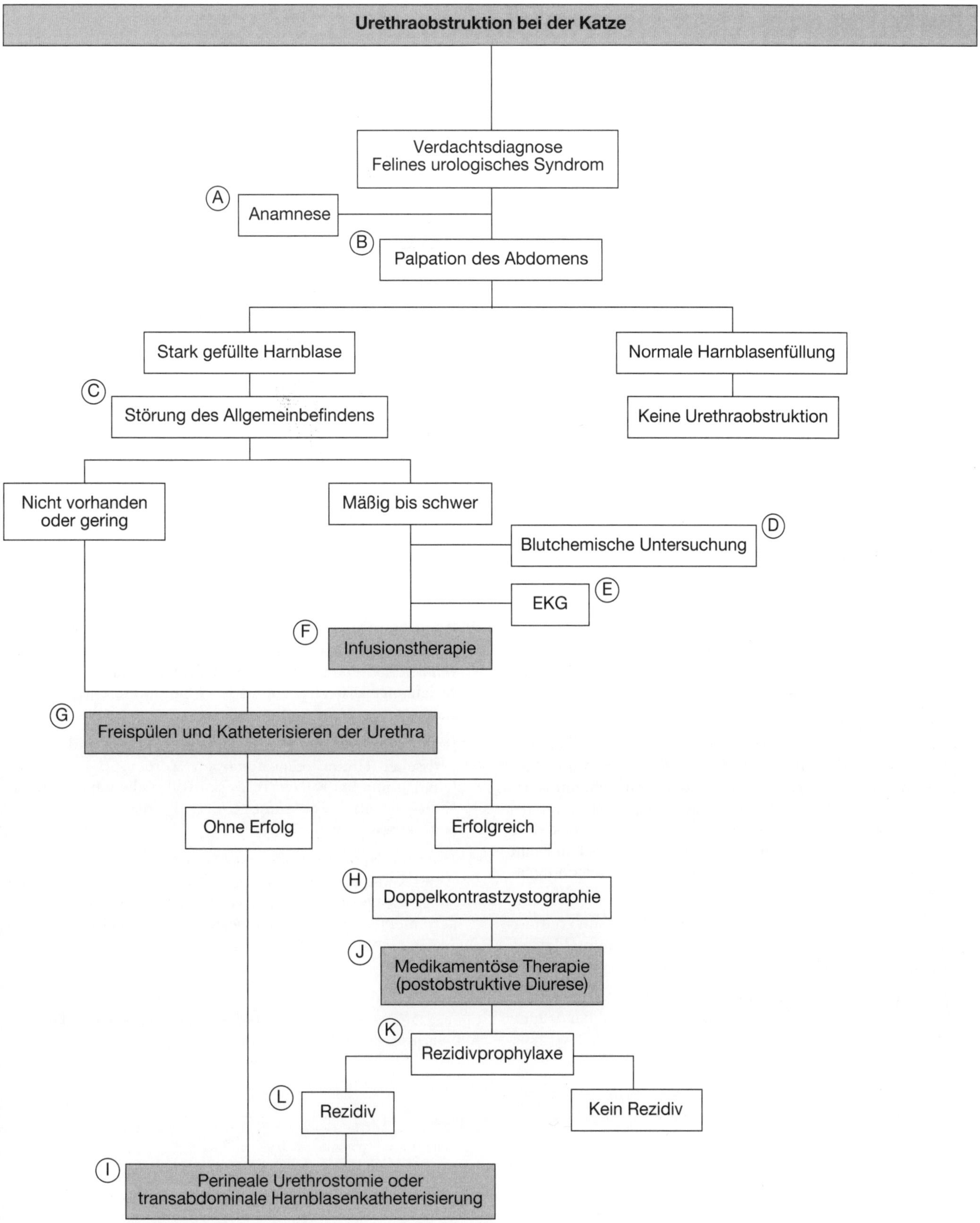

Literatur

1. Finco DR, Barsanti JA. Obstructive uropathies. In: Kirk RW, ed. Current veterinary therapy – small animal practice. Philadelphia: WB Saunders, 1986: 1164.
2. Polzin DJ, Osborne CA. Feline urologic syndrome. In: Slatter DH, ed. Textbook of small animal surgery. Philadelphia: WB Saunders, 1985: 1827.
3. Teunissen GH, Legel JC, Teunissen-Strik AL. Blasensteine bei der Katze. Kleintierpraxis 1987; 32: 323.

Verletzung der harnableitenden Wege

A. Im Vorbericht findet sich meist ein Trauma (stumpfes Abdominaltrauma, z. B. Autounfall, oder penetrierendes Trauma, z. B. Schußverletzungen, bzw. iatrogene Schädigung der ableitenden Harnwege, z. B. durch Katheterisierung).

B. Ein aufgetriebenes Abdomen mit Undulation kann einziges Symptom sein; es können aber auch Urämie- (Anorexie, Dehydratation, Vomitus) oder Schockanzeichen auftreten. Bei kleineren Zusammenhangstrennungen werden die klinischen Befunde erst einige Tage nach dem initialen Trauma apparent.

C. Wegen der postrenalen Nierenschädigung im Zusammenhang mit der Belastung durch Dehydratation und Schock kann der Serumkreatininwert erheblich erhöht sein.

D. Die Punktion des Abdomens mit einer Kanüle oder einem Peritonealkatheter hat unter aseptischen Kautelen zu erfolgen. Die gewonnene Flüssigkeit wird auf ihren Kreatiningehalt untersucht, zentrifugiert und das Sediment mikroskopisch analysiert.

E. Freie und intrazelluläre Bakterien sowie eine größere Anzahl toxisch geschädigter und degenerativer Neutrophiler sind sichere Anzeichen einer bakteriellen Peritonitis.

F. Fortgesetzter Blutverlust kann durch Serienhämatokritbestimmungen nachgewiesen werden. Ein Absinken des Hämatokritwertes tritt allerdings erst einige Stunden nach der akuten Blutung in Erscheinung.

G. Der Kreatininwert der Abdominalflüssigkeit wird mit dem des Blutserums verglichen. Liegt der Serumkreatininwert gleich hoch oder niedriger als der der Abdominalflüssigkeit, handelt es sich aller Wahrscheinlichkeit nach nicht um Harn. Bestätigt wird die Verdachtsdiagnose dagegen, wenn der Kreatininwert in der abdominal gewonnenen Flüssigkeit im Vergleich zum Blutserum höher ist. Zusätzlich kann eine Peritonitis oder die Schädigung anderer Bauchhöhlenorgane vorliegen.

H. Zum Nachweis eines Harnblasenrisses ist die Positivkontrastzystographie gegenüber der Negativkontrastmitteldarstellung die wesentlich verläßlichere Methode.

I. Ohne ureteralen Reflux ist die Zystographie kein geeignetes diagnostisches Verfahren zur Dokumentation einer Ruptur oder eines Ausrisses der Ureteren.

J. Wenn Kontrastmittelzystogramm und Ausscheidungsurogramm negativ sind, hat sich die Zusammenhangstrennung von selbst verschlossen und weitere Diagnostikverfahren sind entbehrlich. Bei Weiterbestehen der Urämie ist eine diagnostische Bauchhöhleneröffnung indiziert.

K. Ein urämisches Tier ist dehydriert, hyperkalämisch sowie azidotisch und damit in der Narkose stark gefährdet. Jede Allgemeinanästhesie sollte, wenn möglich, solange aufgeschoben werden, bis die gravierendsten Stoffwechselentgleisungen behoben sind.

L. Bei Patienten mit schwerer Urämie folgt der Plazierung eines Peritoneal- bzw. Urethrakatheters die Rehydratation und Diurese. Die Katheter werden an ein steriles Sammelsystem angeschlossen, und die Ausscheidungsmenge wird registriert.

M. Sobald sich die Stoffwechsel- und Kreislaufsituation des Tieres stabilisiert hat, wird eine explorative Laparotomie durchgeführt.

N. Bei Vorliegen einer Harnblasenruptur werden traumatisierte Anteile der Harnblase exzidiert und die Wunden wie bei einer Zystotomie verschlossen.

O. Wurde der Ureter aus der Harnblase herausgerissen, so wird er nach Zystotomie weiter kranial schräg in der Harnblasenwand verlaufend reimplantiert. Bei nierennahen Harnleiterverletzungen ist eine einseitige Nephroureterektomie indiziert.

P. Bei mittelgroßen bis großen Hunden kann ein in der Mitte gerissener Ureter reanastomosiert werden. Bei kleineren Hunden und bei Katzen ist es sinnvoller, die entsprechende Niere zu entfernen, vorausgesetzt, die der kontralateralen Seite arbeitet ausreichend.

Q. Urethraverletzungen oder -abrisse werden durch Naht bzw. Anastomose versorgt. Zum Schutz der Rupturstelle sollte für einige Tage postoperativ ein weicher Katheter gelegt werden, der an ein steriles Urinsammelsystem angeschlossen ist.

Literatur

Bjorling DE. Traumatic injuries of the urogenital system. Vet Clin North Am: Small Anim Pract 1984; 14: 61.

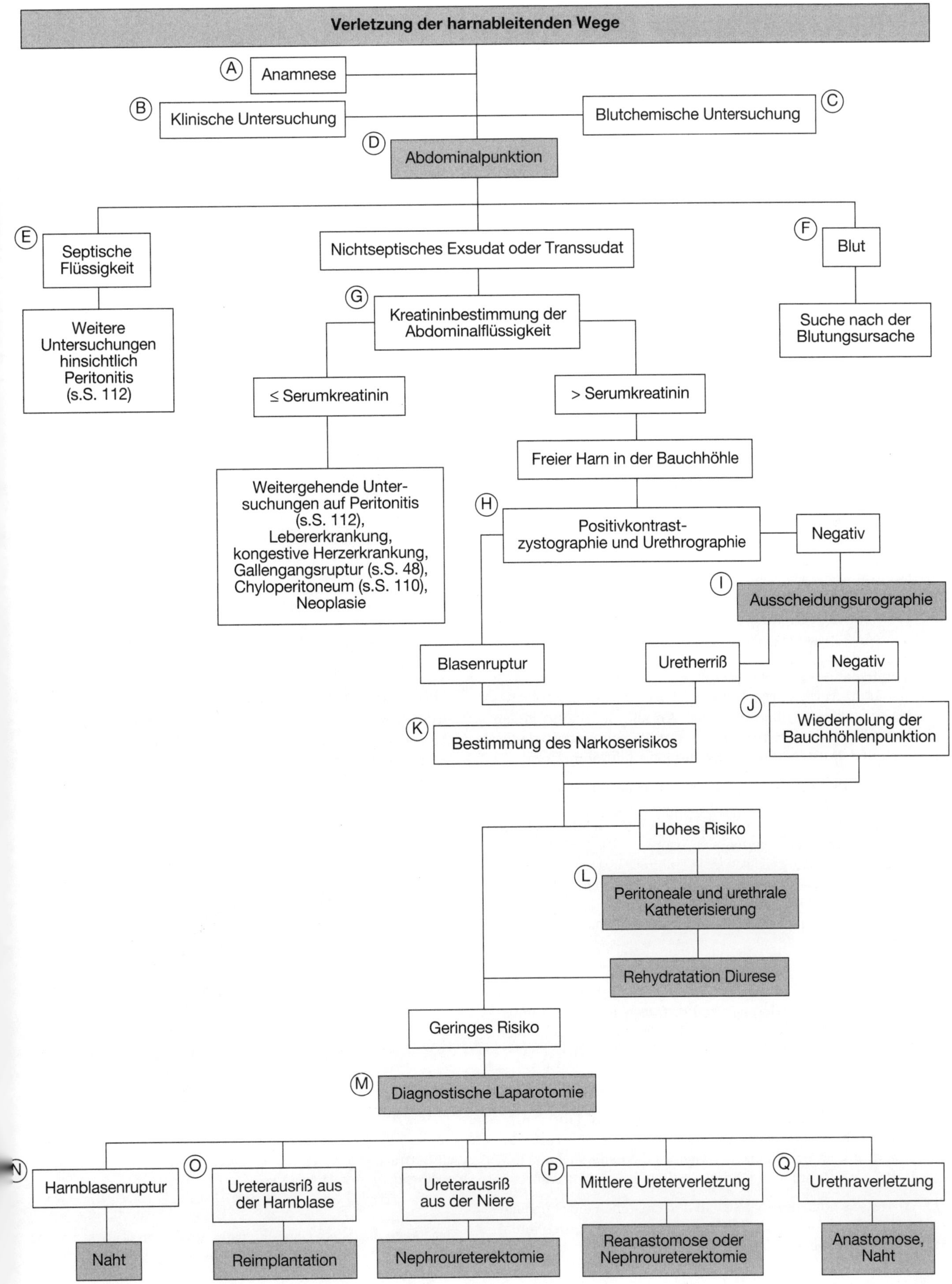

Verletzung der harnableitenden Wege
A
Anamnese
B
Klinische Untersuchung
Blutchemische Untersuchung
C
D
Abdominalpunktion
E
Septische Flüssigkeit
Nichtseptisches Exsudat oder Transsudat
F
Blut
Weitere Untersuchungen hinsichtlich Peritonitis (s.S. 112)
G
Kreatininbestimmung der Abdominalflüssigkeit
Suche nach der Blutungsursache
≤ Serumkreatinin
> Serumkreatinin
Freier Harn in der Bauchhöhle
Weitergehende Untersuchungen auf Peritonitis (s.S. 112), Lebererkrankung, kongestive Herzerkrankung, Gallengangsruptur (s.S. 48), Chyloperitoneum (s.S. 110), Neoplasie
H
Positivkontrast-zystographie und Urethrographie
Negativ
I
Ausscheidungsurographie
Blasenruptur
Uretherriß
Negativ
J
Wiederholung der Bauchhöhlenpunktion
K
Bestimmung des Narkoserisikos
Hohes Risiko
L
Peritoneale und urethrale Katheterisierung
Rehydratation Diurese
Geringes Risiko
M
Diagnostische Laparotomie
N
Harnblasenruptur
O
Ureterausriß aus der Harnblase
Ureterausriß aus der Niere
P
Mittlere Ureterverletzung
Q
Urethraverletzung
Naht
Reimplantation
Nephroureterektomie
Reanastomose oder Nephroureterektomie
Anastomose, Naht

Erkrankungen der Prostata

A. Der Krankheitsverlauf bei Hunden mit Prostataerkrankungen ist in der Regel chronisch. Symptome sind rezidivierende Harnwegsinfekte, Dysurie, Schwierigkeiten bei der Defäkation, Blutaustritt aus der Urethramündung und Anzeichen abdominalen Schmerzes. Patienten im akuten Krankheitsschub zeigen Symptome wie Pyrexie, Anorexie, Vomitus und andere Zeichen einer beginnenden Septikämie.

B. Die Prostata wird auf Größe, Symmetrie, Lokalisation, Oberflächenstruktur und Schmerzhaftigkeit rektal und abdominal palpiert. Die Hoden werden auf Tumoren und das Präputium auf Anzeichen einer Balanoposthitis hin untersucht.

C. Röntgennativ- und Kontrastmittelaufnahmen des hinteren Abdomens sowie Ultraschalluntersuchungen dokumentieren Größe, Lokalisation und Gewebebeschaffenheit bzw. -inhomogenitäten. Zum Nachweis von Harnwegsinfektionen wird Harn mittels Zystozentese entnommen. Über eine provozierte Ejakulation oder urethra-prostatische Spülungen kann Prostatasekret gewonnen werden, dessen Analyse bei der Diagnosestellung und der therapeutischen Planung bzw. Prognosestellung hilfreich ist. Die Untersuchungsparameter sind Farbe, Volumen, pH-Wert, Epithelzellen, weiße Blutzellen, rote Blutzellen und die Menge der Bakterien, wobei das Prostatasekret gesunder Hunde nicht mehr als 100 Mikroorganismen/ml enthalten darf. Zusätzlich werden Bakterien- und Mykoplasmenkulturen angelegt sowie Sensibilitätstests durchgeführt. Wenn im Stadium der akuten Prostatitis die Sekretgewinnung Schwierigkeiten bereitet, kann Urin als ähnlich zuverlässiges Medium herangezogen werden. Bei Prostatavergrößerung hilft die Anzahl der neutrophilen Granulozyten, zwischen akuter Entzündung mit Abszedierung und Prostatazysten oder -tumor zu differenzieren.

D. Die benigne Prostatahyperplasie ist eine Reaktion auf Östrogen- und/oder Androgenstimulation. Sie ist bei adulten unkastrierten Tieren ein alltäglicher Untersuchungsbefund. Trotz häufig nur dezenter Symptomatik (Hämaturie, Hämatospermie, geringer Sekretabfluß aus der Urethra) sollte sie wegen ihres progressiven Verlaufs dennoch behandelt werden. Die Kastration ist Therapie der Wahl, bei wertvollen Zuchtrüden kann eine Hormonbehandlung erwogen werden.

E. Die Plattenepithelmetaplasie ist eine durch Östrogenstimulation (exogene Therapie oder Sertoli-Zell-Tumor) ausgelöste entzündliche Veränderung der Prostata beim adulten unkastrierten Rüden. Im Zentrifugat des Prostatasekrets können größere Mengen von Plattenepithelzellen nachgewiesen werden.

F. Trotz des Risikos der iatrogenen Peritonitis ist die rektale oder transabdominale Feinnadelpunktion als Differenzierungsmethode zwischen Abszeßbildung und Neoplasie das Diagnostikum der Wahl. Günstiger ist die Untersuchung und Biopsie im Rahmen einer diagnostischen Laparotomie.

G. Abszesse sind in der Regel klein und entstehen meist in einer mehr oder weniger vergrößerten Prostata. Sie werden initial konservativ mit Antibiotika behandelt, bedürfen aber in der Regel chirurgischer Intervention bzw. Drainage.

H. Mit zunehmendem Wachstum zerstört die benigne Prostatahyperplasie die Gewebestruktur der Drüse und führt dann meist zu multipler Zystenbildung. Die Zysten enthalten Blut oder eine seröse Flüssigkeit und haben eine direkte Verbindung zu Urethra und Harnblase. Die Kastration ist Therapie der Wahl. Die zystische Hyperplasie kann von nichtentzündlichen Retentionszysten durch den Nachweis von Entzündungszellen im Prostatasekret differenziert werden. Paraprostatische und Prostataretentionszysten können beträchtliche Ausmaße annehmen, die ein operatives Vorgehen erfordern.

I. Da Adenokarzinome der Prostata androgenabhängig sind, kann ihr Volumen durch die Behandlung mit Megestrolacetat[1] oder durch die Kastration verringert und dem Patienten damit temporär Erleichterung verschafft werden. Gonadotropin-releasing-hormone-Agonisten – zur Zeit zur Behandlung der Prostataneoplasie im humanmedizinischen Bereich in der Erprobung – scheinen recht erfolgversprechend zu sein. Als letzte Möglichkeit bleibt die technisch recht schwierige partielle oder totale Prostatektomie. Bei den meisten Tumoren liegen zum Zeitpunkt der Diagnosestellung jedoch bereits Metastasen in den regionalen Lymphknoten oder weiteren Organen vor.

J. Im akuten Entzündungsstadium ist die Prostata-Blut-Schranke durchbrochen. Die Auswahl des Antibiotikums erfolgt nach dem Ergebnis der bakteriologischen Untersuchung von Harn und Prostatasekret. Die akute Entzündung kann mit Megestrolacetat[1] gemildert werden. Wegen der hohen Rezidivhäufigkeit sollte man den Patienten jedoch kastrieren, sobald es sein Allgemeinzustand zuläßt. Die Antibiotikagaben werden über einen Zeitraum von 14 Tagen durchgeführt und der Patient danach zu einer Kontrolluntersuchung wiederbestellt.

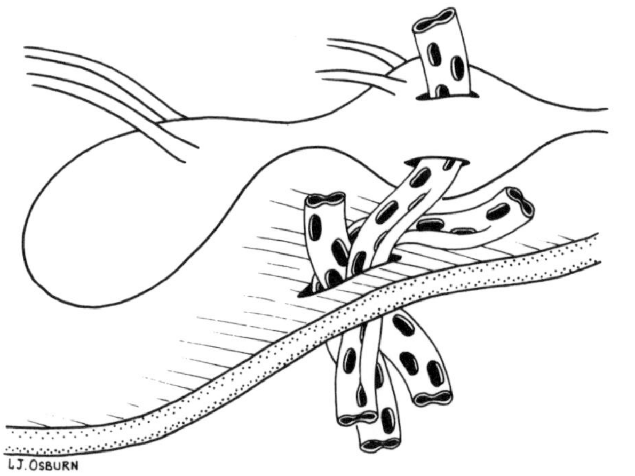

Abb. 1. Drainage eines Prostataabszesses und des periprostatischen Gewebes mit Penrose-Drainagen.

[1] Anmerkung d. Übers.: Dieses Präparat ist auf dem deutschen Markt nicht erhältlich. Alternativ kann Delmadinon (Tardastrex) (1 ml/10 kg KM i.m.) empfohlen werden.

Bei chronischer Prostatitis bleibt die Blut-Prostata-Schranke bestehen. Die Auswahl des anzuwendenden Antibiotikums basiert auf Parametern wie: pH-Wert des Prostatasekrets, Dissoziationskonstante des Antibiotikums, Proteinbindungsfähigkeit und Fettlöslichkeit des Medikamentes sowie dem Ergebnis der bakteriologischen Untersuchung mit Resistenztest. Bei chronischem Verlauf liegt der pH-Wert des Sekrets im allgemeinen im sauren Bereich; deshalb eignen sich Chloramphenicol, Trimethoprim-Sulfonamid-Kombinationen und Erythromycin besonders gut. Bei alkalischem pH, z. B. bei Proteusinfektionen, kann Penizillin eingesetzt werden. Nach vierwöchiger Antibiotikatherapie wird der Hund erneut untersucht; in vielen Fällen muß die Behandlung fortgesetzt werden. Die Hormontherapie kann eine Entzündung zurückdrängen, wegen der hohen Rezidivrate ist die Kastration auf lange Sicht jedoch nicht zu umgehen. Eine Prostatitis hat meist einen Fertilitätsverlust zur Folge.

K. Die kurzfristige Reduzierung der Östrogenstimulation kann über die orale Gabe eines niedrigdosierten Diäthylstilböstrols (0,5–1 mg 1 × tägl. über 7 Tage) erreicht werden. Die längerfristige Eingabe eines niedrig- oder hochdosierten Östrogens wirkt synergistisch zu den Androgenen und steigert damit die Stromahyperplasie und Plattenepithelmetaplasie. Eine weitere unerwünschte Nebenwirkung ist die erhebliche Knochenmarkdepression. Alternativ wird deshalb die Gabe eines Megestrolacetats[1] (0,5 mg/kg KG täglich über 10 Tage, danach 1 × wöchentlich) empfohlen. Es gibt allerdings noch keine Langzeitstudien über die Wirkung dieses Hormons beim Hund.

L. Prostataerkrankungen sind androgeninduziert oder -unterstützt. Deshalb kommen zur Kurzzeittherapie Megestrolacetat[1] und niedrigdosierte Östrogene zur Anwendung. Infolge der durch die Medikation bedingten Fertilitätsminderung und der hohen Rezidivrate sollte stets zur Kastration geraten werden. Zur Therapie der chronischen Prostatitis kann eine partielle Prostatektomie erwogen werden. Bei wertvollen Zuchtrüden besteht die Möglichkeit der Spermaasservierung.

M. Die erfolgversprechendste Methode bei Prostataabszessen ist das Einlegen einer Drainage (Abb. 1). Prozesse mit großer Raumausdehnung können eine Marsupialisation erfordern. Die partielle Prostatektomie eignet sich für Patienten mit chronischer Prostatitis oder multiplen kleinen Abszessen, es besteht jedoch immer die Gefahr der postoperativen Harninkontinenz.

N. Große Zysten können in der Regel nur über die Marsupialisation dauerhaft behoben werden, da sie sich nach einfacher Drainierung immer wieder füllen. In Einzelfällen ist eine vollständige Zystektomie indiziert und durchführbar.

Literatur

1. Arbeiter K. Erkrankungen der Prostata beim Hund. Tierärztl Praxis 1987; 15: 291.
2. Hornbuckle WE, MacCoy DM, Allan GS, Gunther R. Prostatic disease in the dog. Cornell Vet 1978; 68: 284.
3. Klausner JS, Osborne CA. Management of canine bacterial prostatitis. JAVMA 1983; 182: 292.
4. McAnulty JF. Prostatic surgery in the dog. Vet Clin North Am 1984; 14: 103.
5. Olsen PN. Disorders of the canine prostate gland. Proc Soc Theriogen 1984: 46.
6. G. Schebitz H, Brass W. Operationen an Hund und Katze. Berlin: Parey 1985; 167.

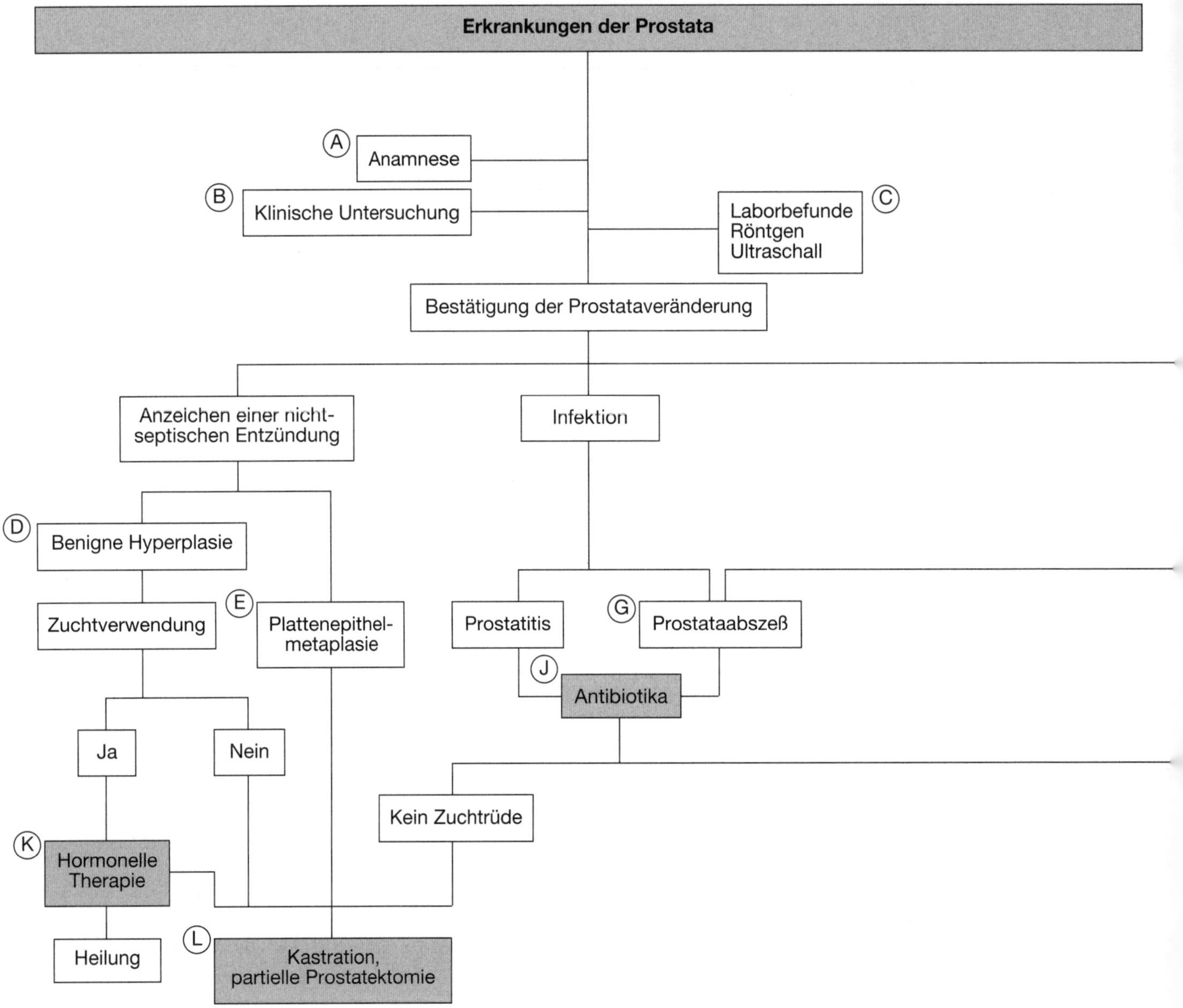
Erkrankungen der Prostata
A
Anamnese
B
Klinische Untersuchung
Laborbefunde
Röntgen
Ultraschall
C
Bestätigung der Prostataveränderung
Anzeichen einer nicht-septischen Entzündung
Infektion
D
Benigne Hyperplasie
Zuchtverwendung
E
Plattenepithel-metaplasie
Prostatitis
G
Prostataabszeß
J
Antibiotika
Ja
Nein
Kein Zuchtrüde
K
Hormonelle Therapie
Heilung
L
Kastration, partielle Prostatektomie

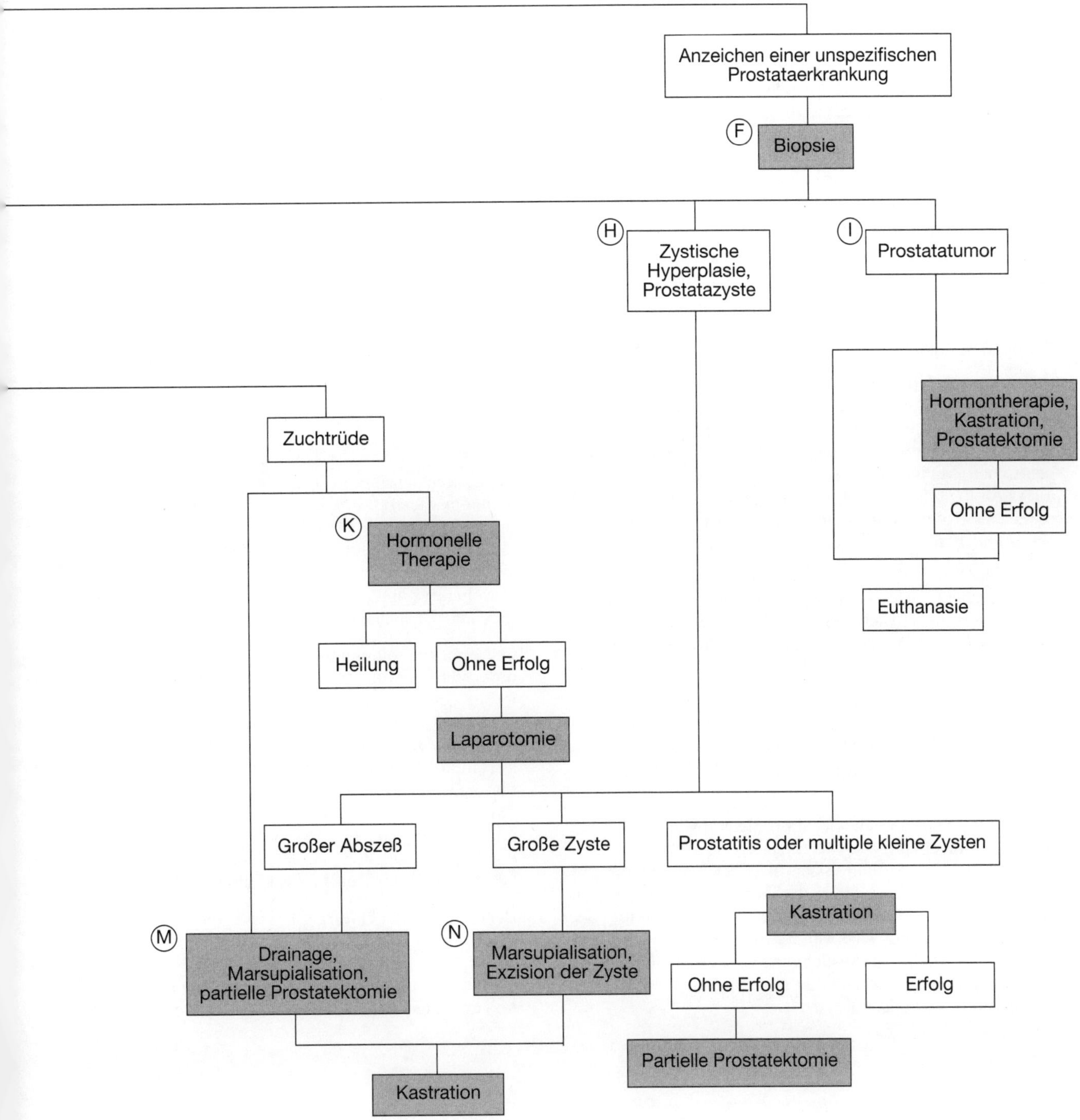
Anzeichen einer unspezifischen Prostataerkrankung
F
Biopsie
H
Zystische Hyperplasie, Prostatazyste
I
Prostatatumor
Hormontherapie, Kastration, Prostatektomie
Ohne Erfolg
Euthanasie
Zuchtrüde
K
Hormonelle Therapie
Heilung
Ohne Erfolg
Laparotomie
Großer Abszeß
Große Zyste
Prostatitis oder multiple kleine Zysten
Kastration
Ohne Erfolg
Erfolg
Partielle Prostatektomie
M
Drainage, Marsupialisation, partielle Prostatektomie
N
Marsupialisation, Exzision der Zyste
Kastration

Hauttumoren

A. Hauttumoren werden vom Tierbesitzer häufig als „Beule" oder nichtheilendes „Geschwür" bezeichnet. Anamnestisch von Bedeutung sind Wachstumsdauer und -rate, mit dem Tumor auftretende allgemeine klinische Symptome und das Ansprechen auf eine bereits erfolgte Behandlung. Mit Ausnahme von Histiozytomen und multiplen Fibrosarkomen, die vorwiegend bei jungen Hunden und Katzen diagnostiziert werden können, finden sich Hauttumoren im allgemeinen nur bei älteren Tieren. Rassedispositionen bestehen beim Pudel (epitheliale Tumoren) und den nordischen Hunderassen (intrakutane verhornende Epitheliome).

B. Das klinische Erscheinungsbild der Läsion hat selten große diagnostische Aussagekraft. Einzelne Merkmale wie Pigmentierung (Melanom), Ulzeration (Plattenepithelkarzinom, Mastzelltumor) und blumenkohlartiges Wachstum (Papillom, Plattenepithelkarzinom) können jedoch auf bestimmte Tumorarten hindeuten. Schnelles Wachstum, Ulzeration, tiefe Infiltration und lokale Lymphknotenbeteiligung sind Anzeichen einer Malignität.

C. Eine Leukozytose spricht eher für einen entzündlichen Prozeß; bei einer Reihe von Tumoren gilt sie aber als ein paraneoplastischer Befund. Bei Adenokarzinomen und Plattenepithelkarzinomen sollen vermehrt Hyperkalzämien mit sekundären Azotämien auftreten.

D. Bei tiefen, infiltrierend wachsenden Tumoren sollte zur Abklärung der Beteiligung des darunterliegenden Gewebes, ganz besonders aber bei Verdacht auf knocheninvasives Wachstum, eine röntgenologische Untersuchung allen therapeutischen Maßnahmen vorausgehen. Liegt der klinische oder histologische Verdacht auf Malignität vor, sind zunächst durch eine Röntgenaufnahme des Thorax Lungenmetastasen auszuschließen.

E. Durch die Feinnadelbiopsie und -zytologie kann zwischen entzündlichem, nichtentzündlichem und neoplastischem Prozeß differenziert werden. Ist dieses Verfahren nicht aussagekräftig genug, kann eine präoperative Probeexzision mit anschließender histologischer Untersuchung weitere Informationen liefern.

F. Entzündliche Prozesse schließen Abszesse, Granulome, eosinophile Granulome und Autoimmunerkrankungen mit ein. In der Zytologie dominieren in diesen Fällen Entzündungszellen.

G. Bestimmte Hauttumoren wie Mastzellgeschwülste, Melanome und einige epitheliale Neoplasien können durch die zytologische Untersuchung sicher nachgewiesen werden. In allen anderen Fällen ist, außer der Differenzierung zwischen neoplastischem und nichtneoplastischem Charakter der Umfangsvermehrung, eine weitere Bestimmung des Tumortyps nicht möglich. Die Ausdehnung des Tumors und dessen Operabilität sind entscheidende Kriterien für die Wahl der Behandlungsmethode.

H. Zu den nichtentzündlichen, nichtneoplastischen Zubildungen gehören epidermale und follikuläre Zysten, Talgdrüsenhyperplasien, Dermoide und fibröse Polypen. Wenn nötig oder vom Besitzer gewünscht, ist die chirurgische Exzision Behandlung der Wahl.

I. Die meisten solitären Hauttumoren sind benigne oder nur lokal maligne; ihre chirurgische Entfernung ist indiziert, vorausgesetzt, daß mindestens 1 cm um die äußere Begrenzung des Tumors herum gesundes Gewebe mit exzidiert werden kann. Invasive Neoplasien wie Mastzelltumoren und Fibrosarkome erfordern ein großzügigeres Vorgehen. Das entfernte Gewebe muß immer einer histopathologischen Untersuchung zugeführt werden. Kryochirurgisches Vorgehen empfiehlt sich bei Augenlid- und kleineren epithelialen Geschwülsten, bei großen Mastzelltumoren ist es kontraindiziert. In diesen Fällen verspricht die Radiotherapie alleine oder in Kombination mit der chirurgischen Exzision den größten Erfolg. Epitheliale Tumoren sind ganz allgemein strahlenempfindlicher als mesenchymale.

J. Zu den multiplen benignen Tumoren gehören Papillome und intrakutane verhornende Epitheliome. Die operative Entfernung oder Kryochirurgie ist bei Zubildungen indiziert, die klinische Symptome verursachen. Die häufigsten malignen Tumoren sind Mastzelltumoren (Hund) und Fibrosarkome (Katze). Zur Minderung tumorverursachter klinischer Symptome kann ein palliatives operatives Vorgehen gerechtfertigt sein, die Rezidivrate ist jedoch hoch. Eine aggressive systemische Therapie kann den klinischen Verlauf verbessern.

K. Systemische Tumoren mit Hautmanifestation sind unter anderem Mastzelltumoren und Lymphosarkome. Tumoren mit der Neigung zur Ausbildung von Hautmetastasen sind Hämangiosarkome und verschiedene Karzinome. Aus ethischen Gründen ist in solchen Fällen die Euthanasie indiziert, obwohl der Primärtumor einer chirurgischen Behandlung oft durchaus zugänglich wäre.

L. Die Tumoren sollten möglichst vor der Therapie histologisch untersucht, befundet und graduiert werden. Zur Graduierung gehören eine Röntgen- und blutchemische Untersuchung sowie eine Knochenmarkaspiration und Biopsie der regionären Lymphknoten. Eine systemische Therapie kann mit Glukokortikoiden und H_2-Antihistaminika (bei Mastzelltumoren), Bleomycin (bei Plattenepithelkarzinomen) und Cyclophosphamid - Vincristin - Prednisolon - Kombinationen und Adriamycin (bei Lymphosarkom und Fibrosarkom) durchgeführt werden. Andere antineoplastische Konzepte befinden sich zur Zeit in der klinischen Prüfung.

M. Bei nur partieller chirurgischer Exzision oder histopathologischen Hinweisen auf Invasivität des Tumors sind weitergehende Therapiemaßnahmen angezeigt. Bei unvollständiger operativer Tumorentfernung kann in einer weiteren Operation radikaler nachreseziert werden, oder es schließt sich eine

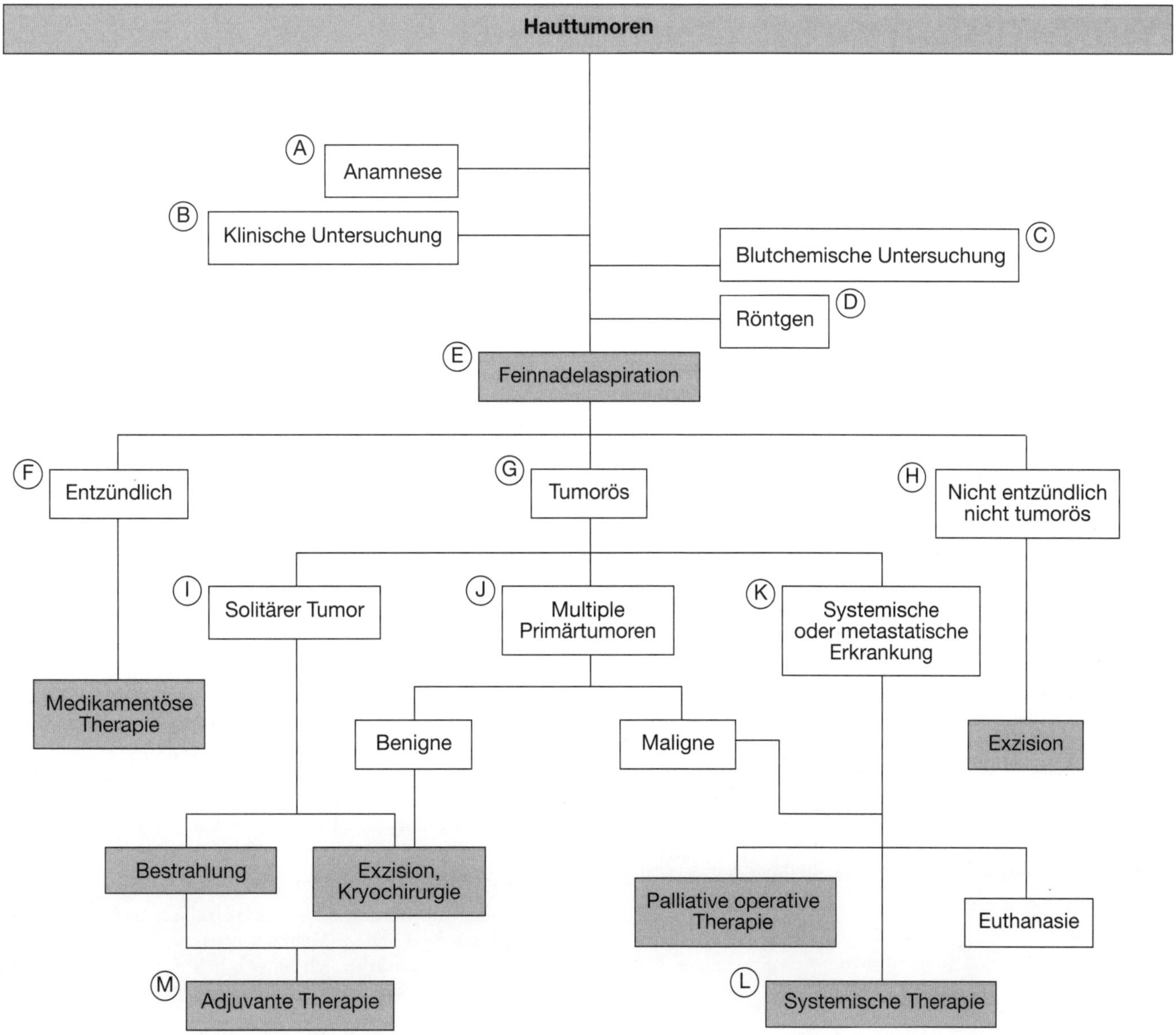

lokale Radiotherapie an. Bei malignen Tumoren der Akren bleibt oft nur die Amputation. Zur Rezidivprophylaxe bei Adenomen der Perianaldrüsen scheint die Kastration des Tieres als unterstützende Maßnahme sinnvoll. Über die erfolgreiche Anwendung antineoplastischer Medikamente wie Glukokortikoide (bei Mastzelltumoren), Bleomycin (bei Plattenepithelkarzinomen) und Adriamycin (bei Fibrosarkomen) wurde berichtet. Patienten mit Tumoren hoher Rezidivrate (Fibrosarkom, Hämangioperizytom, Mastzelltumoren) und der Neigung zu Metastasenbildung (Plattenepithelkarzinome, mukokutane Melanome und perianale Adenokarzinome) sollten in regelmäßigen Abständen zu einer Nachuntersuchung vorgestellt werden.

Literatur

1. Conroy JD. Canine skin tumors. JAAHA 1983; 19: 91.
2. Duncan JR, Prasse KW. Veterinary laboratory medicine – clinical pathology. Ames, IA: The lowa State University Press, 1977: 169.
3. Perman V, Alsaker RD, Riis RC. Cytology of the dog and cat. South Bend, In: Am Anim Hosp Assoc Publication, 1979.
4. Stiglmair-Herb M, Ortmann U. Die Fibrosarkome der Katze unter besonderer Berücksichtigung ihrer Dignität. Kleintierpraxis 1987; 32: 45.
5. Susaneck SJ. Feline skin tumors. Comp Cont Ed 1983; 5: 251.
6. Withrow SJ. Surgical management of skin tumors in dogs and cats. Clinical Veterinary Oncology, Fort Collins, CO: Colorado State University Press, 1983: 210.

Mammatumoren beim Hund

Der Mammatumor ist die zweithäufigste Neoplasie beim Hund. Nahezu 60 % der Mammatumoren sind maligne, mit dem Adenokarzinom als dem häufigsten histopathologischen Befund. Die restlichen 40 % sind gewöhnlich benigne Mischtumoren. Die Ovariohysterektomie reduziert das Tumorrisiko, wobei die Kastration vor dem ersten Östrus den größten Effekt hat. Dieser Einfluß auf die Ausbildung von Mammatumoren reduziert sich mit zunehmendem Alter des Tieres, so daß er bei der Hündin in einem Alter von über 2,5 Jahren gleich Null ist. Die Ovariohysterektomie zum Zeitpunkt der Tumoroperation ist folglich von fraglichem Wert.

A. Mammatumoren finden sich in der Regel bei älteren Hündinnen mit einem Durchschnittsalter von über 10 Jahren. Bei Rüden sind sie sehr selten und stehen dann oft mit einem hormonproduzierenden Hodentumor in Zusammenhang. Daten wie Rate des Tumorwachstums, Reaktion auf frühere Therapiemaßnahmen bzw. Operationen und mit der Neoplasie in Verbindung stehende allgemeine pathologische Befunde sind wichtige anamnestische Informationen, auch in bezug auf die Prognosestellung.

B. Meist sind die kaudalen Mammakomplexe betroffen, und in 50 % der Fälle finden sich mehrere Tumoren. Schnelles und invasives Wachstum, schlechte Abgrenzbarkeit, Ulzerationen, Ödeme, Pruritus und Erythem sind Anzeichen für Malignität. Eine regionäre Lymphadenopathie weist in der Regel auf eine lymphogene Metastasierung hin, ist jedoch beim Mammatumor von geringerer prognostischer Aussagekraft. Respiratorische Symptome, Lahmheit, Augenveränderungen und neurologische Ausfallserscheinungen können ebenfalls als Anzeichen einer Metastasenbildung angesehen werden. Differentialdiagnostisch müssen Mastitis (laktierende Hündin), fibrozystische Erkrankungen, Hauttumoren, Inguinalhernien und Lymphosarkome ausgeschlossen werden.

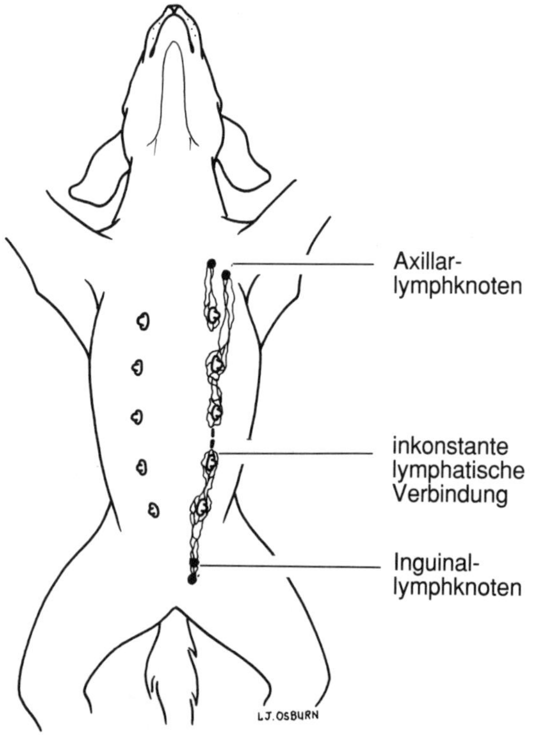

Abb.1. Lymphabfluß der fünf Mammarkomplexpaare beim Hund.

C. Wie bei jeder präoperativen Untersuchung eines älteren Hundes sind auch in diesem Fall eine blutchemische Untersuchung und eine Urinanalyse durchzuführen. Besonderes Interesse gilt den beim paraneoplastischen Syndrom häufig auftretenden Blutbildveränderungen wie Anämie, Leukozytose, Koagulopathie und Hyperkalzämie. Die Feinnadelbiopsie wird nicht routinemäßig gefordert, da die meisten Neoplasien Zellen benignen und malignen Charakters ausbilden und somit die zytologische Untersuchung wenig Aussagekraft bezüglich der Tumordignität hat.

D. Zum Ausschluß von pulmonalen Tumormetastasen werden eine ventrodorsale und je eine rechts und links anliegende laterolaterale Röntgenaufnahme des Thorax angefertigt. Die Tochtergeschwülste zeigen sich entweder als gut abgrenzbare, meist runde Gewebsknoten oder erscheinen als diffuse, feingranulierte interstitielle Verdichtungen. Knochenmetastasen finden sich gewöhnlich in Humerus, Femur oder Wirbelsäule. Röntgenologisch erscheinen sie als osteolytische Bezirke mit unterschiedlich starker periostaler Reaktion. Wenn die technischen Voraussetzungen vorliegen, kann das Ausmaß der Krankheit mit einer Knochen- und Lymphoszintigraphie abgegrenzt werden.

E. Abhängig von Geschwulstgröße, -verteilung und Metastasierungstendenz können Mammatumoren in drei Gruppen unterteilt werden, die sich hinsichtlich der Therapie unterscheiden. 1. Lokale Tumoren sind einzelne Neoplasien ohne Lymphknoten- oder Fernmetastasen. 2. Zur Gruppe der regionalen Tumoren gehören multiple Primärgeschwülste oder solitäre Neoplasien mit Lymphknotenbeteiligung. 3. Die Gruppe der disseminierten Tumoren umfaßt die entzündlich veränderten Zubildungen und alle Neoplasien mit Fernmetastasen.

F. Die operative Therapie solitärer Tumoren besteht in der Regel in der Resektion des betroffenen Milchleistenkomplexes (einfache Mastektomie) oder der Exzision der Drüse mit ihren dazugehörigen Lymphknoten (En-bloc-Resektion). Das exzidierte Gewebe sollte einer histopathologischen Untersuchung zugeführt werden. Lokal invasives und infiltratives Wachstum und große Tumoren (Durchmesser größer als 15 cm) verschlechtern die Prognose erheblich. Zum frühzeitigen Erkennen von Rezidiven sind regelmäßige Nachuntersuchungen anzuraten.

G. Das günstigste therapeutische Vorgehen bei regionalen Mammatumoren ist bisher noch nicht festgelegt. Alle betroffenen Mammakomplexe sollten exzidiert werden. Das gilt gleichermaßen für die betroffenen Lymphknoten (Axillarlymphknoten für den 1., 2. und 3. Komplex, die oberflächlichen Inguinallymphknoten für den 4. und 5. Komplex), insbesondere, wenn sie vergrößert sind (Abb. 1). Große Tumoren (Durchmesser mehr als 15 cm) mit einem lokal invasiven und

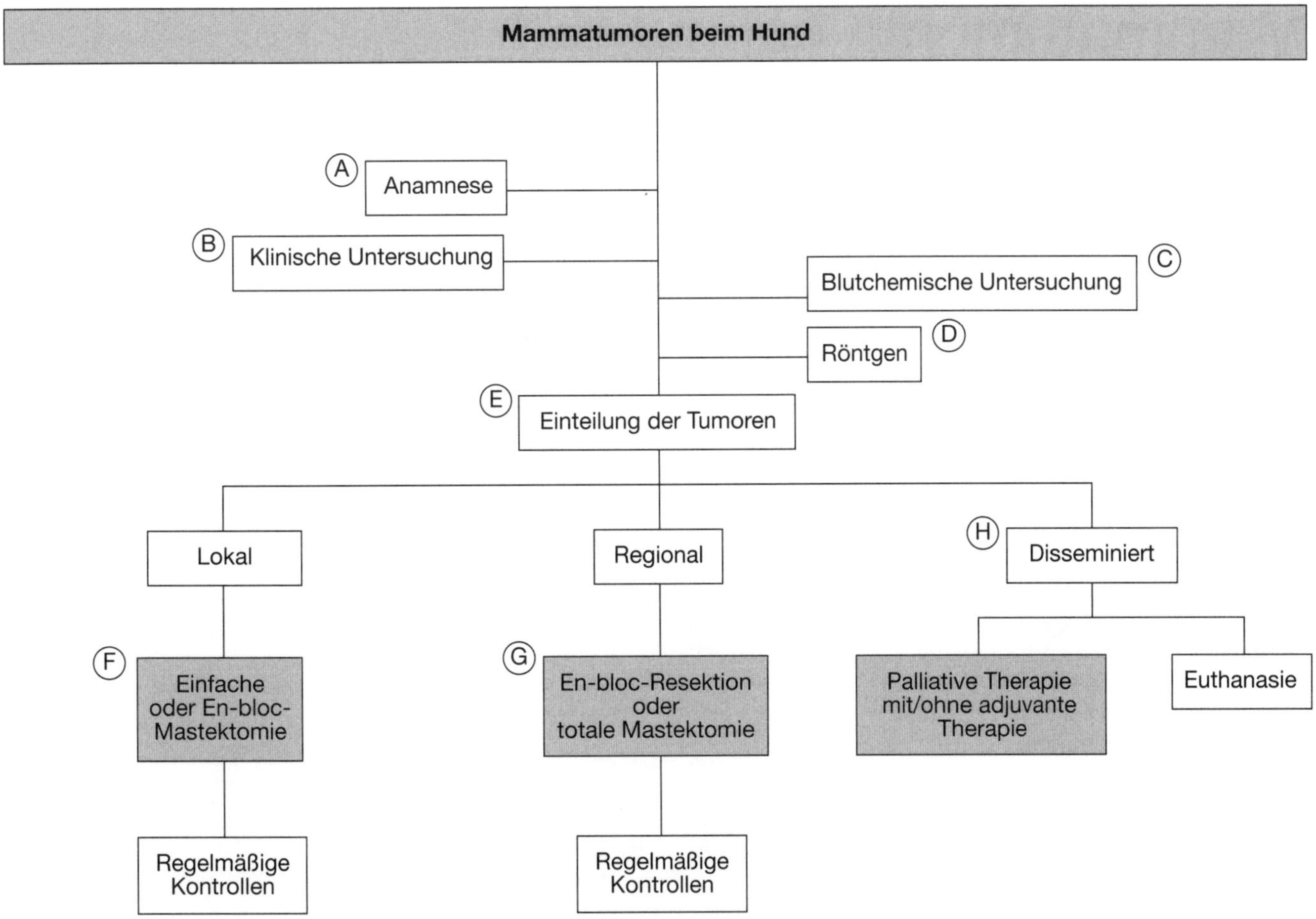

infiltrativen Wachstumsverhalten haben eine schlechte Prognose. Die Art des operativen Vorgehens und die Beteiligung der regionalen Lymphknoten sind von minimaler prognostischer Relevanz. Zur frühzeitigen Erkennung von Rezidiven sind Nachuntersuchungen in kürzeren Zeitabständen durchzuführen.

H. Zur Bestätigung eines entzündlichen oder metastatischen Karzinoms wird die Feinnadel- oder Inzisionsbiopsie empfohlen. Die palliative Exzision ist angezeigt, wenn der Tumor lediglich lokale Probleme bereitet. Bei lokalisierten Entzündungsprozessen kann auch eine Radiotherapie durchgeführt werden. Die Anwendung einer antineoplastischen Chemotherapie und Immunotherapie zur Behandlung metastasierender Tumoren befindet sich zur Zeit noch im Versuchsstadium. Wegen der schlechten Prognose und der häufig bestehenden klinischen Symptome ist im allgemeinen eher zur Euthanasie zu raten.

Literatur

1. Brodey RS, Goldschmidt MH, Roszel JR. Canine mammary gland neoplasms. JAAHA 1983; 19: 61.
2. Misdorp W, Hart AAM. Prognostic factors in canine mammary cancer. JNCI 1976; 56: 779.
3. Norris AM, Harauz G, Ege GN, Broxup B, Valli VEO et al. Lymphoscintigraphy in canine mammary neoplasia. Am J Vet Res 1982; 43: 195.
4. Susaneck SJ, Alen TA, Hoopes J, Withrow SJ, Macy DW. Inflammatory mammary carcinoma in the dog. JAAHA 1983; 19: 971.

Mammatumoren bei der Katze

Feline Mammatumoren sind mehrheitlich maligne und neigen zu Lymphknoten- und Lungenmetastasen. Das Risiko für Neoplasien und Hyperplasien der Mamma steigt unter Progesterontherapie. Die Ovariektomie verringert die Gefahr der Tumorbildung, wobei die Kastration vor dem ersten Östrus den größten Effekt zu haben scheint. Die Ovariektomie zum Zeitpunkt der Tumorentfernung ist von fraglichem Wert. Zur Verlängerung der postoperativen Überlebenszeit sind eine möglichst frühzeitige Diagnosestellung und eine aggressive Therapie Grundvoraussetzungen.

A. Der Anlaß der klinischen Untersuchung ist gewöhnlich ein asymptomatischer Mammatumor bei der mittelalten bis alten Katze. Unkastrierte Katzen haben gegenüber ovariektomierten ein etwa siebenmal höheres Tumorrisiko. Mammatumoren beim Kater sind äußerst selten.

B. In 60 % der Fälle finden sich multiple Neoplasien, wobei das Tumorrisiko für alle Mammarkomplexe gleich hoch ist. Die beiden proximalen Milchdrüsenkomplexe haben ihren Lymphabfluß über den Axillarlymphknoten, die beiden distalen über den Inguinallymphknoten (Abb. 1). Regionale Lymphadenopathie, große bzw. multiple Tumoren und die Infiltration der Haut oder der darunterliegenden Muskulatur sind Anzeichen eines fortgeschrittenen Krankheitsstadiums. Lungenmetastasen zeigen sich klinisch als Dyspnoe oder hypertrophe Osteopathie. Andere mit der Tumorerkrankung in Zusammenhang stehende Befunde sind Uteruserkrankungen, Aszites und Lymphödeme. Differentialdiagnostisch kommen Mastitis bei der laktierenden Kätzin und die fibroepitheliale Hyperplasie beim weiblichen Tier 1 bis 2 Wochen nach dem Östrus in Betracht.

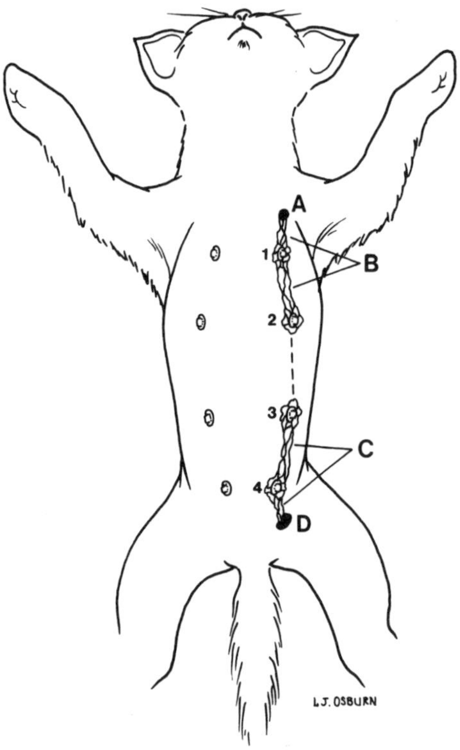

Abb. 1. Lymphabfluß der vier felinen Mammarkomplexpaare. A = Axillarlymphknoten; B = Lymphgefäße als Verbindung der zwei kranialen thorakalen Mammarkomplexe mit den Axillarlymphknoten; C = Lymphgefäße als Verbindung der zwei kaudalen Mammarkomplexe mit den oberflächlichen Inguinallymphknoten; D = Inguinallymphknoten.

C. Präoperativ empfiehlt sich die Durchführung einer blutchemischen Analyse. Anämie und Leukozytose sind als paraneoplastische Symptome mit dem Auftreten feliner Mammatumoren assoziiert. Die Feinnadelaspiration zur zytologischen Diagnose ist nicht generell empfehlenswert, da sich in vielen Tumoren größere Nekrosebezirke bilden, die schwer gegen entzündliche Prozesse abzugrenzen sind.

D. Zum Ausschluß von Lungenmetastasen werden Röntgenaufnahmen des Thorax mit ventrodorsalem sowie laterolateralem Strahlengang rechts und links anliegend angefertigt. Verdächtige Befunde sind gut abgegrenzte, runde Gewebeknötchen, flockige interstitielle oder miliare Veränderungen, Pleuraerguß und eine sternale Lymphadenopathie. In einem früheren Stadium der Metastasierung ist die Abgrenzung gegenüber altersbedingten Veränderungen oder inaktiven entzündlichen Läsionen häufig nicht möglich.

E. Basierend auf der Tumorgröße und der Metastasierungsneigung werden die felinen Mammatumoren in vier Grade unterteilt: Tumoren 1. Grades sind kleiner als 1 cm im Durchmesser und haben keine erkennbaren Lymphknoten- oder Fernmetastasen; in diese Kategorie fallen gewöhnlich die benignen Tumoren. Tumoren 2. Grades sind kleiner als 3 cm im Durchmesser und zeigen möglicherweise eine ipsilaterale Lymphknotenbeteiligung. Zu den Tumoren 3. Grades gehören solche mit einem Durchmesser von über 3 cm und alle Tumoren mit bilateralen Lymphknotenveränderungen. Grad 4 faßt alle Neoplasien der Mamma mit Fernmetastasierung zusammen.

F. Kleine, solitäre Geschwülste können durch die Exzision des betroffenen Mammarkomplexes (einfache Mastektomie) oder die Entfernung der Drüse samt dem korrespondierenden Lymphknoten (En-bloc-Resektion) therapiert werden. Da sich die meisten Mammatumoren als maligne erweisen, scheint das zweite Vorgehen empfehlenswerter. Die histopathologische Untersuchung des resezierten Gewebes ist essentiell. Ist die Neoplasie benigne oder wenig bösartig, ist das Tier zur frühen Rezidiverkennung in regelmäßigen Abständen zu kontrollieren. Ist der Tumor hochmaligne oder bereits in die Lymphbahnen eingebrochen, kann eine zusätzliche medikamentöse Therapie von Nutzen sein.

G. Durch die radikale oder vollständige Mastektomie können bei Katzen mit malignen Tumoren, im Vergleich zum weniger radikalen Vorgehen, die krankheitsfreien Intervalle signifikant verlängert werden. Bei dieser Operation werden alle vier Mammarkomplexe zusammen mit den ipsilateralen Lnn. axillares et inguinales superficiales reseziert. Im Falle bilateralen Tumorwachstums oder einer beidseitigen Lymphknotenbeteiligung wird die Operation der zweiten Milchleiste nach 3 bis 4 Wochen empfohlen. Im Ausnahmefall kann bei höchstbösartigen Mammatumoren auch eine gleichzeitige

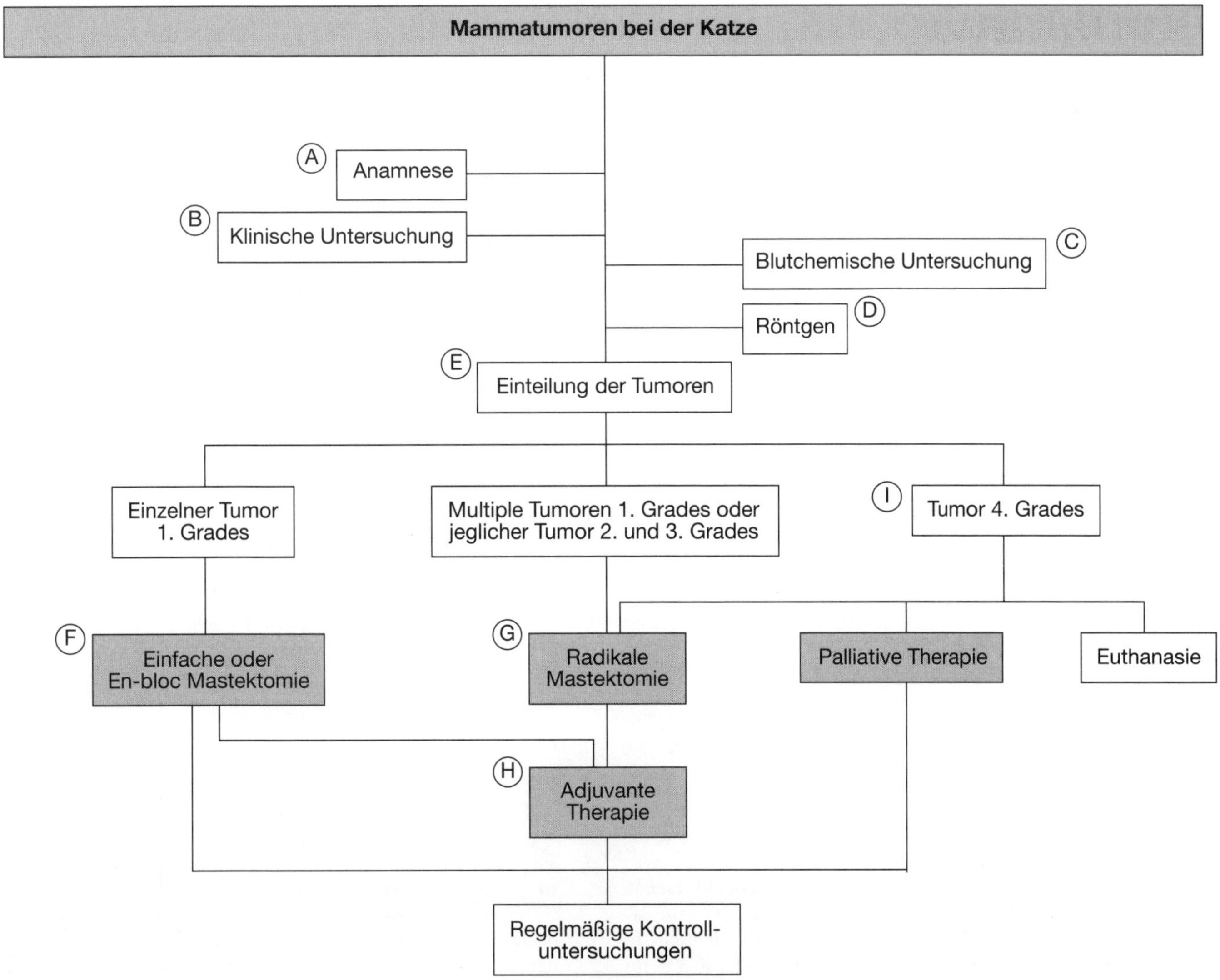

Resektion beider Milchleisten durchgeführt werden. Die pathohistologische Untersuchung der Tumoren und Lymphknoten ist unerläßlich. Bei hohem Malignitätsgrad oder Metastasierung in die regionären Lymphknoten kann eine adjuvante Chemotherapie in Erwägung gezogen werden.

H. Der Wert einer Bestrahlungstherapie bei felinen Mammatumoren wird erst untersucht. Die größte Wirkung auf die lokale Tumorkontrolle verspricht man sich von einer direkt postoperativ einsetzenden Behandlung. Da die meisten felinen Mammatumoren keine Östrogenrezeptoren haben, ist die Antiöstrogentherapie von zweifelhaftem Nutzen. Mit antineoplastischen Chemotherapeutika konnten bei minimaler Toxizität gewisse Erfolge erzielt werden. Für die frühzeitige Rezidiverkennung sind häufige Kontrolluntersuchungen unerläßlich.

I. Das therapeutische Vorgehen bei Tumoren 4. Grades hängt von der klinischen Symptomatik ab. Bei lediglich lokaler Symptomatik, ohne systemische Anzeichen für Metastasen oder andere Folgeerkrankungen, kann die palliative Tumorresektion vorübergehend Erleichterung verschaffen. Das operative Vorgehen beinhaltet die radikale Mastektomie mit nachfolgender systemischer antineoplastischer Therapie. Trotz der im klinischen Test relativ guten Ergebnisse nach Chemotherapie bleibt die Langzeitprognose für Tiere mit derartigen Tumoren schlecht.

Literatur

1. Brummer H. Erkrankungen des Geschlechtsapparates. In: Kraft W, Dürr UM. Katzenkrankheiten. Hannover: M u. H. Schaper, 1977.
2. Hayes AA, Mooney S. Feline mammary tumors. Vet Clin North Am (Small Anim Pract) 1985; 15: 513.
3. Jeglum KA, deGuzman E, Young KM. Chemotherapy of advanced mammary adenocarcinoma in 14 cats. JAVMA 1985; 187: 157.
4. MacEwen EG, Hayes AA, Harvey HJ, Patnaik AK, Mooney S et al. Prognostic factors for feline mammary tumors. JAVMA 1984; 185: 201.
5. Ogilvie GK. Feline mammary neoplasia. Comp Cont Ed 1983: 384.

Tumoren

Tumorerkrankungen bei Haustieren sind sehr häufig, wobei das Tumorrisiko mit zunehmendem Alter deutlich größer wird. Die am häufigsten betroffenen Organe beim Hund sind Haut und Milchdrüse, bei der Katze hingegen das hämolymphatische System.

A. Anamnestische Hinweise auf eine Tumorerkrankung sind eine persistierende Schwellung oder Zubildung, Lahmheit, chronische Blutung oder eitrige Sekretion, Gewichtsverlust, Anorexie, Schwierigkeiten bei der Futteraufnahme oder beim Atmen, Verlust von Ausdauer und Widerstandsfähigkeit und Veränderungen der Blasen- und Darmfunktion.

B. Eine sorgfältige allgemeine und spezielle klinische Untersuchung hilft bei der Lokalisierung der neoplastischen Veränderung. Seitenvergleichende Lymphknotenpalpation sowie weitergehende Untersuchungsverfahren wie Röntgen und Ultraschall erlauben eine Zuordnung der Erkrankung zu einem bestimmten Organsystem.

C. Der Umfang der einzuleitenden Laboruntersuchungen variiert mit dem Alter und der Konstitution des Patienten. Soll der Patient anästhesiert werden oder zeigt er Anzeichen einer systemischen Erkrankung oder eines paraneoplastischen Syndroms, sind blutchemische und Harnuntersuchungen angezeigt.

D. Eine Inzisions- oder Feinnadelbiopsie ist nur dann indiziert, wenn vom zytologischen Ergebnis Prognose oder therapeutisches Vorgehen abhängen. In allen anderen Fällen wird der Tumor exzidiert und anschließend histologisch untersucht. Da sowohl gutartige als auch bösartige Tumoren nach unvollständiger Exzision zu Rezidiven neigen, müssen vor allem die Ränder des Präparates auf tumoröse Veränderungen hin untersucht werden.

E. Granulome, Abszesse und bestimmte Pilzerkrankungen können tumorähnliche Befunde ergeben. Neoplasien können durch Sekundärinfektionen auch Entzündungserscheinungen aufweisen. Aus diesem Grund ist eine negative Biopsie bei Tumorverdacht stets zu wiederholen.

F. Benigne Tumoren wachsen selten lokal invasiv und entwickeln keine Fernmetastasen. Nach lokaler Tumorexzision ist die Prognose im allgemeinen gut.

G. Zur Bestimmung des Erkrankungsausmaßes sollten maligne Tumoren vor der Therapie in verschiedene Klassen eingeteilt werden. Sowohl Karzinome als auch Sarkome metastasieren hämatogen, vor allem in Lunge und Leber, Karzinome zusätzlich über das Lymphgefäßsystem. Vergrößerte regionäre Lymphknoten sind infolgedessen zu biopsieren, und zum Ausschluß einer Lungenbeteiligung wird der Thorax in drei Ebenen bei dorsoventralem und laterolateralem Strahlengang rechts und links anliegend geröntgt. Eine eventuell vorliegende generelle Lymphadenopathie und/oder Hepatomegalie kann mit Hilfe einer Röntgenaufnahme des Abdomens nachgewiesen werden. Knochenmarkaspirate dienen zum Nachweis metastatischer hämolymphatischer Tumoren.

H. Maligne Tumoren ohne das biologische Potential oder die klinischen Anzeichen einer Metastasierung werden lokal behandelt. Invasive Neoplasien oder solche mit hoher Metastasierungsneigung rechtfertigen auch ohne klinisch apparente Tochtergeschwülste eine systemische Therapie.

I. Die operative Entfernung des Tumors ist die gebräuchlichste lokale Therapie. Zur Sicherstellung der vollständigen Exzision sollte die Schnittführung rings um den Tumor mindestens 1 cm weit im gesunden Gewebe liegen. Maligne Tumoren fordern ein großzügigeres Vorgehen. Alle Grenzen des Resektats müssen histologisch nach verbliebenen Tumorzellen abgesucht werden, so daß im positiven Falle weitergehende Therapiemaßnahmen eingeleitet werden können. In Bereichen wie Augenlider und Mundhöhle ist die Kryochirurgie der konventionellen Chirurgie vorzuziehen. Die Bestrahlung kann als primäre Therapie oder als zusätzliche Maßnahme nach chirurgischer Exzision Anwendung finden. Normalerweise wird mit einer Dosis von 40–45 Gray in zehn Fraktionen über eine Periode von drei Wochen bestrahlt. Daneben wurden sowohl als Einzelbehandlung als auch in Kombination mit der Radiotherapie Hyperthermie und Chemotherapie versucht, um so die Remissionsrate zu erhöhen.

J. Die Therapie von Tumoren mit knotigen oder diffusen Metastasen besteht aus zwei Teilen: 1. der lokalen Therapie zur Reduktion des Tumorvolumens, 2. der systemischen Therapie zur Eindämmung der metastatischen Vorgänge. Eine Kombination aus Chemotherapie und Immuntherapie wurde sowohl präventiv als auch zur Behandlung bei bereits bestehenden Metastasen versucht. Solitäre Metastasen können auch operativ entfernt werden. Die Erfolgsaussichten dieses Vorgehens sind abhängig vom histologischen Typ des Tumors.

K. Alternativen zur aggressiven systemischen Therapie sind rein palliative Maßnahmen, die nur dazu dienen, die Lebensqualität des Patienten zu verbessern, ohne eine wirkliche Heilung erreichen zu können. Sie sind abhängig von den Beschwerden des Patienten und reichen von lokaler Exzision störender Tumormassen über antibiotische Therapie zur Eindämmung von Sekundärinfektionen bis zur Gabe von Analgetika oder anderer Therapeutika zur Bekämpfung der paraneoplastischen Symptome.

Literatur

1. Allen SW, Prasse KW. Cytologic diagnosis of neoplasia and perioperative implementation. Comp Cont Ed 1986; 8: 72.
2. Goldstein RS, Hess PW. Cryosurgical treatment of cancer. Vet Clin North Am 1977; 7: 51.
3. Withrow SJ, Lowes N. Biopsy techniques for use in small animal oncology. JAAHA 1981; 17: 889.

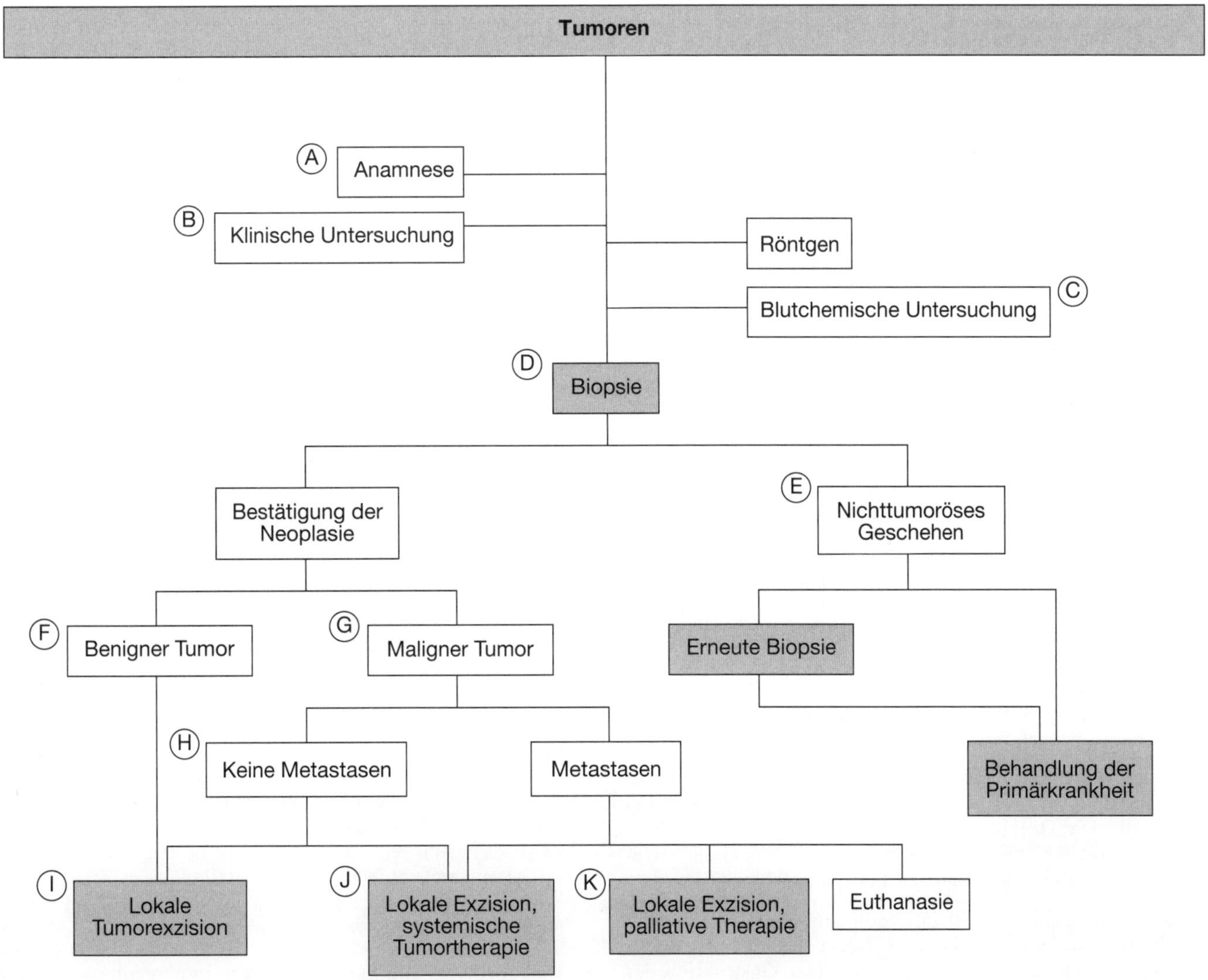
Tumoren
A
Anamnese
B
Klinische Untersuchung
Röntgen
Blutchemische Untersuchung
C
D
Biopsie
Bestätigung der Neoplasie
E
Nichttumoröses Geschehen
F
Benigner Tumor
G
Maligner Tumor
Erneute Biopsie
H
Keine Metastasen
Metastasen
Behandlung der Primärkrankheit
I
Lokale Tumorexzision
J
Lokale Exzision, systemische Tumortherapie
K
Lokale Exzision, palliative Therapie
Euthanasie

Abdominaler Flüssigkeitserguß

A. Die Befunde der anamnestischen Erhebungen bei Patienten mit Abdominalerguß variieren von akutem Trauma bis hin zu einem chronischen, sich ständig verschlechternden Verlauf. Die Palpation des flüssigkeitsgefüllten Abdomens ergibt eine hochgradig gespannte Bauchdecke und eine deutliche Undulation. Die Abdominalorgane können in der Regel nicht einzeln palpiert, wohl aber „ballotiert" werden.

B. Freie Bauchhöhlenflüssigkeit vermittelt röntgenologisch den Eindruck eines „verschwommenen" Abdomens. Dadurch ist die Identifizierung der einzelnen Bauchhöhlenorgane häufig nicht möglich. Nach der Abdominalpunktion und -drainage können weitere Röntgenuntersuchungen indiziert und hilfreich sein. Des weiteren kann eine Ultraschalluntersuchung des Abdomens die Diagnostik unterstützen.

C. Häufig ergibt die klinische Untersuchung Anzeichen für freie Flüssigkeit im Abdomen. Krankheitsbilder wie Hepato- und Splenomegalie, Adipositas, Schlaffheit der Abdominalmuskulatur (Cushing-Syndrom), maligne Tumoren, Pyometra, Trächtigkeit, Atonie der Harnblase, Urethraobstruktion mit Blasendilatation, Magenerweiterung und fortgeschrittene Obstipation müssen jedoch differentialdiagnostisch in Betracht gezogen werden.

D. Auf der Basis der klinischen Untersuchung sowie der Röntgenbefunde wird die Indikation zur Bauchhöhlenpunktion gestellt. Die Differentialdiagnose beruht auf zytologischen, biochemischen, bakteriologischen und mykologischen Untersuchungen der gewonnenen Flüssigkeit.

E. Die Bildung eines Transsudats beruht auf einem erniedrigten osmotischen Druck des Plasmas, einem erhöhten hydrostatischen Druck in den Kapillaren und einer Obstruktion der lymphabführenden Wege. Das Transsudat ist eine farblose, klare Flüssigkeit mit einer Proteinkonzentration von weniger als 3 g/dl und einer Zellzahl von weniger als 500/µl, hauptsächlich zusammengesetzt aus nichtdegenerativen Neutrophilen, Monozyten und basophilen mesothelialen Zellen.

F. Ein modifiziertes Transsudat entsteht ebenfalls durch die oben genannten Mechanismen und wird modifiziert durch den Zusatz von Proteinen oder Zellen einer hyperplastischen mesothelialen Auskleidung, eines mit der Bauchhöhle kommunizierenden Neoplasmas, gestauter Venolen oder verlegter Lymphbahnen. Die Eigenschaften des Transsudats variieren abhängig vom zugrundeliegenden pathologischen Prozeß.

G. Die Abdominalflüssigkeit bei kongestiver Kardiomyopathie ist rosa bis rot, gelegentlich leicht getrübt und weist eine Proteinkonzentration von 2,5–5 g/dl auf. Der Zellgehalt schwankt zwischen 300 und 5500/µl; neben Erythrozyten finden sich auch nichtdegenerative Neutrophile, basophile mesotheliale Zellen, Makrophagen und seltener Eosinophile (z. B. Dirofilariose) sowie Lymphozyten.

H. Bei einem Ascites chylosus ist die Flüssigkeit trüb und von weißer bis rötlicher, gelegentlich brauner Farbe. Der Proteingehalt ist größer als 3 g/dl oder 50 % der Plasmaproteinkonzentration. Der Zellgehalt liegt gewöhnlich unter 10 000/µl; kleine Lymphozyten dominieren mit einer variablen Menge nichtdegenerativer Neutrophiler. Bei chronischem Aszites ist die Lymphozytenzahl deutlich niedriger. Abhängig vom Ernährungszustand des Patienten finden sich sudanophile Tröpfchen, und die Flüssigkeit kann durch Alkalisierung sowie Ätherextraktion geklärt werden. Hinweise für einen Chyluserguß in die Bauchhöhle sind eine Triglyzeridkonzentration von mehr als 90 mg/dl und ein Cholesterol/Triglyzerid-Verhältnis von weniger als 1,0. In zweifelhaften Fällen kann die Lipoproteinelektrophorese hilfreich sein.

I. Pseudochylöse Ergüsse sind meist weiß und trüb mit variablem Protein- und Zellgehalt; die Triglyzeridkonzentration ist niedriger als im Serum. Als Ursache eines solchen Ergusses kommen z. B. Lymphome in Frage; der Zellgehalt liegt dann unter 10 000/µl und besteht hauptsächlich aus unreifen Lymphozyten.

J. Die durch ein Karzinom verursachte Obstruktion von Lymphbahnen verursacht einen Aszites mit hohem Proteingehalt (3–6 g/dl), aber mit einem Zellgehalt von weniger als 10 000 Zellen/µl. Neoplastische Zellen sind nicht immer nachweisbar, häufig aber Gruppen von hyperplastischen basophilen mesothelialen Zellen.

K. Gruppen von malignen Tumorzellen weisen auf das Vorliegen eines Mesothelioms hin; die Differenzierung von basophilen mesothelialen Zellen kann jedoch schwierig sein.

L. Exsudative Ergüsse sind die Folgen einer erhöhten vaskulären Permeabilität und Entzündung. Sie sind charakterisiert durch eine trübe, weiße, gelbe oder rosa Flüssigkeit mit einer Proteinkonzentration von mehr als 3 g/dl und einem Zellgehalt von mehr als 3000/µl, vornehmlich neutrophilen Granulozyten.

M. Ein nicht septisches Exsudat kann sich aus einem modifizierten Transsudat entwickeln. Es entsteht durch Irritation von Galle, Urin oder Pankreasenzymen. Die Neutrophilen sind nicht degenerativ.

N. Septische Exsudate werden durch Mikroorganismen verursacht; die primären Keime sind jedoch im zytologischen Präparat nicht immer nachweisbar. Die Neutrophilen sind in der Regel degenerativ. Bei einer Magen- oder Darmruptur können freie Bakterien oder Pflanzenfasern bzw. Futterpartikel nachgewiesen werden.

O. Bei der felinen infektiösen Peritonitis (FIP) sind die Neutrophilen nicht degenerativ. Exsudate, die durch eine Infektion mit Nocardia oder Aktinomyzeten verursacht werden, zeigen nur bei Assoziierung mit Kolonien degenerative Neutrophile. Aus diesem Grund haben Ausstriche ohne Kolonien ein nichtseptisches zytologisches Erscheinungsbild. Bei intensiver antibiotischer Therapie können auch septische Exsudate nichtdegenerative Neutrophile enthalten.

P. Die mit Hilfe der Peritoneallavage gewonnene Flüssigkeit hat bei der akuten Blutung (höchstens einige Stunden alt) einen Hämatokritwert von mehr als 5 %, sie besteht, neben der Spülflüssigkeit, aus nicht koaguliertem Blut mit einem dem peripheren Blut vergleichbaren Hämatokritwert, geringeren Protein- und weißen Blutzellwerten, jedoch einer ähnlichen Zellmorphologie und -verteilung. Blutplättchen und -aggregate finden sich ebenfalls, sie lysieren jedoch rasch. Nach der Sedimentation ist der Überstand gelblich oder rosa.

Q. Langandauernde oder zum Stillstand gekommene Blutungen sind durch eine rote bis violett-braune Flüssigkeit charakterisiert, die mißgestaltete Erythrozyten und hypersegmentierte Leukozyten, jedoch keine Blutplättchen enthält. Die Makrophagen enthalten phagozytierte Erythrozyten und Blutpigment. Nach der Sedimentation im Reagenzglas ist der Überstand gelb oder rosa.

Literatur

1. Crowe DT Jr, Crane SW. Diagnostic abdominal paracentesis and lavage in the evaluation of abdominal injuries in dogs and cats: clinical and experimental investigations. JAVMA 1976; 168: 700.
2. Duncan JR, Prasse KW. Catology in veterinary laboratory medicine and clinical pathology. 2nd ed. Ames, IA: Iowa State University Press, 1986: 201.
3. Ettinger SJ. Ascites, peritonitis and other causes of abdominal enlargement. In: Ettinger SJ, ed. Textbook of veterinary internal medicine. Philadelphia: WB Saunders, 1983: 121.
4. Flasshoff HJ. Aszites. In: Freudiger U, Grünbaum E-G, Schimke E, Hrsg. Klinik der Hundekrankheiten. Stuttgart: Fischer, 1986: 556.

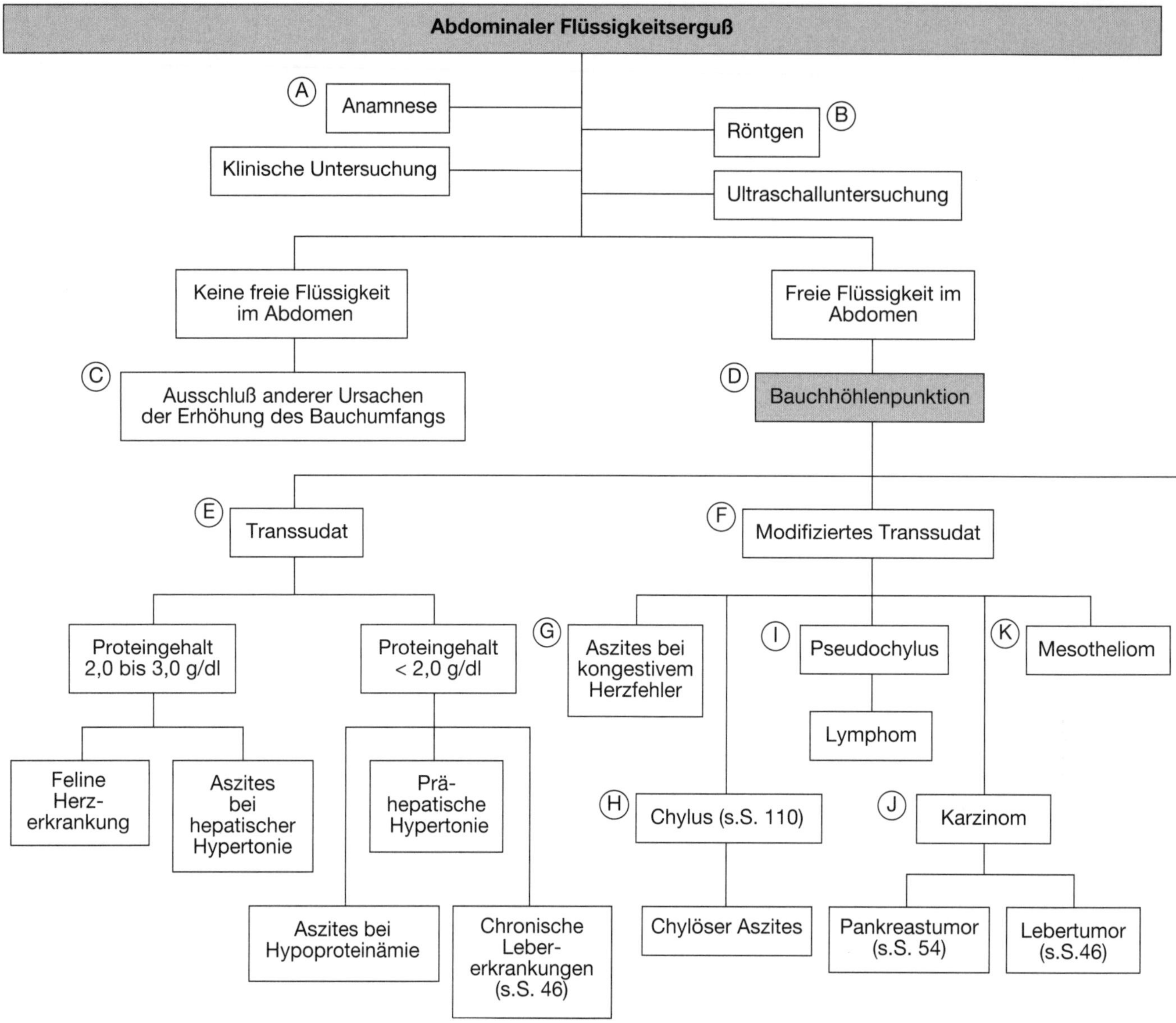

Abdominaler Flüssigkeitserguß
A
Anamnese
Klinische Untersuchung
Röntgen
B
Ultraschalluntersuchung
Keine freie Flüssigkeit im Abdomen
Freie Flüssigkeit im Abdomen
C
Ausschluß anderer Ursachen der Erhöhung des Bauchumfangs
D
Bauchhöhlenpunktion
E
Transsudat
F
Modifiziertes Transsudat
Proteingehalt 2,0 bis 3,0 g/dl
Proteingehalt < 2,0 g/dl
G
Aszites bei kongestivem Herzfehler
I
Pseudochylus
K
Mesotheliom
Lymphom
Feline Herzerkrankung
Aszites bei hepatischer Hypertonie
Prähepatische Hypertonie
H
Chylus (s.S. 110)
J
Karzinom
Aszites bei Hypoproteinämie
Chronische Lebererkrankungen (s.S. 46)
Chylöser Aszites
Pankreastumor (s.S. 54)
Lebertumor (s.S.46)

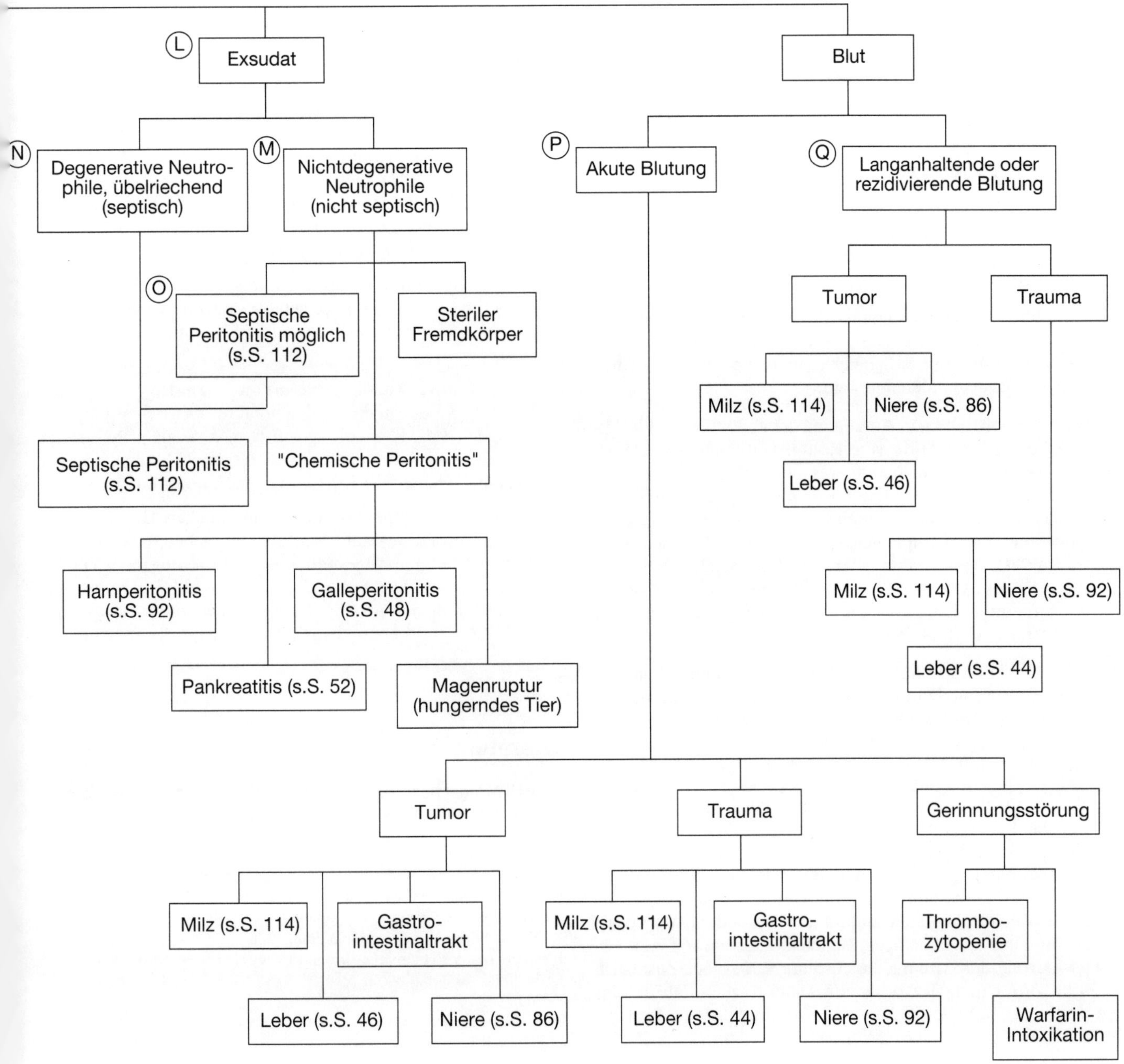

L
Exsudat
Blut
N
Degenerative Neutrophile, übelriechend (septisch)
M
Nichtdegenerative Neutrophile (nicht septisch)
P
Akute Blutung
Q
Langanhaltende oder rezidivierende Blutung
O
Septische Peritonitis möglich (s.S. 112)
Steriler Fremdkörper
Tumor
Trauma
Milz (s.S. 114)
Niere (s.S. 86)
Leber (s.S. 46)
Septische Peritonitis (s.S. 112)
"Chemische Peritonitis"
Harnperitonitis (s.S. 92)
Galleperitonitis (s.S. 48)
Milz (s.S. 114)
Niere (s.S. 92)
Leber (s.S. 44)
Pankreatitis (s.S. 52)
Magenruptur (hungerndes Tier)
Tumor
Trauma
Gerinnungsstörung
Milz (s.S. 114)
Gastrointestinaltrakt
Milz (s.S. 114)
Gastrointestinaltrakt
Thrombozytopenie
Leber (s.S. 46)
Niere (s.S. 86)
Leber (s.S. 44)
Niere (s.S. 92)
Warfarin-Intoxikation

Der chylöse Bauchhöhlenerguß

A. Im Zusammenhang mit einem Trauma oder einer vorangegangenen Bauchhöhlenoperation kann die Ruptur der Cisterna chyli oder eines größeren abdominalen Lymphgefäßes zunächst einige Tage klinisch inapparent bleiben. In dieser Zeit zeigt der Patient ein nur geringgradig gedämpftes Allgemeinbefinden mit reduzierter physischer Belastbarkeit. Weitere Befunde sind eine relative Zunahme des Bauchumfangs und ein generalisierter Muskelschwund. Bei stärkerer Zunahme des Abdominalergusses treten Dyspnoe und Erbrechen auf. Häufig wird in der Anamnese weder ein Trauma noch eine hiermit im Zusammenhang stehende Erkrankung erwähnt, der Erguß scheint spontan zu entstehen. Bei gleichzeitiger intestinaler Lymphangiektasie kann Diarrhö auftreten.

B. Klinische Befunde sind Dehydratation, schlechte körperliche Konstitution mit oder ohne korrespondierendem Ödem oder eine flüssigkeitsgefüllte Bauchhöhle mit oder ohne abdominalem Schmerz. Bisweilen kann eine Umfangsvermehrung im Abdomen palpiert werden, ebenso können Dyspnoe und Tachykardie auftreten.

C. Lymphopenie, Hypoalbuminämie, Hypokalzämie und Hypoproteinämie sind die wichtigsten hämatologischen und biochemischen Befunde. Zusätzlich kann eine Eisenmangelanämie vorliegen.

D. Eine über Bauchhöhlenpunktion gewonnene milchige bis rosa Flüssigkeit mit einem Triglyzeridgehalt von mehr als 90 mg/dl ist sehr wahrscheinlich Lymphe und weist auf einen chylösen Bauchhöhlenerguß hin.

E. Nach der vollständigen Absaugung der abdominalen Flüssigkeit können mit Hilfe von Röntgenaufnahmen eventuell vorliegende Bauchhöhlentumoren oder intestinale Obstruktionen erkannt werden. Die Zusammenhangstrennung eines kleineren abdominalen Lymphweges oder der Cisterna chyli kann mit einer Lymphangiographie (wasserlösliches Kontrastmittel) über ein im Bereich des Metatarsus dorsal verlaufendes Lymphgefäß dargestellt werden, da die Lymphe der afferenten Lymphbahnen der Beckengliedmaßen über die Cisterna chyli abfließt.

F. Ein chylöser Bauchhöhlenerguß kann im Zusammenhang mit folgenden Krankheiten festgestellt werden: Pankreatitis, Lymphom, Dirofilariose, kardiovaskuläre Erkrankungen, Nierenschäden und pathologische Befunde am Ductus thoracicus; sie sind differentialdiagnostisch auszuschließen.

G. Tritt der Ascites chylosus nach einer kürzlich durchgeführten Bauchhöhlenoperation auf und liegen zum Zeitpunkt der Untersuchung keine palpierbaren oder röntgenologisch nachweisbaren pathologischen Befunde und keine Anzeichen einer septischen Peritonitis vor, so wird zunächst ein konservatives Vorgehen empfohlen. Besonders wichtig ist neben einer regelmäßigen Bauchhöhlenpunktion zur Erleichterung der Atmung die absolute Käfigruhe. Zusätzlich sollte für ca. eine Woche nur Diätfutter, bestehend aus magerem Hüttenkäse, Reis und Öl mittelkettiger Triglyzeride mit Zusatz eines Multivitaminpräparats, angeboten werden.

H. Die konservative Therapie ist nur selten erfolgreich. In den meisten Fällen muß über die diagnostische Laparotomie der Grund des Ergusses ermittelt werden. Zwei Stunden präoperativ erhält der Patient 3 ml/kg KG pflanzliches Öl, die zusätzliche Menge von 1 ml/kg KG direkt vor der Narkoseeinleitung. Das Öl wird in Triglyzeride gespalten und gelangt in die Lymphbahnen, die dadurch weiß und dilatiert aussehen. Eventuelle Zusammenhangstrennungen können meist problemlos erkannt werden.

I. Tumoren sollten, soweit möglich, reseziert werden. Nach der Charakterisierung des Tumors kann sich eine Chemotherapie anschließen. Bei Inoperabilität der Neoplasie oder mangelhaftem Ansprechen auf die Chemotherapie sollte zur Euthanasie geraten werden.

J. Ist die Cisterna chyli rupturiert, sollte ein primärer Verschluß versucht werden. Da sich dies wegen der Brüchigkeit der Gefäßwand häufig recht schwierig gestaltet, kann alternativ ein Teil des großen Netzes zur Abdeckung über den Defekt genäht werden. Rupturierte Lymphgefäße werden kranial und kaudal des Defektes ligiert. Eine Woche postoperativ darf nur Diätfutter angeboten werden. Unter ständiger klinischer Überwachung wird dann langsam wieder auf die normale Ernährung übergegangen.

K. Bei Verdacht einer Lymphangiektasie oder bei Fehlen einer größeren Läsion im Lymphgefäßsystem sollten Mesenteriallymphknoten sowie Duodenum und Jejunum biopsiert werden.

L. Die definitive Therapie basiert auf den Ergebnissen der Biopsie und der mykologischen/bakteriologischen Untersuchungen (BU). Kann die spezifische Ätiologie nicht erkannt werden, wird neben strengen diätetischen Maßnahmen ein Therapieversuch mit Kortikosteroiden unternommen.

M. Zeigt die Initialtherapie keinen merklichen Erfolg, ist die Langzeitprognose relativ schlecht. In solchen Fällen muß die Kortisontherapie eingestellt, die Diätfütterung jedoch beibehalten werden. Die vollständige parenterale Ernährung oder ein peritoneovenöser Shunt können, neben der Euthanasie, als Ultima ratio ebenfalls in Erwägung gezogen werden.

Literatur

1. Asch MJ, Sherman NJ. Management of refractory chylous ascites by total parenteral nutrition. J Pediatr 1979; 94: 260.
2. Fossum TW, Jacobs RM, Bischard SJ. Evaluation of cholesterol and triglyceride concentrations in differentiating chylous and non-chylous pleural effusions in dogs and cats. JAVMA 1986; 188(1): 49.
3. Sherding RG. Diseases of the small bowel. In: Ettinger SJ, ed. Textbook of veterinary internal medicine. Diseases of the dog and cat. Philadelphia: WB Saunders, 1983: 1278.
4. Staats BA, Ellefson RD, Budahn LL et al. The lipoprotein profile of chylous and non-chylous pleural effusions. Mayo Clin Proc 1980; 55: 700.
5. Walshaw R. Surgical diseases of the liver and biliary system. In: Slatter DH, ed. Textbook of small animal surgery. Philadelphia: WB Saunders, 1985: 798.

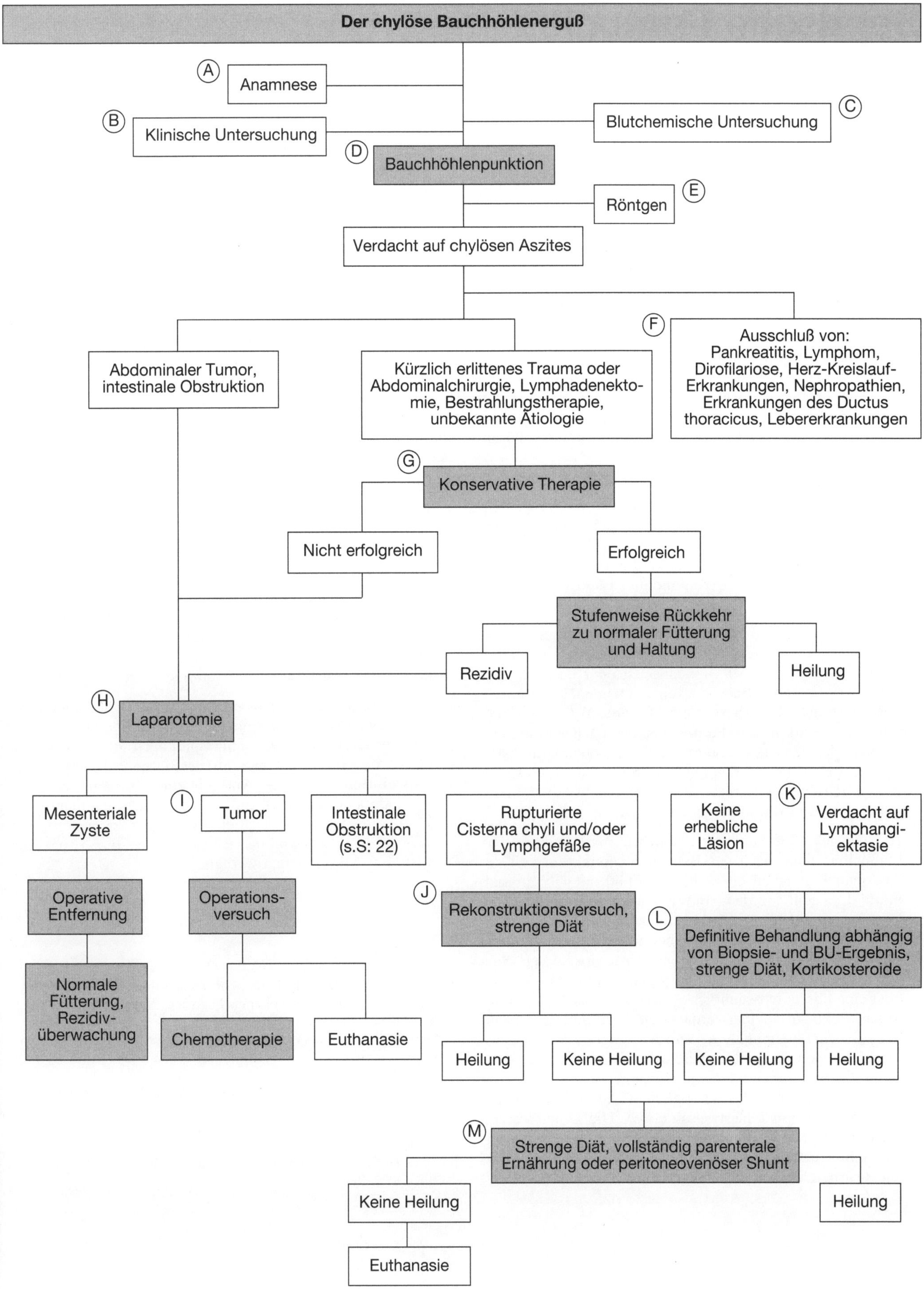
Der chylöse Bauchhöhlenerguß
A
Anamnese
B
Klinische Untersuchung
C
Blutchemische Untersuchung
D
Bauchhöhlenpunktion
E
Röntgen
Verdacht auf chylösen Aszites
Abdominaler Tumor, intestinale Obstruktion
Kürzlich erlittenes Trauma oder Abdominalchirurgie, Lymphadenektomie, Bestrahlungstherapie, unbekannte Ätiologie
F
Ausschluß von: Pankreatitis, Lymphom, Dirofilariose, Herz-Kreislauf-Erkrankungen, Nephropathien, Erkrankungen des Ductus thoracicus, Lebererkrankungen
G
Konservative Therapie
Nicht erfolgreich
Erfolgreich
Stufenweise Rückkehr zu normaler Fütterung und Haltung
Rezidiv
Heilung
H
Laparotomie
Mesenteriale Zyste
I
Tumor
Intestinale Obstruktion (s.S: 22)
Rupturierte Cisterna chyli und/oder Lymphgefäße
Keine erhebliche Läsion
K
Verdacht auf Lymphangiektasie
Operative Entfernung
Operationsversuch
J
Rekonstruktionsversuch, strenge Diät
L
Definitive Behandlung abhängig von Biopsie- und BU-Ergebnis, strenge Diät, Kortikosteroide
Normale Fütterung, Rezidivüberwachung
Chemotherapie
Euthanasie
Heilung
Keine Heilung
Keine Heilung
Heilung
M
Strenge Diät, vollständig parenterale Ernährung oder peritoneovenöser Shunt
Keine Heilung
Heilung
Euthanasie

Septische Peritonitis

A. Abgesehen von kürzlich erfolgter Abdominalchirurgie oder einem akuten Trauma ist die Anamnese häufig unspezifisch. Die primäre Peritonitis hat ein progressiv schlechter werdendes Allgemeinbefinden, Anorexie, Erbrechen und eine Zunahme des Bauchumfangs über einen Zeitraum von mehreren Tagen bis einigen Wochen zur Folge. Die sekundäre Peritonitis kennzeichnen Beschwerden wie akutes, schmerzhaftes bzw. aufgezogenes Abdomen, reduziertes Allgemeinbefinden und Erbrechen.

B. Injizierte Schleimhäute, langsame Kapillarwiederfüllungszeit, Ileuszeichen und Ansammlung abdominaler Flüssigkeit sind typische Symptome einer Peritonitis. Der Patient kann Fieber haben; bei alten oder entkräfteten Tieren oder als Folge des hypodynamischen Schocks kann die Körpertemperatur jedoch auch physiologisch oder sogar erniedrigt sein. Die Palpation des Abdomens führt oft zu Schmerzäußerungen oder Erbrechen.

C. Häufig liegt eine ausgeprägte neutrophile Leukozytose mit Linksverschiebung vor. Als Folge des massiven Verbrauchs der Neutrophilen zeigt sich gelegentlich auch eine eher milde Leukozytose mit degenerativer Linksverschiebung. Die diffuse Peritonitis kann zur Dehydratation und damit zu einer metabolischen Azidose, Azotämie und Elektrolytimbalanz führen.

D. Freie Luft im Abdomen ist immer ein Hinweis auf Zusammenhangstrennungen im Gastrointestinaltrakt, die Anwesenheit gasbildender Mikroorganismen oder das Vorliegen einer perforierenden Bauchdeckenverletzung. Nach Laparotomien ist physiologischerweise bis zu einer Woche postoperativ noch Luft in der Peritonealhöhle nachweisbar. Der paralytische Ileus ist ein relativ häufiger Nebenbefund. Bei Verdacht einer Perforation im Bereich des Gastrointestinaltraktes darf weder Bariumsulfat noch ein hyperosmolares jodhaltiges Kontrastmittel gegeben werden.

E. Als aussagekräfigste und schnell durchführbare diagnostische Maßnahme kann nach der Bauchhöhlenpunktion von der Abdominalflüssigkeit ein weißes Blutbild mit Differentialblutbild erstellt werden. Bei gesunden Tieren liegt die Leukozytenzahl im allgemeinen unter 1000/µl. Mehr als 3000 Leukozyten/µl mit über 5 % degenerativen Neutrophilen sind stark verdächtig für eine septische Peritonitis, desgleichen der Nachweis degenerativer Neutrophiler mit intrazellulären oder eine überdurchschnittliche Anzahl extrazellulärer Bakterien. Bei begründetem Verdacht auf Peritonitis und negativer Bauchhöhlenpunktion kann die diagnostische Peritoneallavage weiterhelfen. Sie wird dann als positiv angesehen, wenn die gewonnene Flüssigkeit stark blutig oder trüb erscheint und sich in der zytologischen Untersuchung degenerative Neutrophile nachweisen lassen. Die Zellen werden nach Gram gefärbt; eine mykologische sowie bakteriologische Untersuchung auf aerobe bzw. anaerobe Keime sowie ein Resistenztest vervollständigen die Diagnostik.

F. Die primäre (spontane oder idiopathische) Peritonitis ist sehr selten. Im allgemeinen ist nur eine Keimart nachweisbar, daneben kommen auch Viren als Krankheitsursache (z. B. bei feliner infektiöser Peritonitis) in Frage. Aus den Befunden wird nur dann die Diagnose primäre Peritonitis gestellt, wenn weder aus dem Vorbericht noch durch klinische, radiologische bzw. zytologische Untersuchungen Anzeichen einer Läsion gefunden werden konnten.

G. Lassen die radiologischen, zytologischen, biochemischen oder klinischen Befunde auf eine sekundäre Peritonitis schließen, besteht die Indikation zur diagnostischen Laparotomie. Wenn der Patient zum Zeitpunkt der Bauchhöhlenpunktion bereits unter antibiotischer Therapie stand, kann das Ergebnis der zytologischen Untersuchung einen nichtseptischen Prozeß vortäuschen, da sich weder Keime noch degenerative Neutrophile im Sediment nachweisen lassen.

H. Die Erkrankung wird auch dann als primäre Peritonitis angesehen und entsprechend behandelt, wenn im Rahmen der Laparotomie keine chirurgisch zu versorgenden Befunde erhoben werden konnten.

I. Die definitive Therapie beruht auf den Ergebnissen der bakteriologischen Untersuchung. Die Gabe wirksamer Antibiotika und eine intermittierende Peritoneallavage führen meist zur Besserung der Befunde. Die Morbidität und Mortalität durch Wundinfektionen und schlechte Heilungstendenzen ist bei Patienten mit primärer Peritonitis und erfolgter diagnostischer Laparotomie deutlich erhöht.

J. Die wichtigste Therapiemaßnahme ist die Bauchhöhlendrainage bzw. -lavage. Sie kann in Form kontinuierlicher oder intermittierender Bauchhöhlenspülungen oder über eine offene Bauchhöhlenlavage durchgeführt werden, wobei die Eviszeration durch das Anlegen eines sterilen Verbandes verhindert werden muß. Initial sind Breitspektrumantibiotika zu applizieren, die nach dem Vorliegen des bakteriologischen Ergebnisses und des Resistenztestes durch spezifisch wirksame Mittel ersetzt werden.

Literatur

1. Crowe DT, Bjorling DE. Peritoneum and peritoneal cavity. In: Slatter DH, ed. Textbook of small animal surgery. Philadelphia: WB Saunders, 1985: 571.
2. Duncan JR, Prasse KW. Cytology in veterinary laboratory medicine. Clinical pathology. 2nd ed. Ames, IA: Iowa State University Press 1986: 201.
3. Hoffer RE. Peritonitis. In: Bojrab MJ, Praxis der Kleintierchirurgie. Stuttgart: Enke, 1981: 180.
4. Hunt CA. Diagnostic peritoneal paracentesis and lavage. Comp Cont Ed 1980; 11(6): 449.
5. Lee AH, Swaim SF, Henderson RA. Surgical drainage. Comp Cont Ed 1986; 8(2): 94.

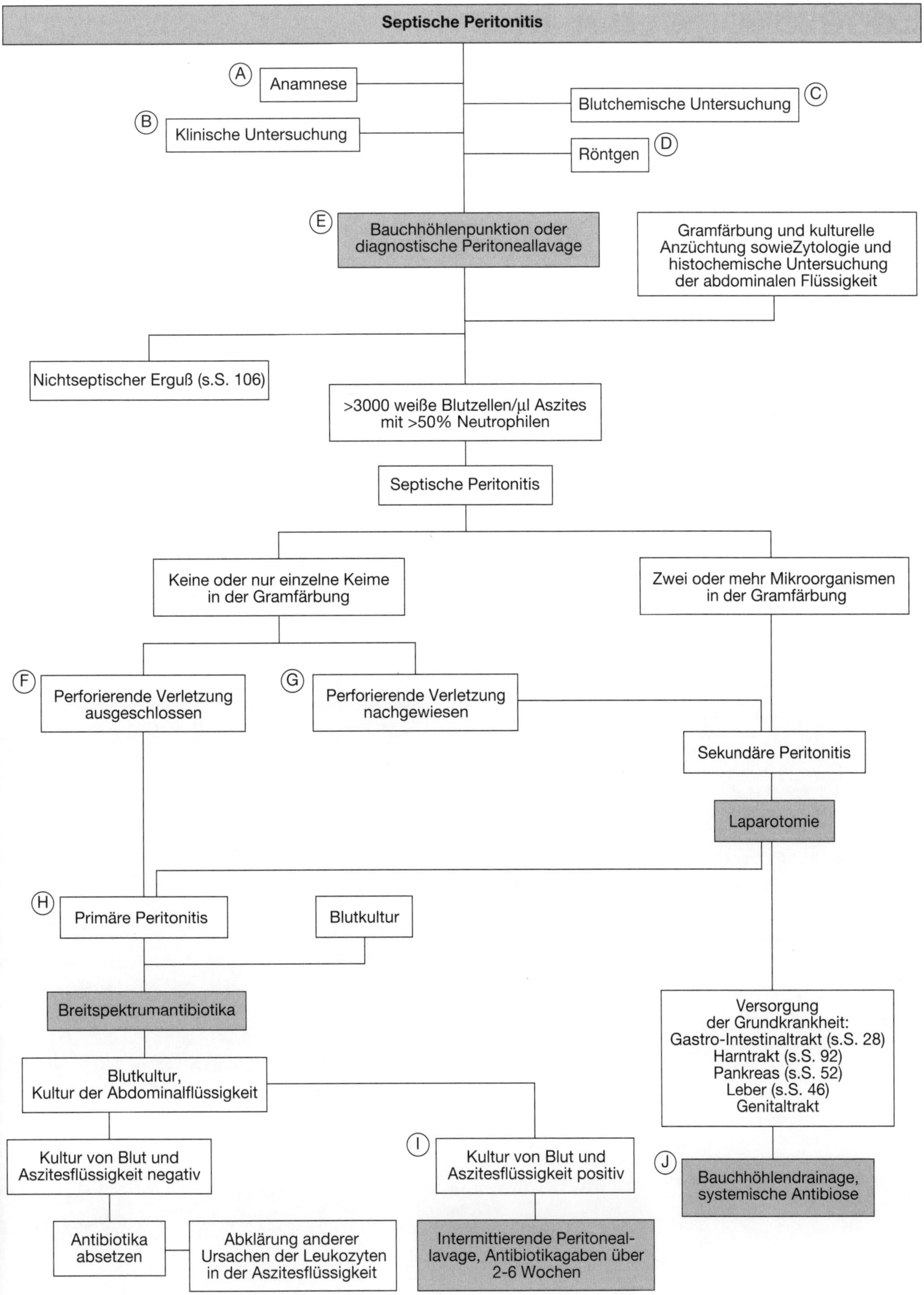
Septische Peritonitis
A Anamnese
B Klinische Untersuchung
Blutchemische Untersuchung C
Röntgen D
E Bauchhöhlenpunktion oder diagnostische Peritoneallavage
Gramfärbung und kulturelle Anzüchtung sowieZytologie und histochemische Untersuchung der abdominalen Flüssigkeit
Nichtseptischer Erguß (s.S. 106)
>3000 weiße Blutzellen/µl Aszites mit >50% Neutrophilen
Septische Peritonitis
Keine oder nur einzelne Keime in der Gramfärbung
Zwei oder mehr Mikroorganismen in der Gramfärbung
F Perforierende Verletzung ausgeschlossen
G Perforierende Verletzung nachgewiesen
Sekundäre Peritonitis
Laparotomie
H Primäre Peritonitis
Blutkultur
Breitspektrumantibiotika
Versorgung der Grundkrankheit: Gastro-Intestinaltrakt (s.S. 28) Harntrakt (s.S. 92) Pankreas (s.S. 52) Leber (s.S. 46) Genitaltrakt
Blutkultur, Kultur der Abdominalflüssigkeit
Kultur von Blut und Aszitesflüssigkeit negativ
I Kultur von Blut und Aszitesflüssigkeit positiv
J Bauchhöhlendrainage, systemische Antibiose
Antibiotika absetzen
Abklärung anderer Ursachen der Leukozyten in der Aszitesflüssigkeit
Intermittierende Peritoneal-lavage, Antibiotikagaben über 2-6 Wochen

Erkrankungen der Milz

Die Milz kann zwar in eine große Zahl von Krankheitsprozessen involviert werden, ihre Reaktionsmöglichkeiten auf die verschiedenen Noxen sind jedoch nur sehr beschränkt. Demzufolge ist die Splenomegalie ein klinisches Symptom und keine Diagnose. Vor der Festsetzung eines Therapieplans muß die zugrundeliegende Krankheit ermittelt werden.

A. Die Anamnese eines „milzkranken" Tieres ist meist vage und unspezifisch. Der Verlauf kann akut, chronisch und intermittierend sein. Abhängig von der Primärkrankheit können die anamnestischen Befunde von plötzlichem Kollaps oder abdominalem Schmerz bis zu Erbrechen, Gewichtsverlust oder unspezifischer Beeinträchtigung des Wohlbefindens reichen.

B. Die abdominale Palpation ergibt häufig eine Splenomegalie. Eine vorsichtige manuelle Untersuchung erlaubt die Differenzierung einer asymmetrischen Milzvergrößerung von anderen Umfangsvermehrungen im kranialen Abdomen. Alle weiteren zusätzlichen pathologischen Befunde, die während der klinischen Untersuchung auffallen, können Hinweise auf die zugrundeliegende Problematik liefern.

C. Röntgenologisch stellt sich die Splenomegalie als Vergrößerung des Milzschattens, Vorliegen einer dichteren Umfangsvermehrung im Bereich der Milz oder durch entsprechende Verdrängung benachbarter Organe dar. Sind die Röntgenaufnahmen nicht aussagekräftig, kann durch weitere Untersuchungsverfahren wie Ultraschall und Pneumoperitoneographie mehr diagnostische Aussagekraft gewonnen werden.

D. Die kongestive Splenomegalie kann Folge der Applikation bestimmter pharmakologischer Wirkstoffe wie Barbiturate, Phenothiazine und Butyrophenone sein. Bei der Beurteilung der Milzgröße eines anästhesierten Tieres muß dieses Phänomen berücksichtigt werden.

E. Die Milztorsion kommt sowohl als Folge der Magendrehung als auch als eigenständiges Krankheitsbild vor. Obgleich der Beginn der klinischen Beschwerden in der Regel akut ist, werden die Patienten auch mit länger andauernder oder intermittierender Symptomatik vorgestellt. Gelegentlicher Nebenbefund ist eine Anämie unterschiedlichen Schweregrades.

F. Zur Diagnostik und genaueren Beurteilung eines tumorösen Geschehens sollte eine Feinnadelaspiration durchgeführt werden. Bei Verdacht eines Hämangiosarkoms oder Blutgerinnungsstörungen ist sie jedoch kontraindiziert. Da die meisten Neoplasien, die eine symmetrische Splenomegalie verursachen, auf diffusen myelo- oder lymphoproliferativen Krankheiten beruhen, ist die systemische Chemotherapie Mittel der Wahl. Eine Ausnahme von dieser Regel macht die feline systemische Mastozytose, da hier die alleinige Splenektomie oft zu guten Erfolgen geführt hat.

G. Bei Autoimmunerkrankungen wie der autoimmunen hämolytischen Anämie, der autoimmunen Thrombozytopenie und dem systemischen Lupus erythematodes, deren Symptomatik durch eine adäquate immunsuppressive Therapie nicht ausreichend gebessert werden konnte, können der Splenektomie gewisse positive Auswirkungen nicht abgesprochen werden. Da die Ergebnisse jedoch stark variieren, ist sie nur in solchen Fällen angezeigt, in denen alle medikamentösen Behandlungsmöglichkeiten bereits ausgeschöpft wurden.

H. Der häufigste Milztumor ist das Hämangiosarkom. Dieser hochmaligne Tumor hat zum Zeitpunkt der Diagnosestellung im allgemeinen bereits Metastasen ausgebildet. Die Langzeitprognose ist infolgedessen infaust und die Splenektomie immer nur eine palliative Maßnahme, mit der man dem Patienten für einige Monate eine bessere Lebensqualität verschaffen kann.

I. Bei einem diffusen Milztrauma ist eine Splenektomie häufig unvermeidbar. In diesen Fällen kann durch die Aussaat einzelner Milzzellhaufen in Taschen des großen Netzes ein großer Teil der Milzfunktionen erhalten werden. Ansonsten sollte man stets einer Teilresektion den Vorzug geben.

Literatur

1. Feldman BF, Zinkl JG. Diseases of the lymphnodes and spleen. In: Ettinger SJ, ed. Textbook of veterinary internal medicine. 2nd ed. Philadelphia: WB Saunders, 1983: 2067.
2. Ittner J. Zur Frage der Autotransplantation der Milz beim Hund: Hämatologische und zellimmunologische Befunde nach Splenektomie sowie Prävention der Folgen des Milzverlustes durch heterotope Autotransplantation. Vet med Diss, München 1983.
3. Lipowitz AJ et al. The spleen. In: Slatter DH, ed. Textbook of small animal surgery. Philadelphia: WB Saunders, 1985: 1204.
4. Nagel ML, Tellhelm B, Haasper A. Emphysem und Torsion der Milz beim Hund. Kleintierpraxis 1988; 33: 135.
5. Stevenson S. Surgical techniques of the spleen. In: Bojrab MJ, ed. Current techniques in small animal surgery. 2nd ed. Philadelphia: Lea & Febiger, 1983: 486.

Erkrankungen der Milz

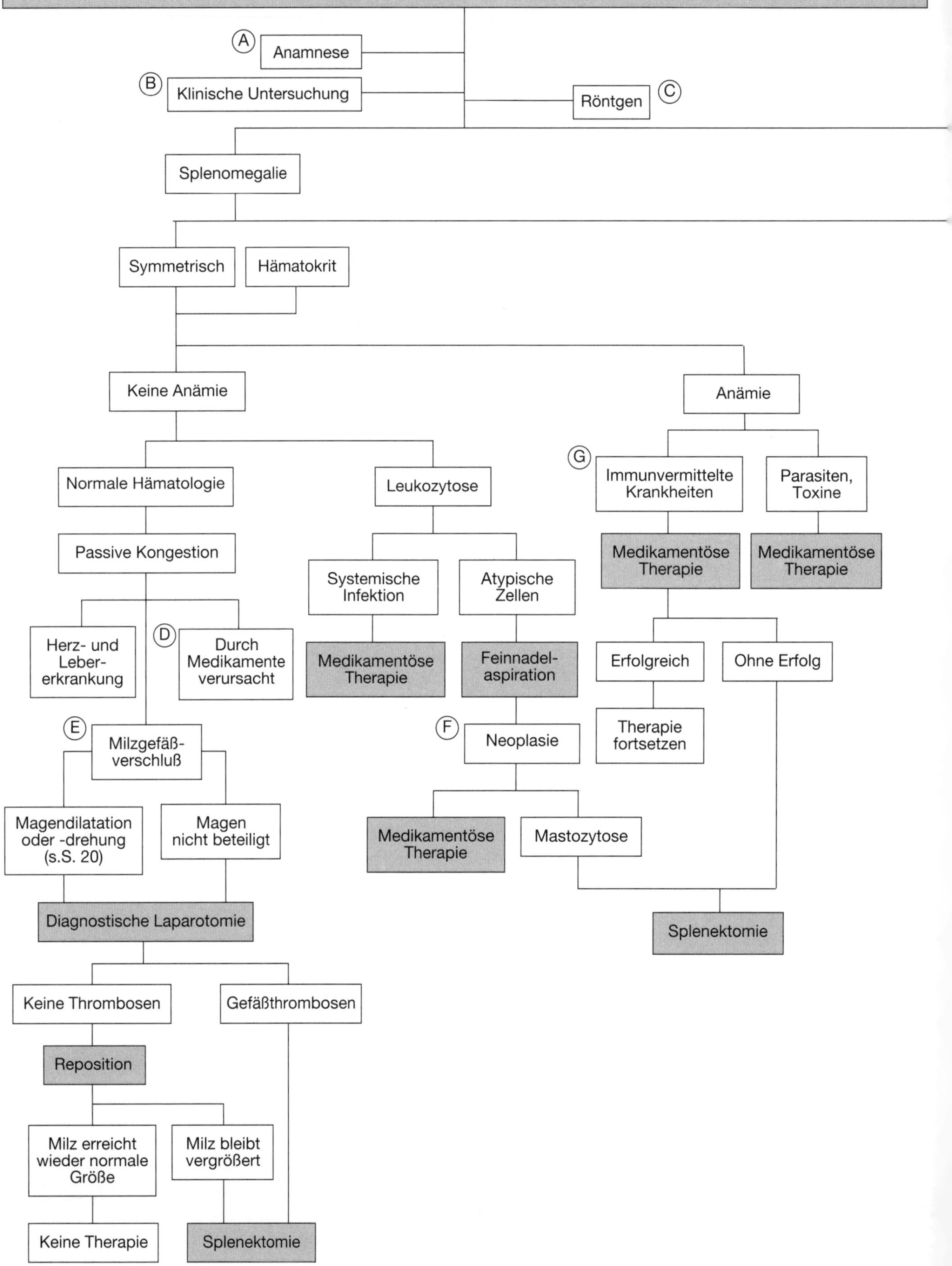

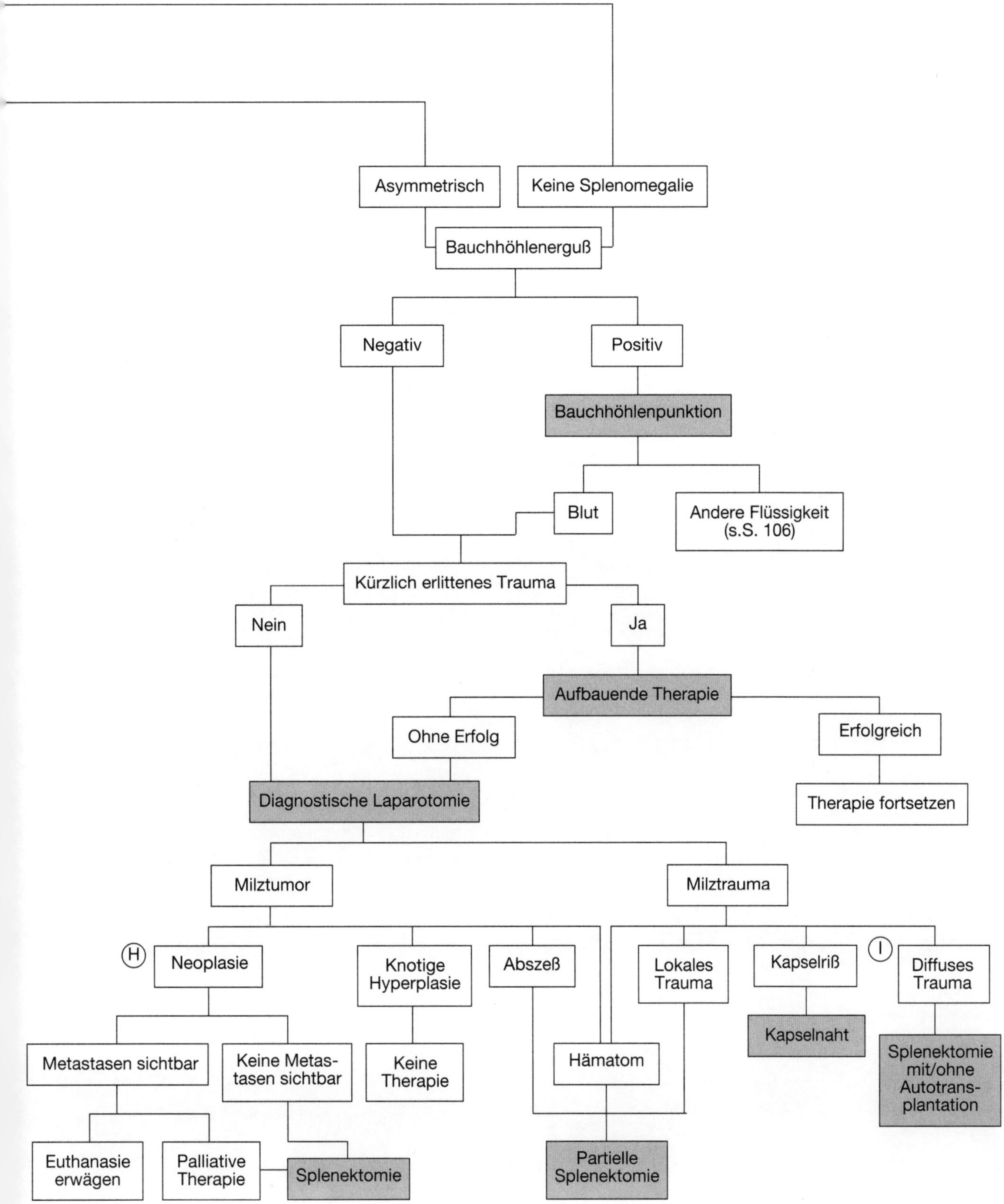

Asymmetrisch
Keine Splenomegalie
Bauchhöhlenerguß
Negativ
Positiv
Bauchhöhlenpunktion
Blut
Andere Flüssigkeit (s.S. 106)
Kürzlich erlittenes Trauma
Nein
Ja
Aufbauende Therapie
Ohne Erfolg
Erfolgreich
Therapie fortsetzen
Diagnostische Laparotomie
Milztumor
Milztrauma
H
Neoplasie
Knotige Hyperplasie
Abszeß
Lokales Trauma
Kapselriß
I
Diffuses Trauma
Metastasen sichtbar
Keine Metastasen sichtbar
Keine Therapie
Hämatom
Kapselnaht
Splenektomie mit/ohne Autotransplantation
Euthanasie erwägen
Palliative Therapie
Splenektomie
Partielle Splenektomie

Erkrankungen der Ohrmuschel

A. Hauptsymptome bei Erkrankungen des Ohres sind ständiges Schütteln oder Kopfschiefhaltung.

B. Die Entzündung ist ein relativ häufiger otologischer Befund. Sie führt durch ständigen Juckreiz bzw. Kratzen des Tieres gelegentlich zum Othämatom. Bei der operativen Versorgung mit Entfernung der Blutkoagula muß besondere Sorgfalt auf die Vermeidung von Hohlraumbildung verwendet werden. Zur Rezidivprophylaxe stehen verschiedenste Naht- und Druckverbandtechniken zur Auswahl.

C. Dermatologische Erkrankungen besonders der Ohrmuschelränder sind recht häufig und sehr variationsreich. Besonders schwere oder chronische Fälle bedürfen einer chirurgischen Versorgung durch partielle Amputation.

D. Neoplasien der Ohrmuschel sind häufig mit Tumoren des vertikalen Gehörgangs assoziiert. Eine frühzeitige Diagnose ist von größter Bedeutung, da auch gutartige Tumoren lokal destruierend wirken können und Tumornekrosen hier schneller auftreten als an anderer Stelle des Körpers. Das Ergebnis der Biopsie bestimmt das therapeutische Vorgehen.

E. Komplikationen nach kleineren Verletzungen der Ohrmuschel sind von der Rasse des verletzten Tiers abhängig. Lange Hängeohren sind durch vehementes Kratzen oder Kopfschütteln häufig weiteren Traumen ausgesetzt. Ohrverletzungen sollten stets ernst genommen werden, da es bei inadäquater Therapie zu chronischer Ulzeration, Infektion oder Hämatombildung kommen kann. Die Naht durch den Knorpel ist bei dessen Einriß unumgänglich, sollte jedoch wenn möglich vermieden werden. Der Schädel eignet sich hervorragend als Schiene und Gegenlager für Druckverbände des Ohres. Beim Anlegen eines Kopfverbandes ist sorgfältig darauf zu achten, daß die Atmung durch einen zu engen Verband nicht behindert wird.

F. Schwerwiegende Verletzungen der Ohrmuschel sind häufig Folge von Beißereien. Da bereits kurz nach dem Trauma eine erhebliche Schwellung und Keimbesiedelung des verletzten Gebiets auftritt, sollte die Wundversorgung so bald wie möglich erfolgen. Bei verschleppten infizierten Wunden, die nach lokaler Wundbehandlung und systemischer Antibiotikatherapie nicht abheilen, kann in vielen Fällen eine radikale chirurgische Therapie, ggf. die partielle Amputation der Ohrmuschel, unumgänglich sein.

Literatur

1. Bostock DE, Owens LN. Neoplasia in the cat, dog and horse. Chicago: Year Book Medical Publication, 1975.
2. Cowley F. Treatment of hematoma of the canine ear. Vet Med (Small Anim Clin) 1976; 71: 283.
3. Ernst E, Einwald-Ernst M, Dirks C. Neue Aspekte der Othämatomtherapie des Hundes – eine vergleichende Untersuchung. Kleintierpraxis 1988; 33: 273.
4. Wilson JW. Treatment of aural hematoma using a teat tube. JAVMA 1983; 182: 1081.

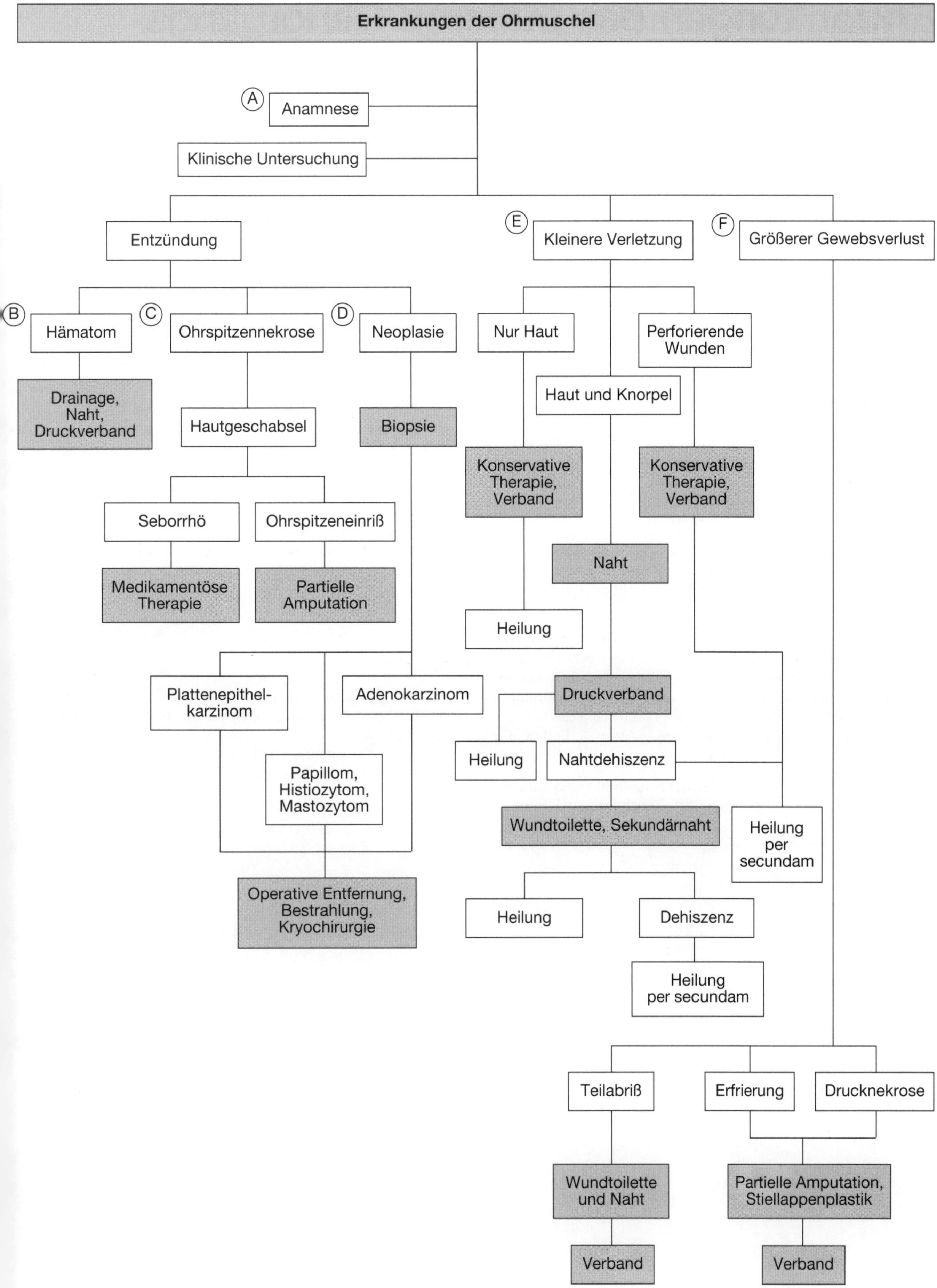
Erkrankungen der Ohrmuschel
A
Anamnese
Klinische Untersuchung
Entzündung
E
Kleinere Verletzung
F
Größerer Gewebsverlust
B
Hämatom
C
Ohrspitzennekrose
D
Neoplasie
Nur Haut
Perforierende Wunden
Haut und Knorpel
Drainage, Naht, Druckverband
Hautgeschabsel
Biopsie
Konservative Therapie, Verband
Konservative Therapie, Verband
Seborrhö
Ohrspitzeneinriß
Medikamentöse Therapie
Partielle Amputation
Naht
Heilung
Plattenepithel-karzinom
Adenokarzinom
Papillom, Histiozytom, Mastozytom
Druckverband
Heilung
Nahtdehiszenz
Wundtoilette, Sekundärnaht
Heilung per secundam
Operative Entfernung, Bestrahlung, Kryochirurgie
Heilung
Dehiszenz
Heilung per secundam
Teilabriß
Erfrierung
Drucknekrose
Wundtoilette und Naht
Partielle Amputation, Stiellappenplastik
Verband
Verband

Erkrankungen des äußeren Gehörgangs

A. Hunde mit Erkrankungen des äußeren Gehörgangs werden vornehmlich wegen länger bestehender Ohrenschmerzen, ständigem Kratzen, Ohrgeruch bzw. -ausfluß und Kopfschiefhaltung vorgestellt.

B. Die Untersuchung des Gehörgangs mit dem Otoskop bringt häufig schon erste Hinweise auf die Ätiologie der Otitis externa. Häufigste Entzündungsursache, vor allem bei Hunden mit Hängeohren, ist eine bakterielle oder Hefepilzinfektion. Neoplasien, Fremdkörper und Ohrmilben kommen differentialdiagnostisch ebenfalls in Betracht. Für eine sorgfältige otoskopische Untersuchung bedarf es in der Regel einer Sedation oder Allgemeinnarkose.

C. In milden Fällen reicht es, die Ohren zweimal wöchentlich mit einer reinigenden, antiseptischen Lösung zu spülen. Die lokale Anwendung von Antibiotika und Kortison führt bei der Mehrzahl der Patienten zu zufriedenstellenden Ergebnissen, wobei wasserlöslichen gegenüber öligen Präparaten der Vorzug gegeben werden sollte. In chronischen Fällen wird eine bakteriologische Untersuchung mit Resistenztest eingeleitet.

D. Fremdkörper müssen zur Vermeidung von Mukosairritationen und Sekundärinfektionen so früh wie möglich entfernt werden. Die Operation erfolgt in Sedation oder Allgemeinanästhesie.

E. Kleine Tumoren des vertikalen oder horizontalen Gehörgangs werden mit Hilfe der Elektro- oder Kryochirurgie entfernt. Das exzidierte Gewebe sollte in jedem Fall histologisch untersucht werden. Die Entfernung größerer Tumoren ist häufig nur nach Abtragen der lateralen Wand des vertikalen Gehörgangs möglich, in fortgeschrittenen Fällen nur durch dessen völlige Amputation.

F. Zwischen dem Milbenbefall und der Entzündung des äußeren Gehörgangs kann es zu einer Art Gleichgewicht kommen. Das Tier leidet unter der Irritation und reagiert mit Kratzen und Kopfschütteln. Die lokale Anwendung von Zerumenolytika und Akariziden beseitigt die Milben und wirkt somit der Entzündung entgegen. Liegt jedoch bereits eine Sekundärinfektion vor, muß diese gezielt mitbehandelt werden.

G. Bei therapieresistenten chronischen Otitiden muß in der Regel der laterale Anteil des vertikalen Gehörgangs umgeklappt oder reseziert werden, um eine adäquate Drainage und Belüftung des Ohrs zu erreichen. Hierzu sind unterschiedliche Operationstechniken beschrieben worden.

H. Die hochgradige proliferative Entzündung des äußeren Gehörgangs geht unter lokaler Behandlung meist nicht zurück. Auch hier ist die Plastik oder Resektion des lateralen Anteils des vertikalen Gehörgangs Therapie der Wahl.

I. Bei der vollständigen Resektion des äußeren Gehörgangs ist es sehr wichtig, die gesamte Gehörgangsauskleidung zu entfernen, da andernfalls die verbleibenden Hautdrüsen weiterhin Sekret produzieren, das sich sammelt und infiziert. Die Folge sind Abszesse und Fisteln. Bei perforiertem Trommelfell oder Otitis media schließt sich die Bullaosteotomie an. Die Innenauskleidung der Bulla wird entfernt, diese mit einer antibiotischen Lösung gespült und anschließend drainiert.

Literatur

1. Dallman MJ, Bojrab MJ. Ear canal ablation. In: Bojrab MJ, ed. Current techniques in small animal surgery. Philadelphia: WB Saunders, 1983: 99.
2. Grono LR. The external ear canal. In: Slatter DH, ed. Textbook of small animal surgery. Philadelphia: WB Saunders, 1985: 1906.
3. Schulte A. Neoplasien im Ohr der Katze. Kleintierpraxis 1988; 33: 407.

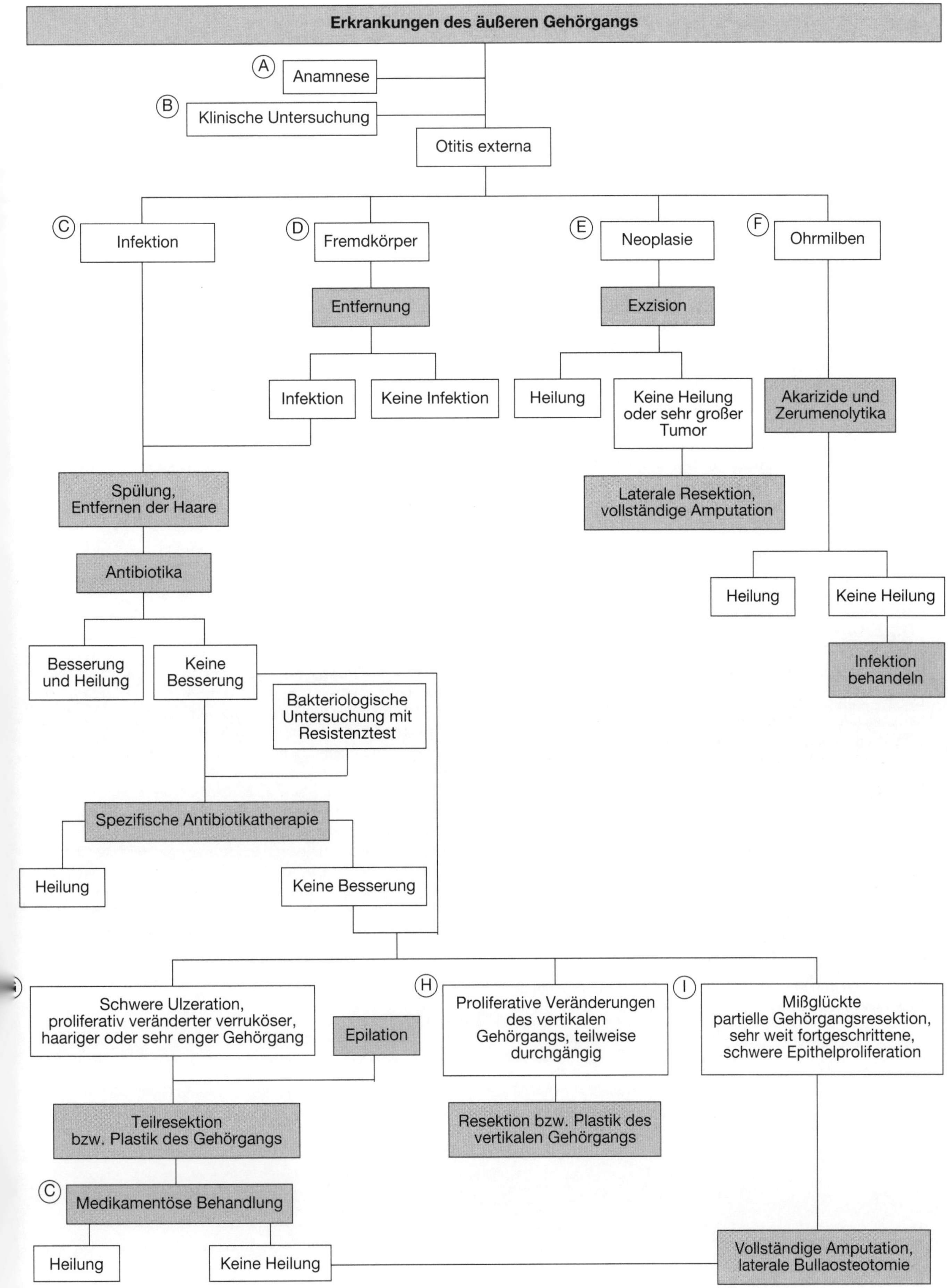
Erkrankungen des äußeren Gehörgangs
A
Anamnese
B
Klinische Untersuchung
Otitis externa
C
Infektion
D
Fremdkörper
E
Neoplasie
F
Ohrmilben
Entfernung
Exzision
Infektion
Keine Infektion
Heilung
Keine Heilung oder sehr großer Tumor
Akarizide und Zerumenolytika
Spülung, Entfernen der Haare
Laterale Resektion, vollständige Amputation
Antibiotika
Heilung
Keine Heilung
Besserung und Heilung
Keine Besserung
Infektion behandeln
Bakteriologische Untersuchung mit Resistenztest
Spezifische Antibiotikatherapie
Heilung
Keine Besserung
Schwere Ulzeration, proliferativ veränderter verruköser, haariger oder sehr enger Gehörgang
Epilation
H
Proliferative Veränderungen des vertikalen Gehörgangs, teilweise durchgängig
I
Mißglückte partielle Gehörgangsresektion, sehr weit fortgeschrittene, schwere Epithelproliferation
Teilresektion bzw. Plastik des Gehörgangs
Resektion bzw. Plastik des vertikalen Gehörgangs
C
Medikamentöse Behandlung
Heilung
Keine Heilung
Vollständige Amputation, laterale Bullaosteotomie

Erkrankungen des Mittelohrs

Die Otitis media kann hämatogen oder durch eine über die Tuba Eustachii aszendierende Infektion entstehen; am häufigsten ist sie jedoch die Folge einer Otitis externa.

A. Das Tier wird wegen ständigem Kopfschütteln, Kratzen und Reiben des betroffenen Ohrs sowie Ohrenschmerzen und Kopfschiefhaltung vorgestellt, wobei das erkrankte Ohr tiefer gehalten wird. Häufig findet sich in der Anamnese eine therapieresistente Otitis externa.

B. Die Untersuchung ergibt Anzeichen einer Otitis externa. Die Beteiligung des N. facialis oder anderer Gesichtsnerven manifestiert sich in einem reduzierten Palpebralreflex, einer vergrößerten Lidspalte sowie einem hängendem Ohr bzw. hängenden Lippen. Die Schädigung des N. sympathicus führt zum Horner-Syndrom. In Allgemeinnarkose kann die Bulla tympanica per os palpiert werden, bei der chronischen Otitis ist die Oberfläche unregelmäßig und rauh. Mit dem Otoskop oder einer Fiberglasoptik wird das Trommelfell untersucht. Es kann intakt oder rupturiert sein. Normalerweise ist es transparent, perlgrau und leicht konkav. Vorwölbung und Farbänderungen sind Anzeichen einer Otitis media.

C. Röntgenaufnahmen sind zur Diagnose einer Otitis media eine wertvolle Hilfe. Pathologische Veränderungen der Bulla tympanica können durch laterale und schräge Projektion sowie durch Aufnahmen bei geöffnetem Fang dargestellt werden. Die Strahlendurchlässigkeit der Bulla kann Flüssigkeits- oder Weichteilcharakter haben, in manchen Fällen findet sich auch eine Sklerosierung.

D. Die Einleitung einer bakteriologischen und mykologischen Untersuchung mit Durchführung eines Resistenztests ist für die gezielte Therapie entscheidend. Häufig ist das nur nach iatrogener Trommelfellperforation möglich. Tumoröses bzw. pathologisch verändertes Gewebe sollte biopsiert und histologisch untersucht werden.

E. Traumen der knöchernen Bulla oder der Gehörknöchelchen werden in der Regel mit Erfolg durch die lokale und systemische Anwendung von Antibiotika therapiert.

F. Als Neoplasien kommen Polypen, Fibrome, Plattenepithelkarzinome und primäre Knochentumoren in Frage. Bei der Katze entwickeln sich entzündliche Polypen manchmal sekundär nach einer Otitis media.

G. Als Verursacher einer (Hefe-)Pilzinfektion finden sich in der Regel die Spezies Pityrosporum, Candida und Aspergillus.

H. Die wichtigsten Keime der Otitis media sind Staphylokokken, Streptokokken, Pseudomonaden, E. coli und Proteus mirabilis.

I. In den meisten Fällen muß die begleitende Otitis externa mitbehandelt werden. Sowohl die Otitis externa als auch die Otitis media können nur abheilen, wenn alle Entzündungsprodukte sorgfältig entfernt werden und eine ausreichende Drainierung und Belüftung des Außen- und Mittelohrs gewährleistet ist. Um eine Spülung und Kürettage des Mittelohrs über den Gehörgang zu ermöglichen, sind die Myringotomie und oft auch die Plastik oder Resektion des lateralen Gehörganganteils nicht zu umgehen. Die Instillation von Adstringenzien fördert die Austrocknung des Gehörgangs. Im allgemeinen hat sich die lokale Anwendung von Kortikosteroiden für die Therapie der Otitis externa und Otitis media als günstig erwiesen.

J. Als Antimykotikum wirkt Nystatin lediglich gegen Candida, wohingegen Thiabendazol und Miconazol lokal angewendet als Breitspektrumantimykotika gelten. Bei Aspergillose sollte zusätzlich Ketoconazol (10 mg/kg 3 × tägl. per os) verabreicht werden.

K. Lokal anwendbare Antibiotika (Neomycin, Polymyxin, Gentamicin, Chloramphenicol) zeigen eine gute Wirksamkeit gegen die üblichen Erreger einer bakteriellen Otitis. Ototoxische Effekte sind selten, können jedoch gelegentlich bei den Aminoglykosiden beobachtet werden. Die zusätzliche systemische Gabe von Antibiotika beschleunigt im allgemeinen die Heilung.

L. Bei der therapieresistenten Otitis media sind Osteotomie und Drainage der Bulla tympanica Therapie der Wahl. Die fast immer zusätzlich vorliegende Otitis externa wird ebenfalls operativ, mit Plastik oder Resektion des lateralen Gehörganganteils oder vollständiger Gehörgangsamputation, versorgt. Wird eine vollständige Amputation durchgeführt, sollte gleichzeitig die laterale Bullaosteotomie erfolgen. Als Therapie einer primären Otitis media – wenn keine Plastik, Resektion oder Amputation des Gehörgangs durchgeführt werden soll – ist die ventrale Bullaosteotomie angezeigt. Bei beiden Zugängen wird die Bulla anschließend kürettiert, die Auskleidung entfernt und die Höhlung sorgfältig gespült. Zusätzlich sollten ringförmige Drainagen gelegt werden, die bis zu drei Wochen post operationem verbleiben und regelmäßig bewegt bzw. gespült werden müssen. Bei der Katze teilt ein transverses Septum die Bulla in zwei Teile; es muß für eine erfolgreiche Therapie entfernt werden.

Literatur

1. Bojrab MJ, Robertson JJ. Surgical treatment of middle and inner ear infection. In: Bojrab MJ, ed. Current techniques in small animal surgery. 2nd ed. Philadelphia: WB Saunders, 1983: 106.
2. Harvey CE. Diseases of the middle ear. In: Slatter DH, ed. Textbook of small animal surgery. Philadelphia: WB Saunders, 1985: 1915.

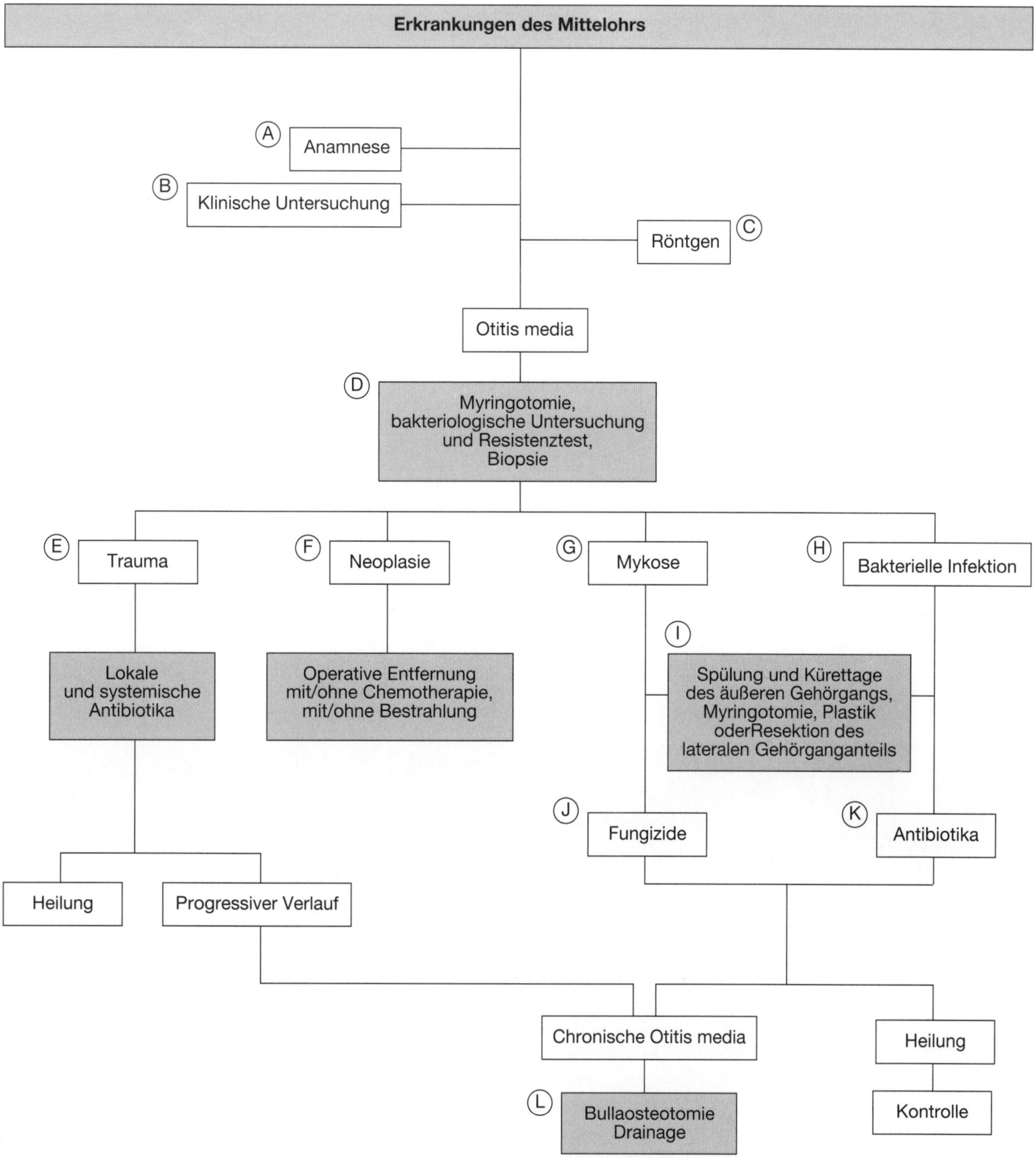
Erkrankungen des Mittelohrs
A Anamnese
B Klinische Untersuchung
Röntgen C
Otitis media
D Myringotomie, bakteriologische Untersuchung und Resistenztest, Biopsie
E Trauma
F Neoplasie
G Mykose
H Bakterielle Infektion
Lokale und systemische Antibiotika
Operative Entfernung mit/ohne Chemotherapie, mit/ohne Bestrahlung
I Spülung und Kürettage des äußeren Gehörgangs, Myringotomie, Plastik oderResektion des lateralen Gehörganganteils
J Fungizide
K Antibiotika
Heilung
Progressiver Verlauf
Chronische Otitis media
Heilung
L Bullaosteotomie Drainage
Kontrolle

Orthopädische Chirurgie
G. Sumner-Smith

Einleitung

Ein Buch unter Mitarbeit mehrerer Autoren zu schreiben ist mit gewissen Schwierigkeiten verbunden, es können sich zum Beispiel Informationen überschneiden. Im Rahmen dieses Buches wurden vom Herausgeber einige sich wiederholende Textstellen bewußt belassen, da es seiner Ansicht nach für den Leser aufschlußreich sein kann, dasselbe Thema unter verschiedenen Gesichtspunkten zu betrachten.

Das vorliegende Werk soll in zweierlei Hinsicht Verwendung finden: erstens als Leitfaden in einer Notfallsituation, zweitens als eine „Checkliste", um unter Praxisbedingungen mit Sicherheit nichts zu übersehen.

Nimmt sich der Leser Zeit, den Aufbau des Buches in Ruhe zu studieren, so wird sich dies als vorteilhaft erweisen, wenn einmal schnell eine Entscheidung über die einzuleitende Therapie getroffen werden muß. Dieses Buch sollte unbedingt in der Nähe der Notaufnahme aufbewahrt werden.

Lahmheit der Schultergliedmaße beim jungen Tier

A. Entwicklungsstörungen des Skeletts können durch eine unausgewogene Nährstoffzufuhr ausgelöst werden. Neben zahlreichen Nahrungsmittelbestandteilen wie Kupfer, Zink, Mangan, Fluor, Vitamin A, Vitamin C, Proteinen und Kohlenhydraten kommen dabei Kalzium, Phosphor und Vitamin D die größte Bedeutung zu. Bei ernährungsbedingten Störungen des Knochenstoffwechsels wird – nach exakter Berechnung der einzelnen Futterbestandteile in Abhängigkeit von Alter, Körpergewicht und Beanspruchung des Tieres – eine Diät verordnet, die hauptsächlich aus einer handelsüblichen Vollwertnahrung besteht.

B. Pathologische Frakturen als Folge unausgewogener bzw. fehlerhafter Ernährung werden – falls dies von der Indikation her vertretbar ist – am besten konservativ behandelt, da metallische Implantate in der hier schwachen Knochenwand nur wenig Halt finden.

C. Ein ungleichmäßiges Längenwachstum von Radius und Ulna kann zu einer Subluxation im Ellbogengelenk führen. Dies wird bei großen und schnellwüchsigen Hunderassen auf eine mit der (Osteo-)Chondrose vergleichbare Veränderung in den Epiphysenfugen des Radius zurückgeführt, die das Längenwachstum des Radius verlangsamt. Bei ausgeprägter Längendifferenz der Unterarmknochen mit deutlicher Gelenkinkongruenz wird eine Korrekturosteotomie durchgeführt, wie sie zur Therapie des traumatisch bedingten vorzeitigen Fugenschlusses der Radiusepiphysenfugen beschrieben ist.

D. Bei schnellwüchsigen Hunden manifestiert sich die (Osteo-) Chondrose auch in Form von persistierenden Knorpelzapfen in der distalen Ulnaepiphyse. Diese Störung der enchondralen Ossifikation kann zu einer Verlangsamung des Längenwachstums der Ulna bzw. zu einem vorzeitigen Fugenschluß der Ulnaepiphysenfuge führen. Eine Achsen- und Rotationsfehlstellung der Gliedmaße ist die Folge. Die Korrektur einer klinisch manifesten Gliedmaßenfehlstellung entspricht wiederum dem Vorgehen nach traumatisch bedingtem vorzeitigen Fugenschluß.

E. Die Hyperextension des Karpalgelenks bei jungen Tieren ist häufig Folge einer mangelnden oder unphysiologischen Belastung, beispielsweise auf ungeeignetem Boden. Als therapeutische Maßnahme genügt in der Regel eine Verbesserung dieser äußeren Umstände. Weist das Tier jedoch auf der palmaren Seite des Karpus Druckstellen auf, so sind Polsterverbände anzulegen. Eine zu starke Immobilisierung des Karpalgelenks sollte vermieden werden, da diese zu einer Verschlimmerung der Bänderschwäche führen kann.

F. Panostitis ist eine spontan heilende Krankheit der langen Röhrenknochen junger, schnellwüchsiger Hunde, die vor allem beim Deutschen Schäferhund vorkommt. Die Ätiologie ist unbekannt, die Krankheit scheint jedoch vom fetthaltigen Knochenmark auszugehen. Die Veränderungen können mehrere Gliedmaßen und an einer Gliedmaße mehrere Knochen betreffen. Wechselnde Lahmheiten sind für diese Krankheit typisch. Die Verdachtsdiagnose Panostitis kann gestellt werden, wenn der Druck auf die Knochenhaut eines oder mehrerer langer Röhrenknochen Schmerzen auslöst. Die Diagnose wird mit Hilfe von Röntgenaufnahmen bestätigt. Die Krankheit klingt in der Regel ohne Therapie ab; bei starken klinischen Beschwerden ist jedoch die Gabe nichtsteroidaler entzündungshemmender Medikamente empfehlenswert.

G. Ein- oder mehrkammerige Knochenzysten sind beim Hund selten. Sie kommen bevorzugt im Bereich der Metaphysen der Schultergliedmaße junger, großwüchsiger Hunde vor. Großflächige Defekte werden am besten kürettiert und mit autogener Spongiosa ausgefüllt.

H. Die hypertrophe Osteodystrophie führt zu Veränderungen an den Metaphysen langer Röhrenknochen bei großen, schnellwüchsigen Hunden. Über die Ätiologie liegen viele Vermutungen vor, jedoch konnte bisher keine Hypothese eindeutig bewiesen werden. Die Erkrankung ist im Prinzip selbstheilend; sehr ausgeprägte Fälle können mit nichtsteroidalen entzündungshemmenden Medikamenten behandelt werden. Eventuell vorliegende Fütterungsfehler sind anhand einer individuellen Futterberechnung zu korrigieren.

Literatur

1. Brass W, Schebitz H, Dämmrich K. Skelett. In: Schebitz H, Brass W, Hrsg. Allgemeine Chirurgie für Tierärzte und Studierende. Berlin: Parey, 1975: 468.
2. Dämmrich K, Brass W, Schebitz H. Gelenke. In: Schebitz H, Brass W, Hrsg. Allgemeine Chirurgie für Tierärzte und Studierende. Berlin: Parey, 1975: 418.
3. Newton CD, Nunamaker DM. Normal and abnormal gait. In: Newton CD, Nunamaker DM, eds. Textbook of small animal orthopaedics. Philadelphia: JB Lippincott, 1985: 1083.
4. Olsson S-E. Osteochondrosis in the dog. In: Current veterinary therapy VI. Philadelphia: WB Saunders, 1980: 807.
5. Shires PK, Hulse DA, Kearney MT. Carpal hyperextension in the two-month-old pup. JAVMA Jan 1985; 186 (1): 49.

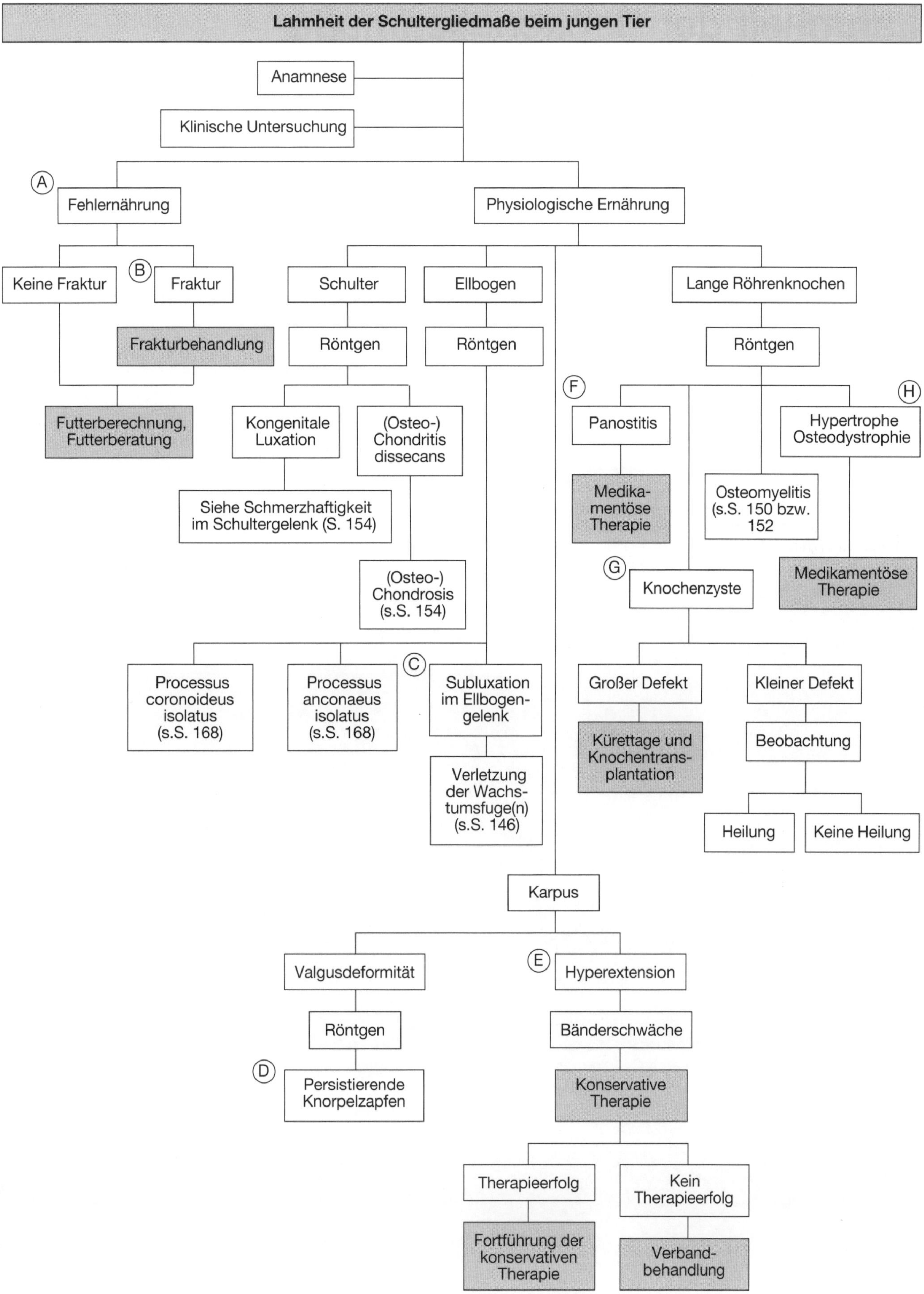
Lahmheit der Schultergliedmaße beim jungen Tier
Anamnese
Klinische Untersuchung
A
Fehlernährung
Physiologische Ernährung
Keine Fraktur
B
Fraktur
Frakturbehandlung
Futterberechnung, Futterberatung
Schulter
Röntgen
Kongenitale Luxation
(Osteo-) Chondritis dissecans
Siehe Schmerzhaftigkeit im Schultergelenk (S. 154)
(Osteo-) Chondrosis (s.S. 154)
Ellbogen
Röntgen
Processus coronoideus isolatus (s.S. 168)
Processus anconaeus isolatus (s.S. 168)
C
Subluxation im Ellbogengelenk
Verletzung der Wachstumsfuge(n) (s.S. 146)
Lange Röhrenknochen
Röntgen
F
Panostitis
Medikamentöse Therapie
Osteomyelitis (s.S. 150 bzw. 152
H
Hypertrophe Osteodystrophie
Medikamentöse Therapie
G
Knochenzyste
Großer Defekt
Kürettage und Knochentransplantation
Kleiner Defekt
Beobachtung
Heilung
Keine Heilung
Karpus
Valgusdeformität
Röntgen
D
Persistierende Knorpelzapfen
E
Hyperextension
Bänderschwäche
Konservative Therapie
Therapieerfolg
Fortführung der konservativen Therapie
Kein Therapieerfolg
Verbandbehandlung

Lahmheit der Beckengliedmaße beim jungen Tier

A. Das Genu valgum ist eine Entwicklungsstörung des Skeletts, die bei jungen Hunden schnellwüchsiger und großer Rassen auftritt. Die Ätiologie ist unklar, es wird jedoch ursächlich eine Störung der enchondralen Ossifikation in der distalen Femur- und der proximalen Tibiaepiphyse vermutet. Die Erkrankung steht in engem Zusammenhang mit Entwicklungsstörungen des Hüftgelenks wie Coxa valga oder Vergrößerung des Anteversionwinkels des Femurhalses.

B. Die laterale Patellaluxation wird durch eine falsche Zugrichtung der Quadrizepsmuskulatur verursacht. In leichteren Fällen mit geringerer Achsenabweichung kann die Korrektur der Zugrichtung des M. quadriceps femoris mit Hilfe der Transposition der Tuberositas tibiae ausreichen, um eine normale Belastung der Gliedmaße zu erreichen. Liegt eine Aplasie der Trochlea ossis femoris vor, muß zusätzlich eine keilförmige Vertiefung der Rollfurche durchgeführt werden.

C. Bei Patienten mit ausgeprägter Achsen- und Rotationsfehlstellung kann eine Korrekturosteotomie des Femur erforderlich sein, um eine ausreichende Funktion der Beckengliedmaße zu erzielen.

Literatur

1. Brass W, Schebitz H, Dämmrich K. Skelett. In: Schebitz H, Brass W, Hrsg. Allgemeine Chirurgie für Tierärzte und Studierende. Berlin: Parey, 1975: 468.
2. Dämmrich K, Brass W, Schebitz H. Gelenke. In: Schebitz H, Brass W, Hrsg. Allgemeine Chirurgie für Tierärzte und Studierende. Berlin: Parey, 1975: 418.
3. Matis U, Fritz R. Luxatio patellae des Hundes. In: 35. Jahrestg Fachgr Kleintierpr, Deutsch Vet med Ges, Kongreßber Gießen 12.–14. 10. 1989: 51.
4. Newton C D. Genu valgum. In: Newton C D, Nunamaker D M, eds. Textbook of small animal orthopaedics. New York: JB Lippincott, 1985: 633.
5. Slocum B. Trochlear recession for patellar stabilization. Proceedings of the 15th Annual Meeting of the American College of Veterinary Surgeons 1980.

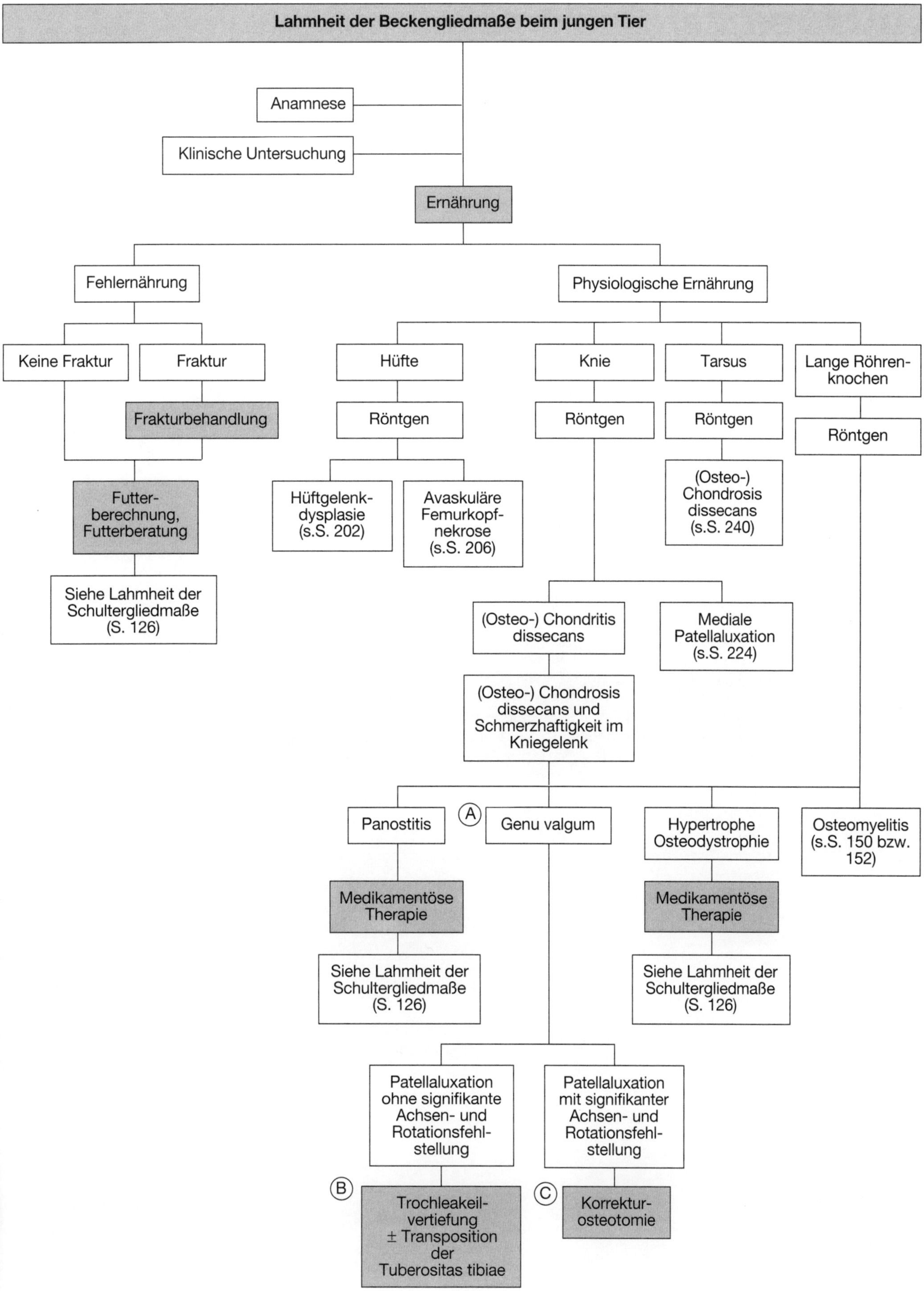
Lahmheit der Beckengliedmaße beim jungen Tier
Anamnese
Klinische Untersuchung
Ernährung
Fehlernährung
Physiologische Ernährung
Keine Fraktur
Fraktur
Frakturbehandlung
Futterberechnung, Futterberatung
Siehe Lahmheit der Schultergliedmaße (S. 126)
Hüfte
Röntgen
Hüftgelenkdysplasie (s.S. 202)
Avaskuläre Femurkopfnekrose (s.S. 206)
Knie
Röntgen
Tarsus
Röntgen
(Osteo-) Chondrosis dissecans (s.S. 240)
Lange Röhrenknochen
Röntgen
(Osteo-) Chondritis dissecans
Mediale Patellaluxation (s.S. 224)
(Osteo-) Chondrosis dissecans und Schmerzhaftigkeit im Kniegelenk
Panostitis
Medikamentöse Therapie
Siehe Lahmheit der Schultergliedmaße (S. 126)
A
Genu valgum
Hypertrophe Osteodystrophie
Medikamentöse Therapie
Siehe Lahmheit der Schultergliedmaße (S. 126)
Osteomyelitis (s.S. 150 bzw. 152)
Patellaluxation ohne signifikante Achsen- und Rotationsfehlstellung
B
Trochleakeilvertiefung ± Transposition der Tuberositas tibiae
Patellaluxation mit signifikanter Achsen- und Rotationsfehlstellung
C
Korrekturosteotomie

Arthrose

In diesem Kapitel wird kein Schema zur Behandlung der Arthrose aufgeführt, sondern es soll Grundlagenwissen über die Entstehung typischer Gelenkveränderungen vermittelt werden. Die Ausbildung einer Arthropathia deformans wird hierbei im zeitlichen Ablauf beschrieben; dennoch ist es möglich, jedes beliebige Krankheitsstadium herauszugreifen und von dort aus die Entwicklung der Veränderungen in beide Richtungen zu verfolgen. Der Verlauf der Arthrose entspricht einem „Circulus vitiosus".

A. Eine Schädigung des Gelenkknorpels kann direkt bedingt sein durch exogene Noxen, beispielsweise Frakturen und Bänderrisse, oder auch eine Folge endogener Faktoren, etwa bei metabolischen Störungen innerhalb des Gelenks. Es resultiert stets ein veränderter Gelenkstoffwechsel.

B. Die Synovialis reagiert anfangs mit einer akuten Entzündung und Verdickung. Im Verlauf der Synovialitis reichern sich toxische Stoffwechselprodukte und Enzyme in der Synovia an, die zusätzlich den Gelenkknorpel schädigen. Die sekundäre Fibrosierung des Halteapparates beeinträchtigt die Durchblutung der Synovialis, deren Umfang weiterhin zunimmt. Zur klinischen Pathologie s. Tab. 1 im nachfolgenden Kapitel.

C. Bei mechanischer Überbelastung werden des weiteren Chondrozyten und Knorpelmatrix geschädigt sowie enzymatisch abgebaut. Dadurch reduziert sich der Gehalt an Proteoglykanen, was wiederum die Ernährung der Chondrozyten verschlechtert. Zur Knorpelschädigung führen außerdem toxische Stoffwechselprodukte und Enzyme, die entweder innerhalb der Synovia entstehen oder Folge der allgemeinen Stoffwechsellage und der Entzündungsprodukte der Synovialis sind (Glykopenie).

D. Hauptsymptom der Arthrose sind Schmerzen als Folge der zahlreichen Veränderungen innerhalb und außerhalb des Gelenks: so der Kontraktur der periartikulären Muskeln, der Synovialitis und der Gelenkkapselfibrose, aber auch einer mit Zerrungen der Gelenkkapsel verbundenen Instabilität. Aus der Schmerzhaftigkeit resultiert eine reaktive Einschränkung der Gelenkbeweglichkeit.

E. Durch die Veränderung der einzelnen Gewebebestandteile wird das Gelenk unphysiologisch belastet, was eine weitere Zerstörung des Gelenkmechanismus bewirkt. Hieraus resultiert eine noch schlechtere Versorgung des Gelenkknorpels mit Nährstoffen, so daß die Knorpelmatrix weiter abgebaut und die Gelenkinkongruenz verstärkt wird.

F. Als Folge der genannten Veränderungen nimmt die Fibrose der Gelenkkapsel zu.

G. Eine weitere Folge ist das Fortschreiten der Muskelkontraktur.

H. Das Gelenk wird irreversibel zerstört, wobei im Zuge der Gelenkinstabilität Sharpey-Fasern zerreißen und sich Osteophyten ausbilden.

Literatur

1. Dämmrich K. Zur Pathogenese der Arthropathia deformans bei Haustieren. Kleintierprax 1976; 21: 133.
2. Olsson S E. Degenerative joint disease: a review with special reference to the dog. J small Anim Pract 1971; 12: 333.
3. Pedersen N C, Paul R. Canine joint disease. Vet Clin North Am 1978; 8: 465.
4. Pond M J. Normal joint tissues and their reaction to injury. Vet Clin North Am 1971; 1: 523.

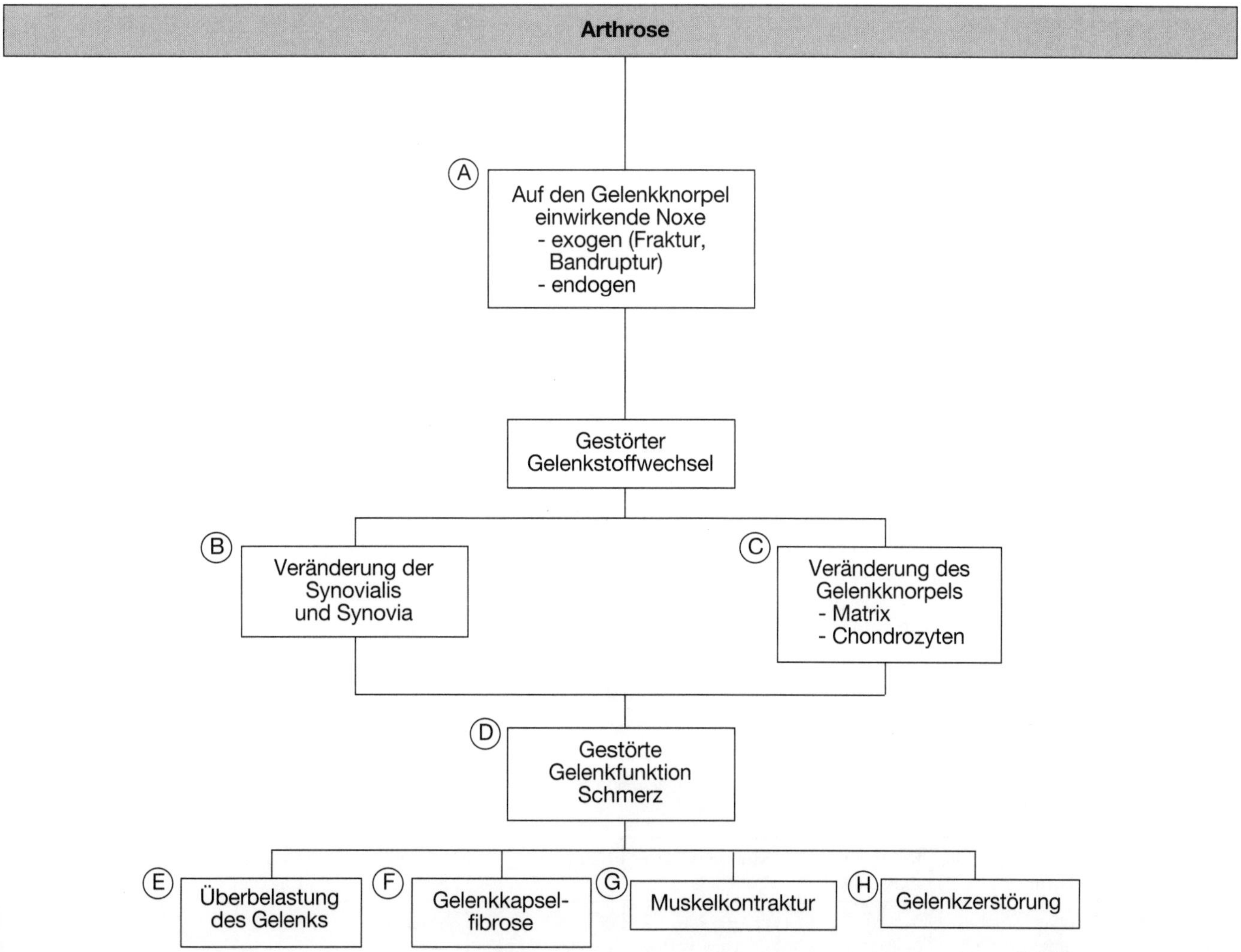
Arthrose
(A)
Auf den Gelenkknorpel einwirkende Noxe
- exogen (Fraktur, Bandruptur)
- endogen
Gestörter Gelenkstoffwechsel
(B)
Veränderung der Synovialis und Synovia
(C)
Veränderung des Gelenkknorpels
- Matrix
- Chondrozyten
(D)
Gestörte Gelenkfunktion Schmerz
(E)
Überbelastung des Gelenks
(F)
Gelenkkapsel-fibrose
(G)
Muskelkontraktur
(H)
Gelenkzerstörung

Arthritis

Der Begriff Arthritis bezeichnet eine schmerzhafte Entzündung des Gelenks. Es wird zwischen mehreren Formen der Arthritis unterschieden, die in den nachfolgenden Kapiteln beschrieben werden; s. dazu auch Tab. 1.

A. Die bei einer Arthrose auftretende Begleitarthritis ist Folge einer länger andauernden Überbelastung des Gelenks. Die degenerativen und entzündlichen Gelenkveränderungen können sich durch kongenitale Entwicklungsstörungen, wie z.B. Hüftgelenkdysplasie, Processus coronoideus isolatus oder Processus anconaeus isolatus, noch verstärken. Die Therapie besteht aus einer Resektions- und Alloarthroplastik bzw. Arthrodese, wenn palliative Maßnahmen nicht mehr wirksam sind.

B. Bei der rheumatoiden Arthritis kommt es zu einer proliferativen Synovialitis, die das Gelenk allmählich zerstört. Die Behandlung beschränkt sich in der Regel auf eine Schmerzlinderung. In schlimmeren Fällen muß operativ vorgegangen, d.h. eine Arthrodese durchgeführt werden. Für das Hüftgelenk hingegen empfehlen sich die Gelenkresektion oder der Gelenkersatz.

C. Kommt zur (Osteo-)Chondrose sekundär eine Entzündung hinzu, so liegt eine (Osteo-)Chondritis dissecans vor. Diese kann sowohl die Gelenke der Gliedmaßen als auch die der Halswirbelsäule betreffen. Bei jungen Patienten sind Corpora libera und noch festsitzende Knorpelschuppen zu entfernen. Bei älteren Tieren ist ein operatives Vorgehen nicht immer notwendig, sofern kein freier Gelenkkörper eingeklemmt ist. In diesen Fällen kann verstärkte Bewegung vorteilhaft sein.

Literatur

1. Alexander J W, Begg S, Dueland R et al. Rheumatoid arthritis in the dog: clinical diagnosis and management. JAAHA 1976; 12: 727.
2. Mankin H J. The reaction of articular cartilage to injury and osteochondritis. N Engl J Med 1974; 291: 1335.
3. Pedersen W C, Weisner K, Castles J J et al. Noninfectious canine arthritis: the inflammatory non-erosive arthritides. JAVMA 1976; 109: 304.

Tab. 1. Klinische Pathologie der Synovia, Veränderungen bei verschiedenen Formen der Arthritis. (Nach Untersuchungen von D. C. Sawyer, E. O. Vali, N. C. Pederson, J. B. Miller et al.)

Form der Arthritis	Makroskopische Befunde	Kernhaltige Zellen/ml	Mononukleäre Zellen %	Neutrophile %	Muzinpräzipitation	Ig- und C_3-Einschlüsse	Synoviazellen
Degenerativ	klar durchsichtig	0–2900 (430)	88–100 (98) gleiches Verhältnis wie im peripheren Blut	0–12 (2) gleiches Verhältnis wie im peripheren Blut	normal 1	fehlen	(–)
	trüb gelb bis rot	0–3470 (990)	88–100 (96) Lymphozyten unterschiedlicher Größe – große Monozyten mit Vakuolen	0–12 (4) nicht toxisch hypersegmentiert	normal 1 bis mäßig 2	fehlen	(+)
Erosiv-rheumatoid	klar bis trüb	3000–38000 (13600)	20–80 (45) Lymphozyten unterschiedlicher Größe – Zunahme der Monozyten bei chron. Verlauf	20–80 (55) mäßige toxische Zellveränderungen Kernpyknose	schwach 3	vorhanden	(+++) zottige Konglomerate
Nichterosiv Lupus erythematodes	klar bis trüb	4000–371000 (66300)	5–58 (27) unterschiedliche Anzahl an Lymphozyten	15–95 (73) mäßige toxische Zellveränderung Kernpyknose	mäßig 2 bis schwach 3	nicht oder nur selten nachweisbar	(++)
Septisch	flockig, hellgelb	110000–267000 (173560)	1–10 (4) reaktive Chromatinveränderungen, toxische Vakuolenbildung	90–99 (96) ausgeprägte zytoplasmatische Vakuolisierung und Karyolyse	sehr schwach 4	nicht geprüft	(+) – (++)
Traumatisch	klar bis rötlich	5000–24000 (7200)	10–30 (14)	70–90 (86)	normal 1 bis mäßig 2	nicht geprüft	(+)

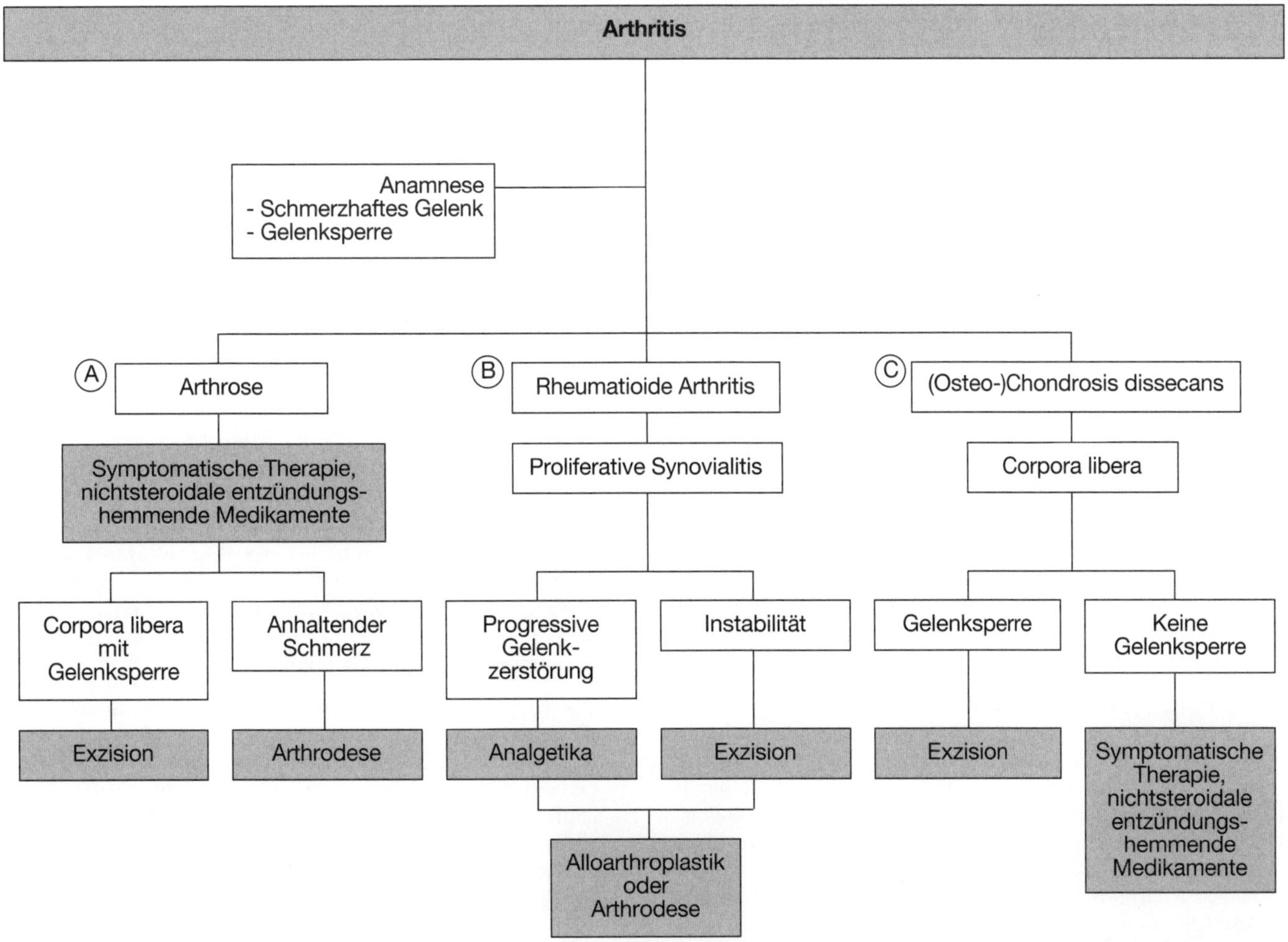
Arthritis
Anamnese
- Schmerzhaftes Gelenk
- Gelenksperre
A
Arthrose
Symptomatische Therapie, nichtsteroidale entzündungs-hemmende Medikamente
Corpora libera mit Gelenksperre
Anhaltender Schmerz
Exzision
Arthrodese
B
Rheumatioide Arthritis
Proliferative Synovialitis
Progressive Gelenk-zerstörung
Instabilität
Analgetika
Exzision
Alloarthroplastik oder Arthrodese
C
(Osteo-)Chondrosis dissecans
Corpora libera
Gelenksperre
Keine Gelenksperre
Exzision
Symptomatische Therapie, nichtsteroidale entzündungs-hemmende Medikamente

Septische Arthritis

Diese das Gelenk völlig zerstörende Form der Arthritis (s. Tab. 1, S. 132) wird beim Kleintier selten diagnostiziert. Im Vordergrund steht die Suche nach einem sich hämatogen (s. S. 150) oder exogen ausbreitenden Infektionsherd.

A. Das Gelenkpunktat wird sowohl physikalisch-chemisch als auch bakteriologisch, einschließlich Resistenztest untersucht. Infizierte Synovia ist wolkig und dünnflüssig; ihr Gehalt an Proteinen ist erhöht, der an Glukose hingegen erniedrigt. Die Anzahl der Leukozyten liegt gewöhnlich über 50 000/ml.

B. Bei jungen Tieren liegt meist eine hämatogene Gelenkinfektion vor. Die Bakteriämie kann von einer Pneumonie, Diarrhö, Nabelinfektion oder Endokarditis ausgehen. Gelegentlich breitet sich der Infekt hämatogen von einer dem Gelenk naheliegenden septischen Epiphysitis oder einer infizierten Knochenoberfläche unter sekundärer Durchdringung des Knorpels aus.

C. Die exogene septische Arthritis ist Folge von Wunden, die die Gelenkkapsel penetrieren. Besonders gefährlich sind stichförmige Bißverletzungen ohne oder mit nur geringer Abflußmöglichkeit. Die Karpal- und Tarsalgelenke sind am häufigsten betroffen. Eine direkte Kontamination des Gelenks kann jedoch auch durch Traumatisierung bei einem Verkehrsunfall, Schußwunden oder iatrogen durch unsteriles Operieren bzw. intraartikuläre Injektion erfolgen. Die intraartikuläre Injektion von Kortikosteroiden prädisponiert zur Infektion, insbesondere bei naheliegendem Entzündungsherd wie einer Infektion der Metaphyse oder der Weichteile.

D. Zu Beginn der Behandlung ist intravenös ein Breitbandantibiotikum zu verabreichen; die endgültige Therapie richtet sich nach dem bakteriologischen Befund der Synovia und des Blutes. Bei exogener Infektion muß bisweilen infolge der Vielzahl verschiedener pathogener Keime eine Subkultur angelegt werden. Antibiotika sind bis zum Überwinden der Krise intravenös und anschließend bis zur vollständigen oder zumindest weitgehenden Normalisierung der Leukozytenzahl bzw. der Blutsenkungsgeschwindigkeit peroral zu applizieren.

E. Hauptziel der Behandlung ist die Sanierung des Infekts mit Beseitigung aller Enzyme und Abbauprodukte, da diese bei Verbleib den Knorpel weiterhin schädigen. Leichtere, im Frühstadium diagnostizierte Fälle einer septischen Arthritis können mit Spülungen behandelt werden, in der Regel muß das Gelenk jedoch drainiert werden. Schwere Entzündungen erfordern eine sofortige chirurgische Gelenkrevision. Der Drain ist für höchstens 24 bis 48 Stunden zu belassen, da durch die Gelenkbewegung von der Hautoberfläche weitere Keime entlang der Drainagenöffnung in das Gelenk eindringen können.

F. Auch bei erfolgreicher Infektbekämpfung kann als Spätfolge eine erhebliche Einschränkung der Gelenkbeweglichkeit zurückbleiben. Zur Linderung der Beschwerden kann ein durch artikuläre und periartikuläre Fibrose kaum mehr bewegliches aber schmerzhaftes Gelenk operativ versteift werden, jedoch nur unter der Voraussetzung, daß die Infektion völlig saniert werden konnte.

G. Bisweilen gelingt es trotz konsequenter Behandlung nicht, die Gelenkinfektion zu beherrschen, so daß abgekapselte Keime persistieren und zu chronischer Infektion mit Fistelbildung führen. Auch stimmt nicht jeder Tierbesitzer einer häufig langwierigen, teuren und in ihrem Erfolg unsicheren Therapie zu. Bei anhaltenden Beschwerden sollten als Ultima ratio die Amputation der Gliedmaße oder die Euthanasie des Tieres in Erwägung gezogen werden.

Literatur

1. Alexander J W. Septic arthritis: diagnosis and treatment. JAAHA 1978; 14: 499.
2. Carb A. Suppurative arthritis. In: Bojrab M J, ed. Pathophysiology in small animal surgery. Philadelphia: Lea & Febiger, 1981.
3. Curtiss P H. The pathophysiology of joint infections. Clin Orthop 1973; 96: 129.
4. Dämmrich K, Brass W, Schebitz H. Gelenke. In: Schebitz H, Brass W, Hrsg. Allgemeine Chirurgie für Tierärzte und Studierende. Berlin: Parey, 1975: 418.
5. Pedersen N C. Synovial fluid collection and analysis. Vet Clin North Am 1978; 8: 495.

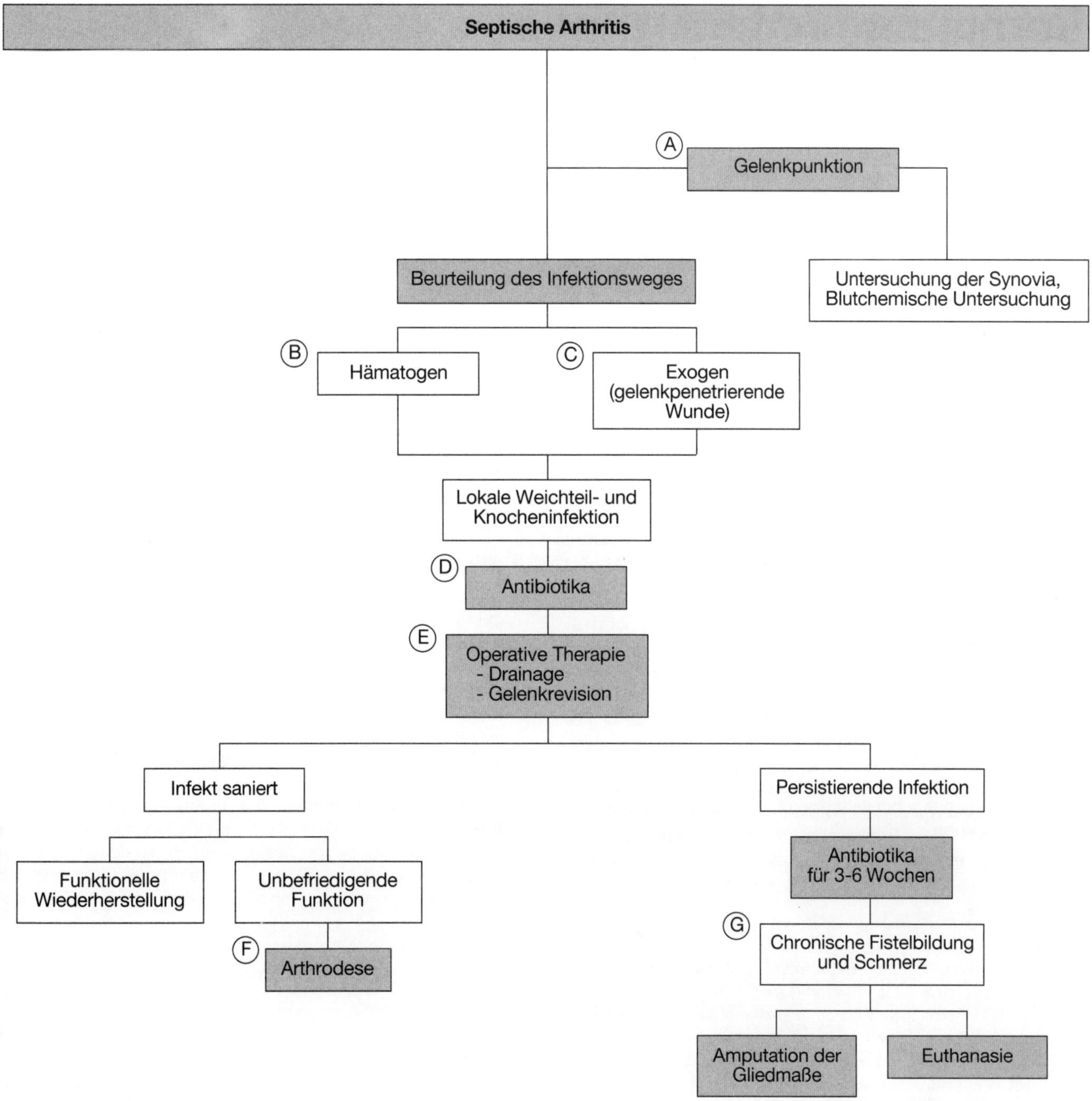
Septische Arthritis
A
Gelenkpunktion
Untersuchung der Synovia, Blutchemische Untersuchung
Beurteilung des Infektionsweges
B
Hämatogen
C
Exogen (gelenkpenetrierende Wunde)
Lokale Weichteil- und Knocheninfektion
D
Antibiotika
E
Operative Therapie
- Drainage
- Gelenkrevision
Infekt saniert
Persistierende Infektion
Funktionelle Wiederherstellung
Unbefriedigende Funktion
F
Arthrodese
Antibiotika für 3-6 Wochen
G
Chronische Fistelbildung und Schmerz
Amputation der Gliedmaße
Euthanasie

Immunbedingte Arthritis

A. Bei Verdacht einer Gelenkerkrankung ist ein genauer Vorbericht zu erheben. Antibiotikaresistente, periodische Fieberschübe, die mit allgemeinem Unwohlsein, Lahmheit oder Bewegungsunlust einhergehen, sollten an eine immunbedingte Arthritis denken lassen. Diese Form der Gelenkentzündung wird als nichtinfektiöse entzündliche Krankheit klassifiziert.

B. Eine ausführliche Allgemeinuntersuchung mit Erhebung eines vollständigen Blutstatus ist Voraussetzung für das Erkennen einer immunbedingten Gelenkerkrankung. Es sind meist mehrere, bevorzugt distale Gelenke betroffen, wie z.B. das Karpal- und Tarsalgelenk, jedoch kann auch nur ein Gelenk erkrankt sein. Zunächst wird anhand der klinischen Untersuchung festgestellt, welche Gelenke klinisch Veränderungen aufweisen; dem schließt sich die röntgenologische Untersuchung und eine Gelenkpunktion an. Einige immunbedingte Arthritiden – wie z.B. der systemische Lupus erythematodes oder chronische Infektionen – sind Manifestationen einer Systemkrankheit.

C. Zum Nachweis einer immunbedingten Arthritis wird die Synovia der betroffenen Gelenke untersucht (s. Tab. 1, S. 132). Ihre charakteristischen Veränderungen zeigen sich in einer Zunahme der Entzündungszellen, vor allem der neutrophilen Granulozyten. Dabei kann routinemäßig häufig nicht zwischen den verschiedenen Formen der immunbedingten Gelenkkrankheiten differenziert werden. Bei an systemischem Lupus erythematodes erkrankten Hunden können sog. Lupus-erythematodes-Zellen nicht immer in der Synovia gefunden werden. Rhagozyten, die bei Menschen mit rheumatoider Arthritis als typischer Befund vorliegen, sind bei Hunden noch nicht sicher nachgewiesen.

D. Mit Hilfe von Röntgenaufnahmen, eines Synovialisbioptats und serologischen Immuntests kann zwischen erosiven und nichterosiven Gelenkentzündungen unterschieden werden. Bei der erosiven Arthritis findet sich röntgenologisch neben einer Weichteilschwellung eine progressive Zerstörung des zentral und peripher liegenden subchondralen Knochens. Nichterosive Gelenkentzündungen dagegen zeigen in der Regel keine oder nur geringe röntgenologische Veränderungen des Gelenkknorpels. Die Biopsie der Synovialis kann entweder über eine Arthrotomie oder unter arthroskopischer Kontrolle erfolgen. Charakteristische Veränderungen der erosiven Arthritis sind eine Hyperplasie der Synovialiszotten, eine dichte lymphozytäre und plasmazelluläre Infiltration der Synovialis sowie Erosionen am Gelenkrand. Die nichterosiven Formen der Gelenkentzündung zeigen gewöhnlich eine geringe mononukleäre Zellinfiltration mit einer ausgeprägten oberflächlichen polymorphonukleären Zellinfiltration. Zottenhyperplasie und Erosionen am Gelenkrand sind nicht die Hauptmerkmale der Erkrankung. Mit Hilfe immunserologischer Tests werden Rheumafaktoren, antinukleäre Antikörper und Lupus-erythematodes-Zellen bestimmt. Die Rheumafaktoren sind nur bei 25 % der Hunde mit erosiver Arthritis nachzuweisen, infolgedessen spielt im Gegensatz zum Menschen ihre Bestimmung bei der Diagnosestellung keine so wesentliche Rolle. Der Nachweis antinukleärer Antikörper deutet auf einen systemischen Lupus erythematodes hin, so daß Nieren und Haut sorgfältig auf Begleiterkrankungen hin zu untersuchen sind. Auch in der Synovia und im peripheren Blut können gelegentlich Lupus-erythematodes-Zellen als Nachweis dieser Systemkrankheit gefunden werden.

E. Aspirin scheint bei der rheumatoiden Arthritis des Hundes nur wenig wirksam zu sein. Auch Kortikosteroide führen oft zu einer nur kurzzeitigen Besserung. Die besten Behandlungsergebnisse konnten mit einer Kombination von Prednisolon, Cyclophosphamid und Azathioprin erzielt werden.

F. Bei hochgradigen Veränderungen ist bisweilen die Arthrodese eines, möglicherweise auch zweier Gelenke angezeigt. Eine Arthrodese sollte indes nicht mehr erwogen werden, wenn der Patient generell schlecht auf die Therapie anspricht bzw. mehr als zwei Gelenke versteift werden müßten.

G. Die mit einem systemischen Lupus erythematodes einhergehende Arthritis spricht in der Regel gut auf Kortikosteroidgaben an. Der systemische Lupus erythematodes ist eine Immunkrankheit mit vielen Manifestationsmöglichkeiten. Neben der nichterosiven Arthritis kann er sich in hämatologischen Veränderungen, einer Glomerulonephritis, Hautveränderungen und anderen selteneren Symptomen zeigen. Routinemäßige Blutuntersuchungen und biochemische Tests sind im Falle eines Lupus erythematodes nicht immer aussagekräftig und hängen von der Organbeteiligung ab. Zur Zeit wird am häufigsten der immunologische Nachweis antinukleärer Antikörper durchgeführt. Wenn auch in einigen Fällen selbst dieser Test negativ ausfällt, so deutet dennoch die charakteristische Erkrankung mehrerer Organsysteme auf eine systemische Immunerkrankung hin. Bei der Behandlung der Lupus-erythematodes-induzierten Arthritis werden Kortikosteroide, zytotoxische und immunsuppressive Medikamente, wie z.B. Cyclophosphamid und Azathioprin, verabreicht.

H. Nichterosive, immunbedingte Gelenkentzündungen können die Folge chronischer Systemkrankheiten sein. Obwohl sich die Krankheitsbilder unterschiedlich präsentieren können, ist die Pathogenese wahrscheinlich ähnlich. Beim Hund wurden chronische Infektionen mit Mykoplasmen, Bakterien und Pilzen mit schweren Gelenkveränderungen in Zusammenhang gebracht. Die Behandlung dieser Arthritiden erfordert primär eine Therapie der Grundkrankheit. Kortikosteroide können die entzündlichen Erscheinungen lindern, bei infektiöser Ätiologie sind sie jedoch eigentlich kontraindiziert.

I. Die idiopathische immunbedingte Arthritis ist die häufigste nichterosive Form der Gelenkentzündung. Die Erkrankung gilt dann als idiopathisch, wenn systemische Primärkrankheiten, wie chronische Infektionen oder der Lupus erythematodes, ausgeschlossen werden konnten. Diese Arthritis manifestiert sich üblicherweise in Form periodischer Fieberschübe, allgemeinen Unbehagens, Anorexie und Lahmheit oder steifem Gang bzw. Bewegungsunlust. Sie betrifft meist mehrere, bevorzugt distale Gelenke, z.B. das Karpal- und

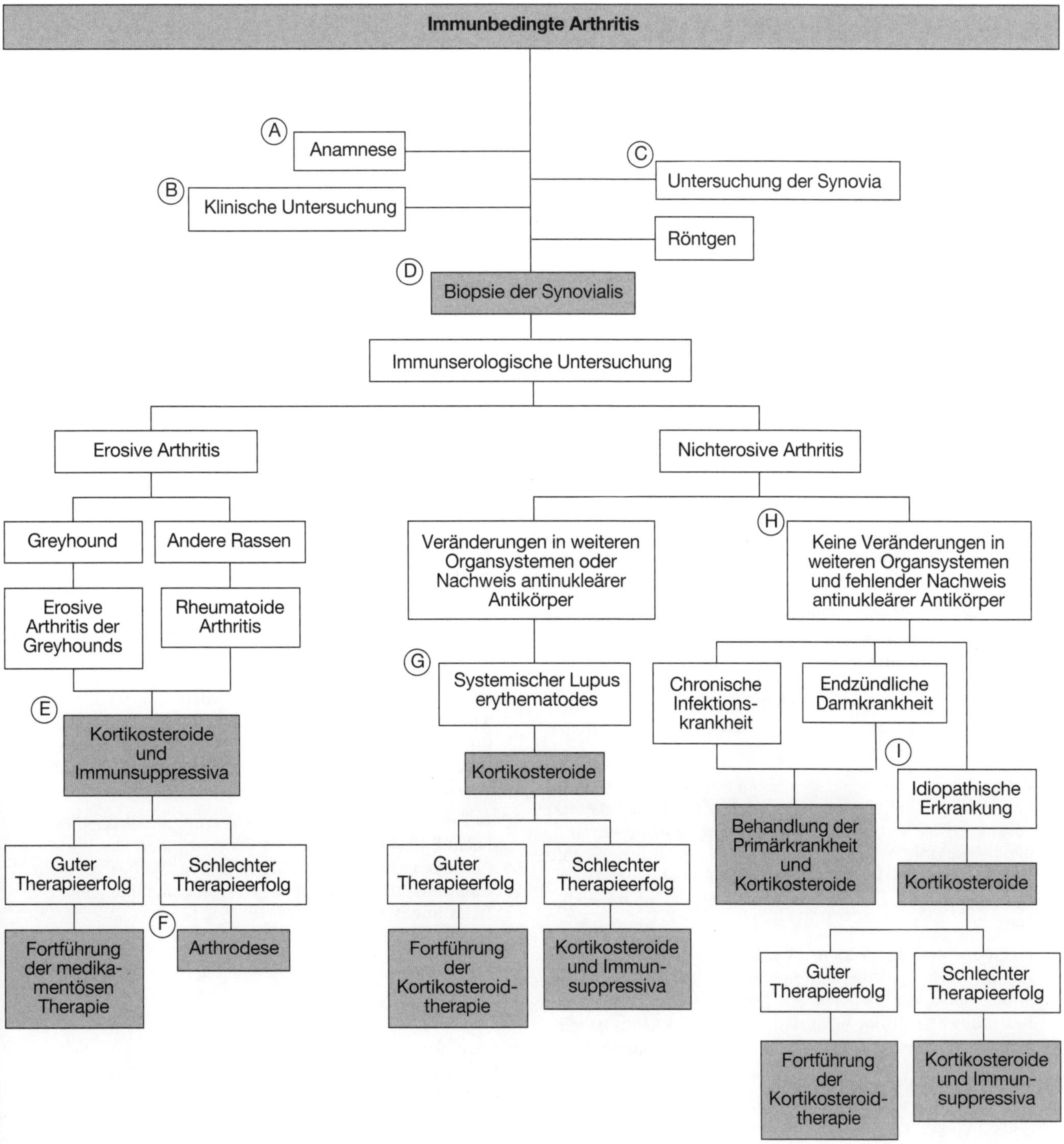

Tarsalgelenk. Beschränken sich die Veränderungen hingegen auf ein Gelenk, so ist am häufigsten das Ellbogengelenk betroffen. Therapie der Wahl sind Kortikosteroide, die häufig eine drastische klinische Besserung bewirken. Spricht die Behandlung nur wenig an, können zusätzlich stärker immunsuppressiv wirksame Medikamente, wie Azathioprin, verabreicht werden. Nach Absetzen der Therapie kommt es in ca. 30–50 % der Fälle zu Rezidiven.

Literatur

1. Pedersen N C, Pool R R, O'Brien T R. Naturally occurring arthropathies of animals. In: Resnick D, Niwayama G, eds. Diagnosis of joint disorders. Vol 1. Philadelphia: WB Saunders, 1981.
2. Perman V. Synovial fluid analysis. In: Kaneko J J, ed. Clinical biochemistry of domestic animals. 3rd ed. New York: Academic Press, 1980: 232.

(Osteo-)Chondrosis dissecans

A. Die Erhebung einer genauen Anamnese ist Bestandteil jeder Lahmheitsdiagnostik; im einzelnen sollte sie Fragen nach der Ernährung, dem Lahmheitsbeginn und einer eventuellen Miterkrankung von Wurfgeschwistern umfassen.

B. Zunächst wird anhand der klinischen Untersuchung das schmerzhafte Gelenk identifiziert. Panostitis oder andere Skelettkrankheiten junger, schnellwüchsiger Hunde können oft bereits klinisch festgestellt werden. Bei Verdacht einer (Osteo-)Chondrosis dissecans sind Schmerzhaftigkeit, Gelenkerguß, eingeschränkte Beweglichkeit und Krepitation wichtige Symptome.

C. Die Diagnose wird meist röntgenologisch verifiziert, wobei zu den üblichen Aufnahmen in zwei senkrecht zueinander stehenden Projektionsebenen gelegentlich noch weitere Aufnahmen mit schräg einfallendem Strahlengang erforderlich sind. Mit Hilfe einer Arthrographie sind auf Leeraufnahmen nicht sichtbare subchondrale Defekte darstellbar. Da die (Osteo-)Chondrose oft beidseitig auftritt, ist es zweckmäßig, das kontralaterale Gelenk ebenfalls zu untersuchen.

D. Bei Diskrepanz zwischen klinischem und röntgenologischem Befund ist die klinische Untersuchung zu wiederholen. Bestätigen sich hierbei die Erstbefunde, so wird mit Hilfe zusätzlicher Projektionsebenen nochmals versucht, die Läsion röntgenologisch darzustellen. Gelingt der Nachweis dennoch nicht, ist eine Arthroskopie des betroffenen Gelenks durchzuführen.

E. Patienten mit röntgenologisch kaum erkennbaren Defekten und milden klinischen Beschwerden oder Tiere, die fast ausgewachsen sind und nur geringe Symptome zeigen, werden konservativ behandelt. So sollen im Schultergelenk gute Ergebnisse erzielbar sein, sofern der Defekt kleiner als 1 cm, nicht tiefer als 3 mm ist und keine Corpora libera vorliegen.

F. Es empfiehlt sich, die Tiere 4 bis 6 Wochen später nochmals zu untersuchen. Dabei sollten sowohl die klinischen Symptome gebessert als auch ein Stillstand oder sogar eine Besserung der Röntgenbefunde eingetreten sein. Ist dies nicht der Fall, ist eine operative Intervention angezeigt.

G. Die Mehrzahl der Patienten mit (Osteo-)Chondrosis dissecans weist eine deutliche Lahmheit mit relativ ausgeprägten röntgenologischen Veränderungen auf. In diesem Fall ist von vornherein operativ vorzugehen.

H. Die operative Therapie besteht in der Arthrotomie, der Exzision der unterminierten Knorpelschuppe und der Entfernung jedes freien Knorpelfragments innerhalb des Gelenks. Die Ränder des Defekts sollen senkrecht zur Gelenkoberfläche abfallen. Gesundes Granulationsgewebe ist zu belassen. Die Kürettage und das Anbohren des Dissekatbettes sind auf Gebiete mit Eburnisation zu beschränken. Die Prognose bei operativem Vorgehen ist im Schultergelenk am günstigsten, während sie im Ellbogen- und Kniegelenk vorsichtiger gestellt werden muß. In neuerer Literatur wird darauf hingewiesen, daß die operative Therapie der (Osteo-)Chondrosis dissecans im Tarsokruralgelenk kontraindiziert sein kann.

I. Die Exzision der Knorpelschuppe über eine Arthrotomie kann auch bei jungen Hunden mit bereits ausgeprägter Sekundärarthrose noch erfolgreich sein. Die Langzeitprognose muß in diesen Fällen jedoch zurückhaltender gestellt werden als bei Tieren, die nur geringe röntgenologische Veränderungen aufweisen.

J. Gelegentlich wird ein Patient erst nach länger bestehender Erkrankung mit höchstgradiger Arthropathia deformans vorgestellt. Es ist dann oft unmöglich, die Ätiologie festzustellen; ursächlich kann jedoch häufig eine (Osteo-)Chondrosis dissecans vermutet werden. Eine medikamentöse Therapie mit nichtsteroidalen entzündungshemmenden Medikamenten (z.B. Aspirin) und wenig belastende physiotherapeutische Übungen (z.B. Schwimmen) können die Beschwerden lindern.

K. Bei sehr ausgeprägter Arthrose mit medikamentös nicht beeinflußbarer Lahmheit ist die Arthrodese des erkrankten Gelenks indiziert. Sie führt zwar zum Verlust der Gelenkfunktion, ermöglicht dem Tier jedoch eine schmerzfreie Belastung der Gliedmaße.

Literatur

1. Lenahan T M, Van Sickle D C. Canine osteochondrosis. In: Newton C D, Nunamaker D M, eds. Textbook of small animal orthopaedics. Philadelphia: JB Lippincott, 1985: 981.
2. Smith M M, Vasseur P B, Morgan J P. Clinical evaluation of dogs after surgical and nonsurgical management of osteochondritis dissecans of the talus. JAVMA 1985; 187 (1): 31.

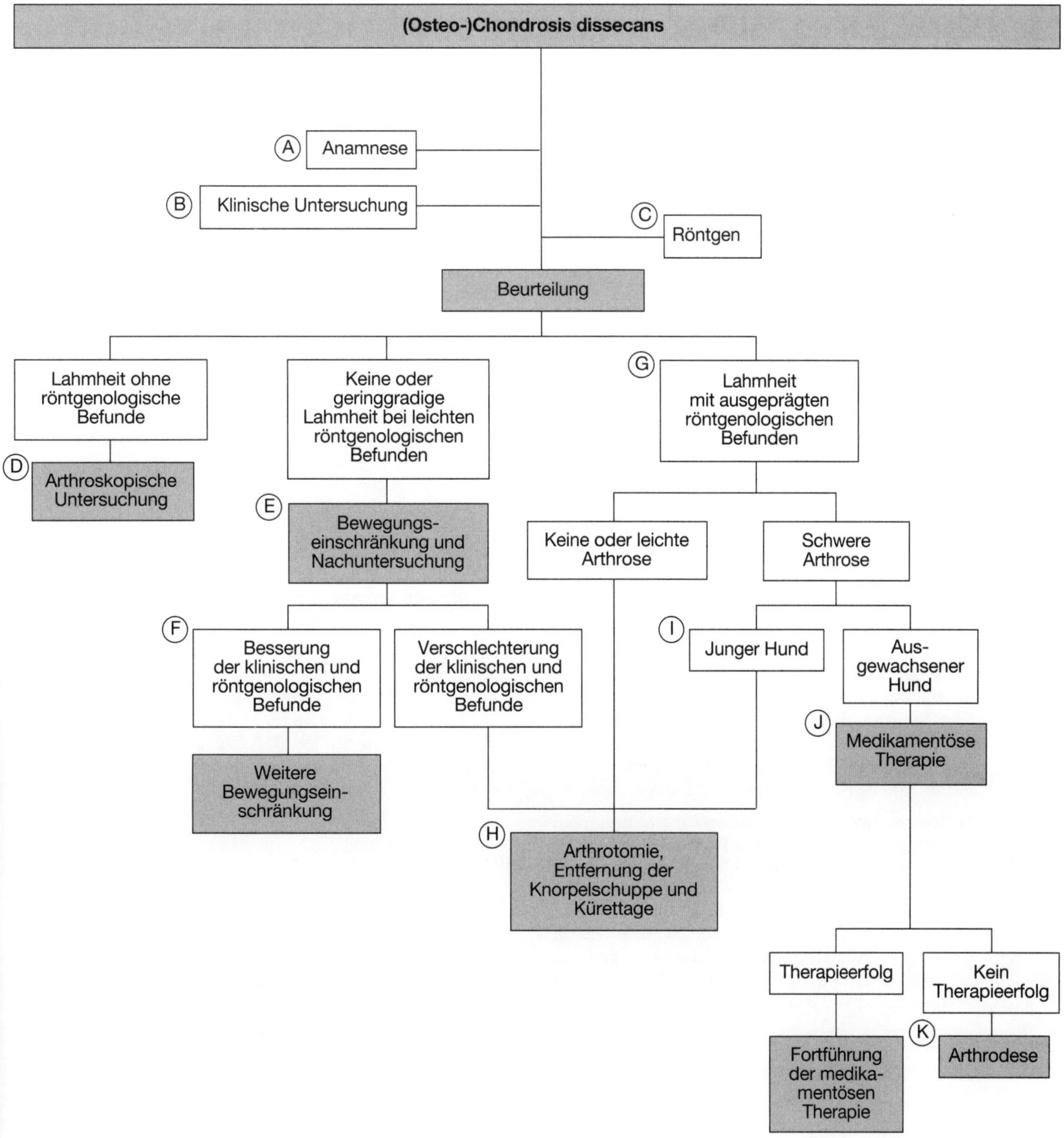
(Osteo-)Chondrosis dissecans
(A) Anamnese
(B) Klinische Untersuchung
(C) Röntgen
Beurteilung
Lahmheit ohne röntgenologische Befunde
(D) Arthroskopische Untersuchung
Keine oder geringgradige Lahmheit bei leichten röntgenologischen Befunden
(E) Bewegungs-einschränkung und Nachuntersuchung
(F) Besserung der klinischen und röntgenologischen Befunde
Weitere Bewegungsein-schränkung
Verschlechterung der klinischen und röntgenologischen Befunde
(G) Lahmheit mit ausgeprägten röntgenologischen Befunden
Keine oder leichte Arthrose
Schwere Arthrose
(I) Junger Hund
Aus-gewachsener Hund
(J) Medikamentöse Therapie
(H) Arthrotomie, Entfernung der Knorpelschuppe und Kürettage
Therapieerfolg
Kein Therapieerfolg
Fortführung der medika-mentösen Therapie
(K) Arthrodese

Behandlung einer Fraktur und/oder Luxation

A. Die meisten Frakturen und Luxationen sind nicht lebensbedrohlich. Das Freihalten der Atemwege, die Blutstillung und die Verhinderung einer stärkeren Gewebedurchtränkung mit Blut haben Vorrang vor der Stabilisierung dieser Skelettverletzungen. Der Blutverlust in große Teile der Muskulatur kann 40 % des normalen Zirkulationsvolumens eines Tieres betragen; vor allem bei Beckenfrakturen können größere Gefäße zerreißen und zum Verblutungstod führen. Die Menge des Blutverlustes, die vor der Einlieferung über eine offene Fraktur erfolgte, ist meist nicht exakt bestimmbar; im Rahmen der Allgemeinuntersuchung kann sie jedoch mit Hilfe der Blutdruckwerte und der Kapillarwiederfüllungszeit geschätzt werden.

B. Das Ausmaß und die Schwere der Weichteilschädigung beeinflussen den Behandlungsablauf ganz wesentlich. Ohne sorgfältige Untersuchung kann nicht beurteilt werden, ob ein offener Bruch vorliegt; selbst sehr kleine Stichwunden sollten an eine offene Fraktur denken lassen. Bei der Untersuchung der Weichteile muß besonders auf die Blutversorgung der peripheren Abschnitte geachtet werden. Auch der neurologische Befund in peripheren Körperabschnitten beeinflußt die Wahl der Therapie entscheidend. Ein zunächst festgestellter Nervenausfall darf nicht als endgültig angesehen werden. Eine wiederholte Untersuchung in 24stündigen Abständen kann eine Besserung und schließlich eine völlige Wiederherstellung der Nervenfunktion in Gebieten zeigen, die zuvor, bedingt beispielsweise durch allgemeine Schwäche des Patienten oder Hämatome bzw. Prellungen in unmittelbarer Nachbarschaft von Nerven, auf Reize nicht ansprachen.

C. Mit einer Schiene sind an den Gliedmaßen nur Frakturen distal des Ellbogen- und Kniegelenks korrekt zu versorgen; proximale Extremitätenabschnitte können jedoch durch Fixation der Gliedmaße an den Körper des Tieres ruhiggestellt werden. Eine weitgehende Immobilisierung der Hals-, Brust- oder Lendenwirbelsäule ist über einen entsprechend langen Hals- bzw. Rumpfverband mit dorsal eingelegter Kunststoffschale zu erreichen. Dislozierte Frakturen sollten nicht vor Anfertigung von Röntgenaufnahmen in zwei Projektionsebenen reponiert werden, es sei denn, es liegen muskuläre oder neuromuskuläre Komplikationen vor, die eine unmittelbare Reposition der Fragmente erfordern.

D. Ist der Kreislauf des Patienten ausreichend stabilisiert, wird die Fraktur anhand von Röntgenaufnahmen in mindestens zwei Ebenen genauer beurteilt. Vor der Durchführung zusätzlicher, spezieller Lagerungstechniken sollte die damit verbundene Gefährdung des Patienten berücksichtigt und das Risiko einer weiteren Weichteilschädigung abgewogen werden.

E. Bei offenen Frakturen ist nach grober Beseitigung von Verunreinigungen (vorzugsweise durch Spülungen mit Ringer-Lösung) eine sorgfältige Wundtoilette vorzunehmen. Diese muß mit größter Sorgfalt durchgeführt werden, wobei nur vitales Gewebe belassen werden darf. Gleichzeitig ist parenteral hochdosiert ein Breitspektrumantibiotikum zu verabreichen. Bei Patienten in katabolem, nicht operationsfähigem Allgemeinzustand kann die Wundrevision um 24 Stunden verschoben werden, jedoch muß der Wundbereich bis dahin mit steriler Gaze abgedeckt und wenn möglich durch einen Verband geschützt werden.

F. Die Behandlung einer Fraktur und/oder Luxation hängt von vielen Faktoren ab. Dabei spielen auch in der Veterinärmedizin das Können des Chirurgen und die Verfügbarkeit spezieller Instrumente eine Rolle; die Zahlungsbereitschaft des Besitzers ist ein weiterer Gesichtspunkt. Kann ein Tier vom erstuntersuchenden Tierarzt nicht optimal versorgt werden, sollte es an einen entsprechend qualifizierten Kollegen überwiesen werden.

Literatur

1. Brinker W O. Preoperative, operative and postoperative guidelines. In: Brinker W O, Hohn R B, Prieur W D, eds. Manual of internal fixation in small animals. New York: Springer, 1984: 85.
2. Brinker W O, Piermattei D L, Flo G L. Handbook of small animal orthopedics and fracture treatment. Philadelphia: WB Saunders, 1983: 2.

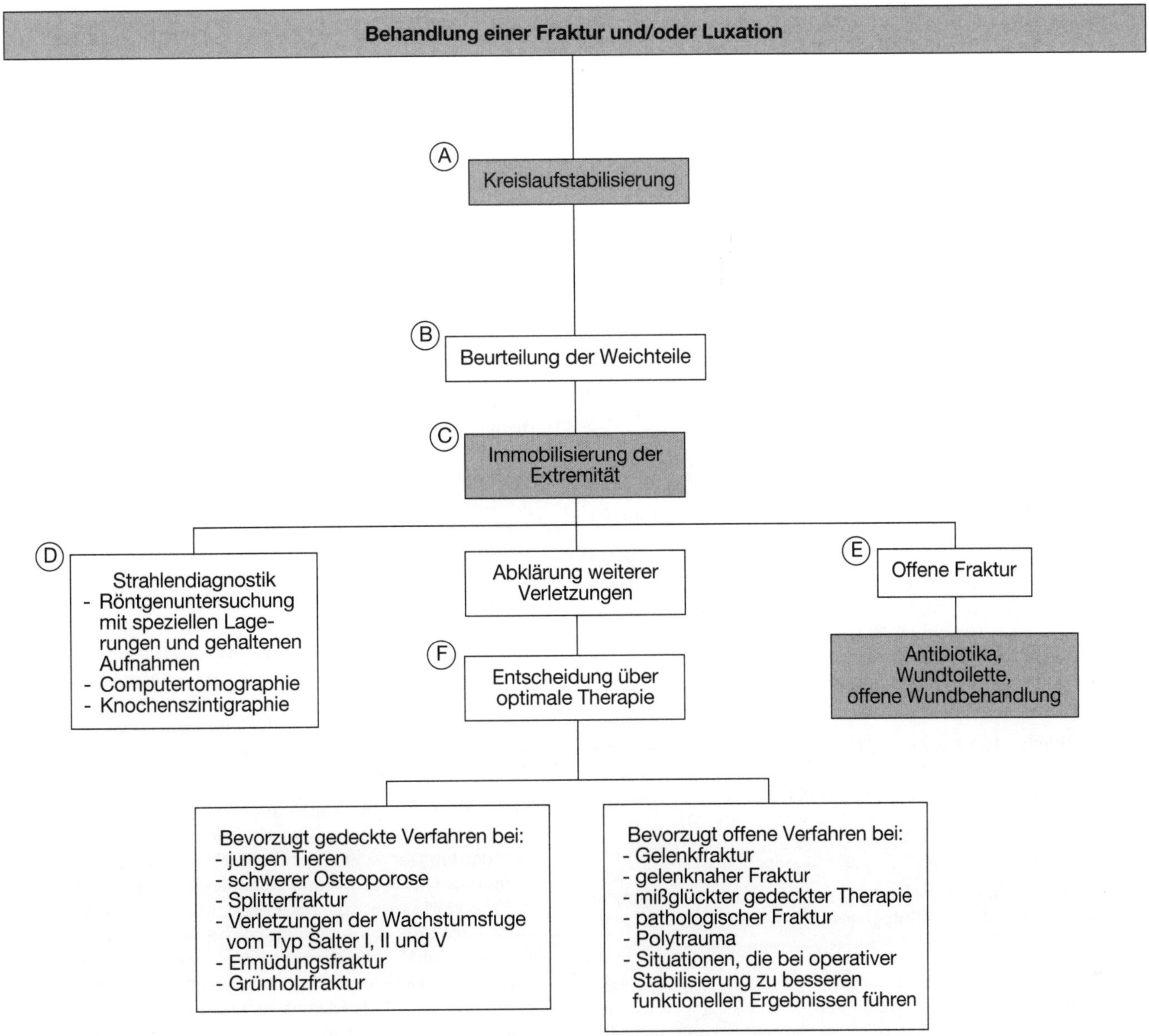
Behandlung einer Fraktur und/oder Luxation
A
Kreislaufstabilisierung
B
Beurteilung der Weichteile
C
Immobilisierung der Extremität
D
Strahlendiagnostik
- Röntgenuntersuchung mit speziellen Lagerungen und gehaltenen Aufnahmen
- Computertomographie
- Knochenszintigraphie
Abklärung weiterer Verletzungen
E
Offene Fraktur
Antibiotika, Wundtoilette, offene Wundbehandlung
F
Entscheidung über optimale Therapie
Bevorzugt gedeckte Verfahren bei:
- jungen Tieren
- schwerer Osteoporose
- Splitterfraktur
- Verletzungen der Wachstumsfuge vom Typ Salter I, II und V
- Ermüdungsfraktur
- Grünholzfraktur
Bevorzugt offene Verfahren bei:
- Gelenkfraktur
- gelenknaher Fraktur
- mißglückter gedeckter Therapie
- pathologischer Fraktur
- Polytrauma
- Situationen, die bei operativer Stabilisierung zu besseren funktionellen Ergebnissen führen

Gliedmaßenfrakturen beim wachsenden Tier

In der Frakturdiagnostik und -therapie müssen beim wachsenden Tier folgende Besonderheiten berücksichtigt werden: 1. Die Wachstumsfugen sind noch „offen", nach dem Fugenschluß zeigt sich hier eine strahlendichte Narbenlinie. 2. Es gibt sekundäre Ossifikationszentren, und die Foramina nutritia sind relativ groß. 3. Aufgrund der Elastizität und Verformbarkeit des jugendlichen Knochens entstehen Grünholzfrakturen. 4. Die Frakturheilung erfolgt sehr rasch, und der junge Knochen ist sehr remodellierungsfähig. 5. Die Frakturhäufigkeit ist sehr groß, wahrscheinlich höher als angenommen. 6. Das Periost ist kräftiger und aktiver als beim erwachsenen Tier. 7. Es können besondere diagnostische Probleme auftreten, wie z.B. plötzliche Besserung oder Verschwinden der Lahmheit nach einigen Tagen und geringere Toleranz gegenüber größerem Blutverlust. 8. Der Knochen reagiert stärker auf eine Beeinträchtigung der Blutversorgung, z.B. in Form verminderter Knochenbildung.
Obgleich auch eine Fraktur beim wachsenden Tier immobilisiert werden muß, ist zu berücksichtigen, daß der Knochen täglich seine Form verändert. Längen-, Dicken- und appositionelles Wachstum finden sowohl im Bereich der Epiphyse als auch an der Diaphyse und den Gelenkflächen statt. Bei der Therapie muß deshalb beachtet werden, daß das Wachstum nicht durch die Fixation behindert wird.

A. Beim jungen Tier kann eine Fraktur das lokale Wachstum des Knochens durch Apposition stimulieren. Bei einem „vollständigen" Bruch ist die Stimulation normalerweise zirkumferent, wodurch sich der Knochen verlängert. Die „unvollständige" Fraktur kann infolgedessen zur Verkrümmung der Extremität führen. Wegen des sehr schnellen Wachstums junger Tiere sollten zur Überprüfung der Knochenheilung in kurzen Abständen Röntgenkontrollen durchgeführt werden.

B. Grünholzfrakturen sind unvollständige Frakturen, bei denen eine Kompakta bzw. Kortikalis gebrochen, die gegenüberliegende jedoch nur verbogen ist. Andererseits kann auch der äußere Anteil der Knochenwand gebrochen sein, während sich die endostale Oberfläche nur verbiegt. Die Stauchungsfraktur ist ein unvollständiger Bruch mit Vorwölbung der Kortikalis.

C. Sind diese Frakturen nur gering oder nicht disloziert, so darf das Tier die Gliedmaße belasten; nach der Bruchheilung zeigt sich in der Regel keine Knochendeformation. Als Therapie genügt in der Regel Käfigruhe.

D. Unvollständige Frakturen distal des Ellbogen- bzw. Kniegelenks können mit Schienen- oder anderen immobilisierenden Verbänden unterschiedlichster Materialien behandelt werden. Bei Frakturen proximal dieser Gelenke genügt in der Regel die Ruhighaltung des Tieres.

E. Die Osteosynthese unvollständiger Brüche ist selten erforderlich; eventuelle Verletzungen der Wachstumsfugen können jedoch später eine Operation erforderlich machen.

F. Im Wachstumsalter kann es auch zu vollständigen Frakturen kommen. Obwohl Diagnose und klinische Symptome hier nur wenig Unterschied zum adulten Tier zeigen, werden im Hinblick auf das weitere Wachstum oft andere Therapien gewählt.

G. Bei der Behandlung von Frakturen, die die Wachstumsfugen betreffen, sind Kenntnisse über das Auftreten von Wachstumszentren und den Schluß der Epiphysenfugen äußerst wichtig (s. Tab. 1, S. 146). Die therapeutischen Einzelheiten dieser Frakturen oder Luxationen werden an anderer Stelle behandelt (s.S. 144), hier soll nur kurz die Klassifikation dieser Brüche nach Salter-Harris angeführt werden: Typ I = Epiphysiolyse, Typ II = Epiphysiolyse mit metaphysärem Keil, Typ III = Epiphysenfraktur, Typ IV = Fraktur der Epi- und Metaphyse, Typ V = Stauchung der Wachstumsfuge. Bei der Fixation der Fraktur darf das normale Längenwachstum in der Epiphysenfuge nicht behindert werden. Kommt es jedoch zu einem vorzeitigen Fugenschluß, so setzt sich das appositionelle Wachstum im Bereich der Epiphyse fort. Jede Beeinträchtigung des Epiphysenfugenwachstums führt zu deren Strukturveränderung, die eine sekundäre Verformung der Gelenkoberfläche zur Folge hat, was sich wiederum auch auf die gegenüberliegende Gelenkfläche auswirkt. Beim jungen Tier können die Gelenkschäden bei nicht adäquater Therapie verheerend sein.

H. Vollständige Diaphysenfrakturen bei jungen Tieren können bei geringer Dislokation der Fragmente – je nach Lokalisation der Fraktur – entweder durch Käfigruhe oder mit einem immobilisierenden Verband behandelt werden. Schaftfrakturen mit stärker dislozierten Fragmenten sind hingegen operativ, bevorzugt intramedullär, zu stabilisieren. Hierbei ist – möglichst unter Schonung der Epiphysenfugen – eine Therapieform zu wählen, die das Längenwachstum des Knochens nicht beeinträchtigt. Es muß dennoch mit eventuellen Spätkomplikationen in Form von Wachstumsstörungen gerechnet werden.

I. Multiple sowie instabile vollständige Frakturen im Diaphysen- und Metaphysenbereich sind ebenfalls operativ zu versorgen.

Literatur

1. Brinker W O, Piermattei D L, Flo G L, eds. Handbook of small animal orthopedics and fracture treatment. Philadelphia: WB Saunders, 1983: 195.
2. Schebitz H, Vollmerhaus B, Brunnberg L, Matis U, Roos H, Waibl H, Köstlin R G. Zur Frakturbehandlung beim jungen Hund. Kleintierprax 1981; 26: 63.
3. Sumner-Smith G. Management of fractures in growing animals. In: Skeletal diseases of growing animals. Perth: Murdoch University Foundation for Continuing Education, 1980: 75.
4. Sumner-Smith G. Observations on epiphyseal fusion of the canine appendicular skeleton. J small Anim Pract 1966; 7: 303.

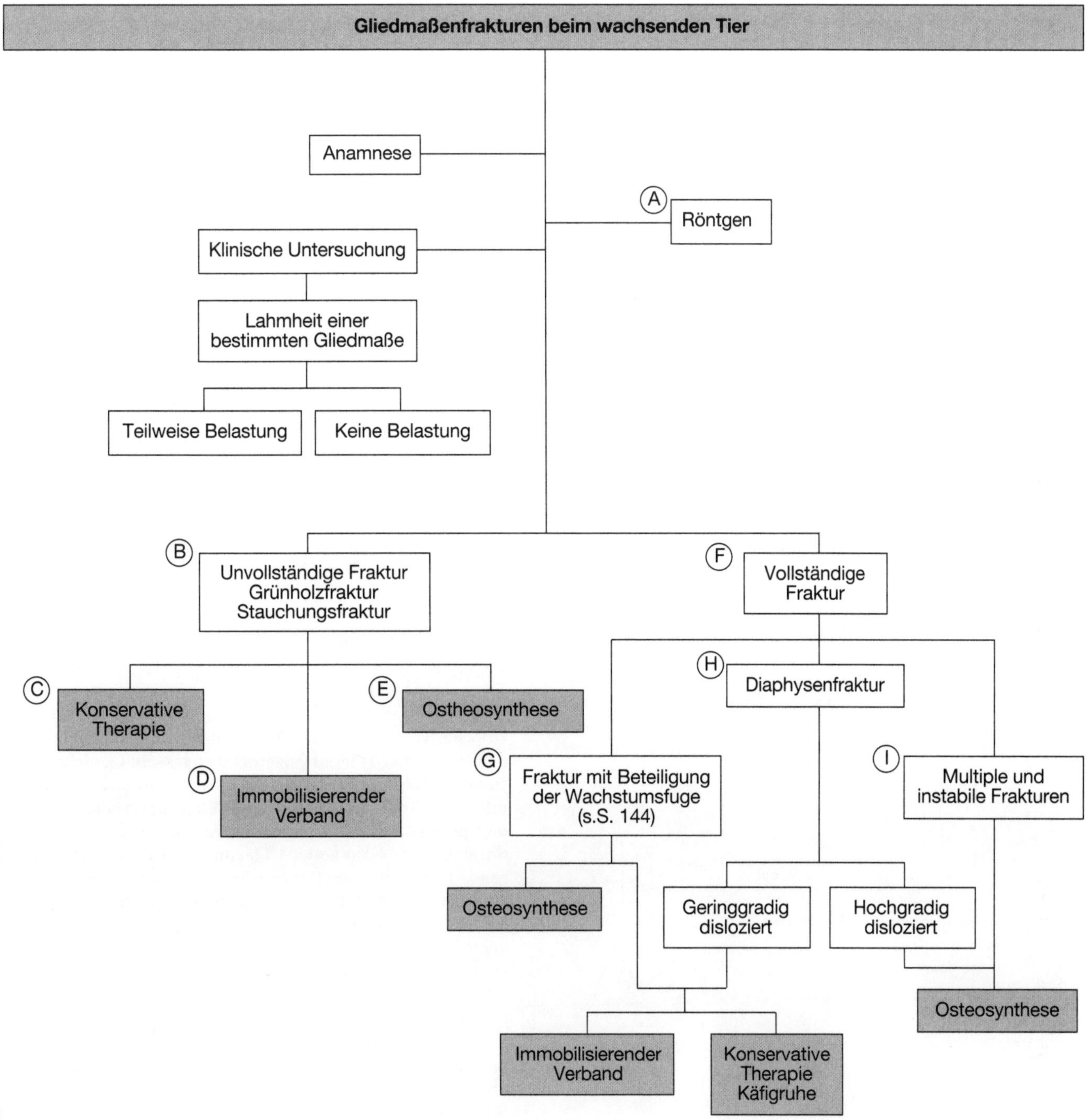

Tab. 1. Frakturbehandlung beim wachsenden Tier.

Ziele	Verschiende Möglichkeiten der Stabilisierung	Perkutane Transfixation	Osteosynthese-Verfahren
Aufrechterhaltung der Reposition während der Heilung Vermeidung von Weichteilschäden Duldung der Therapiemaßnahme Minimale Nachsorge Preiswerte Behandlung	Gipsverband Schiene aus Holz oder Metall Formbarer Kunststoff Aufblasbarer Verband Thomas-Schiene Robert-Jones-Verband	Fixateur externe (verschiedene Modelle)	Intramedulläre Bohrdrähte Bündelnagelung Rush-Nägel Gekreuzte Bohrdrähte Schrauben Platten

Frakturen beim Jungtier mit Beteiligung der Wachstumsfuge

Diese Frakturen können – nach der Klassifikation von Salter-Harris – in fünf Formen eingeteilt werden (Abb. 1).

A. Frakturen vom Typ I weisen eine Zusammenhangstrennung in der Wachstumsfuge mit Verschiebung der Epiphyse auf. Bevorzugte Lokalisationen sind: proximale Humerus-, proximale Femur(kopf)- und distale Femurepiphysenfuge. Therapie der Wahl bei derartigen Verletzungen ist die Bohrdrahtfixation, vorausgesetzt, es konnte eine korrekte Reposition erzielt werden. Die Prognose ist bei frühzeitiger Intervention gut.

B. Bei einer Fraktur vom Typ II verläuft die Trennungslinie zum Teil in der Metaphyse (Epiphysiolyse mit metaphysärem Keil). Am häufigsten betroffen sind: proximale Humerus-, distale Femur- und proximale Tibiaepiphysenfuge. Auch diese Frakturen haben bei rechtzeitiger Behandlung eine gute Prognose. Nach der Reposition reicht in der Regel eine Fixation mit Bohrdrähten aus, jedoch ist es bei großwüchsigen Tieren ratsam, den metaphysären Anteil zusätzlich mit einer Zugschraube zu fixieren.

C. Bei der Fraktur vom Typ III ist nur ein Teil der Wachstumsfuge gelockert bzw. disloziert, und die Frakturlinie zieht weiter durch die Epiphyse in das Gelenk; die Metaphyse ist nicht betroffen. Gelegentlich kann die Epiphyse auch in zwei Fragmente brechen, die sich beide im Fugenbereich von der Metaphyse lösen. Bevorzugte Lokalisationen dieser Frakturform sind: distale Humerus-, distale Femur- und distale Tibiaepiphyse. Da es sich um eine Gelenkfraktur handelt, kommt der anatomisch korrekten, stufenlosen Reposition der Gelenkfläche besondere Bedeutung zu, anderenfalls muß mit der Ausbildung einer sekundären Arthropathia deformans und Lahmheit gerechnet werden. Im allgemeinen ist auch hier die Bohrdrahtfixation indiziert, die zur besseren Stabilität – besonders bei Dislokation beider epiphysärer Fragmente – mit einer horizontal verlaufenden interfragmentären Zugschraube kombiniert wird.

D. Die Fraktur vom Typ IV ist eigentlich eine Kombination der Fugenverletzungen von Typ II und III; man findet sie am häufigsten an der distalen Humerus- und distalen Femurepiphyse. Die Behandlung mit interfragmentären Zugschrauben, unter Schonung der Epiphysenfuge, und evtl. zusätzlichem Bohrdraht verspricht eine gute Prognose, wobei wiederum auf eine genaue Reposition der Gelenkfläche zu achten ist. Wird die Fraktur nicht frühzeitig korrekt behandelt, so ist die Prognose ungünstig, da eine schwere Arthrose entsteht.

E. Die größten Schwierigkeiten bei Diagnose und frühzeitiger Therapie bereiten Frakturen vom Typ V. Hierbei handelt es sich um eine Stauchung der Wachstumsfuge mit Schädigung der Osteoblastenaktivität, die eine Wachstumsstörung des Knochens nach sich zieht. Das Wachstum wird unregelmäßig, und es kommt zu einem vorzeitigen Fugenschluß, nicht selten zu einer Achsenfehlstellung (meist in Valgusposition). Frakturen vom Typ V treten am häufigsten an der distalen Femur- und proximalen Tibiaepiphysenfuge auf, aber auch an den distalen Radius- und/oder Ulnaepiphysenfugen. Schwerwiegende Deformationen können die Folge sein; die Behandlung wird im nächsten Kapitel beschrieben. Gerade wenn bei einem jungen Tier nach Trauma bei der Erstuntersuchung keine Verletzung des Gliedmaßenskeletts festgestellt werden konnte, ist es äußerst wichtig, den Tierhalter auf eine mögliche Schädigung der Wachstumsfugen hinzuweisen. Der Patient muß regelmäßig in relativ kurzen Abständen (1–2 Wochen) zu einer klinischen und röntgenologischen Kontrolle vorgestellt werden. Bei ersten Anzeichen einer Fugenschädigung sollte therapeutisch interveniert werden. Die goldene Regel bei der Behandlung derartiger Verletzungen besagt, daß jede weitere Beeinträchtigung der Wachstumsfuge unterbleiben muß. Daraus folgt, daß eine weitere Kompression durch Überbrückung der Fuge mit starren Implantaten (z.B. Schrauben, Platten) zu vermeiden ist.

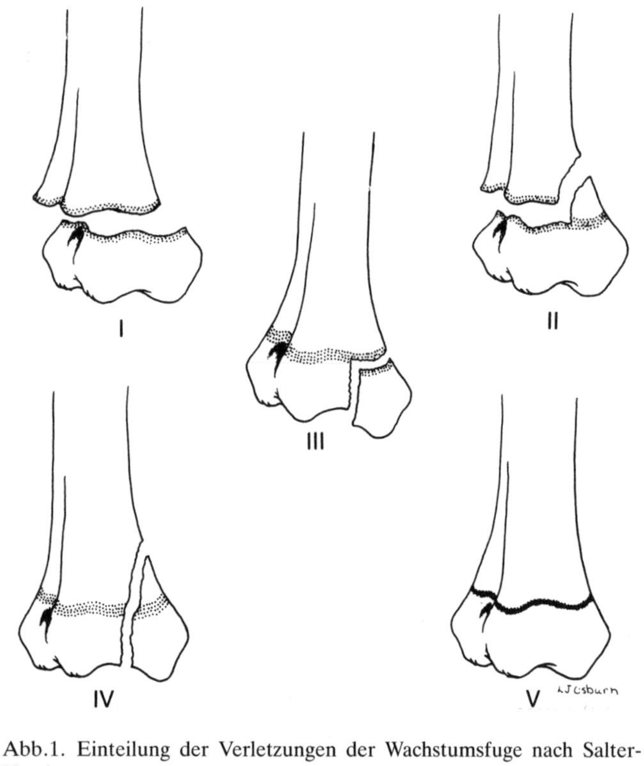

Abb.1. Einteilung der Verletzungen der Wachstumsfuge nach Salter-Harris.

Literatur

1. Brinker WO, Piermattei DL, Flo GL. Handbook of small animal orthopedics and fracture treatment. Philadelphia: WB Saunders, 1983: 195.
2. Sumner-Smith G. Management of fractures in growing animals. In: Skeletal diseases of growing animals. Perth: Murdoch University Foundation for Continuing Education, 1980: 75.
3. Sumner-Smith G. Observations in epiphyseal fusion of the canine appendicular skeleton. J small Anim Pract, 1966; 7: 303.

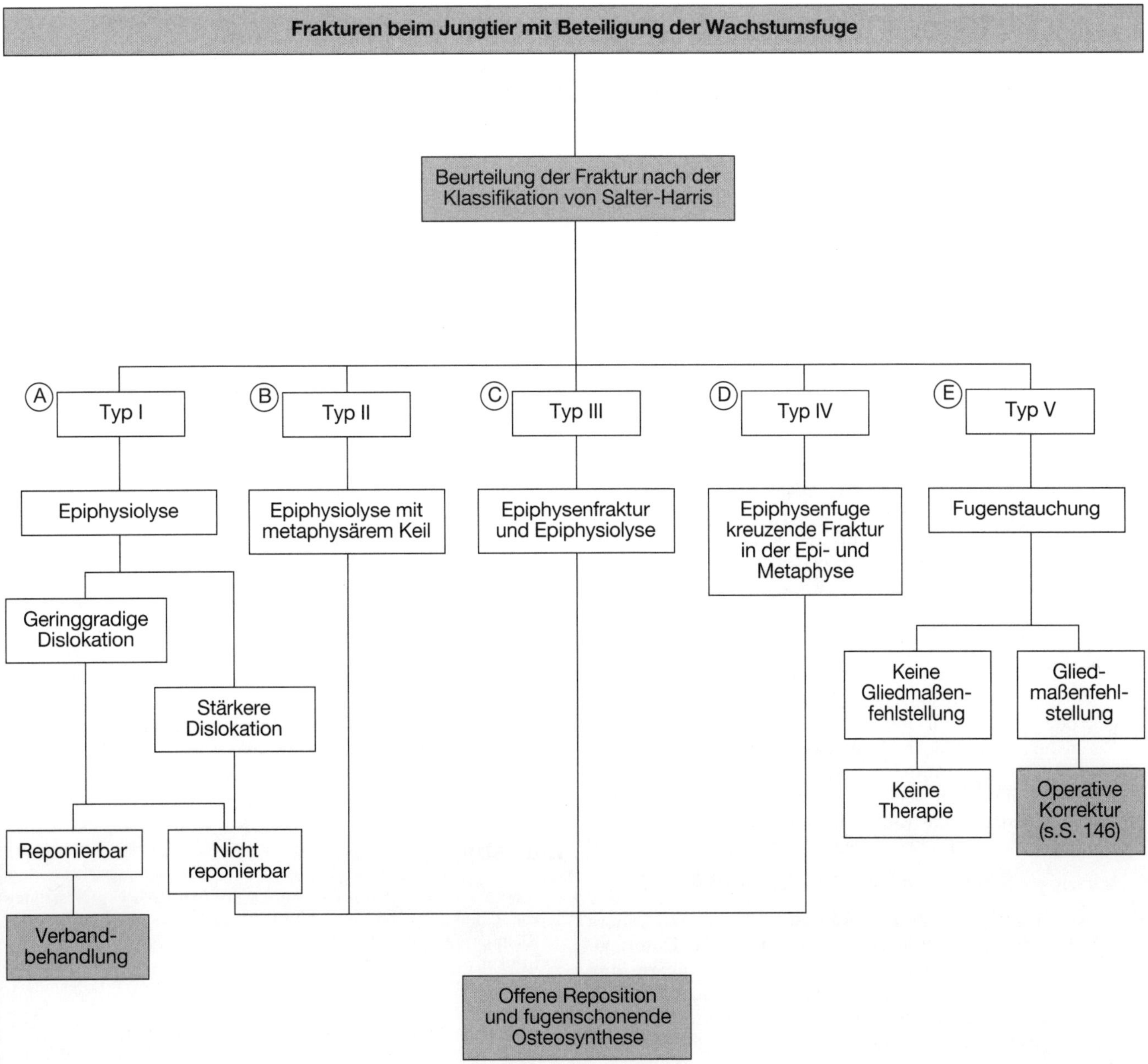
Frakturen beim Jungtier mit Beteiligung der Wachstumsfuge
Beurteilung der Fraktur nach der Klassifikation von Salter-Harris
A
Typ I
B
Typ II
C
Typ III
D
Typ IV
E
Typ V
Epiphysiolyse
Epiphysiolyse mit metaphysärem Keil
Epiphysenfraktur und Epiphysiolyse
Epiphysenfuge kreuzende Fraktur in der Epi- und Metaphyse
Fugenstauchung
Geringgradige Dislokation
Stärkere Dislokation
Keine Gliedmaßen-fehlstellung
Glied-maßenfehl-stellung
Keine Therapie
Operative Korrektur (s.S. 146)
Reponierbar
Nicht reponierbar
Verband-behandlung
Offene Reposition und fugenschonende Osteosynthese

Gliedmaßenfehlstellung nach Verletzung von Wachstumsfugen und vorzeitigem Fugenschluß*

Bevor ein Behandlungsversuch bei derartigen Verletzungen unternommen wird, muß man die physiologischen Zeitpunkte des Fugenschlusses kennen. Angaben zum physiologischen Schluß der einzelnen Wachstumsfugen sind Tab. 1 zu entnehmen.

A. Ein vorzeitiger Schluß der proximalen Radiusfuge führt zur Verkürzung des Radius mit der Folge, daß sich der Gelenkspalt zwischen Humeruskondylen und Radiusköpfchen vergrößert. Es entwickelt sich eine Gelenkinkongruenz, die zur Arthrose mit Lahmheit führen kann. Um den Radiuskopf anzuheben und wieder in Artikulation mit dem Humerus zu bringen, ist eine Verlängerungsosteotomie des Radius angezeigt; die Stabilisierung erfolgt – abhängig vom Alter des Patienten – bei kongruentem Gelenk mit der Platte oder mit einem distrahierbaren Fixateur externe. Bei sehr jungen Patienten kann mit einem Distraktionsgerät das noch von den distalen Fugen des Radius und der Ulna ausgehende Längenwachstum kompensiert werden, während bei Verwendung einer Platte unter Umständen wiederholt Verlängerungsosteotomien erforderlich sind.

B. Im Frühstadium kann bei partiellem Schluß der distalen Radiusfuge und beginnender Gliedmaßenfehlstellung (Valgus oder Varus) zur Behandlung eine Klammerung der Radiusfuge auf der noch wachstumspotenten Seite mit einer oder zwei Krampen ausreichen. In fortgeschritteneren Fällen oder wenn nur noch wenig Restwachstum erwartet werden kann, ist jedoch eine Korrekturosteotomie, eventuell mit Verlängerung des Radius, angezeigt.

C. Vorzeitiger Schluß der distalen Ulnafuge und/oder

D. teilweiser Schluß der distalen Radiusfuge können zu Lahmheit, Inkongruenz im Ellbogengelenk und massiver Deformation sowohl des Radius als auch der Ulna führen. Im Frühstadium des isolierten vorzeitigen Fugenschlusses der Elle kann eine Defektosteotomie von mindestens 1 cm Länge am Übergang vom mittleren zum distalen Drittel der Ulna mit Fettinterposition genügen; durch Zug des M. triceps brachii am proximalen Fragment wird unter vorsichtiger Belastung der Gliedmaße die Kongruenz im Ellbogengelenk wiederhergestellt. Liegt zudem ein partieller, lateraler Fugenschluß der distalen Radiusfuge vor, so reicht im allgemeinen zur Korrektur der Gliedmaßenachse die zusätzliche Klammerung der Radiusfuge von medial. Bei älteren Verletzungen und nur noch geringer Wachstumspotenz muß die Ulnaosteotomie mit einer Keilosteotomie des Radius kombiniert werden. Abhängig vom Gewicht des Patienten können zur Stabilisierung sowohl Platten oder gekreuzte Kirschner-Bohrdrähte als auch ein Fixateur externe eingesetzt werden.

E. Ein partieller vorzeitiger Schluß der distalen Epiphyse des Femur kommt selten vor. Da das distale Fragment nach einer Keilosteotomie kurz ist, empfehlen sich L- bzw. T-förmige oder Rekonstruktionsplatten zur Fixation. Der Osteotomiespalt kann mit Spongiosa aus dem Tibiakopf aufgefüllt werden; bei größeren Defekten sollte jedoch besser ein Keil aus dem Beckenkamm entnommen und eingesetzt werden.

F. Bei partiellem Schluß der proximalen Epiphysenfuge der Tibia mit Valgus- bzw. Varusfehlstellungen kommen je nach Größe des verbleibenden proximalen Segments und dem Gewicht des Patienten nach der Korrektur entweder eine T- oder L-förmige bzw. eine Hakenplatte oder gekreuzte Bohrdrähte in Betracht, um eine ausreichende Stabilität zu erreichen. Der Einsatz eines Fixateur externe hat sich an dieser Stelle nicht bewährt.

Literatur

1. Brass W, Rahlfs J. Korrektur von Valgus- und Rotationsfehlstellung von Radius und Ulna durch Osteotomie und perkutane Transfixation. Kleintierprax 1981; 26: 129.
2. Brinker W O, Piermattei D L, Flo G L. Handbook of small animal orthopedics and fracture treatment. Philadelphia: WB Saunders, 1983: 202.
3. Kammermeier C. Wachstumsstörungen nach Verletzungen im Bereich der Epiphysenfugen beim Hund. Vet med Diss, München 1981.
4. Leger L, Sumner-Smith G, Gofton N, Prieur W D. A.O. hook plate fixation for methaphyseal fractures and corrective wedge osteotomies. J small Anim Pract 1982; 23: 209.

Tab. 1. Altersschwankungen beim Schluß der Wachstumsfugen des Hundes. (Aus G. Sumner-Smith. Growth plate fusion in the appendicular skeleton of the dog. Fellowship Thesis London, 1964.)

Schultergliedmaße	Frühester Fugenschluß	Spätester Fugenschluß	**Beckengliedmaße**	Frühester Fugenschluß	Spätester Fugenschluß
Fuge des Tuber scapulae	3 M	5 M	Fuge des Trochanter major	6 M	9 M
Proximale Humerusfuge	10 M	10 M	Proximale Femurfuge	6 M	9 M
Distale Humerusfuge	5 M	8 M	Fuge des Trochanter minor	9 M	10 M
Ulnafuge	5 M	8 M	Distale Femurfuge	6 M	8 M
Proximale Radiusfuge	6 M	9 M	Proximale Tibiafuge	6 M	11 M
Distale Radiusfuge	6 M	9 M	Proximale Fibulafuge	6 M	10 M
Distale Ulnafuge	6 M	8 M	Distale Tibiafuge	5 M	8 M
Fuge des Os carpi accessorium	10 W	5 M	Distale Fibulafuge	5 M	8 M
Metakarpalfugen	5 M	7 M	Fuge des Tuber calcanei	11 W	7 M
Fuge der Phalanx prima	4 M	5 M	Metatarsalfugen	5 M	7 M
Fuge der Phalanx secunda	4 M	5 M	Fuge der Phalanx prima	4 M	7 M
			Fuge der Phalanx secunda	4 M	5 M

M = Monate, W = Wochen

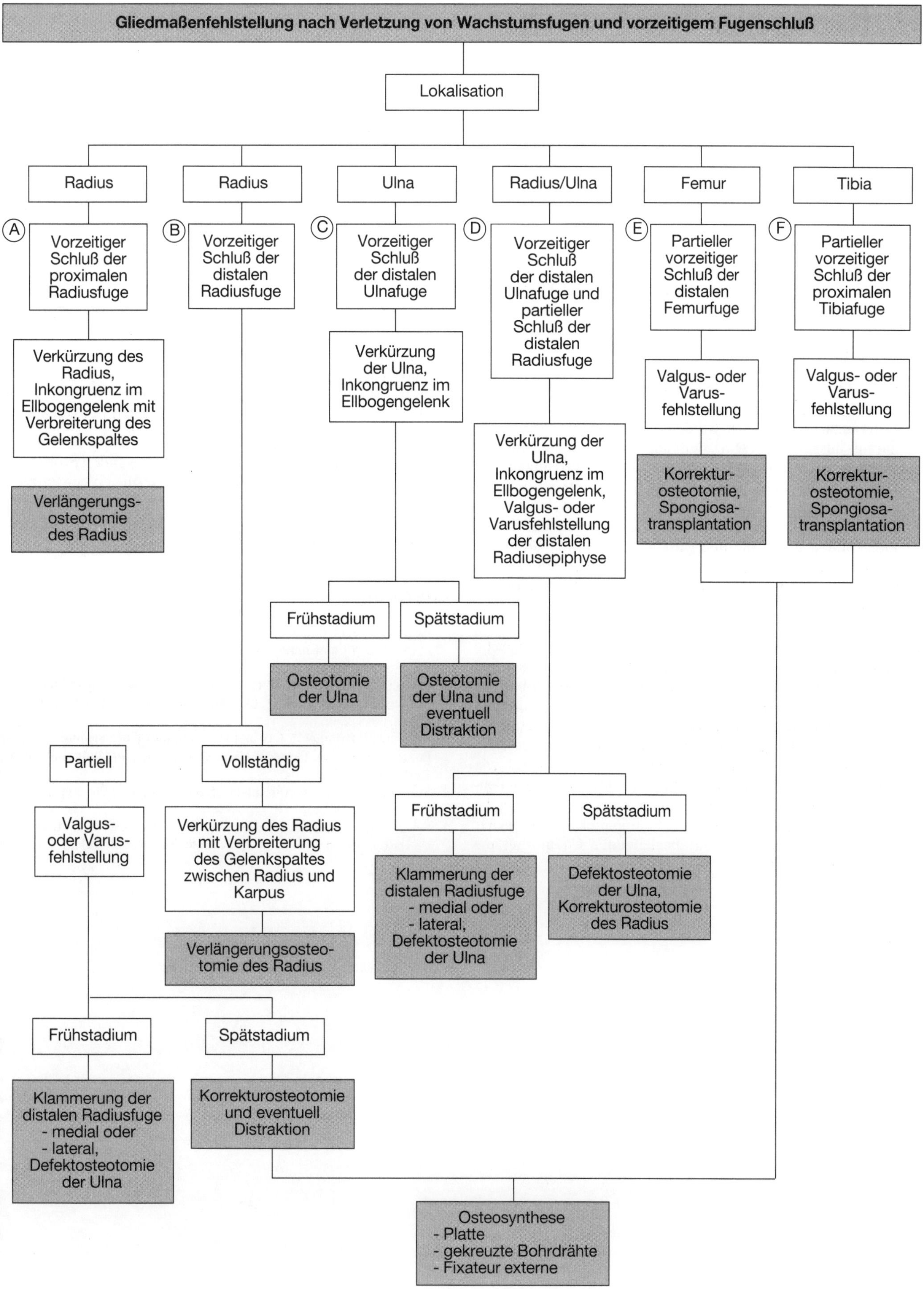
Gliedmaßenfehlstellung nach Verletzung von Wachstumsfugen und vorzeitigem Fugenschluß
Lokalisation
Radius
Radius
Ulna
Radius/Ulna
Femur
Tibia
A
Vorzeitiger Schluß der proximalen Radiusfuge
B
Vorzeitiger Schluß der distalen Radiusfuge
C
Vorzeitiger Schluß der distalen Ulnafuge
D
Vorzeitiger Schluß der distalen Ulnafuge und partieller Schluß der distalen Radiusfuge
E
Partieller vorzeitiger Schluß der distalen Femurfuge
F
Partieller vorzeitiger Schluß der proximalen Tibiafuge
Verkürzung des Radius, Inkongruenz im Ellbogengelenk mit Verbreiterung des Gelenkspaltes
Verlängerungs-osteotomie des Radius
Verkürzung der Ulna, Inkongruenz im Ellbogengelenk
Valgus- oder Varus-fehlstellung
Valgus- oder Varus-fehlstellung
Korrektur-osteotomie, Spongiosa-transplantation
Korrektur-osteotomie, Spongiosa-transplantation
Verkürzung der Ulna, Inkongruenz im Ellbogengelenk, Valgus- oder Varusfehlstellung der distalen Radiusepiphyse
Frühstadium
Spätstadium
Osteotomie der Ulna
Osteotomie der Ulna und eventuell Distraktion
Partiell
Vollständig
Valgus- oder Varus-fehlstellung
Verkürzung des Radius mit Verbreiterung des Gelenkspaltes zwischen Radius und Karpus
Verlängerungsosteo-tomie des Radius
Frühstadium
Spätstadium
Klammerung der distalen Radiusfuge - medial oder - lateral, Defektosteotomie der Ulna
Defektosteotomie der Ulna, Korrekturosteotomie des Radius
Frühstadium
Spätstadium
Klammerung der distalen Radiusfuge - medial oder - lateral, Defektosteotomie der Ulna
Korrekturosteotomie und eventuell Distraktion
Osteosynthese - Platte - gekreuzte Bohrdrähte - Fixateur externe

Pathologische Fraktur

A. Manche Krankheiten bedingen eine lokale Schwächung des Knochens. Mit Hilfe von Röntgenaufnahmen lassen sich jedoch generalisierte oder lokale Veränderungen der Knochendichte oder -struktur darstellen.

B. Der verdächtige Bereich sollte stets biopsiert werden. Das gewonnene Gewebe wird nicht nur einer histologischen, sondern auch einer bakteriologischen Untersuchung unterzogen, um eine differentialdiagnostisch in Frage kommende Osteomyelitis bestätigen oder widerlegen zu können. Bei pathognomonischen Erscheinungsbildern kann man auf diese Untersuchungstechniken allerdings verzichten.

C. Bei jungen Tieren kann eine pathologische Fraktur durch gutartige Knochenveränderungen, wie z.B. die juvenile Osteomalazie, verursacht werden. Die Therapie sollte primär darauf ausgerichtet sein, den allgemeinen Knochenstoffwechsel zu normalisieren. Tumoröse Veränderungen des Knochens sind beim ausgewachsenen Tier stets als bösartig zu betrachten, solange nicht das Gegenteil bewiesen ist. Gutartige Verdichtungen und/oder Zubildungen, sog. Osteome, können durch die übergangslose Änderung der Knochenfestigkeit und der sich hieraus ergebenden lokalen Steigerung der Knochenbelastung an ihrem Rand zu einer Fraktur führen.

D. Bei der histologischen Untersuchung kann das Kallusgewebe einer heilenden Fraktur mit einem primären Osteosarkom verwechselt werden; es sollten unbedingt Gewebeproben aus dem Kern der Veränderungen gewonnen werden. Patienten mit sich fulminant entwickelnden bösartigen Knochentumoren, vor allem der langen Röhrenknochen, sollten eingeschläfert oder die betroffene Gliedmaße nach Ausschluß von Metastasen amputiert werden. Neuere Untersuchungen deuten darauf hin, daß unter bestimmten Verhältnissen auch die radikale Malignomexzision mit umfangreicher allogener Knochentransplantation und begleitender Chemotherapie versucht werden kann.

E. Auch wird gegenwärtig relativ häufig eine radikale Resektion von Skelettabschnitten durchgeführt, die früher als nicht entfernbar galten, z.B. Unter- und Oberkiefer. Die Ergebnisse sind zum Teil recht befriedigend. Dennoch ist zu bedenken, daß sich bösartige Knochentumoren beim Hund stets fulminanter entwickeln und häufiger rezidivieren als ähnliche pathologische Veränderungen beim Menschen. Gute Langzeitergebnisse sind deshalb sehr selten.

F. Abgesehen von der Altersosteoporose, leiden ältere Tiere beiderlei Geschlechts nach Sterilisation an einer generalisierten Osteoporose; eine höhere Gefährdung des weiblichen Geschlechts, wie dies beim Menschen der Fall ist, konnte beim Tier nicht nachgewiesen werden. Patienten mit Osteoporose oder Osteomalazie sind für Kompressionsfrakturen der Wirbelsäule und langer Röhrenknochen prädisponiert.

G. Bei systemischer Skelettkrankheit müssen neben der Fraktur stets auch die der Krankheit zugrunde liegenden Stoffwechselstörungen behandelt werden. Verzögerungen der Frakturheilung sind bei krankhaften Zuständen, wie dem sekundären ernährungsbedingten Hyperparathyreoidismus oder der Osteoporose, zu erwarten.

Literatur

1. Harrington K et al. The use of methylmethacrylate as an adjunct in the internal fixation of malignant neoplastic fractures. J Bone Joint Surg 1972; 54A: 1665.
2. Matis U, Schebitz H, Waibl H. Amputation der Beckengliedmaße. In: Schebitz H, Brass W, Hrsg. Operationen an Hund und Katze. Berlin: Parey, 1985: 230.
3. Schebitz H, Brunnberg L, Waibl H. Amputation der Schultergliedmaße. In: Schebitz H, Brass W, Hrsg. Operationen an Hund und Katze. Berlin: Parey, 1985: 186.
4. Stevenson S et al. Fracture associated carcinoma in the dog. JAVMA 1982; 180: 1189.
5. Sumner-Smith G, Waters E H. The adjunctive use of methylmethacrylate in the stabilization of multiple fractures. JAAHA 1976; 12: 778.

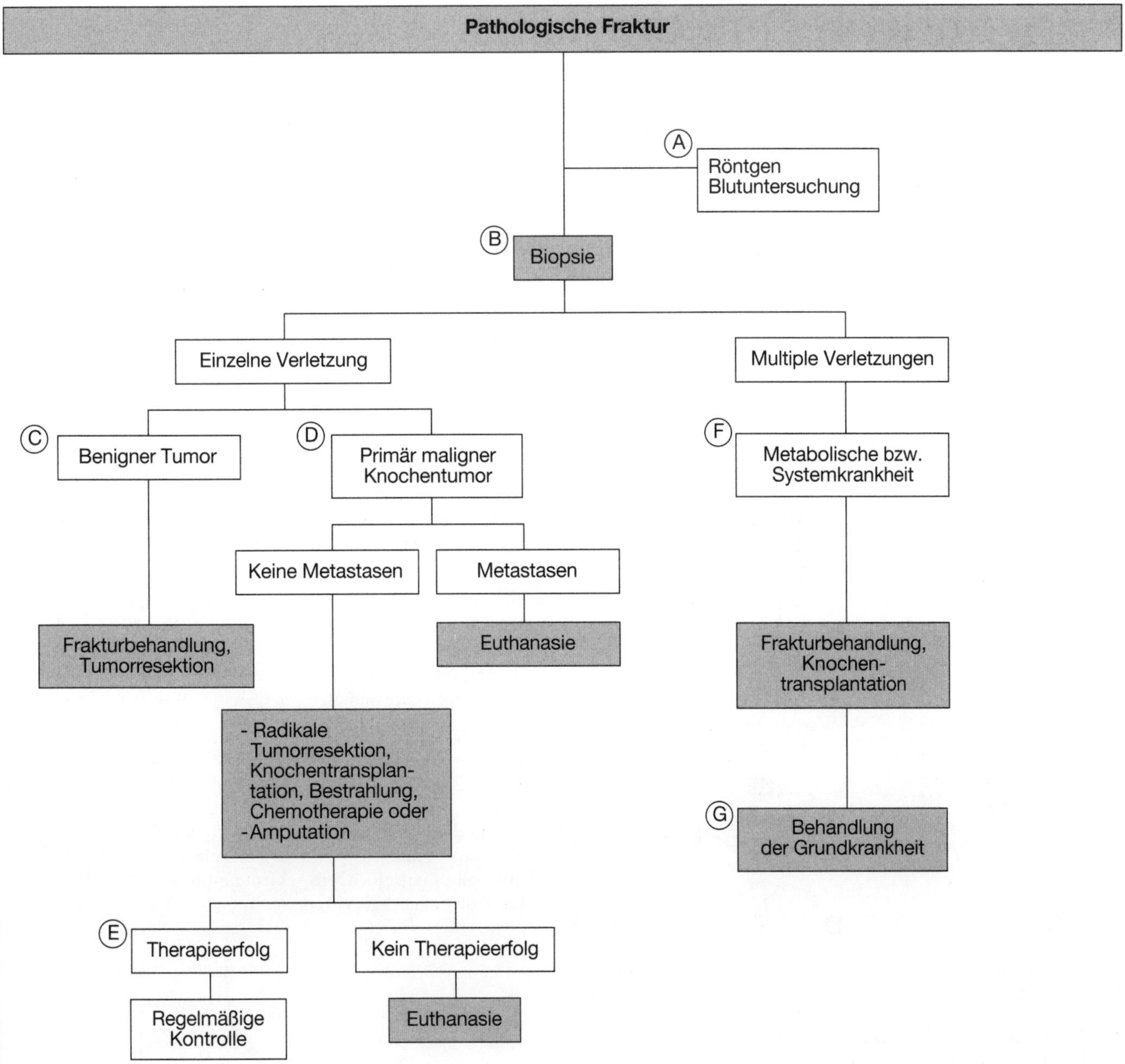
Pathologische Fraktur
A
Röntgen
Blutuntersuchung
B
Biopsie
Einzelne Verletzung
Multiple Verletzungen
C
Benigner Tumor
D
Primär maligner Knochentumor
F
Metabolische bzw. Systemkrankheit
Keine Metastasen
Metastasen
Frakturbehandlung, Tumorresektion
Euthanasie
Frakturbehandlung, Knochen-transplantation
- Radikale Tumorresektion, Knochentransplan-tation, Bestrahlung, Chemotherapie oder
- Amputation
G
Behandlung der Grundkrankheit
E
Therapieerfolg
Kein Therapieerfolg
Regelmäßige Kontrolle
Euthanasie

Hämatogene Osteomyelitis

A. Die hämatogene Osteomyelitis tritt beim Kleintier weit seltener auf als beim Großtier oder beim Menschen. Am häufigsten wird sie noch bei Jungtieren beobachtet, wo sie von einer Embolie der kleinen metaphysären Blutgefäße ausgeht. Die hämatogene Infektion kann auf das benachbarte Gelenk übergreifen, daraus resultiert eine septische Arthritis, die einer sofortigen intensiven Therapie bedarf (Abb. 1). Liegt der Verdacht einer Osteomyelitis nahe, ist die Erhebung eines exakten Vorberichts besonders wichtig. Für die prognostische Beurteilung des Falls sind Informationen über die Art eines evtl. erfolgten Traumas, den Zeitpunkt der Traumaeinwirkung und die Vorbehandlung sehr wichtig.

B. Eine gründliche Allgemeinuntersuchung des Patienten ist von besonderer Bedeutung. Dabei müssen Erkrankungen anderer Organsysteme ausgeschlossen werden. Zu den typischen Symptomen der hämatogenen Osteomyelitis gehören Fieber, lokale Schmerzhaftigkeit, Lahmheit und Weichteilschwellung.

C. Zur Lokalisierung des Entzündungsherdes und des Ausmaßes der Erkrankung sind Röntgenaufnahmen unverzichtbar. Während der akuten Phase der Osteomyelitis (10 bis 14 Tage) treten keine röntgenologisch sichtbaren Veränderungen auf. Mit dem Fortschreiten der Erkrankung werden auf dem Röntgenbild Weichteilschwellung, abgehobenes Periost (Abb. 2) und Aufhellungen der Knochenstruktur erkennbar.

D. Bei jeder Osteomyelitis sollte unbedingt eine bakteriologische Untersuchung eingeleitet werden. Das Untersuchungsmaterial kann über eine tiefe Nadelbiopsie oder aus intra operationem entnommenem Gewebe gewonnen werden. Liegt eine akute hämatogene Osteomyelitis vor, ist auch eine bakteriologische Untersuchung des Blutes angezeigt.

E. Die medikamentöse Therapie der Osteomyelitis basiert im Idealfall auf dem Ergebnis der bakteriologischen Untersuchung. Antibiotika sollten sofort appliziert werden, wenn der begründete Verdacht einer bakteriellen Infektion besteht bzw. eine septische Arthritis befürchtet wird. Hierbei wird am besten auf ein Breitspektrumantibiotikum (z.B. Cephalosporin) zurückgegriffen.

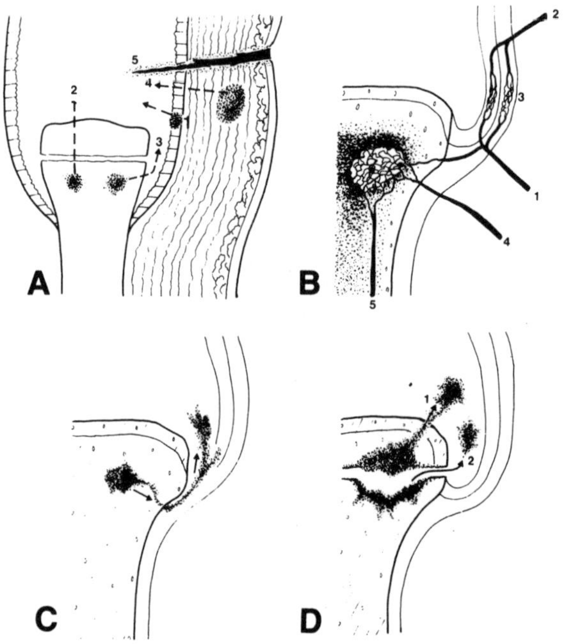

Abb. 1. Infektionswege der septischen Arthritis. (Mit freundlicher Genehmigung aus Resnick D, Niwayama L G. Diagnosis of bone and joint disorders. Philadelphia: WB Saunders, 1981.)
A = Die hämatogene Ausbreitung einer Infektion in das Gelenk kann von der direkten Ansiedlung bzw. Anreicherung der Organismen in der Synovialmembran herrühren (1) oder, wie in B dargestellt, durch unmittelbare Verbindung der Blutgefäße der infizierten Epiphyse und der Synovialmembran. Die Ausbreitung der Infektion in das Gelenk kann auch von einem benachbarten Herd bzw. einem metaphysären Fokus aus über die Epiphyse erfolgen (2), des weiteren vom metaphysären Herd aus mit direkter Ausbreitung in das Gelenk, wenn die Wachstumsfuge intraartikulär gelegen ist (3), oder von einer Infektion angrenzender Weichteile ausgehen (4). Eine direkte Infektion des Gelenks infolge einer perforierenden Wunde (5) kann ebenfalls zu einer septischen Arthritis führen.
B und C = Die hämatogene Ausbreitung einer epi- oder metaphysären Infektion in das Gelenk kann auftreten, da Gefäßverbindungen zwischen Epiphyse und Synovialmembran bestehen. B = Bei den dargestellten Gefäßen handelt es sich um Arteriolen (1), Venolen (2) und Kapillaren (3) der Gelenkkapsel, periostale Gefäße (4), die Arteria nutritia (5) und metaphysär-epiphysäre Anastomosen. Die Synovialmembran kann bereits vor der Synovia von einem ossären Fokus aus infiziert sein. Der Ablauf dieser Ereignisse ist in C dargestellt.
D = Die Ausbreitung der Infektion von einer angrenzenden knöchernen Oberfläche aus kann ebenso vom Durchdringen des Knorpels (1) herrühren wie von einer pathologischen Fraktur mit Kontamination des Gelenks (2). In diesem Fall wird zunächst die Gelenkflüssigkeit und im weiteren Verlauf erst die Synovialmembran infiziert.

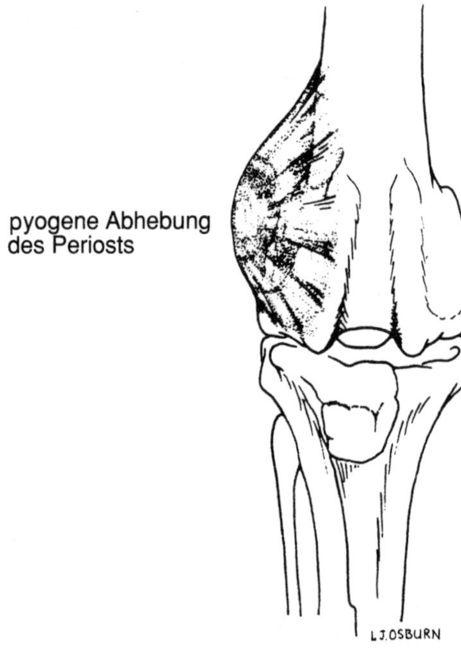

Abb. 2. Darstellung eines osteomyelitischen Herdes bei einem langen Röhrenknochen (Zeichnung nach einem Röntgenbild).

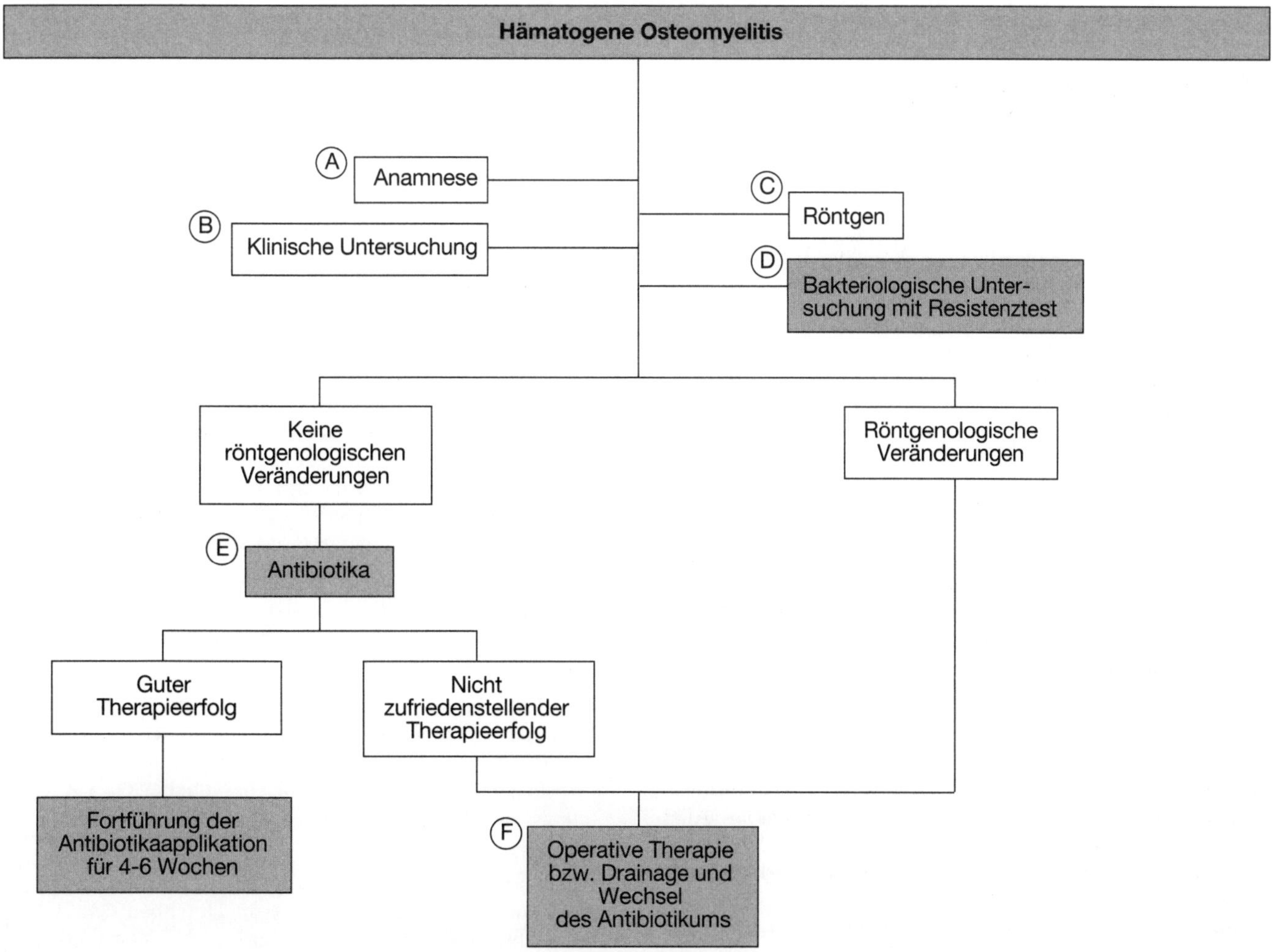

F. Spricht die antibiotische Behandlung innerhalb von 48 bis 72 Stunden nicht oder unzureichend an, ist die Indikation für eine Drainage der Markhöhle gegeben. Hierzu werden unter Schonung der Wachstumsfuge mit einem Steinmann-Nagel Bohrlöcher in die Kortikalis gesetzt. Um eine ausreichende Drainageöffnung zu erhalten, kann ein kleiner Bereich der Knochenwand abgetragen werden.

Literatur

1. Aron D N. Pathogenesis, diagnosis, and management of osteomyelitis in small animals. Comp Cont Ed 1979; 1: 824.
2. Caywood D D, Wallace L J, Braden T D. Osteomyelitis in the dog: a review of 67 cases. JAVMA 1978; 173: 943.
3. Holmberg D L. The use of prophylactic penicillin in orthopaedic surgery: a clinical trial. Vet Surg 1985; 14: 160.

Posttraumatische oder postoperative Osteomyelitis

A. Bei der Verdachtsdiagnose traumatische Osteomyelitis ist der Vorbericht besonders sorgfältig zu erheben. Alle Hinweise auf die Art des Traumas, den Zeitpunkt der Gewalteinwirkung und die Vorbehandlung sind wichtig für die Prognose.

B. Eine gründliche Allgemeinuntersuchung des Patienten ist unbedingt erforderlich, Erkrankungen anderer Organsysteme sind hierbei auszuschließen. Die klinische Untersuchung des erkrankten Bereichs ist im Hinblick auf Stabilität, Fistelbildung oder weiterer pathologischer Befunde von Bedeutung.

C. Der Entzündungsherd und das Ausmaß der Erkrankung können nur mit Hilfe von Röntgenaufnahmen ermittelt werden. Röntgenbilder in den Standardprojektionen können während der akuten Phase der Osteomyelitis Hinweise auf Knochensequester, gelockerte Implantate und/oder auf eine eventuelle Frakturinstabilität geben. Das Ausmaß der Fistelkanäle läßt sich durch Anfärbung mit Disulfinblau darstellen. Mit Fortschreiten der Erkrankung treten röntgenologisch Weichteilschwellung, Abhebung des Periosts und Knochenauflösung in Erscheinung.

D. Für die Behandlung der Osteomyelitis ist eine bakteriologische Untersuchung mit Resistenztest unverzichtbar. Allerdings bringt die Untersuchung von Fistelsekret häufig kein brauchbares Ergebnis. In der Regel gelingt der Erregernachweis am besten aus einer tiefen Nadelbiopsie oder einer intraoperativ gewonnenen Gewebeprobe.

E. Nekrotischer, schlecht durchbluteter Knochen verhindert die Heilung. Eine erfolgversprechende medikamentöse Therapie kann nur in einem gut durchbluteten Milieu erreicht werden. Unter diesem Gesichtspunkt hat die gründliche Wundrevision und Wundspülung mit anschließender Drainage wahrscheinlich eine größere Bedeutung als die Wahl des Antibiotikums. Nekrotischer Knochen, infiziertes Weichteilgewebe, Blutkoagula und überflüssiges Nahtmaterial müssen daher gründlich entfernt werden. Anschließend wird ausgiebig mit isotonischer (Ringer-) oder antiseptischer Lösung (0,05%iges Chlorhexidin) gespült. Bei akuter posttraumatischer Osteomyelitis kann eine angemessene Drainagewirkung sowohl durch das geschlossene System einer Saugdrainage als auch durch eine offene Drainage erreicht werden. Die initiale Therapie der Osteomyelitis sollte im Idealfall auf dem Ergebnis des Erregernachweises aufbauen. Allerdings muß bei Verdacht einer bakteriellen Infektion bzw. einer befürchteten septischen Arthritis sofort antibiotisch interveniert werden. In diesen Fällen empfiehlt sich ein Breitspektrumantibiotikum (z.B. Cephalosporin).

F. Bei stabiler Fixation der Fragmente kann der infizierte Knochen wieder ein- bzw. umgebaut werden und Anschluß an die Gefäßversorgung finden. Instabilität hingegen verhindert die Revaskularisierung und begünstigt somit ein Persistieren der Infektion. Eine instabil versorgte Fraktur muß deshalb operativ stabilisiert werden. Zur Fixation kommen Platten oder ein Fixateur externe in Betracht.

G. Bei chronischer Osteomyelitis erfolgt die Behandlung nach den gleichen Prinzipien. Knochensequester sind in der Regel leichter zu identifizieren und müssen auch hier stets entfernt werden.

H. Bei größeren kortikalen Defekten steigert die Transplantation von autogener Spongiosa die Heilungschancen, jedoch sollte die Einlagerung bei einer Osteomyelitis erst 1 bis 2 Wochen nach der Revision erfolgen, wenn bessere Vorbedingungen an der Implantationsstelle gegeben sind.

I. Patienten mit einer Osteomyelitis sollten in regelmäßigen Abständen sowohl klinisch als auch röntgenologisch kontrolliert und die Implantate nach dem Durchbau der Fraktur möglichst frühzeitig entfernt werden. In Ausnahmefällen kann es als Folge des chronischen Gewebereizes zur Ausbildung eines Knochentumors kommen.

Literatur

1. Bardet J F, Hohn R B, Basinger R. Open drainage and delayed autogenous cancellous bone grafting for treatment of chronic osteomyelitis in dogs and cats. JAVMA 1983; 183: 312.
2. Daly W R. Orthopaedic infections. In: Slatter D H, ed. Textbook of small animal surgery. Philadelphia: WB Saunders, 1985: 2020.
3. Holmberg D L. The use of prophylactic penicillin in orthopedic surgery: a clinical trial. Vet Surg 1985; 14: 160.

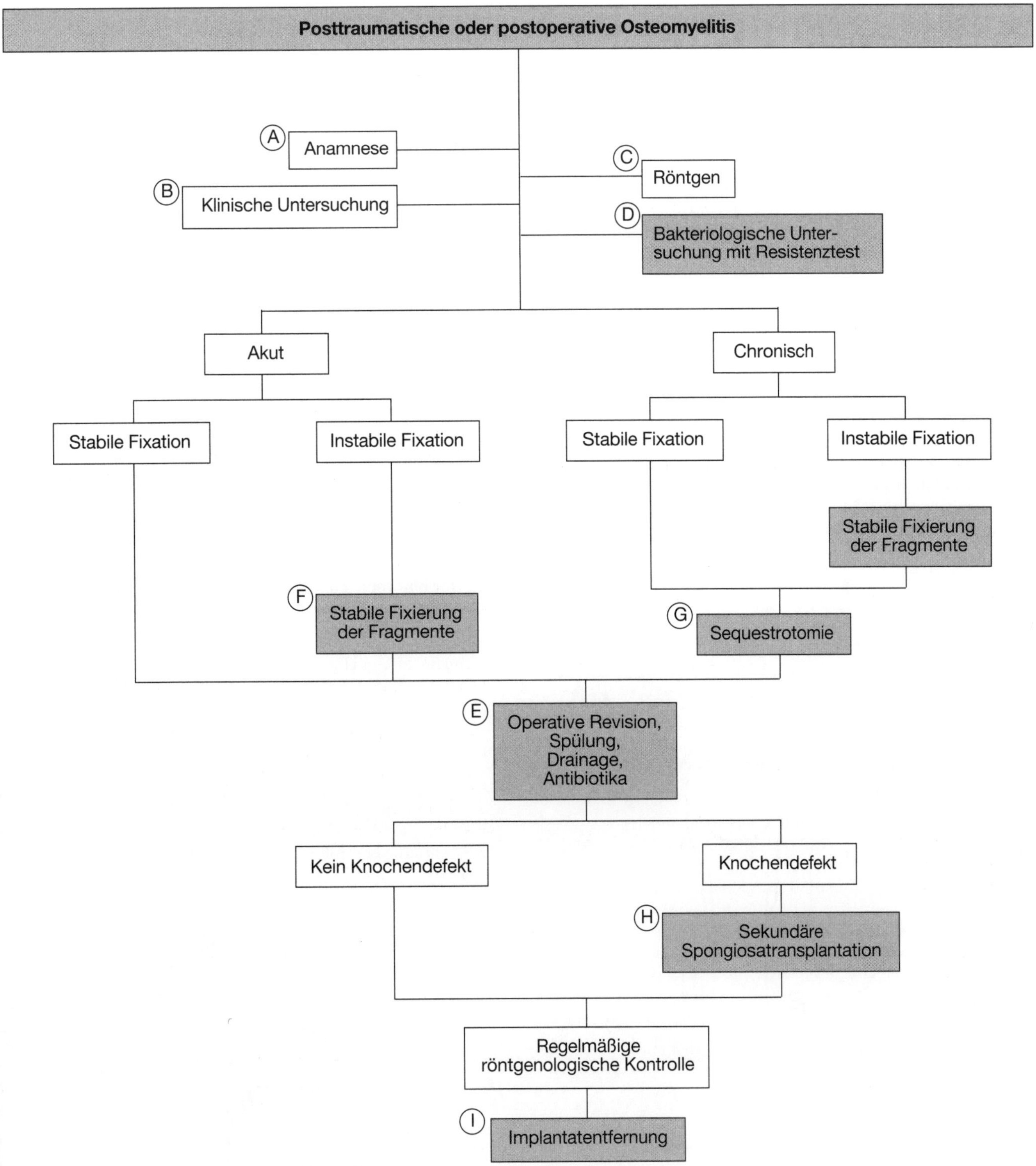
Posttraumatische oder postoperative Osteomyelitis
A Anamnese
B Klinische Untersuchung
C Röntgen
D Bakteriologische Untersuchung mit Resistenztest
Akut
Chronisch
Stabile Fixation
Instabile Fixation
Stabile Fixation
Instabile Fixation
Stabile Fixierung der Fragmente
F Stabile Fixierung der Fragmente
G Sequestrotomie
E Operative Revision, Spülung, Drainage, Antibiotika
Kein Knochendefekt
Knochendefekt
H Sekundäre Spongiosatransplantation
Regelmäßige röntgenologische Kontrolle
I Implantatentfernung

Schmerzhaftigkeit im Schultergelenk

A. Schmerzen im Schultergelenk können intra- oder extraartikulärer Natur sein. Bei intraartikulären Ursachen sind die Gelenkflächen selbst in Mitleidenschaft gezogen. Extraartikuläre Ursachen betreffen gelenknahe Strukturen (z.B. Kontraktur des M. infraspinatus), oder die Lahmheitsursache kann auch proximal des Schultergelenks liegen (z.B. Zervikalsyndrom).

B. Eine Schultergelenkinstabilität ist bei Hunden relativ selten. Traumatische Luxationen und/oder Subluxationen können bei allen Rassen diagnostiziert werden, jedoch zeigen einige kleinwüchsige Rassen eine Prädisposition für die nichttraumatische mediale Luxation und/oder Subluxation. Seine Stabilität erhält das Schultergelenk durch die umgebenden Bänder und Sehnen. Eine Ruptur dieser Strukturen kann zu einer chronischen Instabilität führen. Es müssen stets Röntgenaufnahmen in zwei Ebenen angefertigt werden, da die mediale Luxation des Schultergelenks in der seitlichen Projektion übersehen werden kann (Abb. 1).

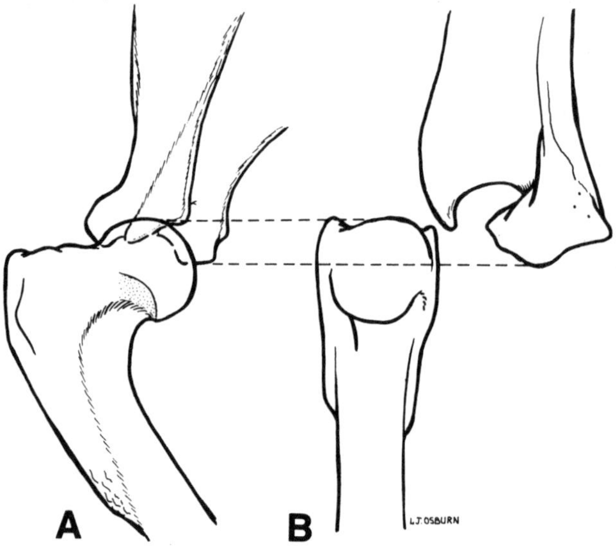

Abb. 1. A = laterale Ansicht der luxierten Schulter; B = kraniale Ansicht der luxierten Schulter. Auf seitlichen Aufnahmen kann die Luxation übersehen werden.

C. Akute traumatische Luxationen können in Vollnarkose eingerenkt werden. Ist die Reposition palpatorisch stabil, wird die Gliedmaße mit einer Velpeau-Schlinge für 2 Wochen immobilisiert. Der Patient sollte weitere 4 bis 6 Wochen konsequent ruhig gehalten werden (Leinenzwang). Als Spätfolge kann eine erneute oder chronische Luxation und/oder Subluxation im Schultergelenk auftreten.

D. Liegt eine instabile, rezidivierende Luxation und/oder Subluxation vor, so ist die offene Reposition und operative Stabilisierung des Schultergelenks angezeigt. Folgende Operationstechniken stehen zur Verfügung: Stabilisierung durch Bandersatz mit autogenem Gewebe oder Kunststoffäden bzw. -bändern. Im allgemeinen sind die Ergebnisse nach künstlichem Bandersatz schlechter als nach Stabilisierung des Gelenks mit körpereigenen Strukturen. Bei der medialen Luxation hat sich die Transposition der Bizepssehne bewährt.

E. Intraartikuläre Schmerzursachen ohne Stabilitätsverlust im Schultergelenk können weiterhin unterteilt werden: in Fälle mit normalem und solche mit eingeschränktem Bewegungsradius. Bewegungseinschränkungen können durch Osteophyten sowie Frakturfragmente und/oder durch eine Fibrose bzw. Kontraktur der Gelenkkapsel sowie des Bandapparates bedingt sein.

F. Bei der (Osteo-)Chondrosis dissecans des Humeruskopfes bestehen hinsichtlich der operativen Therapie unterschiedliche Auffassungen, jedoch scheint eine spontane Ablösung und Resorption der Knorpelschuppe eher Ausnahme als Regel zu sein. Da ein Gelenkknorpelschaden zu entzündlichen und arthrotischen Gelenkveränderungen führt, sollte bei Patienten mit klinischen Symptomen operativ vorgegangen werden. Die Knorpelschuppe wird entfernt und unterminierter Knorpel in der Peripherie des Defekts kürettiert. Das Gelenk ist sorgfältig zu explorieren, eventuell vorhandene Corpora libera werden entfernt.

G. Kann bei einem Hund mit deutlicher Lahmheit frühzeitig die Diagnose einer (Osteo-)Chondrosis dissecans des Humeruskopfes gestellt werden, so ist die Prognose in der Regel günstig, sofern eine Arthrotomie mit Entfernung der Gelenkschuppe sowie der Corpora libera durchgeführt wird.

H. Bei anhaltend schmerzhaften Arthrosen ist die Arthrodese des Schultergelenks eine erfolgversprechende Therapie. Zur Fixation werden eine kranial angelegte Platte und eine Zugschraube empfohlen. Zusätzlich wird autogene Spongiosa transplantiert (Abb. 2).

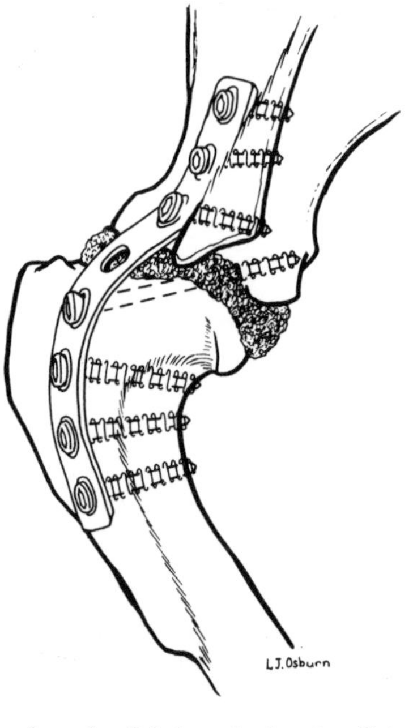

Abb. 2. Arthrodese des Schultergelenks; der Gelenkknorpel wurde entfernt und Spongiosa eingelagert.

I. Eine Vielfalt entzündlicher oder nichtentzündlicher chronischer Veränderungen kann im Schultergelenk Schmerzen verursachen. Zu den entzündlichen Arthropathien zählen sowohl durch Infektionserreger ausgelöste wie immunbedingte Gelenkveränderungen. Die immuninduzierten Arthropathien können in erosive (z.B. rheumatoide Arthritis) und nichterosive (z.B. systemischer Lupus erythematodes und idiopathische Arthritis) unterteilt werden. Diese Erkrankungen werden entsprechend der Diagnose meist medikamentös behandelt (s. S. 132).

J. Durch Veränderungen der angrenzenden Muskeln und/oder Sehnen hervorgerufene Schulterlahmheiten sind selten. Die Lahmheit wird entweder durch eine Entzündung oder mechanische Einschränkung der Gelenkbeweglichkeit verursacht.

K. Die Entzündung der Bizepssehne bzw. -sehnenscheide wird oft im Ausschlußverfahren nachgewiesen. Bevor diese Diagnose gestellt werden kann, müssen zuerst andere Ursachen einer Schulterlahmheit eliminiert werden. Zur Therapie werden Aspirin oder intraartikuläre Kortisongaben empfohlen.

L. Bei sportlich geführten Hunden kann gelegentlich eine Kontraktur des M. infraspinatus und/oder supraspinatus beobachtet werden. Die Gliedmaße wird in Beugestellung und im Falle einer Kontraktur des M. infraspinatus auch nach außen gedreht geführt. Therapeutisch hat sich die Tenotomie des betroffenen Muskels nahe der Insertion als erfolgreich erwiesen.

M. Neurologische Erkrankungen, die mit Läsionen der zervikalen Nervenwurzeln einhergehen, können eine Schulterlahmheit vortäuschen.

N. Neoplasien der angrenzenden Knochen oder Weichteile können ebenfalls zu Symptomen einer Schulterlahmheit führen. Primäre Neoplasien sind z.B. Synovialzellsarkome und Osteosarkome; metastatische Neoplasien sind dagegen Plasmazellmyelome und Lymphosarkome. Die Diagnose wird mit Hilfe von Röntgenaufnahmen und einer Biopsie gestellt.

O. Osteomyelitiden der Skapula oder des Humerus können mit primären Gelenkerkrankungen verwechselt werden. Als ätiologisches Agens kommen Bakterien oder Pilze in Betracht. Die Diagnose wird mit Hilfe von Röntgenaufnahmen, Biopsien und bakteriologischer Untersuchung gestellt.

Literatur

1. Brinker W O, Piermattei D L, Flo G L. Handbook of small animal orthopedics and fracture treatment. Philadelphia: WB Saunders, 1983: 134.
2. Brunnberg L, Köstlin R G, Waibl H. Zur Ruptur des Ligamentum transversum intertuberculare humeri beim Hund. Kleintier Prax 1981; 26: 257.
3. Brunnberg L, Köstlin R G, Waibl H. Zum Abriß des Musculus biceps brachii am Tuberculum supraglenoidale scapulae beim Hund. Kleintierprax 1981; 26: 267.
4. Brunnberg L, Waibl H, Nakasala-Situma J. Zur Kontraktur des Musculus infraspinatus beim Hund. Kleintierprax 1981; 26: 251.
5. Moore R W, Withrow S J. Arthrodeses. Comp Cont Ed. 3rd ed. 1981: 319.
6. Olsson S E. Osteochondrosis in the dog. In: Kirk R W, ed. Current vet therapy VI. Philadelphia: WB Saunders, 1977: 880.
7. Pettit G D, Chatburch D D, Hegreberg G A, Meyers K M. Studies on the pathophysiology of infraspinatus muscle contracture in the dog. Vet Surg 1978; 7: 8.
8. Piermattei DL. Fractures of the scapula. In: Brinker W O, Hohn R B, Prieur W D, eds. Manual of internal fixation in small animals. Heidelberg: Springer, 1984: 127.

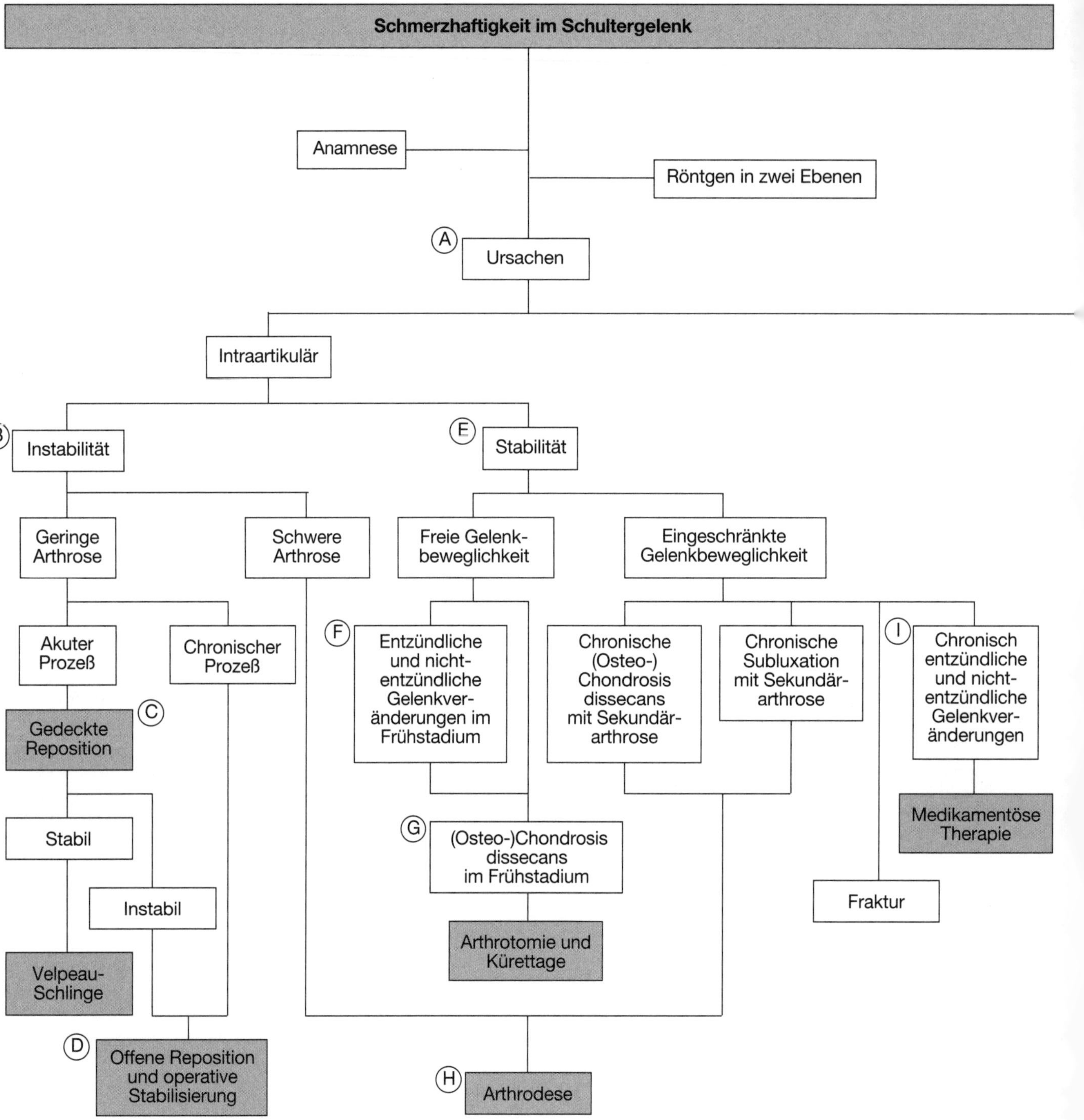
Schmerzhaftigkeit im Schultergelenk
Anamnese
Röntgen in zwei Ebenen
Ⓐ Ursachen
Intraartikulär
Ⓑ Instabilität
Ⓔ Stabilität
Geringe Arthrose
Schwere Arthrose
Freie Gelenkbeweglichkeit
Eingeschränkte Gelenkbeweglichkeit
Akuter Prozeß
Chronischer Prozeß
Ⓕ Entzündliche und nicht-entzündliche Gelenkveränderungen im Frühstadium
Chronische (Osteo-)Chondrosis dissecans mit Sekundärarthrose
Chronische Subluxation mit Sekundärarthrose
Ⓘ Chronisch entzündliche und nicht-entzündliche Gelenkveränderungen
Gedeckte Reposition Ⓒ
Medikamentöse Therapie
Stabil
Instabil
Ⓖ (Osteo-)Chondrosis dissecans im Frühstadium
Fraktur
Arthrotomie und Kürettage
Velpeau-Schlinge
Ⓓ Offene Reposition und operative Stabilisierung
Ⓗ Arthrodese

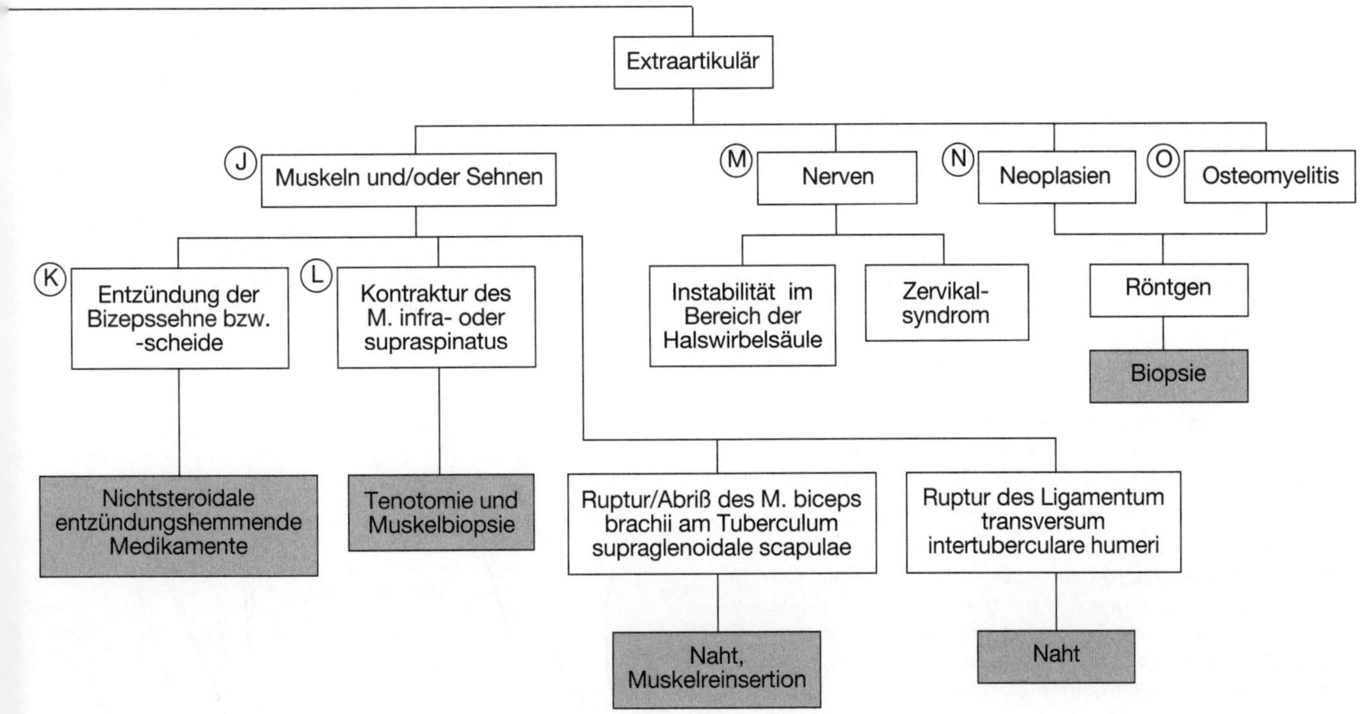
Extraartikulär
J
Muskeln und/oder Sehnen
M
Nerven
N
Neoplasien
O
Osteomyelitis
K
Entzündung der Bizepssehne bzw. -scheide
L
Kontraktur des M. infra- oder supraspinatus
Instabilität im Bereich der Halswirbelsäule
Zervikal-syndrom
Röntgen
Biopsie
Nichtsteroidale entzündungshemmende Medikamente
Tenotomie und Muskelbiopsie
Ruptur/Abriß des M. biceps brachii am Tuberculum supraglenoidale scapulae
Ruptur des Ligamentum transversum intertuberculare humeri
Naht, Muskelreinsertion
Naht

Skapulafrakturen und Skapulaluxation

A. Wird ein Patient mit einer Verletzung der Vordergliedmaße vorgestellt, muß immer auch ein begleitendes Thoraxtrauma (z.B. Lungenkontusion, Pneumothorax, Hämatothorax, Pneumomediastinum oder Myokardtrauma) ausgeschlossen werden. Vor allem nach Verkehrsunfällen oder ähnlichen Traumen sind Röntgenaufnahmen des Thorax und eventuell ein EKG anzufertigen.

B. Beim Abriß des M.serratus ventralis von seiner Insertionsfläche kann es zu einer Verlagerung der Skapula nach dorsal kommen. Daneben kann ein Ausriß der Mm. trapezius, rhomboideus, teres major und/oder des M.latissimus dorsi vorliegen. Frische Luxationen des Schulterblattes werden am günstigsten operativ (Muskelnaht bzw. -reinsertion) behandelt. Bei einem Rezidiv oder einer alten Dislokation kann die Skapula unter Umständen mit einer Cerclage an die darunter liegende Rippe fixiert werden.

C. Die Fraktur des Schulterblattes oder der Spina scapulae kann in der Regel zufriedenstellend konservativ mit einer Velpeau-Schlinge behandelt werden. Derartige Frakturen sind aufgrund der Stützwirkung der umgebenden Muskulatur meist nicht stark verlagert. Bei Frakturen mit stärkerer Dislokation sollte zur Verhinderung einer sekundären Arthropathia deformans des Schultergelenks – als Folge der unphysiologischen Belastung – eine operative Fixierung erfolgen (Abb. 1).

D. Frakturen des Akromions neigen durch die Zugwirkung der Pars acromialis des M.deltoideus zur Dislokation. Obwohl auch solche Brüche konservativ behandelt werden können, verspricht die Operation ein schnelleres und den anatomischen Verhältnissen besser entsprechendes Heilungsergebnis. Im allgemeinen reicht zur Fixierung des Akromions beim kleinen Hund eine Drahtnaht. Bei größeren Tieren ist die Fixation mit zwei Bohrdrähten und einer Drahtzuggurtung Therapie der Wahl.

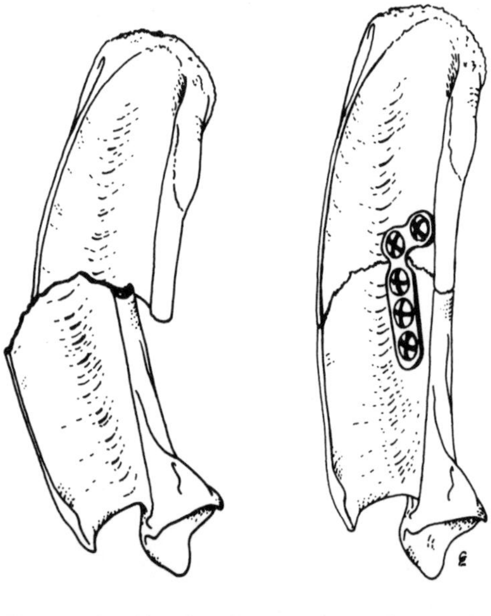

Abb. 1 Fraktur der Skapula; Osteosynthese mit einer in der Fossa supraspinam liegenden Kleinfragmentplatte.

E. Bei Frakturen des Collum scapulae verschiebt sich das distale Fragment häufig nach dorsomedial, so daß der N. suprascapularis verletzt oder eingeklemmt werden kann. Die Fixation der Fragmente erfolgt mit gekreuzten Bohrdrähten oder besser mit einer T- bzw. L-förmigen Platte (Abb. 2).

F. Gelenkfrakturen sollen stets anatomisch korrekt rekonstruiert und durch interfragmentäre Kompression stabilisiert werden. Frakturen der Gelenkpfanne können in der Regel mit einer oder mehreren Zugschrauben und gekreuzten Bohrdrähten bzw. einer T- oder L-förmigen Platte versorgt werden.

G. Liegt eine Fraktur des Tuberculum supraglenoidale vor, so wird dieses durch die Zugkraft des M.biceps brachii nach distal verlagert. Die Fixation kann mit einer Zugschraube und einem rotationsverhindernden Bohrdraht oder mit Hilfe einer Zuggurtung erfolgen (Abb. 3). Bei größeren Hunden sollte wegen der starken Zugbelastung der Plattenosteosynthese (T- oder L-förmige Platte) der Vorzug gegeben werden.

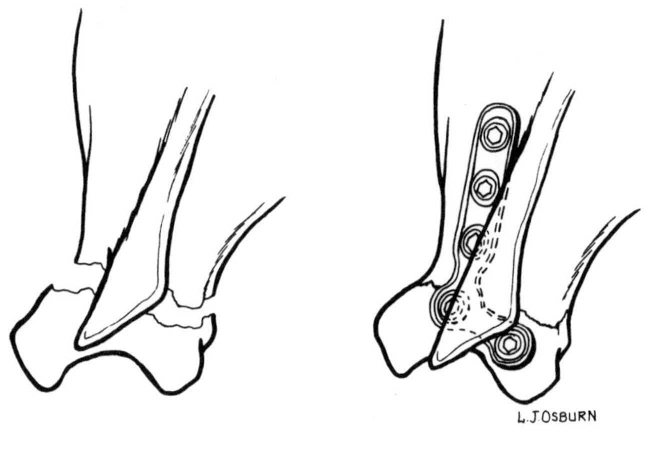

Abb. 2. Fraktur des Collum scapulae; Osteosynthese mit einer L-förmigen Platte.

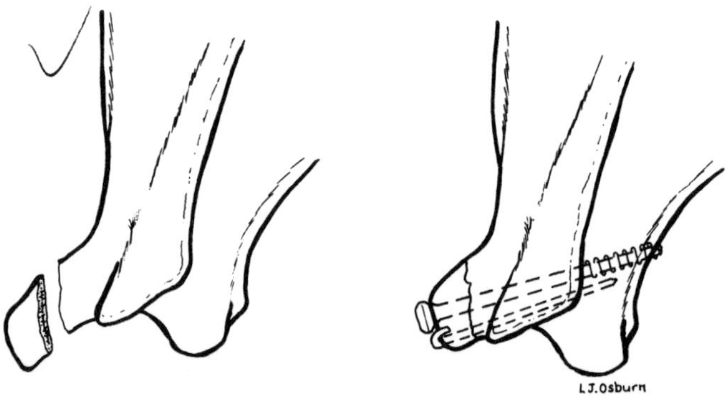

Abb. 3. Fraktur des Tuberculum supraglenoidale; Osteosynthese mit Zugschraube und Bohrdraht.

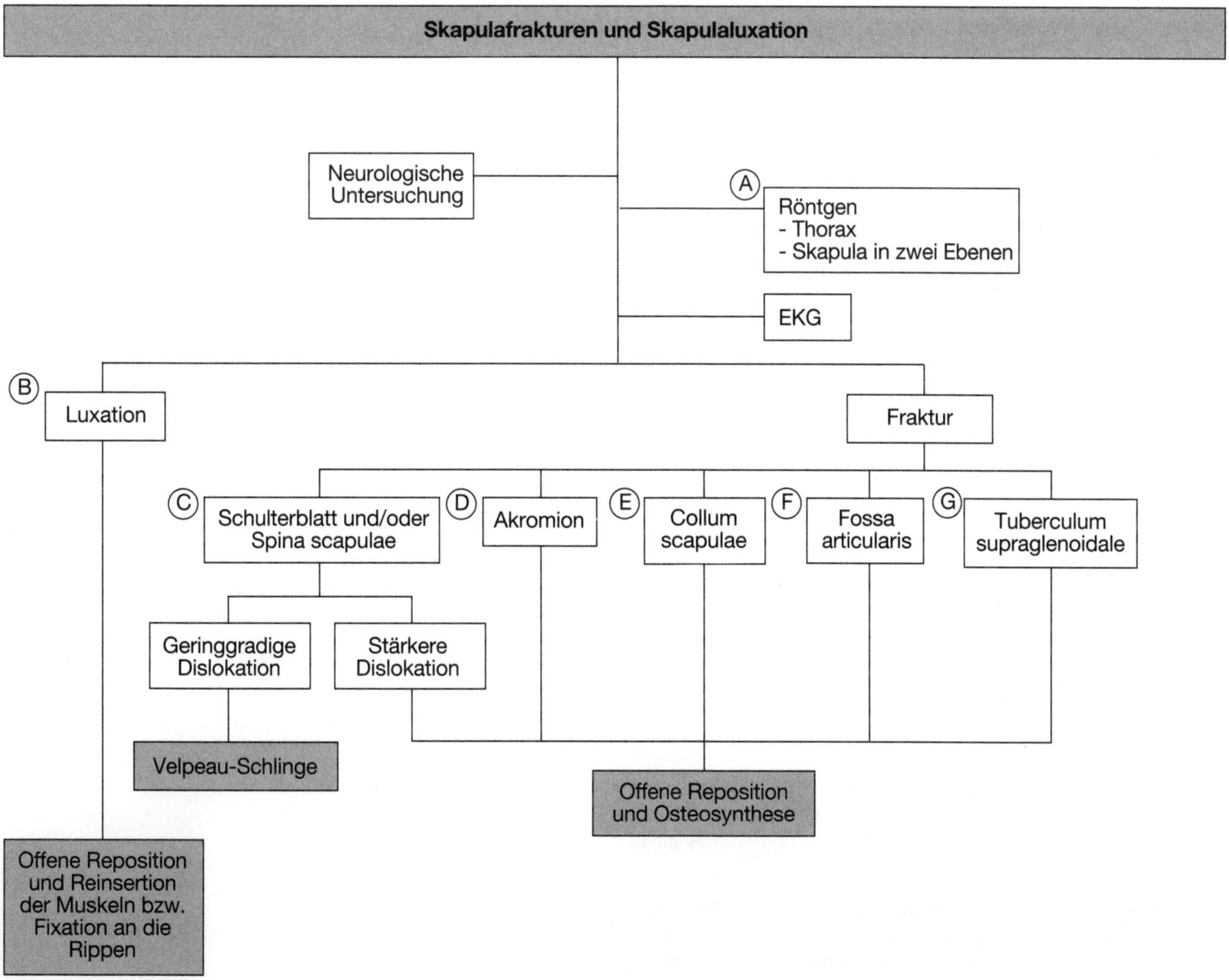

Literatur

1. Brinker WO, Piermattei DL, Flo GL. Handbook of small animal orthopedics and fracture treatment. Philadelphia: WB Saunders, 1983: 134.
2. Brunnberg L, Schebitz H, Waibl H. Zugang zum Schulterblatt und Schultergelenk von lateral. In: Schebitz H, Brass H, Hrsg. Operationen an Hund und Katze. Berlin: Parey, 1985: 189.
3. Brunnberg L, Waibl H, Wiskott U. Zur Schulterblattfraktur des Hundes. Prakt Tierarzt 1979; 60: 960.
4. Piermattei DL. Fractures of the scapula. In: Brinker WO, Hohn RB, Prieur WD, eds. Manual of internal fixation in small animals. Heidelberg: Springer, 1984: 127.

Proximale Humerusfrakturen

A. Humerusfrakturen sind meist traumatisch bedingt. Mit Hilfe von Röntgenaufnahmen des Thorax und eines EKG können diese Brüche häufig begleitende, lebensbedrohliche Befunde wie Pneumothorax, Hämatothorax, Lungenkontusion, kollabierter Lungenlappen und traumatische Myokarditis diagnostiziert werden. Der Zeitpunkt der Versorgung einer Humerusfraktur richtet sich nach der sorgfältigen präoperativen Untersuchung und den hierbei erhobenen Befunden.

B. Proximale Humerusepiphysenfrakturen sind selten. Die Therapie hängt vom Frakturtyp, dem Dislokationsgrad und dem Alter der Fraktur ab. Es überwiegen Frakturen vom Salter-Harris-Typ I oder II, die offen reponiert und mit Hilfe eines oder zweier, möglichst parallel zueinander liegender Steinmann-Nägel oder Kirschner-Bohrdrähte fixiert werden (Abb. 1). Besondere Vorsicht ist bei der Reposition geboten, um die dem Epiphysenfragment aufliegende, germinative Zellschicht möglichst nicht zu verletzen.

C. Nur vereinzelt werden Humeruskopffrakturen diagnostiziert. Wie bei jeder Gelenkfraktur, muß eine anatomisch korrekte, stufenlose Reposition der Fragmente erreicht werden. Die Fixation erfolgt unter interfragmentärer Kompression mit Zugschrauben (Abb. 2).

D. Frakturen an der Basis des Humeruskopfes werden bei jungen Tieren mit Steinmann-Nägeln oder Kirschner-Bohrdrähten, bei ausgewachsenen Patienten mit einer oder mehreren Zugschrauben stabilisiert.

E. Bei Splitterfrakturen des Humeruskopfes, die nicht anatomisch korrekt rekonstruiert werden können (z.B. nach Schußverletzung), ist eine primäre Schultergelenkarthrodese indiziert. Diese führt zu einer meist guten, schmerzfreien Belastung der Gliedmaße.

F. Frakturen des Tuberculum majus humeri stehen unter einer beträchtlichen Zugbelastung und sollten infolgedessen mit Zugschrauben oder einer Zuggurtung fixiert werden (Abb. 3).

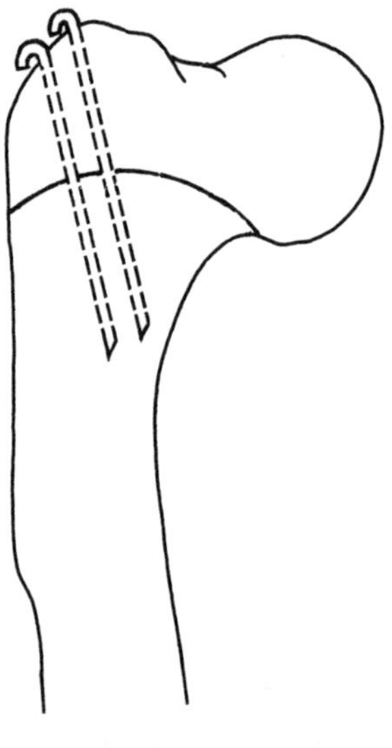

Abb. 1. Epiphysiolysis proximalis humeri; Osteosynthese mit zwei Bohrdrähten.

Literatur

1. Brinker W O, Piermattei D L, Flo G L. Handbook of small animal orthopedics and fracture treatment. Philadelphia: WB Saunders, 1983: 134.
2. Kasa F, Kasa G. Fractures of the proximal humerus. In: Brinker W O, Hohn R B, Prieur W D, eds. Manual of internal fixation in small animals. Heidelberg: Springer, 1984: 135.
3. Schebitz H, Brunnberg L, Vollmerhaus B, Matis U, Köstlin R G, Waibl H. Zur Verletzung des Humerus im proximalem Drittel beim Hund. Kleintierprax 1981; 26: 107.
4. Schebitz H, Brunnberg L, Waibl H. Zugang zum proximalen und mittleren Drittel des Humerus von kraniolateral. In: Schebitz H, Brass W, Hrsg. Operationen an Hund und Katze. Berlin: Parey, 1985: 197.

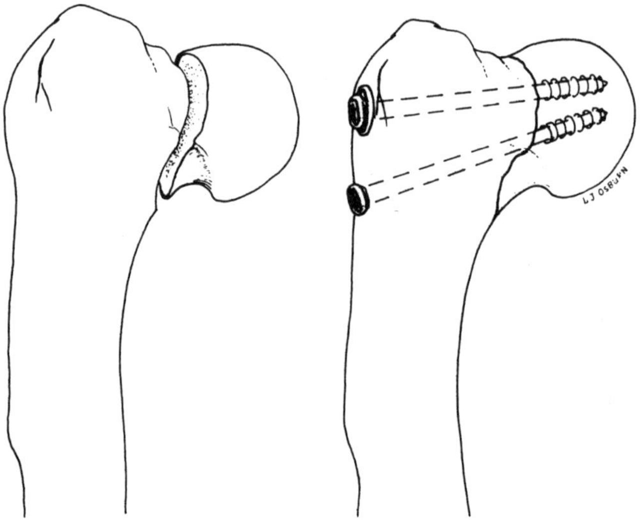

Abb. 2. Humeruskopffraktur; Osteosynthese mit zwei Zugschrauben.

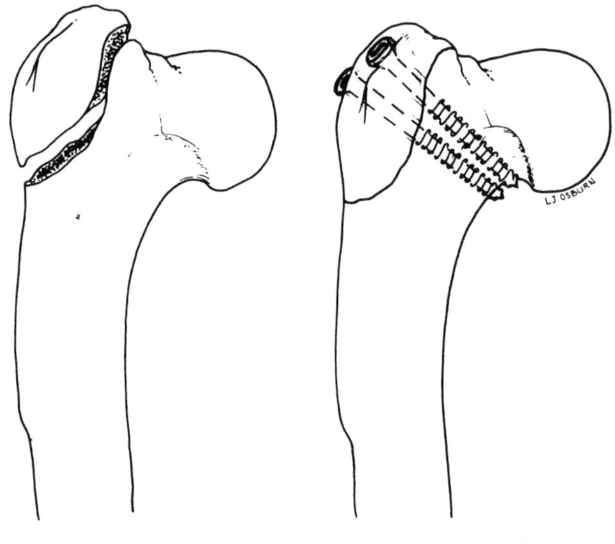

Abb. 3. Fraktur des Tuberculum majus; interfragmentäre Kompression mit zwei Zugschrauben.

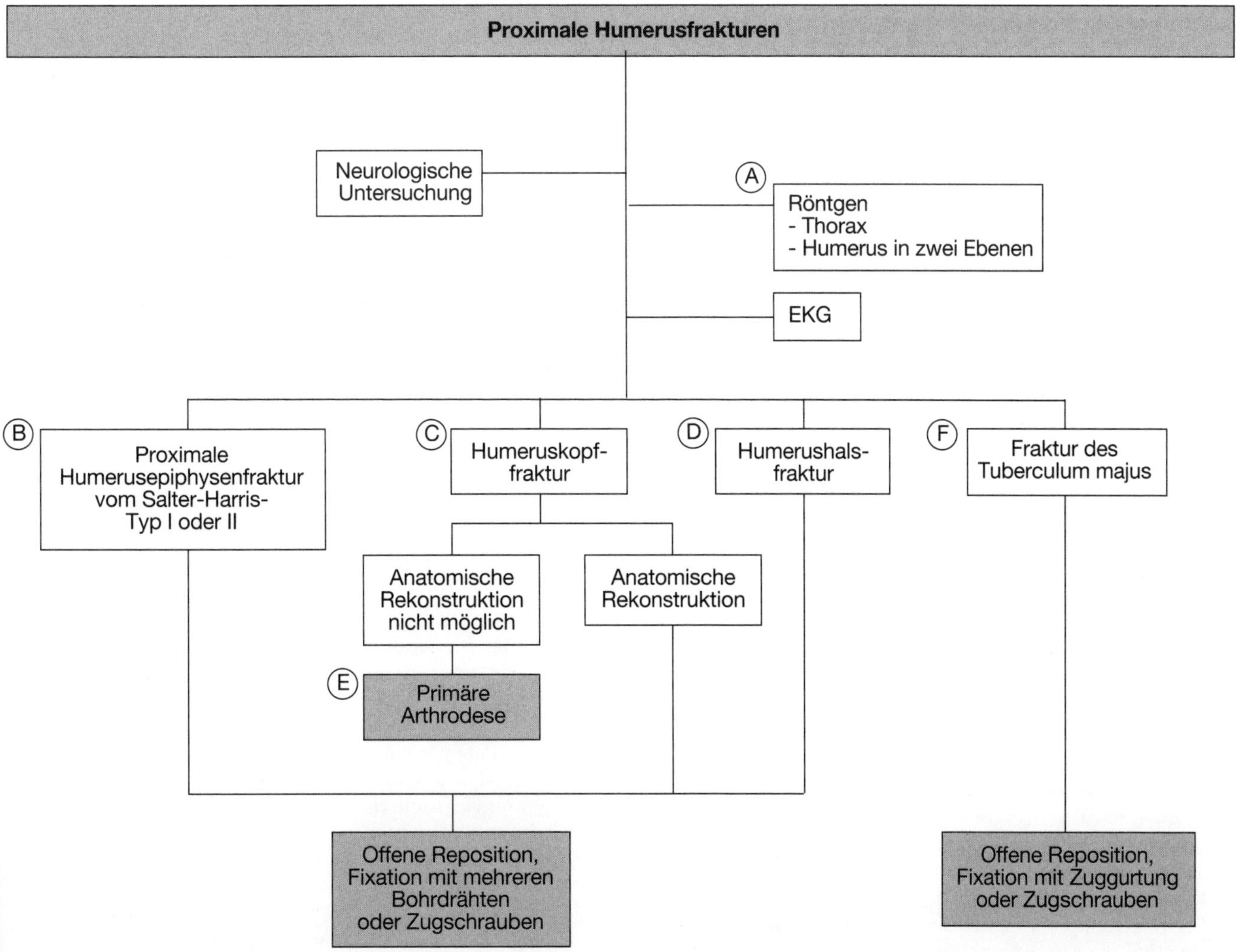
Proximale Humerusfrakturen
Neurologische Untersuchung
A
Röntgen
- Thorax
- Humerus in zwei Ebenen
EKG
B
Proximale Humerusepiphysenfraktur vom Salter-Harris-Typ I oder II
C
Humeruskopf-fraktur
D
Humerushals-fraktur
F
Fraktur des Tuberculum majus
Anatomische Rekonstruktion nicht möglich
Anatomische Rekonstruktion
E
Primäre Arthrodese
Offene Reposition, Fixation mit mehreren Bohrdrähten oder Zugschrauben
Offene Reposition, Fixation mit Zuggurtung oder Zugschrauben

Humerusschaftfrakturen

A. Um eine Schädigung peripherer Nerven und des Plexus brachialis auszuschließen, ist bei Humerusfrakturen eine neurologische Untersuchung durchzuführen. Besonders sorgfältig sollte hierbei der N. radialis überprüft werden, da er durch seinen Verlauf über den lateralen Schaftbereich des Humerus besonders gefährdet ist.

B. Mit Hilfe von Röntgenaufnahmen des Thorax und eventuell eines EKG sollten zusätzliche Thoraxtraumen ausgeschlossen werden. Der Humerus ist zur näheren Beurteilung und Festlegung der Therapie stets in zwei Ebenen zu röntgen.

C. Beim jungen, noch nicht ausgewachsenen Hund sind einige Besonderheiten zu beachten: Die noch „offenen" Wachstumsfugen müssen bei der Operation geschont werden, da eine iatrogene Schädigung der germinativen Zellen der Epiphyse trotz knöcherner Konsolidierung der Schaftfraktur funktionelle Einbußen zur Folge haben kann. Andererseits hat der junge Patient ein sehr aktives Periost, das eine schnelle Frakturheilung begünstigt.

D. Relativ frische und/oder stabile Frakturen bei kleinwüchsigen jungen Hunden und Katzen können konservativ, d.h. mit Ruhebehandlung zufriedenstellend behandelt werden. Da eine ausreichende Ruhigstellung des Oberarms mit Verbänden bzw. Schienen nicht möglich ist, sollte hierauf verzichtet werden. Nach gedeckter Reposition kann die Immobilisierung der Fragmente mit Marknägeln oder mit einem Fixateur externe erfolgen. Bei der externen Fixation reichen einfache Konstruktionen mit einer oder zwei Verbindungsstangen in der Regel aus; bei großen und schweren Patienten können aber auch aufwendigere Montagen eingesetzt werden. Querelemente dürfen nicht in die Epiphyse gesetzt werden.

E. Frakturen, die sich für eine konservative Behandlung nicht eignen bzw. gedeckt nicht einzurichten sind, müssen offen reponiert und fixiert werden. Querfrakturen werden mit einer Kompressionsplatte versorgt; alternativ kann die Immobilisierung mit einem intramedullären Kraftträger oder einem Fixateur externe erreicht werden.

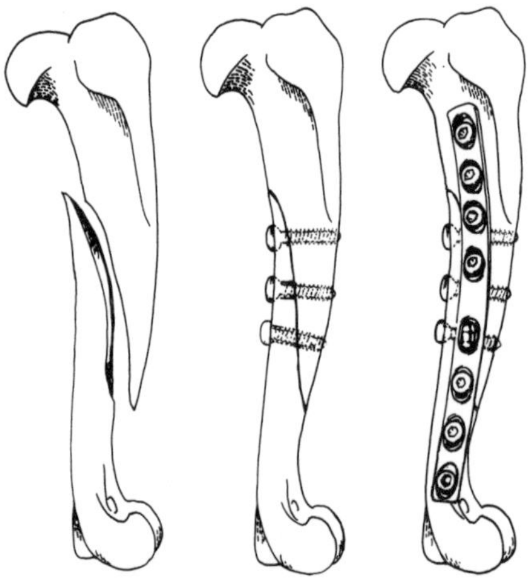

Abb. 1. Spiralfraktur des Humerusschaftes; Osteosynthese mit drei von kaudal eingesetzten Zugschrauben und einer lateral angelegten Neutralisationsplatte.

F. Lange Schrägfrakturen sind sowohl Scherkräften als auch Kipp- und Drehbewegungen ausgesetzt. Bei der Beurteilung der Fixationsmöglichkeiten ist zu berücksichtigen, daß diesen Kräften entgegengewirkt werden muß. Therapie der Wahl ist die Kombination von interfragmentärer Kompression durch Zugschrauben mit einer Neutralisationsplatte (Abb. 1). Bei jungen Patienten haben sich zur Fixation langer Schrägfrakturen auch intramedulläre Bohrdrähte oder Steinmann-Nägel in Kombination mit einer oder mehreren Hemicerclagen bewährt. Hierbei ist auf eine Schonung der Epiphysenfugen zu achten.

G. Auch Splitterfrakturen des Oberarms sind, soweit möglich, ebenfalls anatomisch korrekt zu reponieren und stabil zu fixieren. Dies wird mit Hilfe interfragmentärer Kompression durch mehrere Zugschrauben und Überbrückung des Frakturbereichs mit einer Neutralisations- bzw. Stegplatte erreicht.

H. Nicht alle Humerussplitterfrakturen lassen sich anatomisch korrekt rekonstruieren. Hochgradig zersplitterte Frakturen oder solche mit größeren Splitterdefekten (offene Brüche) können eine Herausforderung für den Chirurgen sein. Bei kleinen Patienten hat sich hier der Einsatz des Fixateur externe ohne operative Darstellung der Fraktur bewährt; soweit möglich sollten dabei auch die größeren Splitter mit den Bohrdrähten erfaßt werden. Bei großwüchsigen Tieren kann die Trümmerzone mit Hilfe einer Stegplatte überbrückt werden. In diesen Fällen ist zudem eine Spongiosatransplantation angezeigt. Zur Überbrückung größerer Defekte werden auch kortikale Transplantate empfohlen. Dieser Eingriff erfordert hohe operative Präzision und ist unter strenger Asepsis durchzuführen. Aufgrund der technischen Probleme, die sich beim Umgang und bei der Lagerung von Allotransplantaten ergeben, erscheint diese Technik nur bei entsprechend großer Erfahrung bzw. Patientenzahl sinnvoll.

Literatur

1. Braden T. Surgical correction of humeral fractures. In: Bojrab M J, ed. Current techniques in small animal surgery, 2nd ed. Philadelphia: Lea & Febiger, 1975: 676.
2. Brinker W O, Piermattei D L, Flo G L. Handbook of small animal orthopedics and fracture treatment. Philadelphia: WB Saunders, 1983: 140.
3. Brunnberg L, Schebitz H, Vollmerhaus B, Matis U, Köstlin R G, Waibl H, Roos H. Zur Humerusfraktur im mittleren und distalen Schaftdrittel beim Hund. Kleintierprax 1981; 26: 103.
4. Kasa F, Kasa G. Fractures of the humeral shaft. In: Brinker W O, Hohn R B, Prieur W D, eds. Manual of internal fixation in small animals. Heidelberg: Springer, 1986: 138.
5. Schebitz H, Brunnberg L, Waibl H. Zugang zum proximalen und mittleren Drittel des Humerus von kraniolateral. In: Schebitz H, Brass W, Hrsg. Operationen an Hund und Katze. Berlin: Parey, 1985: 197.
6. Staimer M S. Humerusfrakturen bei der Katze – Behandlung und Ergebnisse in den Jahren 1970–1978. Vet med Diss, München 1980.
7. Withrow S J. Principles of intramedullary pinning and cerclage wiring. Proceedings of the 47th Annual Meeting of the American Animal Hospital Association, 1980.

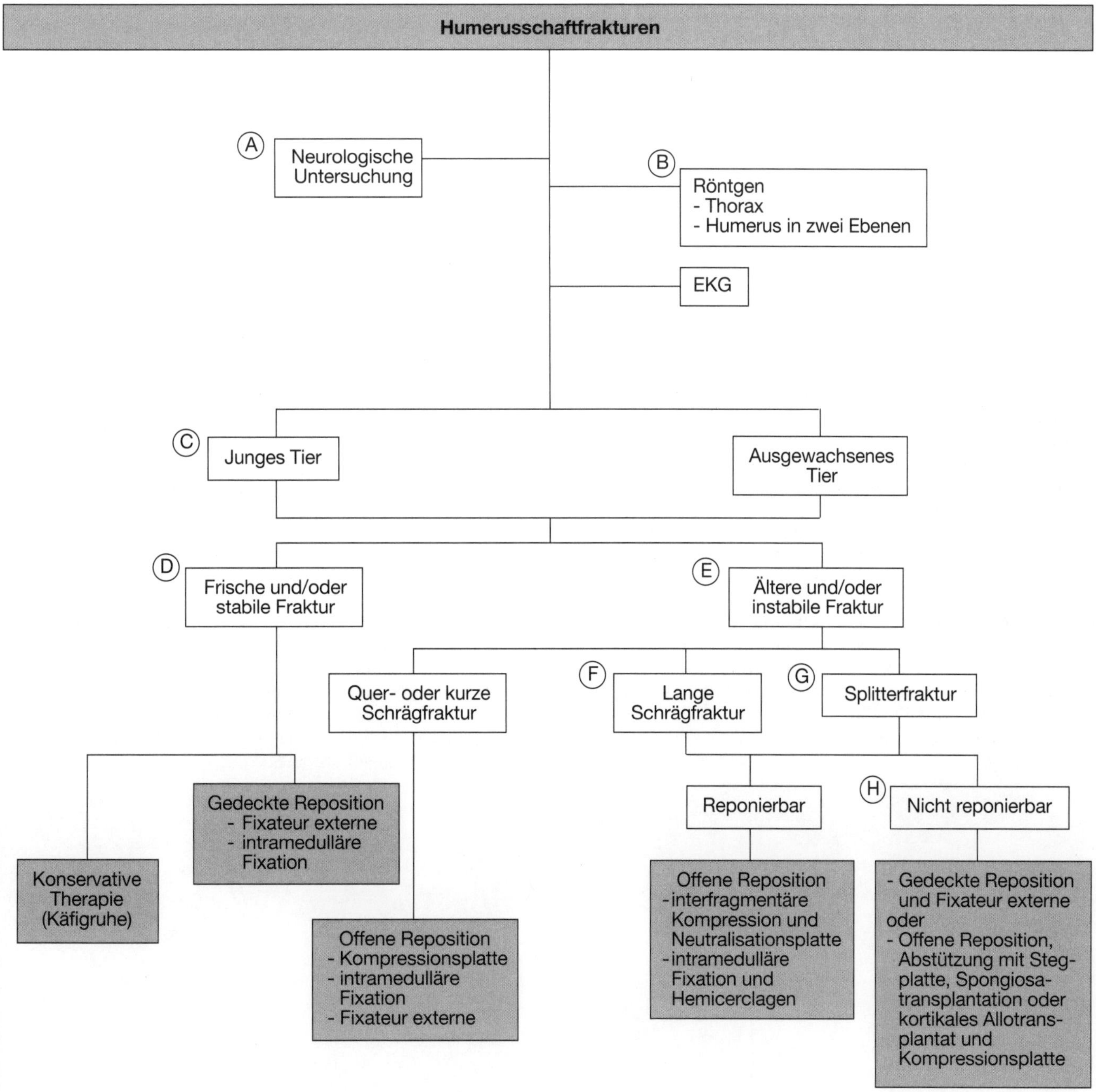
Humerusschaftfrakturen
A
Neurologische Untersuchung
B
Röntgen
- Thorax
- Humerus in zwei Ebenen
EKG
C
Junges Tier
Ausgewachsenes Tier
D
Frische und/oder stabile Fraktur
E
Ältere und/oder instabile Fraktur
Quer- oder kurze Schrägfraktur
F
Lange Schrägfraktur
G
Splitterfraktur
Gedeckte Reposition
- Fixateur externe
- intramedulläre Fixation
Konservative Therapie (Käfigruhe)
Offene Reposition
- Kompressionsplatte
- intramedulläre Fixation
- Fixateur externe
Reponierbar
H
Nicht reponierbar
Offene Reposition
- interfragmentäre Kompression und Neutralisationsplatte
- intramedulläre Fixation und Hemicerclagen
- Gedeckte Reposition und Fixateur externe
oder
- Offene Reposition, Abstützung mit Stegplatte, Spongiosatransplantation oder kortikales Allotransplantat und Kompressionsplatte

Distale Humerusfrakturen*

A. Wie bei allen Humerusfrakturen, müssen begleitende Thorax- oder Nervenverletzungen durch eine sorgfältige röntgenologische und neurologische Untersuchung ausgeschlossen werden.

B. Suprakondyläre Humerusfrakturen ziehen gewöhnlich durch das Foramen supratrochleare. Äußerst selten sind distale Epiphysiolysen des Humerus (Salter-Harris-Typ I). Die Fixation erfolgt je nach Frakturform und Alter des Tieres mit Platte, Zugschraube(n) und/oder Bohrdrähten.

C. Suprakondyläre Querbrüche sind für Scherkräfte weniger empfindlich als schräg verlaufende oder aus mehreren Fragmenten bestehende Frakturen. Bei der Fixation muß jedoch Biege- und Rotationskräften entgegengewirkt werden. Wenn möglich, d.h. bei ausreichend großem distalen Fragment, sollte zur Fixation stets eine medial angelegte Platte gewählt werden. Können jedoch nicht mindestens zwei Plattenschrauben distal plaziert werden, so ist eine Stabilisierung mit Bohrdrähten bzw. Rush-Nägeln indiziert.

D. Bei suprakondylären Schrägfrakturen kann mit Cerclagen oder günstiger mit Zugschrauben eine interfragmentäre Kompression erzielt werden. Die Fraktur ist zusätzlich durch intramedulläre Steinmann-Nägel oder Kirschner-Bohrdrähte zu stabilisieren; bei größeren Hunden empfiehlt sich wegen der besseren Stabilität die zusätzliche Fixation mit einer Neutralisationsplatte.

E. Stark zersplitterte suprakondyläre Brüche können bei kleinen Hunden und Katzen mit einem Fixateur externe versorgt werden. Entsprechende Frakturen bei größeren Hunden werden am besten durch eine oder zwei Platten stabilisiert; soweit möglich, sollten größere Fragmente zuvor mit interfragmentären Zugschrauben fixiert werden. Kann die Fraktur nicht anatomisch korrekt rekonstruiert werden, wird der Knochendefekt mit autogener Spongiosa ausgefüllt.

F. Kondylusfrakturen betreffen meist das lateral gelegene Capitulum humeri, da der größte Anteil des auf der Vordergliedmaße lastenden Gewichts über den Radiuskopf auf das Capitulum humeri übertragen wird. Durch seine exzentrische Lage ist es bei extremer Belastung der Schultergliedmaße, wie z.B. beim Landen auf der gestreckten Gliedmaße nach einem Fall oder Sprung aus größerer Höhe, für Rotations- und Scherkräfte besonders empfindlich.

G. Frakturen des Capitulum humeri werden über einen lateralen, Frakturen der medial gelegenen Trochlea humeri über einen medialen Zugang offen reponiert. Wie bei der operativen Versorgung jeder Gelenkfraktur, ist auch hier das Ziel der Therapie die anatomisch korrekte Reposition der Gelenkflächen. Die Fixation erfolgt durch interfragmentäre Kompression mit einer diakondylären Zugschraube entsprechender Größe. Zur Rotationsstabilisierung wird zusätzlich ein Kirschner-Bohrdraht von lateral bzw. medial in den distalen Humerusast eingedreht (Abb. 1).

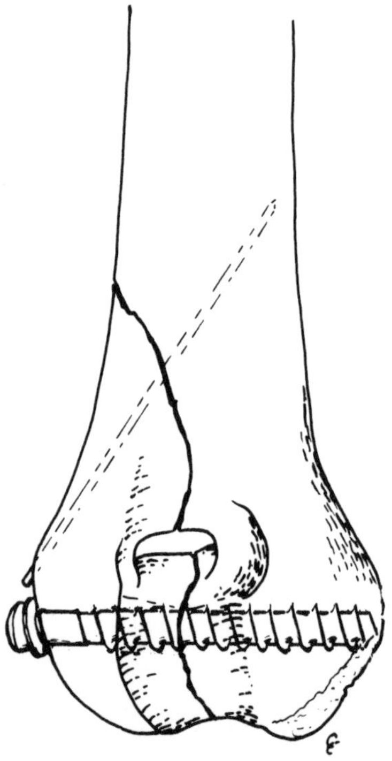

Abb. 1. Fraktur des Capitulum humeri; Osteosynthese mit diakondylärer Zugschraube und Kirschner-Bohrdraht.

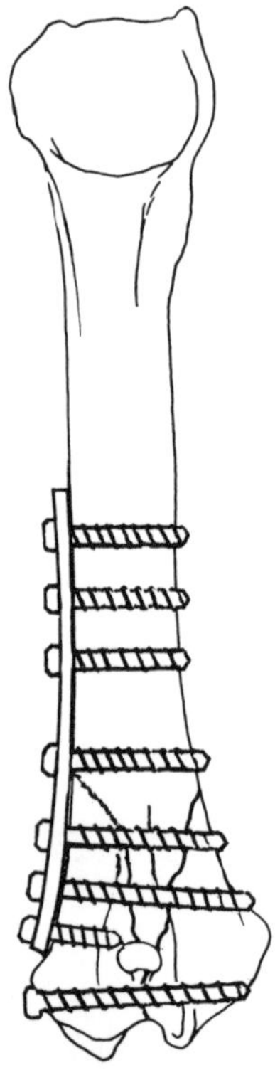

Abb. 2. Bikondyläre Humerusfraktur (Y-Fraktur); Osteosynthese mit diakondylärer Zugschraube und medial angelegter dynamischer Kompressionsplatte.

H. Bei den bikondylären Humerusfrakturen wird zwischen einer T- und einer Y-förmigen Fraktur unterschieden. Die sog. T-Fraktur verläuft interkondylär und quer oberhalb der Kondylen, während die sog. Y-Fraktur ebenfalls interkondylär liegt, jedoch schräg nach proximal in die Humerusmetaphyse zieht. Die Therapie dieser Frakturen ist stets operativ. Bei schwer rekonstruierbaren Brüchen können die Gelenkflächen durch Osteotomie des Olekranons übersichtlich dargestellt werden.

I. Zunächst wird die interkondyläre Fraktur nach stufenloser Reposition mit einer diakondylären Zugschraube unter Kompression gesetzt. Dann erfolgt die Fixation der suprakondylär liegenden Bruchlinien, die bei kurzem distalen Fragment mit gekreuzten Kirschner-Bohrdrähten oder Rush-Nägeln, im übrigen am besten mit einer Platte durchgeführt wird (Abb. 2).

J. Bikondyläre Splitterfrakturen sind für den Chirurgen eine große Herausforderung. Selbst bei guter Reposition entwickelt sich stets eine Sekundärarthrose mit reduzierter Beweglichkeit des Ellbogengelenks. Ist eine anatomische Rekonstruktion nicht möglich, sollten die Knochendefekte mit autogener Spongiosa aufgefüllt werden. Bei stark zersplitterten Frakturen, wie z.B. nach Schußverletzungen, ist unter Umständen primär eine Ellbogengelenkarthrodese oder sogar eine Gliedmaßenamputation in Erwägung zu ziehen.

Literatur

1. Brinker W O, Piermattei D L, Flo G L. Handbook of small animal orthopedics and fracture treatment. Philadelphia: WB Saunders, 1983: 145.
2. Brunnberg L. Humerusfrakturen mit Beteiligung des Ellbogengelenks – Behandlung und Ergebnisse in den Jahren 1970–1972. Vet med Diss, München 1974.
3. Brunnberg L, Schebitz H, Matis U. Zugang zum Ellbogengelenk von kaudal mit Osteotomie der Ulna. In: Schebitz H, Brass W, Hrsg. Operationen an Hund und Katze. Berlin: Parey, 1985: 213.
4. Dingwall J S. Management of elbow fractures in the dog. Mod Vet Pract 1970; Feb: 37.
5. Kasa F, Kasa G. Fractures of the distal end of the humerus. In: Brinker W O, Hohn R B, Prieur W D, eds. Manual of internal fixation in small animals. Heidelberg: Springer, 1984: 140.
6. Rudy R R. Management of limb fractures in small animals. Vet Clin North Am 1975; 5: 197.
7. Schebitz H, Brunnberg L, Vollmerhaus B, Waibl H, Beck B. Zur Versorgung der Frakturen am Condylus humeri des Hundes. Berl Münch Tierärztl Wschr 1975; 89: 826.

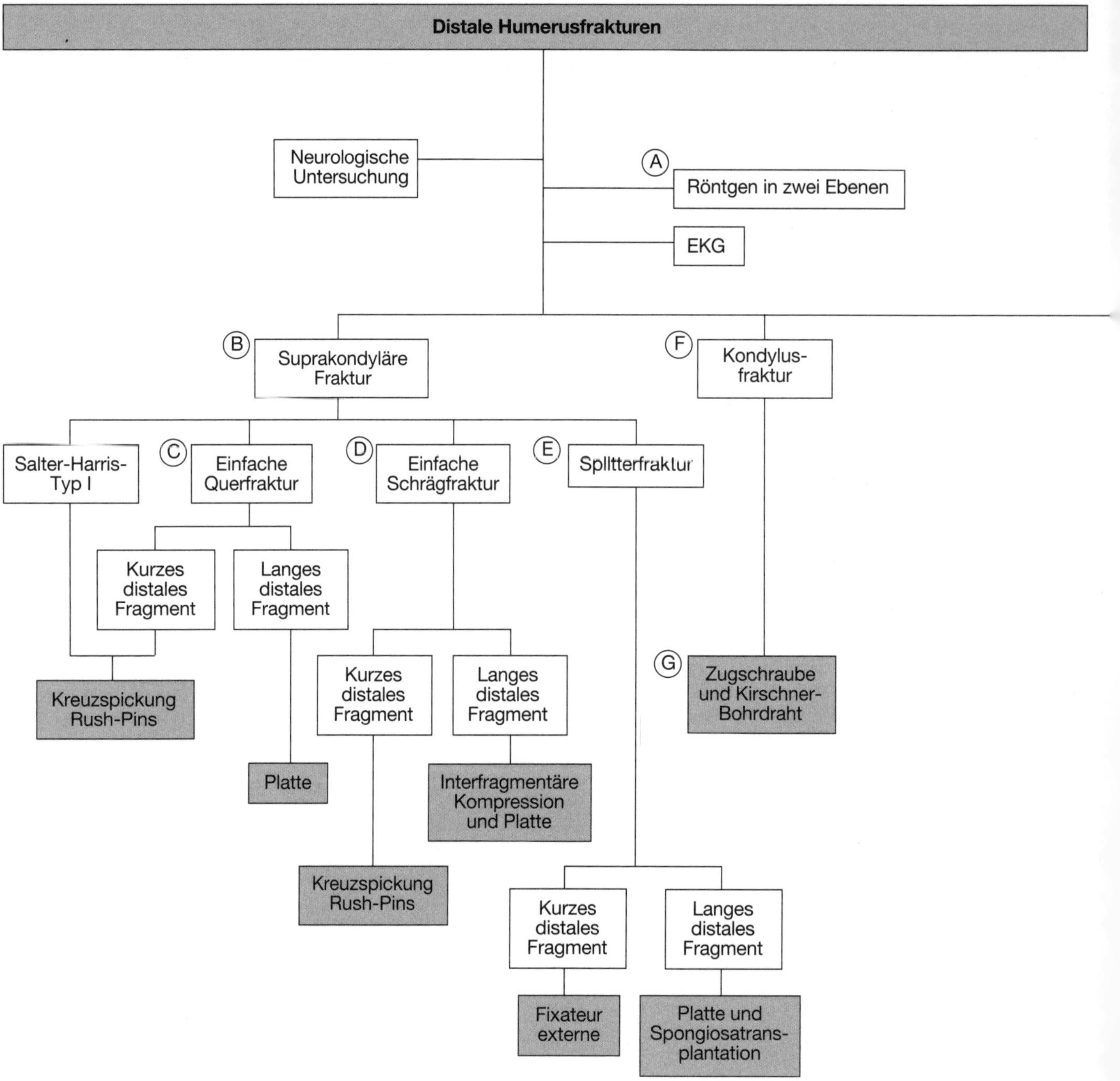
Distale Humerusfrakturen
Neurologische Untersuchung
A
Röntgen in zwei Ebenen
EKG
B
Suprakondyläre Fraktur
F
Kondylus-fraktur
Salter-Harris-Typ I
C
Einfache Querfraktur
D
Einfache Schrägfraktur
E
Splitterfraktur
Kurzes distales Fragment
Langes distales Fragment
Kreuzspickung Rush-Pins
Platte
Kurzes distales Fragment
Langes distales Fragment
Interfragmentäre Kompression und Platte
Kreuzspickung Rush-Pins
G
Zugschraube und Kirschner-Bohrdraht
Kurzes distales Fragment
Langes distales Fragment
Fixateur externe
Platte und Spongiosatrans-plantation

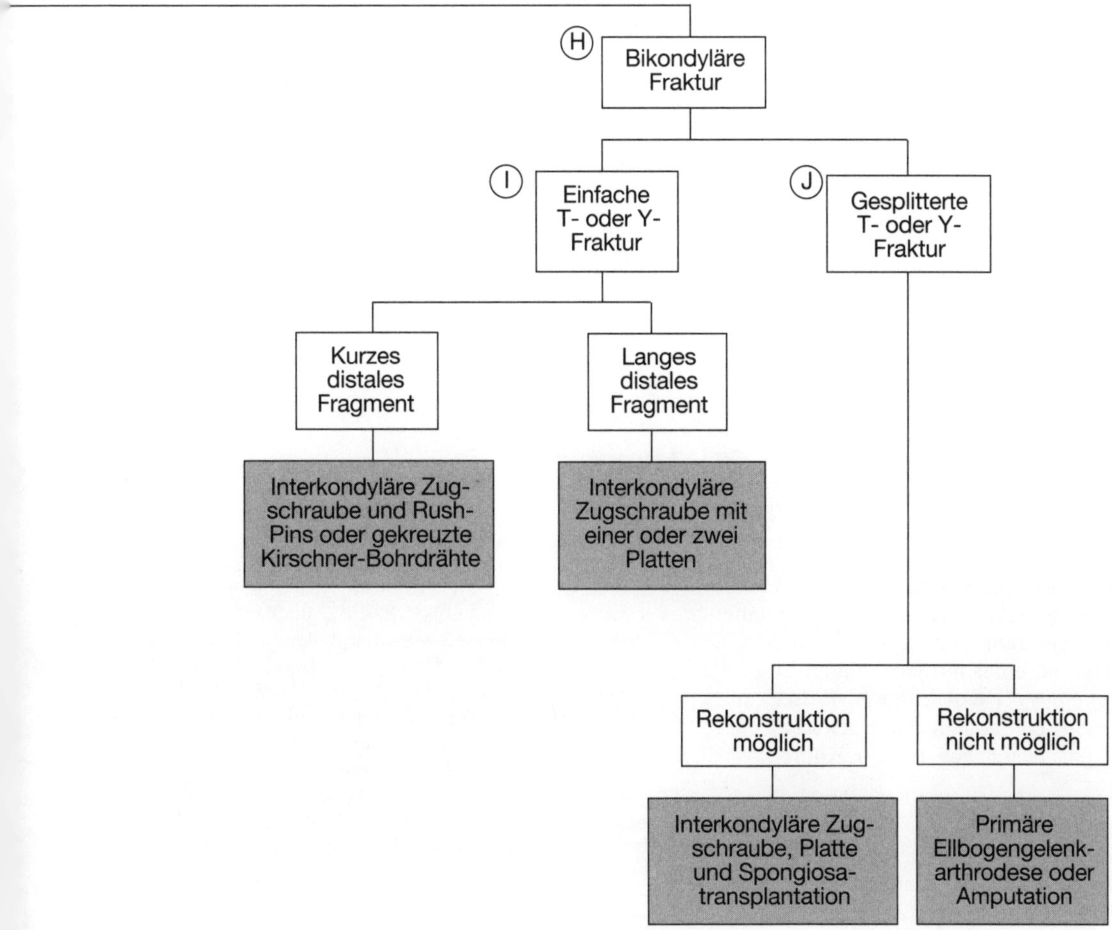
H
Bikondyläre Fraktur
I
Einfache T- oder Y-Fraktur
J
Gesplitterte T- oder Y-Fraktur
Kurzes distales Fragment
Langes distales Fragment
Interkondyläre Zugschraube und Rush-Pins oder gekreuzte Kirschner-Bohrdrähte
Interkondyläre Zugschraube mit einer oder zwei Platten
Rekonstruktion möglich
Rekonstruktion nicht möglich
Interkondyläre Zugschraube, Platte und Spongiosatransplantation
Primäre Ellbogengelenkarthrodese oder Amputation

Schmerzhaftigkeit im Ellbogengelenk

Beim Tier liegt die Ursache einer Schmerzhaftigkeit im Ellbogengelenk meist im Bereich der knöchernen Strukturen des Gelenks. Die benachbarten Weichteile, Bänder und Sehnen sind wesentlich seltener für eine Lahmheit verantwortlich.

A. Sowohl eine akute Lahmheit nach Trauma als auch eine bereits länger bestehende, chronische Lahmheit können auf Veränderungen im Ellbogengelenk zurückgeführt werden. Bevor für die Bewegungsstörung ein direkt von den einzelnen Strukturen bzw. Bestandteilen des Gelenks ausgehender Schmerz verantwortlich gemacht wird, müssen periartikuläre Weichteilverletzungen (z.B. Hämatome oder Muskelrupturen) als Lahmheitsursache sicher ausgeschlossen werden. Das Gelenk ist sowohl in Beugung als auch in Streckung zu untersuchen, wobei jede Einschränkung der normalen Beweglichkeit festgehalten werden muß. Bei der Palpation ist auf eine Verlagerung oder Inkongruenz der einzelnen das Gelenk bildenden Knochen zu achten. Bei der Beugung des Ellbogengelenks kann eine vermehrte Gelenkfüllung nachgewiesen werden.

B. Mit Hilfe der routinemäßigen Röntgenuntersuchung in zwei Ebenen sind Luxationen, Frakturen, degenerative und proliferative Gelenkveränderungen darstellbar. Zum Nachweis dezenter Veränderungen, wie sie beim Formenkreis der (Osteo-)Chondrose und in Frühstadien der Arthritis vorliegen, müssen Aufnahmen in schräger Projektion oder bei maximal gebeugtem Ellbogengelenk angefertigt werden.

C. Degenerative Gelenkveränderungen sind Ursache und Folge einer Inkongruenz der Gelenkflächen; sie können von einer Knorpeldegeneration, einer Irritation durch Osteophyten, einer chronischen Luxation, einer intraartikulären Fraktur, von Corpora libera bei einer (Osteo-)Chondrosis dissecans, einem isolierten Processus coronoideus medialis ulnae oder einem isolierten Processus anconaeus ulnae herrühren.

D. Arthritiden führen zu einer Zerstörung der Gelenkoberfläche. Typische Symptome hierfür sind eine deutliche Krepitation mit begleitender Entzündung oder Fibrose der Gelenkkapsel sowie eine Überdehnung der Bänder. Im weiteren Verlauf der Erkrankung kann es sowohl zur Instabilität des Gelenks als auch zur Kontraktur der periartikulären Weichteilstrukturen und damit verbunden zu einer Bewegungseinschränkung des Ellbogengelenks kommen.

E. Nicht unmittelbar von den Gelenkstrukturen ausgehender, d.h. extraartikulärer Schmerz resultiert aus Veränderungen der dem Ellbogengelenk zugehörenden Weichteile. Bei Tieren wird nur vereinzelt ein übertragener Schmerz, z.B. ausgehend vom Schultergelenk oder der Wirbelsäule, diagnostiziert; es ist jedoch zu vermuten, das solche Phänomene häufiger auftreten, als sie nachgewiesen werden.

F. Verletzungen der periartikulären Muskeln und Sehnen werden beim Kleintier seltener beobachtet als beim Großtier; so kann eine Zerrung der Trizepssehne zu einer späteren Fibrosierung führen, bei sehr muskulösen Tieren kann die Sehne rupturieren. Die entstandene Lücke ist anfangs palpatorisch nachweisbar.

G. Der N. radialis kann im Zusammenhang mit einer distalen Humerusfraktur oder auch bei Operationen im Bereich des Ellbogengelenks verletzt werden.

Literatur

1. Alexander J W. Leonard's orthopaedic surgery of the dog & cat. 3rd. ed. Philadelphia: WB Saunders, 1985: 86.
2. Matis U, Schebitz H, Brunnberg L. Zugang zum Ellbogengelenk von medial. In: Schebitz H, Brass W, Hrsg. Operationen an Hund und Katze. Berlin: Parey, 1985: 209.
3. Olsson S E. Pathophysiology, morphology and clinical signs of osteochondrosis in the dog. In: Bojrab M J, ed. Pathophysiology in small animal surgery. 2nd ed. Philadelphia: Lea & Febiger, 1981.
4. Olsson S E. Morphology and physiology of the growth cartilage under normal and pathological conditions. In: Sumner-Smith G, ed. Bone in clinical orthopaedics. Philadelphia: WB Saunders, 1982: 159.
5. Parrisius A. Processus anconaeus isolatus – Behandlung und Ergebnisse in den Jahren 1975–1983. Vet med Diss, München 1985.
6. Puglisi T A. Canine humeral joint instability. Part 1. Comp Cont Ed 1986; 8 (9): 593.
7. Puglisi T A. Canine humeral joint instability. Part 2. Comp Cont Ed 1986; 8 (10): 741.
8. Schebitz H, Brunnberg L, Matis U. Zugang zum Ellenbogengelenk von lateral. In: Schebitz H, Brass W, Hrsg. Operationen an Hund und Katze. Berlin: Parey, 1985: 205.

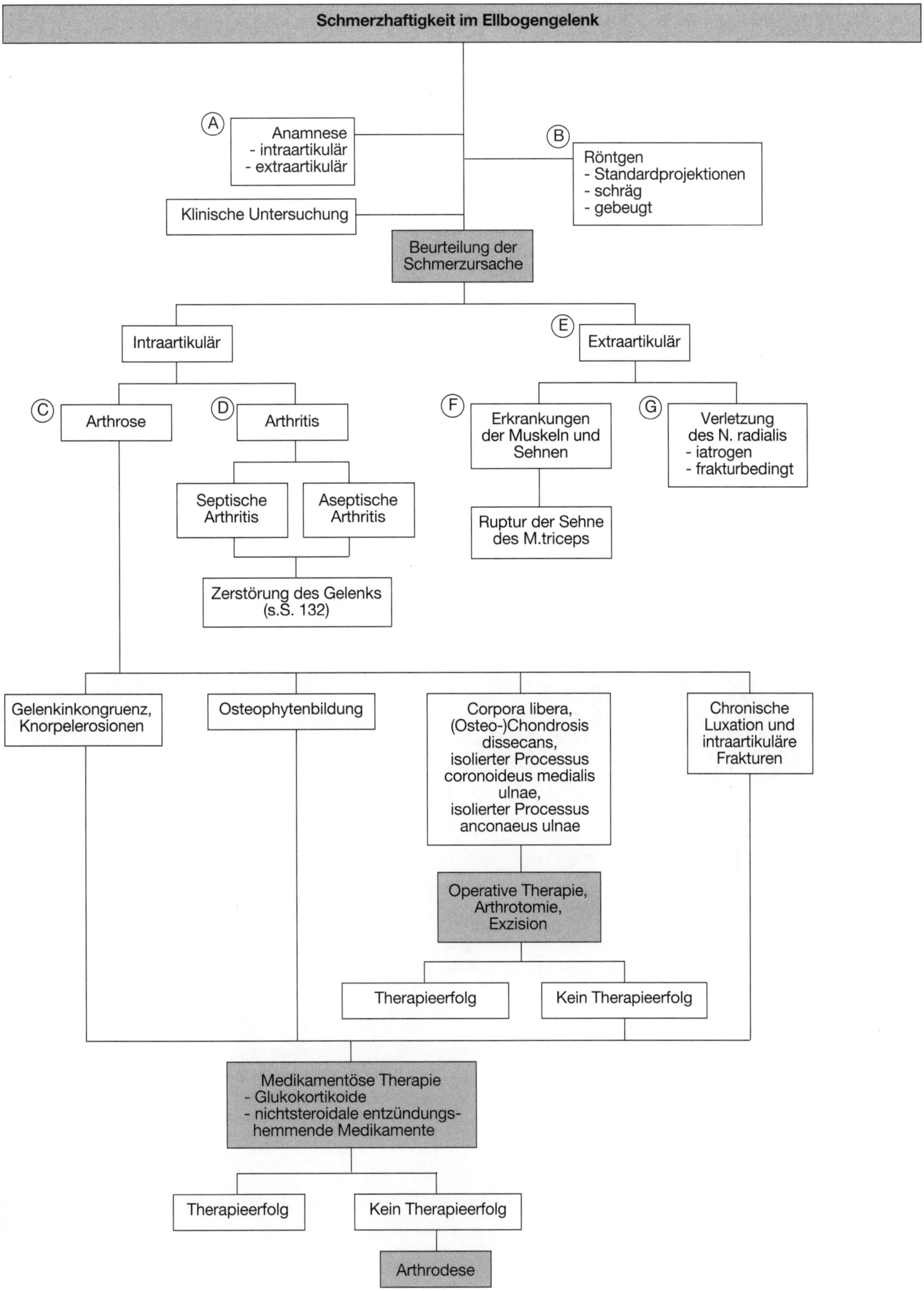
Schmerzhaftigkeit im Ellbogengelenk
A
Anamnese
- intraartikulär
- extraartikulär
B
Röntgen
- Standardprojektionen
- schräg
- gebeugt
Klinische Untersuchung
Beurteilung der Schmerzursache
Intraartikulär
E
Extraartikulär
C
Arthrose
D
Arthritis
F
Erkrankungen der Muskeln und Sehnen
G
Verletzung des N. radialis
- iatrogen
- frakturbedingt
Septische Arthritis
Aseptische Arthritis
Ruptur der Sehne des M.triceps
Zerstörung des Gelenks (s.S. 132)
Gelenkinkongruenz, Knorpelerosionen
Osteophytenbildung
Corpora libera, (Osteo-)Chondrosis dissecans, isolierter Processus coronoideus medialis ulnae, isolierter Processus anconaeus ulnae
Chronische Luxation und intraartikuläre Frakturen
Operative Therapie, Arthrotomie, Exzision
Therapieerfolg
Kein Therapieerfolg
Medikamentöse Therapie
- Glukokortikoide
- nichtsteroidale entzündungshemmende Medikamente
Therapieerfolg
Kein Therapieerfolg
Arthrodese

Luxation im Ellbogengelenk*

Bei der Ellbogenluxation sind überwiegend beide Unterarmknochen verlagert; selten luxieren Radius oder Ulna isoliert. Da der Condylus humeri lateral abgerundet, medial hingegen mehr eckig geformt ist, kommt es fast ausnahmslos zur lateralen Luxation. Die sehr seltene Luxation nach medial ist stets mit schweren Verletzungen der Seitenbänder verbunden.

A. Erfolgt die gedeckte Reposition nicht innerhalb der ersten Tage nach dem Trauma, so bereitet die Muskel- und periartikuläre Weichteilkontraktur beim Einrenken beträchtliche Schwierigkeiten. Unter Allgemeinnarkose wird das Gelenk zunächst gebeugt. Während mit dem Unterarm eine Pronationsbewegung durchgeführt wird, erfolgt gleichzeitig von lateral Druckeinwirkung auf den proximalen Unterarmbereich (Einrasten des Processus anconaeus in der Fossa olecrani); danach wird die Gliedmaße langsam gestreckt. Alternativ kann bei starker Muskelkontraktur, vor der Reposition der Gelenkflächen, zunächst ein Distraktionsgerät eingesetzt werden (Abb. 1). Hiermit sollen das periartikuläre Weichteilgewebe langsam gedehnt und Faserrupturen vermieden werden. Bei korrektem Einsatz können ansonsten gedeckt nicht reponierbare Luxationen erfolgreich konservativ versorgt werden.

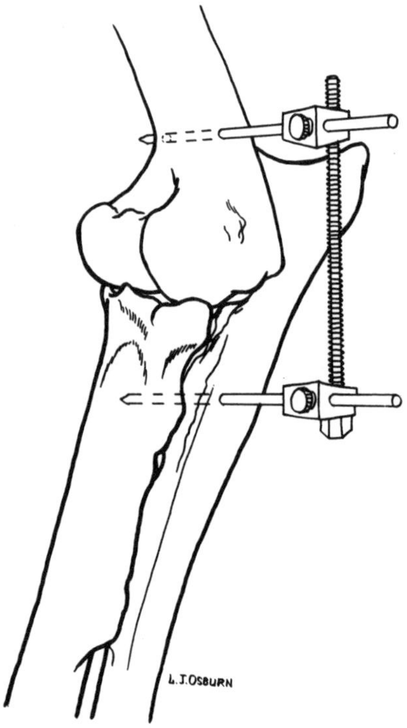

Abb. 1. Distraktionsgerät zur Reposition älterer Ellbogengelenkluxationen mit starker Muskelkontraktur.

B. Nach der Reposition werden routinemäßig Röntgenaufnahmen des Ellbogengelenks in zwei Ebenen angefertigt, um zu überprüfen, ob die Gelenkflächen korrekt zueinander liegen. Selbst leichte Subluxationen des Radius müssen korrigiert werden; gelingt dies nicht, sollte operativ interveniert werden.

C. Ist der Ellbogen nach gedeckter Reposition bei voller Gelenkbeweglichkeit stabil, genügt eine Ruhigstellung des Patienten (Leinenzwang) für 2 bis 3 Wochen.

D. Weist das Ellbogengelenk nach dem Einrenken eine leichte Reluxationstendenz auf, so muß es für 1 bis 2 Wochen durch einen Verband immobilisiert und der Patient weitere 3 Wochen konsequent ruhig gehalten werden. Bei der Katze wird die Vordergliedmaße maximal gebeugt an den Brustkorb fixiert, beim Hund erfolgt die Immobilisierung hingegen bei maximal gestrecktem Ellbogen- und Karpalgelenk.

E. Bei gedeckt nicht reponierbaren Luxationen des Ellbogengelenks ist die operative Therapie indiziert.

F. Werden anhand der Röntgenuntersuchung Begleitfrakturen festgestellt, muß gleichfalls operativ vorgegangen werden.

Literatur

1. Bidlingmaier B. Klinische Untersuchungen und Erhebungen zur Luxatio antebrachii und Monteggia-Fraktur bei Hund und Katze in den Jahren 1978–1987. Vet med Diss, München 1988.
2. Campbell J R. Luxation and ligamentous injuries of the elbow of the dog. Vet Clin North Am 1971; 1: 429.
3. Johnson R G, Hampel N L. Elbow luxation. In: Slatter D H, ed. Textbook of small animal surgery. Philadelphia: WB Saunders, 1985: 2092.
4. Stevens D R, Sande R D. An elbow dysplasia syndrome in the dog. JAVMA 1974; 165: 1065.

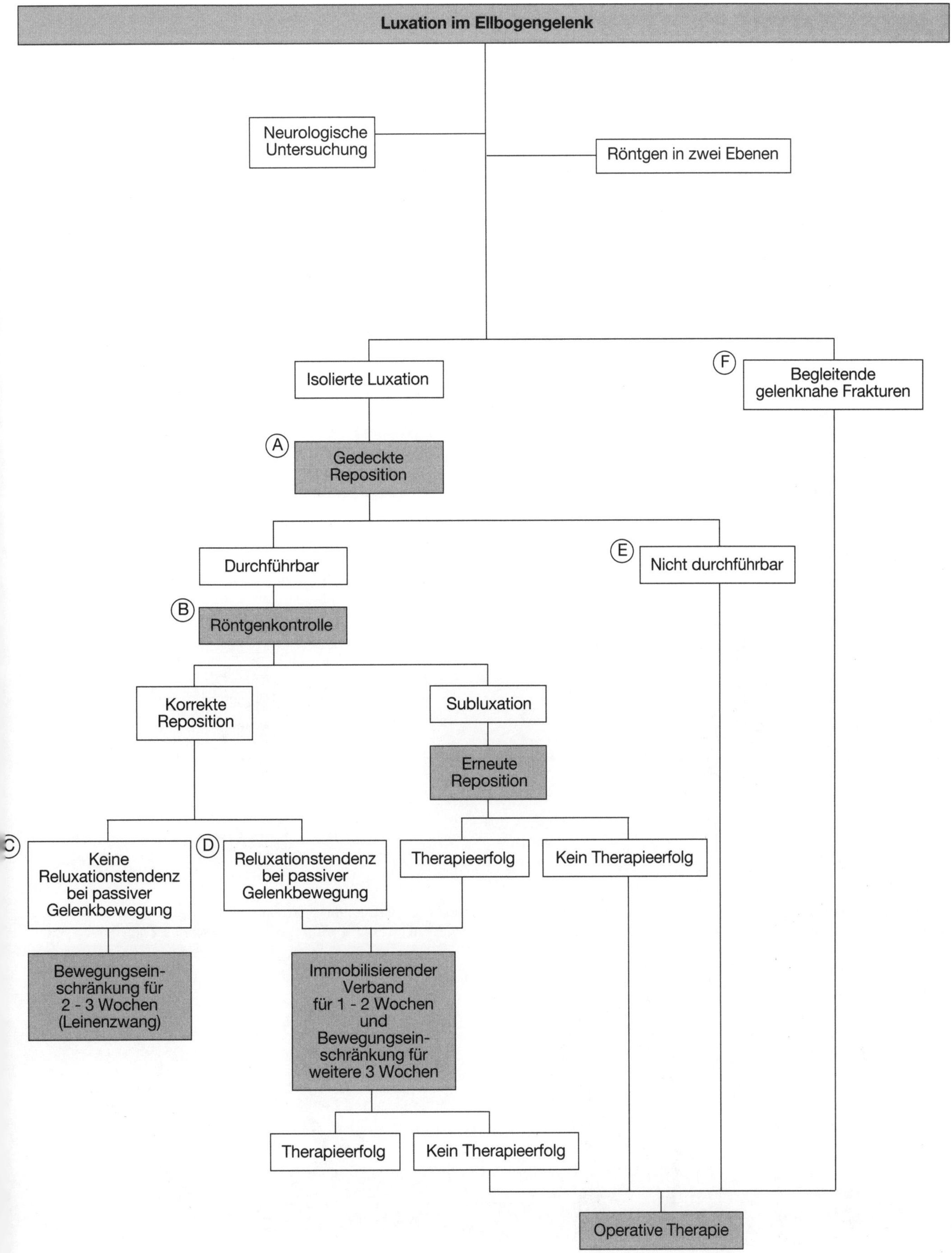
Luxation im Ellbogengelenk
Neurologische Untersuchung
Röntgen in zwei Ebenen
Isolierte Luxation
F
Begleitende gelenknahe Frakturen
A
Gedeckte Reposition
Durchführbar
E
Nicht durchführbar
B
Röntgenkontrolle
Korrekte Reposition
Subluxation
Erneute Reposition
C
Keine Reluxationstendenz bei passiver Gelenkbewegung
D
Reluxationstendenz bei passiver Gelenkbewegung
Therapieerfolg
Kein Therapieerfolg
Bewegungseinschränkung für 2 - 3 Wochen (Leinenzwang)
Immobilisierender Verband für 1 - 2 Wochen und Bewegungseinschränkung für weitere 3 Wochen
Therapieerfolg
Kein Therapieerfolg
Operative Therapie

Unterarmfrakturen

A. Die präoperative Diagnostik bei einer Unterarmfraktur umfaßt auch eine neurologische Untersuchung der Nn. radialis et ulnaris.

B. Röntgenaufnahmen in zwei Ebenen ergänzen die klinische Untersuchung und lassen zusätzliche Luxationen und/oder Frakturen erkennen.

C. Olekranonfrakturen sind operativ durch Zuggurtung mit Draht zu fixieren (Abb. 1); auf keinen Fall sollten sie konservativ behandelt werden. Selbst bei noch nicht ausgewachsenen Patienten besteht eine Indikation zur Osteosynthese, da die betroffene Wachstumsfuge nicht zum interartikulären Längenwachstum der Ulna beiträgt. Bei konservativer Therapie kann es zur Kontraktur und Fibrose des M. triceps brachii kommen. Liegt die Fraktur in Höhe der Incisura trochlearis, besteht darüber hinaus die Gefahr einer Ellbogengelenkarthrose.

D. Beim jungen Patienten können Schaftfrakturen mit maximal 50%iger seitlicher Dislokation der Fragmente mit einem ruhigstellenden Verband versorgt werden. Bei stärkerer Verschiebung der Bruchenden und ausgeprägter Instabilität ist die Fraktur operativ mit einer Platte zu stabilisieren (Abb. 2). Die Pseudarthrosefrequenz nach konservativer Therapie distaler Unterarmfrakturen bei Zwergrassen ist relativ hoch, so daß die Fixation hier stets operativ erfolgen sollte.

E. Eine isolierte distale Radiusfraktur ist sehr selten. Zur Behandlung genügt nach der gedeckten Reposition im allgemeinen ein ruhigstellender Verband; bei starker Dislokation und schwerem Weichteiltrauma sind entweder eine Plattenosteosynthese oder eine Immobilisierung mit Fixateur externe indiziert (Abb. 3).

F. Normalerweise verlagern sich die Fragmente bei einer distalen Radius- und Ulnafraktur in eine Valgusstellung. Beim ausgewachsenen Hund mit einer relativ stabilen Fraktur genügt es, nach der Reposition unter Varusstellung der Pfote und Beugung des Karpalgelenks einen immobilisierenden Stützverband anzulegen. Bessere Ergebnisse werden nach exakter operativer Reposition und Fixation des oft sehr kurzen distalen Fragments erzielt. In der Literatur finden sich zahlreiche Operationstechniken beschrieben.

G. Die relativ seltene Monteggia-Fraktur (Ulnafraktur mit kranialer Luxation des Radius) (Abb. 4A) beeinträchtigt die Funktion des Ellbogengelenks aufs schwerste und erfordert nach der Reposition des luxierten Radius unbedingt eine

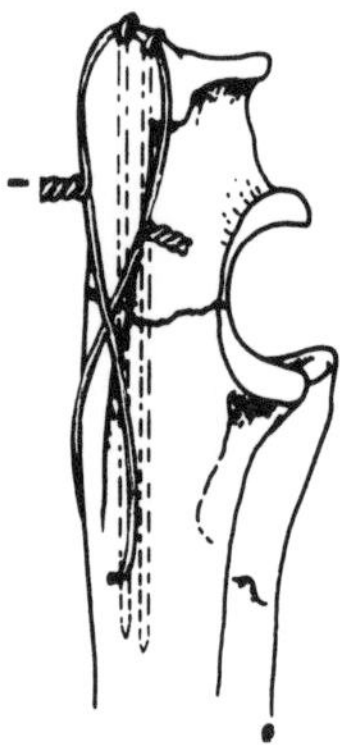

Abb. 1. Intraartikuläre Olekranonfraktur; Osteosynthese mit beidseits verdrillter Achterdrahtzuggurtung.

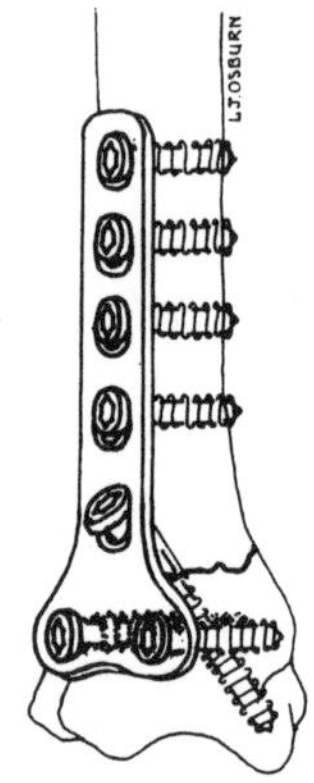

Abb. 3. Distale Radiusquerfraktur; Osteosynthese mit einer T-Platte, eine Plattenschraube wurde als interfragmentäre Zugschraube gesetzt.

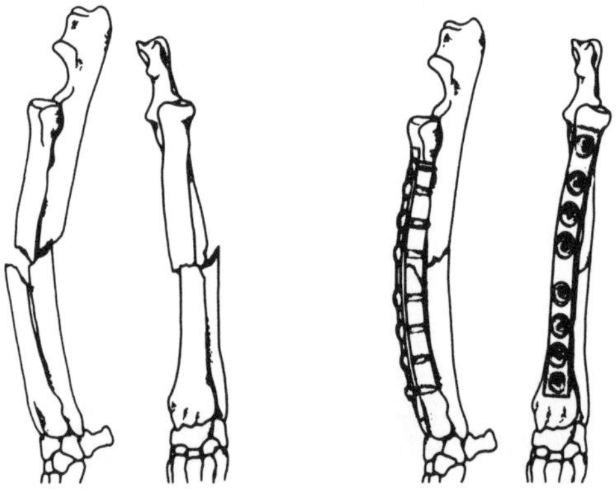

Abb. 2. Radius- und Ulnaschaftquerfraktur; Osteosynthese mit einer Platte.

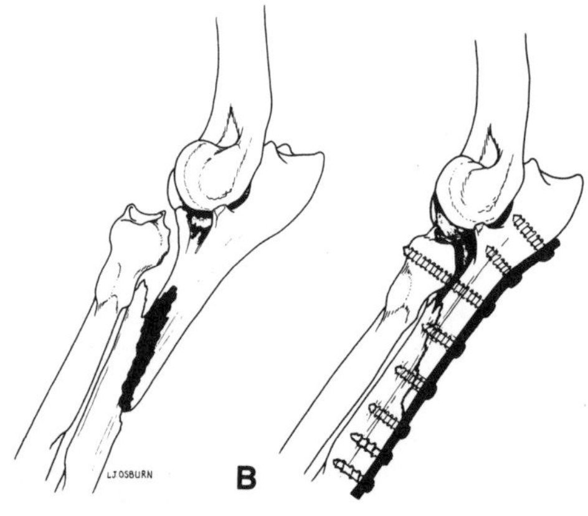

Abb. 4. Monteggia-Fraktur. A = kraniale Luxation des Radius und Ulnafraktur; B = Fixation der Ulnafraktur mit einer Platte und des Radius mit einer Stellschraube.

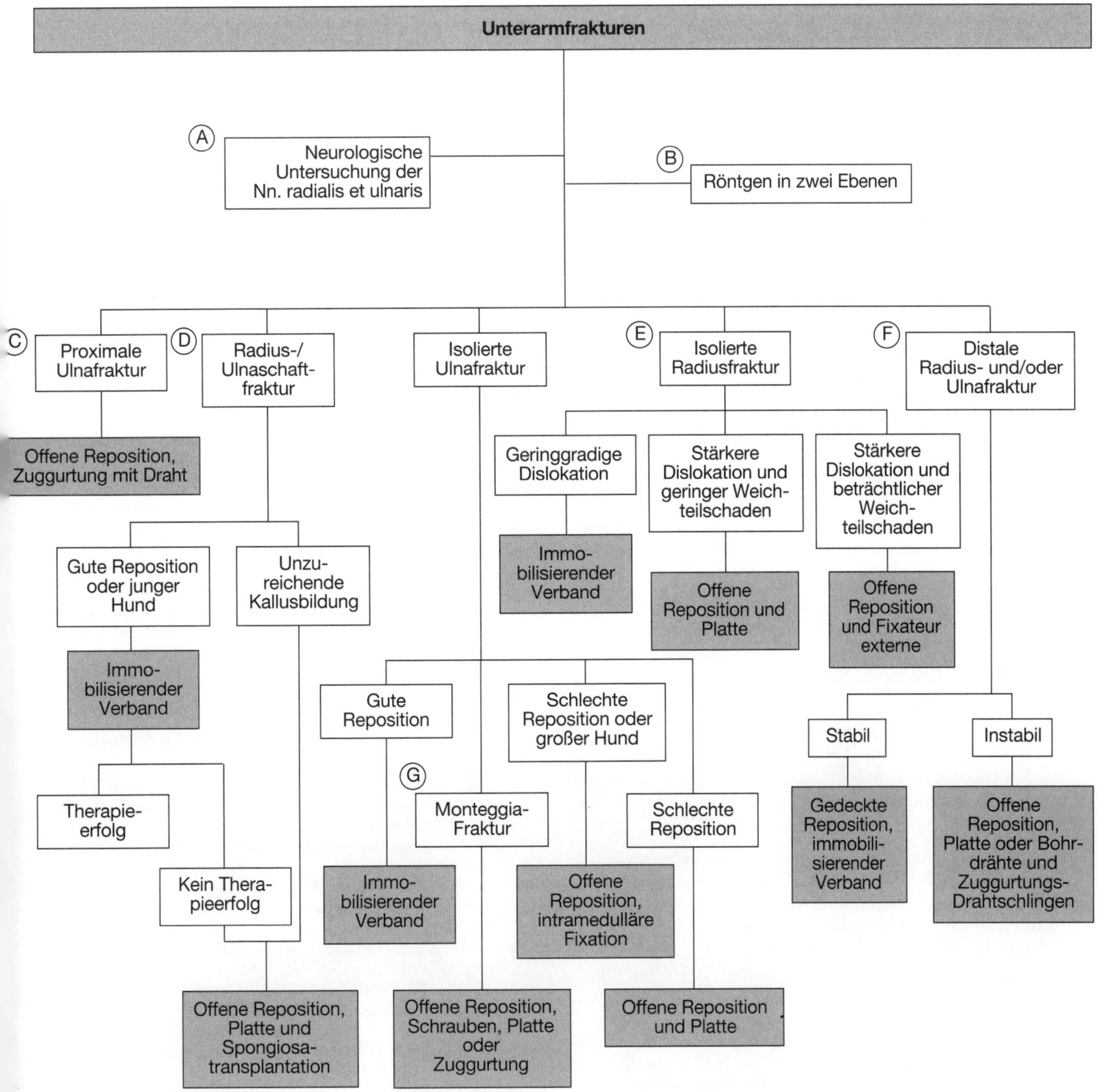

operative Fixation (Abb. 4B). Der Radius muß an die Ulna fixiert und die Ulnafraktur je nach Lage und Form der Fraktur mit Schrauben, Platte oder Drahtzuggurtung versorgt werden. Außer mit sog. Stellschrauben (Abb. 4B) kann die Verbindung zwischen Radius und Ulna auch durch plastischen Ersatz des Ligamentum anulare radii mit Kunststoffmaterial oder einer Drahtcerclage wiederhergestellt werden.

Literatur

1. Bidlingmaier B. Klinische Untersuchungen und Erhebungen zur Luxatio antebrachii und Monteggia-Fraktur bei Hund und Katze in den Jahren 1978–1987. Vet med Diss, München 1988.
2. Bloombert MS. Fractures of the radius and ulna. In: Bojrab MJ, ed. Current techniques in small animal surgery. Philadelphia: Lea & Febiger, 1983: 694.
3. Brunnberg L, Schebitz H, Vollmerhaus B, Matis U, Köstlin RG, Roos H, Waibl H, Endres B. Olekranonfraktur beim Hund – Therapie und Ergebnis. Kleintierprax 1983; 28: 17.
4. Euler B. Unterarmfrakturen bei der Katze – Behandlung und Ergebnisse in den Jahren 1970–1978. Vet med Diss, München 1979.
5. Harrison JS. In: Brinker WO, Hohn RB, Prieur WD, eds. Manual of internal fixation in small animals. New York: Springer, 1984: 144.
6. Meyer J. Unterarmfrakturen des Hundes – Behandlung und Ergebnis (1970–1974). Vet med Diss, München 1977.
7. Reidy RL. Symposia management of limb fractures in small animals. Vet Clin North Am 1975; 5: 145.
8. Schebitz H, Brunnberg L, Waibl H. Zugang zum Radius von kranial. In: Schebitz H, Brass W, Hrsg. Operationen an Hund und Katze. Berlin: Parey, 1985: 215.

Akute (Sub-)Luxation in der Articulatio antebrachiocarpea

A. Eine Luxation in der Articulatio antebrachiocarpea entsteht bei plötzlicher, starker Belastung der Schultergliedmaße in Hyperextensionsstellung. Vorberichtlich wird meist ein Sturz aus größerer Höhe angegeben. Starke Weichteilschwellungen erschweren bisweilen die gründliche klinische Untersuchung. Eine Immobilisierung und Kühlung der Gliedmaße fördert das Abklingen der akuten Symptome. Nach 24 bis 48 Stunden wird die klinische Untersuchung wiederholt; sie besteht aus Überprüfung der Seitenbänder sowohl bei leichter Flexion als auch bei Extension der Articulatio antebrachiocarpea, um zwischen einer Gelenkkapselruptur und einem Bandriß unterscheiden zu können. Außerdem ist die Stabilität des palmaren bzw. dorsalen Kapselbandapparates bei maximaler Hyperextension bzw. Flexion zu beurteilen.

B. Es werden Röntgenaufnahmen des Karpalgelenks in mindestens zwei Ebenen sowie dem klinischen Befund entsprechende Funktionsaufnahmen angefertigt und mit der kontralateralen Gliedmaße verglichen.

C. Im allgemeinen wird bei Luxationen in der Articulatio antebrachiocarpea 1. eine Ruptur oder ein knöcherner Ausriß der Ligamenta radiocarpeum palmare und/oder ulnocarpeum palmare und 2. eine Ruptur der kurzen Ligamenta collateralia und/oder eine Styloid- bzw. distale Ulnafraktur diagnostiziert.

D. Zuerst sollte man versuchen, die palmaren Verletzungen durch Naht oder Reinsertion der knöchernen Ausrisse mit versenkt über Kreuz eingebrachten Kirschner-Bohrdrähten bzw. bei Abrißfrakturen mit Zugschrauben zu rekonstruieren.

E. Um das Ausmaß der Verletzung des zweischenkligen kurzen Ligamentum collaterale carpi mediale erfassen zu können, muß der mediale Anteil der Articulatio antebrachiocarpea sowohl bei Streckung als auch bei Beugung unter Belastung auf seitliche Aufklappbarkeit geprüft werden. Nur so können der schräge Anteil des kurzen Ligamentum collaterale carpi mediale wie auch dessen gerader Anteil, der bei Streckung beansprucht wird, geprüft werden. Wegen der geringen Größe dieser Bänder ist die Bandnaht außerordentlich schwierig; als Nahtmaterial haben sich Kunststoffäden bewährt. Sollte die Rekonstruktion nicht möglich sein, kann versucht werden, das Band mit Hilfe der distal gestielten Endsehne des M. flexor carpi radialis oder des M. abductor pollicis longus zu ersetzen. Das kurze Ligamentum collaterale carpi laterale kann ebenfalls durch autogenes Gewebe bzw. einen distal gestielten Teil der Endsehne des M. extensor carpi ulnaris ersetzt werden.

F. Styloidfrakturen des Radius und der Ulna werden am besten mit einer Drahtzuggurtung versorgt.

G. Nicht selten sind die o.g. Bandläsionen mit einer Fraktur der Ulna im distalen Fünftel kombiniert; diese wird am günstigsten mit einer Plattenosteosynthese fixiert.

H. Nach der operativen Versorgung der verschiedenen Bandverletzungen bzw. Frakturen in der beschriebenen Weise ist das Karpalgelenk bei ungefähr 20 Grad Beugestellung über 4 bis 6 Wochen mit einem immobilisierenden Verband ruhigzustellen. Danach wird der Verband bei abnehmender Flexion des Karpalgelenks angelegt; nach 7 oder 8 Wochen kann auch der leichte Stützverband entfernt und das Tier langsam aufbauend normal belastet werden.

I. Bei schlechter Belastung oder Komplikationen ist eine Arthrodese indiziert. Obwohl eine isolierte Versteifung der Articulatio antebrachiocarpea versucht werden kann, ist doch im allgemeinen eine Panarthrodese des Karpalgelenks mit dorsal angelegter Platte Methode der Wahl.

Literatur

1. Dee J F. Injuries to the distal radius and ulna, carpus and metacarpus. Proc AAHA 1984: 349.
2. Earley T D. Canine carpal ligament injuries. Vet Clin North Am 1978; 8:183.
3. Köstlin R, Matis U, Waibl H. Zur Diagnostik und Therapie der Hyperextensionsverletzungen im Karpalgelenk („Niederbruch") des Hundes. Kleintierprax 1986; 31: 97.
4. Miller M F, Christensen G C, Evans H E. Anatomy of the dog. Philadelphia: WB Saunders, 1964: 225.
5. Roe S C, Dee J F. Lateral ligamentous injury to the carpus of a racing greyhound. JAVMA 1986; 1189: 453.
6. Schebitz H, Köstlin R, Waibl H. Arthrodese des Vorderfußwurzelgelenks. In: Schebitz H, Brass W, Hrsg. Operationen an Hund und Katze. Berlin: Parey, 1985: 222.
7. Wernitz U. Knochen-, Band- und Gelenkkapselverletzungen im Bereich des Karpalgelenkes beim Hund. Vet med Diss, München 1987.

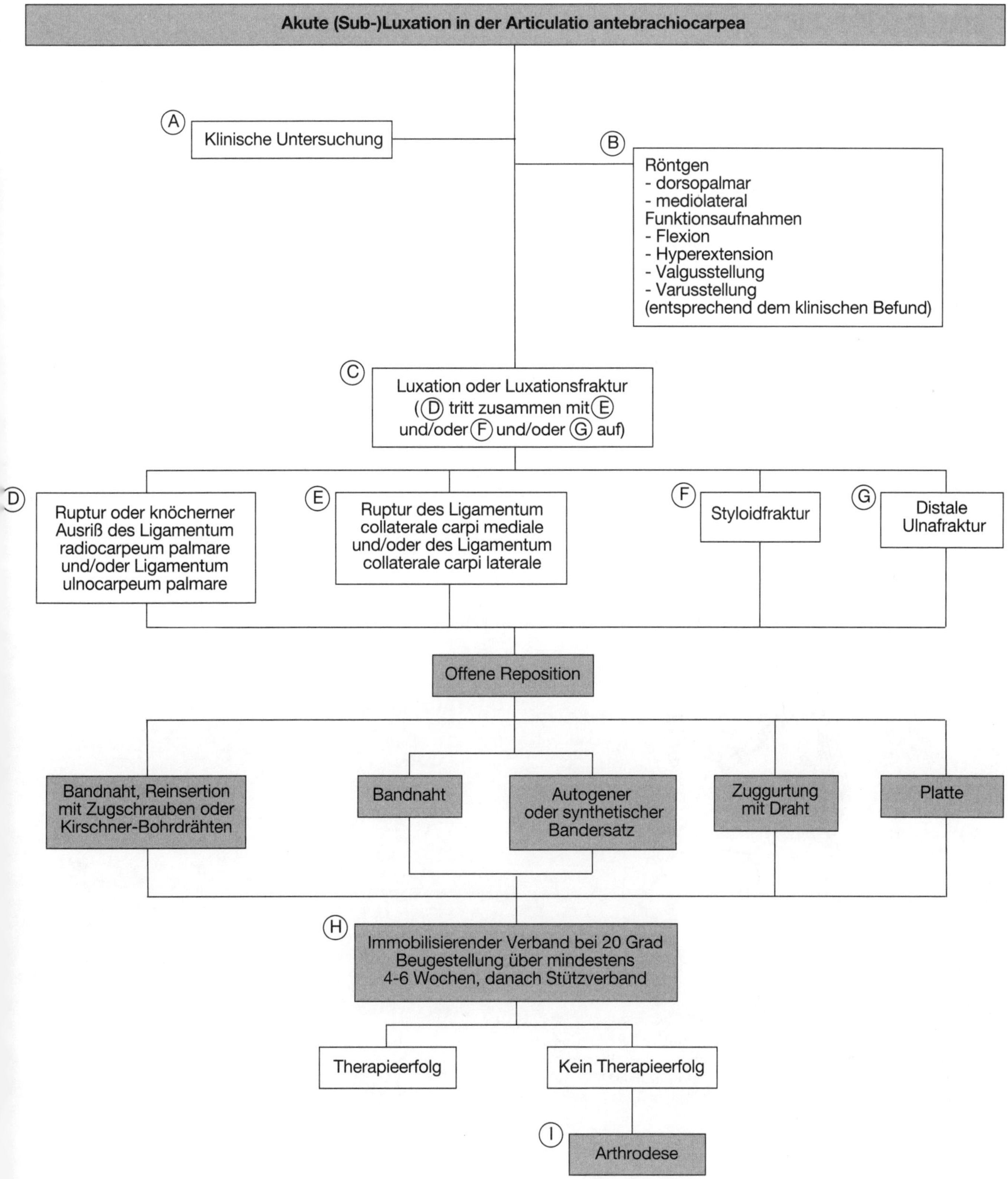
Akute (Sub-)Luxation in der Articulatio antebrachiocarpea
A
Klinische Untersuchung
B
Röntgen
- dorsopalmar
- mediolateral
Funktionsaufnahmen
- Flexion
- Hyperextension
- Valgusstellung
- Varusstellung
(entsprechend dem klinischen Befund)
C
Luxation oder Luxationsfraktur
(D tritt zusammen mit E
und/oder F und/oder G auf)
D
Ruptur oder knöcherner Ausriß des Ligamentum radiocarpeum palmare und/oder Ligamentum ulnocarpeum palmare
E
Ruptur des Ligamentum collaterale carpi mediale und/oder des Ligamentum collaterale carpi laterale
F
Styloidfraktur
G
Distale Ulnafraktur
Offene Reposition
Bandnaht, Reinsertion mit Zugschrauben oder Kirschner-Bohrdrähten
Bandnaht
Autogener oder synthetischer Bandersatz
Zuggurtung mit Draht
Platte
H
Immobilisierender Verband bei 20 Grad Beugestellung über mindestens 4-6 Wochen, danach Stützverband
Therapieerfolg
Kein Therapieerfolg
I
Arthrodese

Styloidfraktur

Die Lateralfläche des Processus styloideus radii artikuliert mit dem Os carpi intermedioradiale. Der Processus styloideus ulnae ist gelenkig mit den Ossa carpi ulnare et accessorium verbunden. An den Processus styloideus radii et ulnae setzen außerdem die kurzen Kollateralbänder von Radius und Ulna an. Styloidfrakturen sind Verrenkungs- bzw. Verstauchungsfrakturen mit knöchernen Bandausrissen, die eine Gelenkoberfläche betreffen; infolgedessen erfordern sie zur Erzielung guter Langzeitergebnisse eine Osteosynthese.

A. Das Ausmaß der Schwellung und die Instabilität hängen von der Schwere und der Anzahl begleitender Verletzungen (z.B. Bandläsionen) ab. In Verbindung mit einer Styloidfraktur liegt nicht selten eine Subluxation oder Luxation in der Articulatio antebrachiocarpea vor.

B. Frakturen des Processus styloideus mit einem kleinen distalen Fragment werden am besten durch Zuggurtung mit Draht fixiert (Abb. 1A).

C. Größere Fragmente des Processus styloideus radii sind mit einer Zugschraube unter Kompression zu befestigen; ein zusätzlicher Kirschner-Bohrdraht sorgt für Rotationsstabilität (Abb. 1B). Bei Frakturen des Processus styloideus ulnae großwüchsiger Hunde mit ausreichend großem distalen Fragment kann zur stabilen Fixation eine Kleinfragmentplatte eingesetzt werden.

Literatur

1. Dee J F, Dee L G, Earley T D. Fractures of carpus, tarsus, metacarpus and phalanges. In: Brinker W O, Hohn R B, Prieur W D, eds. Manual of internal fixation in small animals. Heidelberg: Springer, 1983: 190.
2. Euler B. Unterarmfrakturen bei der Katze – Behandlung und Ergebnisse in den Jahren 1970–1978. Vet med Diss, München 1979.
3. Meyer J. Unterarmfrakturen des Hundes – Behandlung und Ergebnis (1970–1974). Vet med Diss, München 1977.

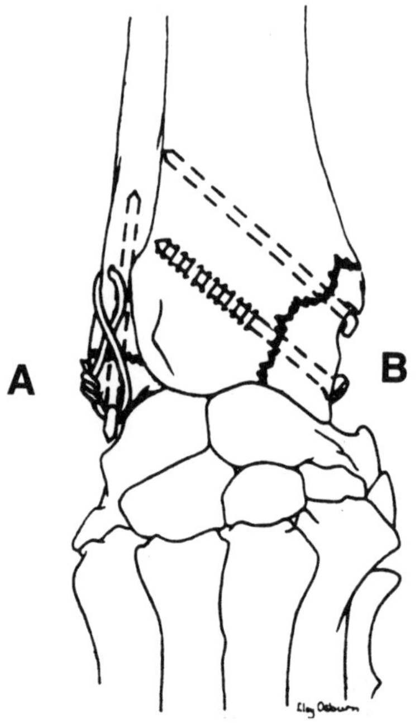

Abb. 1. Fraktur der Processus styloideus radii et ulnae. A = Fixation des Processus styloideus ulnae mit Drahtzuggurtung; B = Fixation des Processus styloideus radii mit Zugschraube und Bohrdraht.

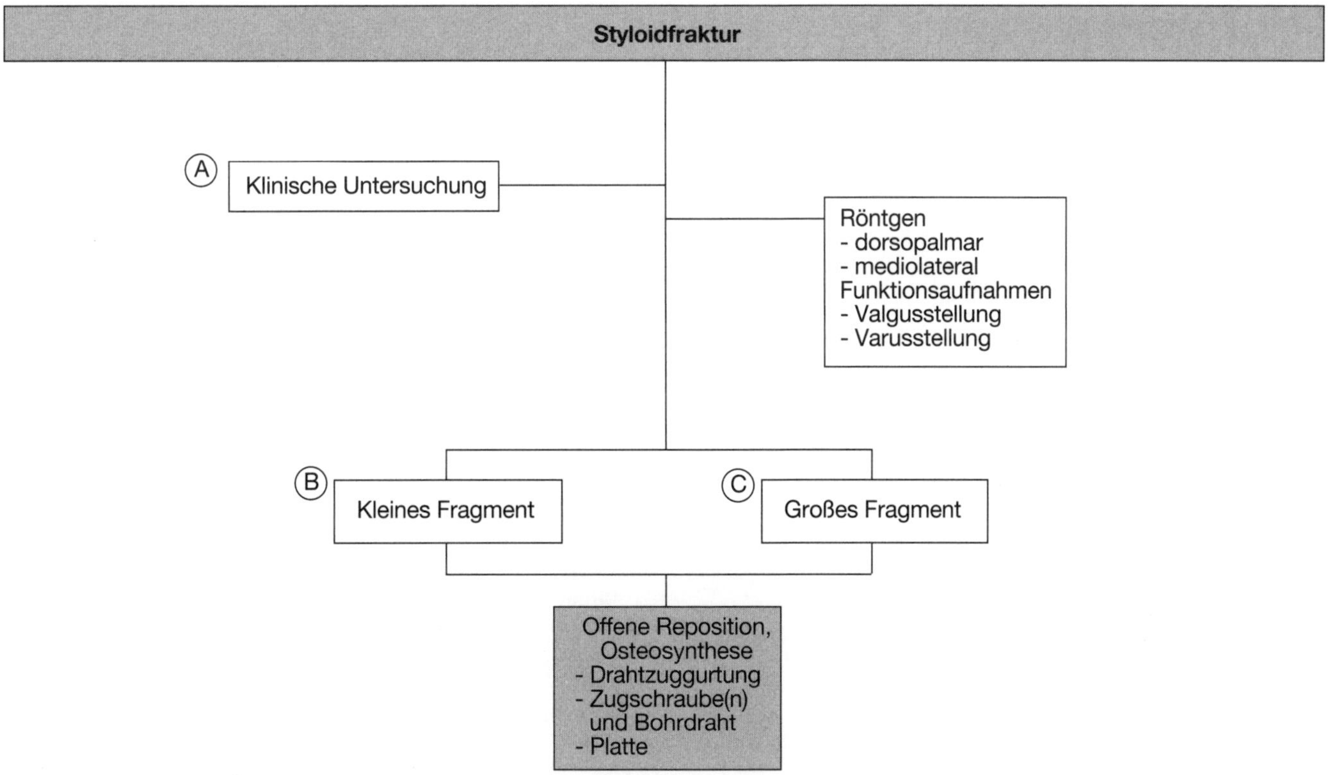
Styloidfraktur
A Klinische Untersuchung
Röntgen
- dorsopalmar
- mediolateral
Funktionsaufnahmen
- Valgusstellung
- Varusstellung
B Kleines Fragment
C Großes Fragment
Offene Reposition, Osteosynthese
- Drahtzuggurtung
- Zugschraube(n) und Bohrdraht
- Platte

Frakturen des Os carpi accessorium

Frakturen des Os carpi accessorium sind gewöhnlich die Folge einer Hyperextension, sie treten isoliert oder in Kombination mit Verletzungen des Band- und Sehnenapparates auf.

A. Charakteristische klinische Symptome bei einer knöchernen Bandausrißfraktur am Os carpi accessorium sind verminderte Beweglichkeit des Karpalgelenks und deutliche Schmerzhaftigkeit bei Beugung. Liegt ein Abriß der Endsehne des M. flexor carpi ulnare am Os carpi accessorium vor, so ist die Gelenkbeweglichkeit weitgehend physiologisch, die Weichteilschwellung jedoch deutlicher ausgeprägt und vor allem die Streckung des Karpalgelenks schmerzhaft.

B. Funktionsaufnahmen mit Hyperextension des Karpalgelenks im mediolateralen Strahlengang erleichtern die Frakturerkennung, da hierbei die Fragmente auseinander gezogen werden. Je nach Größe des abgesprengten Knochenstücks werden Bohrdrähte, eine Drahtzuggurtung oder Zugschrauben zur Fixierung verwendet.

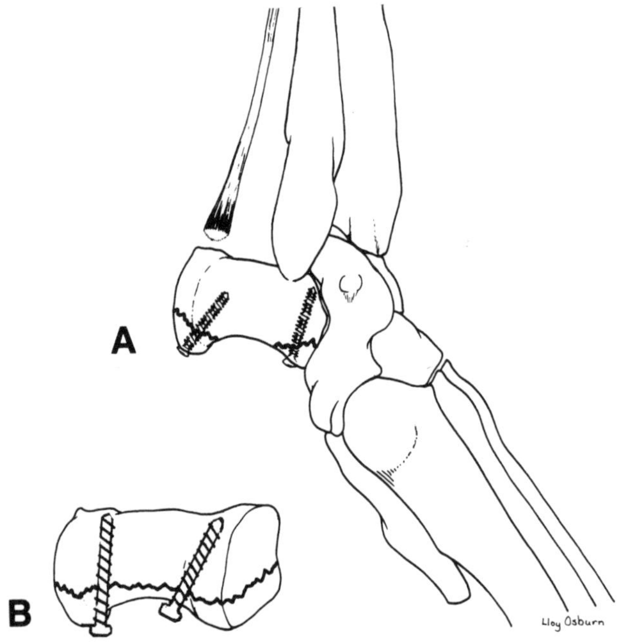

Abb. 1. A = distale Absprengfrakturen des Os carpi accessorium, Fixation mit Minischrauben; ein Abriß der Endsehne des M.flexor carpi ulnare wird mit transossärer Naht am Os carpi accessorium reinseriert; B = Horizontalfraktur des Os carpi accessorium, Osteosynthese mit Zugschrauben.

C. Distale Abrißfrakturen des Os carpi accessorium gehören aufgrund ihrer Gelenkbeteiligung zu den Verstauchungsverletzungen vom Typ III. Sie entstehen durch einen knöchernen Abriß des Ligamentum accessoriocarpoulnare an der Basis des Os carpi accessorium. Diese intraartikuläre Fraktur führt stets zu arthrotischen Veränderungen. Kleine Fragmente sind zu exstirpieren, größere Bruchstücke werden korrekt reponiert und mit einer kleinen Stell- oder Zugschraube fixiert (Abb. 1). Der operative Zugang erfolgt von ventral zwischen den beiden Schenkeln des Ligamentum accessoriometacarpeum. Postoperativ wird das Karpalgelenk bei abnehmender Beugestellung 6 bis 8 Wochen lang mit einem Verband ruhiggestellt.

D. Proximale Abrißfrakturen des Os carpi accessorium können durch Distorsion oder übermäßigen Zug entstehen. Bei zu starkem Sehnenzug kommt es zu einem Abriß der Endsehne des M. flexor carpi ulnare von der Dorsalfläche des Os carpi accessorium. Die operative Versorgung besteht in der Entfernung kleiner Fragmente und der Reinsertion des Sehnenansatzes durch einen proximodistal gerichteten Bohrkanal im Os carpi accessorium. Bei einer proximalen Abrißfraktur infolge Verstauchung ist die dorsolaterale Fläche des Os carpi accessorium betroffen. Dort abgerissene kleine Bänder werden entfernt. Beide Verletzungen sind postoperativ in abnehmender Beugestellung des Karpalgelenks 6 bis 8 Wochen lang mit einem Verband zu immobilisieren.

E. Hochgradige Splitterfrakturen des Os carpi accessorium sind relativ selten. Sie werden am besten konservativ behandelt, wobei das Karpalgelenk über 6 bis 12 Wochen in leichter, sukzessive abnehmender Flexion ruhiggestellt wird.

Literatur

1. Brinker WO, Piermattei DL, Flo GL. Handbook of small animal orthopedics and fracture treatment. Philadelphia: WB Saunders, 1983: 171.
2. Dee JF, Dee LG, Eaton-Wells RW. Injuries of high performance in dogs. In: Whittick WG, ed. Canine orthopedics II. Philadelphia: Lea & Febiger, 1990.
3. Dee JF, Dee LG. Fractures and dislocations associated with the racing greyhound. In: Newton CW, Nunamaker DW, eds. Textbook of small animal orthopaedics. Philadelphia: JB Lippincott, 1985: 467.
4. Johnson KH. Accessory carpal bone fractures in the racing greyhound. Vet Surg 1987; 16: 60.
5. Wernitz U. Knochen-, Band- und Gelenkkapselverletzungen im Bereich des Karpalgelenkes beim Hund. Vet med Diss, München 1987.

Frakturen des Os carpi accessorium

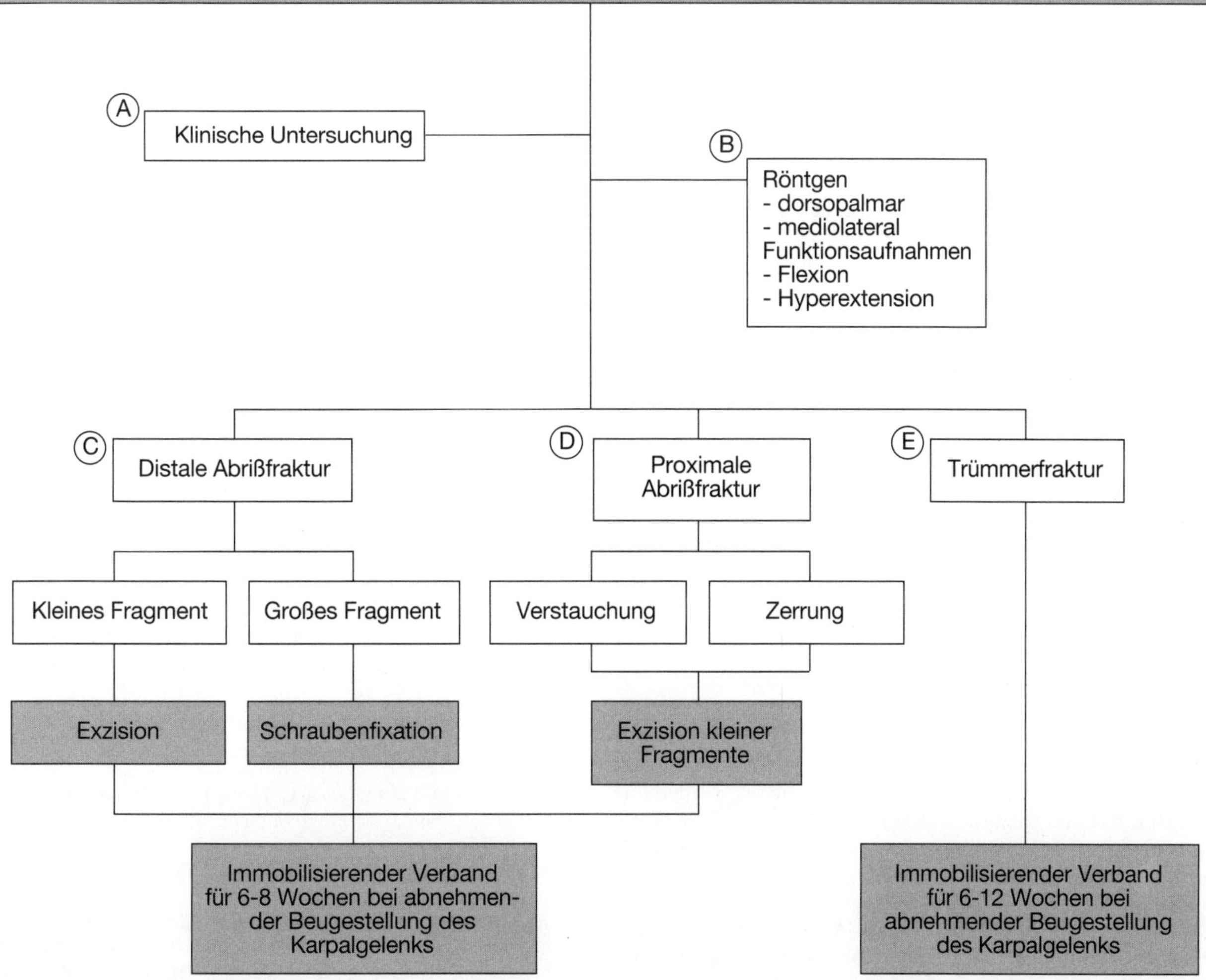

Frakturen und Luxationen des Os carpi intermedioradiale

Frakturen und Luxationen des Os carpi intermedioradiale sind bei Hund und Katze sehr selten.

A. Fissuren des Os carpi intermedioradiale zeichnen sich im allgemeinen nur durch eine geringfügige Einschränkung der normalen Gelenkbeweglichkeit und mäßige Schmerzäußerung bei Beugung des Karpus aus. Frakturen und Luxationsfrakturen des Os carpi intermedioradiale haben eine massive Weichteilschwellung, Schmerzhaftigkeit und Krepitation zur Folge.

B. Ausmaß der Fraktur und/oder der Luxation sowie mögliche Begleitverletzungen können häufig schon mit routinemäßigen Röntgenaufnahmen des Karpalgelenks in zwei Ebenen erfaßt werden. Gelegentlich sind jedoch zusätzlich Aufnahmen in mediolateralem Strahlengang bei Flexion des Karpalgelenks und auch Schrägprojektionen erforderlich.

C. Schräg verlaufende Sagittalfrakturen des Corpus ossis carpi intermedioradiale ziehen etwa von der Mitte des distalen Endes des Radius schräg nach medial und enden über dem Os carpale secundum. Manche dieser Frakturen betreffen nicht beide Kortikales und sind nur geringfügig disloziert, so daß sie erfolgreich mit einem ruhigstellenden Verband behandelt werden können. Bei stärkerer Dislokation ist jedoch die Fixation mit einer Zugschraube indiziert, die extraartikulär von der palmaren Vorwölbung des Os carpi intermedioradiale nach dorsolateral gesetzt wird (Abb. 1A).

D. Palmar gelegene Abrißfrakturen des Os carpi intermedioradiale entstehen durch übermäßigen Zug am Ursprung der Ligamenta carpometacarpea palmare bzw. des Ligamentum radiocarpeum palmare oder an der Insertion des schrägen palmaren Anteils des kurzen medialen Kollateralbandes an der palmaren Vorwölbung des Os carpi intermedioradiale; beide Verletzungen können auch kombiniert sein. Diese knöchernen Absprengungen werden entweder mit Zugschraube(n) oder mit Bohrdraht und Achterdrahtschlinge fixiert (Abb. 1B).

E. Kleine chipförmige Absprengungen an der Dorsal- oder Palmarfläche des Os carpi intermedioradiale können am sichersten auf der seitlichen Röntgenaufnahme und bei stark gebeugtem Karpalgelenk dargestellt werden; sie werden operativ entfernt.

F. Luxationen des Os carpi intermedioradiale sollten möglichst operativ versorgt werden, da sie häufig von weiteren Verletzungen der kleinen Karpalknochen begleitet sind. Gleichzeitige Frakturen des palmaren Anteils des Os carpi intermedioradiale und bisweilen auch des Processus styloideus radii sind mit Bohrdraht und Achterdrahtschlinge zu versorgen. Kleine Knochenabsprengungen werden operativ entfernt. Gelegentlich tritt auch eine Ruptur des M. flexor carpi radialis auf. Dieser wird ebenso wie andere Begleitverletzungen der Weichteile genäht. Anschließend erfolgt eine Immobilisierung des Karpalgelenks in neutraler Stellung.

Literatur

1. Brinker W O, Piermattei D L, Flo G L. Handbook of small animal orthopedics and fracture treatment. Philadelphia: WB Saunders, 1983: 167.
2. Dee J F. Injuries to the distal radius and ulna, carpus and metacarpus. Proc AAHA 1984: 349.
3. Dee J F, Dee L G, Earley T D. Fractures of carpus, tarsus, metacarpus and phalanges. In: Brinker W O, Hohn R B, Prieur W D, eds. Manual of internal fixation in small animals. Heidelberg: Springer, 1983: 190.
4. Earley T D, Dee J F. Trauma to the carpus, tarsus and phalanges of dogs and cats. Vet Clin North Am 1980; 10: 717.
5. Miller M F, Christensen G C, Evans H E. Anatomy of the dog. Philadelphia: WB Saunders, 1964: 225.

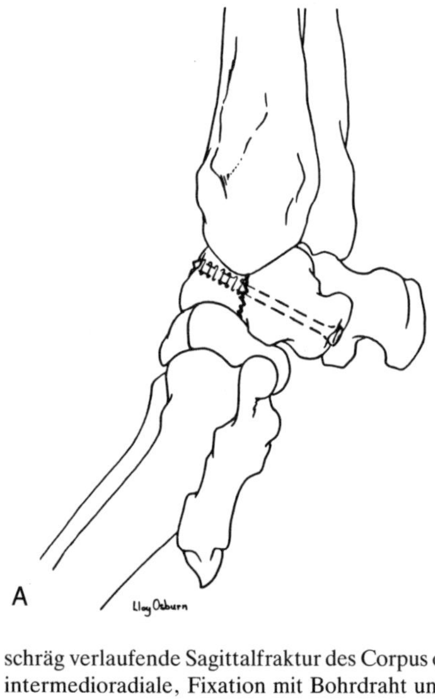

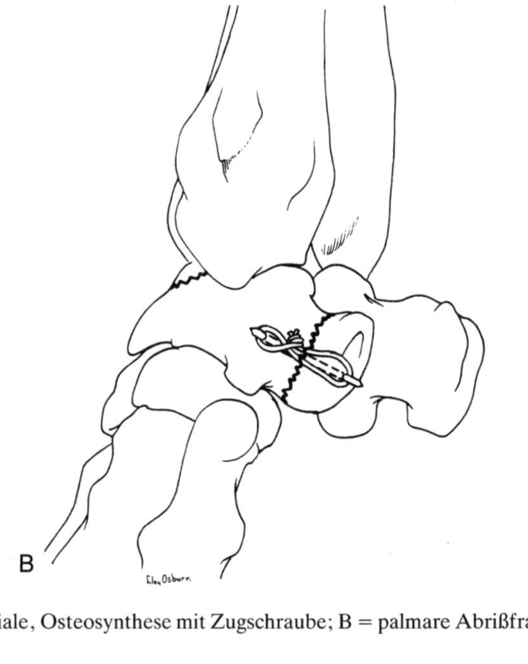

Abb. 1. A = schräg verlaufende Sagittalfraktur des Corpus ossis carpi intermedioradiale, Osteosynthese mit Zugschraube; B = palmare Abrißfraktur des Os carpi intermedioradiale, Fixation mit Bohrdraht und Achterdrahtschlinge.

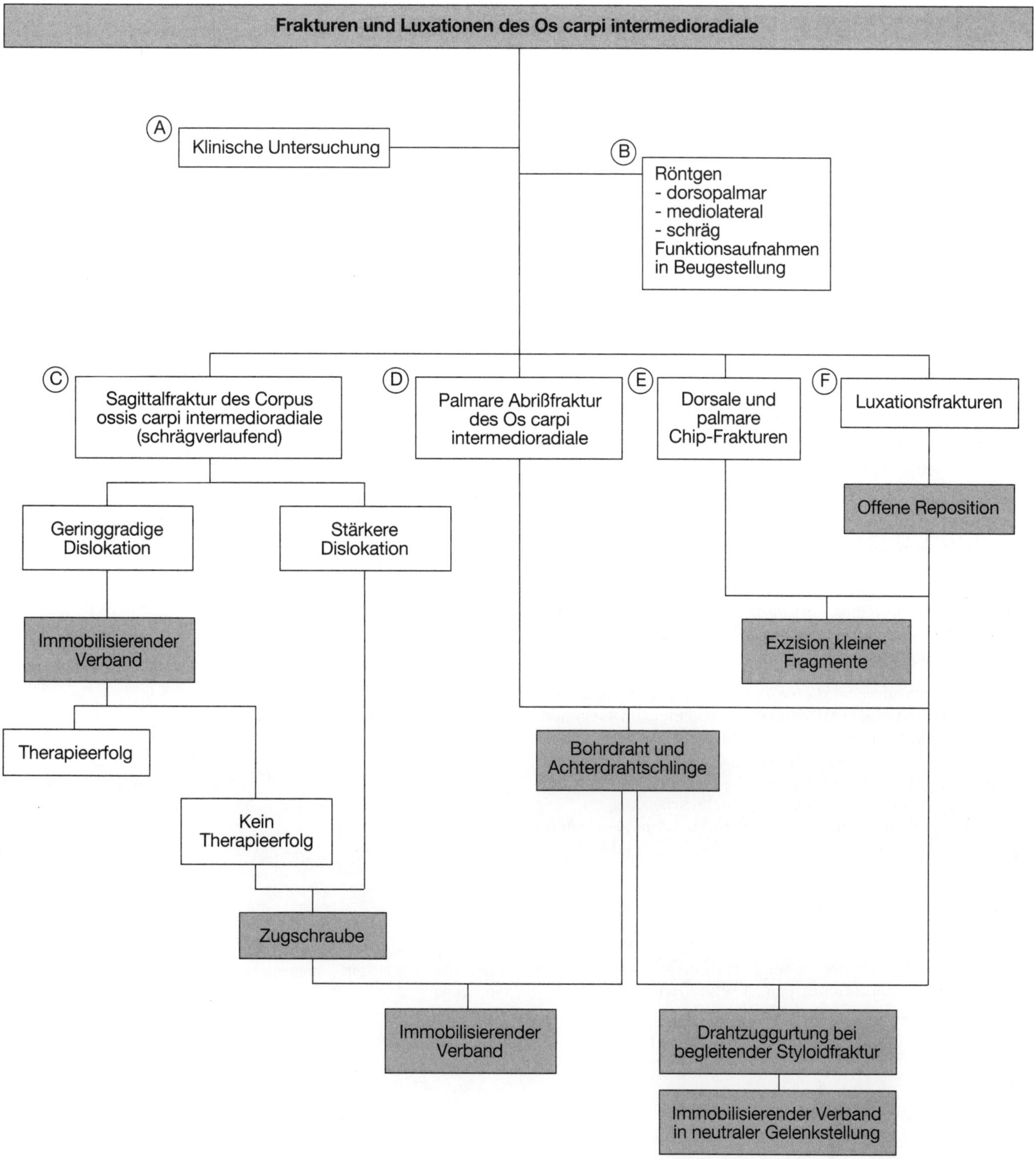
Frakturen und Luxationen des Os carpi intermedioradiale
A
Klinische Untersuchung
B
Röntgen
- dorsopalmar
- mediolateral
- schräg
Funktionsaufnahmen
in Beugestellung
C
Sagittalfraktur des Corpus ossis carpi intermedioradiale (schrägverlaufend)
D
Palmare Abrißfraktur des Os carpi intermedioradiale
E
Dorsale und palmare Chip-Frakturen
F
Luxationsfrakturen
Geringgradige Dislokation
Stärkere Dislokation
Offene Reposition
Immobilisierender Verband
Exzision kleiner Fragmente
Therapieerfolg
Bohrdraht und Achterdrahtschlinge
Kein Therapieerfolg
Zugschraube
Immobilisierender Verband
Drahtzuggurtung bei begleitender Styloidfraktur
Immobilisierender Verband in neutraler Gelenkstellung

Arthrodese des Karpalgelenks

Die Indikationen für eine Arthrodese sind zurückhaltend zu stellen, beispielsweise wenn konservative oder operative Therapien nicht mehr erfolgversprechend sind oder bereits versagt haben. Mit der Versteifung sollen Instabilität und Schmerzhaftigkeit beseitigt und so die Gliedmaßenfunktion gebessert werden.

A. Bei der klinischen Untersuchung des Karpus wird der Grad der Gelenkbeweglichkeit festgestellt, und die verschiedenen Gelenkreihen werden in allen Ebenen auf Stabilität überprüft.

B. Neben den üblichen Röntgenprojektionen bei dorsopalmarem und mediolateralem Strahlengang helfen Funktionsaufnahmen in Hyperextension sowie Varus- und Valgusstellung, die betroffenen Gelenkreihen und Bänder zu lokalisieren.

C. Am Karpalgelenk sind Hyperextensionsverletzungen und andere Instabilitäten, deren primäre chirurgische Versorgung und/oder konsequente Verbandbehandlung erfolglos waren, Indikationen zur Arthrodese. Darüber hinaus erfordern gelegentlich polytraumatisierte Karpalgelenke, therapieresistente Arthrosen und – in Ausnahmefällen – Beugekontrakturen des Karpus infolge distaler Verletzung des N. radialis eine operative Versteifung.

D. Als Panarthrodese wird eine Versteifung aller Gelenke und Gelenkreihen einer Artikulation bezeichnet, im Gegensatz zur partiellen (subtotalen) Arthrodese, bei der ein Gelenk bzw. eine Gelenkreihe ausgenommen wird. So umfaßt z.B. eine Panarthrodese des Karpus die Articulationes antebrachiocarpea, mediocarpea et carpometacarpeae.
Um nomenklatorische Verwirrungen zu vermeiden, sollten bei partiellen Arthrodesen die überbrückten Gelenke stets benannt werden.

E. Bei der partiellen Arthrodese des Karpus werden im allgemeinen die mittlere und distale Gelenkreihe versteift.

F. Eine partielle Arthrodese in Form einer Versteifung der Articulatio antebrachiocarpea ist selten indiziert.

G. Entscheidend bei der Durchführung jeder Arthrodese ist neben einer stabilen Fixation die sorgfältige Entfernung des Gelenkknorpels aus allen zu versteifenden Gelenkreihen. Anschließend wird reichlich autogene Spongiosa implantiert. Die Fixation erfolgt individuell in physiologischer Standposition, die anhand von Röntgenaufnahmen der gesunden Schultergliedmaße unter Belastung ermittelt wird.

H. Eine Versteifung aller drei Karpalgelenkreihen erreicht man durch Anbringen einer Platte an der Dorsal- oder Palmarfläche des Karpus. In jedem Fall sollte versucht werden, eine Plattenschraube im Os carpi intermedioradiale zu fixieren. Operationstechnisch einfacher ist es, die Platte dorsal anzulegen (Abb. 1).

I. Bei der weniger belastbaren Panarthrodese mit gekreuzten Bohrdrähten werden die Pins vom distalen Bereich des Radius schräg durch alle drei Karpalgelenkreihen nach lateral bis in die Basis des Os metacarpale V und entsprechend vom distalen Bereich der Ulna schräg nach medial bis in die Basis des Os metacarpale II eingebracht.

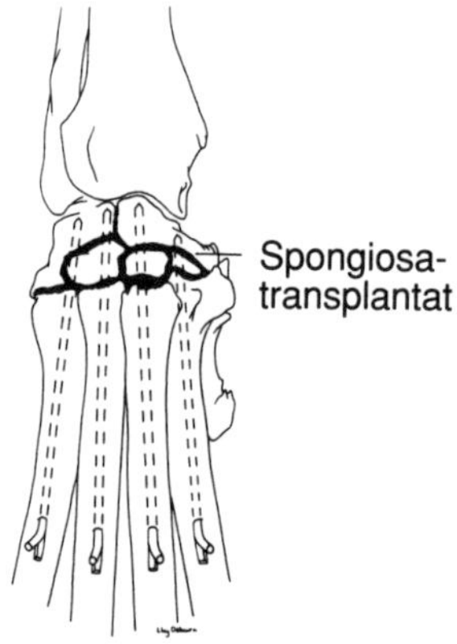

Abb. 2. Partielle Arthrodese der Articulationes mediocarpea et carpometacarpeae mit intramedullären Bohrdrähten und autogener Spongiosa.

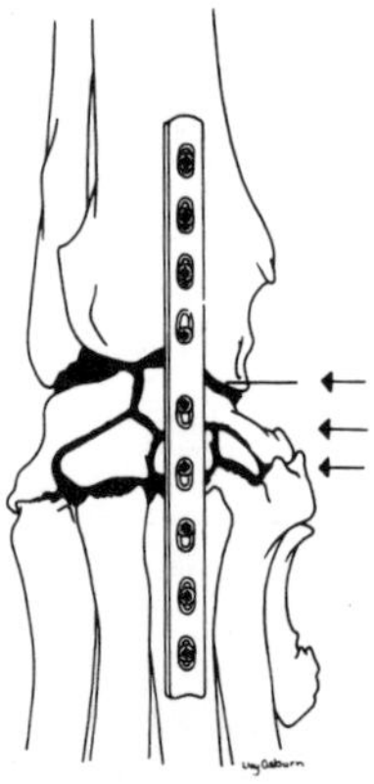

Abb. 1. Panarthrodese des Karpalgelenks mit dynamischer Kompressionsplatte und autogener Spongiosa.

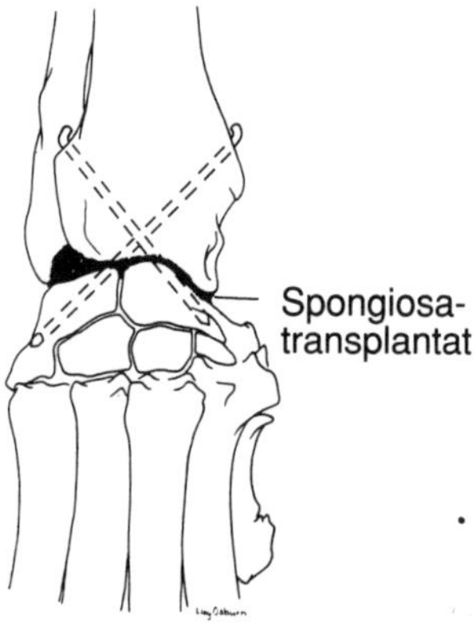

Abb. 3. Partielle Arthrodese der Articulatio antebrachiocarpea mit gekreuzten Bohrdrähten und autogener Spongiosa.

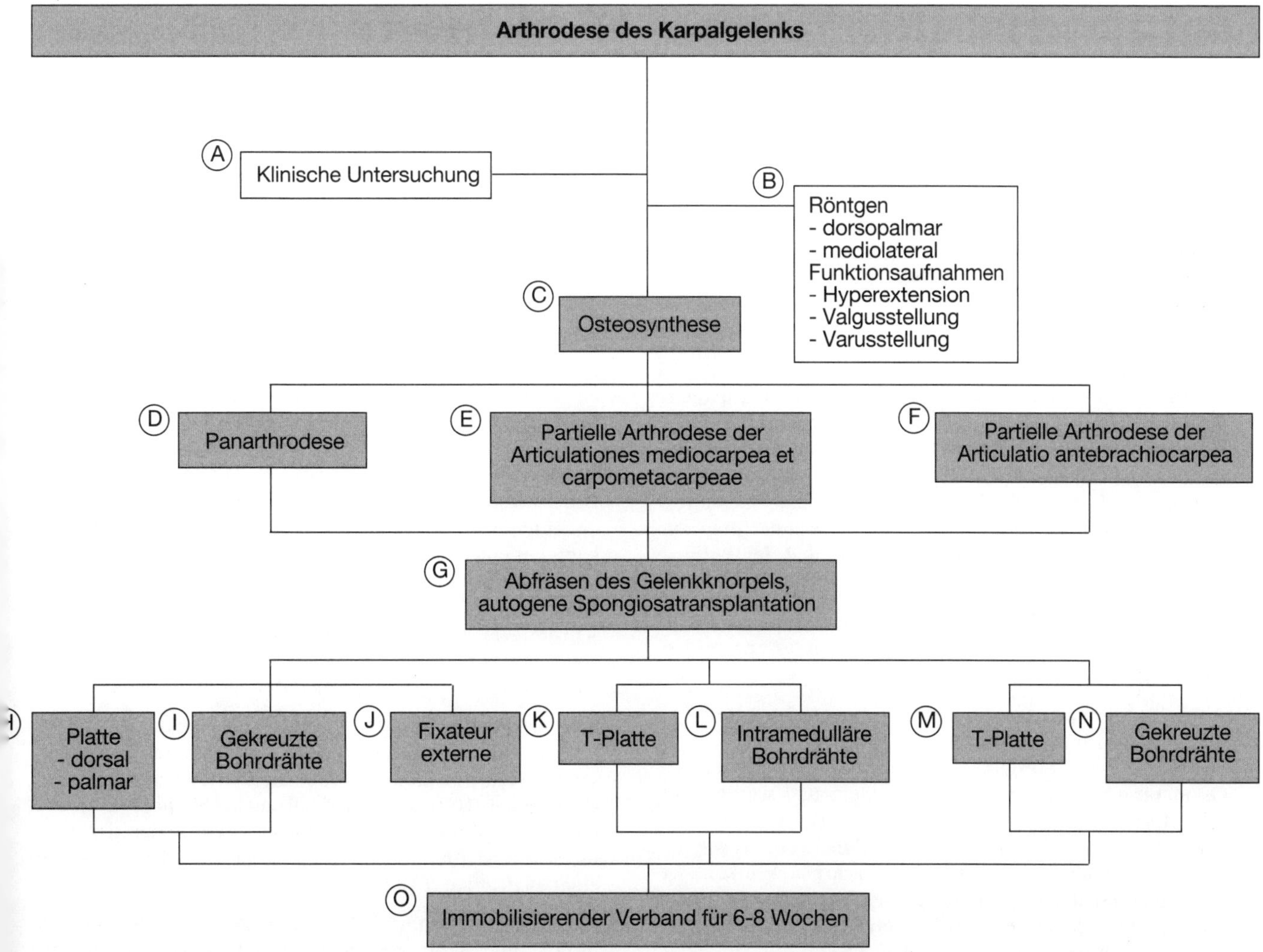

J. Der Einsatz des Fixateur externe bleibt in erster Linie der Arthrodese bei offenen Verletzungen vorbehalten.

K. Bei der partiellen Karpalgelenkarthrodese werden die mittlere und distale Gelenkreihe stabilisiert, während die Beweglichkeit der Articulatio antebrachiocarpea erhalten bleibt. Beim Anbringen der T-Platte muß darauf geachtet werden, daß das obere Plattenende bei maximaler Streckung des Karpalgelenks nicht an das distale Ende des Radius stößt.

L. Die Versteifung der Articulationes mediocarpea et carpometacarpeae kann auch mit intramedullären Bohrdrähten oder Steinmann-Nägeln erfolgen, die durch längsovale Öffnungen in der dorsalen Kortikalis der jeweiligen Metakarpalknochen eingebracht werden. Die Bohrdrähte bzw. Nägel werden dann über die distale und mittlere Gelenkreihe nach proximal bis in die Ossa carpi intermedioradiale et ulnare vorgetrieben (Abb. 2).

M. Eine isolierte Arthrodese der Articulatio antebrachiocarpea ist selten indiziert. Zur Fixation wird eine umgedrehte T-Platte mit Schrauben im Radius und in den Ossa carpi ulnare et intermedioradiale verankert.

N. Dieses Gelenk kann auch mit gekreuzten Bohrdrähten versteift werden. Die Drähte werden von medial über den distalen Bereich des Radius bis in das Os carpi ulnare und von lateral über den distalen Ulnabereich bis in das Os carpi intermedioradiale eingedreht (Abb. 3).

O. Postoperativ muß das Karpalgelenk in den meisten Fällen, insbesondere wenn mit Bohrdrähten oder Steinmann-Nägeln fixiert worden ist, für 6 bis 8 Wochen zusätzlich mit einem Verband ruhiggestellt werden.

Literatur

1. Brinker W O, Piermattei D L, Flo G L. Handbook of small animal orthopedics and fracture treatment. Philadelphia: WB Saunders, 1983.
2. Earley T D. Canine carpal ligament injuries. Vet Clin North Am 1978; 8: 183.
3. Earley T D, Piermattei D L, Dee J F, Weigel J P. Canine carpus and tarsus short course. Proceedings. Knoxville, Tennessee: University of Tennessee, 1981: 1.
4. Köstlin R, Matis U, Waibl H. Zur Diagnostik und Therapie der Hyperextensionsverletzungen im Karpalgelenk („Niederbruch") des Hundes. Kleintierprax 1986; 31: 97.
5. Newton CD. Arthrodesis of the shoulder, elbow and carpus. In: Newton C D, Nunamaker D M, eds. Textbook of small animal orthopaedics. Philadelphia: JB Lippincott, 1985: 567.
6. Schebitz H, Köstlin R, Waibl H. Arthrodese des Vorderfußwurzelgelenks. In: Schebitz H, Brass W, Hrsg. Operationen an Hund und Katze. Berlin: Parey, 1985: 222.
7. Slocum B. Partial carpal fusion in the dog. Presented at fifth annual meeting. Snowmass, Colorado: Vet Orth Soc, 1978.
8. Wernitz U. Knochen-, Band- und Gelenkkapselverletzungen im Bereich des Karpalgelenkes beim Hund. Vet med Diss, München 1987.

Metakarpal-(Metatarsal-)Frakturen

A. Metakarpal-(Metatarsal-)Frakturen gehen mit einer akuten Stützbeinlahmheit, massiver Weichteilschwellung, Krepitation und Schmerzhaftigkeit einher. Im Vorbericht wird meist ein Trauma angegeben. Demgegenüber steht der fissurähnliche Ermüdungsbruch, der gleichfalls zu einer Stützbeinlahmheit, typischem lokalem Schmerz und Schwellung, jedoch zu keiner Krepitation führt und vorberichtlich ohne unmittelbares Trauma entsteht.

B. Routinemäßig werden Röntgenaufnahmen in dorsopalmarem (-plantarem), mediolateralem und schrägem Strahlengang angefertigt. Wird ein frischer Ermüdungsbruch vermutet, der sich mit den Standardprojektionen nicht darstellen läßt, so sind Funktionsaufnahmen in Varus- bzw. Valgusstellung des Karpus anzufertigen. Hierzu verwendet man am günstigsten einen feinzeichnenden Film und feinkörnige Verstärkerfolien.

C. Frakturen ohne Dislokation und verlagerte Frakturen, die sich gedeckt anatomisch korrekt reponieren lassen, werden konservativ behandelt.

D. Abrißfrakturen an der Basis der Ossa metacarpalia II und V sind gewöhnlich die Folge einer traumatischen Hyperextension und meist sehr instabil. Absprengungen an der Basis des Os metacarpale II sind meist sehr klein und werden mit achterförmiger Drahtzuggurtung versorgt (Abb. 1A). Größere Fragmente mit schrägem Frakturlinienverlauf, wie sie hauptsächlich an der Basis des Os metacarpale V lokalisiert sind, eignen sich zur Fixation mit Zugschrauben. Abrißfrakturen im Bereich der Basis des Os metatarsale II sind äußerst selten. Absprengungen vom lateralen, proximalen Anteil des Os metatarsale V bewirken keine Instabilität und können infolgedessen im allgemeinen mit einem Verband behandelt werden.

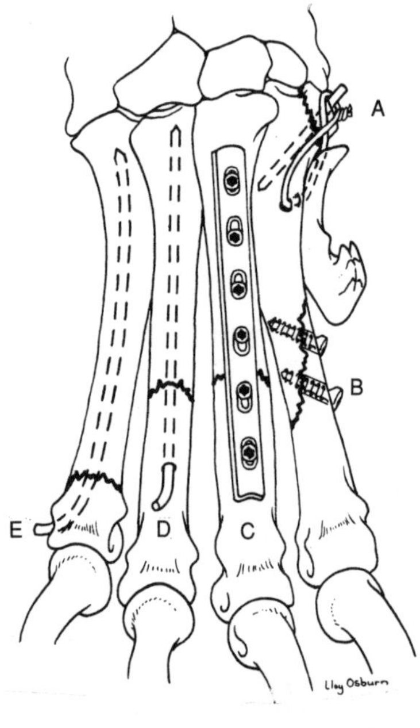

Abb. 1. Verschiedene Metakarpal-(Metatarsal-)Frakturen. Osteosynthese mit A = Zuggurtung, B = Zugschrauben, C = dynamischer Kompressionsplatte, D und E = intramedullären Bohrdrähten.

E. Lange Schrägfrakturen im Diaphysenbereich der Ossa metacarpalia (metatarsalia) eignen sich zur Fixation mit zwei oder mehreren kleinen Zugschrauben (Abb. 1B). Bis zum Durchbau der Fraktur wird ein immobilisierender Verband angelegt. Alternativ kann die Fixation mit einem intramedullär gesetzten Kirschner-Bohrdraht und Cerclage(n) erfolgen.

F. Bei instabiler Querfraktur eines oder mehrerer Ossa metacarpalia (metatarsalia) werden intramedullär Bohrdrähte eingesetzt. Liegt die Fraktur metaphysennah, kann auch eine Markraumbolzung erfolgen. Dabei wird nach Einbringen eines die Markhöhle möglichst vollständig ausfüllenden Bohrdrahtes in das längere Knochenfragment das kürzere Bruchstück auf den überstehenden Bohrdraht gesetzt, so daß das Implantat vollständig im Knochen liegt. Der Bohrdraht kann bei einer Fraktur in Schaftmitte auch von distal durch ein zuvor in die dorsale Kortikalis gefrästes längsovales Loch eingedreht werden (Abb. 1D). Diese Technik ist etwas schwieriger als das gelegentlich empfohlene Eindrehen des Bohrdrahtes nahe der Gelenkfläche, erhält jedoch auch auf lange Sicht ein frei bewegliches Zehengrundgelenk.

G. Splitterfrakturen lassen sich je nach Situation mit Zugschrauben und/oder Platte versorgen. Um Irritationen der Strecksehnen gering zu halten, werden die Platten bei Metakarpal-(Metatarsal-)II-Frakturen medial und bei Metakarpal-(Metatarsal-)V-Frakturen lateral angelegt. Frakturen der Ossa metacarpalia (metatarsalia) III und IV werden dorsal mit einer Platte fixiert (Abb. 1C).

H. Metakarpal-(Metatarsal-)Frakturen nahe des Caput sind sehr instabil und infolgedessen für eine konservative Therapie wenig geeignet. Sie können mit einem Bohrdraht fixiert werden, der wie ein Rush-Pin seitlich im Bereich der Bandgrube des distalen Fragments eingeführt und in die Markhöhle vorgeschoben wird (Abb. 1E).

I. Bei allen Operationsverfahren sollte zusätzlich eine 6- bis 8wöchige Immobilisierung der Pfote mit einem Verband erfolgen.

Literatur

1. Dee JF. Fractures in the racing greyhound. In: Bojrab MJ, ed. Pathophysiology in small animal surgery. Philadelphia: Lea and Febiger, 1981.
2. Dee J F, Dee L G. Fractures and dislocations associated with the racing greyhound. In: Newton CW, Nunamaker DW, eds. Textbook of small animal orthopaedics. Philadelphia: JB Lippincott, 1985: 467.
3. Dee J F, Dee L G, Earley T D. Fractures of carpus, tarsus, metacarpus and phalanges. In: Brinker W O, Hohn R B, Prieur W D, eds. Manual of internal fixation in small animals. Heidelberg: Springer, 1983: 190.
4. Dee J F, Dee L G, Eaton-Wells R W. Injuries of high performance dogs. In: Whittick WG, ed. Canine orthopedics II. Philadelphia: Lea and Febiger, 1990.
5. Lösslein L K. Metakarpal- und Metatarsalfrakturen bei Hund und Katze – Behandlung und Ergebnisse in den Jahren 1975–1981. Vet med Diss, München 1983.
6. Schebitz H, Brunnberg L, Waibl H. Zugang zu den Ossa metacarpalia/-tarsalia. In: Schebitz H, Brass W, Hrsg. Operationen an Hund und Katze. Berlin: Parey, 1985: 275.

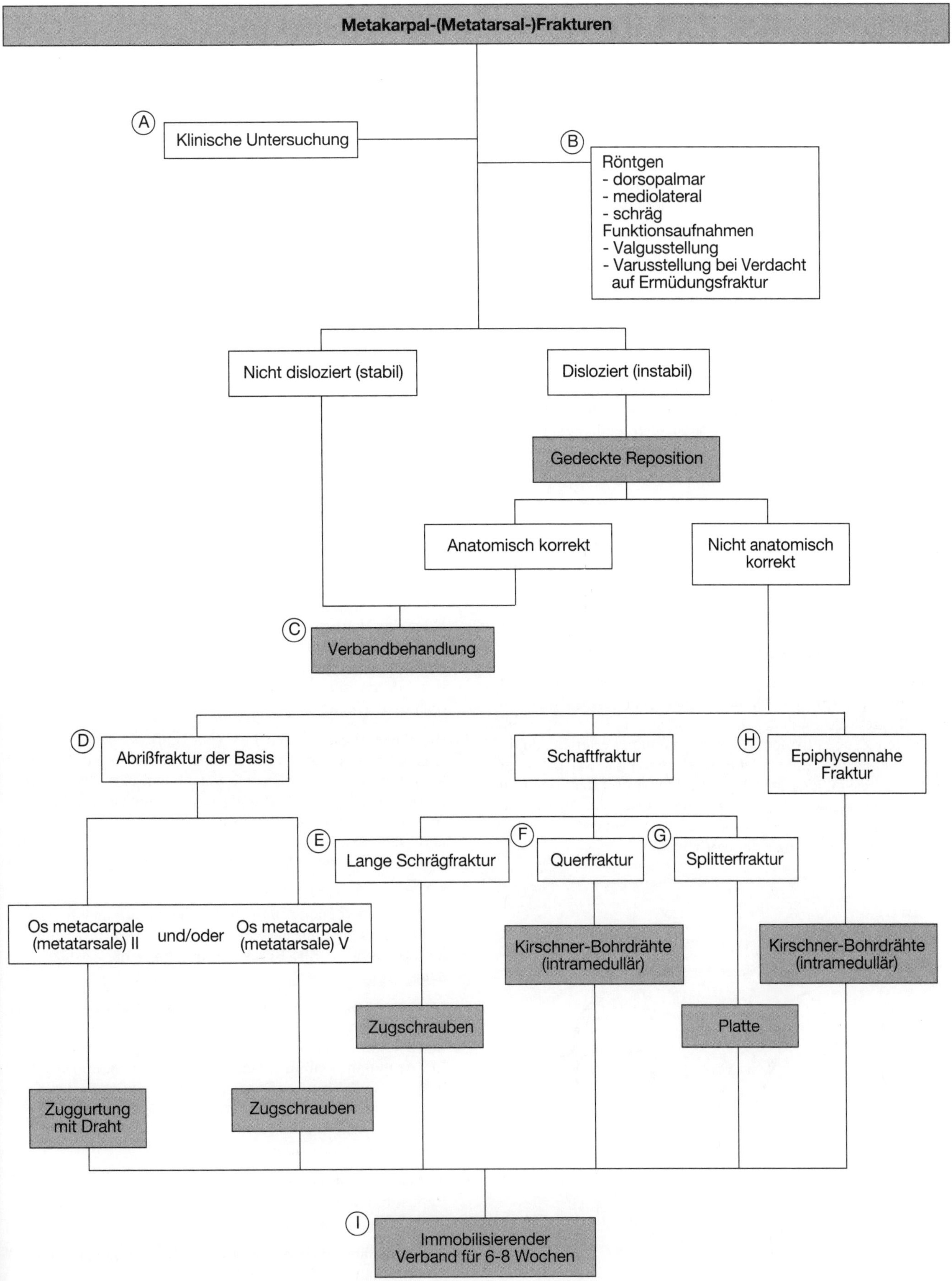

Metakarpal-(Metatarsal-)Frakturen
A
Klinische Untersuchung
B
Röntgen
- dorsopalmar
- mediolateral
- schräg
Funktionsaufnahmen
- Valgusstellung
- Varusstellung bei Verdacht auf Ermüdungsfraktur
Nicht disloziert (stabil)
Disloziert (instabil)
Gedeckte Reposition
Anatomisch korrekt
Nicht anatomisch korrekt
C
Verbandbehandlung
D
Abrißfraktur der Basis
Schaftfraktur
H
Epiphysennahe Fraktur
Os metacarpale (metatarsale) II
und/oder
Os metacarpale (metatarsale) V
E
Lange Schrägfraktur
F
Querfraktur
G
Splitterfraktur
Kirschner-Bohrdrähte (intramedullär)
Kirschner-Bohrdrähte (intramedullär)
Zugschrauben
Platte
Zuggurtung mit Draht
Zugschrauben
I
Immobilisierender Verband für 6-8 Wochen

(Sub-)Luxation in den Zehengelenken*

A. (Sub-)Luxationen vom Typ I bestehen in einer unilateralen Seitenbandüberdehnung bzw. -zerrung.

B. Bei Verletzungen des Zehengrundgelenks wird zur Ruhigstellung für 1 bis 2 Wochen ein immobilisierender Verband angelegt.

C. Anschließend kann die betroffene Zehe mit einer elastischen Binde an die benachbarten Zehen fixiert werden. Diese Montage ist mindestens 3 Wochen zu belassen. Hierdurch wird eine dorsopalmare (-plantare) Bewegung des Gelenks ermöglicht, eine laterale oder mediale Instabilität jedoch verhindert.

D. Um die Belastung der betroffenen Gelenke zu reduzieren, sind die Krallen regelmäßig zu kürzen. Der Patient darf nur an der Leine, bevorzugt auf Sand oder anderem weichen Untergrund, geführt werden. Auch Schwimmen fördert die Heilung.

E. Bei einer (Sub-)Luxation im Zehenmittelgelenk vom Typ I wird über 3 bis 4 Wochen ein immobilisierender Verband angelegt. Folgen der längerdauernden Verbandbehandlung können eine vorübergehende Gelenksteifigkeit mit Schmerzen und Lahmheit sein.

F. In vereinzelten Fällen mit stärkerer Instabilität kann eine Raffung des überdehnten Seitenbandes mit langsam absorbierbarem synthetischen Nahtmaterial zweckmäßig sein.

G. Bei Luxationen vom Typ II liegt eine unilaterale Seitenbandruptur vor. Im Bereich des Zehengrundgelenks sind am häufigsten die medialen Kollateralbänder der zweiten und fünften Zehe betroffen; zusätzlich können Verletzungen der Ligamenta sesamoidea laterale et mediale sowie der Ligamenta sesamoidea distale auftreten. Bei Luxationen im Zehenmittelgelenk findet sich in unterschiedlichem Ausmaß auch eine Schädigung der Gelenkkapsel; außerdem können knöcherne Absprengungen vorliegen.

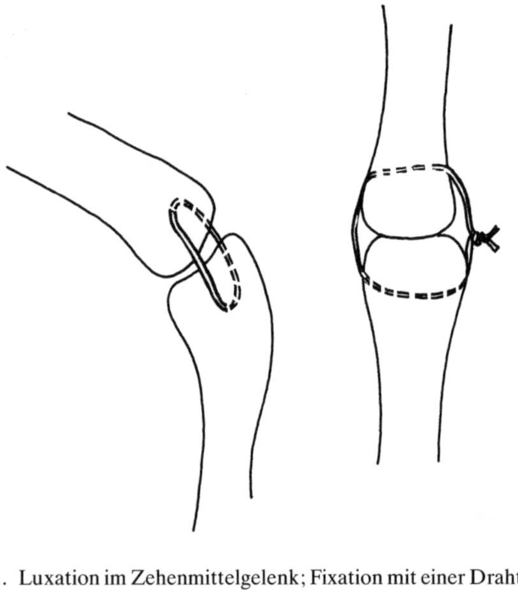

Abb. 1. Luxation im Zehenmittelgelenk; Fixation mit einer Drahtschlinge.

H. Die verletzten Bänder des Zehengrundgelenks werden über einen kaudalen Zugang dargestellt und genäht. Bei Luxationen im Zehenmittelgelenk werden das rupturierte Kollateralband und die angrenzenden Weichteile dorsal mit rückläufigen Heften adaptiert. Als Nahtmaterial kann ein dünner Nylonfaden (Stärke 3–0 oder 4–0 USP) oder langsam absorbierbares synthetisches Material verwendet werden.

I. Für 6 Wochen wird zusätzlich ein immobilisierender Verband angelegt. Gelegentlich kann eine 2- bis 3wöchige Immobilisierung und danach ein Schutzverband für 3 bis 4 Wochen ausreichend sein.

J. Ist das funktionelle Spätergebnis infolge schmerzhafter Arthropathia deformans nicht zufriedenstellend, kommen eine Arthrodese oder eine Resektionsarthroplastik in Frage.

K. Bei einer Luxation vom Typ III sind beide Kollateralbänder gerissen. Das Gelenk ist häufig völlig instabil, und es können kleinere knöcherne Absprengungen vorliegen. Die Zehe sollte erhalten werden, sofern durch gedeckte Reposition oder einen chirurgischen Eingriff ausreichende Stabilität erzielt wird.

L. Frische Luxationen können gedeckt reponiert werden. Vor allem im Bereich der Zehengrundgelenke wird durch die unterstützende Wirkung des Bandapparates der Sesambeine eine relativ gute Gelenkstabilität erreicht, wogegen bei den instabileren Luxationen des Zehenmittelgelenks meist eine operative Therapie erforderlich ist.

M. Bei länger bestehender Luxation muß die Reposition im allgemeinen operativ durchgeführt werden. Die dislozierten Knochen können sich in den Weichteilen bzw. dem angrenzenden Bandapparat verfangen und müssen zunächst mobilisiert werden. Nach der Reposition werden Kollateralbänder und Gelenkkapsel soweit möglich genäht, andernfalls wird das Gelenk mit Hilfe einer Drahtschlinge stabilisiert (Abb. 1).

N. Gelingt am Zehengrund- bzw. Zehenmittelgelenk keine korrekte Reposition und/oder stabile Fixation, so kann vor der Amputation eine Resektionsarthroplastik erwogen werden.

O. Liegt eine offene Luxation oder Luxationsfraktur mit starker Weichteiltraumatisierung vor, so muß die Zehe amputiert werden, wobei der Gelenkknorpel sorgfältig zu resezieren ist. Bei Amputationen im Zehengrundgelenk werden zusätzlich beide Sesambeine entfernt und die Kondylen der Ossa metacarpalia (metatarsalia) vor dem Wundverschluß applaniert. Die Amputationswunde wird für ca. 2 Wochen mit einem Polsterverband geschützt.

P. Stabile (Sub-)Luxationen im Krallengelenk werden nach Reposition über 3 Wochen mit einem immobilisierenden Verband behandelt.

Q. Bei instabilen Luxationen ist die Krallenbeinamputation unter Erhaltung des Zehenballens indiziert. Der Wundbereich wird für 2 Wochen mit einem Polsterverband geschützt.

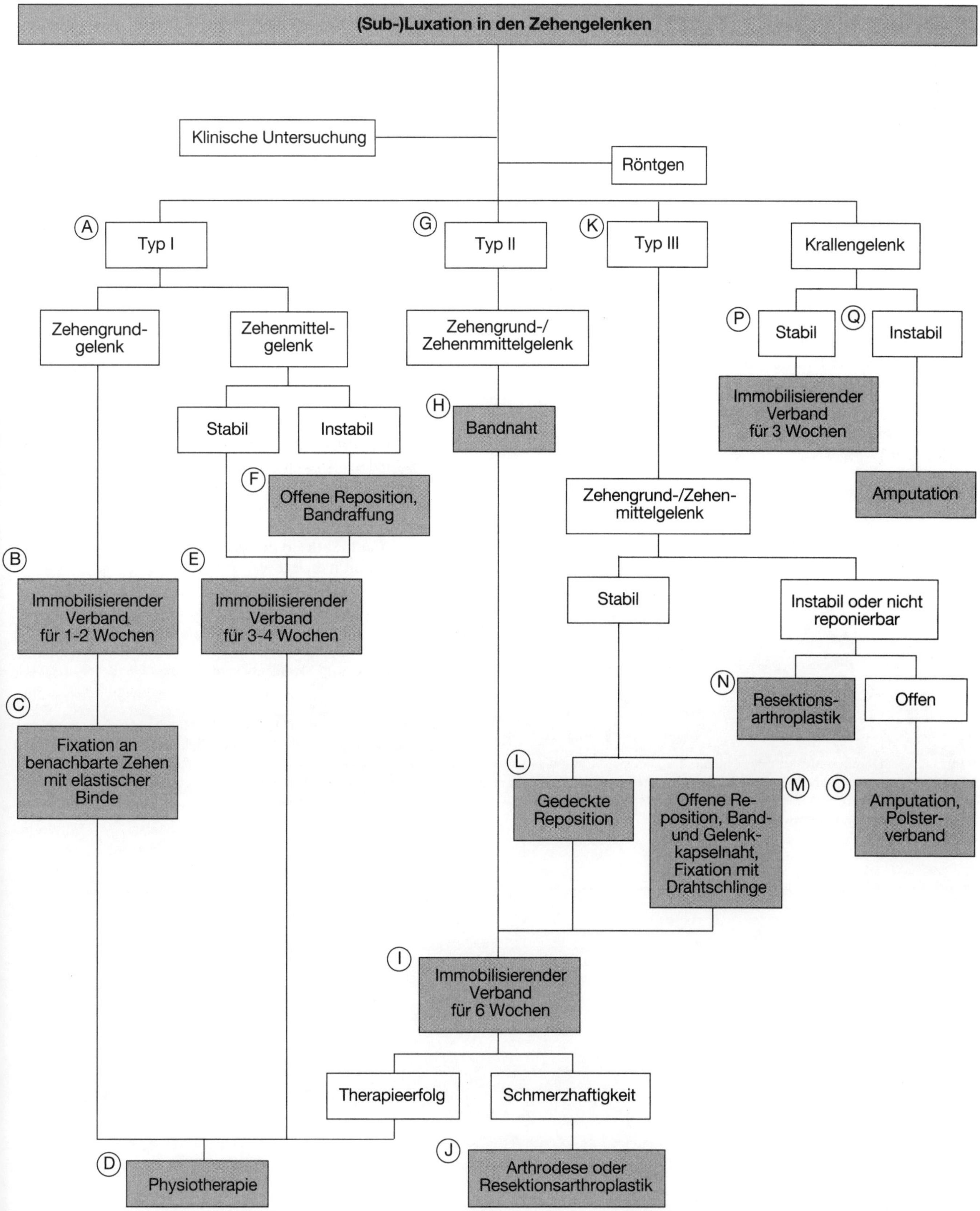

Literatur

1. Dee J F, Dee L G, Eaton-Wells R W. Injuries of high performance dogs. In: Whittick W G, ed. Canine orthopedics II. Philadelphia: Lea and Febiger, 1990: .
2. Earley T D, Dee J F. Trauma to the carpus, tarsus and phalanges of dogs and cats. Vet Clin North Am 1980; 10: 717.
3. Miller M F, Christensen G C, Evans H E. Anatomy of the dog. Philadelphia: WB Saunderns, 1964: 191.

Zehenfrakturen*

A. Symptome einer Zehenfraktur sind Schmerzhaftigkeit, Weichteilschwellung und Krepitation.

B. Neben den Standard-Röntgenaufnahmen in dorsopalmarem (-plantarem) und mediolateralem Strahlengang können zusätzliche Schrägaufnahmen bei der Diagnostik hilfreich sein. Um eine isolierte Phalanxfraktur besser darzustellen, kann die betroffene Zehe mit einem feinen Textilband beiseite gezogen werden, so daß sie nicht von benachbarten Zehen überlagert wird.

C. Viele Schaftfrakturen der ersten oder zweiten Phalanx lassen sich zufriedenstellend konservativ mit einem immobilisierenden Verband behandeln.

D. Zur Fixation instabiler diaphysärer Frakturen kommen bei entsprechender Größe der Fragmente Miniplatten in Betracht (Abb. 1A).

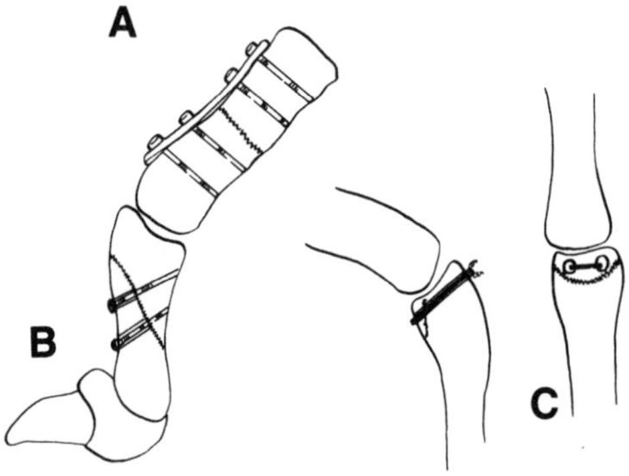

Abb. 1. A = Diaphysenfraktur der Phalanx I, Osteosynthese mit einer Miniplatte; B = Schrägfraktur der Phalanx II, Osteosynthese mit zwei Minizugschrauben; C = knöcherner Ausriß des oberflächlichen Zehenbeugers, Fixation mit transossärer Drahtnaht.

E. Schrägfrakturen der ersten und zweiten Phalanx können mit kleinen Zugschrauben (1,5 oder 2,0 mm) oder Drahthemicerclagen stabilisiert werden (Abb. 1B).

F. Gelenkfrakturen der ersten oder zweiten Phalanx können bei ausreichender Größe der Fragmente ebenfalls zufriedenstellend mit Zugschrauben fixiert werden (Abb. 1B). Zur Versorgung eines knöchernen Ausrisses des oberflächlichen Zehenbeugers an der proximalen, palmaren bzw. plantaren Fläche der zweiten Phalanx wird eine transossäre Naht empfohlen. Hierzu wird ein Cerclagendraht durch zwei parallele, dorsopalmar bzw. dorsoplantar durch den proximalen Bereich der Phalanx II und das abgesprengte Fragment gerichtete Bohrungen geführt und dorsolateral oder dorsomedial verdrillt (Abb. 1C).

G. Bei nicht rekonstruierbaren Gelenkfrakturen der ersten und zweiten Phalanx wird zunächst das funktionelle Ergebnis der konservativen Therapie abgewartet; bei anhaltender Schmerzhaftigkeit können eine Resektionsarthroplastik, eine Arthrodese, aber auch eine Zehenamputation in Frage kommen. Bei Frakturen der dritten Phalanx ist die Krallenbeinamputation indiziert.

Literatur

1. Brass, W., Wilkens H. Krallenbeinamputation bei der Katze. In: Schebitz H, Brass W, Hrsg. Operationen an Hund und Katze. Verlag Parey, Berlin, 1985: 229.
2. Brinker W O, Piermattei D L, Flo G L. Handbook of small animal orthopedics and fracture treatment. Philadelphia: WB Saunders, 1983: 181.
3. Earley T D, Piermattei D L, Dee J F, Weigel J P. Canine carpus and tarsus short course. Proceedings. Knoxville, Tennessee: University of Tennessee, 1981: 1.

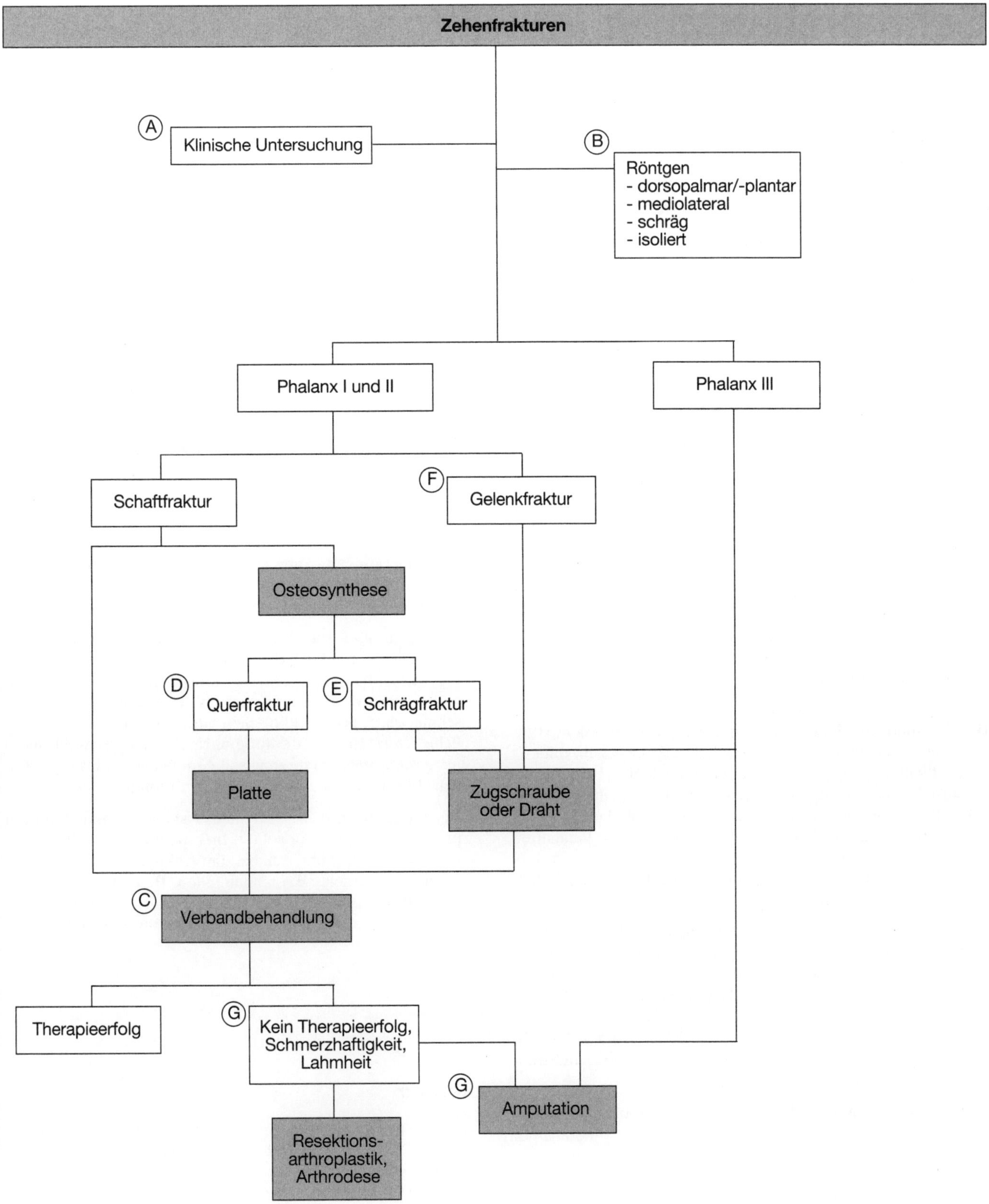
Zehenfrakturen
A
Klinische Untersuchung
B
Röntgen
- dorsopalmar/-plantar
- mediolateral
- schräg
- isoliert
Phalanx I und II
Phalanx III
Schaftfraktur
F
Gelenkfraktur
Osteosynthese
D
Querfraktur
E
Schrägfraktur
Platte
Zugschraube oder Draht
C
Verbandbehandlung
Therapieerfolg
G
Kein Therapieerfolg, Schmerzhaftigkeit, Lahmheit
G
Amputation
Resektions-arthroplastik, Arthrodese

Schmerzhaftigkeit im Hüftgelenk

Häufig werden Tiere vorgestellt, weil das Hüftgelenk schmerzhaft sei. Schmerzzustände im Bereich der Hüfte können aber viele Ursachen haben, auch solche extraartikulärer Natur. Der Patient muß sorgfältig klinisch untersucht werden. Es dürfen nicht sofort rassespezifische Krankheiten, wie z.B. die Hüftgelenkdysplasie beim Deutschen Schäferhund, angenommen werden.

A. Bei der Diagnosestellung ist der Vorbericht von großer Bedeutung. Es ist vor allem wichtig, die Zeitdauer der Symptomatik zu erfragen. Der mit einer Hüftgelenkdysplasie bzw. Arthrose einhergehende Schmerz entwickelt sich allmählich, während Schmerzhaftigkeit und Lahmheit nach einer Luxation im Hüftgelenk plötzlich auftreten. Eine Muskelkontraktur infolge Fibrose ist durch eine langsam fortschreitende Symptomatik gekennzeichnet, dagegen sind die Symptome bei einer Muskel- oder Sehnenruptur akut. Auch bereits früher diagnostizierte und eventuell behandelte Erkrankungen sind zu berücksichtigen. Eine Femurluxation, die Monate oder Jahre zurückliegt und seinerzeit erfolgreich therapiert worden war, kann dennoch zu einer Arthropathia deformans geführt haben. Diskopathien im Lendenwirbelsäulenbereich vermögen chronisch-rezidivierende Beschwerden hervorzurufen, die einem Hüftschmerz ähneln. Des weiteren können konsolidierte Frakturen überschießend Kallus gebildet haben, der, ebenso wie Narbengewebe als Folge einer alten Weichteilverletzung, in der Nähe verlaufende Nerven komprimieren kann.

B. Die gründliche Allgemeinuntersuchung zeigt, ob der „Hüftschmerz" auf einer systemischen Erkrankung beruht oder ob er allein auf Veränderungen im Bereich des Hüftgelenks zurückzuführen ist. Die spezielle klinische Untersuchung muß stets mit der Adspektion, sprich Gangbildanalyse, und Beurteilung der Lahmheit in den verschiedenen Gangarten beginnen, um nicht durch einen bei der Palpation hervorgerufenen Schmerz den Gang und die Beurteilung der Lahmheit zu beeinflussen.

C. Die Röntgenuntersuchung ist wesentlicher Bestandteil der Diagnostik, sie darf jedoch nicht die klinische Untersuchung ersetzen, da oft eine erhebliche Diskrepanz zwischen klinischem und röntgenologischem Befund besteht. Die röntgenologische Darstellung des Beckens erfolgt stets in zwei Ebenen. Auch von der Lendenwirbelsäule sollten Aufnahmen in laterolateralem und eventuell ventrodorsalem Strahlengang angefertigt werden.

D. Hämatologische und klinisch-chemische Laboruntersuchungen helfen bei der Differenzierung zwischen schmerzhaften Muskel- und Gelenkveränderungen bzw. systemischen Skelettkrankheiten. Speziellere Tests auf rheumatoide Arthritis oder systemischen Lupus erythematodes werden routinemäßig noch nicht durchgeführt, sollten jedoch bei zunehmender Eingrenzung der Diagnose und entsprechendem Verdacht eingeleitet werden.

E. Muskelzerrungen und -rupturen sind recht häufige Verletzungen bei Gebrauchs- und Arbeitshunden. Bei der Untersuchung kann die typische Beanspruchung bestimmter Muskelgruppen zur Diagnose führen. So ist beim Schlittenhund häufig die Quadrizepsmuskulatur betroffen, während beim Windhund eher eine Verletzung des M. gracilis vorliegt, und zwar speziell des rechten Beins, da die Rennen entgegen dem Uhrzeigersinn gelaufen werden.

F. Wenn ein Patient mit einer frischen Muskelverletzung vorgestellt wird, sollte sie zur Vorbeugung von Spätschäden möglichst rasch operativ versorgt werden. Nach Darstellung des Operationsgebietes werden Blutgerinnsel entfernt, Blutungen gestillt, Hohlräume verschlossen und rupturierte Muskelfasern und Ursprungssehnen durch Nähte mit langsam absorbierbarem Nahtmaterial adaptiert. Die Patienten sollten 4 bis 5 Wochen weitgehend ruhig gehalten werden.

G. Liegt eine ältere Muskelverletzung mit Vernarbung und sekundärer Kontraktur vor, so können die Muskelfasern chirurgisch mobilisiert und teilweise durchtrennt werden. Post operationem kann eine gezielte Physiotherapie eine erneute Fibrosierung verhindern. Die Prognose ist jedoch in der Regel sehr vorsichtig bis infaust.

H. Frakturen und Luxationen im Bereich des Hüftgelenks führen zu akuten klinischen Symptomen, meist mit hochgradiger Lahmheit und typischer Entlastungshaltung der Gliedmaße. Passive Bewegungen des Hüftgelenks sind sehr schmerzhaft; bei der klinischen Untersuchung werden deutliche Krepitation und häufig auch abnorme Beweglichkeit festgestellt. Die Versorgung sollte möglichst frühzeitig erfolgen. Meist ist eine operative Intervention angezeigt.

I. Bei einer Arthrose des Hüftgelenks ist der Krankheitsverlauf progressiv. Analgetika sollten therapeutisch nur über einen begrenzten Zeitraum, d.h. bis zum Abklingen der Symptome appliziert werden. Bei anhaltenden Beschwerden ist die Alloarthroplastik oder bei Patienten mit einem Körpergewicht unter ca. 15 kg eine Resektionsarthroplastik in Erwägung zu ziehen.

Literatur

1. Dee JF, Eaton-Wells RD. Injuries of high performance dogs. In: Whittick WG, ed. Canine orthopaedics. 2nd ed. Philadelphia: Lea & Febiger, 1990.
2. Vaughan LC. Muscle and tendon injuries in dogs. J small Anim Pract 1979; 20: 711.
3. Vaughan LC. Tendon injuries in dogs. Calif Vet 1980; 34: 15.
4. Vaughan LC, Edwards GB. The carbon fibers (Grafil) for tendon repairs in animals. Vet Rec 1978; 102: 287.

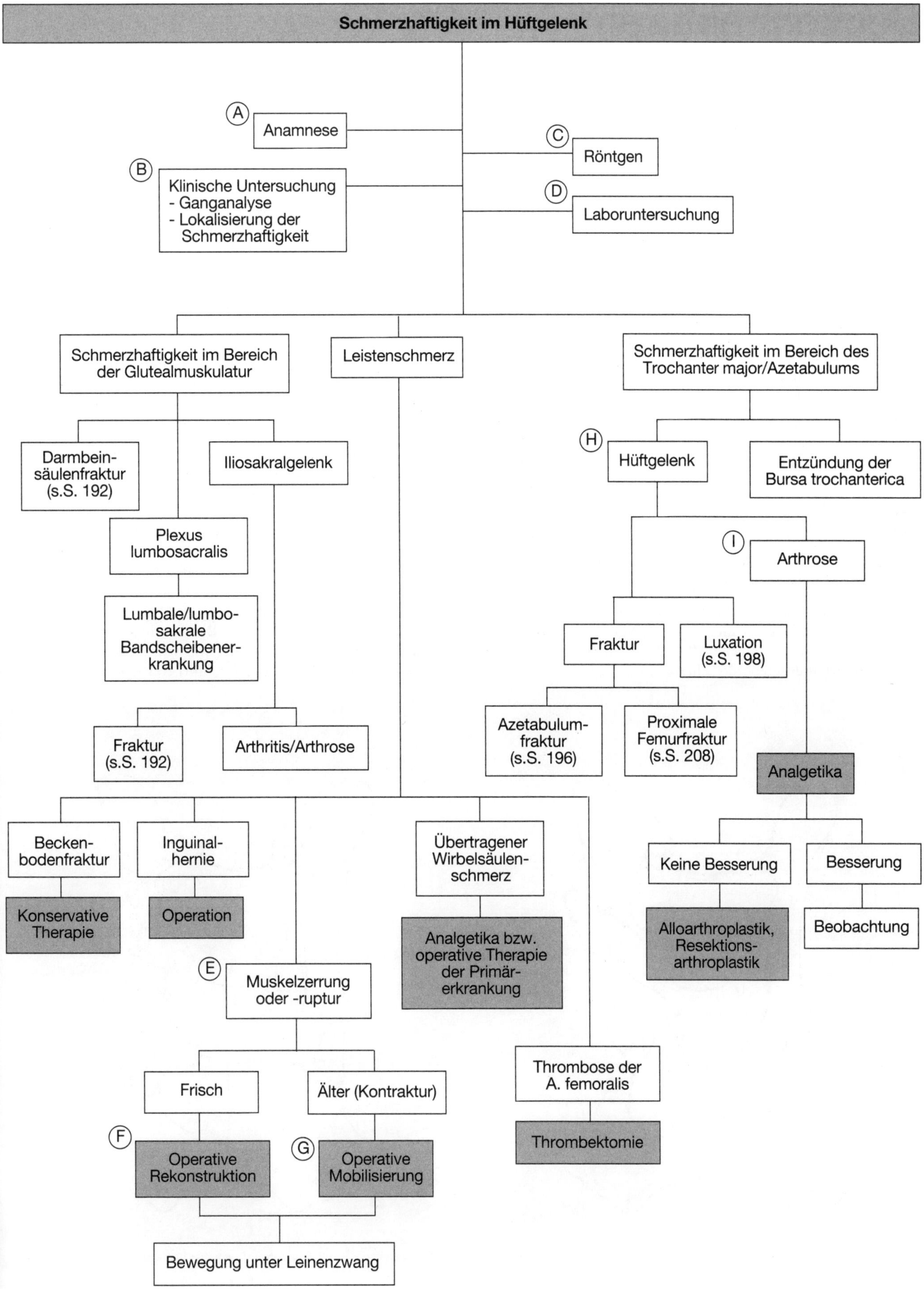
Schmerzhaftigkeit im Hüftgelenk
A
Anamnese
B
Klinische Untersuchung
- Ganganalyse
- Lokalisierung der Schmerzhaftigkeit
C
Röntgen
D
Laboruntersuchung
Schmerzhaftigkeit im Bereich der Glutealmuskulatur
Leistenschmerz
Schmerzhaftigkeit im Bereich des Trochanter major/Azetabulums
Darmbein-säulenfraktur (s.S. 192)
Iliosakralgelenk
Plexus lumbosacralis
Lumbale/lumbo-sakrale Bandscheibener-krankung
Fraktur (s.S. 192)
Arthritis/Arthrose
H
Hüftgelenk
Entzündung der Bursa trochanterica
I
Arthrose
Fraktur
Luxation (s.S. 198)
Azetabulum-fraktur (s.S. 196)
Proximale Femurfraktur (s.S. 208)
Analgetika
Becken-bodenfraktur
Inguinal-hernie
Übertragener Wirbelsäulen-schmerz
Keine Besserung
Besserung
Konservative Therapie
Operation
Analgetika bzw. operative Therapie der Primär-erkrankung
Alloarthroplastik, Resektions-arthroplastik
Beobachtung
E
Muskelzerrung oder -ruptur
Thrombose der A. femoralis
Frisch
Älter (Kontraktur)
Thrombektomie
F
Operative Rekonstruktion
G
Operative Mobilisierung
Bewegung unter Leinenzwang

Beckenfrakturen*

A. Beckenfrakturen sind in der Regel traumatisch bedingt. Es müssen zunächst die Vitalfunktionen überwacht und bei lebensbedrohlichen Zuständen entsprechende Sofortmaßnahmen eingeleitet werden.

B. Nach der Kreislaufstabilisierung des Patienten ist zum Nachweis begleitender Verletzungen als Folge eines stumpfen Abdominal- oder Thoraxtraumas eine gründliche klinische und röntgenologische Untersuchung durchzuführen. Vor allem bei Darmbeinsäulen- und Kreuzbeinfrakturen sowie Verletzungen des Iliosakralgelenks ist eine neurologische Untersuchung angezeigt; neben der Funktion des N. ischiadicus und des N. femoralis wird der Innervation der Rute, des Analsphinkters und der Harnblase besondere Aufmerksamkeit geschenkt.

C. Röntgenaufnahmen des Beckens werden sowohl in ventrodorsalem als auch laterolateralem Strahlengang angefertigt. Zur besseren Darstellung von Schrägfrakturen im Bereich der Darmbeinsäule, des Sitzbeinastes oder der Gelenkfläche des Azetabulums kann das Becken auch schräg, bei einer seitlichen Kippung um 25–30 Grad geröntgt werden. Die Untersuchung der Iliosakralgelenke auf Luxation erfolgt am besten in ventrodorsalem Strahlengang bei exakt symmetrischer Lagerung des Beckens.

D. Die Therapie einer Beckenfraktur variiert in Abhängigkeit von vielen Faktoren. Unter anderem sind weitere Weichteil- oder Skelettverletzungen, Alter, Gewicht und Bewegungsdrang des Patienten bei der Therapiewahl zu berücksichtigen. Die konservative Behandlung ist bei isolierten Frakturen mit nicht oder geringfügig dislozierten Fragmenten, weitgehend intaktem Beckenring (Darmbeinschaufel-, isolierte Sitzbeinkörper-, Beckenboden- und Symphysenfrakturen, Abriß des Tuber ischiadicum) und Unversehrtheit des Azetabulums sowie Kreuzbeinfrakturen angezeigt. Indikationen für die operative Therapie sind Darmbeinfrakturen mit Neurapraxie des N. ischiadicus, Luxationen im Iliosakralgelenk mit Läsion des Plexus lumbosacralis, Azetabulumfrakturen mit Stufenbildung an der belasteten Gelenkfläche, Mehrfachbrüche, die eine Instabilität und Fehlstellung des Hüftgelenks oder beidseitige Durchtrennung des Beckenrings bedingen, weit dislozierte und hochgradig schmerzhafte Luxation im Iliosakralgelenk sowie Darmbeinsäulen- oder Sitzbeinkörperfrakturen mit weit nach medial dislozierten Fragmenten (Kotabsatzbeschwerden, Geburtshindernis).

E. Die konservative Behandlung besteht, in Abhängigkeit vom Alter des Patienten, in einer konsequenten 3- bis 6wöchigen Bewegungseinschränkung (Käfigruhe). Es muß auf regelmäßigen Harn- und Kotabsatz, leicht verdauliche Nahrung und ein weiches Lager geachtet werden. Das Zusammenbinden der Beckengliedmaßen ist bei sehr instabilen Beckenbodenfrakturen, Adduktorenabrissen und Lösungen der Beckensymphyse angezeigt. Nach ungefähr einem Monat kann mit einer vorsichtigen, langsam zu steigernden Belastung begonnen werden. Begleitend sollte eine Physiotherapie mit passiver Beugung und Streckung im Hüftgelenk sowie Muskelmassage durchgeführt werden.

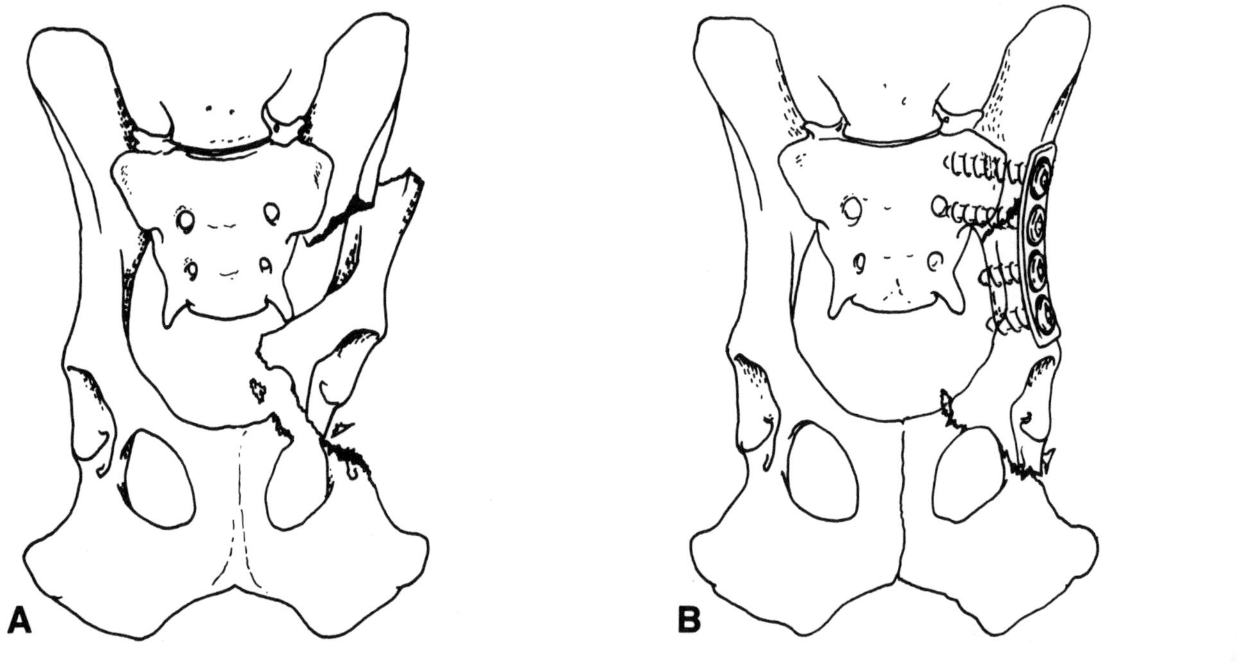

Abb. 1. A = ipsilaterale Darmbein-, Schambein- und Sitzbeinfraktur; B = Osteosynthese der Darmbeinkörperfraktur mit Platte. Bei stabiler Reposition der Darmbeinfraktur bedürfen die Begleitbrüche meist keiner Versorgung.

F. Die meisten Beckenfrakturen gehen mit einer umfangreichen, häufig unterschätzten Weichteiltraumatisierung und Blutung in die Beckenmuskulatur und/oder -höhle einher. Frisch verunfallte Patienten dürfen deshalb nicht sofort operiert, sondern müssen zunächst in bezug auf die Kreislaufsituation stabilisiert werden. Soweit möglich, sollte die Operation jedoch innerhalb der ersten fünf Tage nach dem Unfall erfolgen, da sich die Reposition der Fragmente mit zunehmender Muskelkontraktur erschwert.

G. Dislozierte Darmbeinkörperfrakturen (Abb. 1) und Azetabulumfrakturen (s. S. 196) werden mit einer Platte und bei langen Bruchflächen mit zusätzlichen Zugschrauben stabilisiert. Die Größe der Platte richtet sich nach dem Gewicht des Patienten. Um einen besseren Halt des Implantats im Bereich der Darmbeinschaufel zu erzielen, können Plattenschrauben hier durch das Iliosakralgelenk im Kreuzbeinflügel verankert werden. Sitzbeinkörperfrakturen sind vor allem beim Hund häufig mit Verletzungen des Darmbeinkörpers und des ipsilateralen Schambeinastes kombiniert. Wird mit der operativen Fixierung des Os ilium keine ausreichende Reposition bzw. Stabilität erzielt oder zieht der Bruch in die kaudale Gelenkfläche des Azetabulums, so ist auch die Sitzbeinfraktur mit einer Platte oder einem kräftigen Bohrdraht bzw. Steinmann-Nagel zu fixieren. Die vor allem bei Katzen häufig diagnostizierten Luxationen im Iliosakralgelenk mit ipsi- und/oder kontralateralen Schambein-, Sitzbein- bzw. Symphysenfrakturen sind meist einseitig (Luxatio hemipelvis), wobei die betroffene Beckenhälfte bevorzugt nach kraniodorsal disloziert. Sie können zu langwierigen Beschwerden und infolge Instabilität des Hüftgelenks auch zur Ausbildung einer Arthropathia deformans führen. Durch Reposition des Iliosakralgelenks und dessen Fixation mit einer in den Kreuzbeinkörper reichenden Zugschraube (Abb. 2) können ferner begleitende Beckenverletzungen in eine günstige Lage gebracht werden. Bei Symphysentrennungen kommt eine Fixierung mit Drahtcerclagen bzw. -naht in Betracht.

H. Der häufigste Spätschaden nach Beckenfrakturen bei nicht oder in Fehlstellung verheilten Frakturen, vor allem im Bereich des Azetabulums und Darmbeins, ist die Koxarthrose. An zweiter Stelle steht die Einengung der Beckenhöhle mit Beeinträchtigung der Defäkation, die abhängig von ihrem Ausmaß konservativ oder operativ behandelt werden kann. Bei der konservativen Therapie wird der Kot mit Hilfe von Klysmen aufgeweicht und der Patient nach Entleerung des Enddarms prophylaktisch mit einer ballaststoffreichen, weichen Diät ernährt. Ist bereits ein größerer Anteil des Kolons irreversibel erweitert, so ist eine totale oder partielle Kolektomie indiziert. Eine Erweiterung des Beckenkanals kann durch Osteotomie von Scham- und Sitzbein bzw. Symphyse und Einsatz eines Knochenspans erreicht werden. Als Folge von Darmbeinsäulen- oder Sitzbeinastfrakturen ist eine progressive Schädigung des N. ischiadicus durch Einmauern mit Kallusgewebe möglich; hier kann versucht werden, den Nerven vorsichtig operativ zu mobilisieren und in Fettgewebe einzulagern.

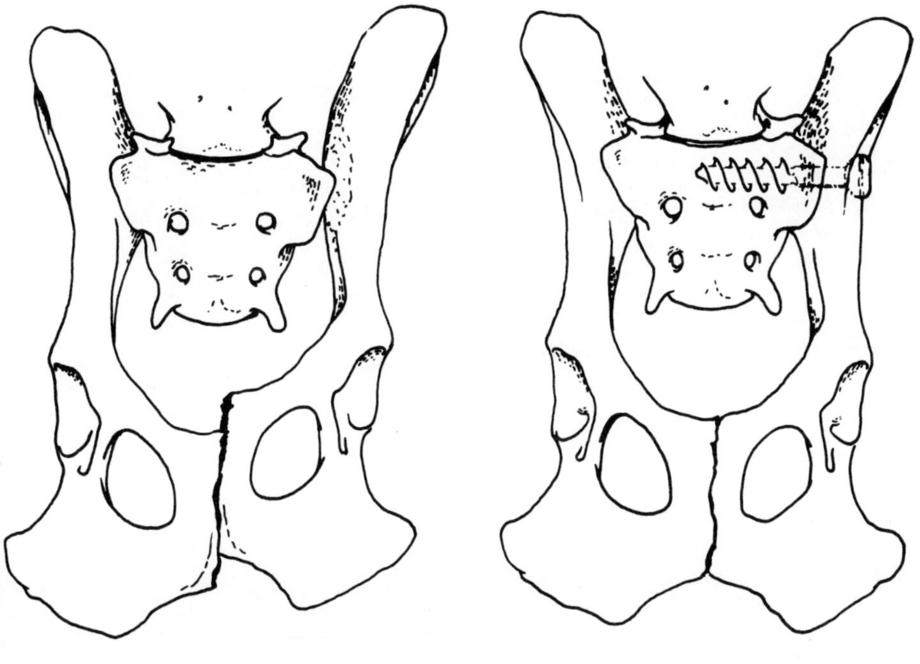

Abb. 2. Luxatio hemipelvis; Osteosynthese mit Schraube.

Literatur

1. Alexander JW, Carb AV. Subtotal hemipelvectomy in the dog. J Vet Orthopaed 1979; 1 (2): 9.
2. Aron DN. Emergency management of the musculo-skeletal trauma patient. Comp Cont Ed 1982; 4 (3): 220.
3. Betts CW. Pelvic fractures. In: Slatter DH, ed. Textbook of small animal surgery. Philadelphia: WB Saunders, 1985: 2138.
4. Böhmer E. Beckenfrakturen und -luxationen bei der Katze in den Jahren 1975–1982. Vet med Diss, München 1985.
5. Bright RM. Medical and surgical management of megacolon in the dog and cat. Chicago: ACVS Surg Forum, Gastrointest Surgery Notes, 1984.
6. Brinker WO. Pelvic fractures. In: Bojrab MJ, ed. Current techniques in small animal surgery. Philadelphia: Lea & Febiger, 1983.
7. Brinker WO, Piermattei DL, Flo GL. Handbook of small animal orthopedics and fracture treatment. Philadelphia: WB Saunders, 1983: 51.
8. Brown SG, Biggart JF. Plate fixation of iliac shaft fractures in the dog. JAVMA 1978; 167 (6): 462.
9. Denny HR. Pelvic fractures in the dog: a review of 123 cases. J small Anim Pract 1978; 19: 151.
10. Henry WB. A method of bone plating for repairing iliac and acetabular fractures. Comp Cont Ed 1985; 7: 924.
11. Hulse DA, et al. Sacroiliac luxations. Comp Cont Ed 1985; 7: 493.
12. Kirk RW, Bistner SI. Handbook of veterinary procedures and emergency treatment. 4th ed. Philadelphia: WB Saunders, 1985: 2.
13. Robins GM, Dingwall JS, Sumner-Smith G. The plating of pelvic fractures in the dog. Vet Rec 1973; 93: 550.
14. Schebitz H, Matis U, Brunnberg L. Zugang zum Darmbein von lateral. In: Schebitz H, Brass W, Hrsg. Operationen an Hund und Katze. Berlin: Parey, 1985: 232.
15. Schebitz H, Matis U, Waibl H: Zugang zum Darmbeinflügel von kraniodorsal. In: Schebitz H, Brass W, Hrsg. Operationen an Hund und Katze. Berlin: Parey, 1985: 231.
16. Situma JN. Beckenfrakturen beim Hund in den Jahren 1970–1977. Vet med Diss, München 1979.
17. Taylor RA. Treatment of Fractures of the sacrum and sacrococcygeal region. Vet Surg 1981; 10: 119.
18. Vogel A. Osteosynthese am Becken des Hundes – Behandlung und Ergebnisse in den Jahren 1978–1982. Vet med Diss, München 1986.
19. Walker TL. Ischiadic nerve entrapment. JAVMA 1981; 178 (12): 1284.
20. Zaslow IM, ed. Primary assessment and management of the injured patient in veterinary trauma and critical care. New York: Lea & Febiger, 1984: 106.

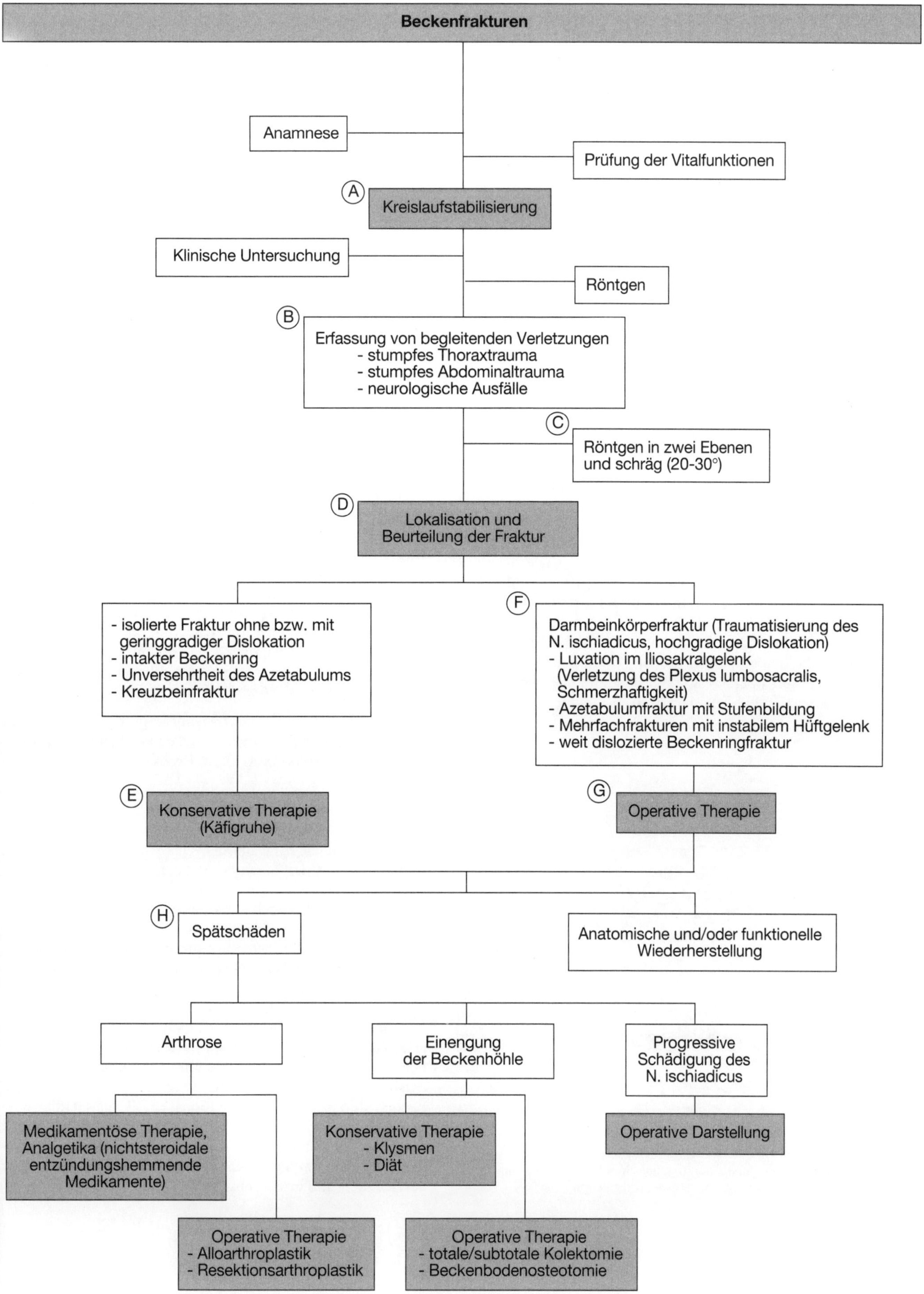
Beckenfrakturen
Anamnese
Prüfung der Vitalfunktionen
A
Kreislaufstabilisierung
Klinische Untersuchung
Röntgen
B
Erfassung von begleitenden Verletzungen
- stumpfes Thoraxtrauma
- stumpfes Abdominaltrauma
- neurologische Ausfälle
C
Röntgen in zwei Ebenen und schräg (20-30°)
D
Lokalisation und Beurteilung der Fraktur
- isolierte Fraktur ohne bzw. mit geringgradiger Dislokation
- intakter Beckenring
- Unversehrtheit des Azetabulums
- Kreuzbeinfraktur
F
Darmbeinkörperfraktur (Traumatisierung des N. ischiadicus, hochgradige Dislokation)
- Luxation im Iliosakralgelenk (Verletzung des Plexus lumbosacralis, Schmerzhaftigkeit)
- Azetabulumfraktur mit Stufenbildung
- Mehrfachfrakturen mit instabilem Hüftgelenk
- weit dislozierte Beckenringfraktur
E
Konservative Therapie (Käfigruhe)
G
Operative Therapie
H
Spätschäden
Anatomische und/oder funktionelle Wiederherstellung
Arthrose
Einengung der Beckenhöhle
Progressive Schädigung des N. ischiadicus
Medikamentöse Therapie, Analgetika (nichtsteroidale entzündungshemmende Medikamente)
Konservative Therapie
- Klysmen
- Diät
Operative Darstellung
Operative Therapie
- Alloarthroplastik
- Resektionsarthroplastik
Operative Therapie
- totale/subtotale Kolektomie
- Beckenbodenosteotomie

Azetabulumfraktur*

A. Bei der speziellen klinischen Untersuchung eines Patienten mit Azetabulumfraktur dominieren Lahmheit, Krepitation bei passiver Bewegung des Hüftgelenks sowie im Falle einer Azetabulumimpressionsfraktur mit stationärer Luxatio centralis ossis femoris eine Einschränkung der Gelenkbeweglichkeit. Der N. ischiadicus muß auf Unversehrtheit überprüft werden.

B. Röntgenaufnahmen des Beckens werden stets in ventrodorsalem und laterolateralem Strahlengang angefertigt. Eine zusätzliche Schrägprojektion des Beckens kann bei der Beurteilung der Gelenkfläche des Azetabulums hilfreich sein. Hierzu wird bei der seitlichen Lagerung ein Schaumgummikeil von ca. 25–30 Grad Steigung unter den filmnahen Trochanter major ossis femoris gelegt. Großwüchsige Hunde sind auf Hüftgelenkdysplasie hin zu untersuchen, da durch dieses Leiden das funktionelle Ergebnis beeinflußt werden kann.

C. Die Azetabulumfraktur wird entsprechend dem Frakturverlauf, der Dislokation der Fragmente und der Stufenbildung an der belasteten Gelenkfläche klassifiziert und behandelt. Isolierte und stabile Hüftgelenkfrakturen ohne oder mit geringstgradiger Verschiebung der Fragmente sowie wenig dislozierte Frakturen im kaudalen Drittel der Gelenkfläche und am Azetabulumboden können zufriedenstellend konservativ behandelt werden. Splitterfrakturen, Brüche mit deutlicher Instabilität oder Dislokation der Fragmente und Frakturen, die den gewichttragenden Anteil der Gelenkfläche betreffen, sind operativ zu stabilisieren, da sich sonst stets eine schwerwiegende Sekundärarthrose ausbildet.

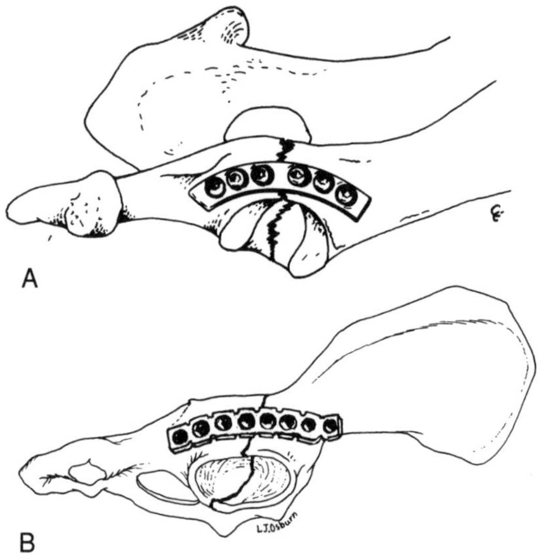

Abb. 1. Azetabulumfraktur in der gewichttragenden Gelenkfläche. A = Osteosynthese mit gebogener dynamischer Hüftgelenkkompressionsplatte; B = Osteosynthese mit Rekonstruktionsplatte.

D. Die konservative Therapie besteht in einer konsequenten Ruhigstellung des Patienten über mindestens 3 bis 4 Wochen. Bei sehr bewegungsfreudigen Tieren kann einige Tage lang zur Entlastung des Hüftgelenks eine Schlinge (Ehmer-Schlinge) angelegt werden. Physiotherapeutische Maßnahmen in Form passiver Gelenkbewegungen und Muskelmassagen haben zum Ziel, die normale Gelenkbeweglichkeit und den Muskeltonus zu erhalten. Nach einem Monat sollte die Fraktur soweit stabil sein, daß der Patient vorsichtig an der Leine geführt und dann langsam aufbauend normal belastet werden kann.

E. Bei dislozierten Frakturen in den kranialen zwei Dritteln der Gelenkfläche sind offene Reposition und Osteosynthese indiziert (Abb. 1A). Der Zugang zum Hüftgelenk mit Osteotomie des Trochanter major und Tenotomie der kleinen Beckengesellschaft (Mm. gemelli, M. obturatorius internus) ermöglicht eine übersichtliche und schonende Darstellung der Fragmente. Die Gelenkkapsel wird an der Fraktur beginnend entlang der Längsachse des Schenkelhalses durchtrennt. Nach exakter anatomischer Rekonstruktion der Gelenkfläche wird die Fixation am besten mit einer Platte vorgenommen, die an einem Knochenpräparat entsprechender Größe vorgebogen wurde (Abb. 1B). Bei langen Schrägfrakturen kann zusätzlich eine interfragmentäre Zugschraube angezeigt sein. Beim Wundverschluß ist auf eine sorgfältige Naht der Kapselinzision zu achten, um die Stabilität des Hüftgelenks wiederherzustellen. Gelingt dies nicht, sollte postoperativ für einige Tage eine Entlastungsschlinge (Ehmer-Schlinge) angelegt werden.

F. Kann das Azetabulum nicht wiederhergestellt werden oder liegen irreparable Begleitverletzungen des Femurkopfes vor, kommt als Ultima ratio eine Resektionsarthroplastik in Frage.

G. Die häufigsten Spätschäden nach Azetabulumfraktur sind degenerative Gelenkveränderungen im Sinne einer Arthropathia deformans. Eine anatomisch korrekte Reposition und stabile Fixation der Fragmente beugt der Entstehung einer Sekundärarthrose weitgehend vor; nicht behoben werden können jedoch die durch das Trauma entstandenen Knorpelschäden und deren degenerative Folgen. Abhängig vom Schweregrad der klinischen Symptome und dem Gewicht des Patienten kann die Hüftgelenkarthrose medikamentös (Analgetika) oder operativ (Resektionsarthroplastik, Alloarthroplastik) behandelt werden. Als weiterer Spätschaden kann infolge insuffizienter Gelenkkapselnaht oder bei Hüftgelenkdysplasie der Femurkopf postoperativ (sub-)luxieren. Ferner kann der N. ischiadicus zum Zeitpunkt der Frakturentstehung durch dislozierte Fragmente oder iatrogen, bedingt durch unsanfte Operationstechnik, geschädigt werden. Nur selten wird er im Verlauf der Frakturheilung durch übermäßiges Kallusgewebe umhüllt und progressiv komprimiert; es kann dann versucht werden, den Nerven vorsichtig darzustellen und zu mobilisieren.

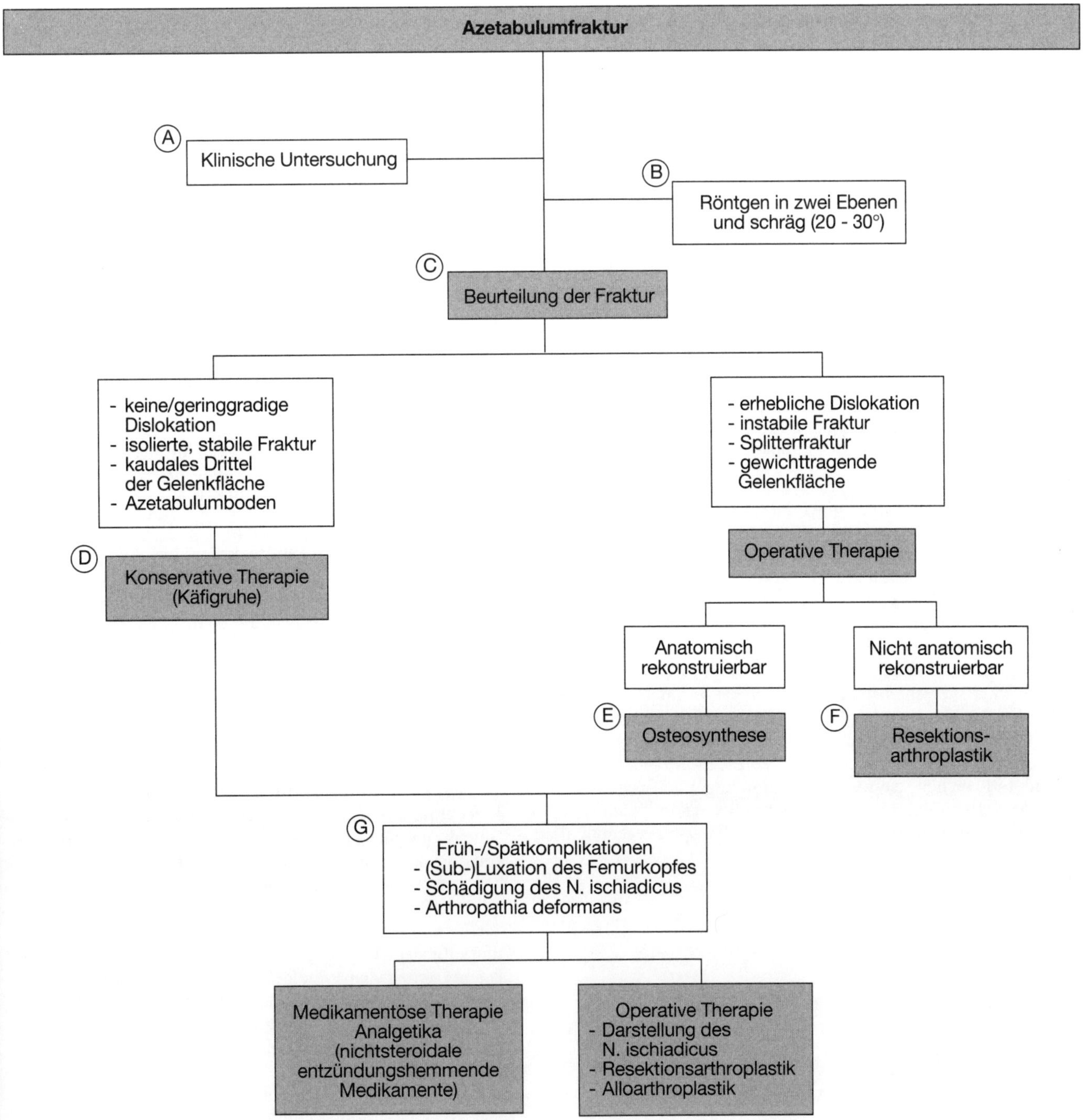

Literatur

1. Betts CW. Pelvic fractures. In: Slatter DH, ed. Textbook of small animal surgery. Philadelphia: WB Saunders, 1985: 2138.
2. Böhmer E. Beckenfrakturen und -luxationen bei der Katze in den Jahren 1975–1982. Vet med Diss, München 1985.
3. Brinker WO. Pelvic fractures. In: Bojrab MJ, ed. Current techniques in small animal surgery. Philadelphia: Lea & Febiger, 1983.
4. Brinker WO, Piermattei DL, Flo GL. Handbook of small animal orthopedics and fracture treatment. Philadelphia: WB Saunders, 1983: 51
5. Denny HR. Pelvic fractures in the dog: a review of 123 cases. J small Anim Pract 1978; 19: 151.
6. Gilmore DR. Traumatic intestinal injuries associated with pelvic fractures. JAAHA 1983; 19: 667.
7. Husle DA et al. Management of acetabular fractures: long-term evaluation. Comp Cont Ed 1980; 2: 189.
8. Matis U, Schebitz H, Waibl H. Zugang zum Hüftgelenk von dorsolateral mit Osteotomie des Trochanter major. In: Schebitz H, Brass W, Hrsg. Operationen an Hund und Katze. Berlin: Parey, 1985: 241.
9. Matis U, Schebitz H, Waibl H. Zugang zum Hüftgelenk von kraniolateral. In: Schebitz H, Brass W, Hrsg. Operationen an Hund und Katze. Berlin, Parey, 1985: 234.
10. Ost PC, Kederly RE. Use of reconstruction plates for the repair of segmental ilial fractures involving acetabular comminution in four dogs. Vet Surg 1985; 13 (3): 259.
11. Situma JN. Beckenfrakturen beim Hund in den Jahren 1970–1977. Vet med Diss, München 1979.
12. Vogel A. Osteosynthese am Becken des Hundes – Behandlung und Ergebnisse in den Jahren 1978–1982. Vet med Diss, München 1986.

Luxation im Hüftgelenk*

A. Die Mehrzahl der traumatischen Femurluxationen wird durch Verkehrsunfälle verursacht und führt zur plötzlichen hochgradigen Lahmheit. Wirkt auf den Rumpf des Tieres eine starke Kraft ein, während die Hintergliedmaße gestreckt und belastet ist, so entsteht eine verstärkte Adduktion des Oberschenkels und Anteversion des Femurkopfes. Die Auflage des Os femoris am ventralen Azetabulumrand wirkt als Drehpunkt eines zweiarmigen Hebels; der lange Hebelarm, den das Bein bildet, hebelt den Oberschenkelkopf über dieses Hypomochlion aus dem Azetabulum. In der Anamnese kann aber auch eine langsam progressive Verschlechterung der Belastung angegeben werden (schwere Hüftgelenkdysplasie) oder die allmähliche Besserung einer länger bestehenden hochgradigen Lahmheit (funktionell kompensierte Nearthrose).

B. Bei einer frischen Luxation wird das Bein nicht belastet und mit leichter Außenrotation adduziert. Palpatorisch können bei passiver Bewegung des Oberschenkelkopfes Krepitation und Schmerzhaftigkeit ausgelöst werden. Abhängig von der Luxationsrichtung verändern sich Abstand und Winkel zwischen Trochanter major ossis femoris, Crista iliaca dorsalis cranialis und Tuber ischiadicum. Bei kaudaler Überstreckung beider Oberschenkel kann die luxierte Extremität länger oder kürzer erscheinen. Bei Außenrotation im Hüftgelenk wird der zwischen dem Trochanter major und dem Tuber ischiadicum liegende Daumen des Untersuchers nicht gequetscht oder herausgedrückt. Neurologische Ausfälle und andere Knochen- bzw. Gelenkerkrankungen müssen ausgeschlossen werden. Bei längerem Krankheitsverlauf kann eine deutlich ausgeprägte einseitige Muskelatrophie erkennbar sein.

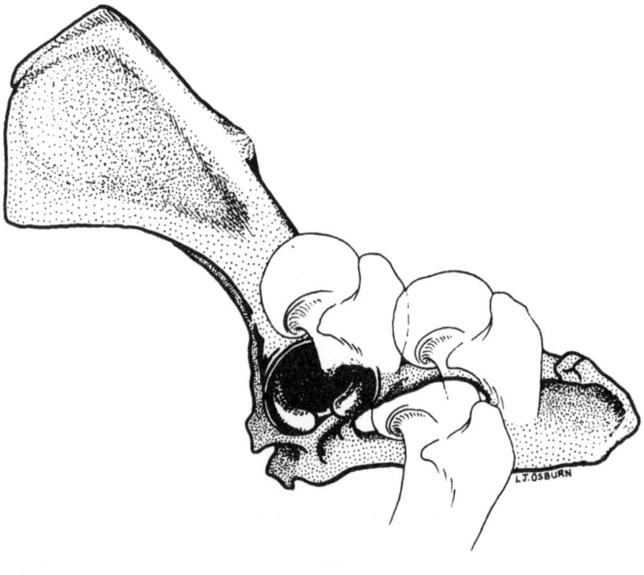

Abb. 1. Verschiedene Formen der Luxatio ossis femoris. Am häufigsten ist die Luxatio ossis femoris supraglenoidalis anterior.

C. Mit Hilfe von Röntgenaufnahmen in ventrodorsalem und laterolateralem Strahlengang werden mögliche Frakturen des Trochanter major, des Femurschaftes im proximalen Bereich oder des Femurhalses, Azetabulumfrakturen sowie knöcherne Ausrißfrakturen des Ligamentum capitis ossis femoris ausgeschlossen. Die Luxationen (s. Abb. 1) werden eingeteilt in:

- Luxatio ossis femoris supraglenoidalis,
- Luxatio ossis femoris praeglenoidalis,
- Luxatio ossis femoris retroglenoidalis,
- Luxatio ossis femoris infraglenoidalis,
- Luxatio ossis femoris centralis.

Des weiteren müssen die Tiefe des Azetabulums, eventuell schon vorhandene arthrotische Veränderungen und/oder eine Hüftgelenkdysplasie erfaßt werden. Zu über 90% liegt sowohl beim Hund als auch bei der Katze eine Luxatio ossis femoris supraglenoidalis anterior vor.

D. Vor allem bei Katzen mit älterer kraniodorsaler Luxation und bereits knöchernen Umbauprozessen kann das hier oft zufriedenstellende funktionelle Ergebnis der Nearthrosenbildung abgewartet werden. Bei schlechter Belastung und Schmerzhaftigkeit kommt für Katzen und kleine Hunde bis ca. 15 kg Körpergewicht eine Resektionsarthroplastik in Frage, während bei schwereren Hunden besser eine Alloarthroplastik durchgeführt wird.

E. Bei frischen Femurluxationen ohne knöcherne Absprengungen oder Begleitfrakturen und wenn zusätzlich eine Hüftgelenkdysplasie vorliegt, wird der Oberschenkelkopf zunächst gedeckt reponiert. Um einer Mangelversorgung des hyalinen Gelenkknorpels und einer repositionserschwerenden Muskelkontraktur vorzubeugen, sollte das Einrenken in Vollnarkose möglichst bald erfolgen. Der Patient wird auf die gesunde Seite gelegt und der Beckengürtel mit einem unter der luxierten Extremität und dem Rücken durchgeführten Band fixiert. Die Reposition gelingt leichter, wenn der Femurkopf zunächst in eine dorsokraniale Position gebracht werden kann. Danach wird bei gleichzeitiger Außenrotation die gestreckte Gliedmaße in kaudoventrale Richtung gezogen. Gleichzeitig wird das Caput ossis femoris durch Druck auf den Trochanter major über den Rand des Azetabulums hinweg in die Hüftgelenkpfanne gedrückt. Nach dem Einrenken wird bei abwechselndem Beugen und Strecken des Hüftgelenks in medialer Richtung Druck auf den Trochanter major ausgeübt, damit in das Azetabulum eingestülpte Muskel- und Gelenkkapselteile sowie Blutkoagula herausgedrückt werden. Bei stärkerer Interposition von Weichteilgewebe zwischen Femurkopf und Azetabulum, umgeschlagener Gelenkkapsel, schwerer Hüftgelenkdysplasie, beginnender Fibrose des umliegenden Gewebes oder Hypertrophie des im Azetabulum verbleibenden Hüftkopfbandstumpfes kann die Reposition mißlingen oder nicht ausreichend stabil sein. Es schließt sich dann eine operative Therapie an.

F. Ist das Hüftgelenk nach gedeckter Reposition stabil (keine Reluxation bei leichter Rotation des Oberschenkelkopfes), wird eine äußere Entlastung der Gliedmaße durchgeführt. Hierzu dient bei dorsaler Luxation die Ehmer-Schlinge (Abb. 2), die für ca. 10 Tage angelegt wird. Bei ventraler Luxation ist sie kontraindiziert, da sie das Bein in Abduktionsstellung fixiert und somit hier eine Reluxation begünstigt; in diesem Fall werden die Beckengliedmaßen mit einer Fußfessel zusammengebunden. Zur Kontrolle sollten unmittelbar nach Anlegen der Entlastungsschlinge und einen Tag nach deren Entfernung Röntgenaufnahmen des Beckens angefertigt werden. Der Patient wird weitere 3 Wochen konsequent ruhig gehalten (Leinen- oder Käfigzwang) und danach langsam aufbauend belastet.

G. Muß operativ interveniert werden, kann das Hüftgelenk mit Hilfe des kraniolateralen Zugangs schonend und meist ausreichend dargestellt werden; bei Bedarf wird das Operationsfeld durch faserparalleles Spalten der Mm. glutei oder Osteotomie des Trochanter major erweitert. Nach Entfernen von Blutkoagula und Bandresten aus dem Azetabulum wird der Femur reponiert und die Gelenkkapsel so gut wie möglich rekonstruiert. Darüber hinaus kann die Gelenkkapsel unter anderem mit transossär geführten, nicht oder langsam absorbierbaren Kunststoffäden (Abb. 3) oder durch den Ersatz des Ligamentum capitis ossis femoris mit einem „Toggle-Pin“ (Abb. 4) entlastet werden. Eine weitere Stabilisierungsmöglichkeit stellt die Transposition des osteotomierten Trochanter major nach kaudodistal dar (Abb. 5). Schließlich kann bei Zerstörung der Gelenkflächen entweder eine Alloarthroplastik oder eine Resektionsarthroplastik in Frage kommen.

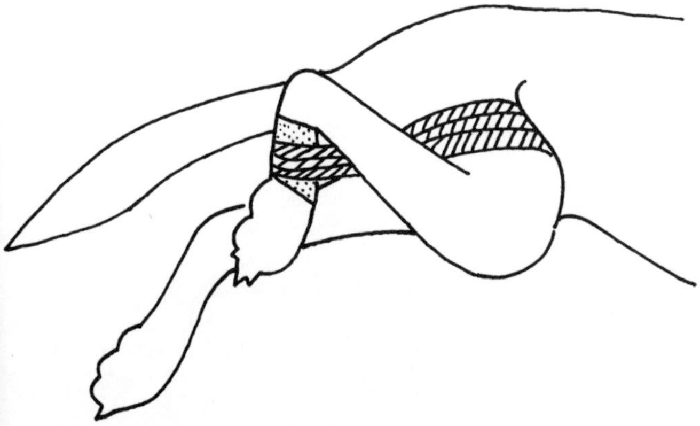

Abb. 2. Ehmer-Schlinge; Adduktion und Innenrotation des Oberschenkels sowie der Pfote, Abduktion des Sprunggelenks.

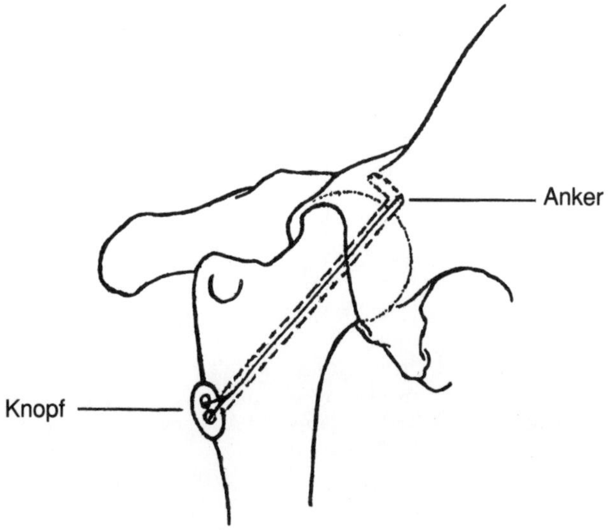

Abb. 4. Ersatz des Ligamentum capitis ossis femoris („Toggle-Pin“); Metallanker und -knopf.

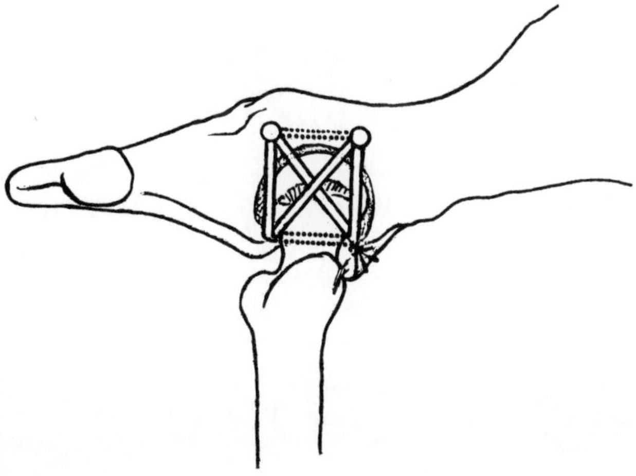

Abb. 3. Entlastung der Gelenkkapsel durch transossär geführte Kunststoffäden.

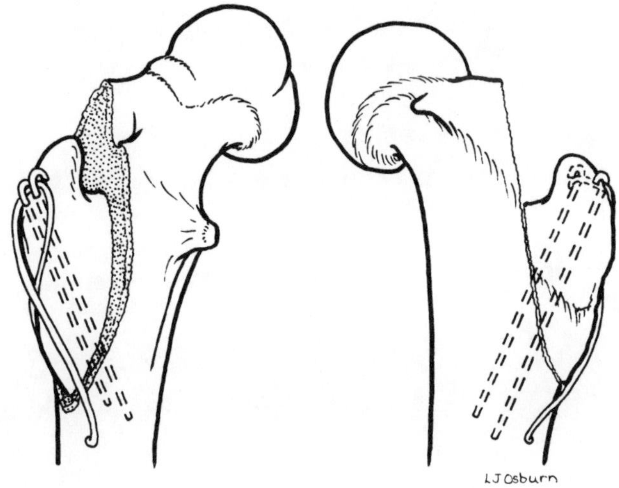

Abb. 5. Laterale Stabilisierung des Trochanter major ossis femoris.

H. Infolge des beim Unfall und/oder bei der Reposition aufgetretenen Knorpelschadens oder bedingt durch eine abnorme Gelenkbeweglichkeit (Subluxation) können sich Monate bis Jahre nach der Reposition degenerative Gelenkerkrankungen im Sinne einer sekundären Arthropathia deformans ausbilden. Abhängig von der klinischen Symptomatik ist dann eine medikamentöse oder operative Therapie indiziert.

I. Bei der Hüftgelenkdysplasie prädisponieren das flache Azetabulum und/oder eine vermehrte Antetorsion des Oberschenkelkopfes und -halses zur Hüftgelenkluxation; bei schweren Veränderungen führt bereits die normale Belastung der Gliedmaße oder ein Bagatelltrauma zur Femurluxation. Für Patienten mit einem Körpergewicht über ca. 15 kg bietet sich hier von vornherein die Alloarthroplastik an; bei kleinen, leichten Tieren kommt die Resektionsarthroplastik in Betracht.

Literatur

1. Alexander JW. Coxofemoral luxation in the dog. Comp Cont Ed 1982; 4 (7): 575.
2. Böhmer H. Zur Luxatio ossis femoris traumatica bei der Katze. Vet med Diss, München 1987.
3. Brinker WO, Piermattei DL, Flo GL. Handbook of small animal orthopedics and fracture treatment. Philadelphia: WB Saunders, 1983: 267.
4. De Angelis M, Preta R. Surgical repair of coxo-femoral luxation in the dog. JAAHA 1973; 9: 175.
5. Fry PD. Observations on the surgical treatment of hip dislocation in the dog and cat. J small Anim Pract 1974; 15: 661.
6. Hauptman J. The hip joint. In: Slatter DH, ed. Textbook of small animal surgery. Philadelphia: WB Saunders, 1985: 2153.
7. Köhnlein H. Zur Luxatio ossis femoris traumatica des Hundes – Behandlung und Ergebnisse in den Jahren 1975–1983. Vet med Diss, München 1986.
8. Matis U, Schebitz H, Waibl H. Zugang zum Hüftgelenk von dorsolateral mit Osteotomie des Trochanter major. In: Schebitz H, Brass W, Hrsg. Operationen an Hund und Katze. Berlin: Parey 1985: 241.
9. Matis U, Schebitz H, Waibl H. Zugang zum Hüftgelenk von kraniolateral. In: Schebitz H, Brass W, Hrsg. Operationen an Hund und Katze. Berlin: Parey, 1985: 234.

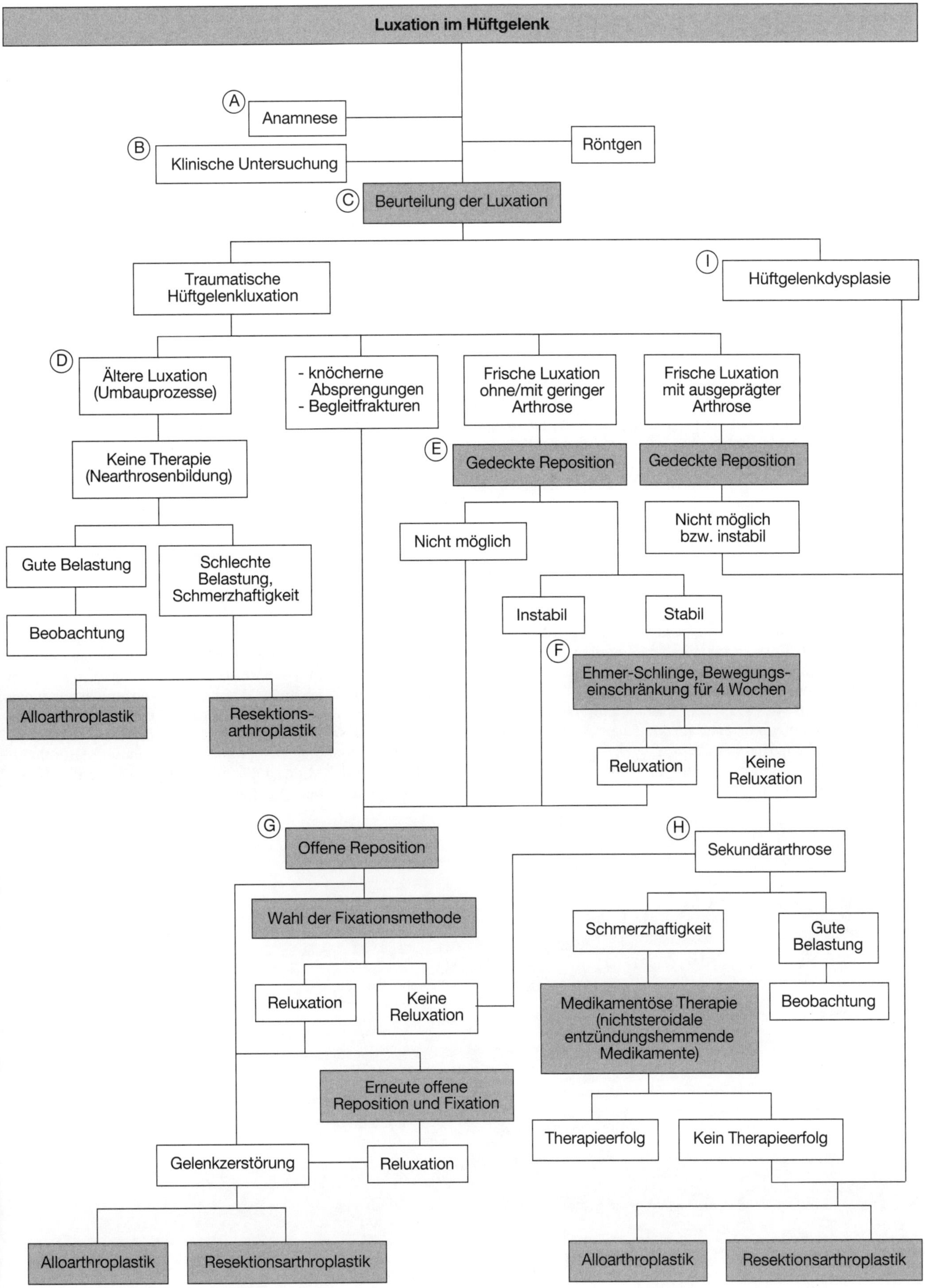
Luxation im Hüftgelenk
A
Anamnese
B
Klinische Untersuchung
Röntgen
C
Beurteilung der Luxation
Traumatische Hüftgelenkluxation
I
Hüftgelenkdysplasie
D
Ältere Luxation (Umbauprozesse)
- knöcherne Absprengungen
- Begleitfrakturen
Frische Luxation ohne/mit geringer Arthrose
Frische Luxation mit ausgeprägter Arthrose
Keine Therapie (Nearthrosenbildung)
E
Gedeckte Reposition
Gedeckte Reposition
Nicht möglich
Nicht möglich bzw. instabil
Gute Belastung
Schlechte Belastung, Schmerzhaftigkeit
Beobachtung
Instabil
Stabil
F
Ehmer-Schlinge, Bewegungseinschränkung für 4 Wochen
Alloarthroplastik
Resektionsarthroplastik
Reluxation
Keine Reluxation
G
Offene Reposition
H
Sekundärarthrose
Wahl der Fixationsmethode
Schmerzhaftigkeit
Gute Belastung
Reluxation
Keine Reluxation
Medikamentöse Therapie (nichtsteroidale entzündungshemmende Medikamente)
Beobachtung
Erneute offene Reposition und Fixation
Therapieerfolg
Kein Therapieerfolg
Gelenkzerstörung
Reluxation
Alloarthroplastik
Resektionsarthroplastik
Alloarthroplastik
Resektionsarthroplastik

Hüftgelenkdysplasie*

Als Hüftgelenkdysplasie bezeichnet man eine ein- oder beidseitige Fehlentwicklung des Hüftgelenks innerhalb des ersten Lebensjahrs, die mit einer unzureichenden Stabilität des Gelenks einhergeht. Die Hüftgelenkdysplasie kann bei allen Hunderassen und auch bei Katzen beobachtet werden, sie tritt jedoch gehäuft bei groß- und schnellwüchsigen Hunden auf (oft Gebrauchshunderassen wie Deutscher Schäferhund). Hunde, deren Beckenmuskulatur infolge unverhältnismäßig schnellen Skelettwachstums nur schwach ausgebildet ist, haben fast nie normal ausgebildete Hüftgelenke. Vergleichsweise selten sind Hunde betroffen, die ausgewachsen weniger als 10 kg wiegen. Die Hüftgelenkdysplasie ist ein multifaktoriell bedingtes Leiden; ursächlich sind unter anderem eine genetische Prädisposition, übermäßige Belastung und Fütterung sowie eine erhöhte Wachstumsgeschwindigkeit. Die Fehlentwicklung führt zu einer biomechanischen Überbelastung einzelner Gelenkanteile, wodurch es zur Ausbildung einer sekundären Arthropathia deformans kommt. Die ersten degenerativen Veränderungen können histologisch bereits im Alter von 5 bis 7 Monaten nachgewiesen werden.

Die amerikanische Klassifikation beinhaltet 7 Schweregrade; dadurch ist die Beurteilung der Hüftgelenkdysplasie kompliziert und gibt dem Tierhalter keine klare Information. Im Hinblick auf die Zucht ist jedoch nur eine positive oder negative Aussage wirklich sinnvoll. Bei der kanadischen Einteilung der Hüftgelenkdysplasie werden 3 Schweregrade der arthrotischen Sekundärveränderungen unterschieden:

Grad 1 = Sklerose des kranialen Azetabulumrandes,

Grad 2 = Osteophytenbildung am kranialen Azetabulumrand und Femurhals,

Grad 3 = Deformation des Femurhalses und des Azetabulumrandes.

Im europäischen Klassifizierungsschema finden sich 4 Schweregrade mit folgender Definition:

1. Übergangsform (verdächtig für Hüftgelenkdysplasie): Geringgradige Inkongruenz zwischen Femurkopf und Azetabulum bei einem Norberg-Winkel von 105 Grad oder mehr oder Kongruenz zwischen Femurkopf und Azetabulum bei einem Norberg-Winkel von weniger als 105 Grad.

2. Leichte Hüftgelenkdysplasie: Inkongruenz zwischen Femurkopf und Azetabulum bei einem Norberg-Winkel von mehr als 100 Grad und/oder leichte Abflachung des kraniolateralen Azetabulumrandes und geringe arthrotische Veränderungen.

3. Mittlere Hüftgelenkdysplasie: Deutliche Inkongruenz zwischen Femurkopf und Azetabulum mit Subluxation und einem Norberg-Winkel von mehr als 90 Grad, Abflachung des kraniolateralen Azetabulumrandes und/oder arthrotische Merkmale.

4. Schwere Hüftgelenkdysplasie: Auffällige dysplastische Veränderungen an den Hüftgelenken, wie z.B. Luxation oder deutliche Subluxation, bei einem Norberg-Winkel von weniger als 90 Grad, deutliche Abflachung des Azetabulumrandes, stärkere Deformierung des Femurkopfes oder andere arthrotische Merkmale.

A. Die meisten Hunde großwüchsiger, für Hüftgelenkdysplasie prädisponierter Rassen werden routinemäßig nach Abschluß des Knochenwachstums, d.h. im Alter von mindestens einem Jahr, röntgenologisch auf Anzeichen einer Hüftgelenkdysplasie untersucht. Bei extrem großen Hunderassen (Mastiff, Dogge, Leonberger, Neufundländer, Landseer, Bernhardiner) sollte das Mindestalter für die Beurteilung auf Hüftgelenkdysplasie sogar 1,5 Jahre betragen.

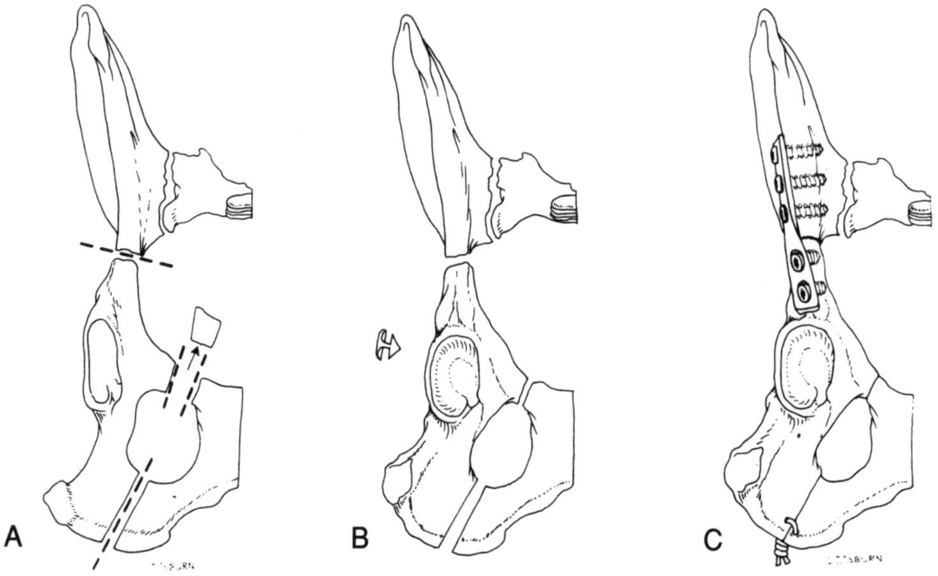

Abb. 1. Dreifachosteotomie des Beckens. A = Osteotomiestellen; B = Rotation des isolierten Hüftgelenksegments; C = Fixation der Osteotomie am Darmbeinkörper mit einer verschränkten Platte, Stabilisierung der Osteotomie am Sitzbein mit einer Drahtnaht.

B. Die ersten Symptome in Form plötzlicher Lahmheit, unkoordinierter Bewegung(en) der Beckengliedmaße(n) oder Hüftgelenkschmerz(en) fallen oft schon im Alter von 4 bis 9 Monaten auf. Der Tierhalter berichtet über reduzierten Bewegungsdrang, Beschwerden beim Aufstehen und die Weigerung des Tieres, Treppen zu steigen. Vor allem Welpen können einen watschelnden bzw. wiegenden Gang zeigen oder beim Laufen wie Kaninchen hüpfen. Bei jüngeren Hunden kann auch infolge Subluxation des Femurkopfes mit jedem Schritt ein Knacken im Bereich des Hüftgelenks hörbar sein. Nicht selten zeigen Hunde mit Hüftgelenkdysplasie aufgrund der Schmerzen ein verändertes, bewegungsunlustiges und ruhiges oder aggressiveres Verhalten. Die Lahmheit verschlimmert sich nach intensiver Belastung; nach längeren Ruhepausen fällt eine gewisse Steifheit auf.

C. Palpatorisch sind Abduktion, Rotation und Hyperextension im Hüftgelenk schmerzhaft. Der Schmerz wird durch die Kontraktur der periartikulären Muskeln verursacht, die das „lockere" Hüftgelenk ersatzweise zu stabilisieren versuchen, außerdem durch die Dehnung der Gelenkkapsel, die sich später fibrotisch verdickt. Besonders bei jungen Hunden mit noch instabilem Gelenk kann unter Abduktion des Femurs das Ortolani-Zeichen ausgelöst werden (fühl- und gelegentlich hörbares Klicken bei Reposition des subluxierten Femurkopfes). Während beim Jungtier vor allem die Instabilität Schmerzen bereitet, zeigen ausgewachsene und ältere Hunde infolge der sekundären Arthrose Beschwerden; hier finden sich palpatorisch eher Krepitation, Einschränkung der Gelenkbeweglichkeit und Atrophie der Oberschenkelmuskulatur. Die Veränderungen betreffen in der Regel beide Hüften. Bei älteren Patienten sollte ferner stets eine neurologische Untersuchung durchgeführt werden, um begleitende oder differentialdiagnostisch abzugrenzende Wirbelsäulen- und Rückenmarkerkrankungen zu erfassen.

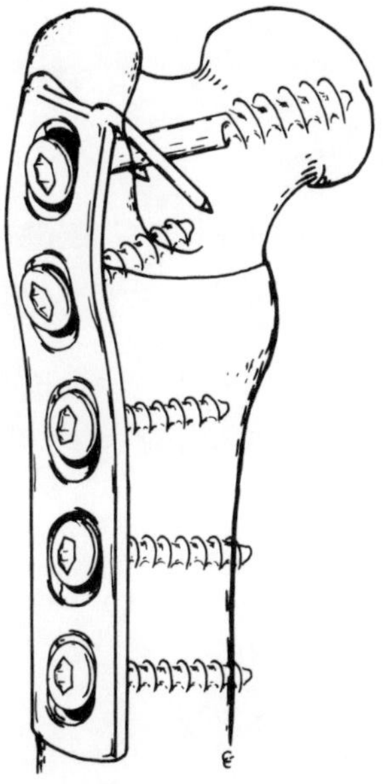

Abb. 2. Intertrochantere Varisationsosteotomie; Fixation mit einer Hakenplatte.

D. Die klinische Diagnostik muß durch eine Röntgenuntersuchung ergänzt werden. Diese sollte wegen der oft hochgradigen Schmerzhaftigkeit und, da Aufnahmen bei inadäquater Lagerung nicht auswertbar sind, in Sedation oder Vollnarkose erfolgen. Es wird eine Aufnahme des Beckens bei ventrodorsalem Strahlengang mit maximal gestreckten und leicht nach innen gedrehten Beckengliedmaßen angefertigt. Femurkopf und Azetabulum werden hinsichtlich ihrer Kongruenz und auf Anzeichen für arthrotische Veränderungen untersucht. In Europa wird zusätzlich noch die Winkelbestimmung nach Norberg durchgeführt. Bei der Beurteilung sollte aber berücksichtigt werden, daß das Gelenk nicht in physiologischer Position abgebildet ist; der Nachweis einer (Sub-)Luxation hängt auch von der Muskelrelaxation, d.h. der Anästhesie ab. Häufig besteht zwischen Röntgenbefund und klinischen Beschwerden kein Zusammenhang.

E. Die Therapie hängt von der Symptomatik und Schwere der Hüftgelenkdysplasie, dem Alter des Hundes, seinem Verwendungszweck sowie dem allgemeinen Gesundheitszustand ab. Viele Hunde mit röntgenologisch deutlichen Veränderungen sind klinisch ohne Beschwerden und benötigen dann keine Behandlung. Es muß jedoch damit gerechnet werden, daß ein junger Patient mit ausgeprägter Hüftgelenkdysplasie innerhalb der nächsten Jahre eine schwere Koxarthrose mit Lahmheit ausbilden wird.

F. Die Euthanasie sollte bei einem Hund erwogen werden, der ausschließlich als Gebrauchshund geführt oder zur Zucht verwendet werden soll; auch bei sehr senilen Hunden sowie bei schwerwiegenden Begleiterkrankungen kann sie indiziert sein.

G. Bei jungen Hunden kann die Myotomie oder Myektomie des M. pectineus zu einer vorübergehenden Besserung der Symptome führen, obwohl die Entwicklung oder das Fortschreiten der Hüftgelenkdysplasie dadurch nicht beeinflußt werden. Die Dreifachosteotomie des Beckens (Abb. 1) und die intertrochantere Varisationsosteotomie (Abb. 2) sollten nur bei Hunden bis zum Alter von 12 (höchstens 16) Monaten durchgeführt werden, die keine oder nur geringe Anzeichen einer Sekundärarthrose aufweisen; die Ergebnisse sind bei leichten Formen der Hüftgelenkdysplasie ohne Luxation am besten. Die Ausbildung degenerativer Gelenkveränderungen kann mit diesen Operationstechniken nicht völlig verhindert, sondern lediglich verzögert werden, gebessert scheint postoperativ jedoch die Gelenkbeweglichkeit. Die Dreifachosteotomie des Beckens kommt bei zu flachem Azetabulum, die intertrochantere Varisationsosteotomie bei unphysiologischer Antetorsion und Inklination des Femurhalses in Frage.

H. Oft genügt die vorübergehende Ruhigstellung des Patienten, um Schmerzfreiheit zu erreichen; bei adipösen Hunden ist auf eine Reduzierung des Körpergewichts zu achten. Anhaltende klinische Beschwerden können temporär mit nichtsteroidalen Antiphlogistika bzw. Analgetika therapiert werden. Mittel der Wahl ist Azetylsalizylsäure (25 mg/kg/Tag); Phenylbutazon (10 mg/kg, verteilt auf drei Tagesdosen) ist etwas stärker wirksam. Kortikosteroide können kurzfristig bei schweren, ansonsten therapieresistenten Symptomen gegeben werden. Junge Hunde mit Hüftgelenkdysplasie werden oft, unabhängig von der Behandlung oder dem Ausmaß der Erkrankung, im Alter von 12 bis 14 Monaten beschwerdefrei. Die Lahmheit kann für immer verschwinden, oder die sekundären arthrotischen Veränderungen führen in späteren Lebensjahren zu erneuten Symptomen.

I. Bei adulten Patienten mit anhaltend schmerzhafter Sekundärarthrose und einem Körpergewicht bis zu 15 kg kann eine Resektionsarthroplastik durchgeführt werden. Nach technisch korrekt erfolgter Operation (wichtig sind vollständiges Absetzen des Femurhalses und Interposition von Kapselgewebe) ist die Mehrzahl der Tiere beschwerdefrei, obgleich die Beweglichkeit des Hüftgelenks eingeschränkt bleiben kann.

J. Bei ausgewachsenen Tieren mit einem Körpergewicht von mehr als 15 kg führt die Alloarthroplastik zu den besten funktionellen Ergebnissen. Die Operation ist technisch anspruchsvoll und sollte nur von einem speziell geschulten, erfahrenen Operateur durchgeführt werden.

K. Für die Entstehung der Hüftgelenkdysplasie besteht eine genetische Prädisposition; daneben spielen auch Umwelteinflüsse eine Rolle. Durch die Züchtung mit hüftgelenkdysplasiefreien Tieren kann die Rate und Schwere der Erkrankung innerhalb einer Linie reduziert werden. Deshalb sollte der Ausschluß erkrankter Tiere von der Zucht oberstes Gebot sein.

Literatur

1. Barr ARS, Denny HR, Gibbs C. Clinical hip dysplasia in growing dogs: the long-term results of conservative management. J small Anim Pract 1987; 28: 243.
2. Brass W, Paatsama S: Hüftgelenkdysplasie – Internationales Zertifikat und Beurteilung von Röntgenaufnahmen. Hannover, Helsinki: Forssa, 1983.
3. Chalman JA. Coxofemoral joint laxity and the Ortolani sign. JAAHA 1985; 21: 671.
4. Hauptman J. The hip joint. In: Slatter DH, ed. Textbook of small animal surgery. Philadelphia: WB Saunders, 1985: 2167.
5. Lippincott CL. Improvement of excision arthroplasty of the femoral head and neck utilizing a biceps femoris muscle sling. JAAHA 1981; 17: 668.
6. Nunamaker DM, Newton CD. Hip displasia. In: Bojrab MJ, ed. Current techniques in small animal surgery. Philadelphia: Lea & Febiger, 1983.
7. Omstead ML, Hohn RB, Turner TM. A five year study of 221 consecutive clinical total hip replacements in the dog. JAVMA 1983; 183: 191.
8. Schrader SC. Triple osteotomy of the pelvis in the treatment of canine hip dysplasia. JAVMA 1971; 178: 39.

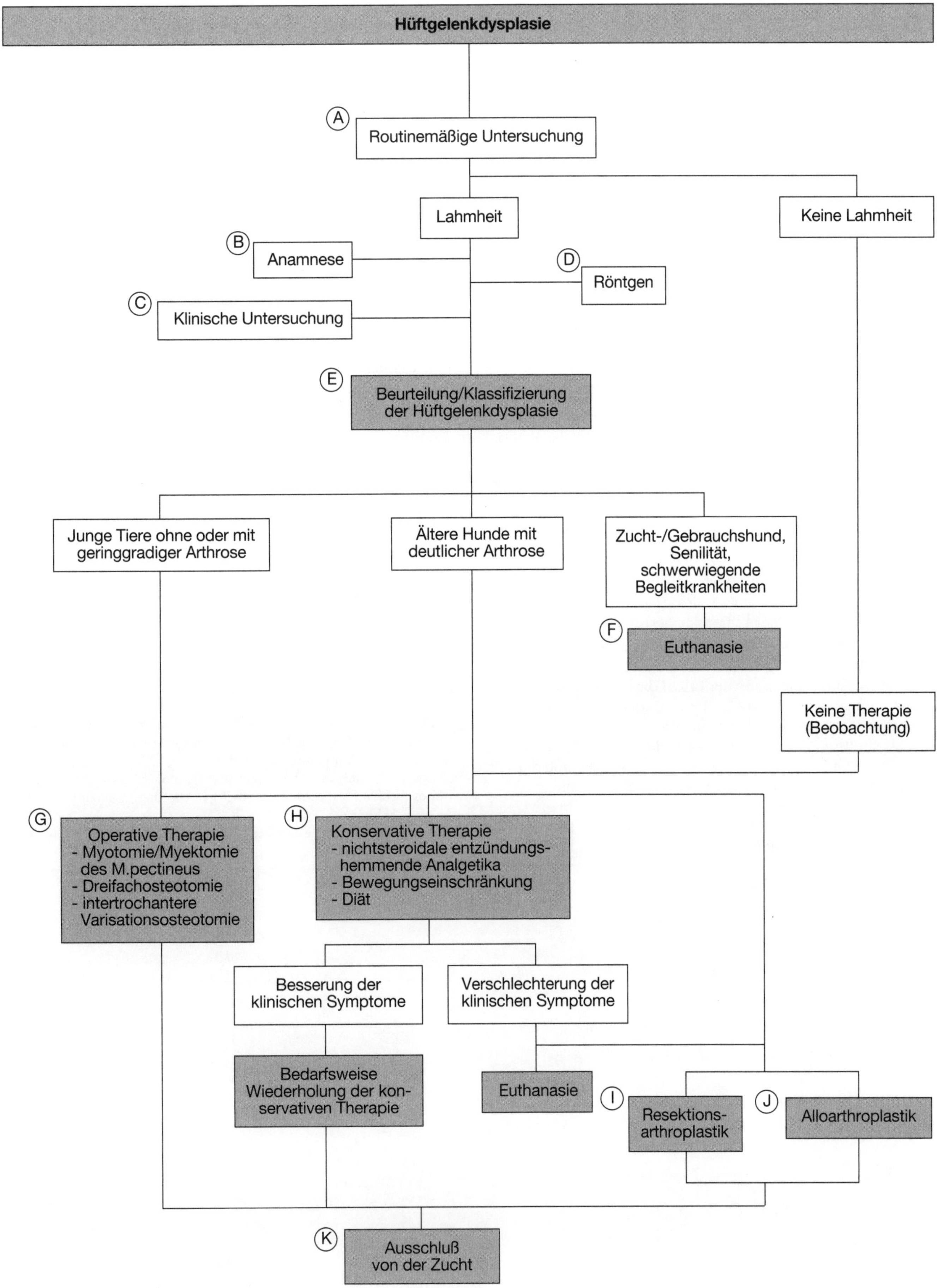
Hüftgelenkdysplasie
A
Routinemäßige Untersuchung
Lahmheit
Keine Lahmheit
B
Anamnese
D
Röntgen
C
Klinische Untersuchung
E
Beurteilung/Klassifizierung der Hüftgelenkdysplasie
Junge Tiere ohne oder mit geringgradiger Arthrose
Ältere Hunde mit deutlicher Arthrose
Zucht-/Gebrauchshund, Senilität, schwerwiegende Begleitkrankheiten
F
Euthanasie
Keine Therapie (Beobachtung)
G
Operative Therapie
- Myotomie/Myektomie des M.pectineus
- Dreifachosteotomie
- intertrochantere Varisationsosteotomie
H
Konservative Therapie
- nichtsteroidale entzündungshemmende Analgetika
- Bewegungseinschränkung
- Diät
Besserung der klinischen Symptome
Verschlechterung der klinischen Symptome
Bedarfsweise Wiederholung der konservativen Therapie
Euthanasie
I
Resektionsarthroplastik
J
Alloarthroplastik
K
Ausschluß von der Zucht

Aseptische Nekrose des Femurkopfes*

A. An der aseptischen Femurkopfnekrose – auch Morbus Legg-Calvé-Perthes genannt – erkranken vorzugsweise kleinwüchsige Hunde und Zwergrassen im Alter von 3 bis 10 Monaten. Es wird vermutet, daß die Erkrankung auf Zirkulationsstörungen im Bereich von Femurkopf und -hals zurückzuführen ist. Folgende Ursachen werden diskutiert:

1. Thrombosierung der blutzuführenden Gefäße nach Trauma,
2. gestörtes Verhältnis der Geschlechtshormone und
3. genetische Faktoren (die Erkrankung tritt in bestimmten Blutlinien gehäuft auf).

B. Klinisch zeigt sich eine progressive, ein- oder beidseitig intermittierende Lahmheit der Beckengliedmaßen, die von einer Muskelatrophie und -kontraktur begleitet wird. Die passive Bewegung der betroffenen Extremität ist schmerzhaft.

C. Die Diagnose wird röntgenologisch anhand einer Aufnahme des Beckens in ventrodorsalem Strahlengang gestellt. Charakteristisch ist der dreiphasige Verlauf der Erkrankung:

1. aseptische Nekrose,
2. Gelenkknorpeleinbruch mit Deformation des Femurkopfes,
3. sekundäre Koxarthrose.

Im Anfangsstadium bewirkt die lokale Ischämie zunächst keine klinischen Symptome oder röntgenologisch nachweisbare Veränderungen. Später bricht die abstützende Spongiosa infolge verminderten Gewebewiderstandes bereits bei physiologischer Beanspruchung unter den stärker belasteten Abschnitten des Gelenkknorpels ein; das Markgewebe wird nekrotisch (aseptische subchondrale Nekrose), und der Patient lahmt vorübergehend. Im Rahmen der folgenden reparativen Vorgänge wird der als Trümmerzone bezeichnete Defekt – jetzt röntgenologisch als Aufhellung erkennbar – mit stark durchblutetem Granulationsgewebe ausgefüllt. Erst im weiteren Verlauf der Erkrankung kommt es durch Einbruch des Gelenkknorpels über dem Nekroseherd zu einer Deformation des Femurkopfes. Im Rahmen der nun verstärkt einsetzenden reparativen Vorgänge tritt eine sekundäre Sklerosierung der epiphysären Spongiosa ein, die sich röntgenologisch in Form typischer Verdichtungen unterhalb der Einbruchstelle zeigt. Die Veränderungen können bis in den Schenkelhals ausstrahlen und zu dessen Umbau führen. Der zunehmenden Deformation des Femurkopfes paßt sich schließlich das Azetabulum an. Es entwickelt sich sekundär eine Arthropathia deformans mit charakteristischem Bild.

D. Bestehen in den beiden Anfangsstadien der Krankheit nur geringfügige Beschwerden, kann der Patient konservativ mit Bewegungseinschränkung und Analgetika behandelt werden.

E. In anhaltend schmerzhaften Fällen wird eine Resektionsarthroplastik durchgeführt. Nach Abklingen des Wundschmerzes werden die Tiere verstärkt bewegt. Parallel hierzu sollten über 3 bis 4 Wochen physiotherapeutische Maßnahmen wie passives Beugen, Abduzieren und Strecken der Beckengliedmaße durchgeführt werden, um einer Muskelkontraktur und damit einer eingeschränkten Beweglichkeit der Syndesmose vorzubeugen.

Literatur

1. Dämmrich K, Brass W, Schebitz H. Aseptische Nekrose des Caput femoris. In: Schebitz H, Brass W, Hrsg. Allgemeine Chirurgie für Tierärzte und Studierende. Berlin: Parey, 1975: 424.
2. Lee R. A study of radiographic and histological changes occurring in Legg-Calvé-Perthes disease (LCP) in the dog. J small Anim Pract 1970; 11: 621.
3. Ljunggren GL. Legg-Perthes disease in the dog. Acta Orthop Scand (Suppl) 1967; 95: 7.

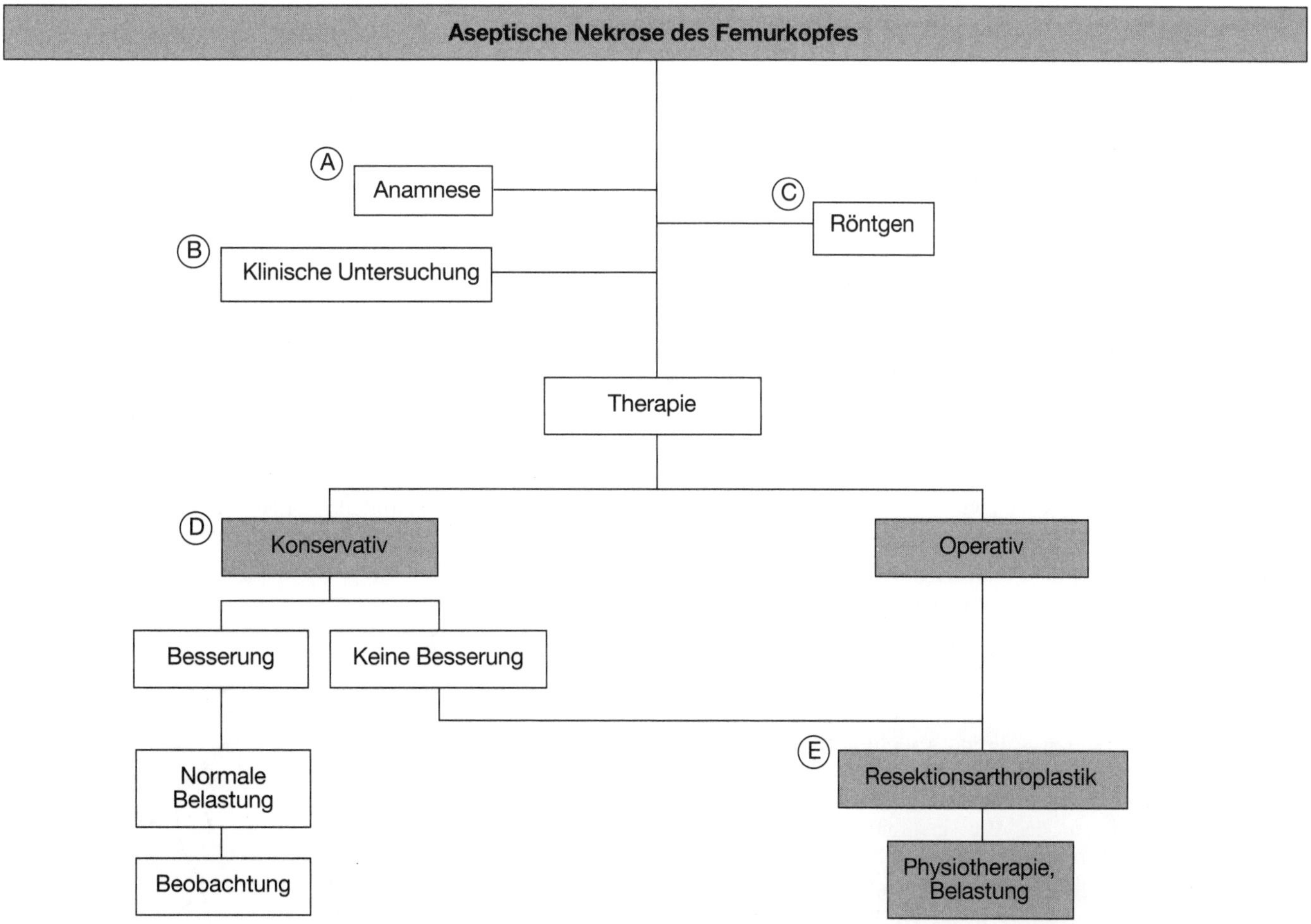
Aseptische Nekrose des Femurkopfes
A
Anamnese
B
Klinische Untersuchung
C
Röntgen
Therapie
D
Konservativ
Operativ
Besserung
Keine Besserung
Normale Belastung
Beobachtung
E
Resektionsarthroplastik
Physiotherapie, Belastung

Proximale Femurfrakturen*

A. Proximale Femurfrakturen entstehen meist durch ein indirektes Trauma und vorzugsweise bei jugendlichen Tieren. Die klinischen Symptome entsprechen denen anderer Verletzungen im Hüftgelenkbereich, wie z.B. der Femurluxation oder Azetabulumfraktur. Die Diagnose muß röntgenologisch bestätigt werden.

B. Es werden Röntgenaufnahmen des Beckens bei ventrodorsalem Strahlengang und Aufnahmen des Oberschenkels bei mediolateralem Strahlengang angefertigt. Bei nicht oder wenig dislozierten Fugenlösungen kann eine zusätzliche Darstellung des Beckens in sog. Froschstellung (Flexion und Abduktion beider Beckengliedmaßen bei ventrodorsalem Strahlengang) hilfreich sein.

C. Abhängig vom Alter des Patienten und der Art des Traumas treten Frakturen in den proximalen Wachstumsfugen (Epi- und Apophysenfuge), dem Caput oder Collum sowie metaphysär im inter- oder subtrochanteren Bereich auf. Verletzungen der Epiphysenfuge und Femurkopffrakturen liegen stets intrakapsulär, Femurhalsfrakturen können intra- und/oder extrakapsulär verlaufen, während Apophysiolyse und Femurfrakturen im trochanteren Bereich stets extrakapsuläre Brüche sind. Die Differenzierung nach intra- und extrakapsulären Frakturen ist in der Blutversorgung des Hüftkopfes begründet. Diese erfolgt bis etwa zum fünften Lebensmonat fast ausschließlich über die in der Gelenkkapsel verlaufenden Gefäße des epiphysären Systems. Erst zu Beginn des Fugenschlusses entstehen ausgiebige Anastomosen mit den intraossär verlaufenden Gefäßen des metaphysären Systems, so daß bei intrakapsulären Frakturen, die eine Drosselung (Hämarthros) oder Zerreißung (Gelenkkapselruptur) der epiphysären Gefäße bedingen, die Durchblutung des Femurkopfes in den ersten Lebensmonaten gefährdet ist.

D. Die proximale Epiphysiolyse des Femur liegt meist in Form einer Fugenfraktur vom Typ I nach Salter-Harris vor. Sie ist gelegentlich – wie auch der Schenkelhalsbruch junger Hunde und Katzen – von einer Apophysiolyse des Trochanter major ossis femoris begleitet.

E. Beim ausgewachsenen Tier werden meist Femurhals-, gelegentlich auch Femurkopffrakturen diagnostiziert. Die Caputfraktur kommt hauptsächlich in Verbindung mit einer Femurluxation vor. Dabei können mit dem Hüftkopfband kleine Stücke an der Fovea capitis ossis femoris ausgerissen oder größere Fragmente im Bereich der tragenden Gelenkfläche abgesprengt sein.

F. Die Therapie sollte zunächst auf eine Rekonstruktion ausgerichtet sein. Zur Darstellung des Femurkopfes und -halses genügt meist der Zugang von kraniolateral. Der Schnitt in der Gelenkkapsel wird parallel zur Längsachse des Schenkelhalses geführt, um möglichst wenige epiphysäre Blutgefäße zu durchtrennen. Bei nicht ausreichender Übersicht kann

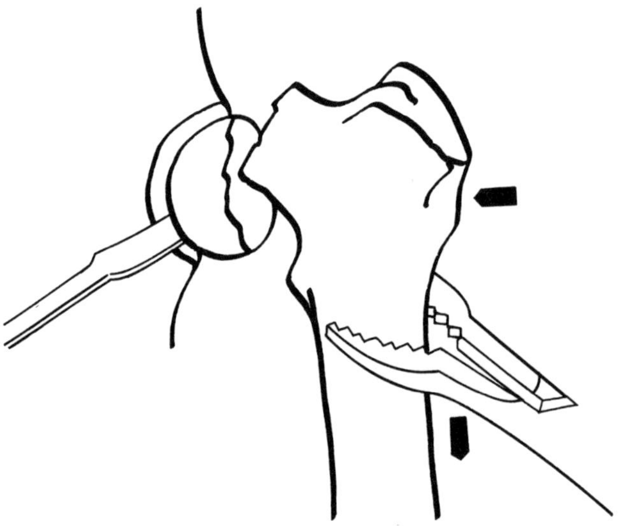

Abb. 1. Repositionstechnik. Das Os femoris wird mit einer Reduktionszange gefaßt, nach distal gezogen und unter leichter Innenrotation gegen das mit einem Raspatorium abgestützte proximale Fragment gedrückt.

zusätzlich eine Osteotomie des Trochanter major durchgeführt werden. Die Reposition sollte anatomisch korrekt erfolgen (Abb. 1). Die Wahl des Fixationsverfahrens ist abhängig vom Alter des Patienten sowie von der Lokalisation und Art der Fraktur. Beim Jungtier empfehlen sich fugenschonende Implantate (senkrecht die Epiphysenfuge kreuzende Kirschner-Bohrdrähte), um einen vorzeitigen Schluß der Wachstumsfugen zu verhindern.

G. Die Epiphysiolyse kann mit zwei parallel zueinander verlaufenden Kirschner-Bohrdrähten fixiert werden. Die Bohrdrähte werden von lateral, knapp unterhalb des Trochanter major nach kraniomedial in den Femurhals- und -kopf eingedreht. Dabei sollte zur Sicherung der Rotationsstabilität der Bruchspalt an zwei voneinander entfernten Stellen gekreuzt werden. Das freie Ende der Bohrdrähte wird hakenförmig umgebogen und gegen die Kortikalis verspannt (Abb. 2).

H. Beim knöchernen Ausriß des Ligamentum capitis ossis femoris handelt es sich meist um kleine Fragmente, die reseziert werden können. Die begleitende Femurluxation ist wie auf Seite 198 beschrieben zu versorgen.

I. Liegt eine Caputfraktur mit großen Bruchstücken vor, sollte auch hier die Rekonstruktion versucht werden. Zur Fixation werden beim Jungtier Kirschner-Bohrdrähte verwendet. Bei adulten Tieren kommen auch Zugschrauben in Betracht. Um Rotationsstabilität zu erreichen, muß jedes ausgesprengte Fragment von zwei Implantaten erfaßt sein.

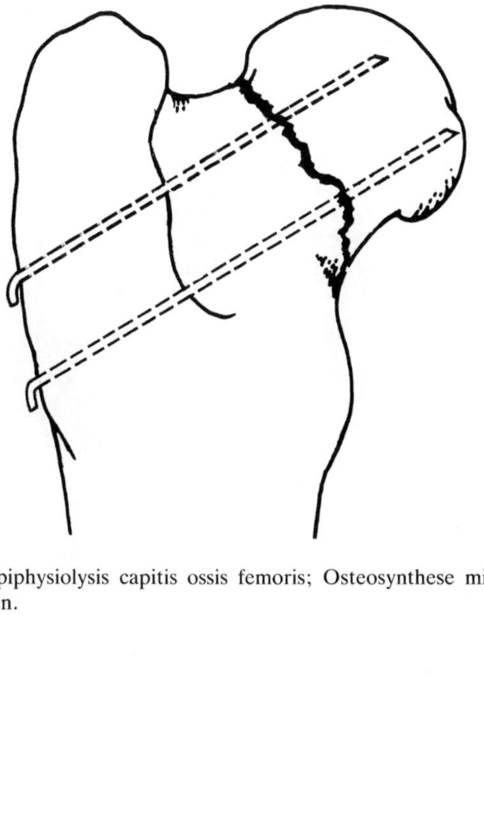

Abb. 2. Epiphysiolysis capitis ossis femoris; Osteosynthese mit zwei Bohrdrähten.

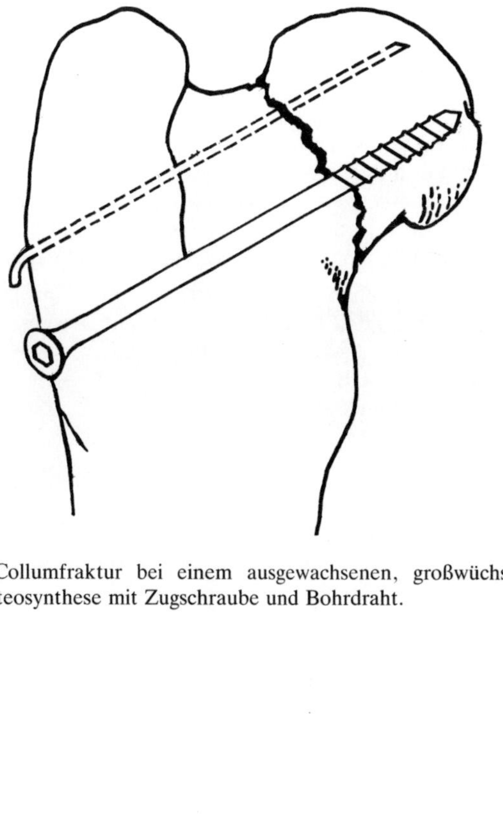

Abb. 3. Collumfraktur bei einem ausgewachsenen, großwüchsigen Hund; Osteosynthese mit Zugschraube und Bohrdraht.

J. Femurhalsfrakturen liegen vorwiegend extrakapsulär. Die Fixation kann bei ausgewachsenen großwüchsigen Hunden mit einer Zugschraube und zusätzlichem Bohrdraht erfolgen (Abb. 3); beim Jungtier sowie bei kleineren Hunden oder Katzen genügt die Bohrdrahtosteosynthese (Abb. 2).

K. Irreparable Frakturen werden bei Tieren bis zu einem Körpergewicht von 15 kg mit einer Resektionsarthroplastik, bei schwereren Hunden mit Alloarthroplastik versorgt.

L. Im Gegensatz zum Menschen führt die posttraumatische Zirkulationsstörung im Bereich des Femurkopfes bei Hunden und Katzen infolge einer raschen Revaskularisation selten zu Komplikationen, wenn frühzeitig eine gefäßschonende, anatomisch korrekte und rotationsstabile Osteosynthese durchgeführt wird. Nach jeder Fraktur im Bereich des Hüftgelenks kann jedoch eine sekundäre Arthropathia deformans entstehen, die zu einem späteren Zeitpunkt eventuell eine Resektions- oder Alloarthroplastik erforderlich macht.

M. Abrißfrakturen des Trochanter major kommen fast ausnahmslos in Form der Apophysiolyse vor. Diese Verletzung ist häufig mit einer Collumfraktur oder proximalen Femurepiphysiolyse kombiniert. Die Fixation kann mit zwei Bohrdrähten allein oder bei Ausrißgefahr durch den Zug der Glutealmuskulatur zusätzlich mit einer Zuggurtungsdrahtschlinge erfolgen.

N. Inter- und subtrochantere Frakturen sind oft mit einer Femurhalsfraktur kombiniert. Die Versorgung der Collumfraktur erfolgt wie oben beschrieben. Zur Fixation der inter- oder subtrochanteren Fraktur wird am besten eine Platte verwendet. Bei größeren Hunden bietet sich die Hakenplatte an.

Literatur

1. Brinker WO, Piermattei DL, Flo GL. Handbook of small animal orthopedics and fracture treatment. Philadelphia: WB Saunders, 1983: 76.
2. Hulse DA. Femoral head and neck fractures. In: Bojrab MJ, ed. Current techniques in small animal surgery. Philadelphia: Lea & Febiger, 1983: 636.
3. Lee R. Proximal femoral epiphyseal separation in the dog. J small Anim Pract 1976; 2: 669.
4. Matis U, Schebitz H, Waibl H. Zugang zum Hüftgelenk von kraniolateral. In: Schebitz H, Brass W, Hrsg. Operationen an Hund und Katze. Berlin: Parey, 1985: 234.
5. Matis U, Waibl H. Proximale Femurfrakturen bei Hund und Katze. Tierärztl Prax Suppl 1985: 1: 159.
6. Milton JL, Newman ME. Fractures of the femur: capital epiphyseal fractures. In: Slatter DH, ed. Textbook of small animal surgery. Philadelphia: WB Saunders, 1985: 2183.
7. Olmstead ML. Fractures of the femoral head and neck. In: Brinker WO, Hohn RB, Prieur WD, eds. Manual of internal fixation in small animals. Heidelberg: Springer, 1984: 166.
8. Olmstead ML, Hohn RB, Turner TM. Technique for canine total hip replacement. Vet Surg 1981; 40: 44.

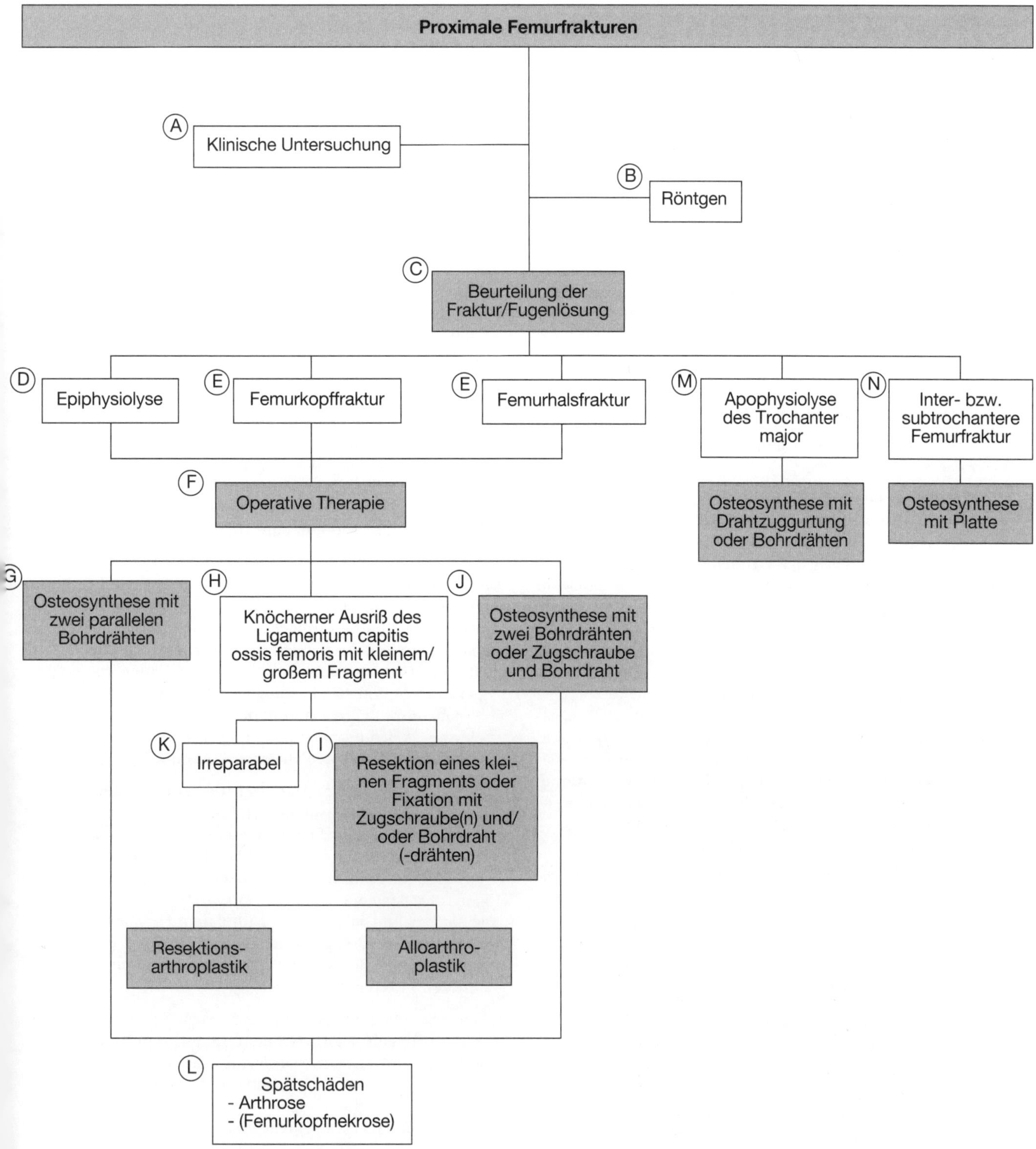
Proximale Femurfrakturen
A
Klinische Untersuchung
B
Röntgen
C
Beurteilung der Fraktur/Fugenlösung
D
Epiphysiolyse
E
Femurkopffraktur
E
Femurhalsfraktur
M
Apophysiolyse des Trochanter major
N
Inter- bzw. subtrochantere Femurfraktur
F
Operative Therapie
Osteosynthese mit Drahtzuggurtung oder Bohrdrähten
Osteosynthese mit Platte
G
Osteosynthese mit zwei parallelen Bohrdrähten
H
Knöcherner Ausriß des Ligamentum capitis ossis femoris mit kleinem/großem Fragment
J
Osteosynthese mit zwei Bohrdrähten oder Zugschraube und Bohrdraht
K
Irreparabel
I
Resektion eines kleinen Fragments oder Fixation mit Zugschraube(n) und/oder Bohrdraht (-drähten)
Resektions-arthroplastik
Alloarthro-plastik
L
Spätschäden
- Arthrose
- (Femurkopfnekrose)

Femurschaftfrakturen

A. Femurschaftfrakturen entstehen durch ein starkes Trauma. Infolgedessen handelt es sich häufig um Splitterbrüche mit schwerem Weichteiltrauma. Die meisten Patienten, vor allem kleinere Hunde und Katzen, die einen Autounfall erlitten haben, sind polytraumatisiert. Thorax, Abdomen und Bekken sind deshalb obligat auf begleitende Verletzungen hin zu untersuchen. Ebenso ist die Unversehrtheit des N. ischiadicus zu überprüfen. Liegt ein stumpfes Thorax- oder Abdominaltrauma vor, hat die Stabilisierung der Vitalfunktionen des Patienten Vorrang vor einer Versorgung der Fraktur.

B. Röntgenaufnahmen des Oberschenkels werden bei ventrodorsalem und mediolateralem Strahlengang angefertigt; der Knochen ist sorgfältig auf Fissuren hin zu untersuchen.

C. Offene Frakturen sind am Femur selten; sie werden wie folgt behandelt:

Grad I (Knochenspitze durchspießt von innen die Haut): Nach Reinigung der Haut und Entfernung nekrotischen oder gequetschten Gewebes wird die Fraktur wie ein gedeckter Bruch behandelt.

Grad II (Verletzung der Weichteile erfolgt im wesentlichen von außen nach innen; deutliche Kontusion): Nach korrekter Reinigung und Versorgung der Wunde wird der Knochen reponiert und nach den üblichen Richtlinien fixiert; die Wunde bleibt offen und wird bei der Nachbehandlung entsprechend versorgt.

Grad III (erhebliche Haut- und Weichteilverletzung, meist Splitterbrüche): Bei stark infizierten Frakturen werden nach einer sorgfältigen Wundrevision die Hauptfragmente mit Hilfe eines Fixateur externe stabilisiert, um einer Muskelkontraktur und Verkürzung des Oberschenkelknochens vorzubeugen; nach Abheilen der Weichteilverletzung und Abklingen der Infektion kann die Fraktur in einer zweiten Operation intern fixiert werden.

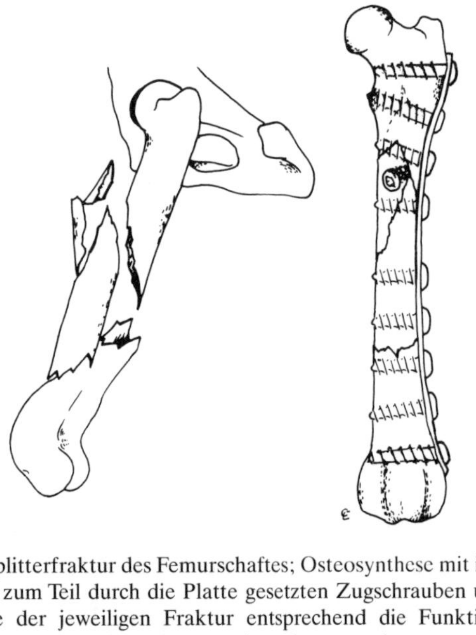

Abb. 1. Splitterfraktur des Femurschaftes; Osteosynthese mit interfragmentären, zum Teil durch die Platte gesetzten Zugschrauben und einer Platte, die der jeweiligen Fraktur entsprechend die Funktion einer Neutralisations- und einer Kompressionsplatte ausübt.

D. Eine zuverlässige konservative Behandlung von Femurschaftfrakturen mit Verband oder Schiene ist nicht möglich, und zwar einerseits wegen der kräftigen Oberschenkelmuskulatur und andererseits wegen der Unmöglichkeit, das Hüftgelenk zu immobilisieren. Auch die Schröder-Thomas-Schiene reicht zur Fixation nicht aus; sie ermöglicht vor allem bei proximalen Femurschaftfrakturen eine interfragmentäre Bewegung, die die Ausbildung einer Pseudarthrose begünstigt. Die längerfristige Immobilisierung der Gliedmaße bei relativ gestrecktem Kniegelenk kann außerdem zur Kontraktur des M. quadriceps führen. Ist wegen ernster Begleitverletzungen aufgrund der Frakturform oder des Alters des Tieres eine operative Stabilisierung der Fragmente nicht möglich, so ist der Patient bis zu 6 Wochen in einem Käfig ruhigzuhalten; mit einer funktionsbeeinträchtigenden Achsenfehlstellung und/oder Verkürzung der Gliedmaße muß gerechnet werden. Bei sehr jungen Patienten können Femurschaftfrakturen unter Käfigruhe jedoch zufriedenstellend heilen, da meist spontan eine Achsenkorrektur erfolgt.

E. Die Fixation mit Zugschrauben und/oder Platte ermöglicht die beste Stabilität, entsprechende Indikation und technisch korrekte Ausführung vorausgesetzt. Die Osteosynthese mit intramedullären Kraftträgern oder Fixateur externe führt zu keiner vergleichbar stabilen Fixierung. Der zusätzliche Einsatz von (Hemi-)Cerclagen ist bei jungen Patienten und/oder speziellen Frakturformen möglich. Besonders offene Frakturen müssen stabil fixiert werden, zumal wenn zusätzlich eine schwere Weichteiltraumatisierung vorliegt. Markraumverfahren sind bei offenen Brüchen kontraindiziert.

F. Quer- und kurze Schrägfrakturen werden am besten mit einer Kompressionsplatte stabilisiert, vor allem, wenn zusätzlich Fissuren vorliegen. Diese Art der Fixation erlaubt eine frühzeitige Belastung der Gliedmaße. Bei der intramedullären Schienung mit Steinmann- oder Küntscher-Nägeln kann keine vergleichbar stabile Fixation der Fragmente erzielt werden; beim Einbringen der Implantate können vorhandene Fissuren gesprengt werden, wodurch es zur Rotationsinstabilität und bei Belastung der Gliedmaße mitunter auch zu weiteren Frakturen kommt.

G. Lange Schräg- und Spiralfrakturen sowie Schaftfrakturen mit großem Biegungskeil („Schmetterlingsfraktur") werden am besten mit interfragmentären Zugschrauben und einer Neutralisationsplatte versorgt (Abb. 1). Anstelle von Zugschrauben können zur interfragmentären Kompression manchmal auch Drahtcerclagen geeignet sein.

H. Splitterfrakturen werden mit Abstützplatte oder Fixateur externe stabilisiert. Der Fixateur externe sollte jedoch Ausnahmefällen vorbehalten bleiben, da die Querverbindungen durch verschiedene Muskellagen gesetzt werden müssen, wodurch die Muskelfunktion während der Bewegung beeinträchtigt wird. Bei der Plattenosteosynthese sollte eine rigide Platte gewählt werden, um Komplikationen durch Plattenbiegung oder -bruch zu vermeiden. Größere Fragmente werden mit interfragmentären Zugschrauben fixiert. Bei Frakturen mit Substanzverlust, z.B. infolge Entfernung denudierter Knochenfragmente, ist gleichzeitig eine autogene Spongiosaimplantation angezeigt.

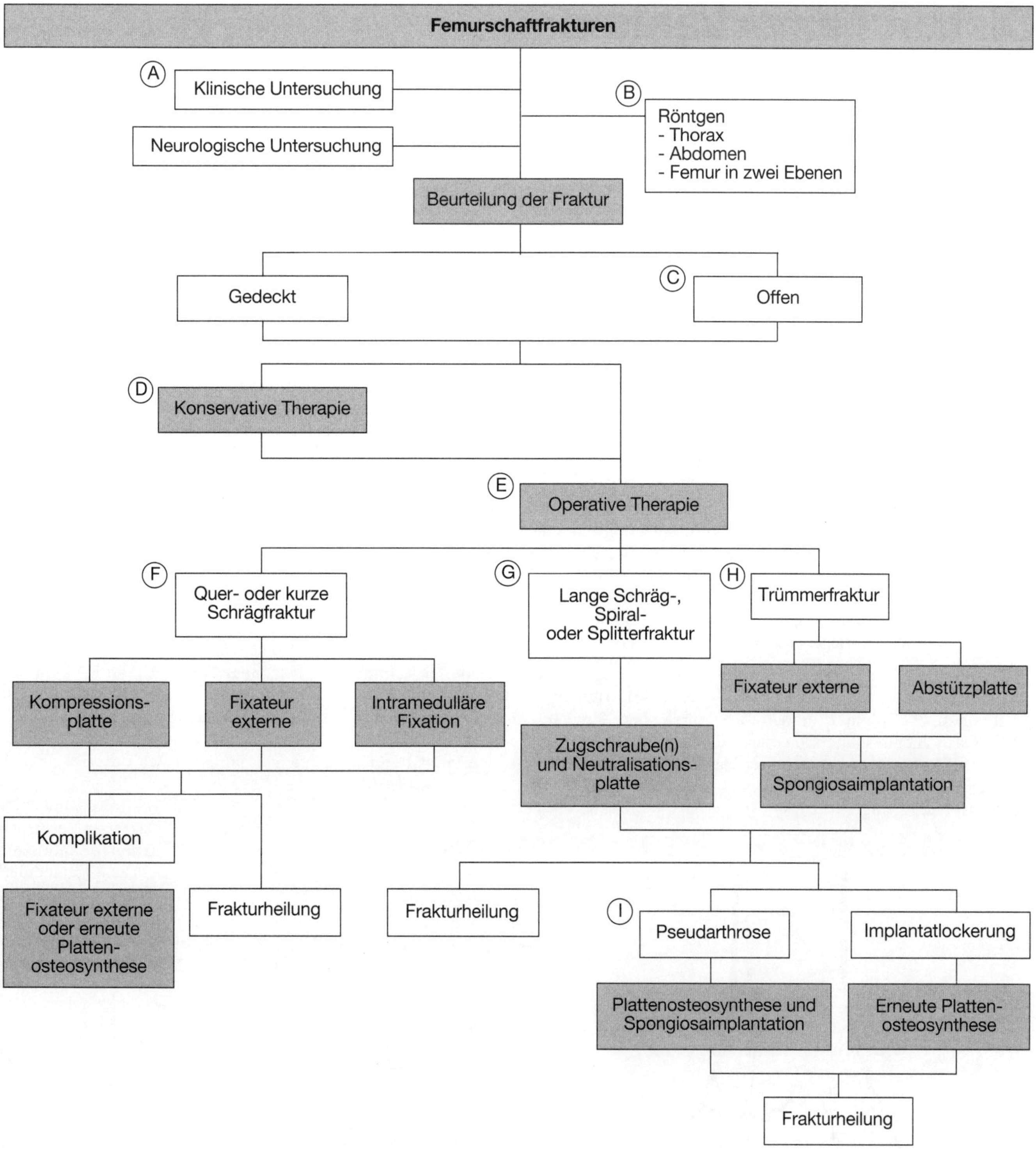

I. Pseudarthrosen entstehen hauptsächlich nach inadäquater konservativer Therapie, intramedullärer Fixation oder Plattenlockerung bzw. -ausriß.

Literatur

1. Fuchs R. Femurschaftfrakturen bei der Katze – Behandlung und Ergebnisse in den Jahren 1970–1977. Vet med Diss, München 1978.
2. Matis U, Schebitz H. Zugang zum Femurschaft. In: Schebitz H, Brass W, Hrsg. Operationen an Hund und Katze. Berlin: Parey, 1985: 250.
3. Milton JL, Newman ME. Fractures of the femur. In: Slatter DH, ed. Textbook of small animal surgery. Philadelphia: WB Saunders, 1985: 2186.
4. Olmstead ML. Femoral shaft fractures. In: Brinker WO, Hohn RB, Prieur WD, eds. Manual of internal fixation in small animals. Heidelberg: Springer, 1984: 174.
5. Schürle G. Femurschaftfrakturen beim Hund – Behandlung und Ergebnisse in den Jahren 1970–1977. Vet med Diss, München 1979.

Distale Femurfrakturen*

A. Bei der klinischen Untersuchung werden Lahmheit, Schmerzhaftigkeit, Schwellung, abnorme Beweglichkeit und Krepitation im Bereich des Kniegelenks festgestellt. Die Form der distalen Femurfraktur ist vom Alter des Patienten und der Gewalteinwirkung abhängig.

B. Für die exakte Diagnose sind Röntgenaufnahmen bei kraniokaudalem und mediolateralem Strahlengang unerläßlich. Anhand der Frakturform und der Anzahl der Fragmente wird die Therapie bestimmt.

C. Bei jungen, noch wachsenden Tieren verläuft die Frakturlinie meist vollständig oder zumindest teilweise in der Wachstumsfuge als Locus minoris resistentiae.

D. Junge Hunde großwüchsiger Rassen erleiden am lateralen Femurkondylus mitunter auch einen knöchernen Ausriß des M. extensor digitalis longus. Klinische Symptome sind Schmerz, Gelenkerguß und Lahmheit. Bei frühzeitiger Versorgung und ausreichend großem Abrißfragment kann eine Zugschraubenfixation in Frage kommen. Besteht der Muskelausriß bereits länger, wird das hypertrophisch veränderte Knochenfragment entfernt und die Sehne des M. extensor digitalis longus im proximalen Tibiabereich durch Naht an die umgebenden Weichteile fixiert.

E. Die meisten distalen Femurfrakturen des Jungtieres liegen in Form einer Fugenverletzung vom Typ Salter-Harris I oder II vor. Die Epiphyse findet sich durch den Zug des M. gastrocnemius unterschiedlich weit nach kaudal verlagert und sollte korrekt reponiert werden. Zur Fixation werden zwei Bohrdrähte verwendet, die möglichst senkrecht durch die Wachstumsfuge, vorzugsweise von knapp proximal nach distal, eingedreht und nach Umbiegen ihrer freien Enden gegen die Kortikalis verspannt werden (Abb. 1). Ist bei distalen Femurfrakturen vom Typ Salter-Harris II metaphysär ein größeres Fragment ausgesprengt, kann zusätzlich eine horizontal, oberhalb der Wachstumsfuge verlaufende Zugschraube angezeigt sein.

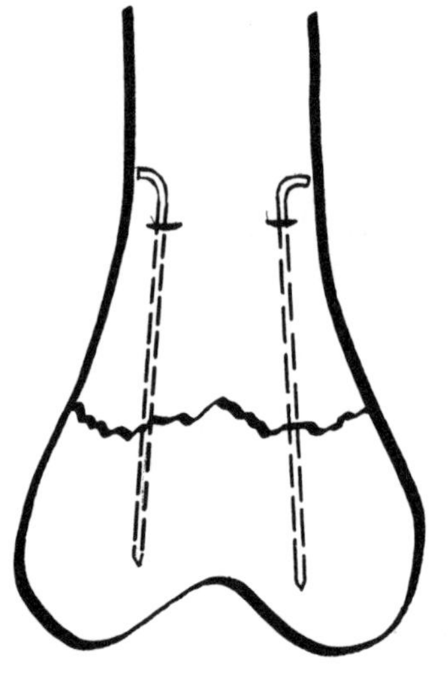

Abb. 1. Epiphysiolysis distalis ossis femoris; Osteosynthese mit zwei Bohrdrähten.

F. Bei Frakturen vom Typ Salter-Harris III wird der interkondyläre Bruchspalt mit einer horizontal in der Epiphyse verlaufenden Zugschraube komprimiert; zusätzlich kann zur Sicherung der Rotationsstabilität ein Bohrdraht erforderlich sein.

G. Bei adulten Tieren kommen suprakondyläre, Kondylus- und bikondyläre (Y- oder T-)Frakturen vor. Die Fraktur kann glatt oder gesplittert und durch eine Begleitverletzung der Gelenkkapsel oder der Kniegelenkbänder kompliziert sein. Die suprakondyläre Femurfraktur wird wie die Epiphysiolyse mit zwei Bohrdrähten, die Kondylusfraktur mit Zugschraube(n) fixiert. Beim ausgewachsenen Tier kann zur besseren Stabilisierung einer suprakondylären Femurfraktur zusätzlich ein Zuggurtungsdraht durch eine Querbohrung im Bereich der Femurkondylen und um das proximale Ende der umgebogenen Bohrdrähte geführt und verspannt werden. Bei bikondylären Brüchen werden zunächst die epiphysären Fragmente mit Zugschraube(n) aneinander befestigt. Die Fixation der rekonstruierten Epiphyse an den Femurschaft kann je nach Situation mit Bohrdrähten, Drahtzuggurtung, Zugschraube(n) oder Platte erfolgen. Splitterfrakturen des suprakondylären Bereichs lassen sich am stabilsten mit einer Platte rekonstruieren.

Literatur

1. Köstlin RG. Kniegelenk(-nahe) Frakturen des Femur bei Hund und Katze – Behandlung und Ergebnis in den Jahren 1970–1972. Vet med Diss, München 1973.
2. Matis U. Zur Drahtzuggurtung distaler Epiphysiolysen bzw. suprakondylärer Frakturen des Femur bei Katze und Hund. Berl Münch Tierärztl Wschr 1977; 90: 240.
3. Matis U, Köstlin RG. Zur Druckosteosynthese distaler Epiphysenlösungen bzw. suprakondylärer Frakturen des Femur bei Hund und Katze. Berl Münch Tierärztl Wschr 1974; 37: 196.
4. Matis U, Schebitz H. Zugang zum Os femoris im distalen Drittel. In: Schebitz H, Brass W, Hrsg. Operationen an Hund und Katze. Berlin: Parey, 1985: 252.
5. Milton JL, Newman ME. Fractures of the femur. In: Slatter DH, ed. Textbook of small animal surgery. Philadelphia: WB Saunders, 1985: 2189.
6. Olmstead ML. Supra condylar, condylar and intercondylar Y- or T-fractures. In: Brinker WO, Hohn RB, Prieur WD, eds. Manual of internal fixation of fractures in small animals. Heidelberg: Springer, 1984: 174.
7. Sumner-Smith G, Dingwall JS. A technique for repaired fractures of the distal femoral epiphysis in the dog and cat. JAAHA 1973; 9(2): 171.

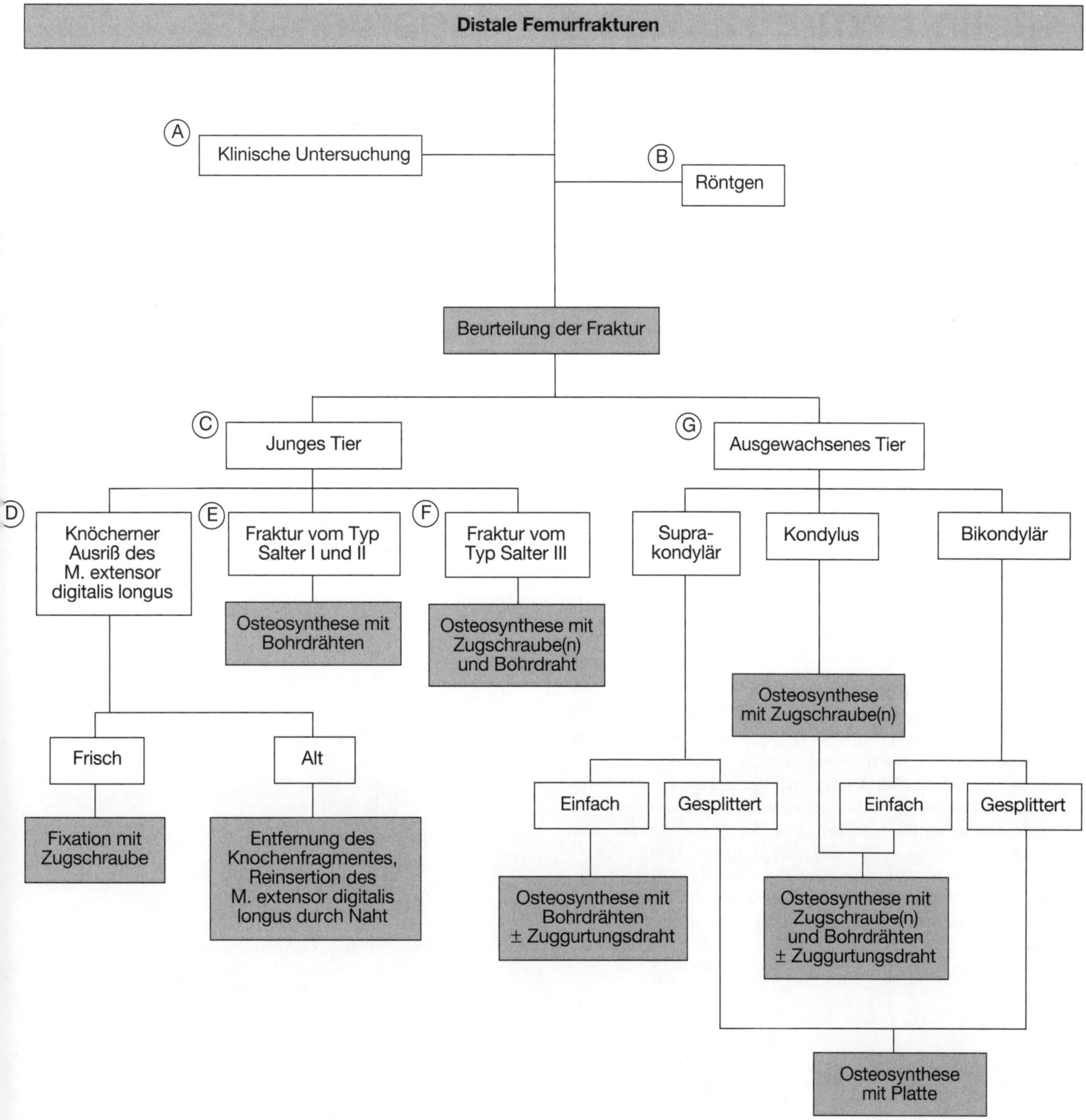
Distale Femurfrakturen
A
Klinische Untersuchung
B
Röntgen
Beurteilung der Fraktur
C
Junges Tier
G
Ausgewachsenes Tier
D
Knöcherner Ausriß des M. extensor digitalis longus
E
Fraktur vom Typ Salter I und II
F
Fraktur vom Typ Salter III
Supra- kondylär
Kondylus
Bikondylär
Osteosynthese mit Bohrdrähten
Osteosynthese mit Zugschraube(n) und Bohrdraht
Osteosynthese mit Zugschraube(n)
Frisch
Alt
Einfach
Gesplittert
Einfach
Gesplittert
Fixation mit Zugschraube
Entfernung des Knochenfragmentes, Reinsertion des M. extensor digitalis longus durch Naht
Osteosynthese mit Bohrdrähten ± Zuggurtungsdraht
Osteosynthese mit Zugschraube(n) und Bohrdrähten ± Zuggurtungsdraht
Osteosynthese mit Platte

Patellafraktur, Ruptur des Ligamentum patellae*

A. Patellafrakturen und Rupturen des Ligamentum patellae sind seltene, meist offene Verletzungen, die in der Regel durch eine direkte Gewalteinwirkung entstehen. Bei vollständiger Zusammenhangstrennung kann das Kniegelenk nicht mehr ausreichend gestreckt werden. Palpatorisch fällt neben reduzierter Spannung des Ligamentum patellae ein Patellahochstand auf. Wie bei allen Kniegelenkverletzungen sollten die Kreuz- und Seitenbänder auf ihre Stabilität hin überprüft werden. Die Untersuchung erfolgt am besten in Vollnarkose.

B. Es werden stets Röntgenaufnahmen des Kniegelenks bei kraniokaudalem und mediolateralem Strahlengang angefertigt. Die seitliche Röntgenaufnahme sollte unter maximaler Flexion des Kniegelenks erfolgen, um unvollständige Zusammenhangstrennungen nicht zu übersehen.

C. Liegt eine Patellarandfraktur mit intakter Gelenkfläche und nur minimaler Fragmentdislokation vor, kann für 3 bis 6 Wochen ein immobilisierender Verband angelegt werden. Bei anhaltenden Beschwerden werden die abgesprengten Randfragmente operativ entfernt.

D. Bei Patellafrakturen mit Beteiligung der Gelenkfläche ist eine offene Reposition und Fixation erforderlich.

E. Eine einfache Querfraktur kann mit zwei Kirschner-Bohrdrähten und einem Zuggurtungsdraht versorgt werden, der unter den umgebogenen Bohrdrahtenden über die Patella gelegt, gespannt und verdrillt wird (Abb. 1). Eine Querfissur der Kniescheibe kann allein mit Zuggurtungsdraht stabilisiert werden (Abb. 2). Der Draht wird hierbei in unmittelbarer Nähe der Patella durch die Sehne des M. quadriceps und das Ligamentum patellae geführt und dorsal der Kniescheibe aufliegend verspannt. Zur Zugentlastung der Montage kann, bei identischer, jedoch weiter entfernt von der Patella liegender Führung, ein zusätzlicher Zuggurtungsdraht verspannt werden (Abb. 1 und 2). Diese Drähte müssen über die Dorsalfläche der Patella verlaufen, damit der Bruchspalt bei Beugung des Kniegelenks hier nicht aufklappt.

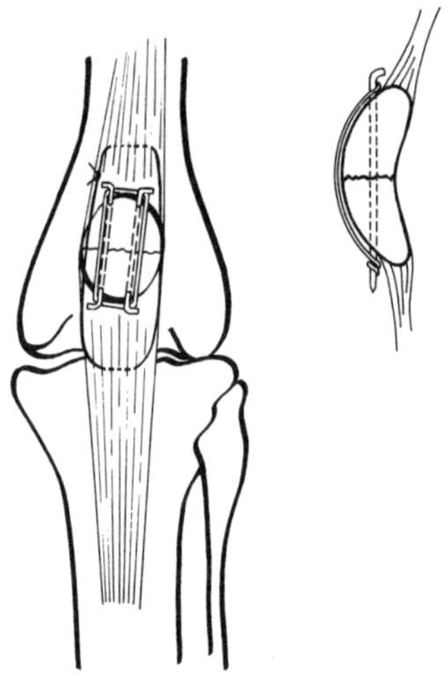

Abb. 1. Querfraktur der Patella; Osteosynthese mit zwei Bohrdrähten und Zuggurtungsdraht, zusätzlich Zugentlastung über eine zweite Drahtschlinge.

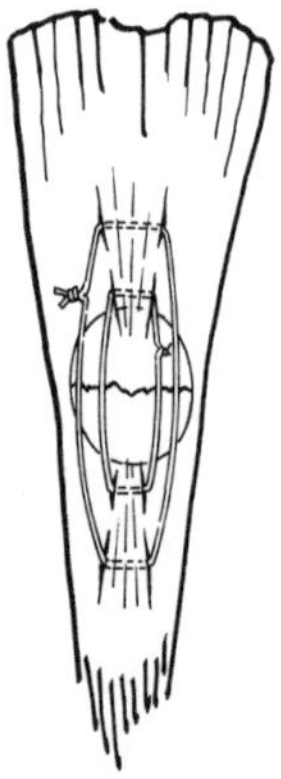

Abb. 2. Querfissur der Patella; Osteosynthese nur mit Zuggurtungsdrähten.

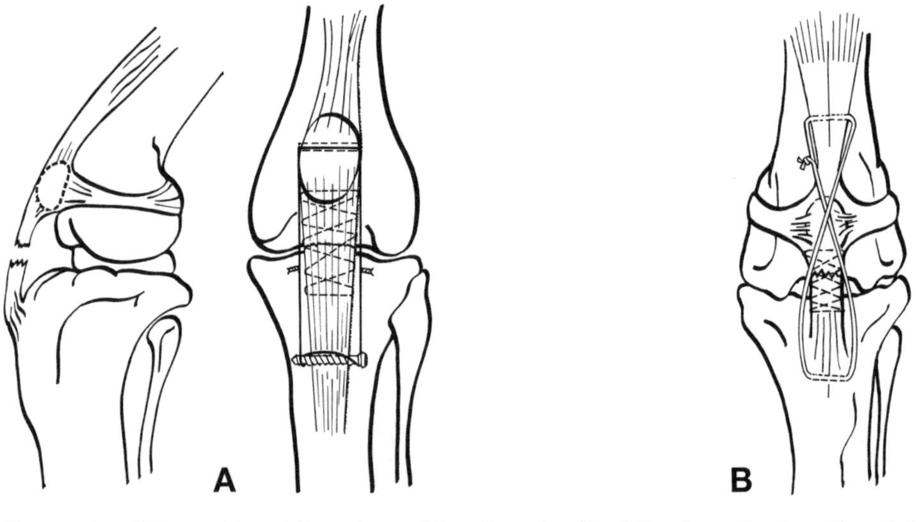

Abb. 3. Ruptur des Ligamentum patellae. A = Adaptation der Bandstümpfe nach Bunnell und Entlastung mit Zuggurtungsdraht; B = Entlastung der Bandnaht mit achterförmigem Zuggurtungsdraht.

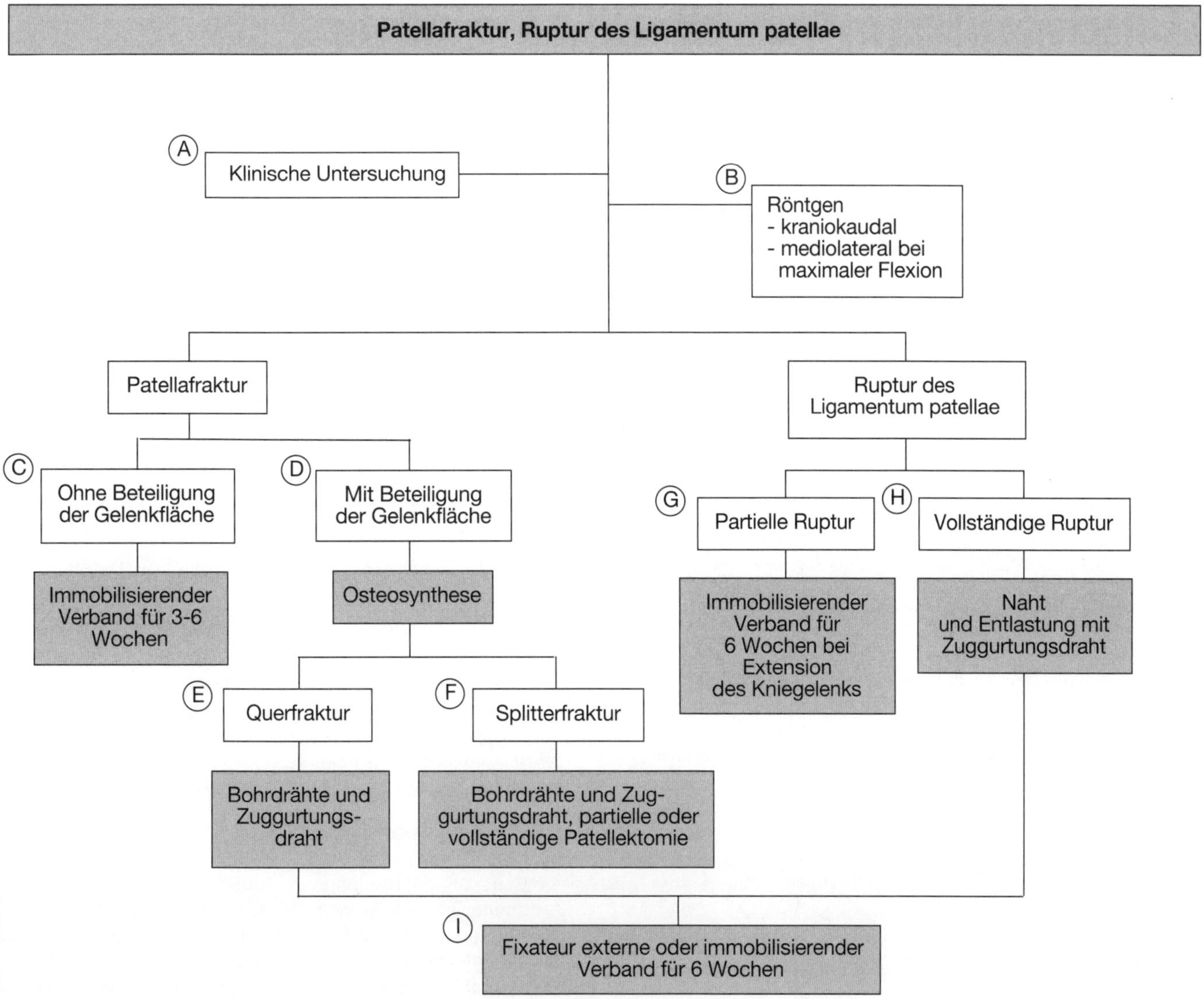

F. Splitterfrakturen der Patella sind problematisch. Gelingt es, die an der Bildung der Gelenkfläche beteiligten Hauptfragmente mit (eventuell mehreren) Kirschner-Bohrdrähten und Zuggurtungsdraht zu fixieren, so können weitere kleine Bruchstücke problemlos entfernt werden. Bei irreparabel zersplitterten Frakturen kommt, vor allem für Hunde kleinwüchsiger Rassen, als Ultima ratio eine Patellektomie in Betracht.

G. Eine partielle Ruptur des Kniescheibenbandes kann mit einem das Kniegelenk in Streckstellung ruhigstellenden Verband behandelt werden. Die Immobilisierung muß auch das Sprunggelenk einschließen.

H. Die vollständige Ruptur des Ligamentum patellae ist eine schwerwiegende Verletzung. Die Bandstümpfe werden mit langsam absorbierbarem synthetischen Nahtmaterial nach Bunnell durchflochten und adaptiert. Zur Entlastung der Naht wird zusätzlich ein Zuggurtungsdraht angelegt. Dazu wird ein Cerclagendraht jeweils durch eine Querbohrung in der Patella bzw. über eine in die Tuberositas tibiae eingedrehte, beidseits leicht aus dem Knochen ragende Schraube gelegt und bei gestrecktem Kniegelenk seitlich des Ligamentum patellae verspannt (Abb. 3A). Alternativ kann der Zuggurtungsdraht auch achterförmig durch den sehnigen Ansatz des M. quadriceps sowie durch eine Querbohrung in der Tuberositas tibiae geführt werden (Abb. 3B).

I. Sowohl nach operativer Fixation einer Patellafraktur als auch Naht des Ligamentum patellae wird das Kniegelenk für ca. 6 Wochen mit Verband oder Fixateur externe in Streckstellung immobilisiert. Danach ist der Patient weitere 2–3 Wochen nur kurze Strecken an der Leine zu führen. Die Implantate sollten so bald wie möglich entfernt werden.

Literatur

1. Brinker WO, Piermattei DL, Flo GL. Handbook of small animal orthopedics and fracture treatment. Philadelphia: WB Saunders, 1983.
2. Hulse DA, Shires PK. The stifle joint. In: Slatter DH, ed. Textbook of small animal surgery. Philadelphia: WB Saunders, 1985: 2231.
3. Schebitz H, Brunnberg L, Matis U. Zugang zum Kniegelenk von lateral. In: Schebitz H, Brass W, Hrsg. Operationen an Hund und Katze. Berlin: Parey, 1985: 263.
4. Stoll SG. In: Brinker WO, Hohn RB, Prieur WD, eds. Manual of internal fixation of small animals. Heidelberg: Springer, 1984: 176.
5. Vollmerhaus B, Schebitz H, Roos H. Über die Entwicklung der Insertio ligamenti patellae beim wachsenden Hund. Berl Münch Tierärztl Wschr 1981; 94: 256.

Bandverletzungen des Kniegelenks*

A. Verletzungen der Kollateralbänder und/oder des hinteren Kreuzbandes sind rein traumatischer Natur, während die isolierte Ruptur des vorderen Kreuzbandes häufig auf einer degenerativen Vorschädigung beruht. Beim Hund werden rassebedingte Einflüsse angenommen.

B. Frische Bandläsionen am Kniegelenk verursachen eine mittel- bis hochgradige Lahmheit, Schmerzhaftigkeit, Schwellung und abnorme Gelenkbeweglichkeit. Mit Hilfe einer genauen klinischen Untersuchung muß festgestellt werden, welche Bänder betroffen sind und wie groß das Ausmaß der Verletzung ist. Bei hochgradiger Schmerzhaftigkeit oder Muskelverspannung sollte die Untersuchung in Vollnarkose durchgeführt werden. Die Stabilität der Seitenbänder wird durch Valgus- und Varusbiegung des gestreckten Kniegelenks überprüft; die Untersuchung der Kreuzbänder erfolgt durch Auslösen des vorderen oder hinteren Schubladenphänomens. Rotationsinstabilität weist auf multiple Verletzungen des Kapselbandapparates hin.

C. Röntgenologisch wird das Kniegelenk in der üblichen Weise bei mediolateralem und kraniokaudalem Strahlengang untersucht. Bei Verdacht auf Seitenbandläsionen können zudem Funktionsaufnahmen unter Valgus- bzw. Varusstellung des gestreckten Gelenks hilfreich sein.

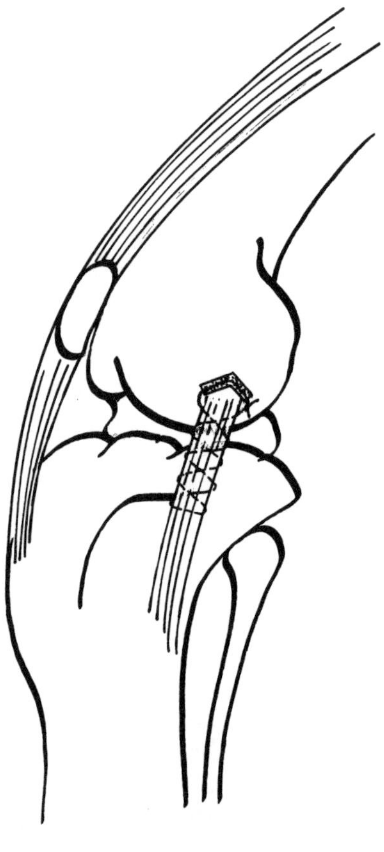

Abb. 1. Ruptur des medialen Seitenbandes. Durchflechtung des Bandes nach Bunnell und Verankerung des Fadens über einen Bohrkanal im Condylus medialis ossis femoris.

D. Im Falle einer leichten Kontusion oder Distorsion des Kniegelenks wird für 1 bis 2 Wochen ein immobilisierender Verband angelegt. Ist die Lahmheit danach nicht deutlich gebessert, sollte die Untersuchung wiederholt und gegebenenfalls operativ interveniert werden. Bei Therapieerfolg ist der Patient 2 bis 3 Wochen konsequent ruhigzuhalten und danach langsam aufbauend zu belasten. Partielle Bandrupturen können unter diesen Voraussetzungen zufriedenstellend heilen. Häufig kommt es aber zu einer vollständigen Bandruptur mit entsprechender Instabilität, und es entwickelt sich eine Arthropathia deformans, in deren Gefolge sich die Gelenkkapsel verdickt. Diese Kapselfibrose trägt indirekt zu einer Stabilisierung des Kniegelenks bei. Dennoch sollten nur alte, nicht mehr operationsfähige Tiere dieser spontanen Stabilisierung überlassen werden.

E. Beim polytraumatisierten Kniegelenk kann trotz sorgfältiger Voruntersuchung das Ausmaß der Band- und Gelenkkapselverletzungen bisweilen erst intraoperativ festgestellt werden.

F. Seitenbandläsionen sind durch Aufklappbarkeit des Gelenkspalts bei Valgus- bzw. Varusknickung gekennzeichnet; die Untersuchung erfolgt in Extensionsstellung. Bei gleichzeitiger Kreuzbandruptur kann auch eine abnorme Seitwärtsverschiebung und Rotation der Tibia nachgewiesen werden.

G. Die Therapie vollständiger Kollateralbandrupturen erfolgt operativ. Bei Ruptur des Bandes im mittleren Drittel werden die Bandstümpfe mit langsam absorbierbarem synthetischen Nahtmaterial nach Bunnell durchflochten und adaptiert. Ist das Seitenband im Bereich seiner Insertion abgerissen, wird es durchflochten und knöchern über einen horizontalen Bohrkanal im Condylus medialis ossis femoris (Abb. 1) oder mit Hilfe einer Schraube reinseriert. Bei starker Schädigung des Kollateralbandes kann zudem eine achterförmig über Schrauben geführte Drahtschlinge nützlich sein. Liegt gleichzeitig eine vordere Kreuzbandruptur vor, so ist zunächst diese zu versorgen.

H. Bei der Überprüfung der Kreuzbänder wird versucht, das pathognostische Schubladenphänomen auszulösen. Im Falle einer Ruptur des vorderen Kreuzbandes läßt sich die Tibia am besten bei einem Kniegelenkwinkel von 150 Grad nach kranial verschieben, d.h. die „vordere Schublade" auslösen. Die Verschiebbarkeit der Tibia nach kaudal („hintere Schublade"), als Zeichen einer Ruptur des Ligamentum cruciatum caudale, gelingt am besten bei einem Beugungswinkel von 110 Grad. Bei jungen Patienten muß berücksichtigt werden, daß das Gelenk physiologischerweise eine geringe Bewegung in kraniokaudaler Richtung erlaubt.

I. Die Verletzung des hinteren Kreuzbandes wird funktionell kompensiert und bedarf in der Regel keiner Therapie.

J. Zur Behandlung der vorderen Kreuzbandruptur wurden zahlreiche Operationstechniken entwickelt. Neben Methoden der indirekten Gelenkstabilisierung findet vornehmlich der direkte Bandersatz Anwendung, wozu entweder autogenes oder synthetisches Material verwendet wird. Technisch einfach durchführbar ist der Bandersatz mit Faszie („over the top"). Bei diesem Verfahren wird aus der Fascia lata et genus unter Einbeziehung des lateralen Drittels des Ligamentum patellae ein distal gestielter Gewebestreifen präpariert und von medial nach lateral durch das Gelenk gezogen. Das freie Ende des Transplantats wird im straffen Sehnengewebe des lateralen Vesal-Sesambeins fixiert (Abb. 2A). Bei sehr instabilem (polytraumatisiertem) Kniegelenk oder bei nicht ausreichender Festigkeit der Faszie kann das vordere Kreuzband auch mit nicht absorbierbarem synthetischen Nahtmaterial nach der Methode von Westhues ersetzt werden. Abhängig von Größe und Gewicht des Patienten werden mehrere Fäden der Stärke 3 oder 4 USP über je eine Querbohrung in der Crista tibiae bzw. der distalen Femurmetaphyse sowie diagonale Bohrkanäle im medialen Tibia- und lateralen Femurkondylus geführt und miteinander verknüpft (Abb. 2B). Bei älteren Kreuzbandrupturen mit ausgeprägter Kapselfibrose kann infolge der nunmehr geringfügigen Gelenkinstabilität eine Entfernung der Bandstümpfe und abgerissener Meniskusteile („cleaning up") ausreichen.

K. Tritt Wochen oder Monate nach Stabilisierung eines Kreuzbandrisses erneut eine Lahmheit auf oder hat sich die Funktion postoperativ nicht normalisiert, kann eine sekundäre Meniskusläsion vorliegen (s. S. 222).

Literatur

1. Brinker WO, Pierrmattei DL, Flo GF. Handbook of small animal orthopedics and fracture treatment. Philadelphia: WB Saunders, 1983: 315, 321.
2. Brunnberg L. Klinische und experimentelle Untersuchungen zu Ätiologie, Pathogenese und Therapie der Ruptur des Ligamentum cruciatum craniale im Kniegelenk des Hundes. Vet med Habil Schr, München 1987.
3. Brunnberg L, Schebitz H, Waibl H. Zugang zum Kniegelenk bei Ruptur des Ligamentum cruciatum craniale. In: Schebitz H, Brass W, Hrsg. Operationen an Hund und Katze. Berlin: Parey, 1985: 254.
4. Flo GF. Modification of the lateral retinacular implication technique for stabilizing cruciate ligament injuries. JAAHA 1975; 11: 570.
5. Köstlin RG, Schebitz H. Kniegelenkarthrodese. In: Schebitz H, Brass W, Hrsg. Operationen an Hund und Katze. Berlin: Parey, 1985: 264.
6. Matis U. Zur Frage des Kreuzbandersatzes mit lyophilisierter menschlicher Dura beim Hund. Vet med Diss, München 1973.
7. Matis U. Zur Kreuzbandruptur bei der Katze. Prakt Tierarzt 1978; 8: 582.
8. Pond MJ, Campbell JR. The canine stifle joint. I. Rupture of the anterior cruciate ligament. An assessment of conservative and surgical management. J small Anim Pract 1972; 13: 1.
9. Schnell EM. Drei Jahre Erfahrung mit einer modifizierten Kreuzbandplastik beim Hund. Vet med Diss, München 1986.

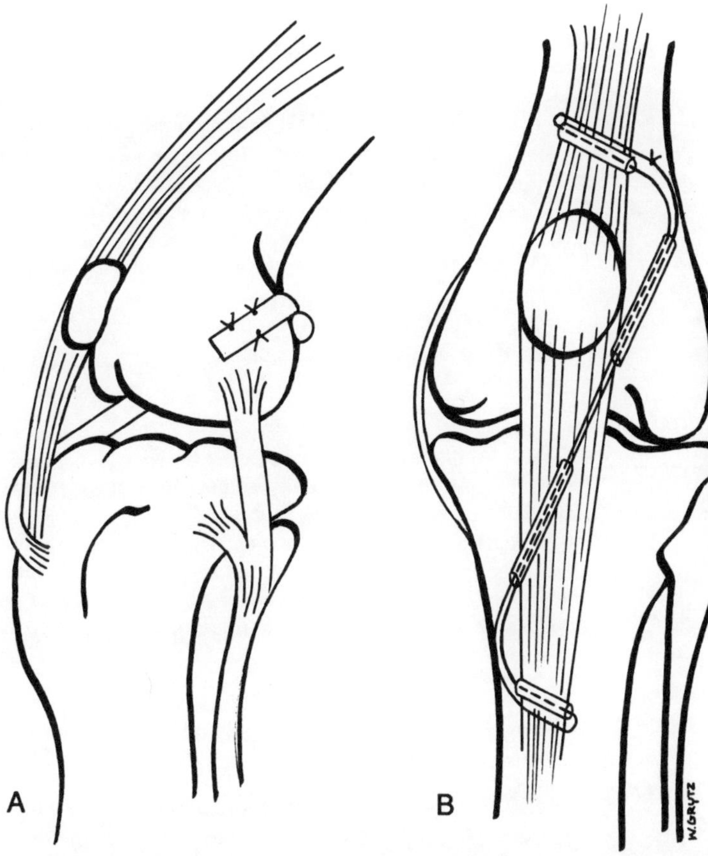

Abb. 2. Ruptur des Ligamentum cruciatum craniale. A = Bandersatz mit Faszienstreifen („over the top"); B = Bandersatz mit nicht absorbierbaren Kunststoffäden (nach Westhues).

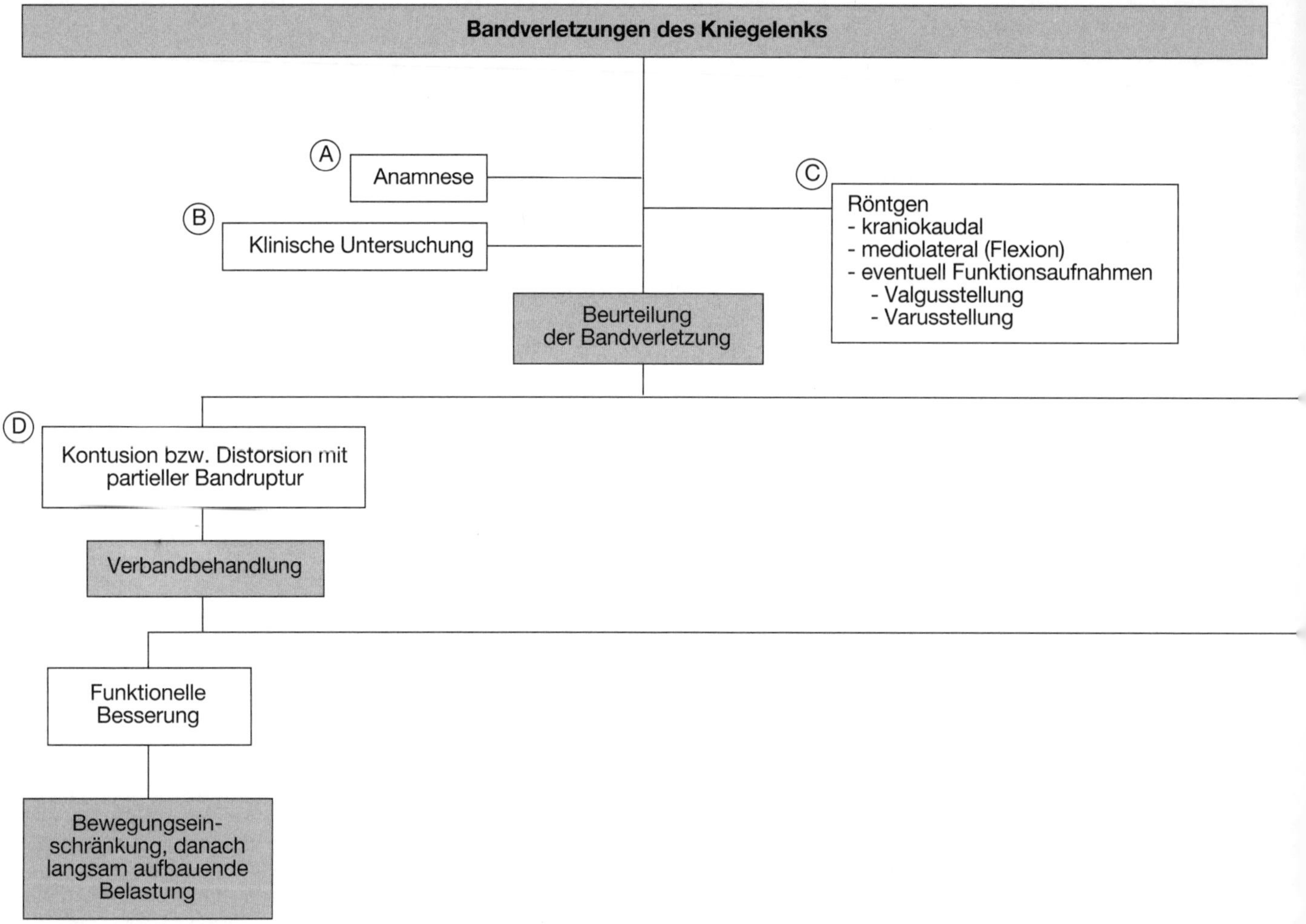
Bandverletzungen des Kniegelenks
A
Anamnese
B
Klinische Untersuchung
C
Röntgen
- kraniokaudal
- mediolateral (Flexion)
- eventuell Funktionsaufnahmen
- Valgusstellung
- Varusstellung
Beurteilung der Bandverletzung
D
Kontusion bzw. Distorsion mit partieller Bandruptur
Verbandbehandlung
Funktionelle Besserung
Bewegungseinschränkung, danach langsam aufbauende Belastung

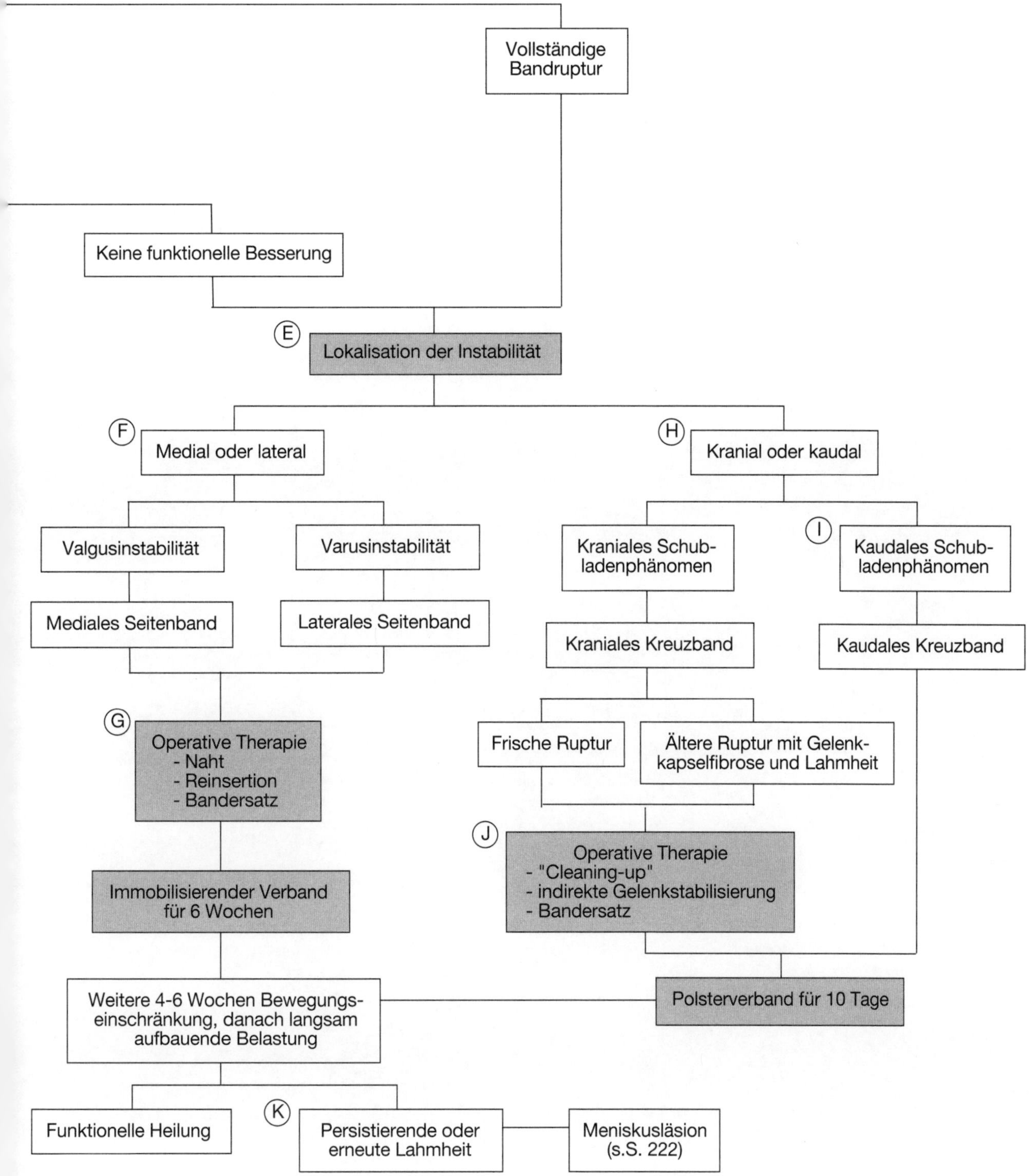
Vollständige Bandruptur
Keine funktionelle Besserung
E
Lokalisation der Instabilität
F
Medial oder lateral
H
Kranial oder kaudal
Valgusinstabilität
Varusinstabilität
Kraniales Schubladenphänomen
I
Kaudales Schubladenphänomen
Mediales Seitenband
Laterales Seitenband
Kraniales Kreuzband
Kaudales Kreuzband
G
Operative Therapie
- Naht
- Reinsertion
- Bandersatz
Frische Ruptur
Ältere Ruptur mit Gelenkkapselfibrose und Lahmheit
J
Operative Therapie
- "Cleaning-up"
- indirekte Gelenkstabilisierung
- Bandersatz
Immobilisierender Verband für 6 Wochen
Weitere 4-6 Wochen Bewegungseinschränkung, danach langsam aufbauende Belastung
Polsterverband für 10 Tage
Funktionelle Heilung
K
Persistierende oder erneute Lahmheit
Meniskusläsion (s.S. 222)

Meniskusverletzung

A. Isolierte, traumatische Meniskusläsionen sind seltener als sekundäre Meniskusschäden nach Kreuzbandruptur. Bedingt durch die Meniskuseinklemmung oder -verlagerung kann während der aktiven Belastung oder passiven Untersuchung der Gliedmaße (Schubladenprüfung, Tibiakompressionstest) ein typisches Klicken wahrgenommen werden. Gleichzeitig ist die Beweglichkeit des Kniegelenks meist eingeschränkt und besonders die Hyperextension schmerzhaft.

B. Bei größeren Hunden kann bei entsprechender instrumenteller Ausrüstung auch eine arthroskopische Untersuchung des Kniegelenks vorgenommen werden. Im allgemeinen wird jedoch der diagnostischen Arthrotomie der Vorzug gegeben.

C. Längsrisse kommen hauptsächlich am Hinterhorn des medialen Meniskus vor. Die abgerissenen Anteile müssen entfernt werden, da sie sich verlagern und einklemmen können. Bei der partiellen Meniskektomie sollte so viel wie möglich vom Halteapparat der Menisken erhalten werden. Die postoperative Stabilität des Gelenks ist größer, wenn die äußeren Meniskusanteile mit den Haltebändern intakt bleiben. Der resezierte Anteil wird durch Faserknorpel ersetzt.

D. Ist der Meniskus partiell von der Gelenkkapsel abgerissen, so kann bei größeren Hunden eine Reinsertion mit nicht resorbierbarem Nahtmaterial versucht werden.

E. Nach großflächiger Zerstörung oder vollständigem Abriß des Meniskus von der Gelenkkapsel muß dieser in toto reseziert werden. Die daraus folgende Instabilität des Gelenks führt zur Ausbildung einer sekundären Arthropathie.

Literatur

1. Brinker WO, Piermattei DL, Flo G. Handbook of small animal orthopedic surgery and fracture treatment. Philadelphia: WB Saunders, 1983: 319.
2. Hulse DA, Shires PK. The stifle joint. In: Slatter DH, ed. Textbook of small animal surgery. Philadelphia: WB Saunders, 1985: 2208.

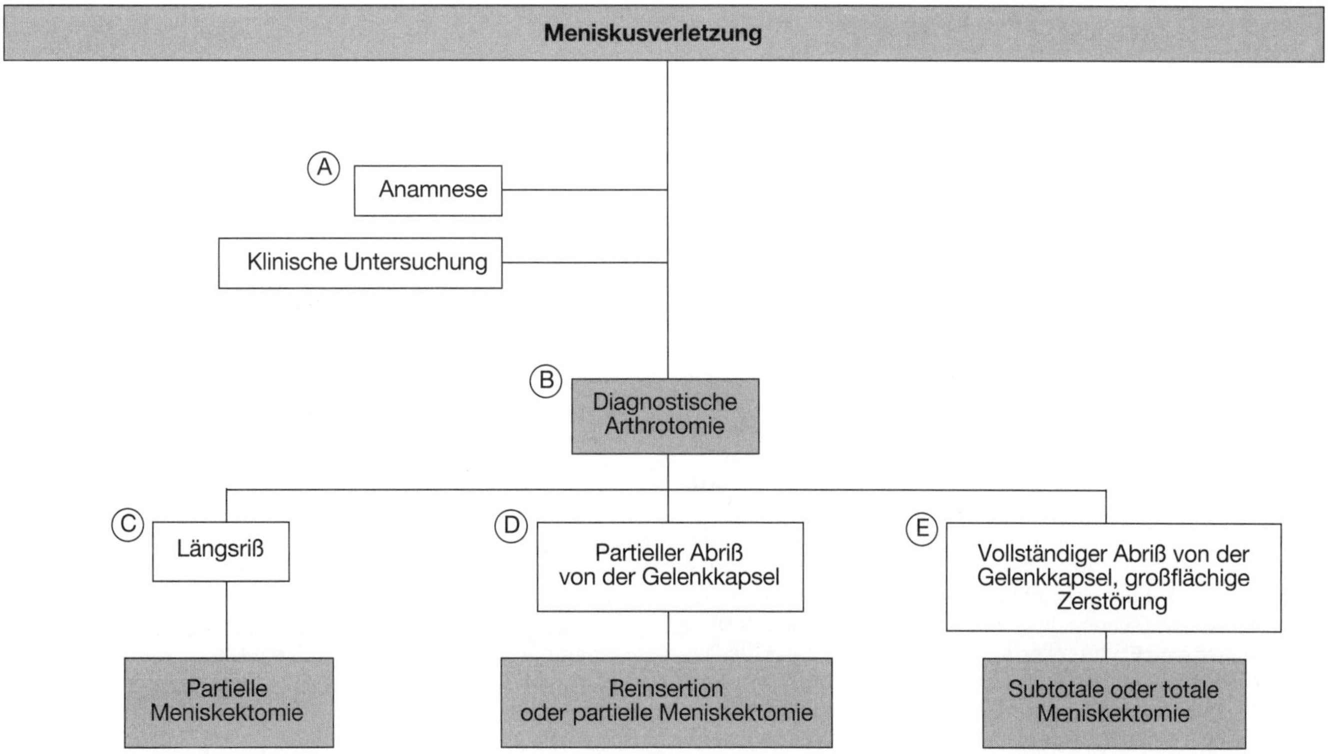
Meniskusverletzung
A
Anamnese
Klinische Untersuchung
B
Diagnostische Arthrotomie
C
Längsriß
D
Partieller Abriß von der Gelenkkapsel
E
Vollständiger Abriß von der Gelenkkapsel, großflächige Zerstörung
Partielle Meniskektomie
Reinsertion oder partielle Meniskektomie
Subtotale oder totale Meniskektomie

Patellaluxationen*

A. Ätiologisch unterscheidet man bei der Patellaluxation zwischen der angeborenen und der erworbenen Form. Kongenitale Luxationen erfordern korrektive Operationen im Bereich des Kniegelenks, traumatische dagegen lediglich die Rekonstruktion des zerstörten Gewebes.

B. Mit Hilfe der klinischen Untersuchung wird zwischen habitueller und stationärer Luxation differenziert. Dabei kann die Patella bei gestrecktem Kniegelenk und gleichzeitig leichter Innen- bzw. Außenrotation des Unterschenkels nach medial oder lateral, selten in beide Richtungen, verlagert werden. Die röntgenologische Untersuchung des Kniegelenks (evtl. mit Femur und Tibia) bei kraniokaudalem und mediolateralem Strahlengang (Gelenkwinkel von 110–130 Grad) kann klären, ob eine Mißbildung des Gelenks oder, wie bei kongenitalen Luxationen häufig, eine Valgus- bzw. Varusdeformität der Gliedmaße vorliegt; schwerere Fälle weisen zusätzlich eine Femur- oder Tibiatorsion auf. Die Trochleahypoplasie läßt sich mit Hilfe einer Tangentialprojektion darstellen: Bei Rückenlage des Tieres werden Tarsus und Metatarsus dem Röntgentisch plan aufgelegt und das Kniegelenk auf 95–115 Grad gebeugt. Der Röntgenfilm wird senkrecht in der Kniefalte aufgesetzt und bei horizontal auf die Patella gerichtetem Strahlengang belichtet.

C. Die kongenitale Patellaluxation nach medial ist die häufigste Form. Sie tritt vorwiegend bei Zwerg- und kleinwüchsigen Hunderassen auf und kann mit einfachen Weichteilveränderungen, aber auch hochgradigen Skelettdeformationen der Beckengliedmaßen einhergehen. Meist sind beide Extremitäten betroffen, wobei die funktionelle Beeinträchtigung sehr unterschiedlich ausgeprägt sein kann. Als Folge der verlagerten Zugrichtung des M. quadriceps kann, vor allem bei älteren Tieren, zusätzlich das vordere Kreuzband reißen. Die von Singleton empfohlene Klassifikation der kongenitalen Patellaluxation in vier Schweregrade ist in Tab. 1 aufgeführt.

D. Die kongenitale Patellaluxation nach lateral tritt selten und ebenfalls vorwiegend bei Zwerg- oder kleinwüchsigen Hunderassen auf. Im Zusammenhang mit einem Genu valgum wird sie jedoch auch bei großwüchsigen Hunden mit Hüftgelenkdysplasie und Coxa valga beschrieben. Im Vergleich zur medialen Kniescheibenverlagerung kommen Muskel- und Skelettveränderungen hier seltener oder weniger ausgeprägt vor.

E. Die traumatische Patellaluxation nach medial kann isoliert in Verbindung mit einer Gelenkkapselruptur oder in Begleitung

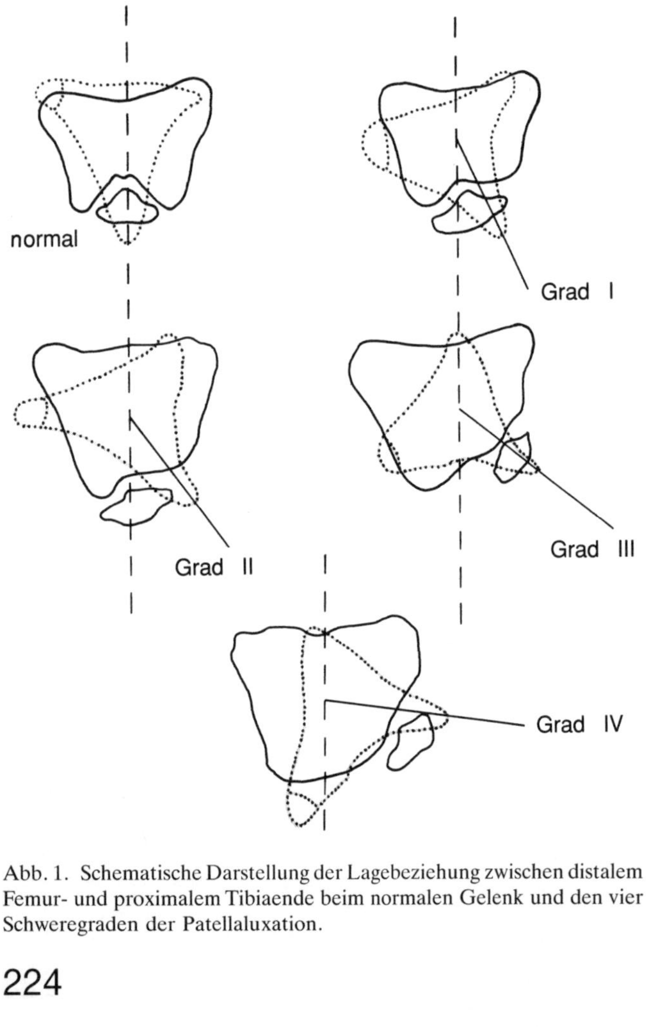

Abb. 1. Schematische Darstellung der Lagebeziehung zwischen distalem Femur- und proximalem Tibiaende beim normalen Gelenk und den vier Schweregraden der Patellaluxation.

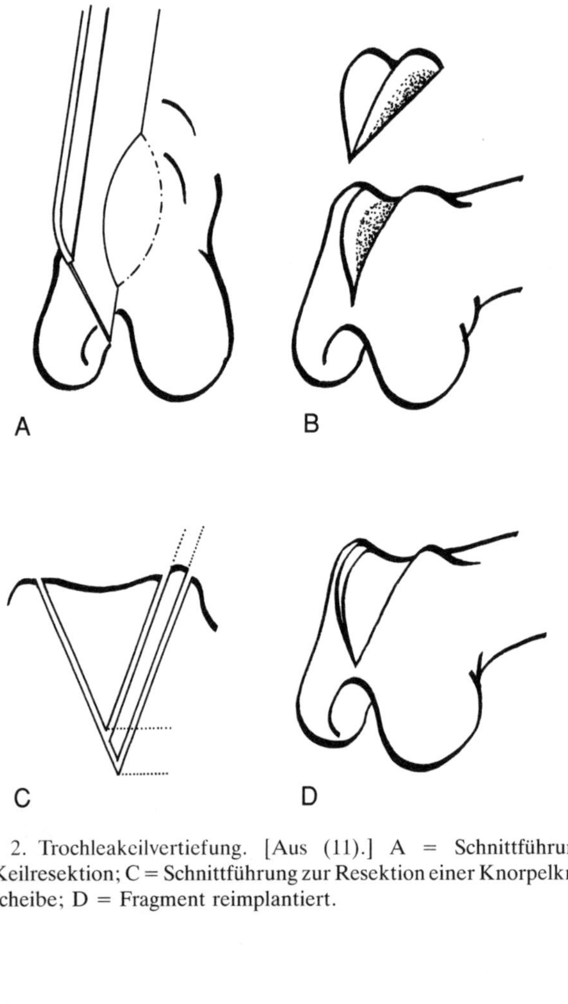

Abb. 2. Trochleakeilvertiefung. [Aus (11).] A = Schnittführung; B = Keilresektion; C = Schnittführung zur Resektion einer Knorpelknochenscheibe; D = Fragment reimplantiert.

von Bandverletzungen des Kniegelenks auftreten. Eine sofortige operative Versorgung, gefolgt von einer frühzeitigen Mobilisierung des Gelenks, begünstigen die Wiederherstellung.

F. Die operative Therapie der kongenitalen Patellaluxation hängt von deren Schweregrad ab (Abb. 1). Luxationen I. Grades können unbehandelt bleiben, wenn Gelenkarretierung und Entlastung der Gliedmaße nur intermittierend auftreten; bei anhaltender Lahmheit sollte hingegen operativ vorgegangen werden. Die in Tab. 2 aufgeführten Operationstechniken können, abhängig von der Situation, einzeln oder kombiniert angewandt werden. Die Transposition der Tuberositas tibiae ist das am häufigsten indizierte Verfahren, das im Vergleich zu anderen Korrektureingriffen am Skelett die geringsten arthrotischen Veränderungen nach sich zieht. Bei ausgeprägten Formen mit Trochleahypoplasie wird zusätzlich eine Trochleakeilvertiefung durchgeführt (Abb. 2). Weichteilverfahren finden vornehmlich bei traumatischen Luxationen oder als Unterstützung einer Skelettkorrektur bei kongenitaler Luxation Anwendung. Patellaluxationen IV. Grades (Abb. 3) lassen sich nur selten zufriedenstellend korrigieren. Da die kongenitale Patellaluxation erblich ist, sollten züchterische Maßnahmen nicht außer acht gelassen werden.

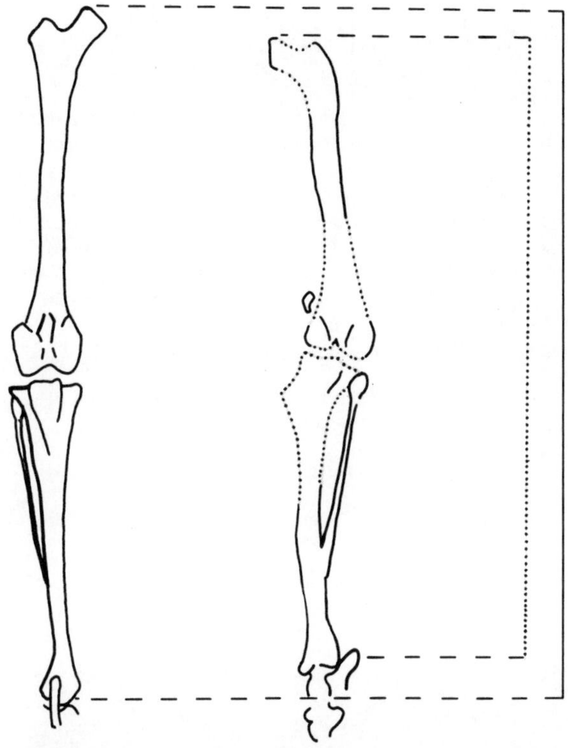

Abb. 3. Schematische Darstellung der Gliedmaßendeformation bei einer Patellaluxation IV. Grades. [Aus (10).]

Tab. 1. Klassifikation der Patellaluxation nach Singleton.

Grad I
Habituelle Patellaluxation mit gelegentlicher Entlastung der Gliedmaße
Luxation manuell leicht auslösbar, bei Streckung der Gliedmaße und Verminderung des manuellen Drucks jedoch spontane Reposition
Drehbarkeit der Tibia und/oder Deviation der Crista tibiae bis 15 Grad
Achsenkorrekte Beugung und Streckung der Gliedmaße
Keine Krepitation bei Bewegung des Kniegelenks
Grad II
Häufigere Patellaluxation mit Entlastung der Gliedmaße oder Belastung der Zehen bei leicht gebeugtem Kniegelenk
Reposition der Patella durch Rotation der Tibia und Streckung des Kniegelenks möglich, bei Beugung jedoch meist Reluxation
Drehbarkeit der Tibia und/oder Deviation der Crista tibiae bis 30 Grad
Geringgradige Achsenabweichung der Gliedmaße und leichte Abduktion der Fersen
Krepitation bei Bewegung des Kniegelenks möglich
Grad III
Temporär stationäre Luxation
Patella für mehrere Bewegungsphasen luxiert, manuelle Reposition aber noch möglich
Drehbarkeit der Tibia und/oder Deviation der Crista tibiae von 30–60 Grad
Deutliche Achsenabweichung der Gliedmaße
Sprunggelenk beim Beugen der Extremität abduziert, beim Strecken hingegen adduziert
Trochleahypoplasie
Grad IV
Permanent stationäre Luxation
Manuelle Reposition nicht mehr möglich
Drehbarkeit der Tibia und/oder Deviation der Crista tibiae bis zu 90 Grad
Hochgradige Achsenabweichung der Gliedmaße, Patella seitlich in Höhe des Femurkondylus liegend
Gliedmaße konstant gebeugt und entlastet
Atrophie der Beuge- und Streckmuskulatur
Rücken aufgekrümmt („kauernde Stellung“)
Trochleaaplasie oder konvexe Gelenkfläche

Tab. 2. Operative Verfahren bei der kongenitalen Patellaluxation nach medial bzw. lateral.

Kongenitale Patellaluxation nach medial	Kongenitale Patellaluxation nach lateral
Grad I Parapatellare, mediale Durchtrennung der Fascia genus Laterale Gelenkkapsel- und Faszienraffung Fadenzügel zur Rotationseinschränkung der Tibia	**Grad I** Parapatellare, laterale Durchtrennung der Fascia genus Mediale Gelenkkapsel- und Faszienraffung Fadenzügel zur Rotationseinschränkung der Tibia
Grad II Parapatellare, mediale Durchtrennung der Fascia genus und Desmotomie des Retinaculum patellae Transposition der Tuberositas tibiae nach lateral Laterale Gelenkkapsel- und Faszienraffung Trochleakeilvertiefung bei persistierender Luxationsneigung Fadenzügel zur Rotationseinschränkung der Tibia	**Grad II** Parapatellare, laterale Durchtrennung der Fascia genus und Desmotomie des Retinaculum patellae Transposition der Tuberositas tibiae nach medial Mediale Gelenkkapsel- und Faszienraffung Trochleakeilvertiefung Fadenzügel zur Rotationseinschränkung der Tibia
Grad III Parapatellare, mediale Durchtrennung der Fascia genus und Desmotomie des Retinaculum patellae Transposition der Tuberositas tibiae nach lateral Laterale Gelenkkapsel- und Faszienraffung Trochleakeilvertiefung Fadenzügel zur Rotationseinschränkung der Tibia	**Grad III** wie Grad II
Grad IV wie Grad III Proximale Mobilisierung des M. quadriceps ggf. Femur- und/oder Tibiaosteotomie oder Kniegelenkarthrodese	

Literatur

1. Boone EG, Hohn RB, Weisbrode STE. Trochlear recession wedge technique for patellar luxation: an experimental study. J. Am. Anim Hosp Assoc 1982; 19: 735.
2. Brinker WO, Piermattei DL, Flo G. Small animal orthopedics and fracture treatment. Philadelphia: WB Saunders, 1983: 290.
3. Endres B. Luxatio patellae congenita des Hundes – Behandlung und Ergebnisse in den Jahren 1966–1975. Vet med Diss, München 1977.
4. Fritz RM. Zur Luxatio patellae des Hundes – Klinisches und röntgenologisches Spätergebnis nach Transposition der Tuberositas tibiae und/oder Vertiefung der Trochlea ossis femoris. Vet med Diss, München 1989.
5. Matis U, Fritz R. Luxatio patellae des Hundes. In: 35. Jahrestag Fachgr Kleintierkr Deutsch Vet med Ges, Kongreßber Gießen, 12.–14.10.1989: 51.
6. Matis U, Schebitz H. Zugang zum Kniegelenk bei Luxatio patellae. In: Schebitz H, Brass W, Hrsg. Operationen an Hund und Katze. Berlin: Parey, 1985: 258.
7. Olmstead MR. Lateral luxation of the patella. In: Bojrab MJ, ed. Pathophysiology in small animal surgery. Philadelphia: Lea & Febiger, 1981: 638.
8. Schebitz H, Matis U, Brunnberg L. Zugang zur Tuberositas tibiae und zur Patella von kranial. In: Schebitz H, Brass W, Hrsg. Operationen an Hund und Katze. Berlin: Parey, 1985: 266.
9. Singleton, WB. Transplantation of tibial crest for treatment of congenital patellar luxation. Proc 27th AAHA Ann Meeting 1960, 144.
10. Singleton WB. The surgical correction of stifle joint deformities in the dog. J small Anim Pract 1969; 10: 59.
11. Slocum B, Devine T. Trochlear recession for correction of luxating patella in the dog. J Am Vet Med Assoc 1985; 186: 365.

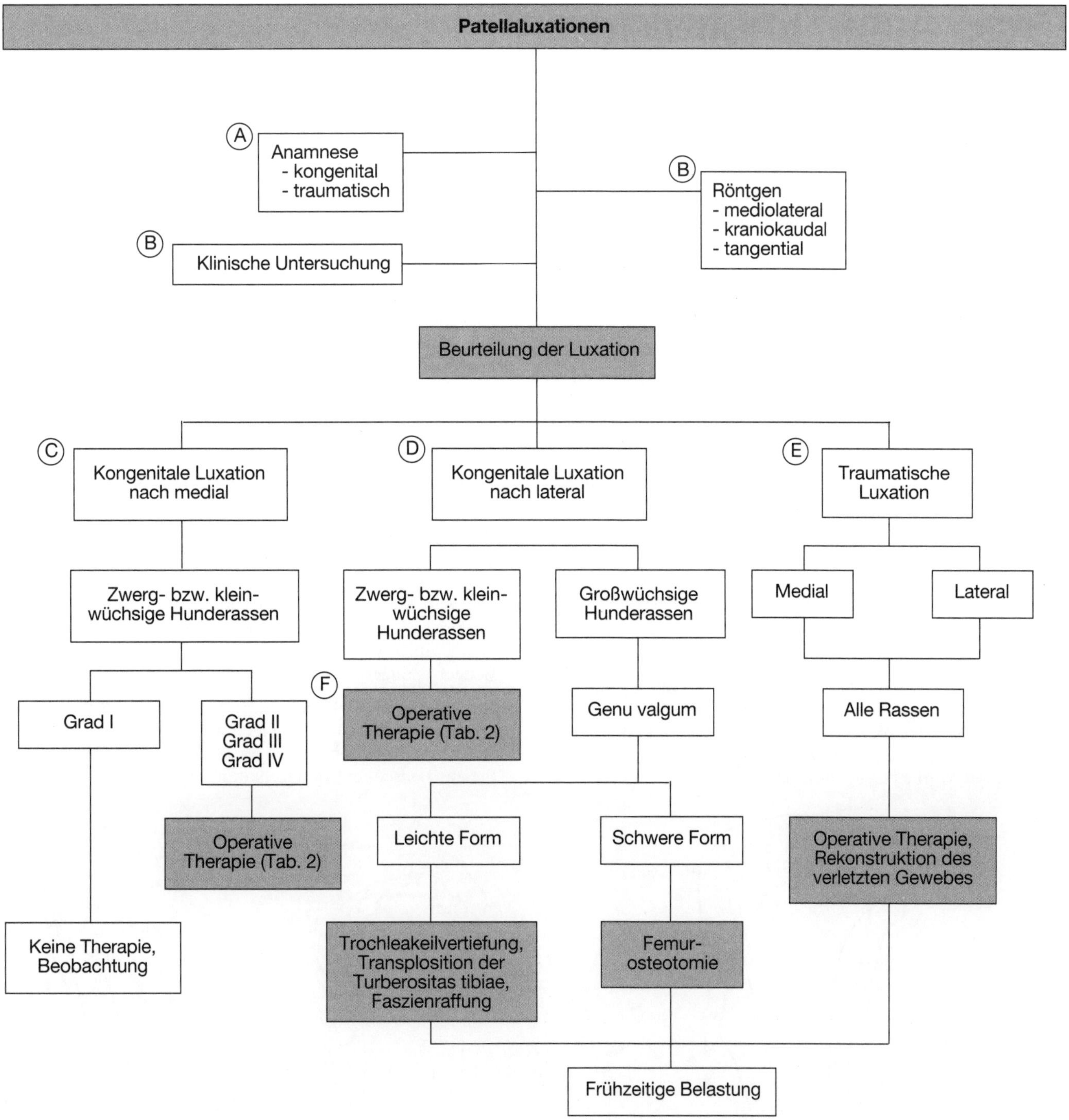
Patellaluxationen
Ⓐ Anamnese
- kongenital
- traumatisch
Ⓑ Klinische Untersuchung
Ⓑ Röntgen
- mediolateral
- kraniokaudal
- tangential
Beurteilung der Luxation
Ⓒ Kongenitale Luxation nach medial
Ⓓ Kongenitale Luxation nach lateral
Ⓔ Traumatische Luxation
Zwerg- bzw. kleinwüchsige Hunderassen
Zwerg- bzw. kleinwüchsige Hunderassen
Großwüchsige Hunderassen
Medial
Lateral
Grad I
Grad II
Grad III
Grad IV
Ⓕ Operative Therapie (Tab. 2)
Genu valgum
Alle Rassen
Operative Therapie (Tab. 2)
Leichte Form
Schwere Form
Operative Therapie, Rekonstruktion des verletzten Gewebes
Keine Therapie, Beobachtung
Trochleakeilvertiefung, Transplosition der Turberositas tibiae, Faszienraffung
Femurosteotomie
Frühzeitige Belastung

Proximale Tibiafrakturen*

A. Für die exakte Diagnose werden routinemäßig Röntgenaufnahmen des proximalen Tibiaendes in kraniokaudalem sowie mediolateralem Strahlengang angefertigt. Bei Verdacht auf Seitenbandverletzungen empfiehlt es sich, zusätzlich kraniokaudale Aufnahmen bei Varus- bzw. Valgusstellung des gestreckten Kniegelenks zu erstellen. Minimal dislozierte Tibiafrakturen gehen oft mit Verletzungen des Bandapparates einher. Kleinere Absprengfrakturen des Tibiakopfes können unter Umständen nur auf Schrägprojektionen nachgewiesen werden. Bei Verdacht einer Apophysenlockerung sollte der proximale Tibiabereich röntgenologisch bei mediolateralem Strahlengang und maximaler Beugung des Kniegelenks dargestellt und der Befund mit der kontralateralen Gliedmaße verglichen werden.

B. Die Untersuchung der Kniegelenkbänder erfolgt wegen der Schmerzhaftigkeit in Sedation oder Vollnarkose.

C. Bei noch wachsenden Tieren liegt meist eine Fugenverletzung vor. Das proximale Tibiaende hat zwei Ossifikationszentren: eines bildet das Tibiaplateau, das andere die Tuberositas tibiae.

D. Ein Abriß der Tuberositas tibiae wird fast nur bei jungen Hunden beobachtet. Die Zusammenhangstrennung verläuft hier in der Apophysenfuge und entsteht bei abrupter Bewegung im Kniegelenk mit starker Kontraktur des M. quadriceps. Gelegentlich kommt diese Verletzung auch bilateral in Form des Morbus Osgood-Schlatter vor.

E. Ohne oder bei nur geringgradiger Dislokation der Tuberositas tibiae und leichtgewichtigen Tieren kann die Apophysenlockerung konservativ behandelt werden. Der Patient wird für 6 Wochen ruhiggehalten, eventuell auch das Kniegelenk mit einem Verband immobilisiert.

F. Bei stärkerer Dislokation des Fragments empfiehlt es sich, operativ zu intervenieren. Nach der Reposition werden zur Fixation ein oder zwei Bohrdrähte verwendet, die von der Tuberositas tibiae nach distal gerichtet bis an die kaudale Kortikalis der Tibiadiaphyse eingedrillt werden. Das freie Bohrdrahtende wird hakenförmig aufgebogen und nach dem Kürzen durch Drehen dem Knochen angelegt (Abb. 1). Postoperativ wird das Kniegelenk für ca. 2 Wochen mit einem Verband immobilisiert. Der Patient sollte bis zum röntgenologisch nachweisbaren Durchbau der Fraktur ruhiggehalten werden.

G. Wenn sowohl eine Apophysiolyse der Tuberositas tibiae als auch eine proximale Epiphysiolyse der Tibia vorliegen, so dislozieren sie im allgemeinen als ein gemeinsames Fragment von der Metaphyse (Salter-Harris II). Die Frakturlinie verläuft selten allein in den Wachstumsfugen, sondern lateral häufig auch metaphysär. Durch den Zug der stärkeren Beuger verlagert sich der Tibiaschaft nach kaudal.

H. Bei geringgradiger Dislokation, die sich gedeckt reponieren läßt, kann konservativ behandelt werden; dabei wird für ca. 4 Wochen ein immobilisierender Verband angelegt und der Patient konsequent ruhiggehalten.

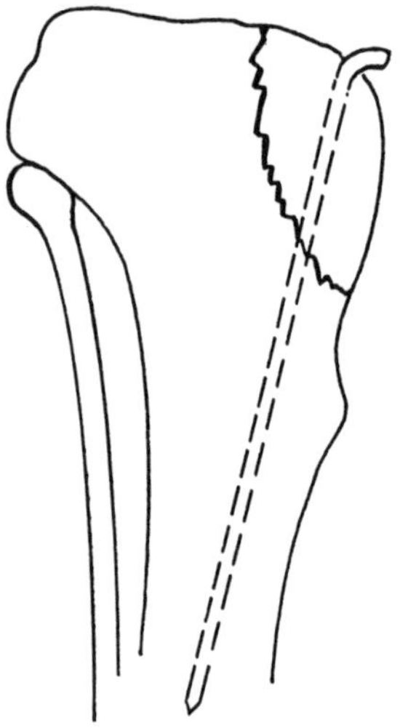

Abb. 1. Apophysiolyse der Tuberositas tibiae; Osteosynthese mit einem Bohrdraht.

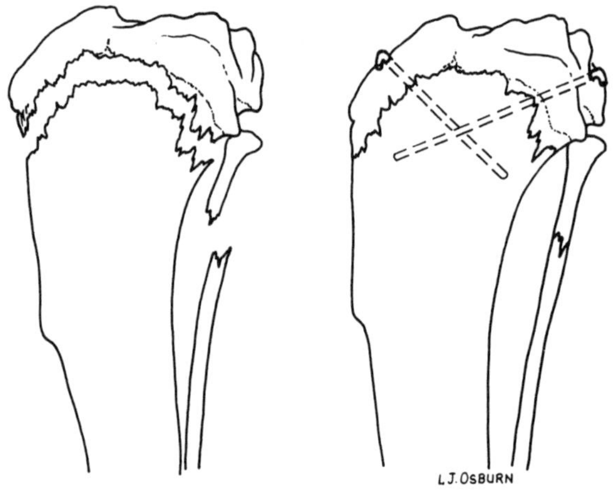

Abb. 2. Proximale Epiphysiolyse der Tibia; Osteosynthese mit zwei Bohrdrähten.

I. In den meisten Fällen ist eine Osteosynthese vorzuziehen. Die Fixation erfolgt mit gekreuzten Bohrdrähten (Abb. 2). Bei großem metaphysärem Keil kann zur Stabilisierung auch eine distal der Epiphysenfuge gesetzte Zugschraube verwendet werden. Der Patient sollte bis zum röntgenologischen Durchbau der Fraktur konsequent ruhiggehalten werden.

J. Tibiakopffrakturen sind beim Tier sehr selten. Bei minimaler Fragmentdislokation oder bei einem nicht rekonstruierbaren Tibiakopftrümmerbruch (z.B. Schußverletzung) erfolgt die Therapie konservativ. Der Unterschenkel wird für 4 bis 6 Wochen mit einem möglichst weit über das Kniegelenk reichenden, immobilisierenden Verband ruhiggestellt.

K. Frakturen mit stärkerer Dislokation und Beteiligung der Gelenkfläche sind operativ mit dem Ziel einer anatomisch korrekten Wiederherstellung zu versorgen. Im allgemeinen gehen diese Frakturen mit einem Hämarthros einher, das zusätzliche Schmerzen verursacht und bei der Osteosynthese mitversorgt werden muß.

L. Die Fixation sollte belastungsstabil sein, so daß eine postoperative Immobilisierung des Kniegelenks unterbleiben kann. Sie erfolgt bei einfachen Kondylusfrakturen mit Zugschraube(n) und bei Impressionsfrakturen mit Absenkung des Tibiaplateaus (zusätzlich) mit einer Abstützplatte.

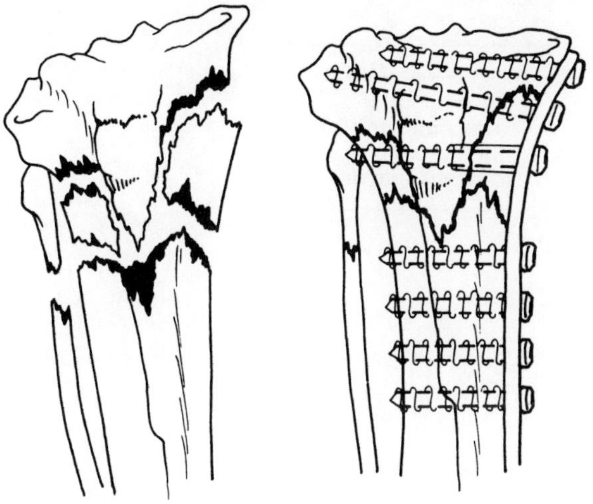

Abb. 3. Splitterfraktur des proximalen Tibiaendes; Osteosynthese mit einer Abstützplatte (Knochendefekte mit autogener Spongiosa ausgefüllt).

M. Metaphysäre Frakturen des proximalen Tibiabereichs können bei stabiler Verkeilung der Fragmente in achsengerechter Lage konservativ behandelt werden. Instabile Brüche tendieren hingegen zur medialen Achsenknickung; um einer sekundären Patellaluxation vorzubeugen, sollten sie je nach Alter des Tieres mit gekreuzten Bohrdrähten oder mit einer Platte fixiert werden (Abb. 3).

Literatur

1. Butler HC. Fractures of the tibia. In: Brinker WO, Hohn RB, Prieur WD, eds. Manual of internal fixation in small animals. Heidelberg: Springer, 1984: 181.
2. Dingwall JS, Sumner-Smith G. A technique for repair of avulsion of the tibial tuberosity in dogs. J small Anim Pract 1971; 12: 665.
3. Gofton N. Fractures of the tibia and fibula. In: Slatter DH, ed. Textbook of small animal surgery. Philadelphia: WB Saunders, 1985: 2235.
4. Land B. Unterschenkelfrakturen bei der Katze – Behandlung und Ergebnisse in den Jahren 1970–1980. Vet med Diss, München 1981.
5. Leger L, Sumner-Smith G, Gofton N, Prieur WD. A.O. hook-plate fixation of metaphyseal fractures and corrective wedge osteotomies. J small Anim Pract 1982; 23: 209.
6. Pfeiffer C. Unterschenkelfrakturen beim Hund – Behandlung und Ergebnisse in den Jahren 1970–1974. Vet med Diss, München 1977.
7. Sumner-Smith G. Observations on epiphyseal fusion in the canine appendicular skeleton. J small Anim Pract 1966; 7: 303.
8. Withrow SJ. Treatment of fractures of the tibial tuberosity in the dog. JAVMA 1976; 168: 122.

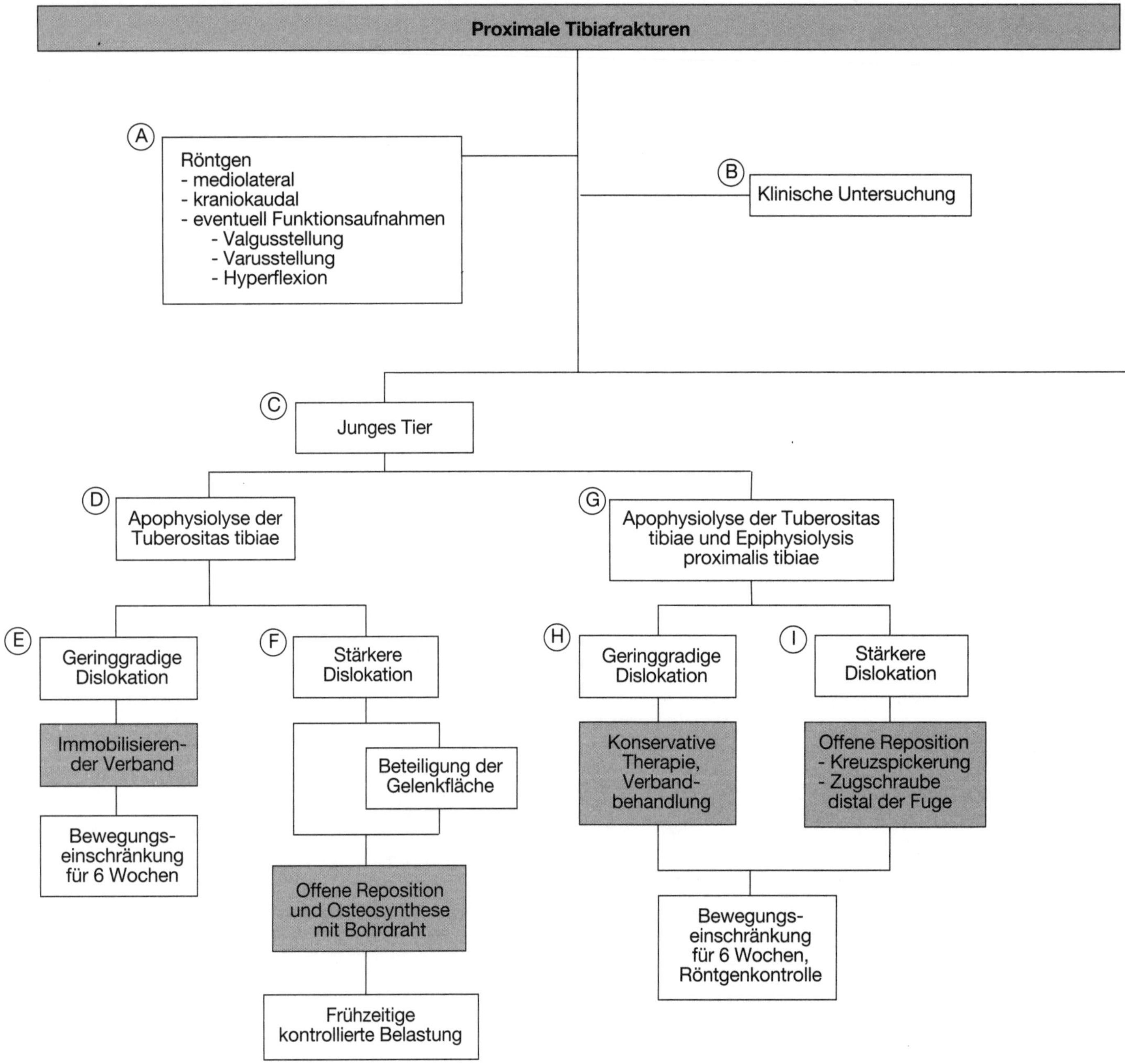
Proximale Tibiafrakturen
A
Röntgen
- mediolateral
- kraniokaudal
- eventuell Funktionsaufnahmen
- Valgusstellung
- Varusstellung
- Hyperflexion
B
Klinische Untersuchung
C
Junges Tier
D
Apophysiolyse der Tuberositas tibiae
G
Apophysiolyse der Tuberositas tibiae und Epiphysiolysis proximalis tibiae
E
Geringgradige Dislokation
F
Stärkere Dislokation
H
Geringgradige Dislokation
I
Stärkere Dislokation
Immobilisierender Verband
Bewegungseinschränkung für 6 Wochen
Beteiligung der Gelenkfläche
Offene Reposition und Osteosynthese mit Bohrdraht
Frühzeitige kontrollierte Belastung
Konservative Therapie, Verbandbehandlung
Offene Reposition
- Kreuzspickerung
- Zugschraube distal der Fuge
Bewegungseinschränkung für 6 Wochen, Röntgenkontrolle

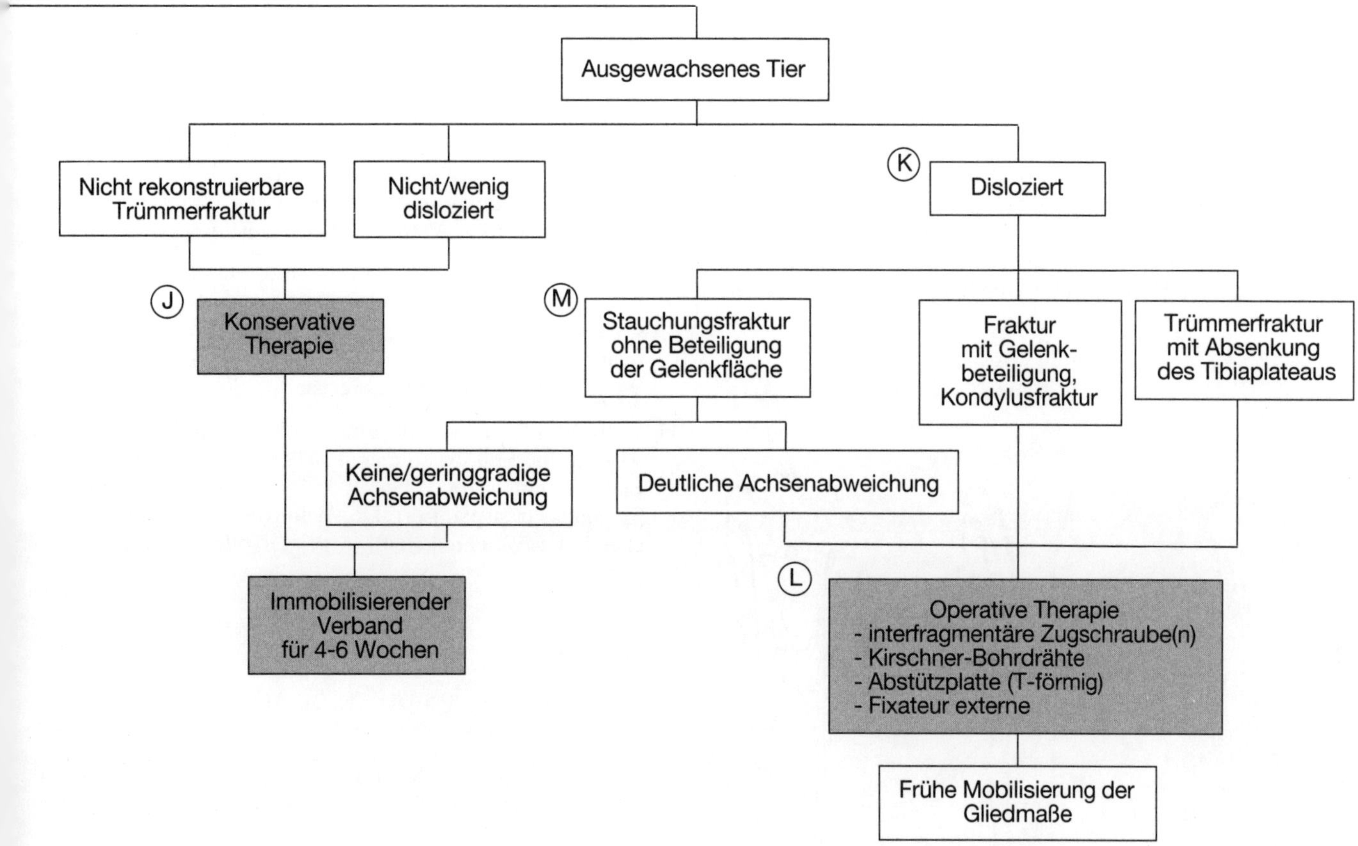
Ausgewachsenes Tier
Nicht rekonstruierbare Trümmerfraktur
Nicht/wenig disloziert
K
Disloziert
J
Konservative Therapie
M
Stauchungsfraktur ohne Beteiligung der Gelenkfläche
Fraktur mit Gelenkbeteiligung, Kondylusfraktur
Trümmerfraktur mit Absenkung des Tibiaplateaus
Keine/geringgradige Achsenabweichung
Deutliche Achsenabweichung
Immobilisierender Verband für 4-6 Wochen
L
Operative Therapie
- interfragmentäre Zugschraube(n)
- Kirschner-Bohrdrähte
- Abstützplatte (T-förmig)
- Fixateur externe
Frühe Mobilisierung der Gliedmaße

Tibiaschaftfrakturen*

A. Gedeckte Frakturen der Tibiadiaphyse können grundsätzlich konservativ behandelt werden, Voraussetzung ist allerdings eine ausreichende Reposition und weitgehende Stabilität der Fraktur. Der Verbandbehandlung haftet jedoch der Nachteil einer relativ langen Behinderung des Tieres an, so daß unter Umständen eine operative Fixation vorzuziehen ist.

B. Frakturen mit unzureichender und/oder instabiler Reposition der Fragmente sollten stets operativ versorgt werden.

C. Unabhängig von der Art der Versorgung sind regelmäßig Röntgenkontrollen durchzuführen.

D. Die meisten Schaftfrakturen der Tibia lassen sich mit einer Platte stabilisieren (Abb. 1). Bei Splitterfrakturen mit umfangreicher Devitalisierung des Knochens bzw. Knochendefekten sollte zusätzlich eine autogene Spongiosatransplantation durchgeführt werden. Für die Markraumfixation eignen sich Quer- und kurze Schrägfrakturen der Tibia im Bereich der Markhöhlenenge, sofern keine Fissuren vorliegen; bei längeren Bruchflächen kann die Marknagelung zur besseren Rotationsstabilität durch Hemicerclagen ergänzt werden.

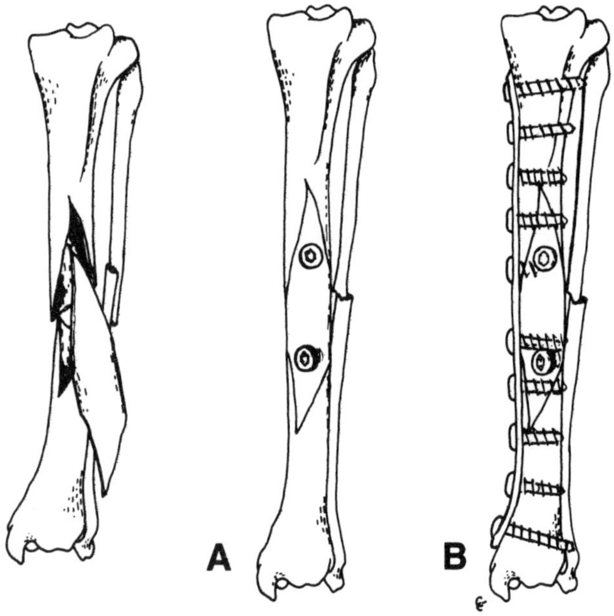

Abb. 1. Splitterbruch des Tibiaschaftes. A = Fixation des rautenförmigen Splitters mit zwei Zugschrauben; B = Stabilisierung mit einer Neutralisationsplatte.

E. Liegt eine offene Tibiaschaftfraktur vor, so wird zunächst die Blutung gestillt und die Wunde revidiert bzw. gesäubert. Bei frischen Verletzungen (einige Stunden nach dem Unfall) kann die Differenzierung zwischen vitalem und avitalem Gewebe schwierig sein. Hier hilft die intravenöse Injektion von Disulphin-Blau, wonach sich nur das durchblutete Gewebe blau färbt. Die Spülung und Reinigung der Wunde ist sorgfältig durchzuführen, ohne das Gewebe unnötig stark zu traumatisieren.

F. Offene Frakturen 1. bis 2. Grades können mit einer Platte stabilisiert werden. Läßt sich wegen eines größeren Gewebeverlustes das Implantat nicht spannungslos mit Haut abdekken, wird die Wunde offen belassen, mit Wundgaze abgedeckt und durch einen Verband geschützt. Nach Abklingen der Infektion kann ein sekundärer Wundverschluß durchgeführt werden; meist granuliert die Wunde jedoch bei offener Wundbehandlung zufriedenstellend aus. Zur Infektionsbekämpfung werden Antibiotika verabreicht.

G. Offene Frakturen 3. Grades mit schwerem Haut- und Weichteiltrauma werden am besten mit einem Fixateur externe stabilisiert. Dieser ermöglicht bei stabiler Fixation der Fragmente eine konsequente Wundbehandlung mit täglicher Wundtoilette und Verbandwechsel.

H. Ist die Stabilität unzureichend oder lockert sich die Montage, so kann die Fraktur zu einem späteren Zeitpunkt mit einer Platte fixiert werden; bei Bedarf wird zusätzlich autogene Spongiosa transplantiert. Der Wundverschluß kann entsprechend der Weichteilsituation primär oder sekundär erfolgen.

Literatur

1. Brinker WO, Piermattei DL, Flo GL. Handbook of small animal orthopedics and fracture treatment. Philadelphia: WB Saunders, 1983.
2. Butler HC. Fractures of the tibia. In: Brinker WO, Hohn RB, Prieur WD, eds. Manual of internal fixation in small animals. Heidelberg: Springer, 1984: 180.
3. Gofton N. Fracture of the tibia and fibula. In: Slatter DH, ed. Textbook of small animal surgery. Philadelphia: WB Saunders, 1985: 2235.
4. Köstlin RG, Schebitz H, Brunnberg L. Zugang zur Tibia zur gedeckten Markraumfixation. In: Schebitz H, Brass W, Hrsg. Operationen an Hund und Katze. Berlin: Parey, 1985: 268.
5. Land B. Unterschenkelfrakturen bei der Katze – Behandlung und Ergebnisse in den Jahren 1970–1980. Vet med Diss, München 1981.
6. Pfeiffer C. Unterschenkelfrakturen beim Hund – Behandlung und Ergebnisse in den Jahren 1970–1974. Vet med Diss, München 1977.
7. Schebitz H, Brunnberg L, Waibl H. Zugang zur Tibia von medial. In: Schebitz H, Brass W, Hrsg. Operationen an Hund und Katze. Berlin: Parey, 1985: 269.

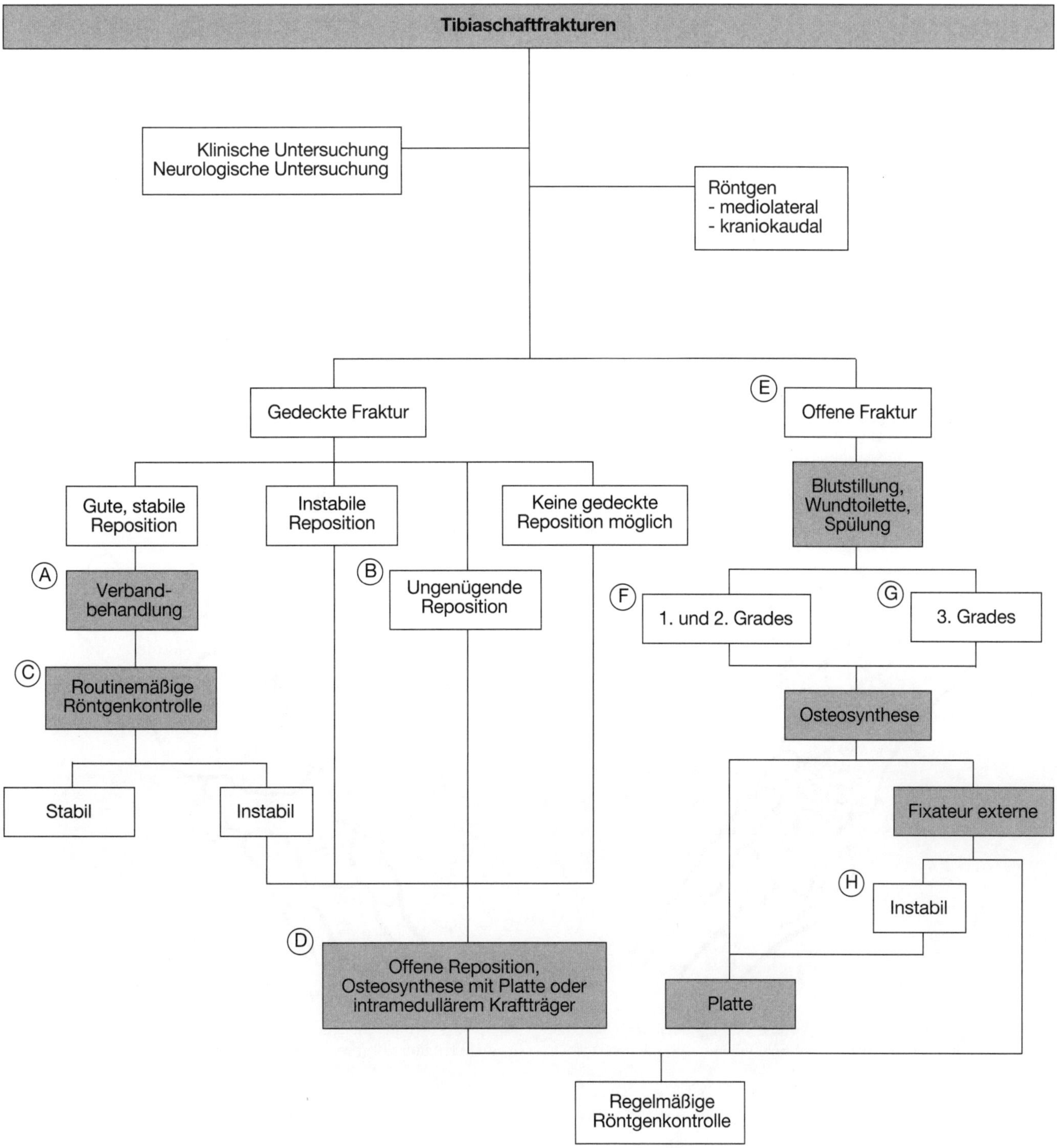
Tibiaschaftfrakturen
Klinische Untersuchung
Neurologische Untersuchung
Röntgen
- mediolateral
- kraniokaudal
Gedeckte Fraktur
E
Offene Fraktur
Gute, stabile Reposition
Instabile Reposition
Keine gedeckte Reposition möglich
Blutstillung, Wundtoilette, Spülung
A
Verband-behandlung
B
Ungenügende Reposition
F
1. und 2. Grades
G
3. Grades
C
Routinemäßige Röntgenkontrolle
Osteosynthese
Stabil
Instabil
Fixateur externe
H
Instabil
D
Offene Reposition, Osteosynthese mit Platte oder intramedullärem Kraftträger
Platte
Regelmäßige Röntgenkontrolle

Abschliff- und Seitenbandverletzungen am Tarsokruralgelenk, Fraktur der Malleoli*

A. Am Tarsokruralgelenk gehen nicht nur Kollateralbandrupturen, sondern auch viele Abschliffverletzungen und Frakturen der Malleoli mit einer Seitenbandinstabilität einher. Aus diesem Grunde muß klinisch stets untersucht werden, ob eine mediale bzw. laterale Aufklappbarkeit des Gelenks vorliegt. Die Funktion des kurzen Seitenbandes wird bei maximal gebeugtem Gelenk, die Kontinuität des langen Seitenbandes bei gestrecktem Tarsus geprüft.

B. Die Röntgenuntersuchung sollte neben den Standardaufnahmen des Sprunggelenks in zwei Ebenen auch Funktionsaufnahmen bei gestrecktem und medial bzw. lateral aufgeklapptem Gelenk (kraniokaudaler Strahlengang) einschließen.

C. Bei offenen Verletzungen wird zur bakteriologischen Untersuchung (Keimbestimmung und Resistenztest) aus der Tiefe eine Tupferprobe entnommen; anschließend ist eine sorgfältige Wundrevision mit Spülung des geöffneten Gelenks durchzuführen.

D. Bei Abschliffverletzungen mit Kollateralbandverlust hat sich der Ersatz des langen und kurzen Seitenbandes durch drei Schrauben und zwei achterförmig um sie geführte Drahtschlingen bewährt. Die Schrauben werden am Ursprungs- bzw. Ansatzpunkt der medialen bzw. lateralen Seitenbänder in den Talus respektive Kalkaneus gesetzt (Abb. 1 und 2). Das eröffnete Gelenk und die Implantate sollten, soweit span-

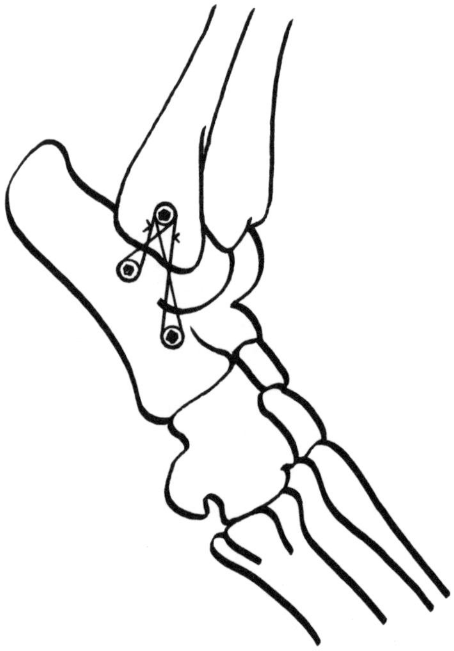

Abb. 1. Abschliffverletzung mit Verlust des Ligamentum collaterale laterale longum et breve; Ersatz mit Schrauben und Drahtcerclage.

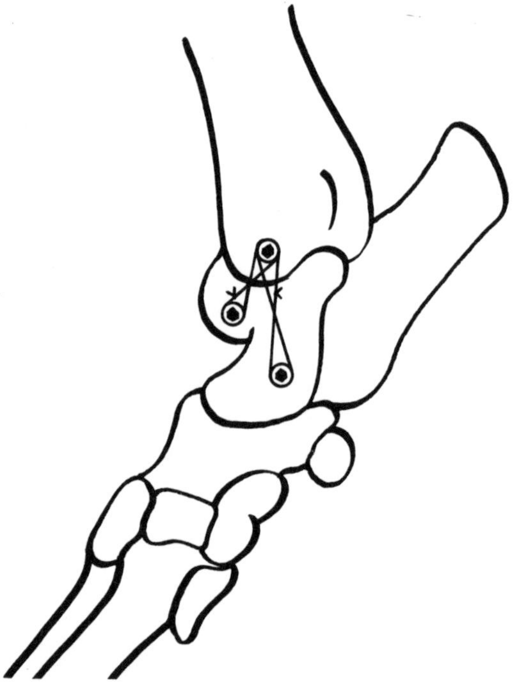

Abb. 2. Abschliffverletzung mit Verlust des Ligamentum collaterale mediale longum et breve; Ersatz mit Schrauben und Drahtcerclage.

nungslos möglich, mit Weichteilen oder Haut abgedeckt werden. Anschließend wird das Sprunggelenk 4 bis 6 Wochen lang mit einem Fixateur externe oder einem Verband immobilisiert. Die Stabilisierung des Gelenks ermöglicht bei täglicher Wundtoilette eine ungestörte Heilung.

E. Sind die Seitenbänder in ihrer Mitte rupturiert, werden die Bandstümpfe mit langsam absorbierbarem synthetischen Nahtmaterial nach Bunnell durchflochten und adaptiert.

F. Liegt ein insertionsnaher Seitenbandriß vor, so wird der mit nicht oder langsam absorbierbarem Nahtmaterial nach Bunnell durchflochtene Bandstumpf transossär über einen Bohrkanal im Ansatzbereich des Bandes reinseriert (Abb. 3).

G. Beim knöchernen Bandausriß erfolgt die Reposition und Fixation des Fragments, nach Entfernung kleinerer Knochensplitter, mit Hilfe einer Drahtnaht. Der Cerclagendraht wird dabei zwischen die Bandfasern und das Ausrißfragment gelegt, dann durch einen Bohrkanal geführt und verdrillt (Abb. 4). Größere Fragmente lassen sich durch Zuggurtung mit Draht fixieren.

H. Frakturen des Malleolus tibiae oder fibulae werden meist mit zwei Kirschner-Bohrdrähten und einer Drahtschlinge nach dem Zuggurtungsprinzip fixiert (Abb. 5). Bei einer Fraktur des Malleolus fibulae werden die Bohrdrähte durch den äußeren Knöchel bis in die Tibia eingedreht.

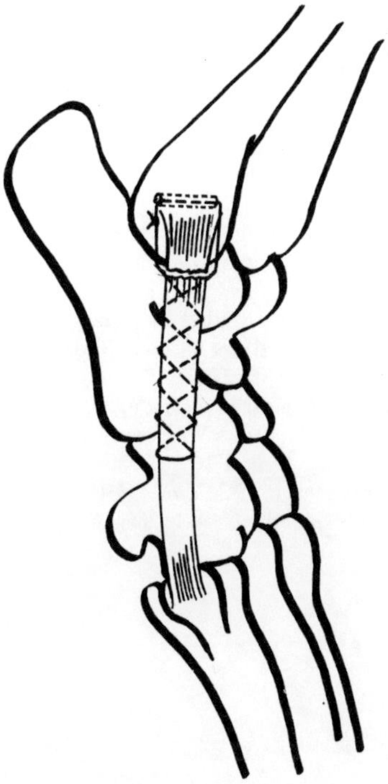

Abb. 3. Insertionsnahe Ruptur des Ligamentum collaterale laterale longum; Naht nach Bunnell und transossäre Reinsertion.

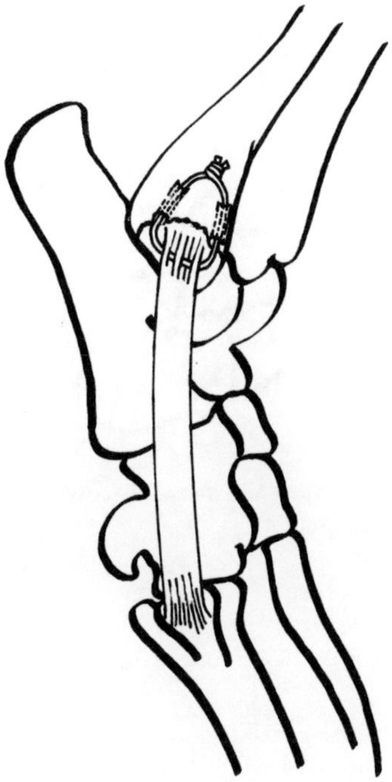

Abb. 4. Knöcherner Ausriß des Ligamentum collaterale laterale longum et breve; Reinsertion mit Drahtnaht.

Abb. 5. Fraktur des Malleolus tibiae; Osteosynthese mit zwei Bohrdrähten und Zuggurtungsdraht.

Literatur

1. Aron DN. Prosthetic ligament replacement for severe tarsocrural joint instability. JAAHA 1987; 23: 41.
2. Bjorling DE, Toombs JP. Transarticular application of the Kirschner-Ehmer splint. Vet Surg 1982; 11: 34.
3. Brinker WO, Piermattei DL, Flo GL. Handbook of small animal orthopedics and fracture treatment. Philadelphia: WB Saunders, 1983: 336.
4. Dee JF. Injuries to the distal tibia and tarsus. Proc AAHA 1984: 359.
5. Dee JF, Dee LG, Earley TD. Fractures of carpus, tarsus, metacarpus and phalanges. In: Brinker WO, Hohn RB, Prieur WD, eds. Manual of internal fixation in small animals. Heidelberg: Springer, 1983: 190.
6. Earley TD, Dee JF. Trauma to the carpus, tarsus and phalanges of dogs and cats. Vet Clin North Am 1980; 10: 717.
7. Earley TD, Piermattei DL, Dee JF, Weigel JP. Canine carpus and tarsus short course. Proceedings. Knoxville, TN: University of Tennessee, 1981: 1.
8. Fischer H. Verletzungen des Sprunggelenks der Katze – Behandlung und Ergebnisse in den Jahren 1976–1984. Vet med Diss, München 1986.
9. Gössmann M. Verletzungen der Articulatio tarsocruralis beim Hund – Behandlung und Ergebnisse in den Jahren 1970–1980. Vet med Diss, München 1983.
10. Köstlin RG, Schebitz H, Matis U. Zugang zum Sprunggelenk von medial. In: Schebitz H, Brass W, Hrsg. Operationen an Hund und Katze. Berlin: Parey, 1985: 276.
11. Matis U, Schebitz H, Köstlin RG. Zugang zum Sprunggelenk von lateral. In: Schebitz H, Brass W, Hrsg. Operationen an Hund und Katze. Berlin: Parey, 1985: 270.
12. Miller MF, Christensen GC, Evans HE. Anatomy of the dog. Philadelphia: WB Saunders, 1964: 265.

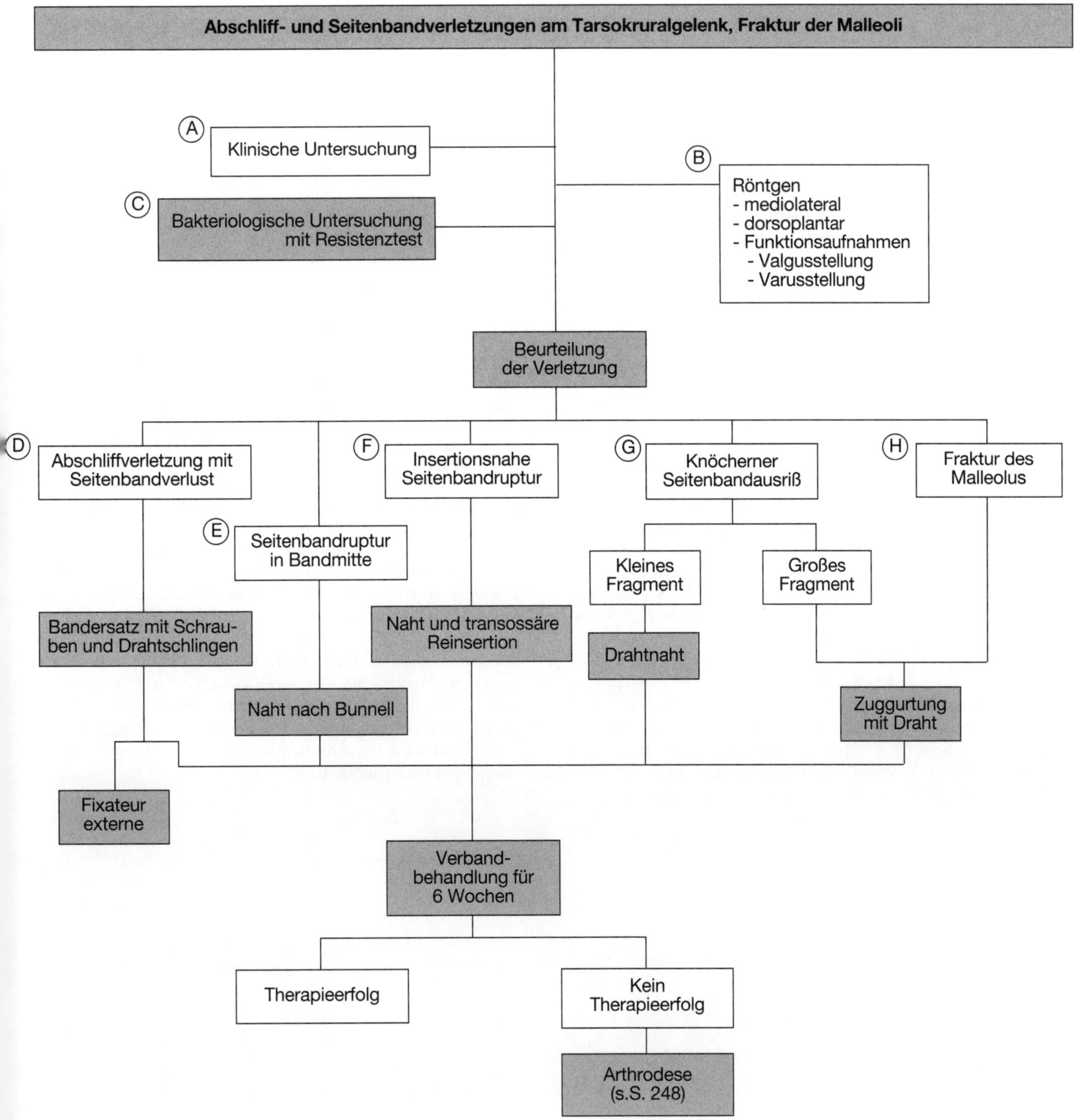

Abschliff- und Seitenbandverletzungen am Tarsokruralgelenk, Fraktur der Malleoli
A
Klinische Untersuchung
B
Röntgen
- mediolateral
- dorsoplantar
- Funktionsaufnahmen
- Valgusstellung
- Varusstellung
C
Bakteriologische Untersuchung mit Resistenztest
Beurteilung der Verletzung
D
Abschliffverletzung mit Seitenbandverlust
E
Seitenbandruptur in Bandmitte
F
Insertionsnahe Seitenbandruptur
G
Knöcherner Seitenbandausriß
H
Fraktur des Malleolus
Kleines Fragment
Großes Fragment
Bandersatz mit Schrauben und Drahtschlingen
Naht und transossäre Reinsertion
Drahtnaht
Naht nach Bunnell
Zuggurtung mit Draht
Fixateur externe
Verband-behandlung für 6 Wochen
Therapieerfolg
Kein Therapieerfolg
Arthrodese (s.S. 248)

(Sub-)Luxation im proximalen Intertarsalgelenk

A. Die Ossa tarsalia können in den Articulationes talocalcaneocentralis et calcaneoquartalis nach dorsal oder plantar (sub-) luxieren (Abb. 1A und 1B). Bei der klinischen Untersuchung findet sich eine dorsale oder plantare Aufklappbarkeit des Gelenks bei Hyperextension bzw. Flexion.

B. Die Diagnose wird röntgenologisch anhand routinemäßiger Aufnahmen bei dorsoplantarem und mediolateralem Strahlengang sowie durch Funktionsaufnahmen bei Valgus- und Varusstellung sowie Hyperextension und Flexion im Sprunggelenk gesichert.

C. Die plantaren Sprunggelenkbänder sind wesentlich kräftiger als die dorsalen. (Sub-)Luxationen im proximalen Intertarsalgelenk entstehen durch Ruptur des Ligamentum plantare longum bei extremer Dorsoflexion im Sprunggelenk. Wegen der Stärke des Ligamentum plantare longum kommt es dabei nicht selten sowohl zum knöchernen Ausriß dieses Bandes an der Basis des Kalkaneus als auch zu dessen Ruptur.

D. Die Therapie besteht aus einer primären Arthrodese der Articulatio calcaneoquartalis. Hierzu wird das Gelenk mit einem dicken Bohrdraht oder einem Steinmann-Nagel und einer Zuggurtungsdrahtschlinge versteift, nachdem zuvor der Gelenkknorpel abgefräst und autogene Spongiosa implantiert worden ist (Abb. 1C). Besteht eine sehr ausgeprägte Gelenkinstabilität, kann zusätzlich eine Arthrodese der Articulatio talocalcaneocentralis mit einer Zugschraube erforderlich sein (Abb. 2). Das Sprunggelenk wird postoperativ für 6 bis 8 Wochen mit einem Verband ruhiggestellt.

E. Dorsale (Sub-)Luxationen im proximalen Intertarsalgelenk sind seltene Hyperextensionsverletzungen, die im allgemeinen nicht mit knöchernen Absprengungen einhergehen. Es handelt sich um „selbstkomprimierende" Verletzungen, d.h., die Subluxation wird in der Belastungsphase der Gliedmaße reponiert, während sie in der Hangbeinphase erneut disloziert. Im Gegensatz dazu ist die plantare Subluxation während der Belastungsphase weniger stabil, da die Läsion auf der Zugseite des Sprunggelenks liegt.

F. Die dorsale Subluxation kann konservativ behandelt werden. Das Sprunggelenk wird bei physiologischer Winkelung für 6 bis 8 Wochen mit einem Verband immobilisiert.

G. War die Verbandbehandlung ohne Erfolg oder liegt eine sehr ausgeprägte Luxationstendenz nach dorsal bei gleichzeitiger Seiteninstabilität vor, so wird auch hier eine Arthrodese der Articulatio talocalcaneocentralis und/oder Articulatio calcaneoquartalis durchgeführt (Abb. 2). Nach Ausfräsen der Gelenkreihe(n) wird autogene Spongiosa implantiert und das jeweilige Gelenk unter Verwendung einer die Gelenkflächen kreuzenden Kortikalisschraube unter Druck verriegelt. Die Zugschrauben werden hierbei von medial über das Collum tali und das Os tarsi centrale bis in das Os tarsale tertium bzw. von lateral über die Basis des Kalkaneus bis in das Os tarsale quartum eingebracht. Alternativ kann die Fixation auch mit einer lateral am Kalkaneus, dem Os tarsale quartum und dem Metatarsus angebrachten Kompressionsplatte erfolgen. Anschließend wird das Sprunggelenk für 6 bis 8 Wochen mit einem Verband ruhiggestellt.

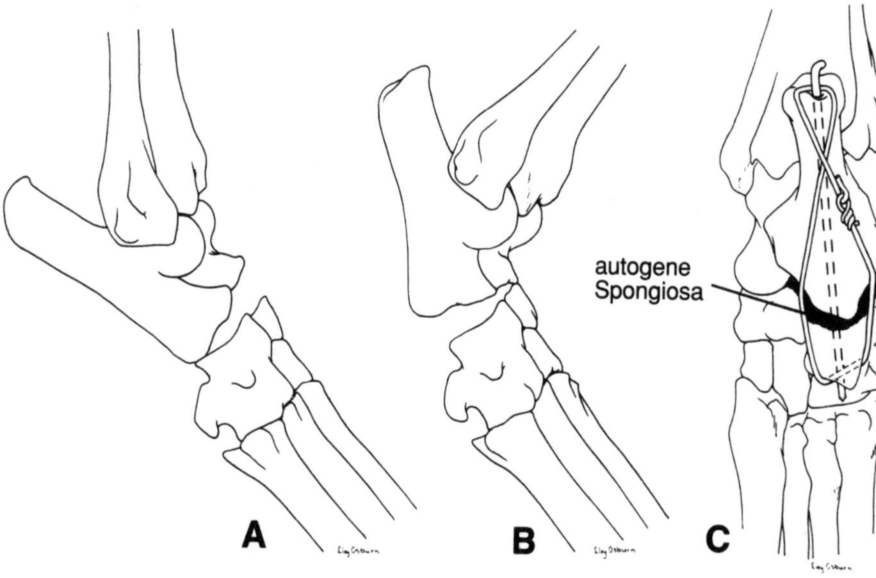

Abb. 1. Subluxation im proximalen Intertarsalgelenk. A = dorsale Subluxation; B = plantare Subluxation; C = Arthrodese der Articulatio calcaneoquartalis mit kräftigem Bohrdraht und Drahtzuggurtung (Kaudalansicht).

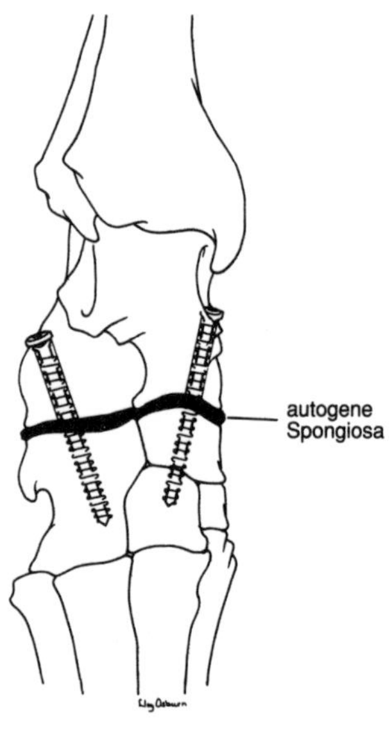

Abb. 2. Arthrodese der Articulationes calcaneoquartalis et talocalcaneocentralis mit je einer kortikalen Zugschraube (Dorsalansicht).

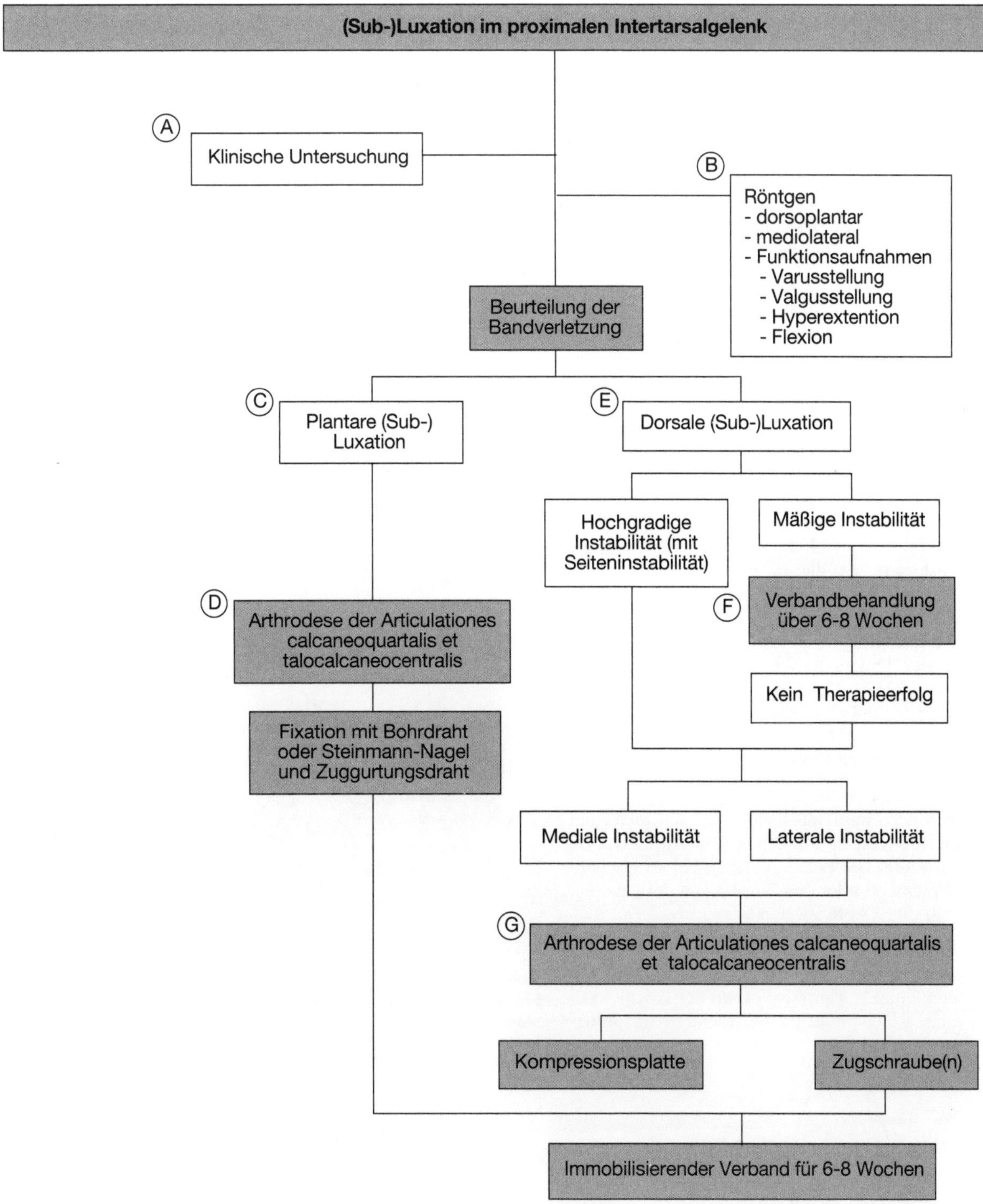

Literatur

1. Dee JF. Fractures in the racing greyhound. In: Bojrab MJ, ed. Pathophysiology in small animal surgery. Philadelphia: Lea & Febiger, 1981: 812.
2. Dee JF. Injuries to the distal tibia and tarsus. Proc AAHA 1984: 359.
3. Dee JF, Dee LG, Earley TD. Fractures of carpus, tarsus, metacarpus and phalanges. In: Brinker WO, Hohn RB, Prieur WD, eds. Manual of internal fixation in small animals. Heidelberg: Springer, 1983: 190.
4. Dee JF, Dee LG, Eaton-Wells RW. Injuries of high performance dogs. In: Whittick WG, ed. Canine orthopedics II. Philadelphia: Lea & Febiger, 1990.
5. Earley TD, Dee JF. Trauma to the carpus, tarsus and phalanges of dogs and cats. Vet Clin North Am 1980; 10: 717.
6. Earley TD, Piermattei DL, Dee JF, Weigel JP. Canine carpus and tarsus short course. Proceedings. Knoxville, TN: University of Tennessee, 1981: 1.
7. Fischer H. Verletzungen des Sprunggelenks der Katze – Behandlung und Ergebnisse in den Jahren 1976–1984. Vet med Diss, München 1986.
8. Köstlin RG, Schebitz, H, Matis U. Zugang zum Sprunggelenk von kraniomedial. In: Schebitz H, Brass W, Hrsg. Operationen an Hund und Katze. Berlin: Parey, 1985: 278.
9. Matis U, Schebitz H, Köstlin RG. Zugang zum Calcaneus und zur distalen Gelenkreihe. In: Schebitz H, Brass W, Hrsg. Operationen an Hund und Katze. Berlin: Parey, 1985: 273.

Talusfraktur und/oder -luxation, (Osteo-)Chondrosis dissecans des Talus*

A. Talusfrakturen und -luxationen sind seltene Verletzungen. Die klinischen Symptome können sehr unterschiedlich sein. Sie reichen von mittel- bis hochgradiger Lahmheit mit lokal umschriebener Weichteilschwellung bis hin zu einer diffusen Verdickung des Tarsus, verbunden mit Krepitation und Fehlstellung im Sprunggelenk.

B. Die röntgenologische Untersuchung des Sprunggelenks erfolgt in beiden Standardebenen (dorsoplantarer und mediolateraler Strahlengang); zusätzlich hat sich die Aufnahme des Sprunggelenks bei schräger Lagerung (dorsoplantarer Strahlengang) als hilfreich erwiesen.

C. Nicht dislozierte stabile Frakturen des Collum tali können mit einem das Sprunggelenk für 6 Wochen in physiologischer Position immobilisierenden Verband zufriedenstellend behandelt werden.

D. Die meisten Frakturen des Collum tali sind jedoch instabil oder stärker disloziert. In diesen Fällen ist die offene Reposition und stabile Fixation der Fraktur mit einer Zugschraube oder Kirschner-Bohrdrähten indiziert. Um eine interfragmentäre Kompression zu erzielen, sollte bei ausreichender Größe der Fragmente die Zugschraubenfixation bevorzugt werden (Abb. 1). Alternativ kann bei einer Fraktur des Collum tali und gleichzeitiger Luxation des Caput tali das reponierte distale Talusfragment mit einer Stellschraube von kaudal an den Basalteil des Kalkaneus fixiert werden.

E. Bei Verletzungen des Caput tali handelt es sich meist um dorsale Chipfrakturen, die zusammen mit Frakturen des Os tarsi centrale auftreten. Die Fixation erfolgt bei ausreichender Größe des Fragments über den Zugang von dorsomedial mit einer Zugschraube (Abb. 2).

F. Läsionen des Corpus tali können in verschiedenen Formen auftreten: 1. Querfraktur zwischen Trochlea und Collum tali ohne Gelenkbeteiligung, 2. sagittale Fraktur der Trochlea tali bzw. Fraktur eines Rollkammes oder 3. kleinere Absprengfrakturen von der Trochleafläche. Um einen ausreichenden Einblick in das Tarsokruralgelenk zu erhalten, ist mitunter eine Osteotomie des Malleolus tibiae oder fibulae angezeigt. Querfrakturen des Corpus tali ohne Gelenkbeteiligung werden wie Collumfrakturen versorgt. Bei Gelenkfrakturen werden größere Fragmente der Trochlea tali nach stufenloser Reposition mit mehreren im Knorpel versenkten Bohrdrähten fixiert (Abb. 2); kleinere Absprengungen können entfernt werden.

G. Stabil reponierbare Talusluxationen lassen sich konservativ behandeln. Das Sprunggelenk wird für 6 Wochen mit einem Verband in physiologischer oder leichter Varusstellung immobilisiert.

H. Instabile oder nicht reponierbare Luxationen des Talus erfordern eine operative Versorgung; hierbei wird der Zugang

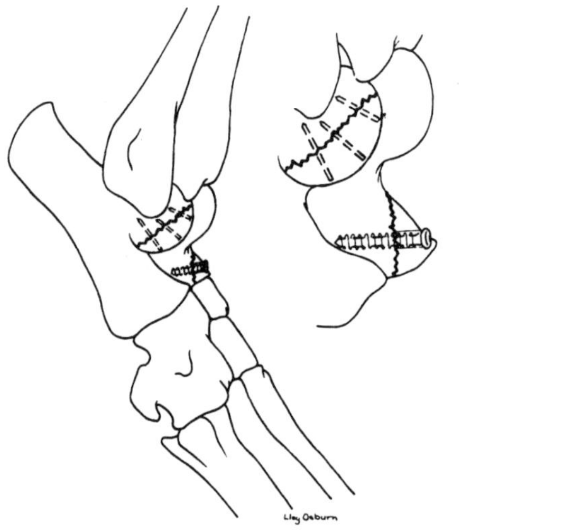

Abb. 2. Fraktur der Trochlea tali und Chipfraktur des Caput tali; Fixation mit drei versenkten Kirschner-Bohrdrähten bzw. interfragmentärer Zugschraube.

Abb. 1. Fraktur des Collum tali; Osteosynthese mit einer Zugschraube.

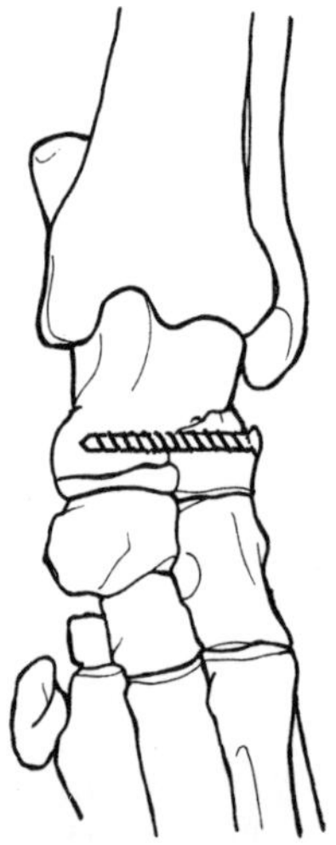

Abb. 3. Luxationsfraktur des Talus; Fixation des reponierten Fragments an die Basis des Kalkaneus mit einer Stellschraube.

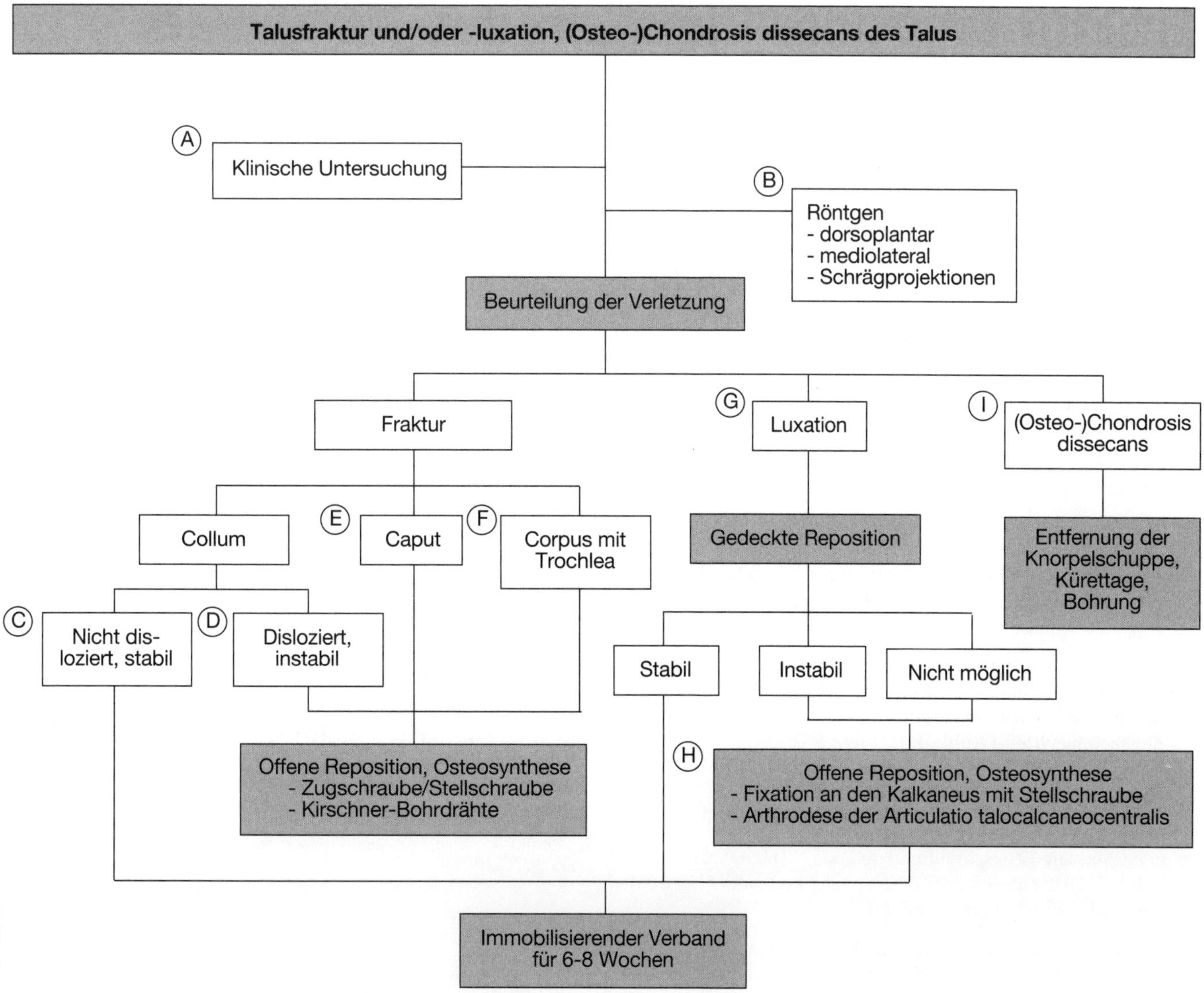

von kraniomedial nach kaudal erweitert und der Talus mit einer von plantar durch die Basis des Kalkaneus eingedrehten Positionsschraube in reponierter Stellung fixiert (Abb. 3). Bei instabilen Talusluxationen kann alternativ zur Stellschraube eine Arthrodese der Articulatio talocalcaneocentralis durchgeführt werden. Nach Ausfräsen des Gelenkknorpels und Einlagerung autogener Spongiosa wird eine Zugschraube von medial über das Collum tali und das Os tarsi centrale bis in das Os tarsale tertium eingebracht.

I. Die (Osteo-)Chondrosis dissecans oder transchondrale Trochleafrakturen betreffen meist den medialen Rollkamm des Talus und sind auf Röntgenaufnahmen bei dorsoplantarem Strahlengang in der Regel gut erkennbar. Laterale Rollkammläsionen dagegen können besser mit schrägem oder mediolateralem Strahlengang dargestellt werden. Die Entfernung der Knorpelschuppe erfolgt von medioplantar bzw. lateroplantar. Bei unzureichender Gelenkeinsicht kann der Zugang durch eine Osteotomie des Malleolus tibiae oder fibulae erweitert werden. Der freiliegende subchondrale Knochen wird bis zur durchbluteten Spongiosa kürettiert oder angebohrt. Nach humanmedizinischer Literatur sollen mit Hilfe der Bohrung die besten Langzeitergebnisse erzielt werden; beim Hund ist die Effektivität dieser Technik jedoch bisher noch nicht bewiesen worden.

Literatur

1. Alexander H, Lichtman D. Surgical treatment of transchondral talar dome fractures (osteochondritis dissecans). J Bone Joint Surg 1980; 62A: 646.
2. Berndt A, Harty M. Transchondral fractures of the talus. J Bone Joint Surg 1959; 41A: 988.
3. Dee JF. Injuries to the distal tibia and tarsus. Proceedings AAHA 1984: 359.
4. Dee JF, Dee LG, Earley TD. Fractures of carpus, tarsus, metacarpus and phalanges. In: Brinker WO, Hohn RB, Prieur WD, eds. Manual of internal fixation in small animals. Heidelberg: Springer, 1983: 192.
5. Earley TD, Piermattei DL, Dee JF, Weigel JP. Canine carpus and tarsus short course. Proceedings. Knoxville, TN: University of Tennessee, 1981: 1.
6. Fischer H. Verletzungen des Sprunggelenks der Katze – Behandlung und Ergebnisse in den Jahren 1976–1984. Vet med Diss, München 1986.
7. Gössmann M. Verletzungen der Articulatio tarsocruralis beim Hund – Behandlung und Ergebnisse in den Jahren 1970–1980. Vet med Diss, München 1983.
8. Köstlin R, Schebitz H, Matis U. Zugang zum Sprunggelenk von kraniomedial. In: Schebitz H, Brass W, Hrsg. Operationen an Hund und Katze. Berlin: Parey, 1985: 278.
9. Matis U, Schebitz H, Köstlin R. Zugang zum Sprunggelenk mit Osteotomie des Malleolus medialis. In: Schebitz H, Brass W, Hrsg. Operationen an Hund und Katze. Berlin: Parey, 1985: 280.

Fraktur und/oder Luxation des Kalkaneus

A. Fersenbeinfrakturen können in sehr unterschiedlichen Formen auftreten. Kleinere (Absprеng-)Verletzungen zeigen bei der klinischen Untersuchung eine umschriebene Weichteilschwellung und Krepitation. Bei schwerwiegenderen Querfrakturen des Kalkaneusschaftes liegt neben einer ausgeprägten Weichteilschwellung, Schmerzhaftigkeit und Lahmheit eine deutliche Achsenknickung bei Dorsoflexion des Sprunggelenks vor.

B. Die Frakturen sind auf den Standard-Röntgenaufnahmen bei dorsoplantarem und mediolateralem Strahlengang in der Regel gut zu erkennen. Dorsomediale Chipfrakturen an der Basis des Kalkaneus lassen sich jedoch am besten bei Schrägprojektionen darstellen.

C. Bei Verlagerung der Endsehne des M. flexor digitalis superficialis mit medialer oder lateraler Abrißfraktur am Tuber calcanei werden kleine Fragmente entfernt, größere hingegen mit einer Zugschraube fixiert (Abb. 1). Die Weichteile müssen sorgfältig rekonstruiert werden.

D. Abrißfrakturen des Tuber calcanei treten vorwiegend als Apophysiolyse auf. Die Fixation erfolgt mit einem oder besser zwei Kirschner-Bohrdrähten und achterförmigem Zuggurtungsdraht (Abb. 2).

E. Schaftfrakturen des Kalkaneus werden ebenfalls mit einem Kirschner-Bohrdraht und Zuggurtungsdrahtschlinge versorgt. Zersplitterte Frakturen erfordern eine zusätzliche Fixation mit Zugschrauben und/oder (Hemi-)Cerclagen (Abb. 3). Alternativ besteht die Möglichkeit einer Osteosynthese mit lateral angelegter Platte.

F. Sagittalfrakturen lateral an der Basis und am Schaft des Kalkaneus werden mit mehreren von lateral nach medial eingedrehten Zugschrauben fixiert (Abb. 4).

G. Dorsomediale Sagittalfrakturen an der Basis des Kalkaneus führen selten zur Ausbildung einer Pseudarthrose und können deshalb sowohl konservativ als auch mit Zugschrauben versorgt werden (Abb. 5).

H. Dorsoplantar verlaufende Frakturen an der Basis des Kalkaneus werden mit einem Kirschner-Bohrdraht und achterförmigem Zuggurtungsdraht fixiert; die Implantate werden distal im Os tarsale quartum verankert (Abb. 6).

I. Große Absprengfragmente kaudal an der Basis des Kalkaneus können mit einem oder zwei schräg nach proximal eingedrehten Kirschner-Bohrdrähten und Zuggurtungsdrahtschlinge fixiert werden (Abb. 7).

J. Bei kleinen Absprengfrakturen kaudal an der Fersenbeinbasis wird wie bei der plantaren (Sub-)Luxation des Kalkaneus eine Arthrodese der Articulatio calcaneoquartalis mit Kirschner-Bohrdraht oder Steinmann-Nagel und achterförmigem Zuggurtungsdraht durchgeführt, wobei die Implantate distal im Os tarsale quartum verankert werden (Abb. 8). Liegt eine isolierte Luxation des Kalkaneus vor, kann die Articulatio calcaneoquartalis mit einer von lateral durch das Fersenbein in das Os tarsale quartum eingedrehten Zugschraube versteift werden.

Abb. 1. Mediale Abrißfraktur am Tuber calcanei bei Verlagerung der Endsehne des M. flexor digitalis superficialis; Fixation mit einer Zugschraube.

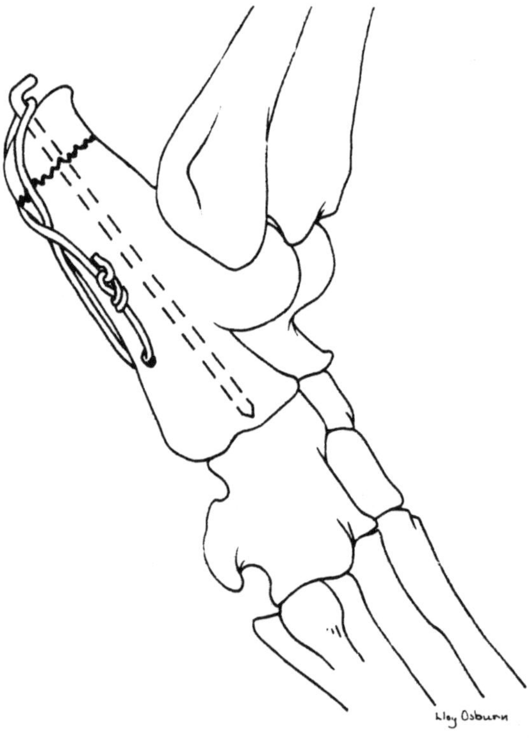

Abb. 2. Fraktur des Tuber calcanei; Osteosynthese mit Kirschner-Bohrdraht und Zuggurtungsdrahtschlinge.

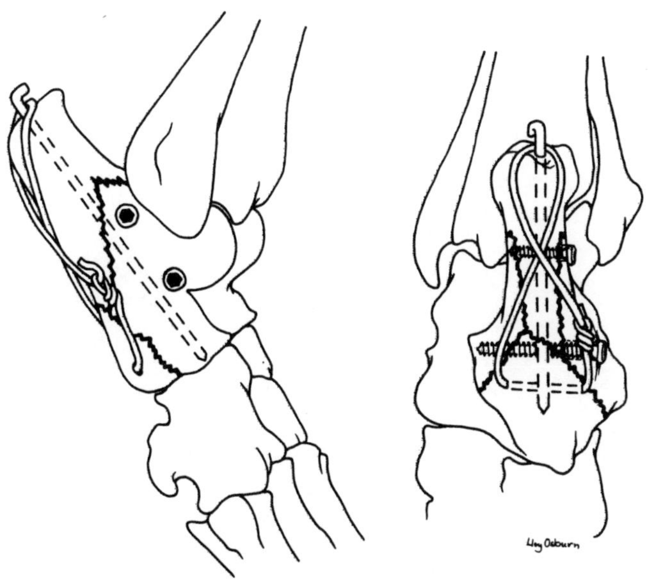

Abb. 3. Splitterfraktur des Kalkaneusschaftes; Osteosynthese mit Zugschrauben, Kirschner-Bohrdraht und Zuggurtungsdraht.

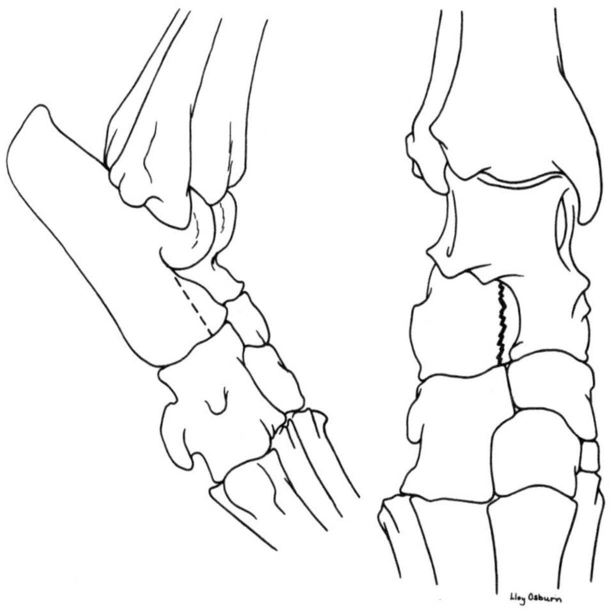

Abb. 5. Dorsomediale Sagittalfraktur an der Basis des Kalkaneus.

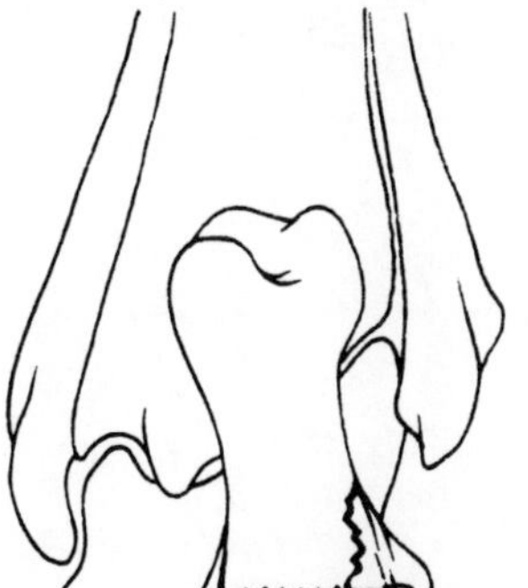

Abb. 4. Laterale Sagittalfraktur an der Basis des Kalkaneus; Osteosynthese mit zwei Zugschrauben.

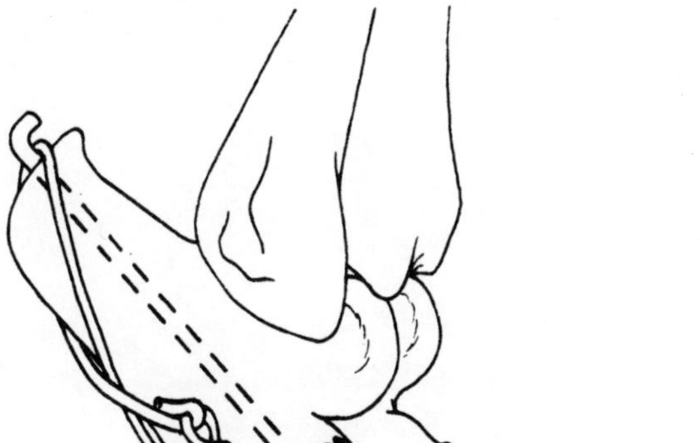

Abb. 6. Dorsoplantare Schrägfraktur an der Basis des Kalkaneus; Osteosynthese mit einem bis in das Os tarsale quartum reichenden Kirschner-Bohrdraht und Zuggurtungsdraht.

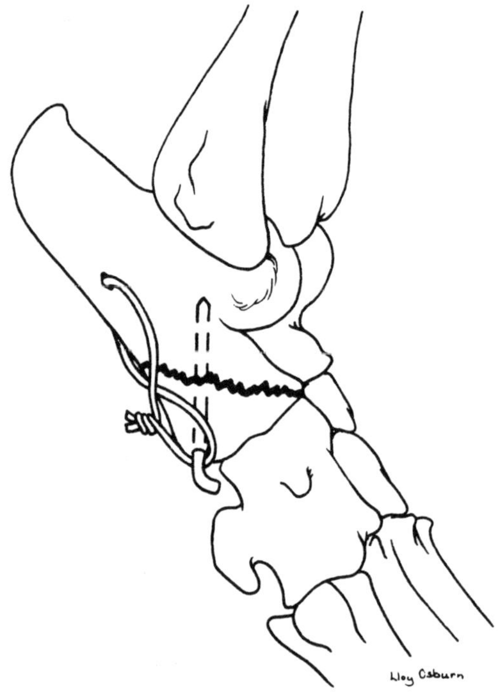

Abb. 7. Kaudale Absprengfraktur an der Basis des Kalkaneus mit großem Fragment; Osteosynthese mit Kirschner-Bohrdraht und Zuggurtungsdraht.

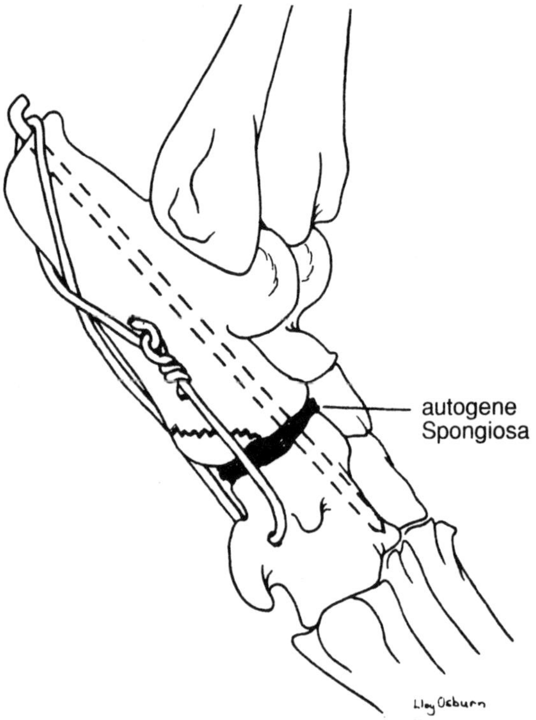

Abb. 8. Kaudale Absprengfraktur an der Basis des Kalkaneus mit kleinem Fragment; Arthrodese der Articulatio calcaneoquartalis mit Kirschner-Bohrdraht und Zuggurtungsdraht.

Literatur

1. Dee JF. Injuries to the distal tibia and tarsus. Proceedings AAHA 1984: 359.
2. Dee JF, Dee LG. Fractures and dislocations associated with the racing greyhound. In: Newton CW, Nunamaker DW, eds. Textbook of small animal orthopaedics. Philadelphia: JB Lippincott, 1985: 467.
3. Dee JF, Dee LG, Earley TD. Fractures of carpus, tarsus, metacarpus and phalanges. In: Brinker WO, Hohn RB, Prieur WD, eds. Manual of internal fixation in small animals. Heidelberg: Springer, 1983: 190.
4. Dee JF, Dee LG, Eaton-Wells RW. Injuries of high performance dogs. In: Whittick WG, ed. Canine orthopedics II. Philadelphia: Lea & Febiger, 1990.
5. Fischer H. Verletzungen des Sprunggelenks der Katze – Behandlung und Ergebnisse in den Jahren 1976–1984. Vet med Diss, München 1986.
6. Gössmann M. Verletzungen der Articulatio tarsocruralis beim Hund – Behandlung und Ergebnisse in den Jahren 1970–1980. Vet med Diss, München 1983.
7. Matis U, Schebitz H, Köstlin RG. Zugang zum Calcaneus und zur distalen Gelenkreihe. In: Schebitz H, Brass W, Hrsg. Operationen an Hund und Katze. Berlin: Parey, 1985: 273.
8. Ost PC, Dee JF, Dee LG, Hohn RB. Fractures of the calcaneus in racing greyhounds. Vet Surg 1987; 16: 53.

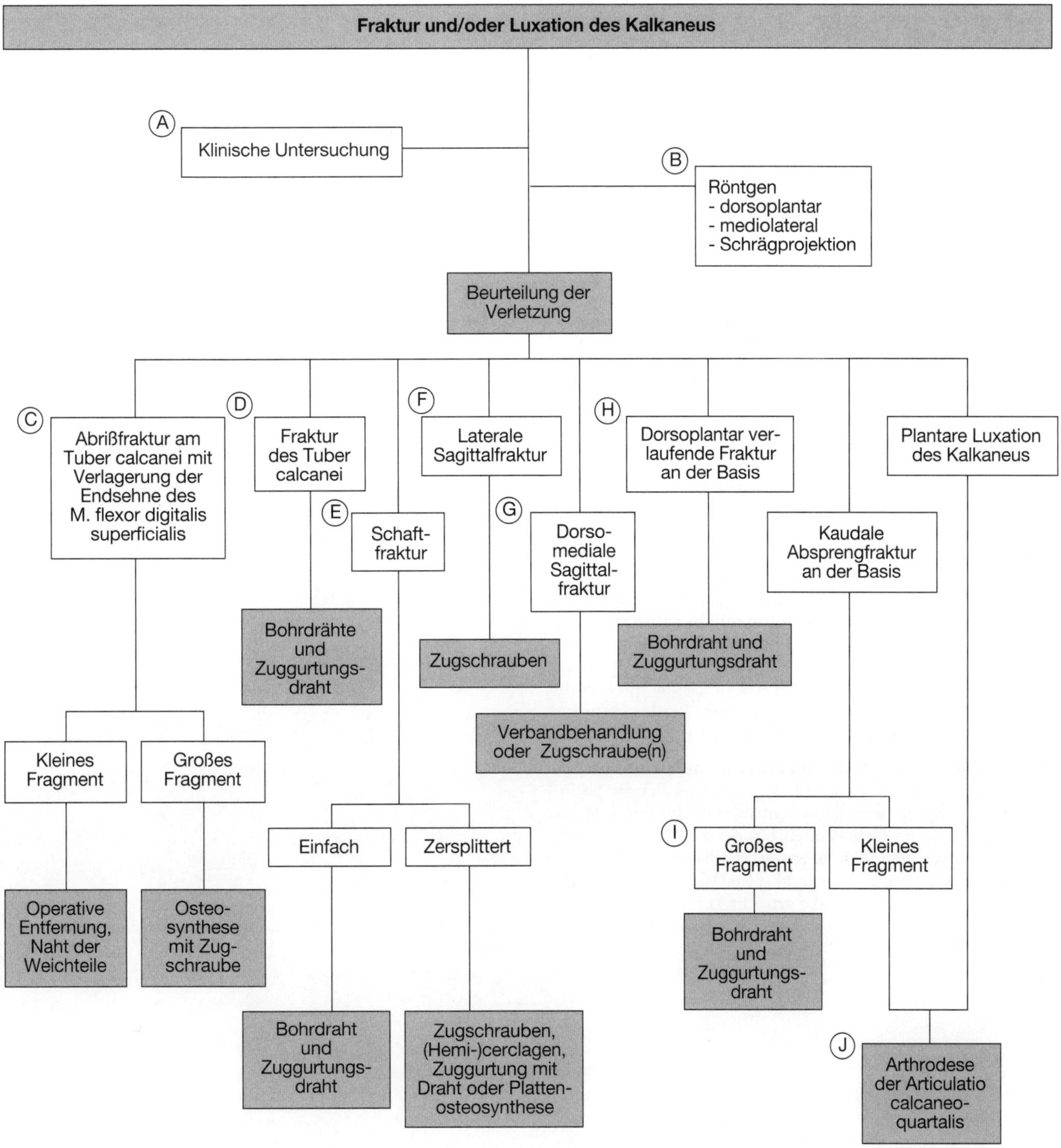
Fraktur und/oder Luxation des Kalkaneus
A
Klinische Untersuchung
B
Röntgen
- dorsoplantar
- mediolateral
- Schrägprojektion
Beurteilung der Verletzung
C
Abrißfraktur am Tuber calcanei mit Verlagerung der Endsehne des M. flexor digitalis superficialis
D
Fraktur des Tuber calcanei
E
Schaft-fraktur
F
Laterale Sagittalfraktur
G
Dorso-mediale Sagittal-fraktur
H
Dorsoplantar verlaufende Fraktur an der Basis
Kaudale Absprengfraktur an der Basis
Plantare Luxation des Kalkaneus
Bohrdrähte und Zuggurtungs-draht
Zugschrauben
Bohrdraht und Zuggurtungsdraht
Verbandbehandlung oder Zugschraube(n)
Kleines Fragment
Großes Fragment
Einfach
Zersplittert
I
Großes Fragment
Kleines Fragment
Operative Entfernung, Naht der Weichteile
Osteo-synthese mit Zug-schraube
Bohrdraht und Zuggurtungs-draht
Bohrdraht und Zuggurtungs-draht
Zugschrauben, (Hemi-)cerclagen, Zuggurtung mit Draht oder Platten-osteosynthese
J
Arthrodese der Articulatio calcaneo-quartalis

Intertarsale (Sub-)Luxation

A. Bei (Sub-)Luxationen in den Intertarsalgelenken zeigt die klinische Untersuchung Instabilität in einer oder mehreren Gelenkreihen, deutliche Weichteilschwellung, Lahmheit und Krepitation. In reponierter Stellung ist der plantare Unterstützungsmechanismus meist intakt. Vorwiegend betroffen sind die Articulatio centrodistalis und entweder die Articulatio calcaneoquartalis oder die Articulationes tarsometatarseae.

B. Um das Ausmaß der medialen und/oder lateralen Instabilität genau festzuhalten, werden neben den Standardaufnahmen in zwei Ebenen (dorsoplantarer und mediolateraler Strahlengang) zusätzlich Funktionsaufnahmen in dorsoplantarem Strahlengang bei gestrecktem, medial und lateral aufgeklappt gehaltenem Sprunggelenk angefertigt.

C. Die am häufigsten auftretende (Sub-)Luxation betrifft bei stabilem plantaren Bandapparat die Articulatio centrodistalis et calcaneoquartalis. Die Behandlung erfolgt operativ; sie besteht in einer Arthrodese der betroffenen Gelenke, einschließlich des vertikalen Intertarsalgelenks zwischen dem Os tarsi centrale und dem Os tarsale quartum. Nach Ausfräsen dieser Gelenkreihen und Interposition autogener Spongiosa werden zur Fixation zwei dynamische Kompressionsplatten eingesetzt. Die größere Platte liegt lateral und reicht vom Schaft des Kalkaneus über das Os tarsale quartum bis zum Os metatarsale quintum, die kleinere Platte überbrückt lediglich die Articulatio centrodistalis (Abb. 1).

D. Die Instabilität der Articulationes centrodistalis et calcaneoquartalis kann gelegentlich zu einer isolierten (Sub-)Luxation in der Articulatio centrodistalis führen, während sich der laterale Gelenkanteil bei der klinischen Untersuchung als weitgehend stabil erweist. In diesem Fall kann eine partielle Arthrodese durchgeführt werden: die Fixation wird mit Hilfe einer Zugschraube erreicht, die von medial durch das Os tarsi centrale in das Os tarsale quartum eingedreht wird (Abb. 2).

E. Eine weitere Form der intertarsalen (Sub-)Luxation betrifft die Articulationes centrodistalis et tarsometatarseae. Diese Gelenkreihen werden zusammen mit dem vertikalen Intertarsalgelenk zwischen den Ossa tarsalia tertium et quartum mit zwei dorsal fixierten Kompressionsplatten versteift (Abb. 3).

F. Bei allen genannten Operationen muß zusätzlich für 6 bis 8 Wochen ein immobilisierender Verband angelegt werden.

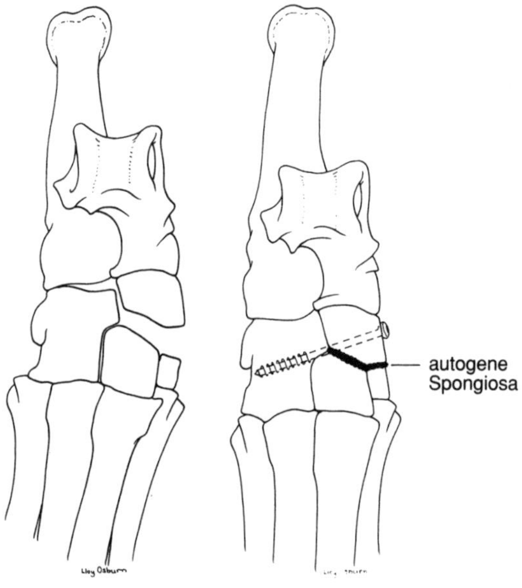

Abb. 2. (Sub-)Luxation in der Articulatio centrodistalis; Arthrodese mit Zugschraube.

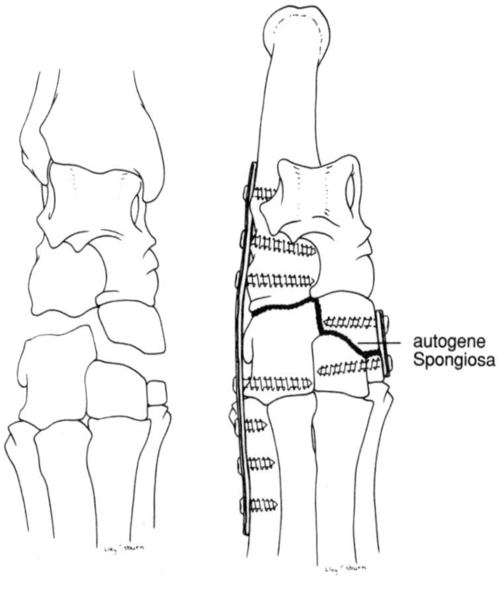

Abb. 1. (Sub-)Luxation in den Articulationes centrodistalis et calcaneoquartalis; Arthrodese mit zwei Kompressionsplatten.

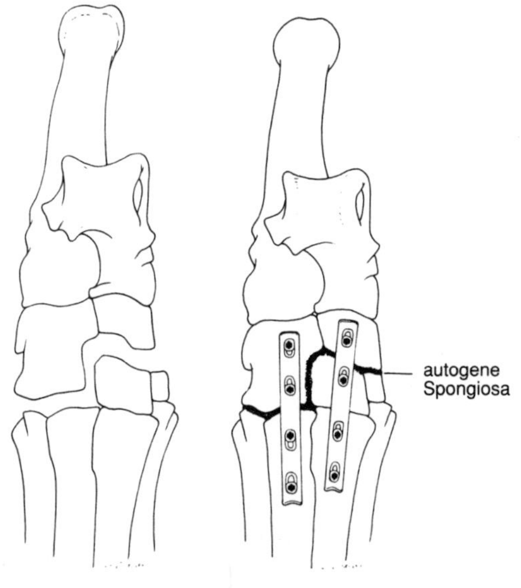

Abb. 3. (Sub-)Luxation in den Articulationes centrodistalis et tarsometatarseae; Arthrodese mit zwei Kompressionsplatten.

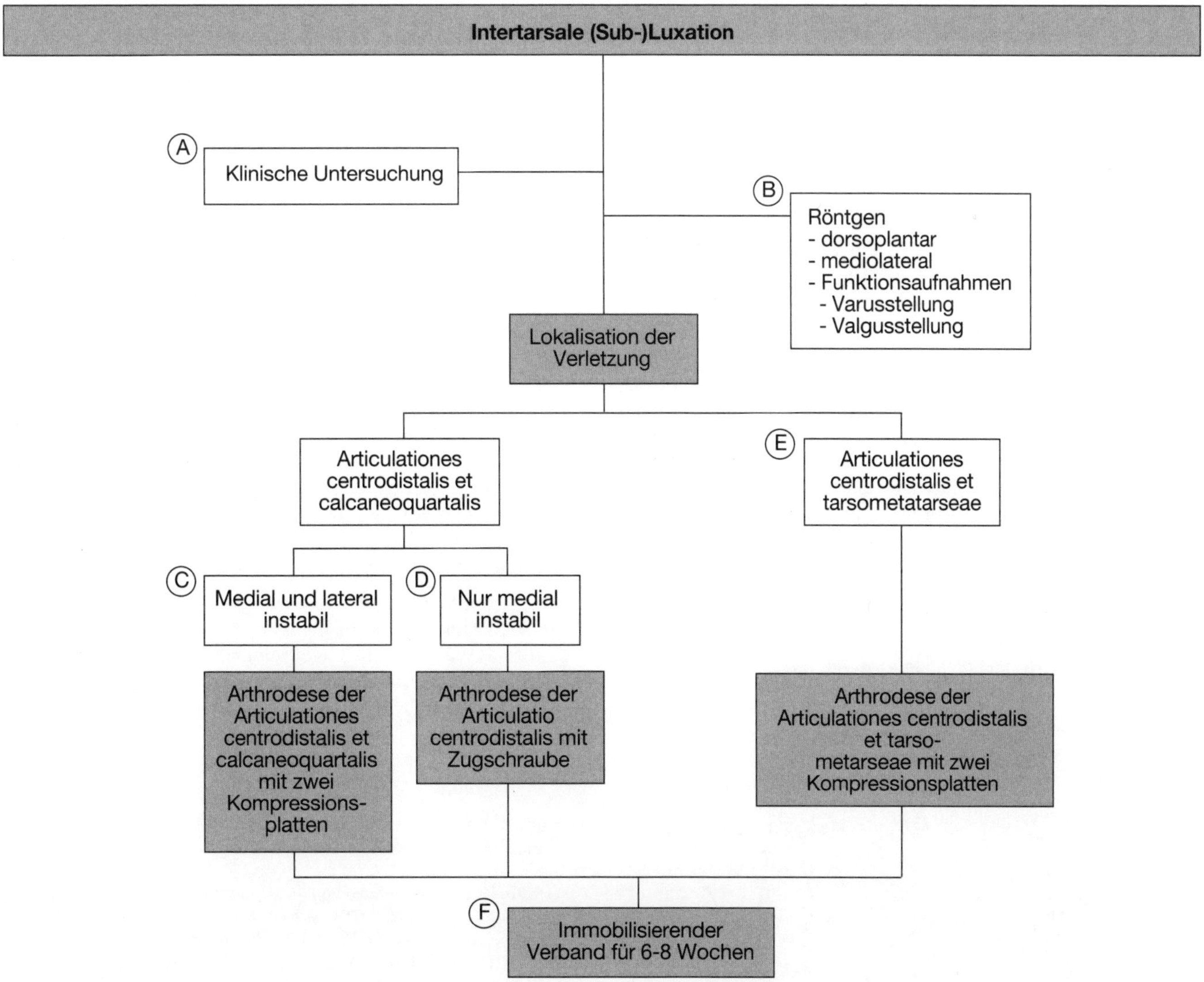

Literatur

1. Dee JF. Injuries to the distal tibia and tarsus. Proceedings AAHA 1984: 359.
2. Dee JF, Dee LG, Earley TD. Fractures of carpus, tarsus, metacarpus and phalanges. In: Brinker WO, Hohn RB, Prieur WD, eds. Manual of internal fixation in small animals. Heidelberg: Springer, 1983: 190.
3. Fischer H. Verletzungen des Sprunggelenks der Katze – Behandlung und Ergebnisse in den Jahren 1976–1984. Vet med Diss, München 1986.
4. Köstlin RG, Schebitz H, Matis U. Zugang zum Sprunggelenk von medial. In: Schebitz H, Brass W, Hrsg. Operationen an Hund und Katze. Berlin: Parey, 1985: 276.
5. Köstlin RG, Schebitz H, Matis U. Zugang zum Sprunggelenk von kraniomedial. In: Schebitz H, Brass W, Hrsg. Operationen an Hund und Katze. Berlin: Parey, 1985: 278.
6. Matis U, Schebitz H, Köstlin RG. Zugang zum Sprunggelenk von lateral. In: Schebitz H, Brass W, Hrsg. Operationen an Hund und Katze. Berlin: Parey, 1985: 270.

Arthrodese des Tarsokruralgelenks

A. Jede Instabilität des Tarsokruralgelenks, die auf andere Weise nicht erfolgreich behandelt werden kann, ist eine Indikation für die Arthrodese. Weitere Indikationen sind degenerative, auf medikamentöse Therapie nicht ansprechende Gelenkerkrankungen sowie irreparable Verletzungen der Achillessehne.

B. Die Zugschraubenfixation des Tarsokruralgelenks ist die am wenigsten traumatisierende und am häufigsten durchgeführte Technik der Arthrodese. Der Zugang zum Gelenk erfolgt unter Durchtrennung der medialen Kollateralbänder oder mit Osteotomie des Malleolus tibiae. Bevor autogene Spongiosa eingelagert wird, muß der Gelenkknorpel von Tibia und Fibula sowie der Trochlea tali vollständig entfernt werden. Soll eine Resektionsarthrodese durchgeführt werden, sind die Gelenkenden entsprechend zu resezieren. Die Fixation des Sprunggelenks in physiologischer Stellung erfolgt zunächst provisorisch mit zwei Bohrdrähten, die so zu legen sind, daß sie den späteren Schraubenverlauf nicht behindern. Die erste Zugschraube wird dann vom dorsomedialen Bereich des distalen Tibiaendes durch das Corpus tali bis in den lateroplantaren Teil der Basis des Kalkaneus eingebracht. Eine weitere Zugschraube wird distal an der Tibia von dorsolateral durch das Gelenk bis in das Caput tali eingedreht. Um diese Schrauben vor Verbiegen und Bruch zu schützen, sollte zusätzlich ein Fixateur externe und/oder eine Stellschraube von plantar über den Tuber calcanei in beide Kortikales der Tibia plaziert werden. Die Stellschraube wird entfernt, sobald röntgenologisch ein Durchbau des Tarsalgelenks vorliegt (Abb. 1).

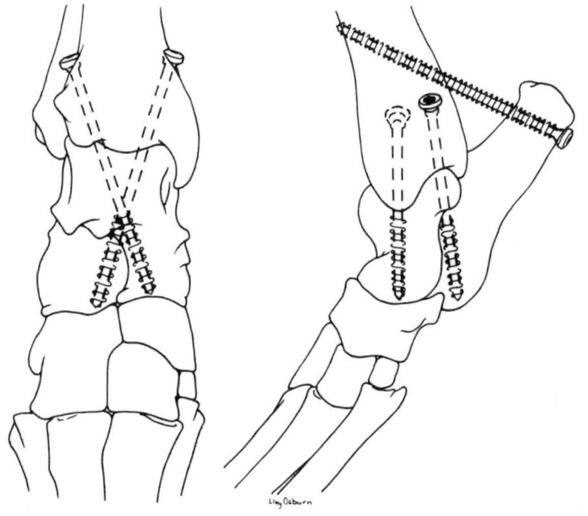

Abb. 1. Arthrodese der Articulatio tarsocruralis mit zwei gekreuzten Zugschrauben und einer Stellschraube.

C. Die Arthrodese des Tarsokruralgelenks kann auch mit einer Platte erreicht werden, die von dorsal, plantar oder lateral über das Gelenk gelegt wird. Obwohl schwieriger anzubringen, hat die plantar liegende Platte den Vorteil, daß sie sich auf der Zugseite des Tarsus befindet. Zusätzlich muß das Sprunggelenk bis zum röntgenologischen Nachweis der Fusion mit einem Verband immobilisiert werden.

D. Für offene Verletzungen, die eine Arthrodese der Articulatio tarsocruralis erfordern, eignet sich vor allem der Fixateur externe. Während das Gelenk immobilisiert ist, können die Weichteilverletzungen behandelt werden und per secundam intentionem abheilen.

Literatur

1. Brinker WO, Piermattei DL, Flo GL. Handbook of small animal orthopedics and fracture treatment. Philadelphia: WB Saunders, 1983.
2. Dee JF, Dee LG. Fractures and dislocations associated with the racing greyhound. In: Newton CW, Nunamaker DW, eds. Textbook of small animal orthopaedics. Philadelphia: JB Lippincott, 1985: 467.
3. Dee JF, Dee LG, Earley TD. Fractures of carpus, tarsus, metacarpus and phalanges. In: Brinker WO, Hohn RB, Prieur WD, eds. Manual of internal fixation in small animals. Heidelberg: Springer, 1983: 190.
4. Earley TD, Piermattei DL, Dee JF, Weigel JP. Canine carpus and tarsus short course. Proceedings. Knoxville, TN: University of Tennessee, 1981: 1.
5. Fischer H. Verletzungen des Sprunggelenks der Katze – Behandlung und Ergebnisse in den Jahren 1976–1984. Vet med Diss, München 1986.
6. Gössmann M. Verletzungen der Articulatio tarsocruralis beim Hund – Behandlung und Ergebnisse in den Jahren 1970-1980. Vet med Diss, München 1983.

Arthrodese des Tarsokruralgelenks

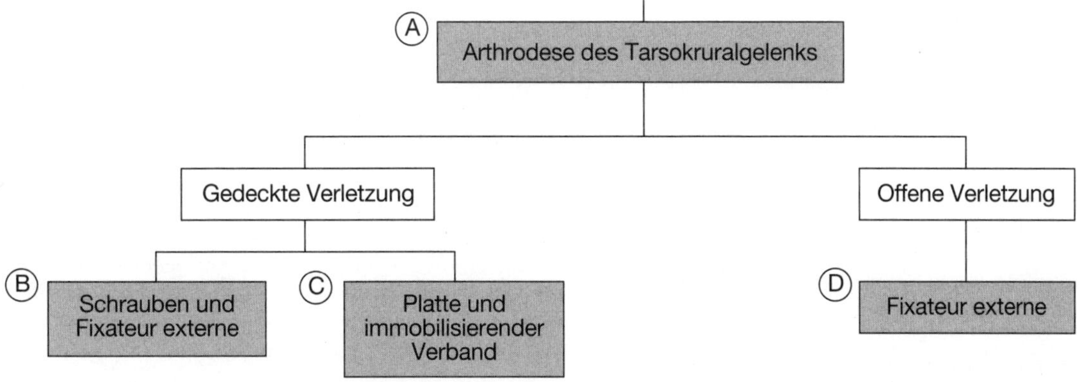

Fraktur des Os tarsi centrale

A. Frakturen des Os tarsi centrale werden am häufigsten bei großen aktiven Sport- oder Gebrauchshunden gesehen. Am häufigsten tritt die Verletzung an der rechten hinteren Extremität von Windhunden auf, die Rennen laufen.

B. Frakturen des Os tarsi centrale werden nach der Bruchform und dem Grad der Dislokation klassifiziert.

Typ I: dorsale Vertikalfraktur ohne Dislokation,
Typ II: dorsale Vertikalfraktur mit Dislokation (Abb. 1A),
Typ III: Sagittalfraktur mit medialer und/oder dorsaler Dislokation des medialen Anteils des Os tarsi centrale,
Typ IV: dorsale Vertikal- und Sagittalfraktur mit einem großen, nach medial dislozierten Fragment (Abb.1B),
Typ V: Trümmerfrakturen mit Dislokation.

Es handelt sich hierbei um eine auf röntgenologischen und intraoperativen Beobachtungen beruhende Klassifikation, die mehr die Anzahl und den Typ der dislozierten Fragmente berücksichtigt als die Anzahl der tatsächlich vorhandenen Bruchstücke.

C. Bei Frakturen vom Typ I und II kann keine Krepitation oder Gliedmaßenfehlstellung festgestellt werden, es liegt jedoch eine geringe Weichteilschwellung, Lahmheit und punktuelle Schmerzhaftigkeit über dem dorsomedialen Bereich des Os tarsi centrale vor.

D. Gelegentlich wird anhand der klinischen Untersuchung die Verdachtsdiagnose einer Fraktur des Os tarsi centrale gestellt, die jedoch mit den in zwei Ebenen angefertigten Röntgenaufnahmen nicht immer bestätigt werden kann. In diesen Fällen wird das Sprunggelenk für 3 bis 5 Tage mit einem gepolsterten Schienenverband ruhiggestellt, der Patient danach erneut untersucht und entsprechend behandelt.

E. Obwohl Frakturen vom Typ I mit Verband behandelt werden können, erzielt man auch bei nicht dislozierten dorsalen Vertikalbrüchen bessere Spätergebnisse, wenn das Fragment wie bei Frakturen vom Typ II mit einer Kortikaliszugschraube stabil fixiert wird.

F. Frakturen vom Typ III (selten), vom Typ IV (am häufigsten) und vom Typ V (selten) gehen mit ausgedehnter Weichteilschwellung und deutlicher Krepitation im Frakturbereich bei passiver Bewegung des Sprunggelenks einher. Die Patienten sind hochgradig lahm und halten das Sprunggelenk in einer plantigraden Varusposition.

G. Eine Fraktur vom Typ III kann nach der Reposition mit einer einzelnen mediolateral und leicht nach plantar gerichteten Zugschraube fixiert werden. Obwohl röntgenologisch nicht nachweisbar, liegt intra operationem jedoch häufig eine weitere, nicht dislozierte dorsale Vertikalfraktur vor, die mit einer zweiten dorsoplantar und leicht medial gerichteten Kortikaliszugschraube fixiert werden muß (Abb. 2).

H. Frakturen des Os tarsi centrale vom Typ IV werden mit interfragmentären Kortikaliszugschrauben stabilisiert, die in mediolateraler sowie dorsoplantarer Richtung eingebracht werden (Abb. 2A und 2B).

I. Dank der Entwicklung feiner Instrumente und kleiner Implantate (Minischrauben) können heutzutage mitunter auch Frakturen des Os tarsi centrale vom Typ V erfolgreich operativ versorgt werden, die bisher als nicht rekonstruierbar angesehen wurden.

J. Bei Frakturen, die sich nicht mit Zugschrauben rekonstruieren lassen, kann ein autogenes kortikospongiöses Transplantat oder ein synthetischer bzw. allogener Ersatz des Os tarsi centrale eingelagert und fixiert werden. Zusätzlich muß das Sprunggelenk für 6 bis 8 Wochen immobilisiert werden. Die beiden letztgenannten Operationsverfahren sind noch in der klinischen Erprobung und können deshalb nur unter Vorbehalt empfohlen werden.

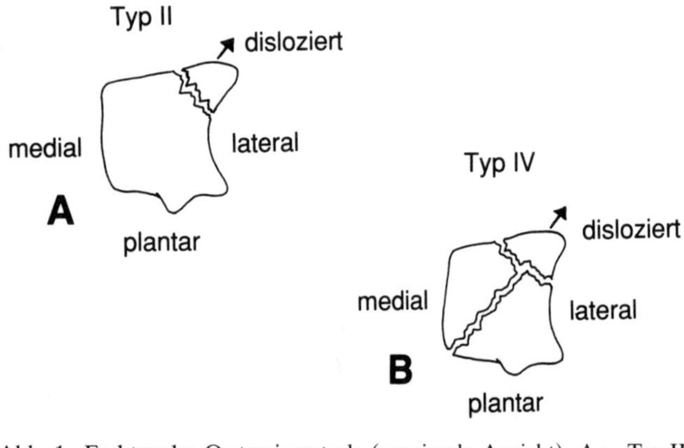

Abb. 1. Fraktur des Os tarsi centrale (proximale Ansicht). A = Typ II, B = Typ IV.

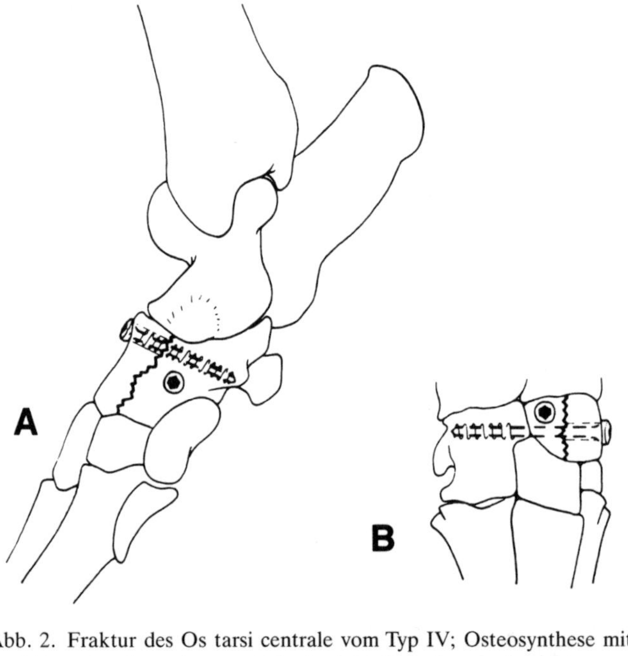

Abb. 2. Fraktur des Os tarsi centrale vom Typ IV; Osteosynthese mit zwei Zugschrauben. A = mediale Ansicht, B = dorsale Ansicht.

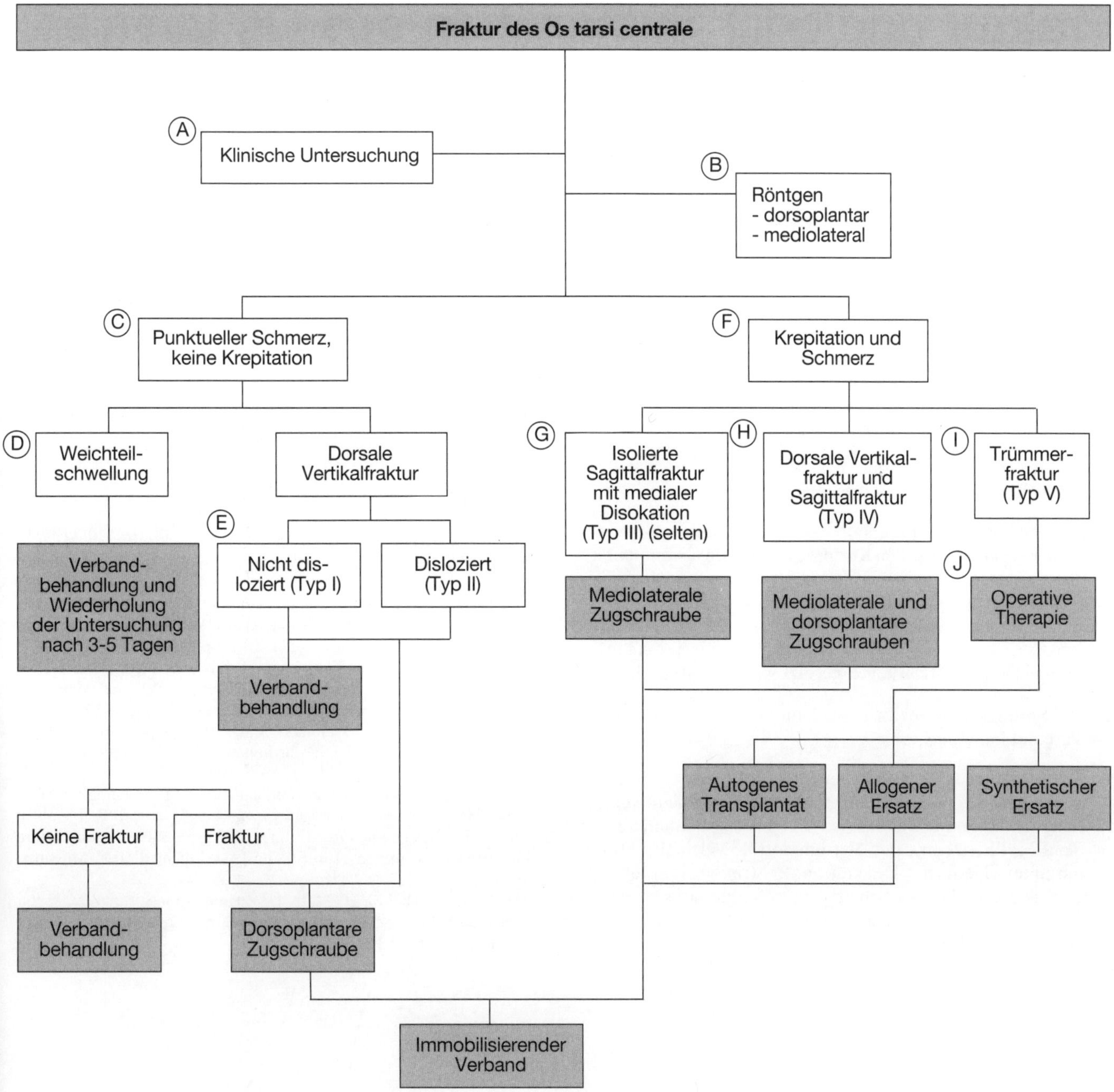

Literatur

1. Dee JF. Fractures in the racing greyhound. In: Bojrab MJ, ed. Pathophysiology in small animal surgery. Philadelphia: Lea & Febiger 1981: 812.
2. Dee JF, Dee LG, Piermattei DL. Classification, management and repair of central tarsal fractures in the racing greyhound. JAAHA 1976; 12: 398.
3. Dee JF, Dee LG. Fractures and dislocations associated with the racing greyhound. In: Newton CW, Nunamaker DW, eds. Textbook of small animal orthopaedics. Philadelphia: JB Lippincott, 1985: 467.
4. Dee JF, Dee LG, Earley TD. Fractures of carpus, tarsus, metacarpus and phalanges. In: Brinker WO, Hohn RB, Prieur WD, eds. Manual of internal fixation in small animals. Heidelberg: Springer, 1983: 190.
5. Dee JF, Dee LG, Eaton-Wells RW. Injuries of high performance dogs. In: Whittick WG, ed. Canine orthopedics II. Philadelphia: Lea & Febiger, 1990.
6. Fischer H. Verletzungen des Sprunggelenks der Katze – Behandlung und Ergebnisse in den Jahren 1976–1984. Vet med Diss, München 1986.
7. Köstlin RG, Schebitz H, Matis U. Zugang zum Sprunggelenk von kraniomedial. In: Schebitz H, Brass W, Hrsg. Operationen an Hund und Katze. Berlin: Parey, 1985: 278.

Fraktur und/oder Subluxation des Os tarsale secundum bzw. Os tarsale tertium

A. Verletzungen des Os tarsale secundum sind relativ selten und liegen fast nie isoliert vor; meist sind sie mit schwerwiegenderen Frakturen des Os tarsi centrale oder einer Fraktur des Os tarsale tertium verbunden. Gelegentlich wird eine Subluxation des Os tarsale secundum in Verbindung mit einer Instabilität in den Articulationes tarsometatarseae diagnostiziert.

B. Der röntgenologische Nachweis ist oft schwierig und gelingt am besten auf Röntgenaufnahmen mit dorsoplantarem Strahlengang; dabei kann die Erweiterung des Gelenkspaltes zwischen dem Os tarsale secundum und dem Os tarsale tertium auf eine Verletzung hinweisen.

C. Frakturen des Os tarsale secundum sind extrem selten, Subluxationen hingegen etwas häufiger.

D. Zur Fixation von Frakturen oder Subluxationen des Os tarsale secundum werden Kortikalisschrauben als Zugschrauben verwendet, die bis in das Os tarsale tertium bzw. Os tarsale quartum eingedreht und deren Schraubenköpfe versenkt werden. Eine spätere Implantatentfernung ist nicht erforderlich. Die Schrauben können bei reponierter Subluxation auch als Stellschrauben gesetzt werden (Abb. 1).

E. Das Sprunggelenk wird zusätzlich für ca. 6 Wochen mit einem Verband immobilisiert.

F. Die Fraktur des Os tarsale tertium wird meist als isolierte Verletzung diagnostiziert, nur gelegentlich tritt sie in Verbindung mit einer Subluxation des Os tarsale secundum auf. In der Regel handelt es sich hier um dorsale Vertikalfrakturen mit unterschiedlicher Dislokation. Bei frischer Fraktur liegt eine dezente Weichteilschwellung vor, und über dem Os tarsale tertium kann eine lokale Druckschmerzhaftigkeit ausgelöst werden.

G. Abhängig vom Dislokationsgrad der dorsalen Vertikalfraktur können die röntgenologischen Veränderungen am Os tarsale tertium kaum erkennbar bis deutlich sein.

H. Die besten Spätergebnisse mit den geringsten arthrotischen Veränderungen werden, sowohl bei minimal als auch bei stärker dislozierten Frakturen, durch interfragmentäre Kompression mit Kortikalisschrauben erzielt (Abb. 2). Die Schraubenköpfe werden versenkt und die Implantate auch nach dem röntgenologisch nachgewiesenen Durchbau der Fraktur belassen.

I. Das Sprunggelenk wird auch bei dieser Verletzung postoperativ für ca. 6 Wochen mit einem Verband immobilisiert.

Literatur

1. Dee JF. Fractures in the racing greyhound. In: Bojrab MJ, ed. Pathophysiology in small animal surgery. Philadelphia: Lea & Febiger, 1981.
2. Dee JF, Dee LG. Fractures and dislocations associated with the racing greyhound. In: Newton CW, Nunamaker DW, eds. Textbook of small animal orthopaedics. Philadelphia: JB Lippincott, 1985: 467.
3. Dee JF, Dee LG, Earley TD. Fractures of carpus, tarsus, metacarpus and phalanges. In: Brinker WO, Hohn RB, Prieur WD, eds. Manual of internal fixation in small animals. Heidelberg: Springer, 1983: 190.
4. Dee JF, Dee LG, Eaton-Wells RW. Injuries of high performance dogs. In: Whittick WG, ed. Canine orthopedics II. Philadelphia: Lea & Febiger, 1990.
5. Dee JF. Injuries to the distal tibia and tarsus. Proceedings AAHA 1984: 359.
6. Fischer H. Verletzungen des Sprunggelenks der Katze – Behandlung und Ergebnisse in den Jahren 1976–1984. Vet med Diss, München 1986.
7. Köstlin RG, Schebitz H, Matis U. Zugang zum Sprunggelenk von kraniomedial. In: Schebitz H, Brass W, Hrsg. Operationen an Hund und Katze. Berlin: Parey, 1985: 278.

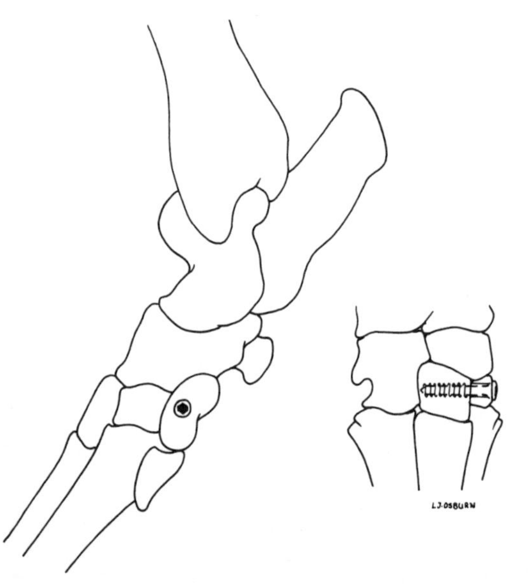

Abb. 1. Subluxation des Os tarsale secundum; Fixation des reponierten Knochens an das Os tarsale tertium mit einer Stellschraube.

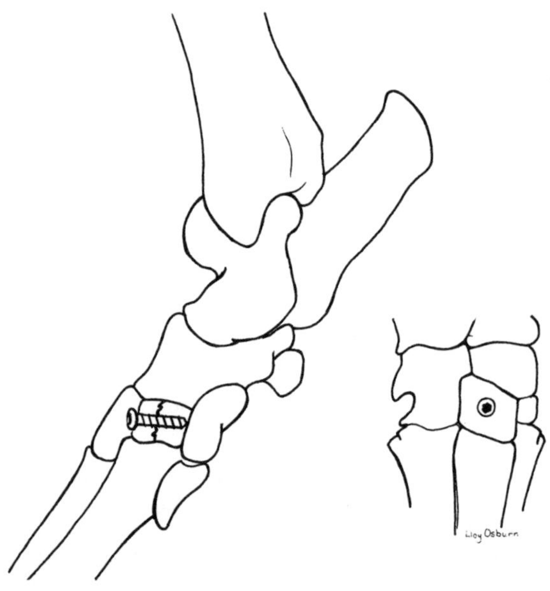

Abb. 2. Dorsale Vertikalfraktur des Os tarsale tertium; Fixation mit einer Zugschraube.

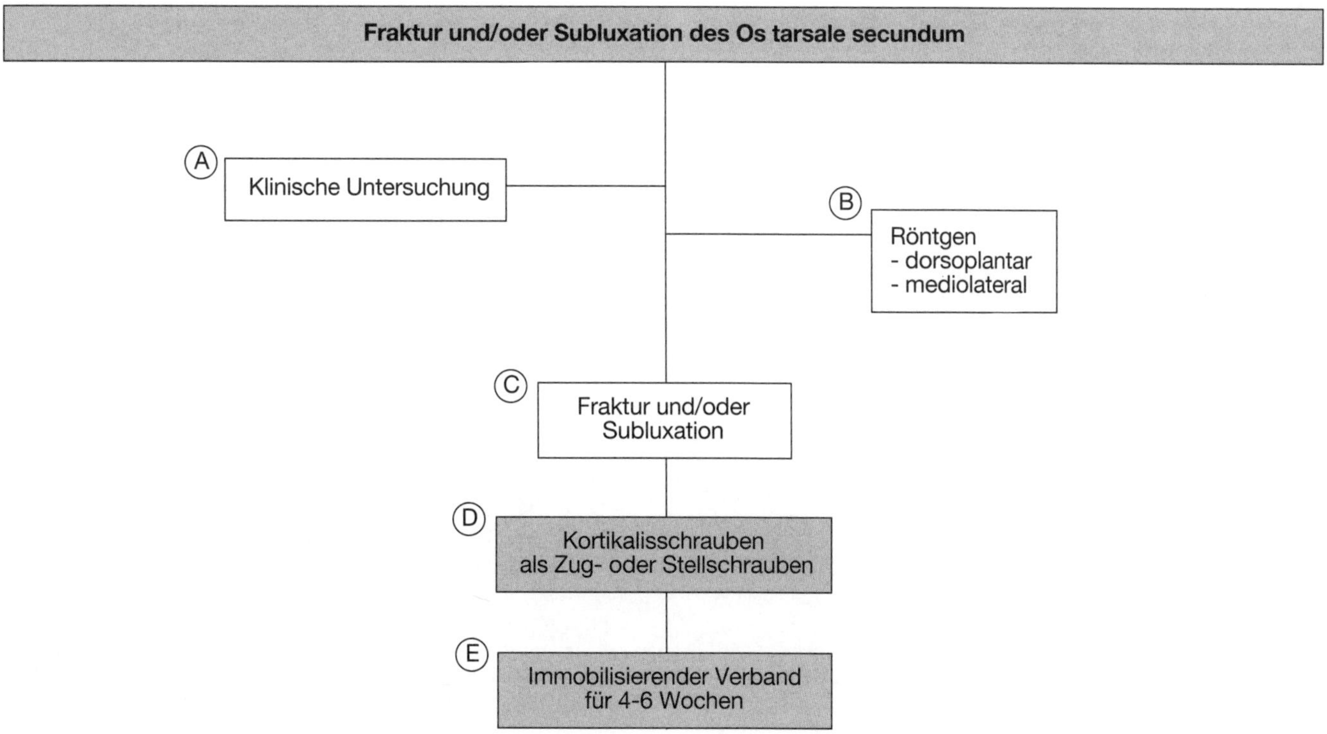
Fraktur und/oder Subluxation des Os tarsale secundum
A
Klinische Untersuchung
B
Röntgen
- dorsoplantar
- mediolateral
C
Fraktur und/oder Subluxation
D
Kortikalisschrauben als Zug- oder Stellschrauben
E
Immobilisierender Verband für 4-6 Wochen

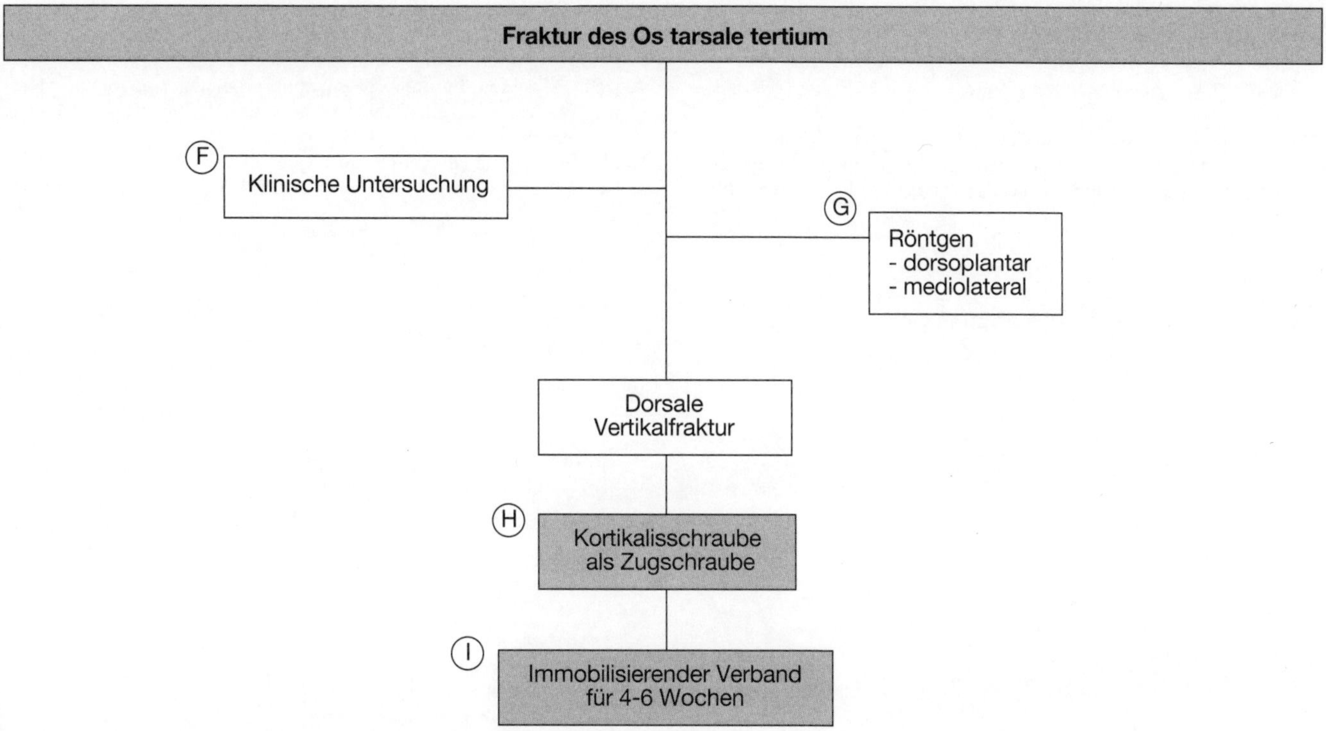
Fraktur des Os tarsale tertium
F
Klinische Untersuchung
G
Röntgen
- dorsoplantar
- mediolateral
Dorsale Vertikalfraktur
H
Kortikalisschraube als Zugschraube
I
Immobilisierender Verband für 4-6 Wochen

Fraktur des Os tarsale quartum

A. Bei der klinischen Untersuchung wird neben dem Hauptbefund auf weitere Frakturen oder Bandverletzungen geachtet. Weichteilschwellung, Schmerz, Krepitation, Varusfehlstellung im Bereich des Sprunggelenks und plantigrade Fußstellung bei entlasteter Gließmaße sind charakteristische Symptome.

B. Die Diagnose wird mit Hilfe von Röntgenaufnahmen in zwei Ebenen gesichert. Am besten lassen sich Frakturen des Os tarsale quartum bei dorsoplantarem Strahlengang darstellen.

C. Ein isolierter Bruch des Os tarsale quartum, entweder als Kompressions- oder Abrißfraktur des plantaren Fortsatzes, kommt bei allen Hunderassen sehr selten vor und kann konservativ zufriedenstellend behandelt werden.

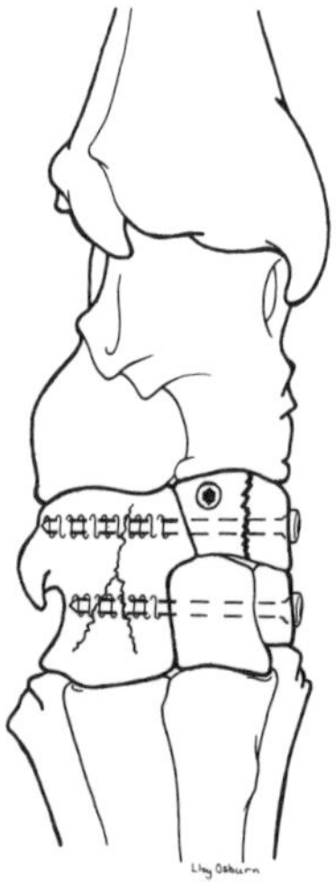

Abb. 1. Kompressionsfraktur des Os tarsale quartum in Verbindung mit einer Sagittalfraktur des Os tarsi centrale; Fixation mit zwei Zugschrauben. Das Os tarsale quartum wird bei der Versorgung des Os tarsi centrale mit stabilisiert.

D. Die Mehrzahl der Frakturen des Os tarsale quartum tritt in Verbindung mit Verletzungen des Os tarsi centrale auf. Ca. 40% der im Rennsport eingesetzten Windhunde, die eine Fraktur des Os tarsi centrale erleiden, haben gleichzeitig eine Kompressionsfraktur des Os tarsale quartum. Bei schwerwiegenderen Frakturen des Os tarsi centrale (Typ IV) disloziert das Caput tali nach distal und medial. In dieser Stellung wirkt der Talus wie ein Hebel für den Kalkaneus, der entweder bricht oder gleichfalls nach distal disloziert, wodurch eine Kompressionsfraktur des Os tarsale quartum entsteht.

E. Die Rekonstruktion des Os tarsale quartum wird indirekt durch die operative Versorgung der Fraktur des Os tarsi centrale mit Zugschrauben erreicht (Abb. 1). Die von medial eingedrehte Zugschraube reicht hierbei über das Os tarsi centrale hinaus bis an die laterale Seite des Os tarsale quartum. Bei Sagittalfrakturen des Os tarsale quartum, die bis in den distalen Bereich des Knochens ziehen, kann eine zweite Schraube von medial über die Ossa tarsalia secundum et tertium in das Os tarsale quartum gesetzt werden.

Literatur

1. Boudrieau RJ, Dee JF, Dee LG. A survey of central tarsal bone fractures in the racing greyhound. A review of 114 cases. JAVMA 1984; 184: 1486.
2. Boudrieau RJ, Dee JF, Dee LG. Treatment of central tarsal bone fractures in the racing greyhound. JAVMA 1984; 184: 1492.
3. Dee JF, Dee LG, Earley TD. Fractures of carpus, tarsus, metacarpus and phalanges. In: Brinker WO, Hohn RB, Prieur WD, eds. Manual of internal fixation in small animals. Heidelberg: Springer, 1983: 190.
4. Dee JF, Dee LG, Eaton-Wells RW. Injuries of high performance dogs. In: Whittick WG, ed. Canine orthopedics II. Philadelphia: Lea & Febiger, 1990.
5. Fischer H. Verletzungen des Sprunggelenks der Katze – Behandlung und Ergebnisse in den Jahren 1976–1984. Vet med Diss, München 1986.

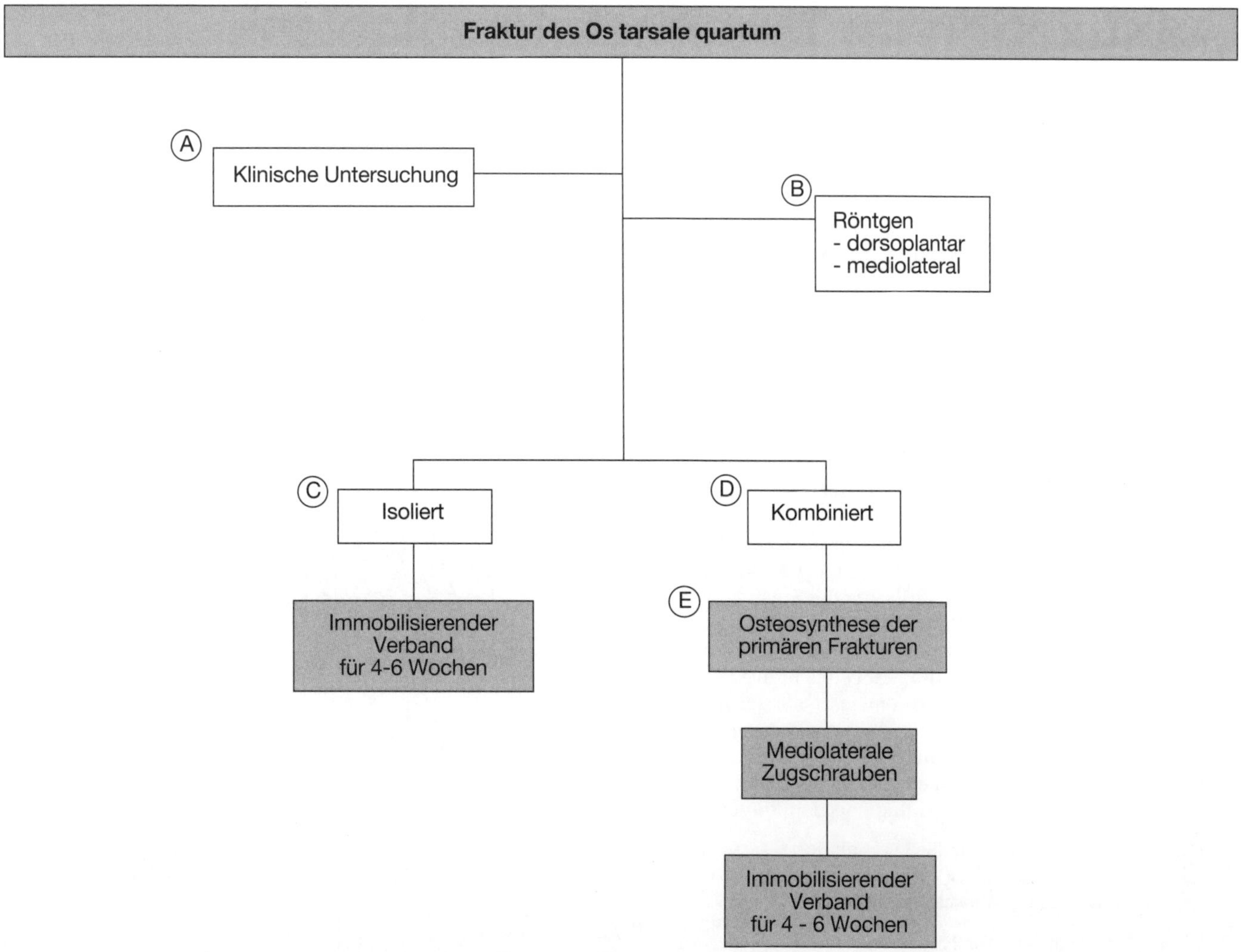
Fraktur des Os tarsale quartum
A
Klinische Untersuchung
B
Röntgen
- dorsoplantar
- mediolateral
C
Isoliert
D
Kombiniert
Immobilisierender Verband für 4-6 Wochen
E
Osteosynthese der primären Frakturen
Mediolaterale Zugschrauben
Immobilisierender Verband für 4 - 6 Wochen

Subluxation im Tarsometatarsalgelenk

A. Subluxationen in den Articulationes tarsometatarseae können mit einer plantaren, dorsalen, medialen und/oder lateralen Instabilität einhergehen (Abb. 1). Die Diagnose wird klinisch gestellt und röntgenologisch mit Hilfe von Funktionsaufnahmen gesichert.

B. Die plantaren Bänder sind wesentlich dicker und kräftiger als der dorsale Halteapparat. Plantare Subluxationen entstehen, wenn der kräftige tarsale Faserknorpel bei extremer Dorsoflexion von der Basis der Metatarsalknochen abreißt.

C. Die plantare Subluxation ist immer eine Indikation zur operativen Therapie, d.h. zur primären Arthrodese der Articulationes tarsometatarseae. Nach Darstellung von plantar wird zunächst der Gelenkknorpel entfernt und autogene, aus der proximalen Metaphyse des ipsilateralen Humerus gewonnene Spongiosa implantiert; nach der Reposition wird dann ein dicker Kirschner-Bohrdraht oder Steinmann-Nagel von proximal durch den Kalkaneus bis in die Basis des Os metatarsale quartum eingedreht. Zusätzlich wird plantar in Achtertour ein Zuggurtungsdraht angebracht, dessen distale Schlaufe durch die Basis der Ossa metatarsalia secundum bis quintum geführt wird (Abb. 2). Alternativ kann zur Fixation eine lateral anmodellierte Platte verwendet werden, die vom Kalkaneus über das Os tarsale quartum bis zum proximalen bzw. mittleren Bereich des Os metatarsale quintum reicht.

D. Die dorsale Subluxation in den Articulationes tarsometatarseae ist eine ungewöhnliche Hyperextensionsverletzung, die sich unter Belastung von selbst reponiert.

E. Wegen ihrer Tendenz zur Reposition und Stabilisierung bei Belastung der Gliedmaße, kann diese Verletzung bei geringgradiger Dislokation konservativ behandelt werden.

F. Ist die Verbandbehandlung mißlungen oder liegt eine stärkere Dislokation vor, so wird von dorsal her eine Arthrodese der Articulationes tarsometatarseae durchgeführt. Da der plantare Halteapparat intakt ist, genügen in der Regel zur Fixation zwei sich kreuzende Bohrdrähte, die von der Basis der Ossa metatarsalia secundum et quintum in das Os tarsale quartum bzw. Os tarsi centrale eingedreht werden (Abb. 3).

G. Mediale oder laterale Subluxationen in den Articulationes tarsometatarseae werden wie dorsale Subluxationen behandelt.

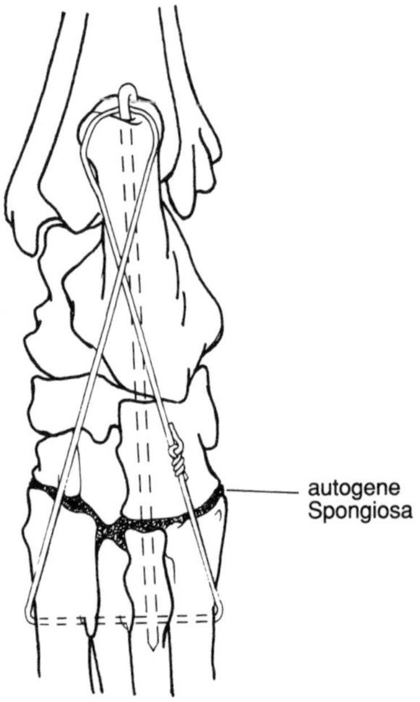

Abb. 2. Arthrodese der Articulationes tarsometatarseae mit Kirschner-Bohrdraht und achterförmigem Zuggurtungsdraht.

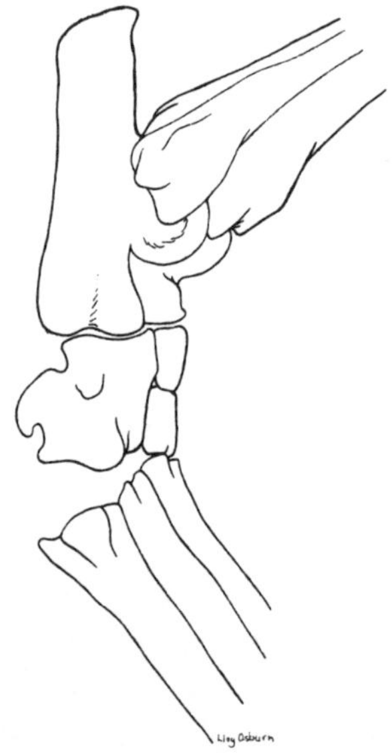

Abb. 1. Plantare Subluxation in den Articulationes tarsometatarseae.

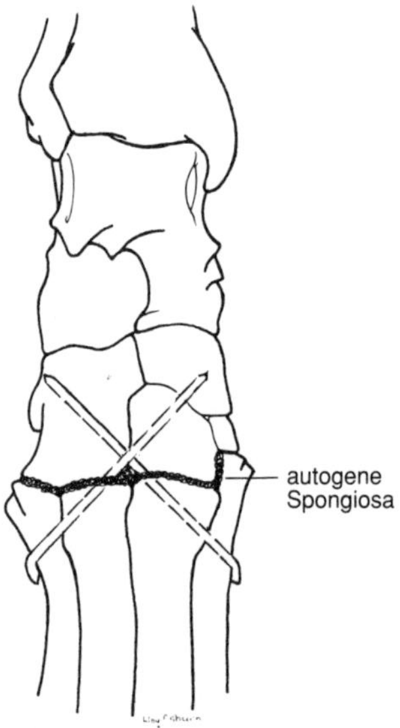

Abb. 3. Arthrodese der Articulationes tarsometatarseae mit sich kreuzenden Bohrdrähten.

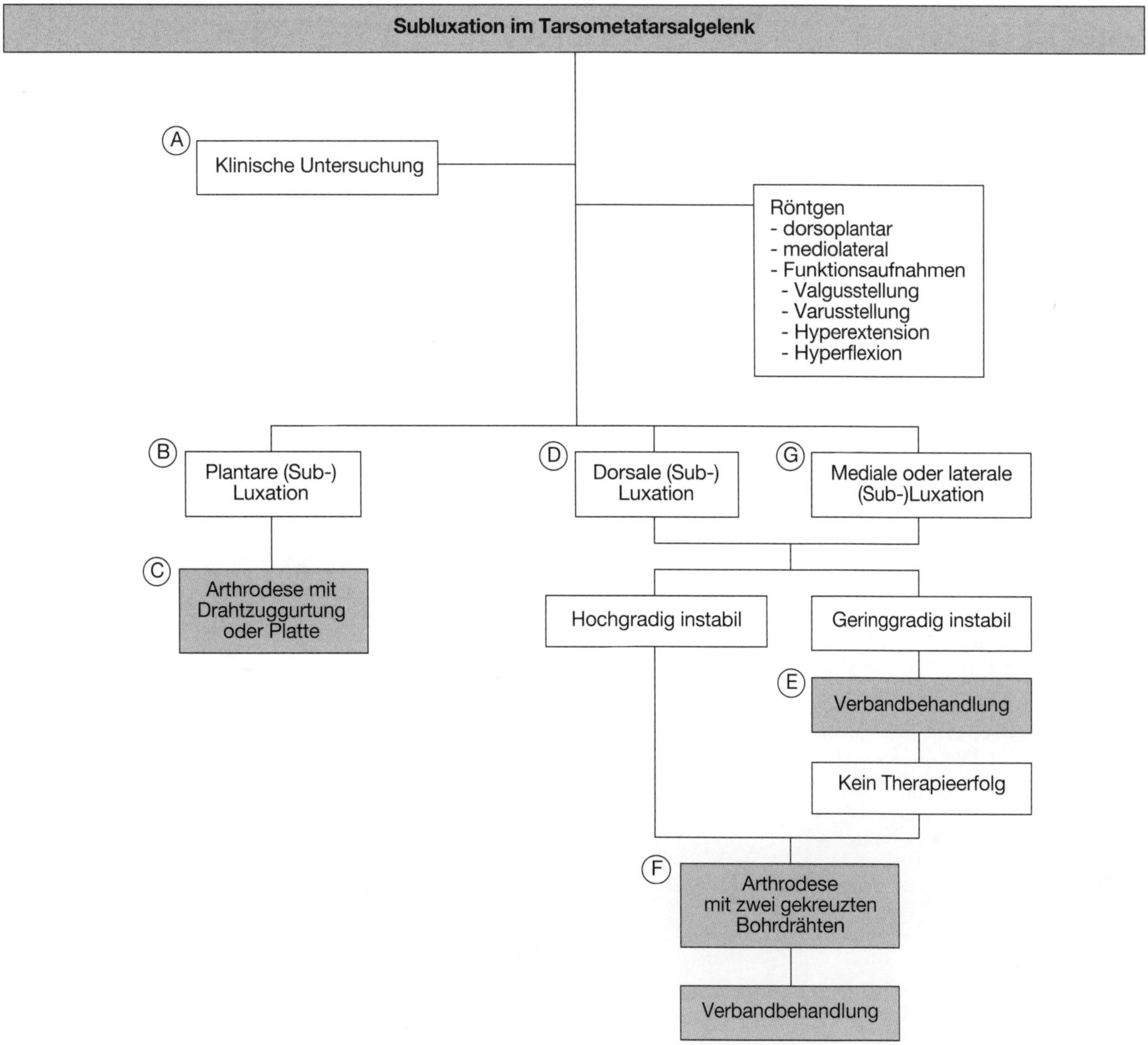

Literatur

1. Brinker WO, Piermattei DL, Flo GL. Handbook of small animal orthopedics and fracture treatment. Philadelphia: WB Saunders, 1983.
2. Dee JF, Dee LG, Earley TD. Fractures of carpus, tarsus, metacarpus and phalanges. In: Brinker WO, Hohn RB, Prieur WD, eds. Manual of internal fixation in small animals. Heidelberg: Springer, 1983: 190.
3. Fischer H. Verletzungen des Sprunggelenks der Katze – Behandlung und Ergebnisse in den Jahren 1976–1984. Vet med Diss, München 1985.
4. Matis U, Schebitz H, Köstlin RG. Zugang zum Calcaneus und zur distalen Gelenkreihe. In: Schebitz H, Brass W, Hrsg. Operationen an Hund und Katze. Berlin: Parey, 1985: 273.
5. Olds RB. Arthrodesis. In: Bojrab MJ, ed. Current techniques in small animal surgery. Philadelphia: Lea & Febiger, 1975.

Sachverzeichnis